La construction métallique avec les Eurocodes

Interprétation et exemples de calcul

Le programme des Eurocodes structuraux comprend les normes suivantes, chacune étant en général constituée d'un certain nombre de parties :

EN 1990 Eurocode 0 : Bases de calcul des structures
EN 1991 Eurocode 1 : Actions sur les structures
EN 1992 Eurocode 2 : Calcul des structures en béton
EN 1993 Eurocode 3 : Calcul des structures en acier
EN 1994 Eurocode 4 : Calcul des structures mixtes acier-béton
EN 1995 Eurocode 5 : Calcul des structures en bois
EN 1996 Eurocode 6 : Calcul des structures en maçonnerie
EN 1997 Eurocode 7 : Calcul géotechnique
EN 1998 Eurocode 8 : Calcul des structures pour leur résistance aux séismes
EN 1999 Eurocode 9 : Calcul des structures en aluminium

Les normes Eurocodes reconnaissent la responsabilité des autorités réglementaires dans chaque État membre et ont sauvegardé le droit de celles-ci de déterminer, au niveau national, des valeurs relatives aux questions réglementaires de sécurité, là où ces valeurs continuent à différer d'un État à un autre.

APK
Association pour la promotion de l'enseignement de la construction acier

Sous la direction de Jean-Pierre Muzeau

La construction métallique avec les Eurocodes

Interprétation et exemples de calcul

EYROLLES

afnor ÉDITIONS

ÉDITIONS EYROLLES
61, bd Saint-Germain
75240 Paris Cedex 05
www.editions-eyrolles.com

AFNOR ÉDITIONS
11, rue Francis-de-Pressensé
93571 La Plaine Saint-Denis Cedex
www.boutique-livres.afnor.org

En couverture, de haut en bas et de droite à gauche :

- Musée Lyon Confluence ; architectes : Coop Himmelb(l)au. Photo © Jean-Pierre Muzeau. Constructeur métallique : SMB et Renaudat Centre Construction.
- Stade Pierre Mauroy (Villeneuve d'Ascq) ; architectes : Valode & Pistre, P. Ferret. Photo © Jean-Pierre Muzeau. Constructeur métallique : Eiffage Construction Métallique.
- Terminal ferroviaire des Halles de Rungis ; architectes : AREP. Photo © Jean-Pierre Muzeau. Constructeur métallique : Viry S.A.S. (Groupe Fayat).
- Parking Toulouse Blagnac ; architectes : François Gillard (SCAU) et Pierre Azéma. Photo © Jean-Pierre Muzeau. Constructeur métallique : Castel et Fromaget (groupe Fayat).
- Pôle de loisirs et de commerces Lyon Confluence ; architecte : J.-P. Viguier, CBA. Photo © Jean-Pierre Muzeau. Constructeur métallique : Eiffage Construction Métallique & SMB.

ISBN Afnor : 978-2-12-465439-0
ISBN Eyrolles : 978-2-212-13838-2

Table des matières

Liste des auteurs responsables des différents chapitres

Introduction (Jacques Harduin)

Chapitre 1 : Lexique et symboles utilisés (Jean-Pierre Muzeau)

Chapitre 2 : EC0 (Jacques Harduin)

Chapitre 3 : EC1 (Patrick Girot)

Chapitre 4 : Descente de charges (Patrick Girot)

Chapitre 5 : Matériaux et produits sidérurgiques disponibles (Jean-Pierre Muzeau)

Chapitre 6 : Classification des ossatures et imperfections (Bernard Carton & Christophe Dehlingher)

Chapitre 7 : Classification des sections (Frédéric Horgues)

Chapitre 8 : Résistance des sections (Alain Cointe)

Chapitre 9 : Résistance des barres

- Chapitre 9-1 : Flambement (Christophe Dehlinger)
- Chapitre 9-2 : Déversement (Raoul Aguire)
- Chapitre 9-3 : Barres fléchies et comprimées (Raoul Aguire)
- Chapitre 9-4 : Voilement (Bernard Carton)

Chapitre 10 : ELS (Jacques Harduin)

Chapitre 11 : Assemblages simples

- Chapitre 11-1 : Assemblages boulonnés (Michel Plouviez)
- Chapitre 11-2 : Assemblages soudés (Jean-François Ferrier)
- Chapitre 11-3 : Assemblages par axe d'articulation (Jean-Pierre Muzeau)

Chapitre 12 : Assemblages par platines d'about (Abdelhamid Bouchaïr)

Avant-propos

Cet ouvrage, concernant le calcul des bâtiments en acier au sens des Eurocodes, provient du travail engagé par plusieurs membres de ***l'Association pour la Promotion de l'Enseignement de la Construction Acier*** (**APK**) étroitement associés à **ConstruirAcier**.

Il vient compléter un premier document intitulé « Manuel de Construction Métallique. Extrait des Eurocodes » et publié conjointement par Eyrolles et AFNOR en 2012 dans la même collection.

Le premier ouvrage ne contient qu'un extrait des « Eurocodes ». Il est destiné à permettre à des élèves et des étudiants en cours d'études, ainsi qu'à leurs enseignants, de posséder un minimum d'informations réglementaires pour pouvoir calculer des bâtiments simples en acier. Il permet également à tout professionnel, non encore familiarisé avec les Eurocodes, de pouvoir appréhender leur utilisation au travers d'un guide succinct lui donnant les références des paragraphes clés pour aborder plus facilement ce vaste corpus de normes que sont les règles européennes de construction. De manière volontaire et afin de bien distinguer les normes de leur utilisation, le premier ouvrage ne contient aucune explication, ni aucun exemple. C'est donc uniquement un extrait succinct des normes. **En d'autres termes, il n'est nullement destiné à remplacer, même partiellement, les documents officiels beaucoup plus complets disponibles auprès de l'AFNOR**. Mais, pour rendre plus simple l'utilisation des Eurocodes eux-mêmes, les titres de chapitres et la numérotation des textes officiels ont été maintenus afin de faciliter la recherche et la navigation dans le vaste ensemble des normes européennes.

Il était évidemment nécessaire de compléter ce manuel par un autre, plus didactique. C'est pourquoi, en s'appuyant sur un groupe d'auteurs non plus issu seulement des classes de BTS Construction Métallique, mais élargi également aux formations d'IUT et d'écoles d'ingénieurs, il est apparu indispensable de rédiger le présent ouvrage à vocation beaucoup plus pédagogique et utilisable à tous les niveaux de formation ou d'apprentissage.

Ce second ouvrage s'adresse aux élèves, aux étudiants, aux enseignants et aux professionnels de la construction métallique. Il concerne tout nouvel utilisateur des Eurocodes en restant toutefois limité **aux vérifications les plus couramment rencontrées pour les structures de bâtiments industriels simples en acier** mais il intègre des éléments importants concernant les règles de base des Eurocodes (**EN 1990**) et d'autres relatifs aux actions : actions générales (**EN 1991-1-1**), aux actions de la neige (**EN 1991-1-3**) et aux actions du vent (**EN 1991-1-4**).

Il contient des explications sur la formulation des expressions de calcul contenues dans les Eurocodes complétées par des organigrammes donnant une réelle lisibilité aux démarches de vérification, par des tableaux et des abaques de dimensionnement, et surtout par des exemples de calcul, le tout étant destiné à permettre au lecteur de circuler le plus facilement possible dans les différentes Clauses des diverses normes.

Ce nouveau manuel peut donc avantageusement être utilisé par les étudiants en BTS Construction Métallique, mais aussi par des élèves de DUT Génie Civil, des élèves des écoles d'ingénieurs, des enseignants de la Construction métallique ainsi que des professionnels désireux de se familiariser avec l'utilisation des Eurocodes.

Cet ouvrage collectif a été rédigé par un groupe d'enseignants, membres de l'APK, sous la direction de **Jean-Pierre Muzeau**, président de l'association, et avec l'aide efficace de **Marie-Christine Ritter**, responsable de l'APK à ConstruirAcier.

Les enseignants qui ont contribué à la rédaction de l'ouvrage sont les suivants :
- **Raoul Aguirre**, lycée Albert Claveille (Périgueux),
- **Julien Averseng**, IUT (Nîmes),
- **Philippe Boineau**, lycée Aristide Briand (Saint-Nazaire),
- **Frédéric Bos**, IUT (Bordeaux),
- **Abdelhamid Bouchaïr**, Polytech (Clermont-Ferrand),
- **Bernard Carton**, lycée Monge (Chambéry),
- **Alain Cointe**, IUT (Bordeaux),
- **Jean-Luc Coureau**, INRA (Bordeaux),
- **Christophe Dehlinger**, lycée Stanislas (Wissembourg),
- **Jean-François Ferrier**, lycée Frédéric Faÿs (Villeurbanne),
- **Eric Fournely**, Polytech (Clermont-Ferrand),
- **Patrick Girot**, lycée Albert Claveille (Périgueux),
- **Stéphane Guillon**, lycée La Mache (Lyon),
- **Jacques Harduin**, lycée Jean Lurçat (Martigues),
- **Frédéric Horgues**, lycée Aristide Briand (Saint-Nazaire),
- **Antoine Kohler**, lycée Stanislas (Wissembourg),
- **Alain Lachal**, INSA (Rennes),
- **Jean-Pierre Muzeau**, Polytech et ENSA (Clermont-Ferrand),
- **Joseph Noc**, lycée La Mache (Lyon),
- **Michel Plouviez**, lycée Jean Prouvé (Lomme),
- **Joëlle Pontet**, ArcelorMittal (Isbergues)

Qu'ils soient remerciés très sincèrement pour ce travail important, exigeant et difficile, d'explication et d'interprétation des documents normatifs relatifs à la Construction Métallique. Notons également que c'est **Yvan Delos** qui a assuré la relecture de l'ouvrage pour lui donner toute la cohérence nécessaire. A lui aussi un grand merci, la tâche était énorme.

Remercions enfin très chaleureusement **André Montès**, Inspecteur Général de l'Éducation Nationale, et **Joëlle Pontet**, directrice de l'OTUA (aujourd'hui ConstruirAcier) qui, avec l'APK, ont initié ce projet à vocation pédagogique et ont rendu possible sa réalisation.

Jean-Pierre MUZEAU

Président de l'APK

Introduction

Résumé

Cet ouvrage pédagogique est destiné principalement aux élèves des sections de BTS Construction Métallique et aux étudiants en IUT de Génie Civil mais il est aussi utilisable dans les formations d'ingénieur Génie Civil.

Il contient un résumé des méthodes de vérification applicables à la conception d'un bâtiment simple en acier.

Le texte de la norme européenne a été écarté au profit d'un texte plus concis et les diverses vérifications sont proposées sous la forme de tableaux ou d'organigrammes.

Quelques applications viennent illustrer certaines notions ou vérifications lorsque nécessaire.

Il est à noter que les paragraphes non destinés aux formations de BTS apparaissent sur fond gris afin de faciliter la lecture de ce texte selon le niveau de connaissances requis.

1 Historique des Eurocodes

Au début des années 80, les états membres de la Communauté Européenne décident de réaliser une réglementation commune. Dans le domaine de la conception et du calcul des ouvrages de génie civil, cette réglementation prend le nom d'Eurocodes.

Dans les années 90, les versions provisoires de ces Eurocodes apparaissent (ENV 1991 à 1999)

Depuis l'an 2000, ces normes provisoires ont été converties en normes européennes. Chaque norme européenne est assortie d'une annexe nationale.

En 2010, les Eurocodes sont les seuls textes normatifs en vigueur au sein de l'Union Européenne. Ce sont donc les seules règles de calcul à utiliser en France pour les marchés publics et elles devraient l'être très probablement aussi pour les marchés privés.

L'intitulé des normes est le suivant :

- EN 1990 (ou Eurocode 0) : Bases de calcul des structures
- EN 1991 (ou Eurocode 1) : Actions sur les structures
- EN 1992 (ou Eurocode 2) : Calcul des structures en béton
- EN 1993 (ou Eurocode 3) : Calcul des structures en acier
- EN 1994 (ou Eurocode 4) : Calcul des structures mixtes acier-béton
- EN 1995 (ou Eurocode 5) : Calcul des structures en bois
- EN 1996 (ou Eurocode 6) : Calcul des structures en maçonnerie
- EN 1997 (ou Eurocode 7) : Calcul géotechnique
- EN 1998 (ou Eurocode 8) : Conception et dimensionnement des structures pour la résistance au séisme
- EN 1999 (ou Eurocode 9) : Calcul des structures en alliage d'aluminium

Le présent ouvrage se rapporte essentiellement aux Eurocodes 0, 1, 3 et à leur Annexes Nationales françaises mais il n'en présente qu'une partie restreinte. Bien évidemment, ce document ne se substitue nullement, même partiellement, aux normes en vigueur disponibles auprès de l'AFNOR. Il est à signaler qu'un autre ouvrage [1], réalisé précédemment et dans un cadre similaire, contient tous les extraits des normes utilisées dans celui-ci, c'est-à-dire les clauses réglementaires utiles à de nombreuses vérifications d'un bâtiment simple en acier, de type halle industrielle.

2 Contenu de l'ouvrage

Cet ouvrage contient les chapitres suivants accompagnés d'exemples de calculs :

1. Un lexique des notations utilisées dans l'ouvrage avec, lorsque cela est nécessaire, le terme anglais correspondant afin d'aider à mémoriser le symbole retenu.
2. Les bases de calcul de l'EN 1990 [2,3] définissent les principes et les exigences en matière de sécurité, d'aptitude au service et de durabilité des structures. Elles décrivent les bases pour le dimensionnement et la vérification de ces ossatures en acier et elles fournissent des lignes directrices concernant les aspects de la fiabilité structurale qui s'y rattachent
3. La norme européenne EN 1991 définit les actions à prendre en compte dans les calculs. Le présent ouvrage précise essentiellement :

– la partie 1.1 : poids volumiques, poids propres, charges d'exploitation des bâtiments [4,5],
– la partie 1.3 : charges de neige [6,7],
– la partie 1.4 : actions du vent [8,9].

4. Ce chapitre aborde les principes permettant de calculer les charges linéiques sur les solives, pannes, lisses et portiques des bâtiments de type « halle » en vue de leur prédimensionnement. Quelques exemples simples sont traités pour en illustrer l'application.
5. Les ouvrages en acier sont réalisés à partir de produits sidérurgiques plus ou moins élaborés, assemblés entre eux selon différents procédés. L'ensemble constitue alors l'ossature porteuse de la construction. Pour les bâtiments, cette dernière est complétée par une toiture et une enveloppe éventuellement réalisée en métal (acier, inox, aluminium...) ou à partir de matériaux divers (maçonnerie, bois, panneaux de particules, produits verriers, etc.). Ce chapitre présente les aciers et les produits sidérurgiques disponibles pour réaliser de telles structures.
6. Ce chapitre concerne l'analyse globale des structures, ces dernières étant classées souples ou rigides. Sont présentés, le chemin aboutissant au critère de discrimination, les conséquences de la classification sur le type d'analyse à envisager, les incidences sur les sollicitations (majoration ou non) et sur la vérification au flambement. Puisqu'elles peuvent avoir une influence, les imperfections de structures sont présentées selon l'EN 1993-1-1 [10,11]. Une série d'exercices très divers illustre le propos.
7. Un élément de plaque mince comprimée, tel qu'une âme ou une semelle de section, peut subir un voilement bien avant d'atteindre sa limite d'élasticité. Ce voilement local peut limiter la résistance globale d'une section transversale en l'empêchant de développer sa pleine résistance plastique. La notion de classe de section permet de quantifier ce phénomène en fonction de l'élancement (rapport de la largeur sur l'épaisseur) des parois comprimées d'une section. Le chapitre 5 de l'EN 1993-1-1 [10,11] définit ainsi quatre classes de sections, correspondant à leur plus ou moins grande capacité à développer une résistance plastique. Cette classification repose, d'une part, sur l'élancement des parois et d'autre part, sur le diagramme des contraintes de compression sur la section.
8. Ce chapitre présente les vérifications à effectuer à l'ELU pour les sections transversales soumises aux sollicitations de traction, compression, flexion, torsion et cisaillement ainsi qu'à leurs combinaisons, conformément au § 6.2 de l'EN 1993-1-1 [10,11]. Ces vérifications doivent être effectuées dans les sections des barres, ou des portions de barres, indépendamment des instabilités (flambement, déversement, voilement) qui sont traitées dans un autre chapitre.
9. Ce chapitre présente certaines vérifications de résistance des barres aux instabilités. La ruine des barres par instabilité élastique peut être prévenue par une prise en compte du phénomène lors de l'analyse globale, en tenant compte des imperfections et éventuellement des effets du second ordre s'ils ont un effet significatif. L'EN 1993-1-1 [10,11] offre la possibilité de vérifier globalement la stabilité d'une structure ou de vérifier la stabilité de chaque barre. Pour les instabilités dues aux efforts axiaux, il s'appuie sur une famille de courbes expérimentales. Dans ce chapitre est traitée la vérification individuelle des barres comprimées au flambement par flexion, la résistance des barres fléchies au déversement et celle des âmes de poutres au voilement. S'il est possible de faire certains calculs à la main, cela implique de choisir et d'utiliser des modélisations des barres et de leurs attaches dans le contexte de la structure étudiée.

10. Au-delà des critères de résistance essentiels évoqués dans les chapitres précédents, toute structure doit satisfaire des critères d'utilisation en condition de service normal, c'est-à-dire sous des combinaisons d'actions qu'il n'y a pas lieu de pondérer. Ces critères ELS sont généralement conditionnés par des désordres qu'engendreraient des déformations trop importantes ou un sentiment d'inconfort engendré par des vibrations par exemple. Il faut également veiller à éviter la mise en résonance de la structure en présence de machines vibrantes. Ce chapitre évoque les critères relatifs à chaque famille d'éléments et précise les conditions réglementaires à respecter [10,11].
11. Ce chapitre présente successivement les attaches boulonnées, les attaches soudées et les assemblages par axes d'articulation. Pour chaque type d'assembleur, les dispositions constructives sont précisées et commentées. Des exemples de calcul illustrent les spécifications fournies l'EN 1993-1-8 [12,13].
12. Ce dernier chapitre présente les assemblages complexes de type poutre-poutre, et poutre-poteau. Il décrit et explique également la notion de semi-rigidité des assemblages située entre la rotule et l'encastrement [12,13].

3 Références bibliographiques générales

[1] APK – *Manuel de Construction Métallique. Extraits des Eurocode à l'usage des étudiants*, Eyrolles, AFNOR, 2012.

[2] NF EN 1990:2003 – Eurocodes structuraux. Bases de calcul des structures. AFNOR, mars 2003.

[3] NF EN 1990/NA:2007 – Eurocodes structuraux. Bases de calcul des structures. Annexe nationale à la NF EN 1990:2003. AFNOR, avril 2007.

[4] NF EN 1991-1-1:2003 – Eurocode 1 – Actions sur les structures. Partie 1-1 : Actions générales – Poids volumiques, poids propres, charges d'exploitation des bâtiments. AFNOR, mars 2003.

[5] NF EN 1991-1-1/NA:2004 – Eurocode 1 – Actions sur les structures. Partie 1-1 : Actions générales – Poids volumiques, poids propres, charges d'exploitation des bâtiments. Annexe nationale à la NF EN 1991-1-1:2003. AFNOR, juin 2004.

[6] NF EN 1991-1-3:2004 – Eurocode 1 – Actions sur les structures. Partie 1-3 : Actions générales – Charges de neige. AFNOR, avril 2004.

[7] NF EN 1991-1-3/NA:2007 – Eurocode 1 – Actions sur les structures. Partie 1-3 : Actions générales – Charges de neige. Annexe nationale à la NF EN 1991-1-3:2004. AFNOR, mai 2007.

[8] NF EN 1991-1-4:2005 – Eurocode 1 – Actions sur les structures. Partie 1-4 : Actions générales – Actions du vent. AFNOR, novembre 2005.

[9] NF EN 1991-1-4/NA:2008 – Eurocode 1 – Actions sur les structures. Partie 1-4 : Actions générales – Actions du vent. Annexe nationale à la NF EN 1991-1-4:2005. AFNOR, mars 2008.

[10] NF EN 1993-1-1:2005 – Eurocode 3 - Calcul des structures en acier. Partie 1-1 : Règles générales et règles pour les bâtiments. AFNOR, octobre 2005.

[11] NF EN 1993-1-1/NA:2007 – Eurocode 3 - Calcul des structures en acier. Partie 1-1 : Règles générales et règles pour les bâtiments. Annexe nationale à la NF EN 1993-1-1:2005. AFNOR, mai 2007.

[12] NF EN 1993-1-8:2005 – Eurocode 3 - Calcul des structures en acier. Partie 1-8 : Calcul des assemblages. AFNOR, décembre 2005.

[13] NF EN 1993-1-8/NA:2007 – Eurocode 3 - Calcul des structures en acier. Partie 1-8 : Calcul des assemblages. Annexe nationale à la NF EN 1993-1-8:2005. AFNOR, juillet 2007.

CHAPITRE 1

Lexique et symboles utilisés

Résumé

Ce chapitre fournit d'abord un lexique français-anglais permettant de mieux comprendre et assimiler les abréviations utilisées par les Eurocodes. Il détaille ensuite les principaux symboles utilisés par les EN 1990, 1991 et 1993, et plus précisément ceux qui sont utiles au présent ouvrage. Lorsque cela est nécessaire, des schémas simples précisent physiquement la signification de ces notations.

1.1 Lexique français-anglais

Pour la plupart, les notations des Eurocodes découlent de termes anglais qu'il est plus facile de comprendre et de mémoriser lorsqu'ils sont connus [1].

1.1.1 Termes concernant les charges

Tableau 1.1.1 Termes relatifs aux charges

Terme français	**Terme anglais**	**Symbole**
charge gravitaire	gravity load	G
charge variable	variable load	Q
charge d'exploitation	imposed load	I
neige	snow	S
vent	wind	W
température	temperature	T
charge accidentelle	accidental load	A

1.1.2 Termes concernant les états limites

Tableau 1.1.2 Termes relatifs aux états limites

Terme français	**Terme anglais**
état limite ultime (ELU)	ultimate limit state (ULS)
état limite de service (ELS)	serviceability limit state (SLS)

1.1.3 Termes concernant les sections transversales

Tableau 1.1.3 Termes relatifs à la géométrie des sections transversales

Terme français	**Terme anglais**	**Symbole**
hauteur	height	h
largeur	width	b
semelle	flange	f
âme	web	w
épaisseur	thickness	t
épaisseur de semelle	flange thickness	t_f
épaisseur d'âme	web thickness	t_w

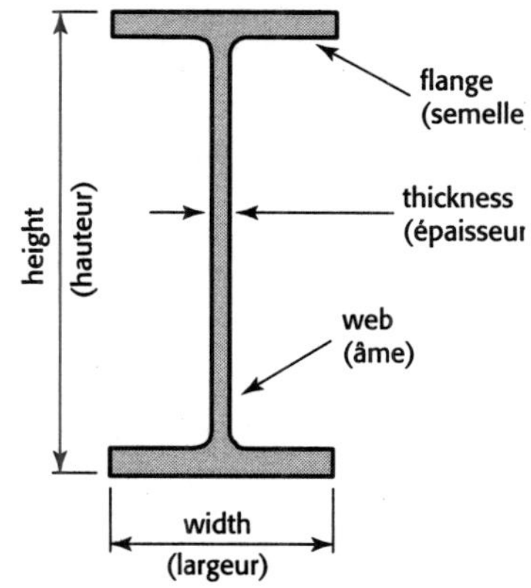

Figure 1.1 Section transversale d'un profilé laminé

Tableau 1.1.4 Termes relatifs à la résistance mécanique

Terme français	**Terme anglais**	**Symbole**
acier	steel	S
limite d'élasticité[1]	yield stress	f_y
contrainte ultime (en traction)	ultimate stress	f_u
module d'élasticité (ou module de Young)	modulus of elasticity (or Young's modulus)	E
aire	area	A
inertie	inertia	I

1.1.4 Termes relatifs aux aspects structuraux

Tableau 1.1.5 Termes structuraux

Terme français	**Terme anglais**	**Symbole**
poutre	beam	b
poteau	column	c
flambement	buckling	b
déversement	lateral torsional buckling	LT

1. Attention, par convention, le terme « limite élastique » ne doit plus être utilisé.

1.1.5 Termes relatifs aux assemblages

Tableau 1.1.6 Termes relatifs aux assemblages

Terme français	Terme anglais	Symbole
boulon	bolt	b
soudure	weld	w
contreplaque	backing plate	bp

1.1.6 Axes de référence

x-x axe longitudinal d'une barre
y-y axe de section transversale (en général, l'axe de forte inertie)
z-z axe de section transversale
u-u axe principal de forte inertie (lorsqu'il ne coïncide pas avec l'axe y-y)
v-v axe principal de faible inertie (lorsqu'il ne coïncide pas avec l'axe z-z)

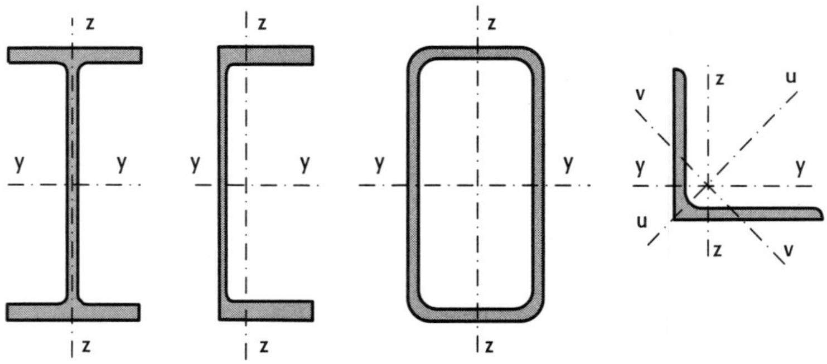

Figure 1.2 Systèmes d'axes

1.2 Liste des symboles utilisés dans les Eurocodes

Les symboles utilisés dans les Eurocodes sont quelquefois différents d'un Eurocode à l'autre, voire d'une partie d'un même Eurocode à une autre. C'est pourquoi nous indiquons ci-après les principaux symboles utilisés selon l'Eurocode concerné avec indication de la partie dans laquelle se trouvent chacune de ces notations.

1.2.1 EN 1990 ou Eurocode 0 [2]

ψ_0 coefficient définissant la valeur de combinaison d'une action variable

ψ_1 coefficient définissant la valeur fréquente d'une action variable

ψ_2 coefficient définissant la valeur quasi-permanente d'une action variable

$E_{d,dst}$	valeur de calcul de l'effet des actions déstabilisatrices
$E_{d,stb}$	valeur de calcul de l'effet des actions stabilisatrices
E_d	valeur de calcul de l'effet des actions (sollicitation, contrainte...)
R_d	valeur de calcul de la résistance (les résistances de calcul sont définies dans l'Eurocode 3 pour les structures en acier)
C_d	valeur limite de calcul du critère d'aptitude au service considéré
E_d	valeur de calcul des effets d'actions spécifiée dans le critère d'aptitude au service, déterminée sur la base de la combinaison appropriée
w_1	partie initiale de la flèche sous les charges permanentes
w_3	partie additionnelle de la flèche due aux actions variables
w_c	contreflèche dans l'élément structural non chargé
G	charge permanente
I	charge d'exploitation
S	charge de neige
W	charge de vent
W^+	action du vent dirigée vers le bas
W^-	action du vent dirigée vers le haut (soulèvement)

1.2.2 EN 1991 ou Eurocode 1

1.2.2.1 Poids volumique, poids propres, charges d'exploitation des bâtiments (EN 1991-1-1) [3]

Majuscules latines

A	aire chargée
A_0	aire de référence
Q_k	valeur caractéristique d'une charge concentrée variable

Minuscules latines

g_k	poids par unité de surface ou poids par unité de longueur
n	nombre d'étages
q_k	valeur d'une charge uniformément répartie ou d'une charge linéique

Minuscules grecques

α_A	coefficient de réduction
α_n	coefficient de réduction

γ poids volumique apparent

φ coefficient de majoration dynamique

ψ_0 coefficient définissant la valeur de combinaison d'une action variable (EN 1990 : tableau A1.1)

Φ angle de talus naturel (en degrés)

1.2.2.2 Actions de la neige (EN 1991-1-3) [4]

s_k charge caractéristique de neige sur le sol à l'emplacement considéré (kN/m^2)

A altitude du site au dessus du niveau de la mer (m)

s_{Ad} valeur de calcul de la charge exceptionnelle de neige sur le sol pour un site donné (kN/m^2)

S_A poids de la couche de neige au sol résultant d'une chute de neige dont la survenance est considérée comme exceptionnellement rare (et engendrant des situations de projet accidentelles)

s charge de neige sur une toiture qui s'obtient en appliquant à s_k et à s_{Ad} les coefficients multiplicateurs appropriés (kN/m^2)

(i) cas de charge de neige sur la toiture en l'absence d'accumulation (noté cas (i)).

Disposition de charge selon laquelle la charge de neige, parvenant uniformément répartie sur la toiture, dépend seulement de la forme de celle-ci, avant toute redistribution due à d'autres actions climatiques

(ii) ou (iii) cas de charge de neige sur la toiture après redistribution ou accumulation (noté respectivement cas (ii) ou cas (iii)).

Disposition de charge décrivant la répartition de la charge de neige sur la toiture après une redistribution ou accumulation provoquée par exemple par le vent

μ coefficient de forme pour la charge de neige sur la toiture.

Rapport de la charge de neige sur la toiture à la charge de neige sur le sol avant accumulation et sans tenir compte de l'influence de l'exposition ni des effets thermiques

C_t coefficient thermique

Coefficient tenant compte de la réduction du poids de la neige en fonction du flux de chaleur au travers de la toiture, lequel engendre une fonte de la neige

C_e coefficient d'exposition.

Ce coefficient définit la réduction ou l'augmentation de la charge sur la toiture d'un bâtiment non chauffé, comme une fraction de la charge caractéristique de la neige sur le sol

S_e	charge de neige en surplomb, par mètre (kN/m)
F_s	force exercée par une masse de neige qui glisse, par mètre (kN/m)
b	largeur de la construction (m)
d	épaisseur de la couche de neige (m)
h	hauteur de la construction (m)
k	coefficient utilisé pour prendre en compte l'irrégularité de la forme de la neige suspendue en débord d'une toiture
ℓ_s	longueur de la congère ou de la zone chargée de neige (m)
α	angle de la pente du toit par rapport à l'horizontale (°)
β	angle de la tangente à la courbure d'un toit cylindrique avec l'horizontale (°)
Γ	poids volumique de la neige (kN/m^3)

1.2.2.3 Actions du vent (EN 1991-1-4) [5]

A	aire
A_{fr}	aire balayée par le vent
A_{ref}	aire de référence
F_{fr}	force de frottement résultante
F_w	force résultante exercée par le vent
K_{rd}	facteur de réduction pour acrotère
L	longueur réelle de la pente du versant sous le vent
L_d	longueur réelle de la pente du versant au vent
W	action du vent
b	largeur de la construction (la dimension perpendiculaire à la direction du vent, sauf spécification contraire)
c_{alt}	coefficient d'altitude
c_{dir}	coefficient de direction
$c_e(z)$	coefficient d'exposition
c_{fr}	coefficient de frottement
c_p	coefficient de pression
c_s	coefficient de dimension
c_{season}	coefficient de saison

d	profondeur de la construction (la dimension parallèle à la direction du vent, sauf spécification contraire)
h	hauteur de la construction
k_r	facteur de terrain (rugosité)
ℓ	longueur d'une construction horizontale
m	masse par unité de longueur
p	probabilité annuelle de dépassement
q_b	pression dynamique moyenne de référence
q_p	pression dynamique de pointe
r	rayon
$v_{b,0}$	valeur de base de la vitesse de référence du vent
v_b	vitesse de référence du vent
w	pression aérodynamique
x-direction	direction horizontale, perpendiculaire à la travée
y-direction	direction horizontale le long de la travée
z	hauteur au-dessus du sol
z_{ave}	hauteur moyenne
z-direction	direction verticale
z_e, z_i	hauteur de référence pour l'action extérieure du vent, pour la pression intérieure
z_g	distance entre le sol et le composant pris en considération
z_{max}	hauteur maximale
z_{min}	hauteur minimale

Lettres grecques

Φ	pente du versant au vent
φ	taux de remplissage : obstruction d'une toiture isolée
λ	élancement
μ	rapport d'ouverture : perméabilité d'une paroi
θ	angle de torsion : direction du vent
ρ	masse volumique de l'air

Indices

crit	critique
fr	frottement

i	interne
j	numéro de l'élément de surface courant ou du point courant d'une construction
m	moyen
p	pointe ; acrotère
ref	référence
v	vitesse du vent
x	direction du vent
y	direction perpendiculaire à celle du vent
z	direction verticale

1.2.3 EN 1993 ou Eurocode 3

1.2.3.1 Partie 1-1 : Règles générales (EN 1993-1-1) [6]

Majuscules latines

A	Aire de la section transversale
A_{net}	Aire nette de la section transversale
A_v	aire de cisaillement
C_m	facteur de moment uniforme équivalent
E	module d'élasticité longitudinale
E_d	valeur de calcul d'un effet (sollicitation, flèche…)
F_{Ed}	chargement de calcul sur la structure
F_{cr}	charge de flambement critique élastique
G	module d'élasticité transversale
H_{Ed}	valeur de calcul de la résultante des charges horizontales
I_y ou I_z	moment d'inertie de flexion
I_t	moment d'inertie de torsion
I_w	moment d'inertie de gauchissement
L	longueur d'une barre
L_{cr}	longueur de flambement
M_{Ed}	valeur de calcul du moment fléchissant
$M_{c,Rd}$	valeur de calcul de la résistance à la flexion
$M_{b,Rd}$	valeur de calcul de la résistance au déversement
M_{cr}	valeur du moment critique pour le déversement élastique
N_{Ed}	valeur de calcul de l'effort normal
N_{Rd}	valeur de calcul de résistance à l'effort normal
$N_{b,Rd}$	valeur de calcul de la résistance au flambement
R_d	valeur de calcul de la résistance
R_k	valeur caractéristique de la résistance

S	moment statique d'aire
T_{Ed}	valeur de calcul du moment de torsion
T_{Rd}	valeur de calcul de la résistance à la torsion
V_{Ed}	valeur de calcul de l'effort tranchant
V_{Rd}	valeur de calcul de la résistance à l'effort tranchant
W_{el}	module de flexion élastique
W_{pl}	module de flexion plastique

Minuscules latines

a	rapport de l'âme à l'aire de la section brute
b	indice « buckling : instabilité »
a_d	valeur de calcul d'une donnée géométrique
c	largeur ou hauteur d'une paroi de section
e_0	amplitude maximale d'une imperfection géométrique
f_y	limite d'élasticité
f_u	résistance ultime à la traction
h	hauteur d'étage
i	rayon de giration
k_{ij}	coefficients d'interaction
ℓ	longueur
m	nombre de poteaux dans une file
n	rapport de l'effort normal à l'effort normal de plastification
w	valeur d'une flèche ou d'un déplacement
w	indice « gauchissement »
t	épaisseur
y	indice : axe de section transversale parallèle aux semelles
z	indice : axe de section transversale perpendiculaire aux semelles

Majuscules grecques

ΔM	moment provoqué par un décalage de l'axe neutre
Φ	valeur pour déterminer le coefficient de réduction de flambement
Φ	défaut initial d'aplomb
Φ_0	valeur de base du défaut initial global d'aplomb

Minuscules grecques

α	paramètre introduisant l'effet de flexion bi-axiale
α	facteur d'imperfection
α	coefficient de dilatation thermique linéaire
α_h	coefficient de réduction pour la hauteur h des poteaux

α_m	coefficient de réduction pour le nombre de poteaux dans une file
α_{cr}	coefficient d'éloignement de l'état critique de flambement
β	paramètre introduisant l'effet de flexion bi-axiale
β	facteur de correction des courbes de déversement
γ	coefficient partiel
δ	déplacement horizontal
ε_y	déformation élastique limite
ε_u	déformation limite à la traction
η	coefficient de conversion
η	coefficient pour l'aire de cisaillement
λ	élancement
$\bar{\lambda}$	élancement réduit
$\bar{\lambda}_{LT}$	élancement réduit pour le déversement
μ	facteur d'efficacité
ν	coefficient de Poisson en phase élastique
ρ	coefficient de réduction, interaction flexion – effort tranchant
σ	contrainte normale
τ	contrainte tangentielle
χ	coefficient de réduction pour le flambement
χ_{LT}	coefficient de réduction pour le déversement
ψ	rapport de moments d'extrémité

1.2.3.2 Partie 1-8 : Assemblages (EN 1993-1-8) [7]

d	diamètre nominal du boulon, diamètre de l'axe d'articulation ou diamètre de la fixation
d_0	diamètre du trou pour un boulon, un rivet ou un axe d'articulation
$d_{0,t}$	taille du trou pour la zone tendue, en général le diamètre du trou, mais, pour les trous oblongs perpendiculaires à la zone tendue, il convient d'utiliser la longueur de ces trous
$d_{0,v}$	taille du trou pour la zone cisaillée, en général le diamètre du trou, mais, pour les trous oblongs parallèles à la zone cisaillée, il convient d'utiliser la longueur de ces trous
d_c	hauteur libre de l'âme du poteau
d_m	moyenne entre surangle et surplat de la tête de boulon ou de l'écrou, en prenant la plus petite
$f_{H,Rd}$	valeur de calcul de la pression de Hertz
e_1	pince longitudinale entre le centre d'un trou de fixation et le bord adjacent d'une pièce quelconque, mesurée dans la direction de l'effort transmis (voir figure 1.3)

e_2 pince transversale entre le centre d'un trou de fixation et le bord adjacent d'une pièce quelconque, perpendiculairement à la direction de l'effort transmis (voir figure 1.3)

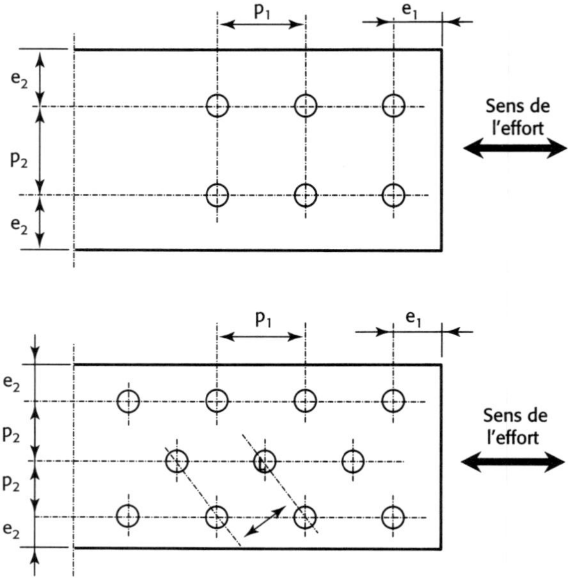

Figure 1.3 Pinces et entraxes

e_3 distance entre l'axe d'un trou oblong et l'extrémité ou bord adjacent d'une pièce quelconque (voir figure 1.4)

e_4 distance entre le centre de l'arrondi d'extrémité d'un trou oblong et l'extrémité ou bord adjacent d'une pièce quelconque (voir figure 1.4)

ℓ_{eff} longueur efficace d'une soudure d'angle

n nombre de surfaces de frottement ou nombre de trous de fixation dans le plan de cisaillement

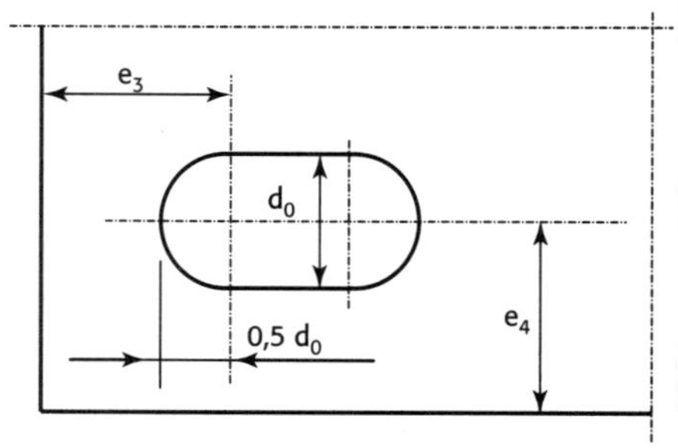

Figure 1.4 Pince longitudinale et pince transversale pour trous oblongs

p_1 entraxe des fixations dans une rangée dans la direction de la transmission des efforts (voir figure 1.5)

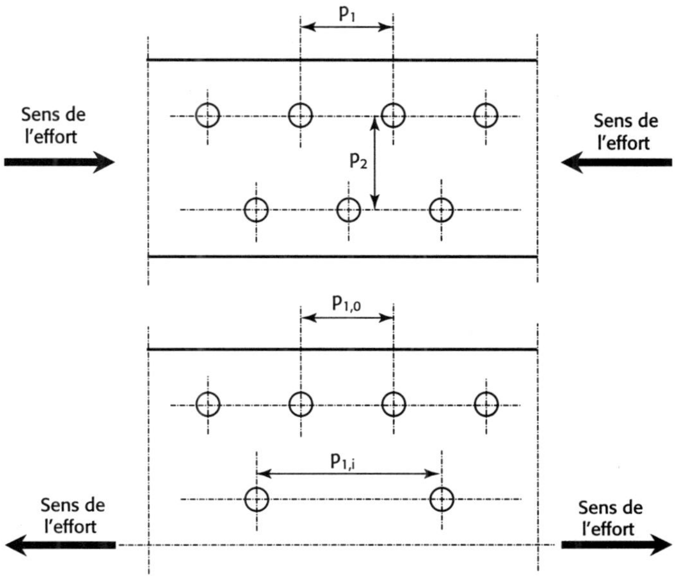

Figure 1.5 Entraxes pour trous en quinconce

$p_{1,0}$	entraxe des fixations dans une rangée extérieure dans la direction de la transmission des efforts (voir figure 1.5)
$p_{1,i}$	entraxe des fixations dans une rangée intérieure dans la direction de la transmission des efforts (voir figure 1.5)
p_2	pince, mesurée perpendiculairement à la direction de la transmission des efforts, entre des rangées de fixations adjacentes (voir figure 1.5)
r	numéro de rangée de boulons
s_s	longueur d'appui rigide
t_a	épaisseur de la cornière-tasseau
t_{fc}	épaisseur de la semelle de poteau
t_p	épaisseur de la plaque située sous la tête ou l'écrou
t_w	épaisseur de l'âme ou de la cornière
t_{wc}	épaisseur de l'âme de poteau
A	aire de la section de tige lisse du boulon
A_{vc}	aire de cisaillement du poteau, voir EN 1993-1-1
A_s	aire résistante du boulon ou de la tige d'ancrage
$A_{v,eff}$	aire de cisaillement efficace
$B_{p,Rd}$	résistance de calcul au cisaillement par poinçonnement de la tête de boulon et de l'écrou
E	module d'élasticité
$F_{p,Cd}$	effort de précontrainte de calcul

$F_{t,Ed}$	effort de traction de calcul par boulon à l'état limite ultime
$F_{t,Rd}$	résistance de calcul à la traction par boulon
$F_{T,Rd}$	résistance à la traction d'une semelle de tronçon en T équivalent
$F_{v,Rd}$	résistance de calcul au cisaillement par boulon
$F_{b,Rd}$	résistance de calcul en pression diamétrale par boulon
$F_{s,Rd,ser}$	résistance de calcul au glissement par boulon à l'état limite de service
$F_{s,Rd}$	résistance de calcul au glissement par boulon à l'état limite ultime
$F_{v,Ed,ser}$	effort de cisaillement de calcul par boulon à l'état limite de service
$F_{v,Ed}$	effort de cisaillement de calcul par boulon à l'état limite ultime
$M_{j,Rd}$	moment résistant de calcul d'un assemblage
$V_{wp,Rd}$	résistance plastique en cisaillement d'un panneau d'âme de poteau
z	bras de levier
μ	coefficient de frottement
L_b	longueur du boulon soumise à allongement, prise égale à la longueur de serrage (épaisseur totale du matériau et des rondelles), plus la moitié de la somme de la hauteur de la tête et de la hauteur d'écrou ou longueur du boulon d'ancrage soumise à allongement, prise égale à la somme de 8 fois le diamètre nominal du boulon, de la couche de scellement, de l'épaisseur de la plaque, de la rondelle et de la moitié de la hauteur de l'écrou
Q	effet de levier
$\sum F_{t,Rd}$	valeur totale de $F_{t,Rd}$ pour tous les boulons dans le tronçon en T
$\sum \ell_{eff,1}$	valeur de $\sum \ell_{eff}$ pour le mode 1
$\sum \ell_{eff,2}$	valeur de $\sum \ell_{eff}$ pour le mode 2
$f_{y,bp}$	limite d'élasticité des contreplaques
t_{bp}	épaisseur des contreplaques
e_w	$d_w/4$
d_w	diamètre de la rondelle, ou surangle de la tête de boulon ou de l'écrou, selon le cas

1.3 Références bibliographiques

[1] ConstruirAcier. *Lexique de construction métallique et de résistance des matériaux*, Eyrolles, 2013.

[2] NF EN 1990:2003 – Eurocodes structuraux. Bases de calcul des structures. AFNOR, mars 2003.

[3] NF EN 1991-1-1:2003 – Eurocode 1 – Actions sur les structures. Partie 1-1 : Actions générales – Poids volumiques, poids propres, charges d'exploitation des bâtiments. AFNOR, mars 2003.

[4] NF EN 1991-1-3:2004 – Eurocode 1 – Actions sur les structures. Partie 1-3 : Actions générales – Charges de neige. AFNOR, avril 2004.

[5] NF EN 1991-1-4:2005 – Eurocode 1 – Actions sur les structures. Partie 1-4 : Actions générales – Actions du vent. AFNOR, novembre 2005.

[6] NF EN 1993-1-1:2005 – Eurocode 3 - Calcul des structures en acier. Partie 1-1 : Règles générales et règles pour les bâtiments. AFNOR, octobre 2005.

[7] NF EN 1993-1-8:2005 – Eurocode 3 - Calcul des structures en acier. Partie 1-8 : Calcul des assemblages. AFNOR, décembre 2005.

CHAPITRE 2

Eurocode 0 : bases de calculs

Résumé

La norme européenne EN 1990 (dite Eurocode 0) définit les principes et les exigences en matière de sécurité, d'aptitude au service et de durabilité des structures. Elle décrit les bases pour le dimensionnement et la vérification des ossatures en acier et elle fournit des lignes directrices concernant les aspects de la fiabilité structurale qui s'y rattachent.

Elle est destinée à être utilisée conjointement avec les EN 1991 à 1999.

2.1 Principes de vérification – États limites

Une structure doit être conçue pour une durée de vie donnée. Elle doit être dimensionnée et réalisée de manière :

- à résister aux actions, à l'incendie et aux événements accidentels (conditions de résistance),
- à répondre à certaines aptitudes au service (conditions d'utilisation), avec un niveau de fiabilité requis.

La vérification des structures se fait suivant le principe de calcul aux états limites et en envisageant toutes les situations de projet possibles telles que :

- les situations de projet durables : conditions normales d'utilisation,
- les situations de projet transitoires : exécution, réparation,
- les situations de projet accidentelles : incendie, choc, défaillance d'un élément,
- les situations de projet sismiques : séisme.

Il existe deux natures d'états limites, les « **É**tats **L**imites **U**ltimes » (**ELU**) et les « **É**tats **L**imites de **S**ervice » (**ELS**).

2.1.1 États limites ultimes (ELU)

Ils concernent la sécurité des personnes et des structures et font l'objet de vérifications portant sur :

- une perte d'équilibre,
- une rupture,
- une défaillance provoquée par la fatigue.

L'essentiel des **vérifications ELU** qui portent sur la **résistance des éléments structuraux** des ouvrages, se fait sous **combinaisons d'actions pondérées** (censées représenter, avec le niveau de fiabilité requis, les situations extrêmes encourues par l'ouvrage durant sa vie).

Une vérification **ELU** se traduit généralement par une condition du type :

$E_d \leq R_d$ $\quad$ E_d : valeur de calcul de l'effet des actions (sollicitation, contrainte...),

R_d : valeur de calcul de la résistance (capacité résistante...).

2.1.2 États limites de service (ELS)

Ils concernent l'aptitude au service des structures et font l'objet de vérifications portant sur :

- le fonctionnement de la structure (condition de déformation en utilisation normale),
- le confort de personnes (vibrations, etc.),
- l'aspect de la construction.

L'essentiel des **vérifications ELS**, portant sur la **déformation des structures**, se fait sous **combinaisons d'actions non pondérées** (censées représenter, avec le niveau de fiabilité requis, les situations normales d'utilisation).

Une vérification **ELS** se traduit généralement par une condition du type :

$E_d \leq C_d$ E_d : valeur de calcul de l'effet des actions (flèche, fréquence...),

C_d : valeur limite du critère **ELS** (flèche admissible, etc.).

2.2 Actions sur les structures

Les valeurs de calcul F_d des actions qui rentrent dans le calcul de E_d sont basées sur des valeurs caractéristiques F_k corrigées pour en faire des valeurs représentatives F_{rep} (pour les actions variables) et pondérées par différents coefficients partiels[1], de combinaison ou d'accompagnement, comme indiqué ci-après.

Parmi les actions F à prendre en compte, on distingue essentiellement :

- les actions permanentes G (poids propre, précontrainte...),
- les actions variables Q (charges d'exploitation I, charges climatiques S, W, etc.),
- les actions accidentelles A (explosions, chocs, neige accidentelle, vent accidentel, etc.).

2.2.1 Valeurs caractéristiques des actions

Les valeurs caractéristiques des actions, notées F_k, sont définies dans l'Eurocode 1.

2.2.2 Valeurs représentatives des actions variables

Les valeurs représentatives des actions variables sont notées F_{rep}.

Suivant la nature de la vérification (**ELU** ou **ELS**) et son caractère (principal ou secondaire), une action variable est représentée par :

- sa valeur caractéristique Q_k valeur de référence pour toute action variable principale,
- sa valeur de combinaison $\psi_0 \cdot Q_k$ valeur pour toute action variable d'accompagnement, pour les vérifications **ELU** et **ELS** irréversibles,
- sa valeur fréquente $\psi_1 \cdot Q_k$ pour les bâtiments, le temps de dépassement correspond à 1 % du temps de référence,
- sa valeur quasi-permanente $\psi_2 \cdot Q_k$ utilisée pour les vérifications **ELU** et **ELS** réversibles ; pour les planchers de bâtiments : correspond à un temps de dépassement de 50 % du temps de référence.

---

1. Il convient d'utiliser strictement le terme « coefficient partiel » et non plus, comme dans un passé récent, « coefficient partiel de sécurité » qui était impropre.

2.2.3 Valeurs de calcul des actions

La valeur de calcul des actions, notée F_d, est la valeur à considérer dans les combinaisons :

$$F_d = \gamma_F \cdot F_{rep}$$

avec : $F_{rep} = \psi_i \cdot F_k$

où :

- F_d : valeur de calcul de l'action,
- γ_F : coefficient partiel pour l'action, qui tient compte de la possibilité d'écarts défavorables des valeurs de l'action par rapport aux valeurs représentatives (coefficient de sécurité ou coefficient de pondération),
- F_{rep} : valeur représentative de l'action,
- ψ_i : coefficients ψ_0, ψ_1 ou ψ_2.

2.3 Caractéristiques des matériaux

Les propriétés des matériaux sont représentées par leur valeur caractéristique X_k ou R_k, valeurs précisées dans les EN 1992 à 1999.

Lors des vérifications, c'est la valeur de calcul de la propriété du matériau qui est utilisée :

$$R_d = \frac{R_k}{\gamma_M}$$

avec :

- γ_M : coefficient partiel pour le matériau.

2.4 Calcul des structures

L'analyse structurale (calcul de structure) doit faire appel à des méthodes, à des modèles mécaniques et à des logiciels, reconnus et adaptés.

Les dimensions des structures sont généralement des dimensions nominales (dimensions initiales ou moyennes). Néanmoins, tout écart sur les données géométriques ayant des effets significatifs doit être pris en considération (pour les structures en acier, voir EN 1993-1-1, § 5)

2.5 Combinaisons d'actions

Les formes littérales des combinaisons d'actions à considérer sont énoncées à la Section 6 de l'EN 1990 [1]. Les valeurs des coefficients partiels γ et des coefficients ψ_i sont précisées à l'Annexe 1 ainsi que dans l'Annexe Nationale.

Lorsque le projet nécessite de combiner plusieurs actions variables, il faut distinguer :

- l'action variable principale Q_1
- les actions variables secondaires Q_2, Q_3, etc. (ou actions variables d'accompagnement)

Comme précisé en Annexe A1.2.1, pour les bâtiments courants, les combinaisons peuvent être fondées sur deux actions variables au plus.

Le projet doit spécifier, le cas échéant, la prise en compte de plus de deux actions variables.

Dans son § 6.4, l'EN 1990 [1] définit quatre « familles » d'**ELU** (**EQU**, **STR**, **GEO** et **FAT**) avec des formats de combinaisons et des coefficients différents.

À titre d'exemple, le tableau 2.1 du présent ouvrage présente les combinaisons d'actions **ELU** usuelles à considérer pour la vérification des éléments structuraux d'un bâtiment courant en acier (**STR**).

Il est à noter que dans le cas où l'on vérifie l'équilibre statique de la structure, il convient de modifier de la façon suivante, la valeur des coefficients γ_G pour tenir compte de la variabilité des charges permanentes :

- $\gamma_{G,sup} = 1{,}10$
- $\gamma_{G,inf} = 0{,}90$
- $\gamma_Q = 1{,}50$ si défavorable, $\gamma_Q = 0$ si favorable.

On doit notamment vérifier la stabilité de l'ouvrage vis-à-vis du risque de soulèvement sous l'effet du vent en considérant la combinaison :

$$\begin{cases} 0{,}9\ G_{k,inf} + 1{,}5\ W^- \\ 1{,}1\ G_{k,sup} + 1{,}5\ W^+ \end{cases}$$

En effet, dans le cas où l'**ELU** est très sensible aux variations de grandeur d'actions permanentes, il convient d'utiliser les valeurs caractéristiques inférieures et supérieures de ces actions.

Pour des vérifications vis-à-vis d'une perte d'équilibre statique de la structure (**EQU**), pour des vérifications géotechniques (**GEO**) ou des vérifications à la fatigue (**FAT**), le lecteur est invité à consulter l'EN 1990 pour plus de précision (notamment sur les valeurs du coefficient γ_G).

À titre d'exemple, le tableau 2.2 ci-après présente les combinaisons **ELS** usuelles à considérer pour la vérification d'un bâtiment courant en acier. Ce tableau indicatif ne concerne que les combinaisons caractéristiques. Il est à noter également que certains critères **ELS** sont à vérifier sous les seuls effets des actions variables.

Les coefficients ψ_{0I} et ψ_{2I}, relatifs à la charge d'exploitation I, dépendent de la catégorie de la surface chargée. Le tableau 2.3 en précise les valeurs pour les bâtiments.

Remarques :

Certaines configurations particulières de neige ou de vent relèvent de situations de projet accidentelles (voir EN 1991-1-3 et EN 1991-1-4)

Les effets de la température ne sont pas traités dans cet ouvrage mais ils peuvent conduire à des actions importantes selon que la dilation (ou la contraction) de l'ossature est plus ou moins empêchée (voir l'EN 1991-1-5 pour plus d'informations).

Tableau 2.1 Combinaisons d'actions ELU

COMBINAISONS D'ACTIONS ELU		
	Combinaisons fondamentales	**Combinaisons accidentelles**
G + 1 action variable	$1,35\,G + 1,5\,I$ $1,35\,G + 1,5\,S$ $1,35\,G + 1,5\,W^+$ (W^+ vent en appui) $G + 1,5\,W^-$ (W^- vent en soulèvement)	$G + S_a$ $G + W_a^+$ $G + W_a^-$
G + 2 actions variables	$1,35\,G + 1,5\,I + 0,75\,S$ si alt ≤ 1000 m ($\psi_{0S} = 0,5$) $1,35\,G + 1,5\,I + 1,05\,S$ si alt > 1000 m ($\psi_{0S} = 0,7$) $1,35\,G + 1,5\,I + 0,9\,W^+$ ($\psi_{0W} = 0,6$)	
	$1,35\,G + 1,5\,S + 1,5\,\psi_{0I}\,I$ $1,35\,G + 1,5\,S + 0,9\,W^+$	$G + S_a + \psi_{2I}\,I$ $\psi_{2w} = 0$ sans objet
	$1,35\,G + 1,5\,W^+ + 1,5\,\psi_{0I}\,I$ $1,35\,G + 1,5\,W^+ + 0,75\,S$ si alt ≤ 1000 m $1,35\,G + 1,5\,W^+ + 1,05\,S$ si alt > 1000 m	$G + W_a + \psi_{2I}\,I$ $\psi_{2s} = 0$ sans objet $G + W_a + 0,2\,S_a$

Tableau 2.2 Combinaisons d'actions ELS

COMBINAISONS D'ACTIONS ELS	
	Combinaisons caractéristiques
G + 1 action variable	$G + I$ $G + S$ $G + W^+$ $G + W^-$
G + 2 actions variables	$G + I + 0,7\,S$ si alt > 1000 m $G + I + 0,5\,S$ si alt ≤ 1000 m $G + I + 0,6\,W^+$ $G + S + \psi_{0I}\,I$ $G + S + 0,6\,W^+$ $G + W^+ + \psi_{0I}\,I$ $G + W^+ + 0,5\,S$ si alt ≤ 1000 m $G + W^+ + 0,7\,S$ si alt > 1000 m

Tableau 2.3 Valeurs des coefficients ψ_{0i}, ψ_{1i} et ψ_{2i}

Catégorie	ψ_0	ψ_1	ψ_2
A : Habitation, zones résidentielles	0,7	0,5	0,3
B : Bureaux	0,7	0,5	0,3
C : Lieux de réunion	0,7	0,7	0,6
D : Commerces	0,7	0,7	0,6
E : Stockage	1,0	0,9	0,8
F : Zone de trafic, véhicules de poids ≤ 30 kN	0,7	0,7	0,6
G : Zone de trafic, véhicules de poids compris entre 30 kN et 160 kN	0,7	0,5	0,3
H : Toits	0	0	0

2.6 Références bibliographiques

[1] NF EN 1990:2003 – Eurocodes structuraux. Bases de calcul des structures. AFNOR, mars 2003.

[2] NF EN 1990/NA:2007 – Eurocodes structuraux. Bases de calcul des structures. Annexe nationale à la NF EN 1990:2003. AFNOR, avril 2007.

CHAPITRE 3

Eurocode 1 : actions sur les structures

Résumé

La norme européenne EN 1991 (dite Eurocode 1) définit les actions à prendre en compte pour le calcul des structures. Elle est constituée de plusieurs parties et sous-parties et elle est destinée à être utilisée conjointement avec les Eurocodes structuraux, EN 1992 à 1999.

L'EN 1991 se décompose selon les parties et sous-parties suivantes :

Partie 1 : Actions générales
- Partie 1.1 : Poids volumiques, poids propres, charges d'exploitation des bâtiments
- Partie 1.2 : Actions dues au feu
- Partie 1.3 : Charges de neige
- Partie 1.4 : Actions du vent
- Partie 1.5 : Actions thermiques
- Partie 1.6 : Actions en cours d'exécution
- Partie 1.7 : Actions accidentelles dues aux chocs et explosions

Partie 2 : Charges sur les ponts dues au trafic
Partie 3 : Actions induites par les ponts roulants et autres machines
Partie 4 : Actions dans les silos et réservoirs

Le présent ouvrage n'aborde que les sous-parties 1.1, 1.3 et 1.4.

3.1 Poids volumiques, poids propres, charges d'exploitation des bâtiments

Les éléments qui suivent sont extraits de l'EN 1991-1-1 [1] et de son Annexe Nationale française [2]. Pour plus d'informations, le lecteur est invité à consulter les documents d'origine.

3.1.1 Poids propres, poids volumiques

Les poids propres des éléments constitutifs d'une construction sont déterminés :

- à partir d'indications fournies par le fabricant lorsqu'il s'agit de produits manufacturés (catalogue, documentation technique) souvent exprimées sous forme de charge linéique (kN/m) ou surfacique (kN/m^2) ;
- à partir des poids volumiques des matériaux définis dans cette même norme (kN/m^3) ;
- à partir d'indications fournies par d'autres normes EN.

Il convient de classer les poids propres des ouvrages de construction comme actions permanentes fixes.

Note : Les cloisons mobiles sont à traiter comme une charge d'exploitation supplémentaire.

L'annexe A de l'EN 1991-1-1 précise les valeurs caractéristiques des poids volumiques des matériaux courants et le tableau 3.1 en reproduit quelques extraits.

Tableau 3.1 Poids volumiques des matériaux de construction

Matériaux de construction	Poids volumique γ [kN/m^3]
Béton de poids normal	24
Mortier de ciment	19 à 23
Éléments en terre cuite	21
Pierres naturelles	20 à 30
Verre	22 à 25
Bois (fonction de la classe de résistance)	3,5 à 10,8
Matières plastiques (acrylique)	12
Asphalte, béton bitumeux	23 à 25
Sable (sec)	15 à 16
Graviers, ballast (non compacté)	15 à 16
Métaux	
Acier	78,5
Aluminium	27
Laiton	83 à 85
Bronze	83 à 85
Cuivre	87 à 89
Plomb	112 à 114
Zinc	71 à 72

3.1.2 Charges d'exploitation

Les charges d'exploitation résultent de l'occupation des locaux. Elles intègrent les actions liées au personnel, au mobilier, aux matières stockées, etc.

Elles sont classées comme actions variables libres et considérées comme des charges quasi-statiques.

Seules les actions provoquant une accélération significative de la structure ou d'éléments structuraux doivent être classées comme actions dynamiques et prises en compte dans une analyse dynamique.

Selon le cas, il convient d'établir un modèle de fatigue.

Pour les entrepôts, la charge d'exploitation peut être évaluée à partir des poids volumiques des matériaux entreposés.

L'annexe A de l'EN 1991-1-1 précise les valeurs caractéristiques courantes des principaux matériaux stockés et le tableau 3.2 ci-après en reproduit quelques extraits.

Tableau 3.2 Poids volumiques des matériaux stockés

Matériaux stockés	Poids volumique γ [kN/m^3]	Angle de talus naturel φ [°]
Granulats normaux	20 à 30	30
Sable et gravier, en vrac	15 à 20	35
Ciment en vrac	16	28
Matières plastiques		
Polystyrène en granulés	6,4	30
Engrais granulés	8 à 12	25
Céréales	7 à 8	25 à 30
Farines broyées	7	45
Fruits pommes	8,3	30
Pommes de terre, en vrac	7,6	35
Liquides		
Eau, boissons	10	
Huiles	8,8 à 9,3	
Gasoil	8,3	
Essence	7,4	
Mercure	133	
Combustibles		
Charbon, brut de mine	10	35
Bois de chauffage	5,4	45
Divers		
Livres et documents	6	
Papier en pile	11	
Vêtements et chiffons	11	

Pour les bâtiments, la valeur de la charge d'exploitation est spécifiée sous forme de charge surfacique, charge linéique ou charge concentrée en fonction de l'usage des locaux.

Pour le calcul d'un plancher à l'intérieur d'un bâtiment ou en toiture, la charge d'exploitation doit être considérée comme une action libre appliquée sur la partie la plus défavorable de la surface d'influence.

Pour s'assurer que le plancher présente une résistance locale minimale, une vérification séparée doit être effectuée avec une charge concentrée qui, sauf indication contraire, ne doit pas être combinée avec des charges uniformément réparties.

Pour les catégories A, B, C3, D1 et F (voir tableaux 3.3, 3.4 et 3.5), on peut utiliser un coefficient de réduction α_A en fonction de l'aire portée. Ce coefficient est calculé selon l'expression :

$$\alpha_A = 0,77 + \frac{A_0}{A} \leq 1$$

avec $A_0 = 3,5 \text{ m}^2$

et A : aire chargée (en m²)

Pour les autres catégories, il n'y a pas de réduction.

Pour le calcul des poteaux ou des murs recevant des charges de plusieurs niveaux, il convient de considérer que les charges d'exploitation totales sur le plancher de chacun des étages sont uniformément réparties. Ces charges peuvent être réduites par l'application d'un coefficient α_n selon les expressions suivantes :

$$\alpha_n = 0,5 + \frac{1,36}{n} \text{ pour la catégorie A}$$

$$\alpha_n = 0,7 + \frac{0,8}{n} \text{ pour les catégories B et F}$$

avec n : nombre d'étages (>2) au-dessus des éléments structuraux chargés de la même catégorie

Les coefficients α_A et α_n ne sont pas à prendre en compte simultanément.

Pour le calcul des garde-corps ou murs de séparation agissant comme barrière, il convient de considérer une charge linéique à appliquer horizontalement (en limitant à 1,20 m la hauteur du point d'application).

Les tableaux 3.3, 3.4 et 3.5 [2] définissent les catégories d'usage ainsi que les valeurs caractéristiques des charges d'exploitation à considérer dans les cas les plus usuels.

Tableau 3.3 Catégories d'usage et valeurs réglementaires des charges d'exploitation

<table>
<tr><th rowspan="2">Catégorie</th><th rowspan="2" colspan="2">USAGE</th><th colspan="2">Charges d'exploitation (verticales)</th><th>Charges horizontales sur les gardes-corps</th></tr>
<tr><th>q_k [kN/m²]</th><th>Q_k [kN]</th><th>q_k [kN/m]</th></tr>
<tr><td rowspan="3">A</td><td rowspan="3">Habitation, résidentiel :
– Pièces des bâtiments et maisons d'habitation
– Chambres d'hôtels et de foyers
– Cuisines et sanitaires</td><td>– Plancher</td><td>1,5</td><td rowspan="3">2,0</td><td rowspan="3">0,6</td></tr>
<tr><td>– Escaliers</td><td>2,5</td></tr>
<tr><td>– Balcons</td><td>3,5</td></tr>
</table>

B		**Bureaux**	2,5	4,0	0,6
C	**Lieux de réunion :**				
	C1	Espaces équipés de tables, par exemple : écoles, cafés restaurants, salles de banquets, salles de lecture, salles de réception	2,5	3,0	0,6
	C2	Espaces équipés de sièges fixes, par exemple : églises, théâtres ou cinémas, salles de conférence, amphithéâtres, salles de réunion, salles d'attente	4,0	4,0	1,0
	C3	Espaces ne présentant pas d'obstacles à la circulation des personnes, par exemple : salles de musée, salles d'exposition etc. et accès des bâtiments publics et administratifs, hôtels, hôpitaux, gares	4,0	4,0	1,0
	C4	Espaces permettant des activités physiques, par exemple : dancings, salles de gymnastique, scènes	5,0	7,0	1,0
	C5	Espaces susceptibles d'accueillir des foules importantes, par exemple : bâtiments destinés à des événements publics tels que salles de concert salles de sport y compris tribunes, terrasses et aires d'accès, quais de gare	5,0	4,5	3,0
D	**Commerces :**				
	D1	Commerces de détail courants	5,0	5,0	1,0
	D2	Grands magasins	5,0	7,0	1,0
E	**E1**	Surfaces susceptibles de recevoir une accumulation de marchandises, y compris aires d'accès, par exemple : aires de stockage, y compris stockages de livres et autres documents	7,5	7,0	2,0
	E2	Usage industriel	(1)	(1)	(1)

Tableau 3.4 Garages et aires de circulation accessibles aux véhicules

Catégorie	**USAGE**	**Charges d'exploitation (verticales)**	
		q_k [kN/m²]	Q_k [kN]
F	**Aire de circulation et de stationnement pour véhicules légers (PTAC ≤ 30 kN), par exemple :** Garages, parcs de stationnement, parkings à plusieurs étages	2,3	15
G	**Aires de circulation et de stationnement pour véhicules de poids moyen (30 kN < PTAC ≤ 160 kN, à deux essieux), par exemple :** Voies d'accès, zones de livraison, zones accessibles aux véhicules de lutte incendie (PTAC ≤ 160kN)	5,0	90

Note : Des indications sont données en Annexe B de l'EN 1991-1-1 sur le calcul des barrières de sécurité et garde-corps pour parkings.

Tableau 3.5 Toitures

Catégorie	USAGE	Charges d'exploitation (verticales)	
		q_k [kN/m²]	Q_k [kN]
H	**Toitures inaccessibles sauf pour entretien et réparations courants :**		
	– Toiture de pente inférieure à 15 % recevant une étanchéité	1,0 (2)	1,5 (2)
	– Autres toitures	0	1,5
I	**Toitures accessibles pour les usages des catégories A à D**	(3)	(3)
K	**Toitures accessibles pour des usages particuliers, hélistations :**	**Dimensions de la surface chargée**	Q_k [kN]
	– Hélicoptère de classe HC1 (poids au décollage ≤ 20kN)	0,2 m × 0,2 m	20 (4)
	– Hélicoptère de classe HC2 (20 kN ≤ poids au décollage ≤60 kN)	0,3 m × 0,3 m	60 (4)

Notes relatives aux tableaux 3.3, 3.4 et 3.5 :

Pour les catégories A à E, la charge concentrée Q_k doit être considérée comme agissant en un point quelconque du plancher, balcon ou escalier, sur une surface de forme adaptée, en fonction de l'usage et du type de plancher (on peut considérer que cette surface a la forme d'un carré de 50 mm de côté).

Pour les catégories F et G, il y a lieu de considérer le schéma de la figure 3.1.

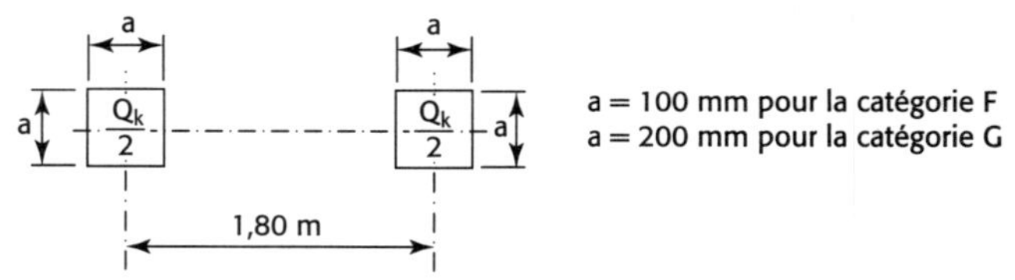

Figure 3.1 Charge concentrée Q_k pour les catégories F et G

(1) Il convient d'évaluer les charges sur les surfaces ou locaux industriels en tenant compte de l'usage prévu.

(2) Pour les toitures inaccessibles, la charge répartie q_k couvre une aire rectangulaire de 10 m², dont la forme et la localisation sont à choisir de la façon la plus défavorable pour la vérification à effectuer (sans toutefois que le rapport entre longueur et largeur dépasse la valeur 2).

La charge répartie et la charge ponctuelle ne sont pas à appliquer simultanément.

Ces charges d'exploitation ne sont pas prises en compte simultanément avec les charges de neige ou les actions du vent.

(3) Pour les toitures de catégorie I, les charges d'exploitation sont définies d'après leur usage (catégories A à G).

(4) Pour les toitures de catégorie K, la charge au décollage Q_k doit être pondérée par un coefficient dynamique $\varphi = 1,5$ pour tenir compte des effets d'impact.

3.2 Action de la neige

Les éléments qui suivent sont extraits de l'EN 1991-1-3 [3] et de son Annexe Nationale française [4]. Pour plus d'information, le lecteur est invité à consulter les documents d'origine.

3.2.1 Action de la neige sur la toiture d'une construction

L'action de la neige dépend principalement du lieu de la construction et de la forme de la toiture.

L'exposition au vent ainsi que les déperditions de chaleur à travers la toiture peuvent également avoir une incidence.

L'action de la neige sur une toiture est une charge verticale notée s. Elle est rapportée à la projection horizontale de la surface de la toiture (figure 3.2) et elle s'exprime en kN/m^2.

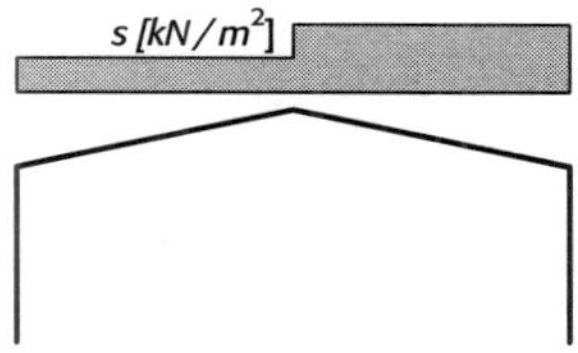

Figure 3.2 Exemple de représentation d'une charge de neige rapportée à la projection horizontale de la surface de toiture

Les charges de neige sur une toiture se calculent à partir :

- de la charge de neige au sol à l'emplacement de la construction : valeur caractéristique s_k et éventuellement exceptionnelle s_{Ad} dans certaines régions ;
- du coefficient de forme μ_i de la toiture ;
- des propriétés thermiques de la toiture et de la quantité de chaleur générée en dessous : coefficient thermique C_t généralement pris égal à 1,0 pour les bâtiments normalement chauffés et isolés ;
- des conditions d'abri liées à la topographie et à la présence de bâtiments voisins : coefficient d'exposition C_e pris égal à 1,0 sauf si le déplacement de la neige par le vent est empêché par les bâtiments voisins ($C_e = 1{,}25$).

Ces charges sont déterminées comme suit :

- situations de projet durables et transitoires :

$$s = \mu_i \cdot C_e \cdot C_t \cdot s_k$$

- situations de projet accidentelles dans lesquelles l'action exceptionnelle est la charge de neige accidentelle :

$$s_A = \mu_i \cdot C_e \cdot C_t \cdot s_{Ad}$$

Deux dispositions de charges sont à considérer :

- Cas (i) : la charge de neige apparaît uniformément répartie sur la toiture et dépend seulement de la forme de celle-ci, avant toute redistribution due à d'autres actions climatiques ;

- Cas (ii) et éventuellement (iii) : ces cas décrivent la répartition de la charge de neige sur la toiture après une redistribution ou accumulation provoquée par exemple par le vent.

Si une charge de neige accidentelle est à prendre en compte, sa disposition est celle du cas (i).

Lorsque la toiture comporte des zones dont la pente vis-à-vis de l'écoulement de l'eau est inférieure à 5 % (toitures-terrasses, versants formant une noue, présence d'un acrotère au bas d'un versant), pour tenir compte de l'augmentation de la densité de la neige résultant des difficultés d'évacuation de l'eau, il y a lieu de majorer la charge de neige s sur la toiture de [3,4] :

- $s^* = 0{,}2\ kN/m^2$ lorsque la pente nominale du fil de l'eau (pente du chéneau situé le long d'un acrotère par exemple) est inférieure ou égale à 3 %,
- $s^* = 0{,}1\ kN/m^2$ si elle est comprise entre 3 % et 5 %.

Cette majoration s'applique à tous les cas (i), (ii), (iii) ainsi qu'à la charge de neige accidentelle.

La zone de majoration est limitée aux parties enneigées de la toiture et s'étend dans toutes les directions sur une distance de 2 mètres au-delà de la partie de toiture visée.

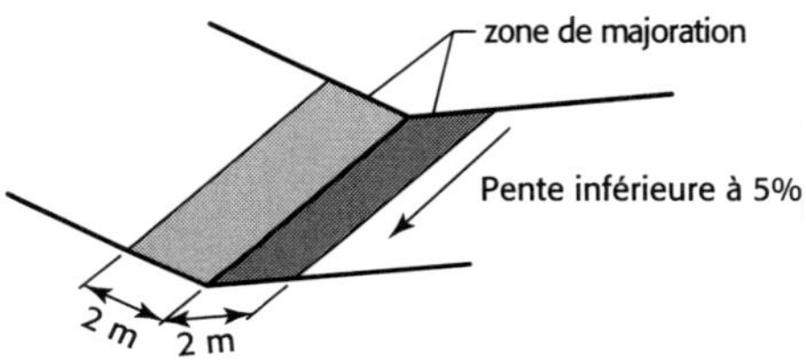

Figure 3.3 Zone de majoration de la charge de neige dans le cas d'une noue

3.2.2 Charge de neige sur le sol

La France métropolitaine est divisée en régions climatiques (figure 3.4) définies selon les limites administratives départementales et cantonales.

La charge caractéristique de neige sur le sol s_k par unité de surface est fonction de la localisation géographique et de l'altitude du lieu considéré :

$$s_k = s_{k,0} + \Delta s_i$$

avec :

$s_{k,0}$: valeur de référence de la charge de neige au sol pour une altitude inférieure à 200 m donnée dans le tableau 3.6 selon la région,

Δs_i (i = 1 ou 2) : valeur caractérisant l'influence de l'altitude (tableau 3.7).

Δs_2 s'applique à la seule zone E, Δs_1 s'applique à toutes les autres zones.

La charge accidentelle s_{Ad} (tableau 3.6) n'est pas modifiée par l'altitude.

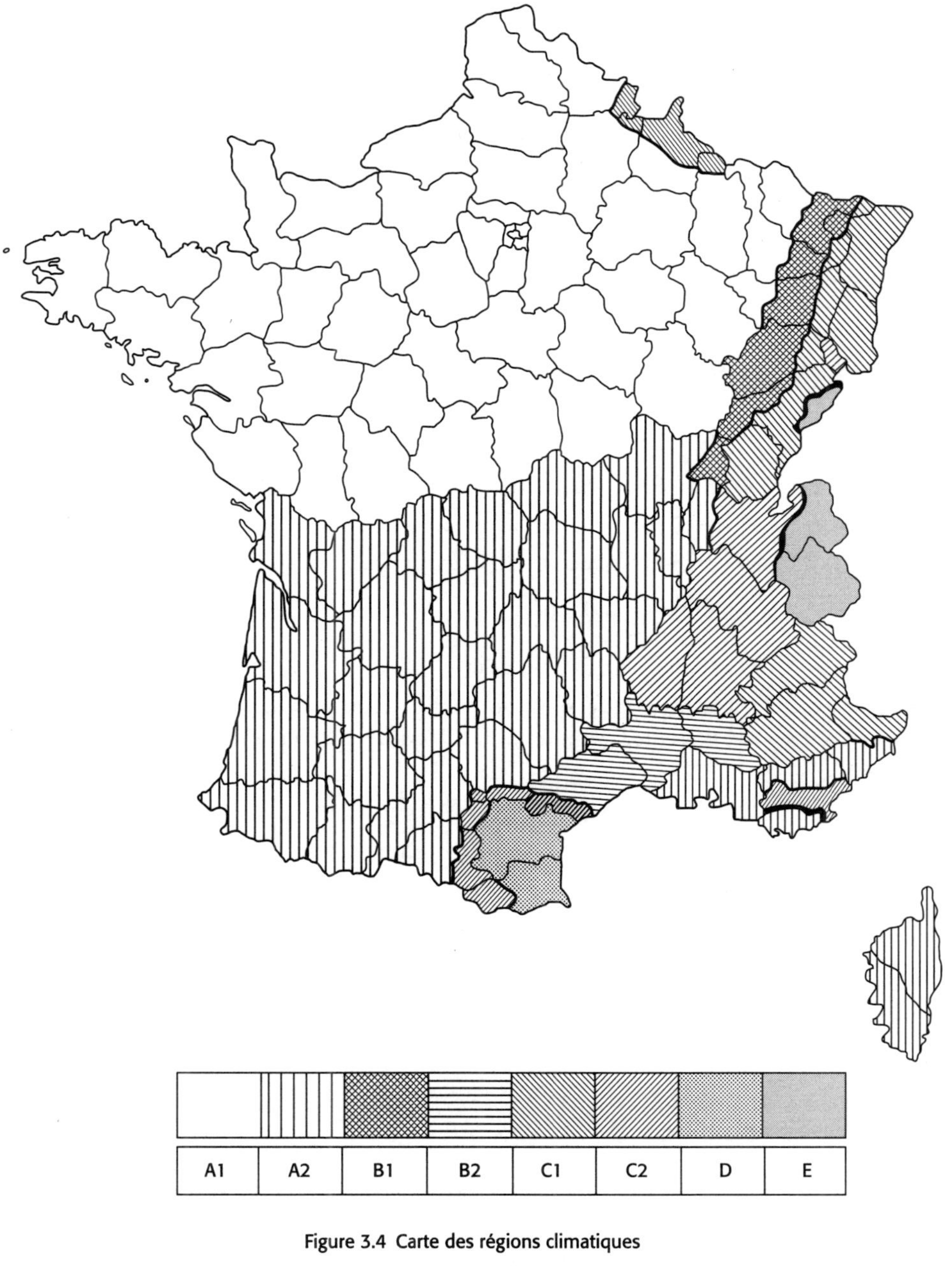

Figure 3.4 Carte des régions climatiques

Tableau 3.6 Valeurs de la neige au sol en kN/m² selon les régions (altitude ≤ 200 m)

Régions	**A1**	**A2**	**B1**	**B2**	**C1**	**C2**	**D**	**E**
Charges de neige sur le sol $s_{k,0}$	0,45	0,45	0,55	0,55	0,65	0,65	0,90	1,40
Charges de neige accidentelle s_{Ad}	-	1,00	1,00	1,35	-	1,35	1,80	-

Tableau 3.7 Influence de l'altitude

Altitude du lieu A	Influence de l'altitude Δs_1	Influence de l'altitude Δs_2
$A \leq 200$ m	0	0
200 m $< A \leq 500$ m	$(0{,}10 \cdot A - 20)/100$	$(0{,}15 \cdot A - 30)/100$
500 m $< A \leq 1000$ m	$(0{,}15 \cdot A - 45)/100$	$(0{,}35 \cdot A - 130)/100$
1000 m $< A \leq 2000$ m	$(0{,}35 \cdot A - 245)/100$	$(0{,}70 \cdot A - 480)/100$

3.2.3 Coefficients de forme pour les toitures

3.2.3.1 Toitures à un seul versant

La figure 3.5 définit la disposition de la charge de neige et le coefficient de forme correspondant. Cette disposition est valable quel que soit le cas considéré ((i) ou (ii)).

α est l'angle du toit avec l'horizontale ($\alpha \geq 0°$), le coefficient de forme a pour valeur :

$$\mu_1 = 0{,}8 \cdot (60 - \alpha)/30 \qquad \text{mais :} \qquad 0 \leq \mu_1 \leq 0{,}8$$

Remarque : $\mu_1 = 0{,}8$ si $\alpha \leq 30°$ et $\mu_1 = 0$ si $\alpha \geq 60°$

Lorsqu'il y a des barrières ou d'autres obstacles au déplacement de la neige, ou encore lorsqu'il y a un acrotère en rive basse de la toiture, $\mu_1 = 0{,}8$ quelle que soit la valeur de α.

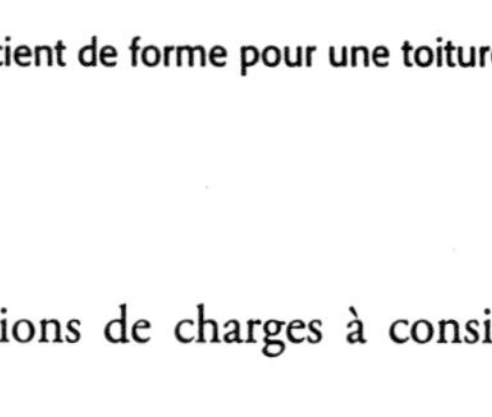

Figure 3.5 Coefficient de forme pour une toiture à versant unique

3.2.3.2 Toitures à deux versants

La figure 3.6 définit les dispositions de charges à considérer et les coefficients de forme correspondants.

Les coefficients de forme se calculent comme ceux des toitures à versant unique :

$$\mu_1(\alpha_i) = 0{,}8 \cdot (60 - \alpha_i)/30 \quad \text{mais :} \quad 0 \leq \mu_1(\alpha_i) \leq 0{,}8.$$

Lorsqu'il y a des barrières ou d'autres obstacles au déplacement de la neige, ou encore lorsqu'il y a un acrotère en rive basse de la toiture, il convient de prendre $\mu_1(\alpha_i) = 0{,}8$ quelle que soit la valeur de α_i.

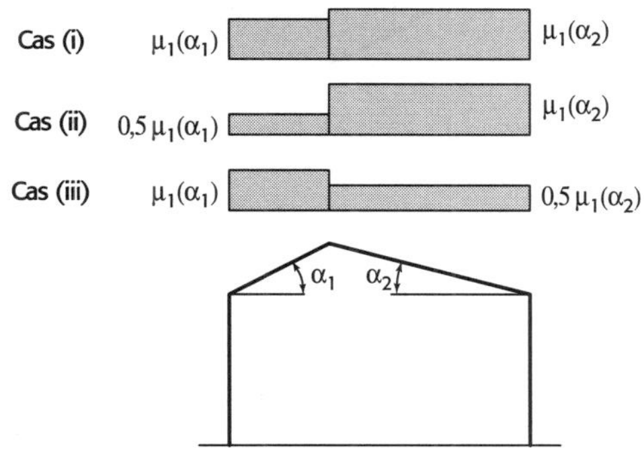

Figure 3.6 Coefficients de forme pour une toiture à deux versants

3.2.3.3 Toitures à versants multiples

La figure 3.7 définit les dispositions de charges à considérer et les coefficients de forme correspondants.

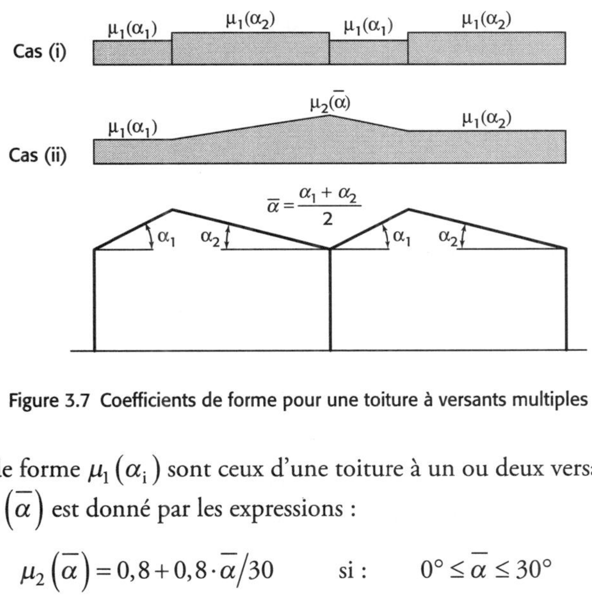

Figure 3.7 Coefficients de forme pour une toiture à versants multiples

Les coefficients de forme $\mu_1(\alpha_i)$ sont ceux d'une toiture à un ou deux versants.

Le coefficient $\mu_2(\overline{\alpha})$ est donné par les expressions :

$$\mu_2(\overline{\alpha}) = 0,8 + 0,8 \cdot \overline{\alpha}/30 \qquad \text{si :} \qquad 0° \le \overline{\alpha} \le 30°$$

$$\mu_2(\overline{\alpha}) = 1,6 \qquad \text{si :} \qquad 30° \le \overline{\alpha} \le 60°$$

Remarque :

Si l'un des angles est supérieur à 45° et l'autre supérieur à 60°, une analyse particulière à partir des phénomènes de base (glissement de la neige et redistribution par le vent) est à faire pour la détermination des coefficients de forme.

3.2.3.4 Toitures attenant à des constructions plus élevées ou très proches

La figure 3.8 définit les dispositions de charges à considérer pour la toiture inférieure et les coefficients de forme correspondants.

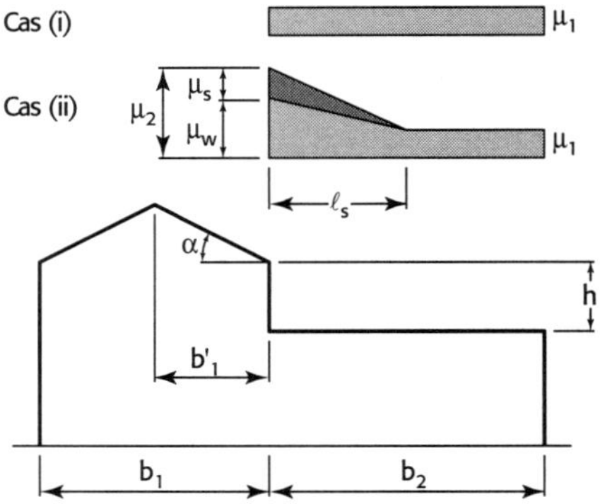

Figure 3.8 Coefficient de forme pour une toiture attenante à une construction plus élevée

Les coefficients de forme de la toiture supérieure n'apparaissent pas ; ils sont calculés selon les modèles précédemment étudiés.

Cas (i) : la toiture étant supposée horizontale, le coefficient de forme a pour valeur $\mu_1 = 0,8$.

Cas (ii) : l'accumulation est due au glissement de la neige du versant supérieur et au déplacement de la neige par le vent

Le coefficient de forme décroît linéairement de la valeur $\mu_2 = \mu_s + \mu_w$ à la valeur μ_1 sur une longueur $\ell_s = 2 \cdot h$ limitée à $5 \text{ m} \leq \ell_s \leq 15 \text{ m}$.

Coefficient de forme μ_s correspondant au glissement de la neige

α étant l'angle de pente du versant adjacent de la toiture supérieure :

- $\mu_s = 0$ si $\alpha \leq 15°$ (pas de glissement),
- $\mu_s = \mu'_1 \cdot \dfrac{b'_1}{\ell_s}$ si $\alpha > 15°$ (la moitié de la charge maximale totale du versant supérieur glisse sur la toiture inférieure),

avec :

μ'_1 coefficient de forme du versant supérieur,

b'_1 largeur du versant supérieur.

Coefficient de forme μ_w correspondant au déplacement par le vent

$\mu_w = \dfrac{b_1 + b_2}{2 \cdot h}$ avec les limitations : $0,8 \leq \mu_w \leq 2,8$ et $\mu_w \leq \dfrac{\gamma \cdot h}{s_k}$

$\gamma = 2 \text{ kN/m}^3$ poids volumique de la neige.

Remarques :

- la limitation $\mu_w \leq \frac{\gamma \cdot h}{s_k}$ correspond à la hauteur maximale de neige qui ne peut dépasser la hauteur du décrochement entre les toitures,
- une valeur $\mu_w < 0,8$ pourrait conduire à une réduction de la charge de neige le long du décrochement ($\mu_2 < \mu_1$), ce qui n'est pas concevable.

Cas d'une toiture inférieure de largeur $b_2 < \ell_s$

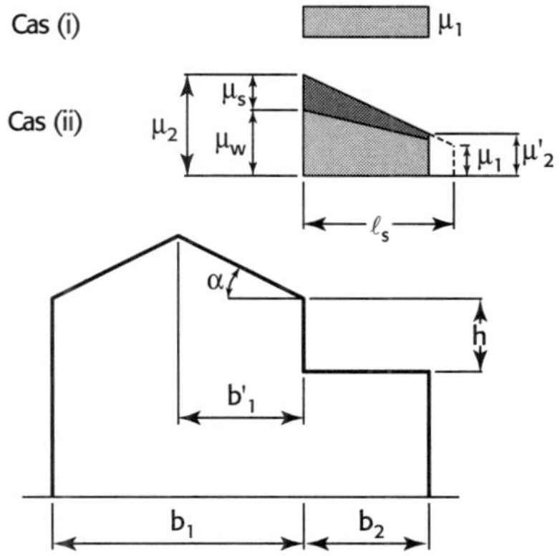

Figure 3.9 Cas d'une toiture inférieure de largeur $b_2 < \ell_s$

Le coefficient μ'_2 en rive de la toiture inférieure est obtenu par interpolation entre μ_1 et μ_2 (figure 3.9) :

$$\mu'_2 = \mu_2 - \frac{b_2}{\ell_s} \cdot (\mu_2 - \mu_1)$$

3.2.4 Effets locaux

3.2.4.1 Généralités

Certaines particularités des toitures (obstacles, débords, etc.) peuvent engendrer des efforts supplémentaires dus à une accumulation ou une poussée de la neige.

Ces efforts sont à prendre en compte pour les vérifications locales dans les situations de projet durables et transitoires ; ils se calculent sur la base de la charge caractéristique s_k.

Les effets locaux constituent un cas supplémentaire indépendant basé sur la disposition de charge sans accumulation. Ils ne se combinent pas aux dispositions de charge des cas (ii) et (iii).

3.2.4.2 Accumulation au droit de saillies et d'obstacles

En cas de vent, une accumulation de la neige peut se produire de part et d'autre des obstacles car ceux-ci créent des zones d'ombre aérodynamique.

La figure 3.10 définit les coefficients de forme et les longueurs d'accumulation pour une toiture quasi-horizontale.

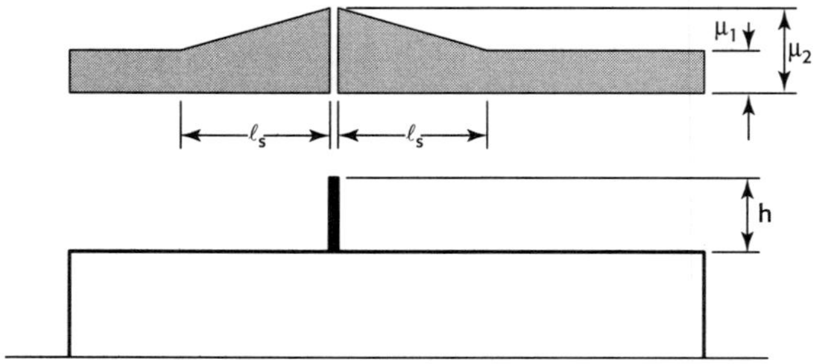

Figure 3.10 Coefficients de forme et longueurs d'accumulation de part et d'autre des saillies et obstacles

Les coefficients de forme ont pour valeurs :

$\mu_1 = 0{,}8$ et $\mu_2 = \gamma \cdot h/s_k$ avec limitation $0{,}8 \leq \mu_2 \leq 2{,}0$

avec :

$\gamma = 2\ \mathrm{kN/m^3}$ poids volumique de la neige.

$\ell_s = 2 \cdot h$ longueur d'accumulation limitée à $5\ \mathrm{m} \leq \ell_s \leq 15\ \mathrm{m}$

Si la toiture présente deux acrotères (figure 3.11) ou assimilés, par exemple un décrochement en élévation et un acrotère, la valeur du coefficient de forme μ_2 est limitée à 1,6 au lieu de 2,0 [3,4].

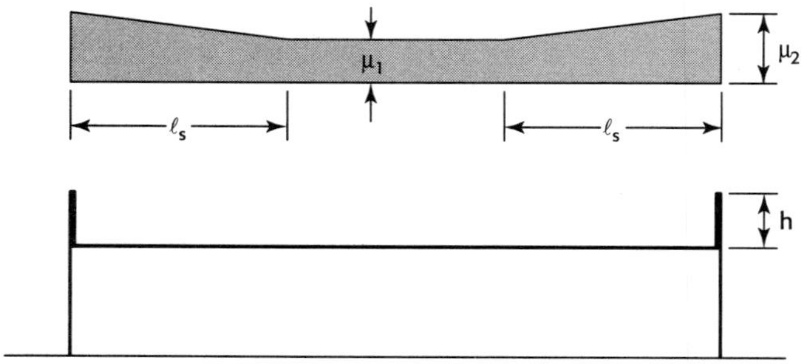

Figure 3.11 Cas d'une toiture à deux acrotères

3.2.5 Exemple d'application

Le bâtiment étudié est constitué d'un bloc principal à deux versants de dimensions 12 m × 20 m et d'un appentis à un versant de largeur 7 m possédant un acrotère et accolé au long pan.

Une coupe transversale cotée de ce bâtiment est donnée à la figure 3.12.

Le chéneau situé le long de l'acrotère a une pente de 0,5 %.

Ce bâtiment est construit dans le canton de Saint-Laurent-Médoc en Gironde à une altitude inférieure à 200 m.

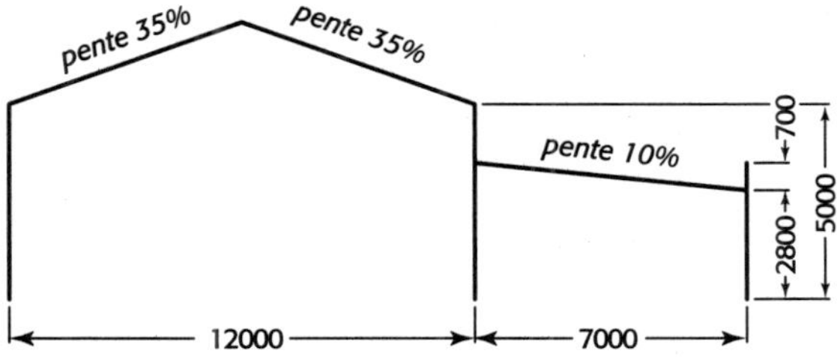

Figure 3.12 Coupe transversale du bâtiment étudié

3.2.5.1 Charge de neige au sol

Région climatique A2

$$s_k = s_{k,0} = 0{,}45 \text{ kN/m}^2 \quad \text{(pas de correction d'altitude)}$$

$$s_{Ad} = 1{,}00 \text{ kN/m}^2$$

3.2.5.2 Coefficients de forme μ_i et longueur d'accumulation l_s

Toiture supérieure à deux versants

Angle de pente des versants : $\alpha_h = \text{arc tan}\,0{,}35 = 19{,}29°$ $\qquad \alpha \leq 30° \Rightarrow \mu'_1 = 0{,}8$

– *Sans redistribution et/ou accumulation :*

$$s_{(i)} = \mu'_1 \cdot C_e \cdot C_t \cdot s_k = 0{,}8 \times 1 \times 1 \times 0{,}45 = 0{,}36 \text{ kN/m}^2$$

– *Avec redistribution par le vent :*

$$s_{(ii)} = 0{,}5 \cdot \mu'_1 \cdot C_e \cdot C_t \cdot s_k = 0{,}4 \times 1 \times 1 \times 0{,}45 = 0{,}18 \text{ kN/m}^2$$

La demi-charge $s_{(ii)}$ s'applique sur le versant gauche dans le cas (ii) et sur le versant droit dans le cas (iii).

– *Situation de projet accidentelle :*

$$s_A = \mu'_1 \cdot C_e \cdot C_t \cdot s_{Ad} = 0{,}8 \times 1 \times 1 \times 1{,}00 = 0{,}80 \text{ kN/m}^2$$

Toiture inférieure (appentis) attenante à une construction plus élevée

Angles de pente du versant : $\alpha = \text{arc tan}\,0{,}10 = 5{,}7°$ $\qquad \alpha \leq 30° \Rightarrow \mu_1 = 0{,}8$

– *Sans redistribution et/ou accumulation :*

$$s_{(i)} = \mu_1 \cdot C_e \cdot C_t \cdot s_k = 0{,}8 \times 1 \times 1 \times 0{,}45 = 0{,}36 \text{ kN/m}^2$$

– *Avec accumulation :*

Différence de niveau entre les toitures : $h = 5{,}00 - 2{,}80 - 7{,}00 \times 0{,}10 = 1{,}50$ m

Longueur d'accumulation : $\ell_s = 2 \cdot h = 2 \times 1{,}50 \text{ m} = 3{,}00 \text{ m}$ $\qquad$ mais $5 \text{ m} \leq \ell_s \leq 15 \text{ m}$

La longueur retenue est : $\ell_s = 5$ m

Glissement de la neige du toit supérieur, c'est-à-dire cas (ii) :

$$\alpha_h > 15° \quad \Rightarrow \quad \mu_s = \mu'_1 \cdot \frac{b'_1}{\ell_s} = 0,4 \times \frac{6,00}{5,00} = 0,48 \text{ (avec } \mu'_1 = 0,5 \cdot \mu_1)$$

Coefficient de forme pour l'accumulation de neige due au vent, c'est-à-dire cas (iii) :

$$\mu_w = \frac{b_1 + b_2}{2 \cdot h} = \frac{12,00 + 7,00}{2 \times 1,50} = 6,33$$

mais : $\mu_w \leq \frac{\gamma \cdot h}{s_k} = \frac{2 \times 1,50}{0,45} = 6,67$ et $0,8 \leq \mu_w \leq 2,8$

La valeur retenue est : $\mu_w = 2,80$

Coefficient de forme au point haut de la congère :

Pour le cas (ii) : $\mu_2 = \mu_s + \mu_w = 0,96 + 2,80 = 3,76$

Pour le cas (iii) : $\mu_2 = \mu_s + \mu_w = 0,48 + 2,80 = 3,28$

Charge de neige maximale au droit du décrochement :

$$s_2 = \mu_2 \cdot C_e \cdot C_t \cdot s_k = 3,76 \times 1 \times 1 \times 0,45 = 1,69 \text{ kN / m}^2$$

– *Situation de projet accidentelle :*

$$s_A = \mu_1 \cdot C_e \cdot C_t \cdot s_{Ad} = 0,8 \times 1 \times 1 \times 1,00 = 0,80 \text{ kN / m}^2$$

– *Majoration*

Le chéneau situé le long de l'acrotère a une pente de 0,5 % ; une majoration de 0,2 kN/m^2 est à appliquer sur une largeur de 2 m dans chacun de ces cas.

Effets locaux

Longueur d'accumulation : $\ell_s = 2 \cdot h = 2 \times 0,70 \text{ m} = 1,40 \text{ m}$ mais $5 \text{ m} \leq \ell_s \leq 15 \text{ m}$

La longueur retenue est : $\ell_s = 5 \text{ m}$

Coefficient de forme au droit de l'acrotère : $\mu_2 = \frac{\gamma \cdot h}{s_k} = \frac{2 \times 0,70}{0,45} = 3,11$

Dans l'étude des effets locaux, la paroi verticale du bâtiment le plus élevé est considérée comme un acrotère vis-à-vis de l'acrotère situé à l'extrémité du bâtiment bas ; on applique donc la limitation : $0,8 \leq \mu_2 \leq 1,6$ d'où : $\mu_2 = 1,6$

Charge de neige au droit de l'acrotère :

$$s_2 = \mu_2 \cdot C_e \cdot C_t \cdot s_k = 1,6 \times 1 \times 1 \times 0,45 = 0,72 \text{ kN / m}^2$$

– *Majoration*

Le chéneau situé le long de l'acrotère a une pente de 0,5 % ; une majoration de 0,2 kN/m^2 est à appliquer sur une largeur de 2 m.

La figure 3.13 récapitule la totalité des charges de neige correspondant à tous les cas à envisager.

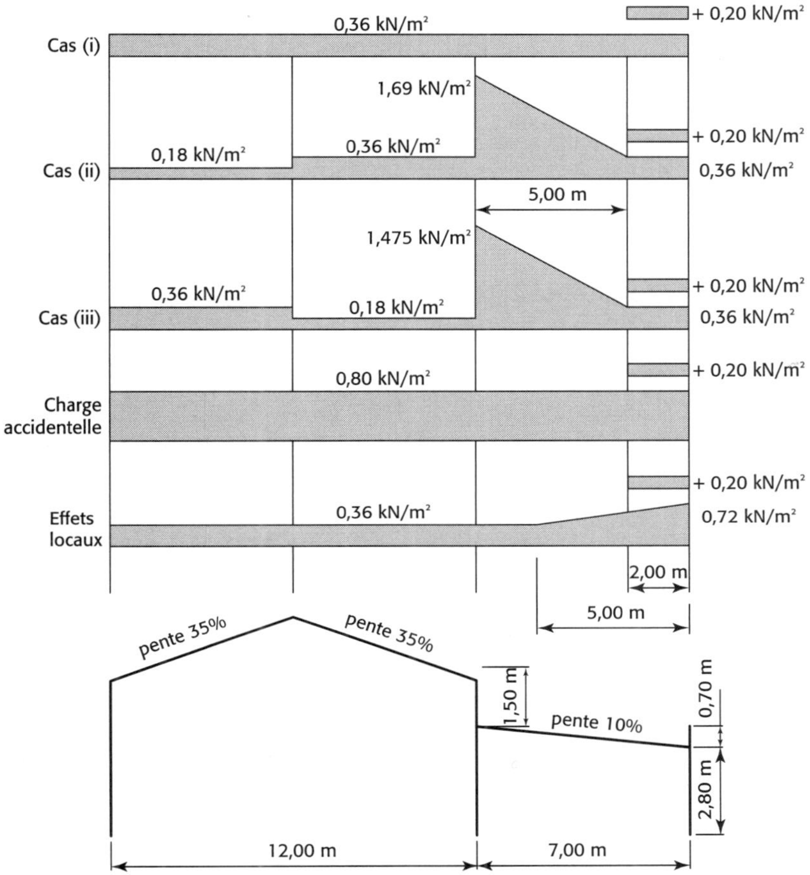

Figure 3.13 Représentation des différents cas de charges de neige

3.3 Action du vent sur les constructions

Les éléments qui suivent sont extraits de l'EN 1991-1-4 [5] et de son Annexe Nationale [6]. Pour plus d'information, le lecteur est invité à consulter les documents d'origine.

3.3.1 Action du vent sur les parois d'une construction

Les actions du vent s'appliquent directement sur les faces extérieures des constructions fermées et, du fait de la porosité des parois, agissent aussi indirectement sur les faces intérieures. Elles peuvent également affecter directement la face intérieure des constructions ouvertes.

Ainsi, les pressions (ou dépressions) [kN/m^2] qui s'exercent sur les deux faces de chaque paroi, engendrent des forces perpendiculaires à ces parois qui sont la résultante de ces pressions (figure 3.14).

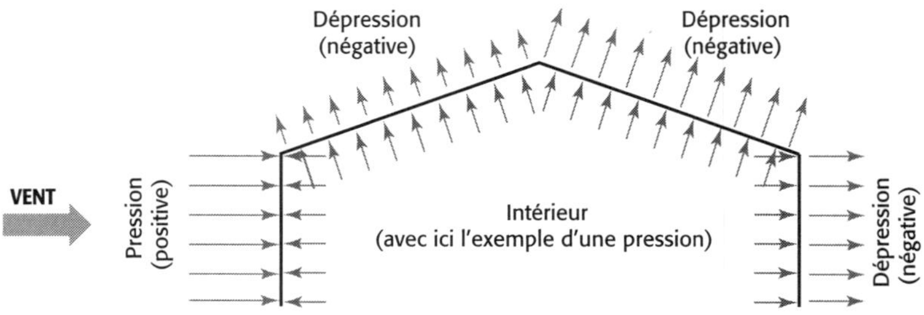

Figure 3.14 Exemple d'actions du vent sur les parois d'une construction

Lorsque l'action du vent est dirigée vers la face de la paroi (pression ou surpression), elle est comptée positivement. Dans le cas contraire (dépression), elle est comptée négativement.

Par ailleurs, lorsque le vent balaye de larges surfaces de la construction, des forces de frottement non négligeables peuvent se développer tangentiellement à la surface, créant alors un effet d'entraînement qui se traduit par un effort agissant dans la direction du vent.

C'est la combinaison de ces pressions et dépressions qui permet de calculer les actions du vent sur une construction qu'il faut évaluer pour toutes les orientations possibles du vent par rapport à l'ouvrage. On signale toutefois que c'est lorsque le vent est normal à une surface qu'il produit l'action la plus grande. En d'autres termes, pour un bâtiment à base rectangulaire par exemple, seules quatre directions principales sont à analyser, c'est-à-dire les quatre directions perpendiculaires à chaque paroi verticale.

On note également que les actions du vent sur une construction ne consistent pas à combiner les effets maximums sur chaque paroi mais à examiner les effets de chaque situation liée à une orientation spécifique du vent par rapport à l'ouvrage.

Une étude des actions du vent sur une structure doit se traduire par l'évaluation des résultantes horizontales et verticales pour chaque direction du vent, la résultante verticale pouvant être dirigée vers le sol, auquel cas le vent « écrase » l'ouvrage, ou au contraire conduire à un soulèvement de ce dernier. Elle permet également de déterminer les actions à prendre en compte pour le calcul de chaque barre ou chaque attache de la construction, pieds de poteaux compris.

Les pressions aérodynamiques extérieure w_e et intérieure w_i sur une paroi sont obtenues à partir :

- des coefficients de pression extérieure c_{pe} et intérieure c_{pi} déterminés en fonction des caractéristiques géométriques de la construction,
- de la pression dynamique de pointe $q_p(z)$ déterminée en fonction de la situation géographique et de la hauteur z au dessus du sol (z_e pour la pression extérieure et z_i pour la pression intérieure).

$w_e = c_{pe} \cdot q_p(z_e)$ et $w_i = c_{pi} \cdot q_p(z_i)$ (c_{pe} et $c_{pi} < 0$ si dépression)

Remarque : Pour la plupart des bâtiments étudiés, les hauteurs de référence z_e et z_i sont égales et ont pour valeur la hauteur h du bâtiment.

Dans ce cas, l'action du vent sur une paroi est la résultante des pressions agissant sur celle-ci, soit :

$$w = w_e - w_i = (c_{pe} - c_{pi}) \cdot q_p(z)$$

Dans le cas contraire, on a : $w = w_e - w_i = c_{pe} \cdot q_p(z_e) - c_{pi} \cdot q_p(z_i)$

3.3.2 Pression dynamique de pointe

La pression dynamique de pointe q_p dépend de la pression dynamique de référence q_b, de la hauteur de référence z et du coefficient d'exposition $c_e(z)$ concernant la construction :

$$q_p(z) = c_e(z) \cdot q_b$$

3.3.2.1 Pression dynamique de référence

La pression dynamique de référence, q_b, est fixée pour chaque région climatique en fonction de la vitesse de référence v_b. Elle a pour expression :

$$q_b = \frac{\rho \cdot v_b^2}{2}$$

où ρ est la masse volumique de l'air prise égale à 1,225 kg/m^3,

v_b est la vitesse de référence du vent, avec $v_b = c_{dir} \cdot c_{season} \cdot v_{b,0}$.

Les coefficients c_{dir} et c_{season} sont pris égaux à 1.

$v_{b,0}$ est la valeur de base de la vitesse de référence du vent (vitesse moyenne sur 10 minutes caractéristique à 10 mètres au-dessus du sol et terrain dégagé sans obstacles). Elle est donnée à la figure 3.15 pour les différentes régions de vent [6].

Note : v_b étant exprimée en m/s, il faut multiplier le résultat par 10^3 pour obtenir une pression en kN/m^2.

3.3.2.2 Hauteur de référence

Les hauteurs de référence z_e pour les murs au vent des bâtiments à plan rectangulaire dépendent du facteur de forme h/b et sont toujours les hauteurs supérieures des différentes parties des murs. Elles sont représentées sur la figure 3.16 pour les trois cas suivants :

- si $h \leq b$: $z_e = h$
- si $b < h \leq 2b$: $z_e = b$ jusqu'à $z = b$ et $z_e = h$ au-delà
- si $h > 2b$, la partie médiane située entre $z = b$ et $z = h - b$ est divisée en bandes horizontales (hauteur d'étage, en général) tel qu'indiqué à la figure 3.17.

Pour les murs sous le vent et la toiture, $z_e = h$

3.3.2.3 Coefficient d'exposition

Le coefficient d'exposition $c_e(z)$ est lu sur les courbes de la figure 3.18 en fonction :

- de la hauteur z de la construction au dessus du sol,
- de la catégorie du terrain déterminée à partir du tableau 3.8.

Le coefficient d'exposition peut aussi être calculé par l'expression :

$$c_e(z) = k_r^2 \cdot \ln\left(\frac{z}{z_0}\right) \cdot \left[7 + \ln\left(\frac{z}{z_0}\right)\right] \quad \text{avec} \quad k_r = 0{,}19 \cdot \left(\frac{z_0}{0{,}05}\right)^{0{,}07}$$

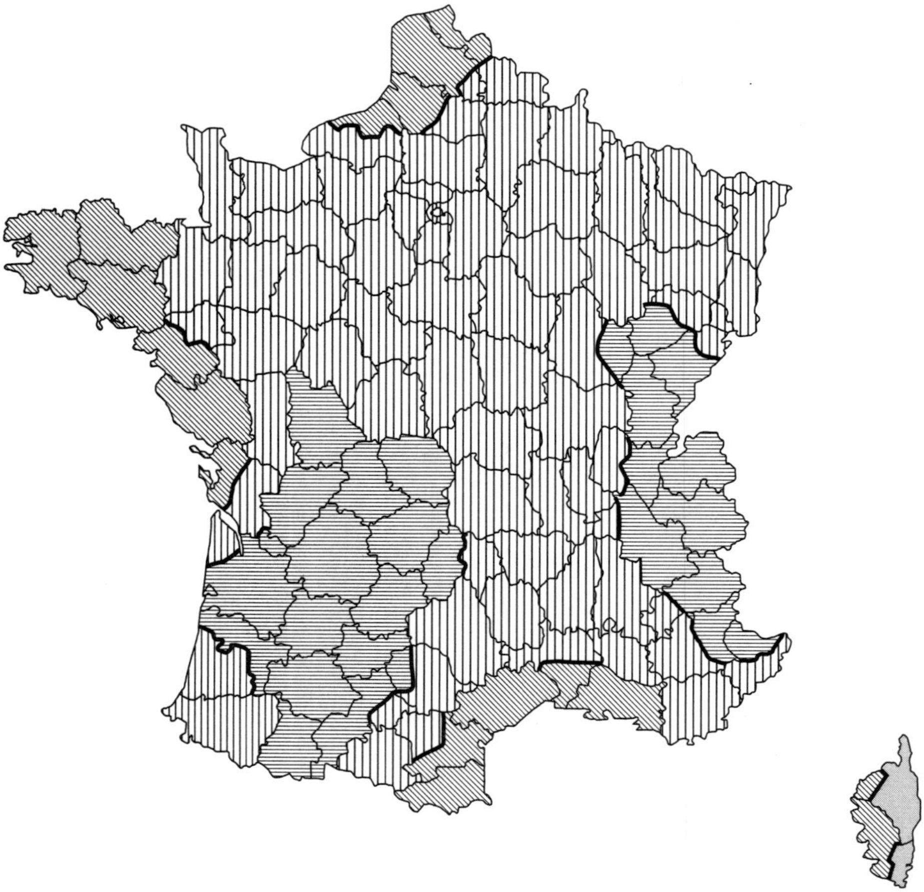

Régions :	1	2	3	4
Valeur de base de la vitesse de référence du vent $v_{b,0}$ [m/s]	22	24	26	28

	Départements d'Outre-Mer			
Régions :	Guadeloupe	Guyane	Martinique	Réunion
Vitesse de référence $V_{b,o}$ [m/s]	36	17	32	34

Figure 3.15 Carte de la valeur de base de la vitesse de référence en France et dans les départements d'Outre-mer.

La valeur de z ne peut pas être prise inférieure à z_{min}, valeur représentative de la dimension des obstacles environnants.

z_0 est la longueur de rugosité, elle caractérise donc la rugosité du terrain.

3.3.2.4 Exemple d'application

Soit un bâtiment de hauteur h = 12,00 m construit dans une zone industrielle du département du Lot-et-Garonne.

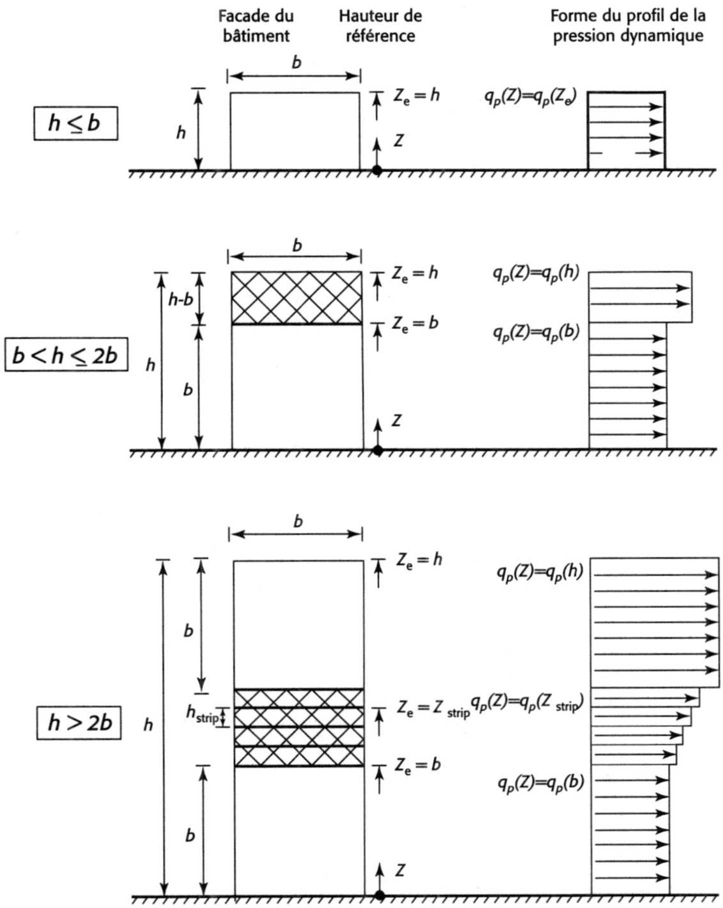

Figure 3.16 Hauteur de référence, z_e, en fonction de h et b et profil correspondant de pression dynamique

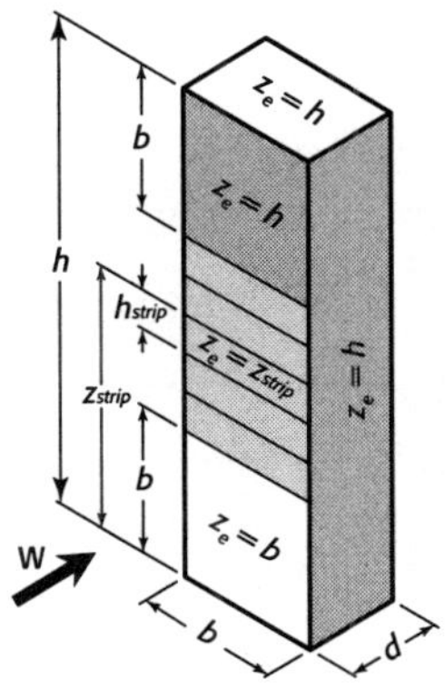

Figure 3.17 Hauteur de référence dans le cas d'une face au vent élancée

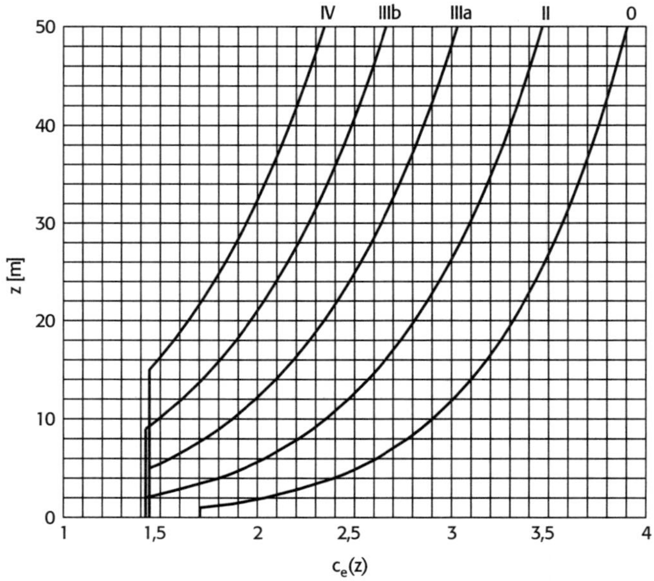

Figure 3.18 Représentation du coefficient d'exposition $c_e(z)$

Tableau 3.8 Catégories et paramètres de terrain

Catégorie de terrain		z_0 [m]	z_{min} [m]
0	Mer ou zone côtière exposée aux vents de mer ; lacs et plans d'eau parcourus par le vent sur une distance d'au moins 5 km	0,005	1
II	Rase campagne, avec ou non quelques obstacles isolés (arbres, bâtiments, etc.) séparés les uns des autres de plus de 40 fois leur hauteur	0,05	2
IIIa	Campagne avec des haies ; vignobles ; bocage ; habitat dispersé	0,2	5
IIIb	Zones urbanisées ou industrielles ; bocage dense ; vergers	0,5	9
IV	Zones urbaines dont au moins 15 % de la surface sont recouverts de bâtiments dont la hauteur moyenne est supérieure à 15 m ; forêts	1,0	15

Ce département est classé en région climatique 1.

La vitesse de référence du vent a pour valeur $v_b = 22$ m/s.

On obtient la pression dynamique de référence par le calcul :

$$q_b = 0{,}5 \,.\, \rho \,.\, v_b^2 = 0{,}5 \times 1{,}225 \times 22^2 \times 10^{-3} = 0{,}296 \text{ kN / m}^2$$

En admettant que la largeur b de la face au vent soit supérieure à la hauteur du bâtiment, la hauteur de référence à utiliser pour le calcul du coefficient d'exposition a pour valeur : $z = h = 12{,}00$ m

La zone industrielle est classée en catégorie de terrain IIIb :

$$z_0 = 0{,}50 \text{ m} \qquad z_{min} = 9{,}00 \text{ m} \quad \text{donc} \quad z > z_{min}$$

Le coefficient d'exposition est lu sur la courbe IIIb de la figure 3.18 : $c_e(z) = 1{,}6$
ou obtenu par le calcul :

$$k_r = 0{,}19 \cdot \left(\frac{z_0}{0{,}05}\right)^{0{,}07} = 0{,}19 \times \left(\frac{0{,}50}{0{,}05}\right)^{0{,}07} = 0{,}22$$

$$c_e(z) = k_r^2 \cdot \ln\left(\frac{z}{z_0}\right) \cdot \left[7 + \ln\left(\frac{z}{z_0}\right)\right] = 0{,}22^2 \times \ln\left(\frac{12{,}00}{0{,}50}\right) \times \left[7 + \ln\left(\frac{12{,}00}{0{,}50}\right)\right] = 1{,}612$$

La pression dynamique de pointe a pour valeur :

$$q_p(z) = c_e(z) \cdot q_b = 1{,}612 \times 0{,}296 = 0{,}478 \text{ kN/m}^2$$

3.3.3 Coefficients de pression pour les bâtiments

Les coefficients de pression extérieure et intérieure sont notés respectivement c_{pe} et c_{pi}. On rappelle que :

- c_p positif correspond à une pression sur la face considérée,
- c_p négatif correspond à une dépression sur la face considérée.

3.3.3.1 Coefficients de pression extérieure

Généralités

Cette méthode est applicable aux bâtiments ne comportant pas plus d'une face ouverte à plus de 30 %. Les parois des bâtiments ne satisfaisant pas ce critère doivent être traitées comme des parois isolées.

– *Aire de la surface chargée*

La pression aérodynamique sur la face extérieure d'une paroi n'est ni constante, ni uniforme et la probabilité d'atteindre une valeur moyenne élevée sur un intervalle de temps donné est plus grande si la surface est réduite.

C'est pourquoi la valeur du coefficient de pression c_{pe} dépend de l'aire de la surface chargée ; deux valeurs sont données dans les tableaux de l'EN 1991-1-4 :

- $c_{pe,1}$ pour le calcul des petits éléments et de leurs fixations, valable pour des éléments d'aire inférieure ou égale à 1 m^2 tels que des éléments de façade et de toiture ;
- $c_{pe,10}$ pour le calcul d'éléments supportant des surfaces chargées d'aire supérieure ou égale à 10 m^2 tels que les portiques ou les stabilités de bâtiments.

Dans le cas de surfaces d'aire A comprise entre 1 et 10 m^2, le coefficient de pression est obtenu par interpolation logarithmique :

$$c_{pe} = c_{pe,1} - \left(c_{pe,1} - c_{pe,10}\right) \cdot \log_{10} A$$

– *Directions de vent*

On doit étudier les quatre directions de vent perpendiculaires aux faces du bâtiment ; ces cas couvrent les vents obliques dans la limite de ± 45° par rapport à la direction étudiée.

$\theta = 0°$ correspond à une direction de vent perpendiculaire au long-pan (figure 3.19)

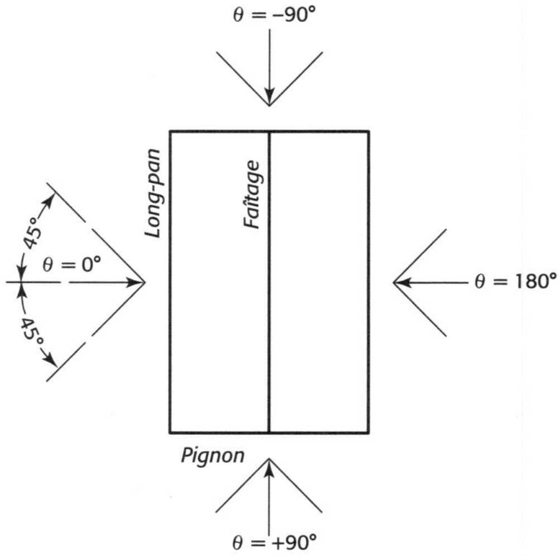

Figure 3.19 Vue en plan du bâtiment précisant les directions de vent à prendre en compte

Note : Dans ce chapitre, la direction du vent est précisée si nécessaire par un indice correspondant à l'angle θ, par exemple : $W_{-90°}$

– *Découpage des parois en zones*

Les zones de rive adjacentes à une face au vent subissent des pressions ou dépressions plus élevées que le reste de la paroi.

L'Eurocode 1 définit un découpage des parois en zones repérées par des lettres A à J (figure 3.20) et les valeurs du coefficient c_{pe} sont donnés pour chaque zone.

Les dimensions des zones de rives sont calculées à partir d'une largeur :

$$e = \min\left(b\,;2h\right)$$

avec : h : hauteur de la construction,

b : largeur de la face verticale au vent.

La profondeur de la construction, mesurée dans la direction parallèle au vent, est notée d (voir figure 3.20).

Les dimensions b, d, e et les zones doivent être redéfinies pour chaque direction de vent.

Faces verticales des bâtiments rectangulaires

La figure 3.21 illustre à travers un exemple le découpage en zones des faces verticales d'un bâtiment pour une direction du vent donnée.

Suivant le type de toiture, la hauteur de la construction est mesurée au faîtage ou en sommet d'acrotère (figure 3.22).

Remarque :

- si $d \leq e$, il n'y a pas de zone C,
- si $d \leq e/5$, il n'y a ni zone C, ni zone B.

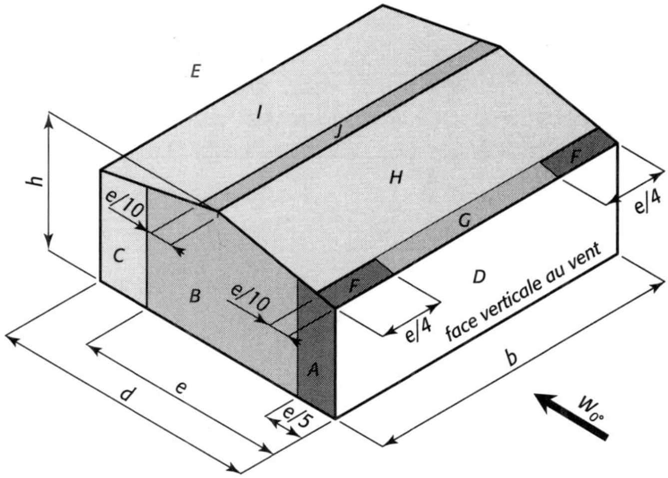

Figure 3.20 Découpage des parois en zones

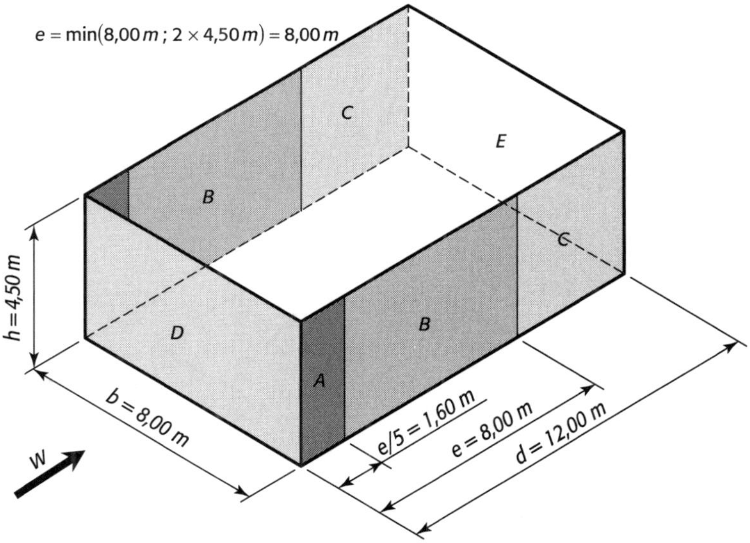

Figure 3.21 Exemple de découpage en zones des parois verticales d'un bâtiment

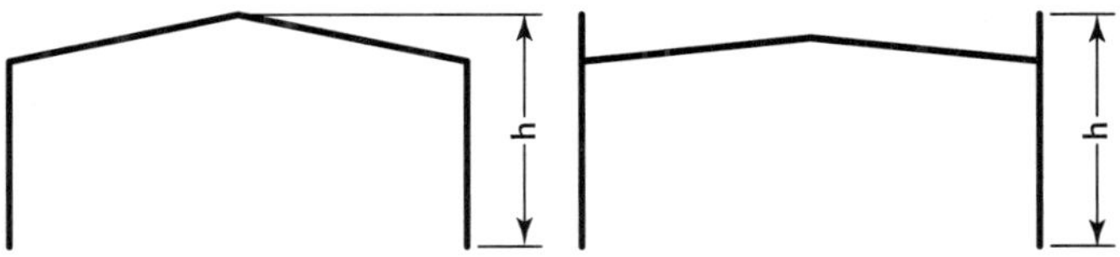

Figure 3.22 Hauteur du bâtiment, mesurée au faîtage ou en sommet d'acrotère

Les coefficients c_{pe} sont donnés dans le tableau 3.9. Ils dépendent du rapport h/d pour les faces perpendiculaires au vent (zones D et E).

Tableau 3.9 Coefficients de pression extérieure pour les murs verticaux des bâtiments à plan rectangulaire

Zones	A		B		C		D		E	
h/d	$c_{pe,10}$	$c_{pe,1}$	$c_{pe,10}$	$c_{pe,1}$	$c_{pe,10}$	$c_{pe,1}$	$c_{pe,10}$	$c_{pe,1}$	$c_{pe,10}$	$c_{pe,1}$
5	–1,2	–1,4	–0,8	–1,1	–0,5		+0,8	+1,0	–0,7	
1									–0,5	
≤ 0,25							+0,7		–0,3	

Remarques :

- Les bâtiments hauts tels que h ≥ 5.d sont assimilés à des barres ou des plaques et ne sont pas traités par cette méthode.
- Pour les valeurs intermédiaires de h/d, les coefficients c_{pe} des zones D et E sont obtenus par interpolation linéaire.

Application à l'exemple de la figure 3.21 :

$$h/d = 4{,}50/12{,}00 = 0{,}375 \qquad 0{,}25 < h < 1$$

$$\text{Zone D : } c_{pe,10} = 0{,}7 + \frac{0{,}375 - 0{,}25}{1 - 0{,}25} \times (0{,}8 - 0{,}7) = +0{,}72$$

$$\text{Zone E : } c_{pe,10} = -0{,}3 + \frac{0{,}375 - 0{,}25}{1 - 0{,}25} \times (-0{,}5 - (-0{,}3)) = -0{,}33$$

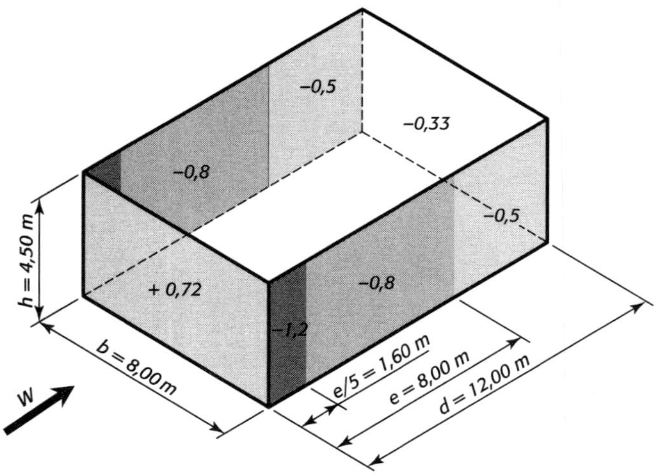

Figure 3.23 Coefficients de pression $c_{pe,10}$ sur les faces extérieures des parois verticales

Toitures-terrasses

Les toitures dont les versants ont un angle de pente inférieur à 5° sont considérées comme toitures-terrasses.

La figure 3.24 définit à travers un exemple les différentes zones à considérer par rapport à la direction du vent.

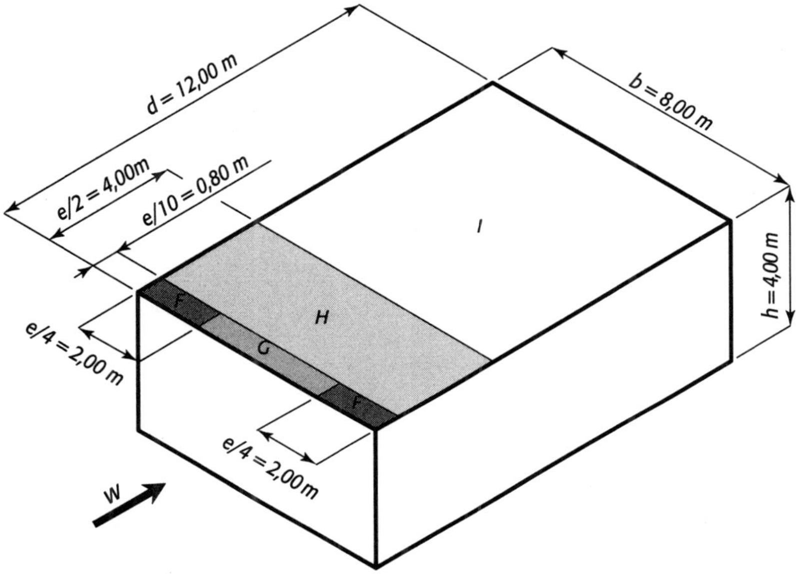

Figure 3.24 Exemple de définition des zones d'une toiture-terrasse

Les hauteurs utilisées dans les calculs sont définies comme suit :

h : hauteur de la toiture par rapport au sol (figure 3.25),

h_p : hauteur de l'acrotère éventuel (doit être inférieure à h/10).

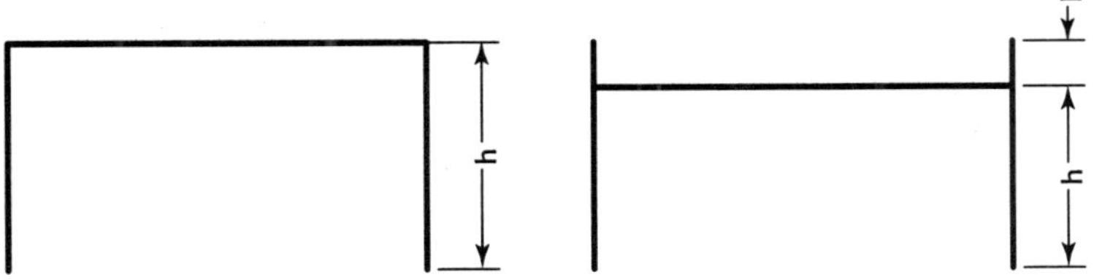

Figure 3.25 Hauteur de la toiture et de l'acrotère

Les coefficients c_{pe} sont donnés dans le tableau 3.10 pour des toitures avec acrotères ou rives à arêtes vives.

Remarques :

- La dépression sur les zones de rive F et G décroît avec la hauteur de l'acrotère ; pour des valeurs intermédiaires de h_p/h, une interpolation linéaire peut être utilisée.
- En zone I, le coefficient c_{pe} varie dans un intervalle de valeurs positives et négatives ; chacune des bornes doit être prise en considération.

Tableau 3.10 Coefficients de pression extérieure applicables aux toitures-terrasses

Zones		**F**		**G**		**H**		**I**	
Type de toiture		$c_{pe,10}$	$c_{pe,1}$	$c_{pe,10}$	$c_{pe,1}$	$c_{pe,10}$	$c_{pe,1}$	$c_{pe,10}$	$c_{pe,1}$
Rives à arêtes vives		–1,8	–2,5	–1,2	–2,0	–0,7	–1,2	±0,2	
Avec acrotères	$h_p/h = 0{,}025$	–1,6	–2,2	–1,1	–1,8				
	$h_p/h = 0{,}05$	–1,4	–2,0	–0,9	–1,6				
	$h_p/h = 0{,}10$	–1,2	–1,8	–0,8	–1,4				

Toitures à un seul versant

Un exemple de toiture à un versant est donné à la figure 3.26 ; il servira de support dans la suite de ce paragraphe.

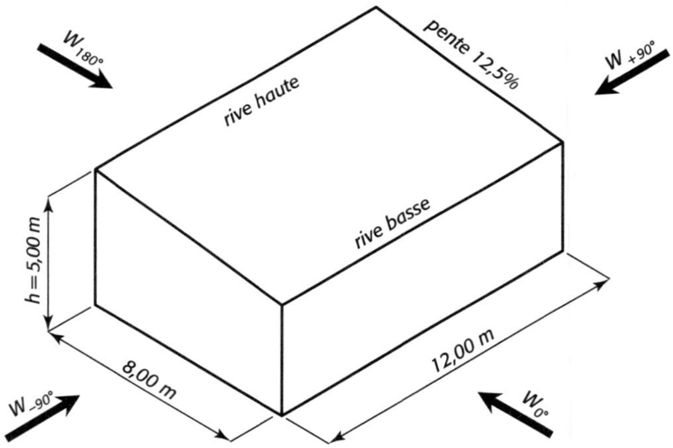

Figure 3.26 Toiture à un versant

Selon l'EN 1991-1-4, la direction $\theta = 0°$ correspond au vent sur long-pan côté rive basse.

Trois directions de vent sont à étudier : $W_{0°}$, $W_{180°}$ et $W_{\pm 90°}$.

– *Vent $W_{0°}$ sur long pan rive basse*

Les zones de la toiture sont définies à la figure 3.27.

Les coefficients c_{pe} sont donnés en fonction de l'angle de pente α.

Lorsque l'angle de pente est compris entre 5° et 45°, on doit considérer le cas du versant en dépression (tableau 3.11) et celui du versant en pression (tableau 3.12).

Application à l'exemple : $\alpha = \arctan 0{,}125 = 7{,}13°$

Les valeurs de $c_{pe,10}$ obtenues par interpolation linéaire entre les valeurs données pour $\alpha = 5°$ et pour $\alpha = 15°$ sont indiquées dans le tableau 3.13.

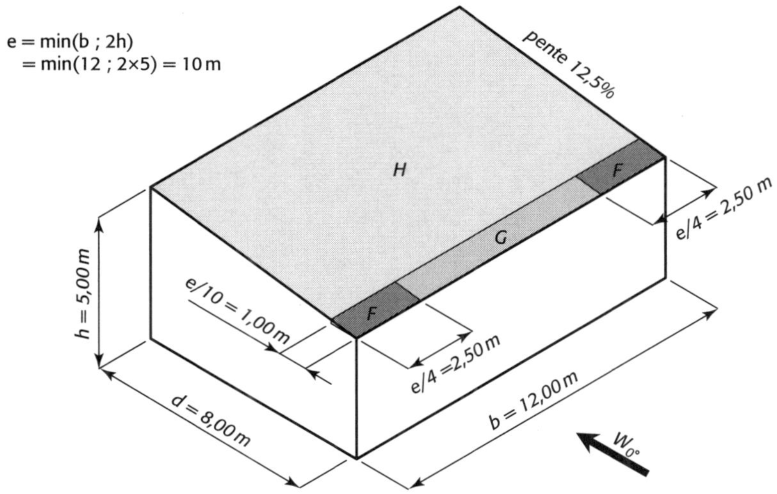

Figure 3.27 Découpage en zones d'une toiture à un versant pour un vent $W_{0°}$

Tableau 3.11 Coefficients c_{pe} applicables aux toitures à un versant en dépression pour un vent $W_{0°}$

Zones	**F**		**G**		**H**	
Angle de pente α	$c_{pe,10}$	$c_{pe,1}$	$c_{pe,10}$	$c_{pe,1}$	$c_{pe,10}$	$c_{pe,1}$
5°	–1,7	–2,5	–1,2	–2,0	–0,6	–1,2
15°	–0,9	–2,0	–0,8	–1,5	–0,3	
30°	–0,5	–1,5	–0,5	–1,5	–0,2	
45°	–0,0					

Tableau 3.12 Coefficients c_{pe} applicables aux toitures à un versant en pression pour un vent $W_{0°}$

$c_{pe,10}$ et $c_{pe,1}$	**Zones**		
Angle de pente α	F	G	H
5°	+0,0		
15°	+0,2		
30°	+0,7		+0,4
45°			+0,6
60°			+0,7
75°	+0,8		

Tableau 3.13 Coefficients c_{pe} du versant pour un vent $W_{0°}$ dans le cas de l'exemple

Zone	**F**	**G**	**H**
Versant en dépression	–1,53	–1,11	–0,54
Versant en pression	+0,04		

– *Vent $W_{180°}$ sur long pan rive haute*

Les zones de la toiture sont définies à la figure 3.28.

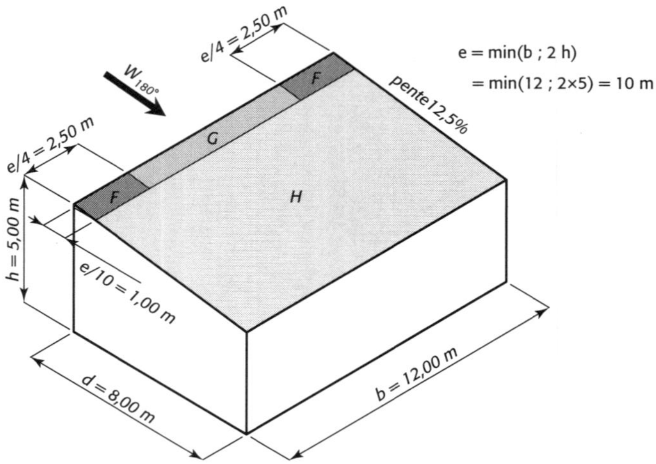

Figure 3.28 Découpage en zones d'une toiture à un versant pour un vent $W_{180°}$

Les coefficients c_{pe} sont donnés dans le tableau 3.14 en fonction de l'angle de pente α.

Tableau 3.14 Coefficients c_{pe} applicables aux toitures à un versant pour un vent $W_{180°}$

Zones	**F**		**G**		**H**	
Angle de pente α	$c_{pe,10}$	$c_{pe,1}$	$c_{pe,10}$	$c_{pe,1}$	$c_{pe,10}$	$c_{pe,1}$
5°	–2,3	–2,5	–1,3	–2,0	–0,8	–1,2
15°	–2,5	–2,8			–0,9	
30°	–1,1	–2,3	–0,8	–1,5	–0,8	
45°	–0,6	–1,3	–0,5		–0,7	
60° à 75°	–0,5	–1,0			–0,5	

– *Vent $W_{\pm 90°}$ sur pignon*

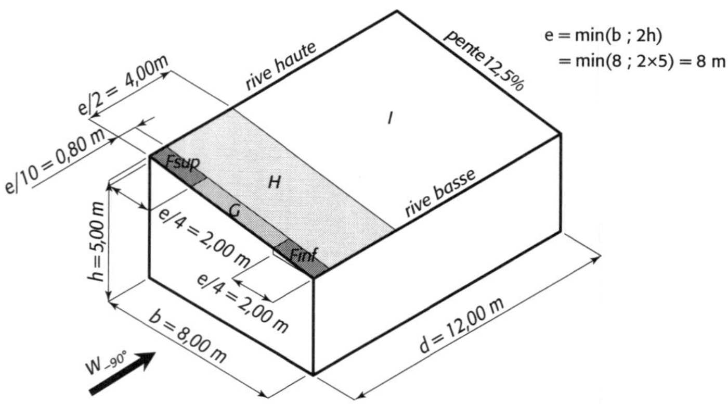

Figure 3.29 Découpage en zones d'une toiture à un versant pour un vent sur pignon

Les coefficients c_{pe} sont donnés dans le tableau 3.15 en fonction de l'angle α.

Tableau 3.15 Coefficients c_{pe} applicables aux toitures à un versant pour un vent $W_{\pm 90°}$

Zone	F_{sup}		F_{inf}		G		H		I	
Angle α	$c_{pe,10}$	$c_{pe,1}$	$c_{pe,10}$	$c_{pe,1}$	$c_{pe,10}$	$c_{pe,1}$	$c_{pe,10}$	$c_{pe,1}$	$c_{pe,10}$	$c_{pe,1}$
5°	–2,1	–2,6	–2,1	–2,4	–1,8	–2,0	–0,6	–1,2	–0,5	
15°	–2,4	–2,9	–1,6		–1,9	–2,5	–0,8		–0,7	–1,2
30°	–2,1		–1,3	–2,0	–1,5	–2,0	–1,0	–1,3	–0,8	
45°	–1,5	–2,4			–1,4				–0,9	
60°	–1,2	–2,0	–1,2		–1,2				–0,7	
75°									–0,5	

Toitures à deux versants

Si la toiture est symétrique, deux directions de vent sont à considérer : W_0 et $W_{\pm 90°}$.

L'angle de pente est compté négatif lorsque les deux versants forment une noue.

– *Vent $W_{0°}$ sur long pan*

Un exemple est donné à la figure 3.30.

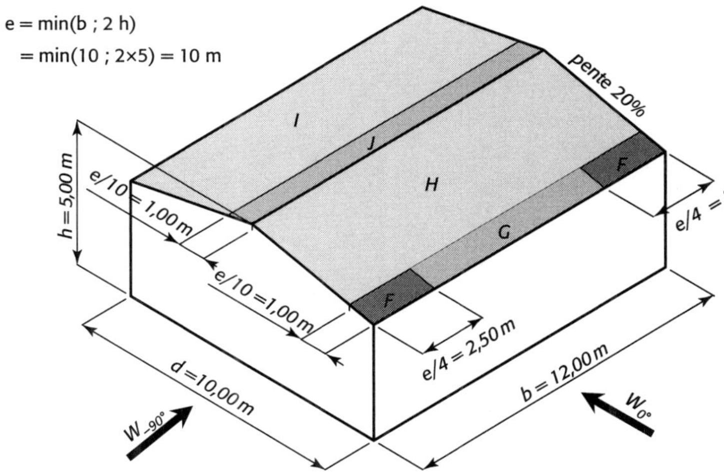

Figure 3.30 Découpage en zones d'une toiture à deux versants pour un vent $W_{0°}$

Les coefficients c_{pe} sont donnés dans le tableau 3.16 en fonction de l'angle de pente α.

Pour les versants dont l'angle de pente est compris entre –5° et 45°, deux cas sont à considérer. La toiture doit alors être étudiée dans quatre cas au total en combinant les deux cas possibles pour chaque versant.

Tableau 3.16 Coefficients c_{pe} applicables aux toitures à deux versants pour un vent $W_{0°}$

<table>
<tr><th rowspan="3">Angle de pente α</th><th colspan="6">Versant adjacent à la face au vent</th><th colspan="4">Versant opposé à la face au vent</th></tr>
<tr><th colspan="2">Zone F</th><th colspan="2">Zone G</th><th colspan="2">Zone H</th><th colspan="2">Zone I</th><th colspan="2">Zone J</th></tr>
<tr><th>$c_{pe,10}$</th><th>$c_{pe,1}$</th><th>$c_{pe,10}$</th><th>$c_{pe,1}$</th><th>$c_{pe,10}$</th><th>$c_{pe,1}$</th><th>$c_{pe,10}$</th><th>$c_{pe,1}$</th><th>$c_{pe,10}$</th><th>$c_{pe,1}$</th></tr>
<tr><td>–45°</td><td colspan="4">–0,6</td><td colspan="2" rowspan="2">–0,8</td><td colspan="2">–0,7</td><td>–1,0</td><td>–1,5</td></tr>
<tr><td>–30°</td><td>–1,1</td><td>–2,0</td><td>–0,8</td><td>–1,5</td><td colspan="2">–0,6</td><td>–0,8</td><td>–1,4</td></tr>
<tr><td>–15°</td><td>–2,5</td><td>–2,8</td><td>–1,3</td><td>–2,0</td><td>–0,9</td><td>–1,2</td><td colspan="2">–0,5</td><td>–0,7</td><td>–1,2</td></tr>
<tr><td rowspan="2">–5°</td><td rowspan="2">–2,3</td><td rowspan="2">–2,5</td><td rowspan="2">–1,2</td><td rowspan="2">–2,0</td><td rowspan="2">–0,8</td><td rowspan="2">–1,2</td><td colspan="4">+0,2</td></tr>
<tr><td colspan="4">–0,6</td></tr>
<tr><td rowspan="2">+5°</td><td>–1,7</td><td>–2,5</td><td>–1,2</td><td>–2,0</td><td>–0,6</td><td>–1,2</td><td colspan="2" rowspan="2">–0,6</td><td colspan="2">+0,2</td></tr>
<tr><td colspan="6">+0,0</td><td colspan="2">–0,6</td></tr>
<tr><td rowspan="2">+15°</td><td>–0,9</td><td>–2,0</td><td>–0,8</td><td>–1,5</td><td colspan="2">–0,3</td><td colspan="2">–0,4</td><td>–1,0</td><td>–1,5</td></tr>
<tr><td colspan="6">+0,2</td><td colspan="4">+0,0</td></tr>
<tr><td rowspan="2">+30°</td><td>–0,5</td><td>–1,5</td><td>–0,5</td><td>–1,5</td><td colspan="2">–0,2</td><td colspan="2">–0,4</td><td colspan="2">–0,5</td></tr>
<tr><td colspan="4">+0,7</td><td colspan="2">+0,4</td><td colspan="4">+0,0</td></tr>
<tr><td rowspan="2">+45°</td><td colspan="6">–0,0</td><td colspan="2">–0,2</td><td colspan="2">–0,3</td></tr>
<tr><td colspan="4">+0,7</td><td colspan="2">+0,6</td><td colspan="4">+0,0</td></tr>
<tr><td>+60°</td><td colspan="6">+0,7</td><td colspan="2" rowspan="2">–0,2</td><td colspan="2" rowspan="2">–0,3</td></tr>
<tr><td>+75°</td><td colspan="6">+0,8</td></tr>
</table>

– *Vent sur pignon* (θ = *90°*)

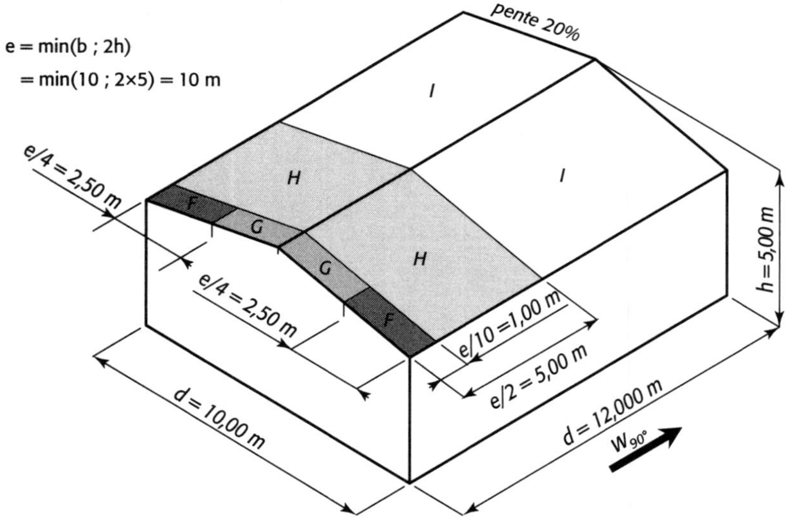

Figure 3.31 Découpage en zones d'une toiture à deux versants pour un vent $W_{\pm 90°}$

Les coefficients c_{pe} sont donnés dans le tableau 3.17 en fonction de l'angle de pente α.

Tableau 3.17 Coefficients c_{pe} applicables aux toitures à deux versants pour un vent $W_{90°}$

<table>
<tr><th rowspan="2">Angle de pente α</th><th colspan="2">Zone F</th><th colspan="2">Zone G</th><th colspan="2">Zone H</th><th colspan="2">Zone I</th></tr>
<tr><th>$c_{pe,10}$</th><th>$c_{pe,1}$</th><th>$c_{pe,10}$</th><th>$c_{pe,1}$</th><th>$c_{pe,10}$</th><th>$c_{pe,1}$</th><th>$c_{pe,10}$</th><th>$c_{pe,1}$</th></tr>
<tr><td>–45°</td><td>–1,4</td><td>–2,0</td><td rowspan="4">–1,2</td><td rowspan="10">–2,0</td><td rowspan="2">–1,0</td><td rowspan="2">–1,3</td><td rowspan="2">–0,9</td><td rowspan="4">–1,2</td></tr>
<tr><td>–30°</td><td>–1,5</td><td>–2,1</td></tr>
<tr><td>–15°</td><td>–1,9</td><td rowspan="2">–2,5</td><td>–0,8</td><td rowspan="6">–1,2</td><td>–0,8</td></tr>
<tr><td>–5°</td><td>–1,8</td><td rowspan="2">–0,7</td><td>–0,6</td></tr>
<tr><td>+5°</td><td>–1,6</td><td>–2,2</td><td rowspan="2">–1,3</td><td colspan="2">–0,6</td></tr>
<tr><td>+15°</td><td>–1,3</td><td>–2,0</td><td>–0,6</td><td colspan="2" rowspan="5">–0,5</td></tr>
<tr><td>+30°</td><td rowspan="4">–1,1</td><td rowspan="4">–1,5</td><td rowspan="2">–1,4</td><td>–0,8</td></tr>
<tr><td>+45°</td><td>–0,9</td></tr>
<tr><td>+60°</td><td rowspan="2">–1,2</td><td rowspan="2">–0,8</td><td rowspan="2">–1,0</td></tr>
<tr><td>+75°</td></tr>
</table>

Avancées de toitures

Pour les avancées de toit, la pression exercée sur la face inférieure de l'avant-toit est égale à la pression applicable à la zone du mur vertical directement relié à l'avancée de toit. La pression exercée sur la face supérieure de l'avant-toit est égale à la pression de la zone, définie pour la toiture elle-même.

Un exemple est donné à la figure 3.32.

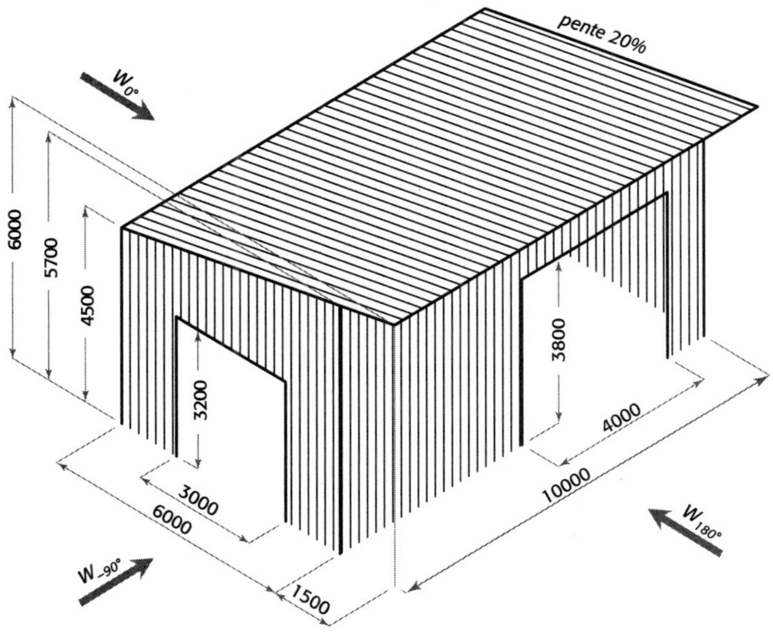

Figure 3.32 Bâtiment avec avancée de toit

Largeur des zones de rive des faces verticales pour les vents $W_{0°}$ et $W_{180°}$:

$$e = \min(b\,;2h) = \min(10\text{ m}\,;2 \times 5{,}70\text{ m}) = 10{,}00\text{ m}$$

Largeur des zones de rive de la toiture pour les vents $W_{0°}$ et $W_{180°}$:

$$e = \min(b\,;2h) = \min(10\text{ m}\,;2 \times 6{,}00\text{ m}) = 10{,}00\text{ m}$$

Les coefficients de pression $c_{pe,10}$ sont donnés à la figure 3.33.

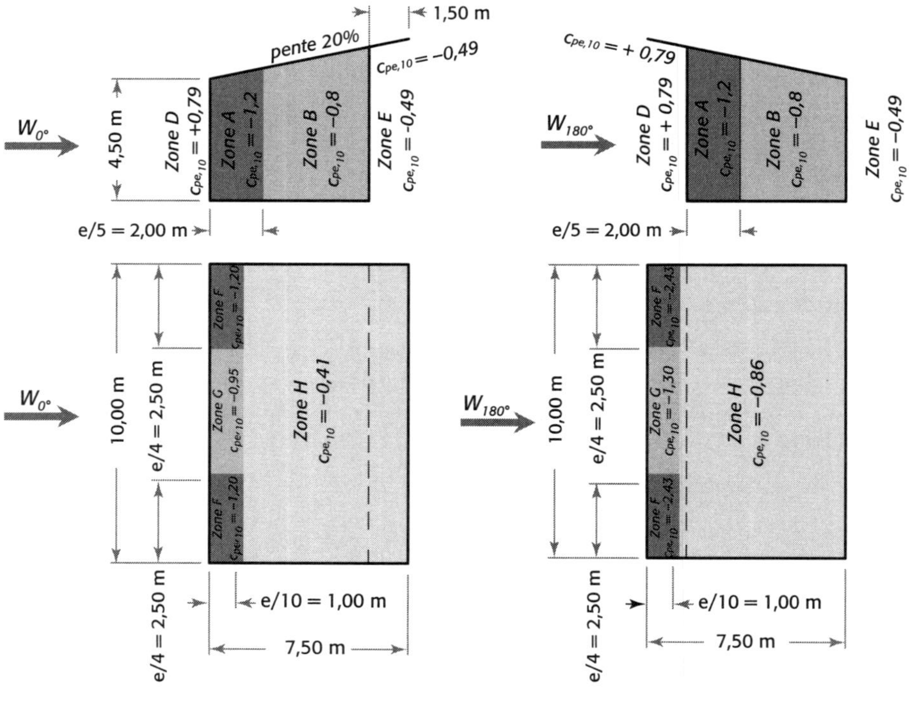

Figure 3.33 Coefficients $c_{pe,10}$ du bâtiment étudié

Coefficient de pression résultant sur l'avancée de toit en zone H pour le vent $W_{0°}$:

$$c_p = -0{,}41 - (-0{,}49) = +0{,}08 \qquad \text{(action descendante)}$$

Coefficient de pression résultant sur l'avancée de toit en zone F pour le vent $W_{180°}$:

$$c_p = -2{,}43 - 0{,}79 = -3{,}22 \qquad \text{(action ascendante)}$$

Coefficient de pression résultant sur l'avancée de toit en zone G pour le vent $W_{180°}$:

$$c_p = -1{,}30 - 0{,}79 = -2{,}09 \qquad \text{(action ascendante)}$$

Toitures multiples

Les coefficients de pression des toitures en shed (un versant sur deux a une inclinaison proche de la verticale) sont calculés à partir de ceux d'une toiture à un versant (figure 3.34).

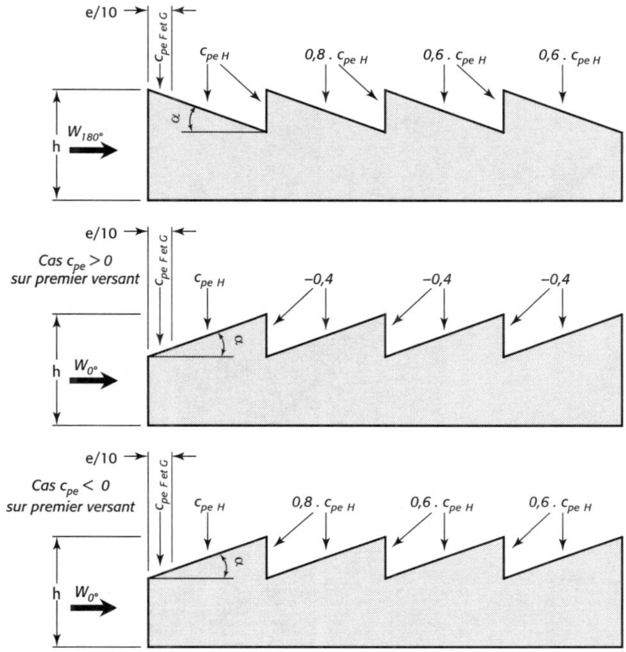

Figure 3.34 Toiture en shed

Les coefficients de pression des autres toitures multiples sont calculés à partir de ceux des toitures à deux versants en noue ($-45° \leq \alpha \leq -5°$).

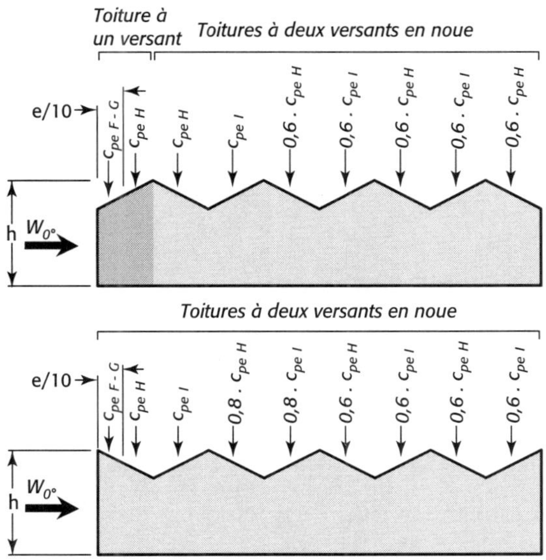

Figure 3.35 Toiture multiple

– *Exemple d'application (figure 3.36)*

Les coefficients $c_{pe,10}$ de cette toiture sont donnés dans le tableau 3.18.

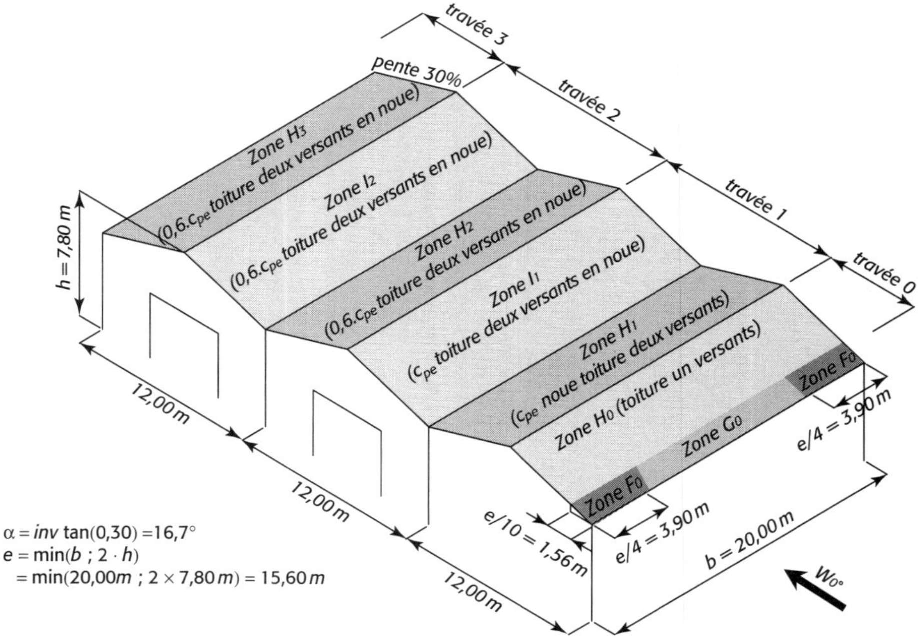

Figure 3.36 Exemple de toiture multiple

Tableau 3.18 Coefficients de pression extérieure de la toiture multiple

Travée	Type de toiture		F_i	G_i	H_i	I_i
0	Un versant ($\alpha = -16,7°$)	$c_{pe,10} < 0$	–0,85	–0,77	–0,29	–
		$c_{pe,10} > 0$	+0,26	+0,26	+0,22	–
1	Deux versants ($\alpha = -16,7°$)	$c_{pe,10}$	–	–	–0,89	–0,51
2		$0,6 \cdot c_{pe,10}$	–	–	–0,53	–0,31
3		$0,6 \cdot c_{pe,10}$	–	–	–0,53	–

3.3.3.2 Coefficients de pression intérieure c_{pi}

La pression intérieure dépend des dimensions et de la position des ouvertures dans l'enveloppe du bâtiment.

Quatre cas peuvent se présenter :

Deux parois du bâtiment sont ouvertes sur plus de 30 % de leur surface

Toutes les parois du bâtiment doivent être traitées comme des parois isolées (§3.3.4).

L'aire des ouvertures dans une face est au moins égale à deux fois l'aire des ouvertures dans les autres faces

La face est dite dominante et la valeur du coefficient de pression intérieure c_{pi} est proportionnelle à celle du coefficient de pression extérieure c_{pe} au niveau de ses ouvertures.

Lorsque l'aire des ouvertures dans la face dominante est égale à deux fois l'aire des ouvertures dans les autres faces : $c_{pi} = 0,75 \cdot c_{pe}$

Lorsque l'aire des ouvertures dans la face dominante est au moins égale à trois fois l'aire des ouvertures dans les autres faces : $c_{pi} = 0,90 \cdot c_{pe}$

Lorsque l'aire des ouvertures dans la face dominante est comprise entre 2 et 3 fois l'aire des ouvertures dans les autres faces, la valeur de c_{pi} est obtenue par interpolation linéaire entre les valeurs précédentes.

Lorsque les ouvertures sont situées dans des zones avec des valeurs différentes de pressions extérieures, il est recommandé d'utiliser une valeur moyenne pondérée en surface de c_{pe}.

Bien que l'Eurocode 1 ne donne aucune indication à ce sujet, une face ne peut être considérée comme dominante si l'aire de ses ouvertures ne représente pas un pourcentage significatif de l'aire de la face.

Il n'y a pas de face dominante

c_{pi} est fonction de h/d et du rapport d'ouverture $\mu = \dfrac{\sum_j \left[A_{O,j} \text{ à } c_{pe\leq 0}\right]}{\sum_j A_{O,j}}$ où $A_{O,j}$ représente l'aire de l'ouverture j.

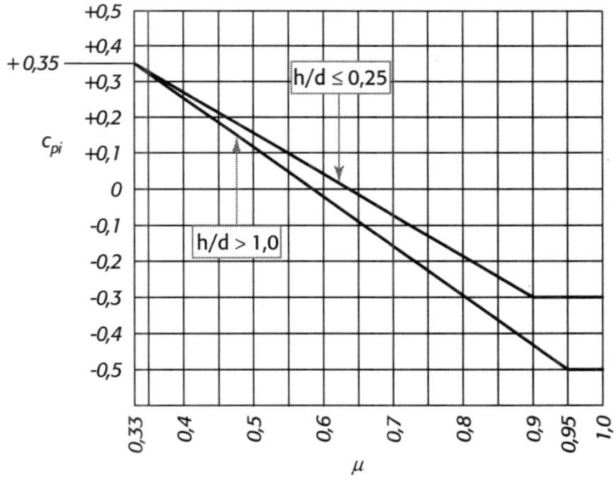

Figure 3.37 Coefficient de pression applicable pour des ouvertures uniformément réparties

- Si $\dfrac{h}{d} \leq 0,25$ ou $\dfrac{h}{d} > 1,0$, c_{pi} est lu sur la courbe correspondante (figure 3.37) pour chaque configuration de vent et d'ouvertures.
- Si $0,25 < \dfrac{h}{d} \leq 1$, le coefficient c_{pi} est obtenu par interpolation linéaire entre les deux courbes pour chaque configuration :

$$c_{pi}\left(\frac{h}{d}\right) = c_{pi}(0,25) + \frac{c_{pi}(1) - c_{pi}(0,25)}{0,75} \times \left(\frac{h}{d} - 0,25\right)$$

μ n'est pas quantifiable ou le bâtiment peut être considéré comme fermé

On retient pour c_{pi} la valeur la plus sévère de +0,2 ou −0,3.

Exemple d'application :

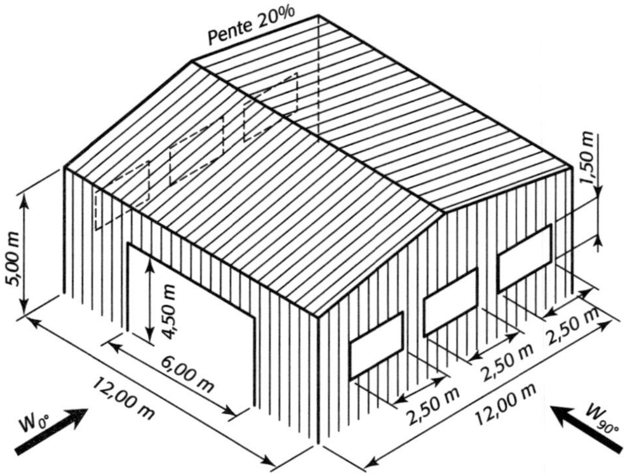

Figure 3.38 Exemple de bâtiment ouvert

Les aires des ouvertures sont données pour chacune des faces dans le tableau 3.19.

Tableau 3.19 Aire des ouvertures de chaque face

	Aire de la face	**Aire des ouvertures**	**Pourcentage d'ouvertures**
Long pan 0°	60,00 m²	27,00 m²	45,0 %
Long pan 180°	60,00 m²	0,00 m²	0,0 %
Pignon –90°	67,20 m²	11,25 m²	16,7 %
Pignon +90°	67,20 m²	11,25 m²	16,7 %
Versant 0°	73,43 m²	0,00 m²	0,0 %
Versant 180°	73,43 m²	0,00 m²	0,0 %

Seul le long pan 0° présente plus de 30 % d'ouverture ; l'aire de son ouverture est inférieure à deux fois l'aire des ouvertures dans les autres faces.

Calcul du coefficient c_{pi} dans le cas du vent $W_{0°}$:

Rapport d'ouvertures : $$\mu = \frac{\sum\left(A_O \text{ à } c_{pe\leq 0}\right)}{\sum A_O} = \frac{2\times 11,25}{2\times 11,25+27,00} = 0,455$$

$h/d \leq 0,25$ $$c_{pi,h/d=0,25} = 0,35 + \frac{0,455-0,33}{0,9-0,33}\times(-0,30-0,35) = +0,207$$

$h/d > 1$ $$c_{pi,h/d=1,00} = 0,35 + \frac{0,455-0,33}{0,95-0,33}\times(-0,50-0,35) = +0,179$$

Rapport de dimensions : $h/d = 6,20/12,00 = 0,52$

$$c_{pi,h/d=0,52} = 0,207 + \frac{0,52-0,25}{1,00-0,25} \times (0,179 - 0,207) = +0,198$$

3.3.4 Toitures isolées

3.3.4.1 Généralités

La toiture d'une construction est considérée comme isolée lorsque deux faces au moins ont un pourcentage d'ouvertures supérieur à 30 % (figure 3.39).

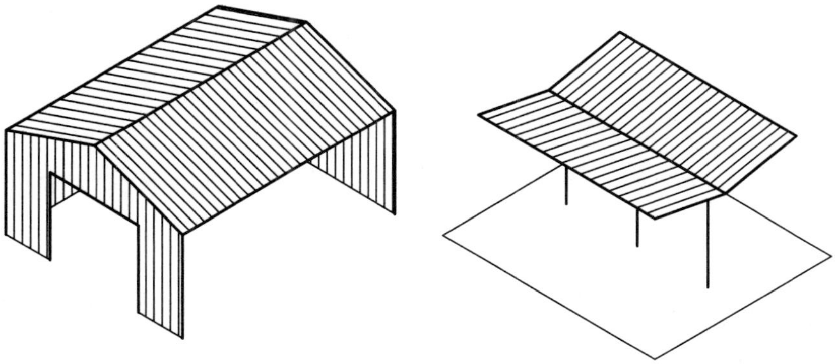

Figure 3.39 Exemples de toitures isolées

L'obstruction, notée φ, est le rapport de l'aire des obstacles éventuels situés sous la toiture (ou à proximité immédiate, côté sous le vent) et de l'aire de la section d'écoulement de l'air sous la toiture s'il n'y avait pas d'obstacles. Ces deux aires sont mesurées perpendiculairement à la direction du vent (figure 3.40).

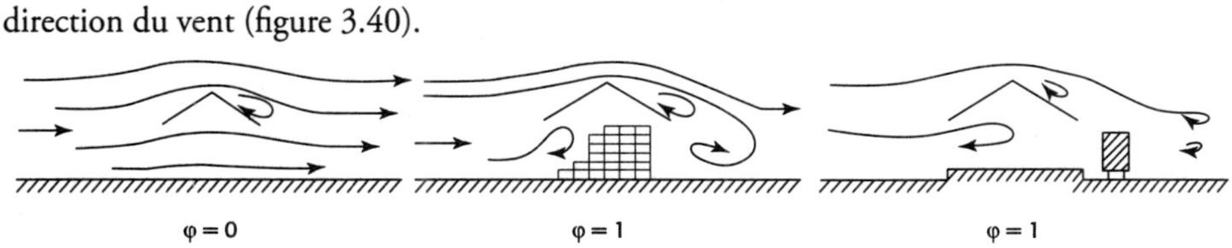

Figure 3.40 Écoulement de l'air autour des toitures isolées en fonction de l'obstruction

Pour le calcul des éléments de toiture situés au-delà de la position d'obstruction maximale, on doit considérer une obstruction $\varphi = 0$ (figure 3.41).

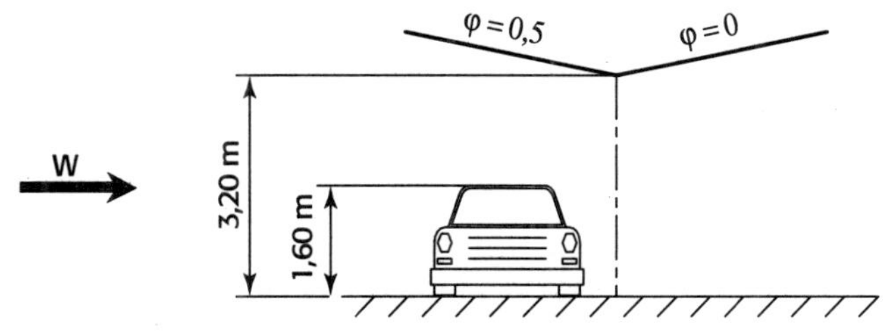

Figure 3.41 Éléments de toiture situés au-delà de la position d'obstruction maximale

Les coefficients de force globale c_f et les coefficients de pression nette $c_{p,net}$ indiqués dans les tableaux 3.20 et 3.21 tiennent compte de l'effet combiné du vent agissant à la fois sur les surfaces supérieure et inférieure des toitures isolées quelles que soient les directions du vent.

L'action nette du vent sur la toiture peut être ascendante ou descendante ; les deux cas sont à considérer.

Les valeurs positives (maximum quel que soit φ) correspondent à une action du vent descendante ; elles ne dépendent pas de l'obstruction.

Les valeurs négatives correspondent à une action du vent ascendante ; elles sont données pour $\varphi = 0$ et $\varphi = 1$.

Les valeurs intermédiaires peuvent être déterminées par interpolation linéaire.

La hauteur de référence z_e qu'il convient d'utiliser est égale à h telle que représentée aux figures 3.43 et 3.44.

3.3.4.2 Coefficients de pression nette

Le coefficient de pression nette, noté $c_{p,net}$, représente la pression locale maximale pour toutes directions du vent. Il est recommandé de l'utiliser pour le calcul des éléments de toiture (plaques de couverture, pannes, traverses supportant les pannes) et des fixations.

Les coefficients de pression nette sont donnés dans les tableaux 3.20 à 3.21 pour chacune des zones de couverture définies à la figure 3.41.

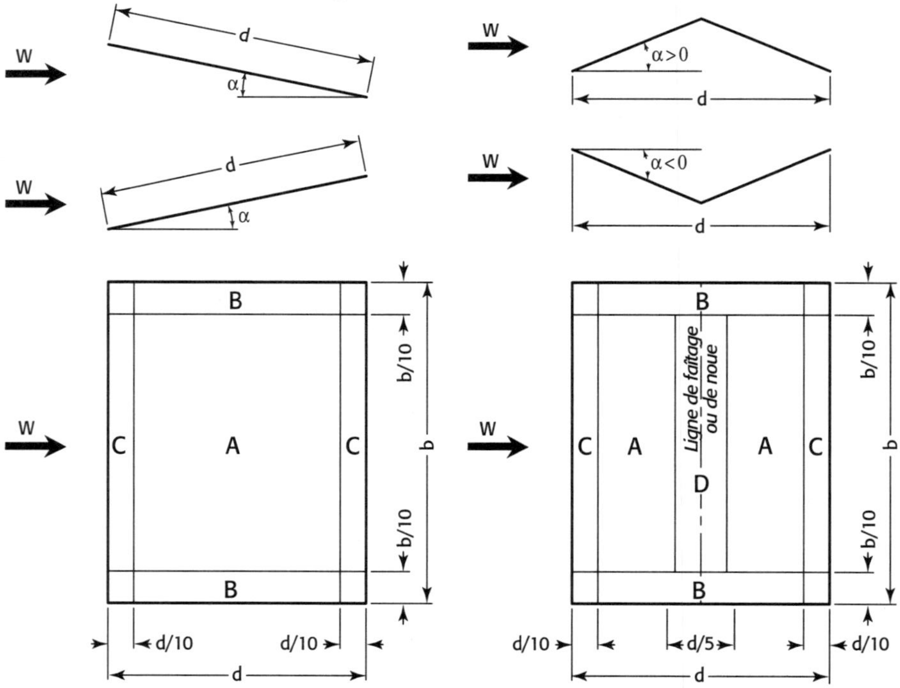

Figure 3.42 Découpage en zones des toitures isolées à un et deux versants

La profondeur d des toitures isolées à un versant est mesurée suivant la pente.

Dans les angles de la toiture où les zones B et C se chevauchent, c'est la valeur la plus défavorable du coefficient de pression nette qui est retenue.

Tableau 3.20 Valeurs de $c_{p,net}$ pour les toitures à un versant

Angle de pente α	**Obstruction φ**	**Zone A**	**Zone B**	**Zone C**
0°	Maximum quel que soit φ	+0,5	+1,8	+1,1
	Minimum φ = 0	–0,6	–1,3	–1,4
	Minimum φ = 1	–1,5	–1,8	–2,2
5°	Maximum quel que soit φ	+0,8	+2,1	+1,3
	Minimum φ = 0	–1,1	–1,7	–1,8
	Minimum φ = 1	–1,6	–2,2	–2,5
10°	Maximum quel que soit φ	+1,2	+2,4	+1,6
	Minimum φ = 0	–1,5	–2,0	–2,1
	Minimum φ = 1	–2,1	–2,6	–2,7
15°	Maximum quel que soit φ	+1,4	+2,7	+1,8
	Minimum φ = 0	–1,8	–2,4	–2,5
	Minimum φ = 1	–1,6	–2,9	–3,0
20°	Maximum quel que soit φ	+1,7	+2,9	+2,1
	Minimum φ = 0	–2,2	–2,8	–2,9
	Minimum φ = 1	–1,6	–2,9	–3,0
25°	Maximum quel que soit φ	+2,0	+3,1	+2,3
	Minimum φ = 0	–2,6	–3,2	–3,2
	Minimum φ = 1	–1,5	–2,5	–2,8
30°	Maximum quel que soit φ	+2,2	+3,2	+2,4
	Minimum φ = 0	–3,0	–3,8	–3,6
	Minimum φ = 1	–1,5	–2,2	–2,7

Tableau 3.21 Valeurs de $c_{p,net}$ pour les toitures à deux versants

Angle de pente α	**Obstruction φ**	**Zone A**	**Zone B**	**Zone C**	**Zone D**
–20°	Maximum quel que soit φ	+0,8	+1,6	+0,6	+1,7
	Minimum φ = 0	–0,9	–1,3	–1,6	–0,6
	Minimum φ = 1	–1,5	–2,4	–2,4	–0,6
–15°	Maximum quel que soit φ	+0,6	+1,5	+0,7	+1,4
	Minimum φ = 0	–0,8	–1,3	–1,6	–0,6
	Minimum φ = 1	–1,6	–2,7	–2,6	–0,6

Angle de pente α	Obstruction φ	Zone A	Zone B	Zone C	Zone D
–10°	Maximum quel que soit φ	+0,6	+1,4	+0,8	+1,1
	Minimum $\varphi = 0$	–0,8	–1,3	–1,5	–0,6
	Minimum $\varphi = 1$	–1,6	–2,7	–2,6	–0,6
–5°	Maximum quel que soit φ	+0,5	+1,5	+0,8	+0,8
	Minimum $\varphi = 0$	–0,7	–1,3	–1,6	–0,6
	Minimum $\varphi = 1$	–1,5	–2,4	–2,4	–0,6
+5°	Maximum quel que soit φ	+0,6	+1,8	+1,3	+0,4
	Minimum $\varphi = 0$	–0,6	–1,4	–1,4	–1,1
	Minimum $\varphi = 1$	–1,3	–2,0	–1,8	–1,5
+10°	Maximum quel que soit φ	+0,7	+1,8	+1,4	+0,4
	Minimum $\varphi = 0$	–0,7	–1,5	–1,4	–1,4
	Minimum $\varphi = 1$	–1,3	–2,0	–1,8	–1,8
+15°	Maximum quel que soit φ	+0,9	+1,9	+1,4	+0,4
	Minimum $\varphi = 0$	–0,9	–1,7	–1,4	–1,8
	Minimum $\varphi = 1$	–1,3	–2,2	–1,6	–2,1
+20°	Maximum quel que soit φ	+1,1	+1,9	+1,5	+0,4
	Minimum $\varphi = 0$	–1,2	–1,8	–1,4	–2,0
	Minimum $\varphi = 1$	–1,4	–2,2	–1,6	–2,1
+25°	Maximum quel que soit φ	+1,2	+1,9	+1,6	+0,5
	Minimum $\varphi = 0$	–1,4	–1,9	–1,4	–2,0
	Minimum $\varphi = 1$	–1,4	–2,0	–1,5	–2,0
+30°	Maximum quel que soit φ	+1,3	+1,9	+1,6	+0,7
	Minimum $\varphi = 0$	–1,4	–1,9	–1,4	–2,0
	Minimum $\varphi = 1$	–1,4	–1,8	–1,4	–2,0

3.3.4.3 Coefficient de force globale

Le coefficient de force globale, noté c_f, représente la force résultante agissant sur un versant. Il peut être utilisé pour calculer les éléments porteurs ou les éléments de stabilité ne supportant pas directement la couverture (poteaux, contreventements).

Chaque toiture isolée doit pouvoir supporter les cas de charge définis ci-dessous :

- pour une toiture isolée à un seul versant (tableau 3.22) il convient de placer le centre de pression à d/4 à partir du bord exposé au vent (d = dimension dans la direction du vent, figure 3.43) ;
- pour une toiture isolée à deux versants (tableau 3.23), il convient de placer le centre de pression au centre de chaque versant (figure 3.38). Il est par ailleurs recommandé qu'une toiture isolée à deux versants puisse résister à un chargement maximal ou minimal sur un de ses versants, l'autre versant ne recevant pas de charge.

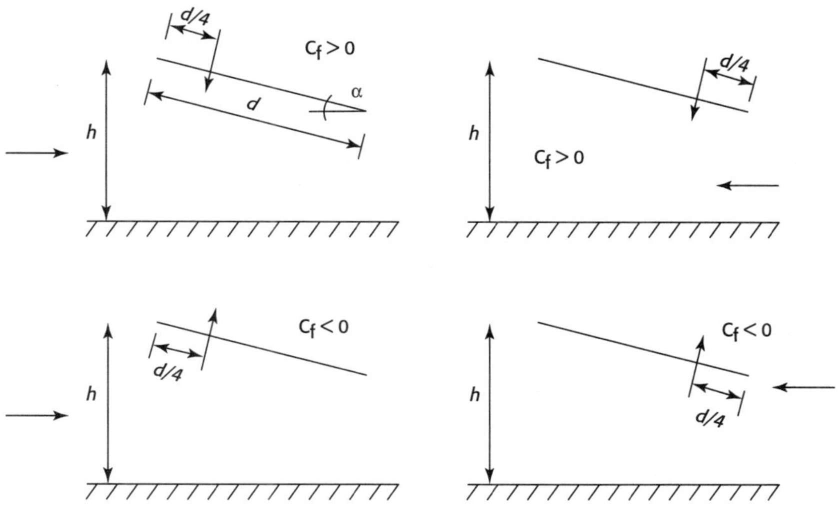

Figure 3.43 Emplacement du centre de force pour les toitures isolées à un versant

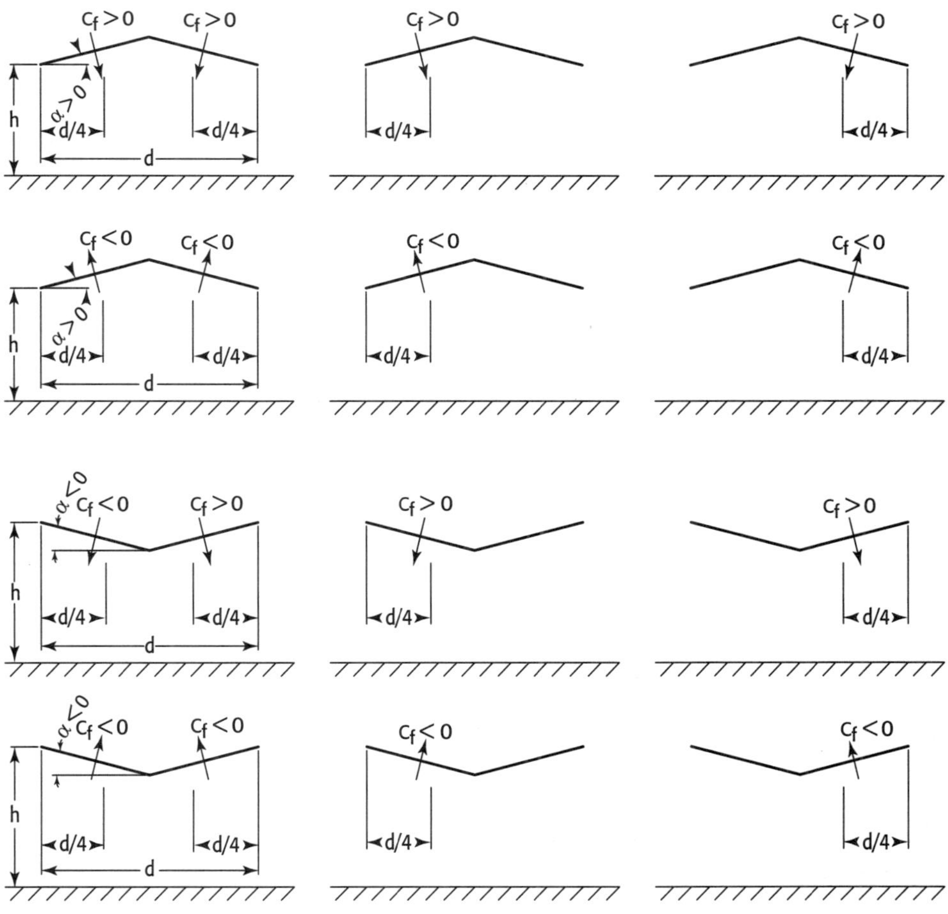

Figure 3.44 Dispositions des charges obtenues pour les toitures isolées à deux versants

Tableau 3.22 Valeurs de c_f pour les toitures à un versant

Angle de pente α	0°	5°	10°	15°	20°	25°	30°
Maximum quel que soit φ	+0,2	+0,4	+0,5	+0,7	+0,8	+1,0	+1,2
Minimum φ = 0	−0,5	−0,7	−0,9	−1,1	−1,3	−1,6	−1,8
Minimum φ = 1	−1,3	−1,4					

Tableau 3.23 Valeurs de c_f pour les toitures à deux versants

Angle de pente α	-20°	-15°	-10°	-5°	5°	10°	15°	20°	25°	30°
Maximum quel que soit φ	+0,7	+0,5	+0,4	+0,3		+0,4		+0,6	+0,7	+0,9
Minimum φ = 0	−0,7	−0,6		−0,5	−0,6	−0,7	−0,8	−0,9	−1,0	
Minimum φ = 1	−1,3	−1,4		−1,3						

3.3.4.4 Exemple d'application

La construction étudiée est un abri de quai de 75 m² défini à la figure 3.45.

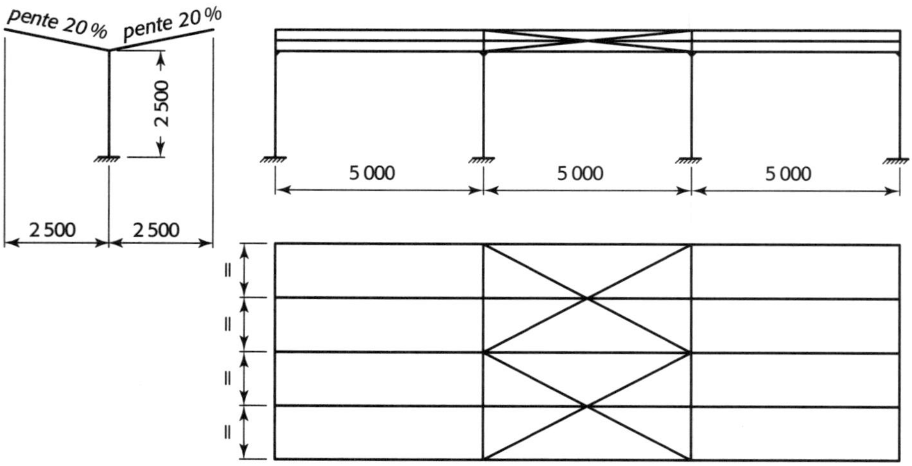

Figure 3.45 Exemple de toiture isolée à deux versants : abri de quai

L'obstruction est évaluée à $\varphi = 0,60$ pour le vent transversal.

L'angle de pente des versants a pour valeur : $\alpha = -\text{arc tan}\,0,20 = -11,3°$

Les coefficients de pression nette $c_{p,net}$ obtenus par interpolation sont donnés dans le tableau 3.24.

Tableau 3.24 Calcul des coefficients $c_{p,net}$ par interpolation

Coefficients $c_{p,net}$	**Calcul en pression**				**Obstruction φ pour calcul au soulèvement**											
					φ = 0,60				**φ = 0**				**φ = 1**			
Angle de toiture α	A	B	C	D	A	B	C	D	A	B	C	D	A	B	C	D
–15°	0,60	1,50	0,70	1,40	–1,28	–2,14	–2,20	–0,60	–0,80	–1,30	–1,60	–0,60	–1,60	–2,70	–2,60	–0,60
–11.3°	**0,60**	**1,43**	**0,77**	**1,18**	**–1,28**	**–2,14**	**–2,17**	**–0,60**	**–0,80**	**–1,30**	**–1,53**	**–0,60**	**–1,60**	**–2,70**	**–2,60**	**–0,60**
–10°	0,60	1,40	0,80	1,10	–1,28	–2,14	–2,16	–0,60	–0,80	–1,30	–1,50	–0,60	–1,60	–2,70	–2,60	–0,60

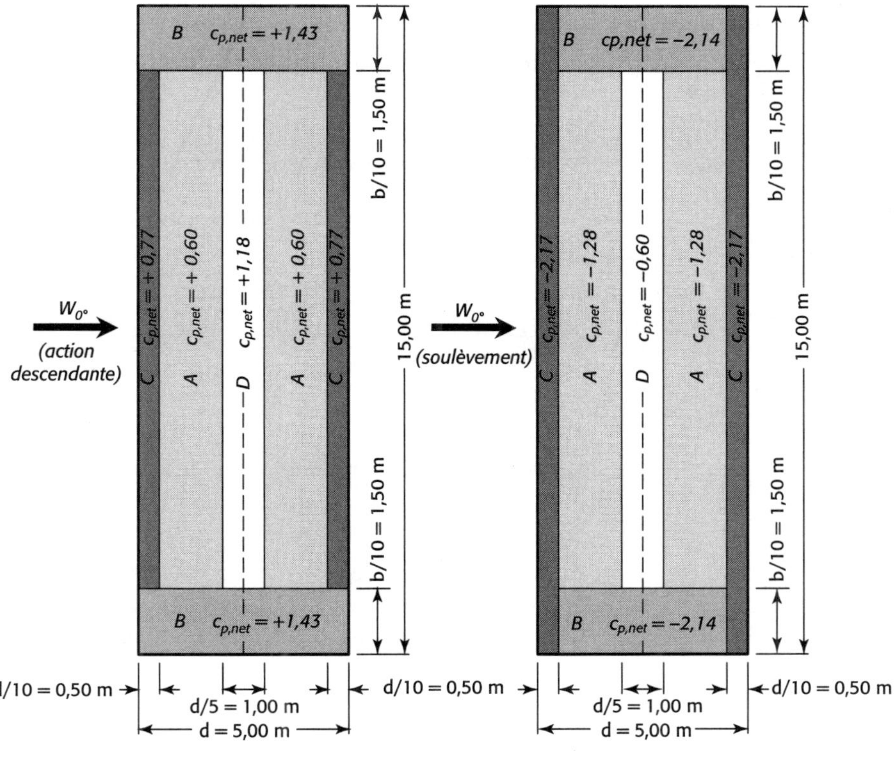

Figure 3.46 Zones et coefficients $c_{p,net}$ de la toiture d'abri de quai

Les coefficients de force globale sont obtenus par interpolation sur α et sur φ à partir du tableau 3.23.

Maximum : $$c_f = +0,5 + \frac{(-11,3)-(-15)}{(-10)-(-15)} \times (0,4-0,5) = +0,426$$

Minimum : $$c_f = -0,6 + \frac{0,6-0}{1-0} \times (-1,4-(-0,6)) = -1,080$$

3.3.5 Forces de frottement

Lorsque le bâtiment est assez long, et selon la nature des parois du bâtiment (leur rugosité notamment), le vent tend à entraîner les parois dans son déplacement créant ainsi des forces de frottement qui viennent s'ajouter aux actions d'ensemble.

3.3.5.1 Coefficient de frottement

Les faces extérieures parallèles au vent sont soumises à des forces de frottement.

L'action résultante sur une paroi a pour expression : $F_{fr} = c_{fr} \cdot q_p(z_e) \cdot A_{fr}$

avec :

- c_{fr} : coefficient de frottement donné au tableau 3.25,
- A_{fr} : aire de référence telle qu'indiquée aux figures 3.47 et 3.48,
- z_e : hauteur de référence égale à la hauteur au-dessus du sol de la construction ou à la hauteur du bâtiment (figures 3.47 et 3.48).

Tableau 3.25 Coefficients de frottement c_{fr} applicables aux murs, acrotères et toitures

Surface	Coefficient de frottement c_{fr}
Lisse (acier, béton lisse, etc.)	0,01
Rugueuse (béton brut, bardeaux bitumés, etc.)	0,02
Très rugueuse (ondulations, nervures, pliures, etc.)	0,04

3.3.5.2 Aire de référence

S'il n'y a pas de paroi perpendiculaire au vent, celui-ci traverse la construction et les forces de frottement affectent la totalité des deux faces de chaque paroi parallèle au vent (figure 3.47).

Si la construction présente une paroi au vent susceptible de dévier l'écoulement de l'air, les forces de frottement sur les faces extérieures parallèles au vent n'agissent qu'au-delà d'une distance des bords au vent égale à la plus petite des valeurs (2b) et (4 · h) (figure 3.48).

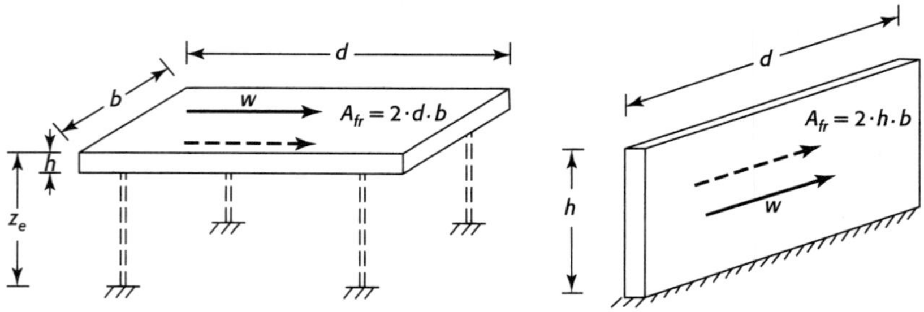

Figure 3.47 Aire de référence des toitures et panneaux isolés pour le frottement

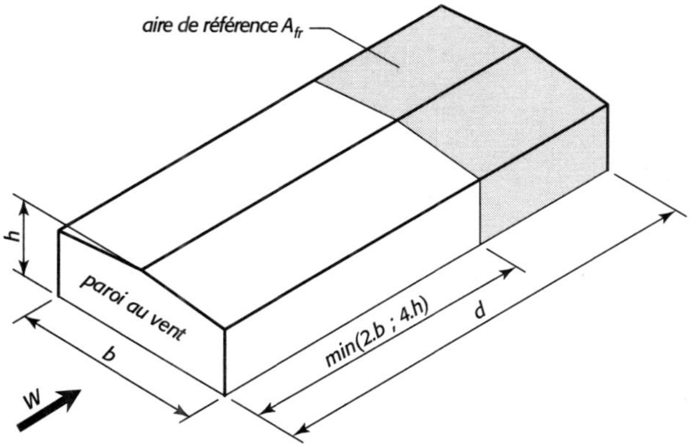

Figure 3.48 Aire de référence des bâtiments avec paroi au vent pour le frottement

Les effets de frottement du vent sur la surface peuvent être négligés lorsque l'aire totale de toutes les surfaces parallèles au vent (ou faiblement inclinées par rapport à la direction du vent) est inférieure ou égale à 4 fois l'aire totale de toutes les surfaces extérieures perpendiculaires au vent (surface au vent et sous le vent).

3.3.5.3 Exemple d'application

L'enveloppe du bâtiment étudié (figure 3.49) est réalisée en plaques d'acier dont les nervures sont orientées perpendiculairement à la direction du vent $W_{-90°}$.

La pression dynamique de pointe a pour valeur $q_p(z) = 0,348$ kN / m^2.

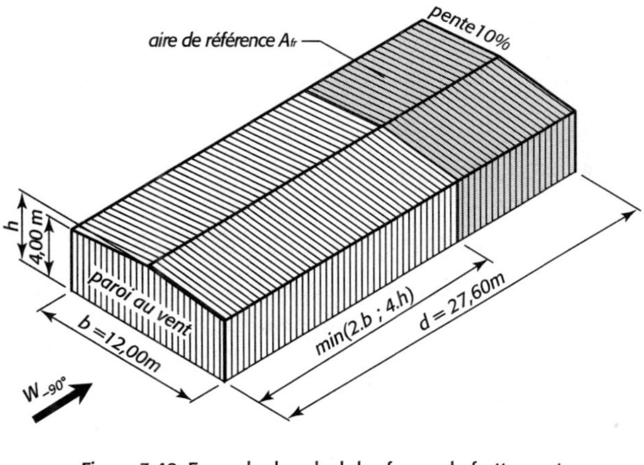

Figure 3.49 Exemple de calcul des forces de frottement

Nous avons les valeurs suivantes :

$$h = 4,00 + \frac{12,00}{2} \times 0,10 = 4,60 \text{ m}$$

$$\text{avec : } \min\{2b\,;\,4h\} = \min\{24{,}00\,;\,18{,}40\} = 18{,}40 \text{ m}$$

$$\text{Aire des faces parallèles au vent : } 2\times\left(4{,}00+\frac{12{,}00}{2}\times\sqrt{1+0{,}1^2}\right)\times 27{,}60 = 553{,}65 \text{ m}^2$$

$$\text{Aire des pignons : } 2\times 12\times\frac{4+4{,}60}{2} = 103{,}2 \text{ m}^2$$

$$\text{avec : } 553{,}65 \text{ m}^2 > 4\times 103{,}20 \text{ m}^2$$

$$A_{fr} = 2\times\left(4{,}00+\frac{12{,}00}{2}\times\sqrt{1+0{,}1^2}\right)\times(27{,}60-18{,}40) = 184{,}55 \text{ m}^2$$

$$c_{fr} = 0{,}04 \text{ (nervures)}$$

$$F_{fr} = c_{fr}\cdot q_p(z_e)\cdot A_{fr} = 0{,}04\times 0{,}348\times 184{,}55 = 2{,}569 \text{ kN}$$

3.4 Références bibliographiques

[1] NF EN 1991-1-1:2003. Eurocode 1 – *Actions sur les structures. Partie 1-1 : Actions générales – Poids volumiques, poids propres, charges d'exploitation des bâtiments.* AFNOR, mars 2003. Indice de classement : P 06-111-1.

[2] NF EN 1991-1-1/NA:2004 – Eurocode 1 – *Actions sur les structures. Partie 1-1 : Actions générales – Poids volumiques, poids propres, charges d'exploitation des bâtiments.* Annexe nationale à la NF EN 1991-1-1:2003. AFNOR, juin 2004. Indice de classement : P 06-111-1/NA.

[3] NF EN 1991-1-3:2004 – Eurocode 1 – *Actions sur les structures. Partie 1-3 : Actions générales – Charges de neige.* AFNOR, avril 2004. Indice de classement : P 06-113-1.

[4] NF EN 1991-1-3/NA:2007 – Eurocode 1 – *Actions sur les structures. Partie 1-3 : Actions générales – Charges de neige.* Annexe nationale à la NF EN 1991-1-3:2004. AFNOR, mai 2007. Indice de classement : P 06-113-1/NA.

[5] NF EN 1991-1-4:2005 – Eurocode 1 – *Actions sur les structures. Partie 1-4 : Actions générales – Actions du vent.* AFNOR, novembre 2005. Indice de classement : P 06-114-1.

[6] NF EN 1991-1-4/NA:2008 – Eurocode 1 – *Actions sur les structures. Partie 1-4 : Actions générales – Actions du vent.* Annexe nationale à la NF EN 1991-1-4:2005. AFNOR, mars 2008. Indice de classement : P 06-114-1/NA.

[7] D. CLAVAUD – *Exemple de détermination des charges de neige selon l'EN 1991-1-3.* Revue Construction métallique, n°2, 2007.

[8] D. CLAVAUD – *Exemple de détermination des actions du vent selon l'EN 1991-1-4.* Revue Construction métallique, n°1, 2008.

CHAPITRE 4

Descente de charges

Résumé

Dans ce chapitre sont abordés les principes permettant de calculer les charges linéiques sur les solives, pannes, lisses et portiques des bâtiments de type « halle » en vue de leur prédimensionnement. Quelques exemples simples sont traités pour illustrer l'application de ces principes.

4.1 Surface d'influence

Les charges surfaciques [kN/m²] exercées sur les parois d'une construction[1] se transmettent aux éléments porteurs (pannes, lisses, solives, etc.) sous forme de charges linéiques [kN/m].

Ces charges linéiques sont calculées en fonction de la surface reprise par l'élément, appelée surface d'influence.

La figure 4.1 montre la surface d'influence d'une solive de plancher.

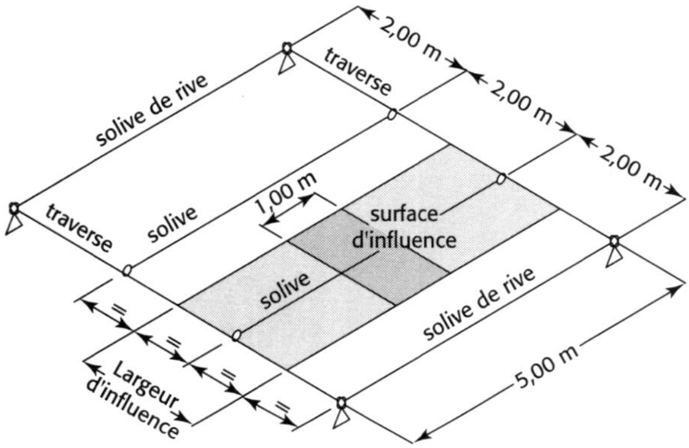

Figure 4.1 Surface d'influence

Dans le cas où la continuité du plancher n'est pas assurée (éléments de plancher considérés comme appuyés sur deux solives voisines), on admet qu'une solive supporte les charges surfaciques q_s [kN/m²] appliquées sur une largeur égale aux demi-distances entre axes de solives, mesurées de part et d'autre (rectangles grisés).

Aire de la surface d'influence d'une solive courante :

$$A = 5{,}00 \times \left(\frac{2{,}00}{2} + \frac{2{,}00}{2} \right) = 10{,}00 \text{ m}^2$$

Aire de la surface d'influence d'une solive de rive :

$$A = 5{,}00 \times \frac{2{,}00}{2} = 5{,}00 \text{ m}^2$$

La charge linéique sur une solive est obtenue en considérant un tronçon de largeur 1,00 m et en calculant la résultante des charges s'exerçant sur la surface qu'il supporte (rectangle gris foncé), ce qui revient à multiplier la charge surfacique par la largeur d'influence.

Exemple : $q_s = 5{,}00 \text{ kN / m}^2$

Charge linéique sur une solive courante : $q_{\ell,0} = 2{,}00 \times 5{,}00 = 10{,}00 \text{ kN/m}$

Charge linéique sur une solive de rive : $q_{\ell,0} = 1{,}00 \times 5{,}00 = 5{,}00 \text{ kN/m}$

1. Le lecteur intéressé par plus d'informations sur ce sujet est invité à se rapporter à la référence [1] qui propose un ensemble de présentations PowerPoint destinées à faciliter la compréhension du fonctionnement mécanique et de la modélisation des éléments constitutifs d'une structure de type halle industrielle en acier et des actions auxquelles elle est soumise.

4.2 Coefficients de continuité

Si la dalle est continue au droit des solives, on doit appliquer à la charge linéique obtenue un coefficient de continuité k qui dépend du nombre d'appuis et de leur position.

La continuité réduit la déformation de la dalle mais modifie la distribution des charges sur les appuis (figures 4.2 et 4.3).

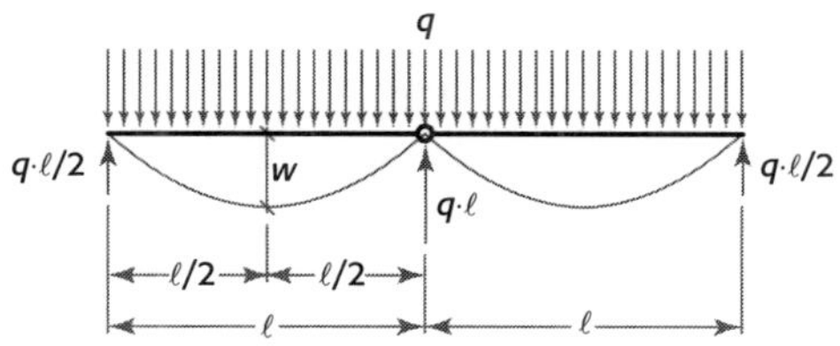

Figure 4.2 Dalle discontinue (deux dalles sur deux appuis)

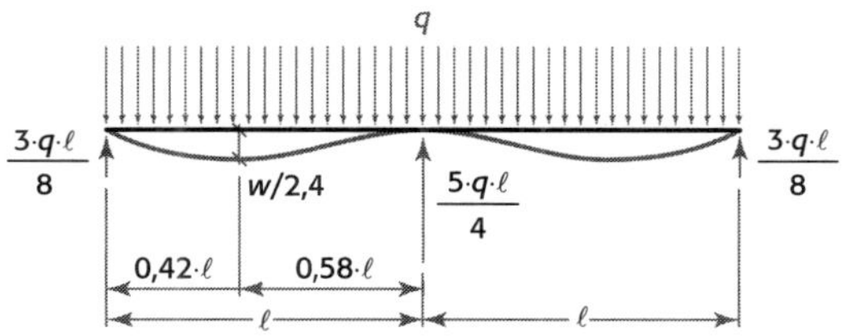

Figure 4.3 Dalle continue sur trois appuis (flèches)

Dans les deux cas, la résultante de l'action des appuis est égale à celle de la charge répartie mais lorsqu'il y a continuité, l'appui central est surchargé et les appuis de rive sont déchargés.

On peut assimiler l'effet de la continuité à celui du pylône et des haubans d'un pont (figure 4.4).

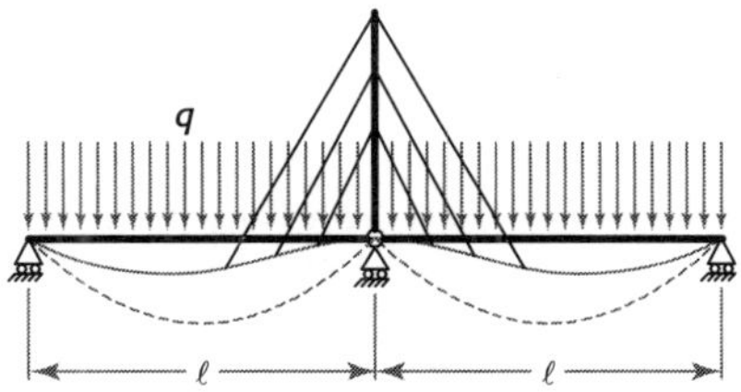

Figure 4.4 Analogie de fonctionnement avec le haubanage d'un pont

Les valeurs des coefficients de continuité k sont données à la figure 4.5 pour quelques cas fréquents avec appuis équidistants.

Application à l'exemple du plancher précédent (figure 4.1). La dalle repose sur 4 solives.

Charge linéique corrigée pour une solive courante :

$$q_\ell = 1{,}10 \cdot q_{\ell 0} = 1{,}10 \times 10{,}00 = 11{,}00 \text{ kN/m}$$

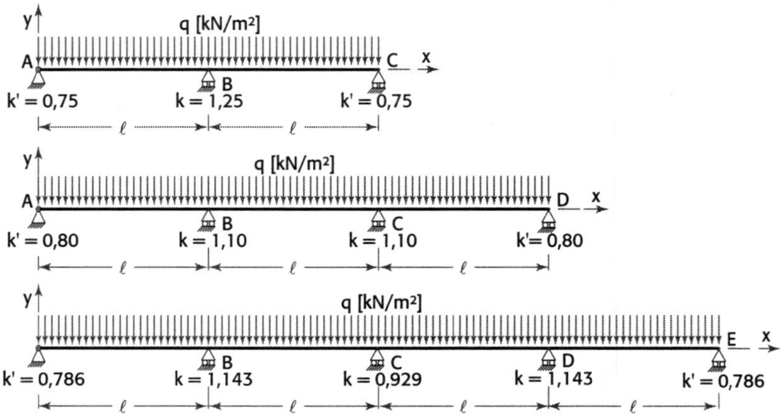

Figure 4.5 Valeurs des coefficients de continuité dans quelques cas courants

Charge linéique corrigée pour une solive de rive :

$$q_\ell = 0,80 \cdot q_{\ell 0} = 0,80 \times 5,00 = 4,00 \text{ kN/m}$$

Remarques :

- Les poutres constituant les appuis intermédiaires étant déformables, elles se comportent comme des appuis élastiques ;
- Selon la rigidité de ces appuis par rapport aux éléments qu'ils supportent, les coefficients retenus pour la descente de charges peuvent varier entre 1,0 et les valeurs indiquées. Ceci est également valable si la continuité n'est pas parfaite.
- La détermination du coefficient k n'est pas abordée ici.

4.3 Cas des pannes de couverture

4.3.1 Calcul des charges linéiques

Les pannes de couverture sont soumises à l'action des charges permanentes et climatiques suivantes :

- poids des plaques de couverture : charge verticale par unité de surface de toiture,
- poids propre de la panne : charge verticale par unité de longueur,
- neige : charge verticale par unité de surface en projection horizontale de toiture,
- vent : charge perpendiculaire au versant par unité de surface de toiture.

Les charges linéiques s'exerçant sur une panne sont obtenues en multipliant les charges surfaciques par la largeur d'influence et éventuellement par le coefficient de continuité de la couverture.

4.3.2 Exemple

Un exemple de toiture couverte en plaques de fibres-ciment (pas de continuité au droit des pannes) est donné à la figure 4.6. Leur poids propre est de 0,17 kN/m². Les pannes sont des IPE 100 (poids 8,1 daN/m). Elles sont espacées de 1,385 m.

La charge de neige est $s_{(i)}$ = 0,50 kN/m² horizontal, celle du vent est w = 0,60 kN/m² de couverture.

Charge permanente :

$$g_\ell = 0,081 + 1,385 \times 0,17 = 0,316 \text{ kN / m} \quad \text{verticale}$$

Charge de neige :

$$s_{\ell(i)} = 1,385 \times \cos 11,31° \times 0,50 = 0,679 \text{ kN / m} \quad \text{verticale}$$

Charge de vent :

$$w_\ell = 1,385 \times 0,60 = 0,831 \text{ kN / m} \quad \text{perpendiculaire au versant}$$

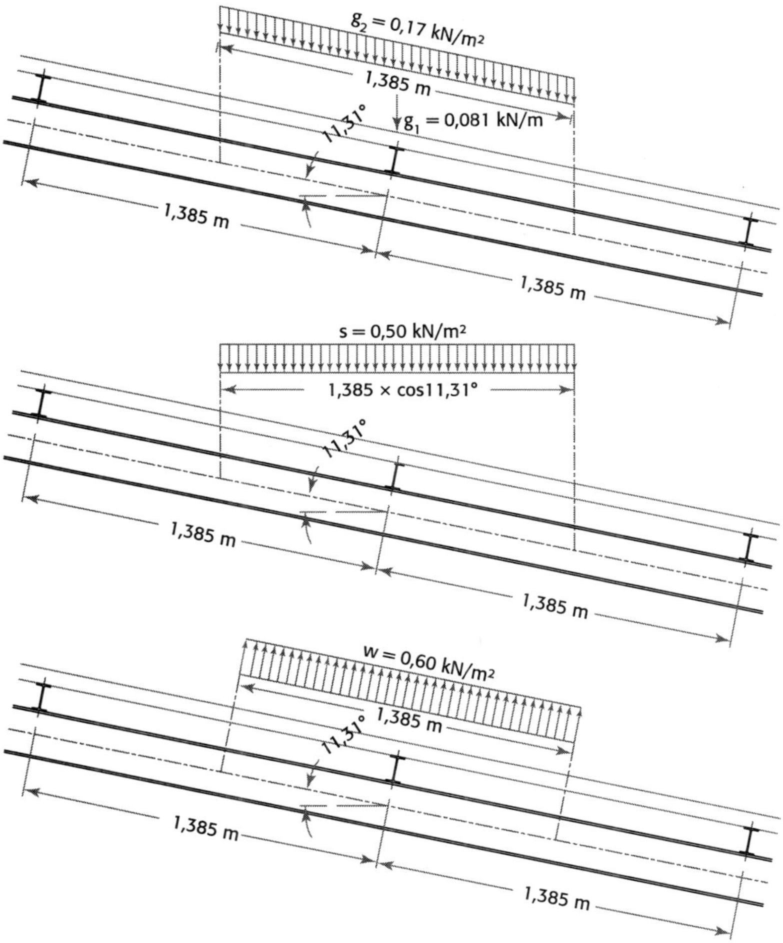

Figure 4.6 Calcul des charges linéiques sur une panne

La panne étant disposée suivant l'inclinaison du versant, les charges qui lui sont appliquées doivent être décomposées suivant ses axes principaux d'inertie y et z pour les calculs de dimensionnement et de vérification (figure 4.7).

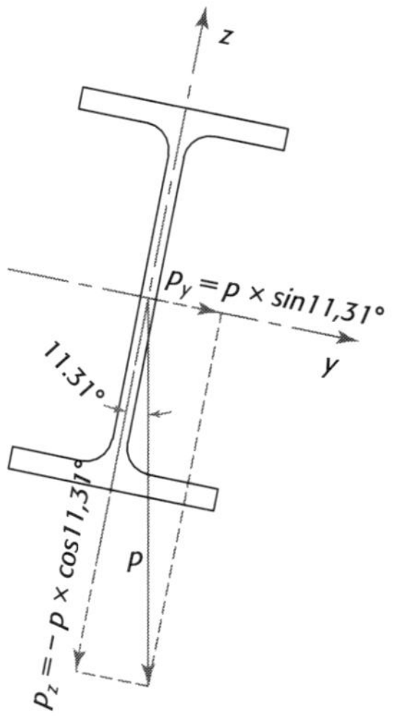

Figure 4.7 Décomposition des charges suivant les axes principaux d'une panne

La composante d'axe z correspond à une flexion de la panne par rapport à son axe de forte inertie y, c'est-à-dire dans un plan perpendiculaire au versant.

$$g_z = -0,316 \times \cos 11,31° = -0,310 \text{ kN/m}$$

$$s_z = -0,679 \times \cos 11,31° = -0,666 \text{ kN/m}$$

$$w_z = w_\ell = +0,831 \text{ kN/m}$$

La composante d'axe y correspond à une flexion de la panne par rapport à son axe de faible inertie z, c'est-à-dire dans le plan du versant.

$$g_y = 0,316 \times \sin 11,31° = 0,062 \text{ kN/m}$$

$$s_y = 0,679 \times \sin 11,31° = 0,133 \text{ kN/m}$$

$$w_y = 0$$

La panne est ensuite calculée en flexion par rapport à chacun des ses axes principaux selon les modélisations suivantes :

- Cas d'une panne sur deux appuis (montage isostatique) :

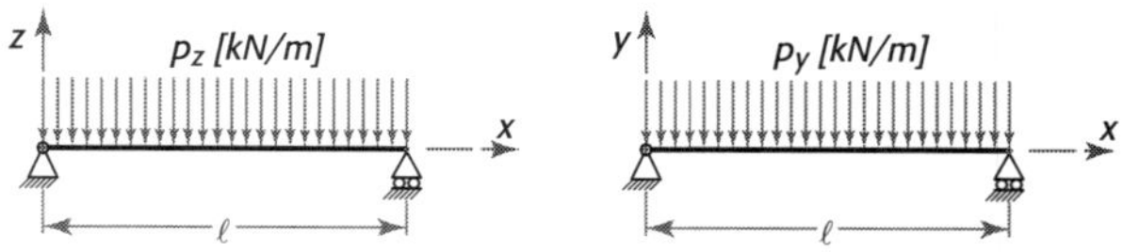

Flèche $\delta_z = \dfrac{5 \cdot p_z \cdot l^4}{384 \cdot E \cdot I_y}$ Flèche $\delta_y = \dfrac{5 \cdot p_y \cdot l^4}{384 \cdot E \cdot I_z}$

Figure 4.8 Panne sur deux appuis

- Cas d'une panne continue sur trois appuis (montage hyperstatique) :

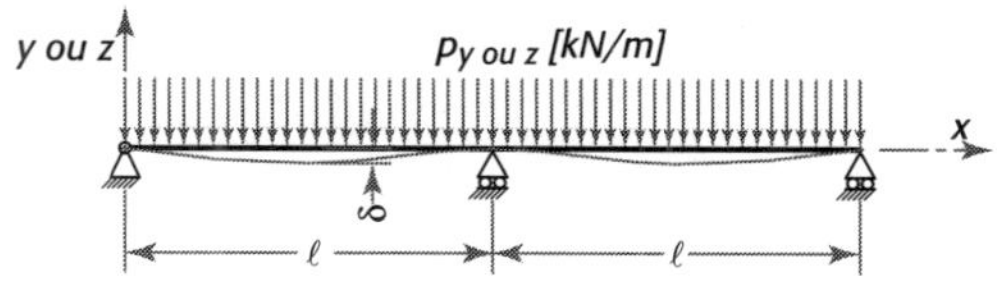

$$\text{Flèches } \delta_z \approx \frac{2{,}08 \cdot p_z \cdot l^4}{384 \cdot E \cdot I_y} \qquad \delta_y \approx \frac{2{,}08 \cdot p_y \cdot l^4}{384 \cdot E \cdot I_z}$$

Figure 4.9 Panne continue sur trois appuis

4.4 Descente de charges sur les portiques de bâtiment

4.4.1 Calcul des charges linéiques

Un portique de bâtiment est généralement soumis à des charges ponctuelles apportées par les pannes de couverture et les lisses de bardage.

Pour simplifier les calculs de prédimensionnement, ces charges ponctuelles peuvent être remplacées par des charges linéiques réparties le long des traverses et poteaux.

Les charges linéiques sont calculées en considérant une largeur d'influence égale à la somme des demi-distances entre axes de portiques mesurées de part et d'autre du portique considéré.

Dans le cas de pannes et/ou de lisses continues, un coefficient de continuité doit être appliqué.

Après dimensionnement, une vérification des portiques est effectuée à partir d'une modélisation informatique de la structure en appliquant les charges calculées selon les méthodes exposées dans les paragraphes précédents sur les pannes et les lisses.

4.4.2 Exemple d'application

Le bâtiment étudié est défini à la figure 4.10.

Les charges surfaciques dans la zone d'influence du portique étudié sont données dans le tableau 4.1.

Largeur d'influence du portique étudié :

$$L = \frac{6{,}00 + 6{,}00}{2} = 6{,}00 \text{ m}$$

Les charges linéiques sont obtenues en multipliant les charges surfaciques par L et par le coefficient de continuité $k = 1{,}10$ pour la traverse de toiture (figure 4.11).

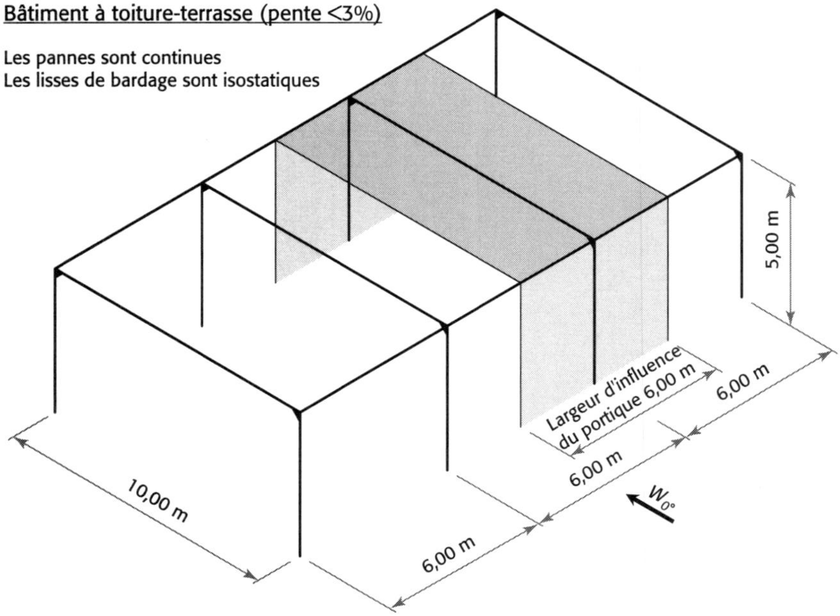

Figure 4.10 Bâtiment étudié

Tableau 4.1 Charges surfaciques dans la zone d'influence du portique étudié

Charges permanentes	Poids propre couverture	Toiture	$g_s = 0,50 \text{ kN/m}^2$
Charges variables	Neige	Toiture	$s_s = 0,36 \text{ kN/m}^2$
	Vent $W_{0°}$	Long pan 0°	$w_{s;D} = +0,23 \text{ kN/m}^2$
		Long pan 180°	$w_{s;E} = -0,24 \text{ kN/m}^2$
		Toiture zone G $(e/10 = 1,00 \text{ m})$	$w_{s;G} = -0,60 \text{ kN/m}^2$
		Toiture zone H $(4 \cdot e/10 = 4,00 \text{ m})$	$w_{s;H} = -0,39 \text{ kN/m}^2$
		Toiture zone I	$w_{s;I} = -0,17 \text{ kN/m}^2$

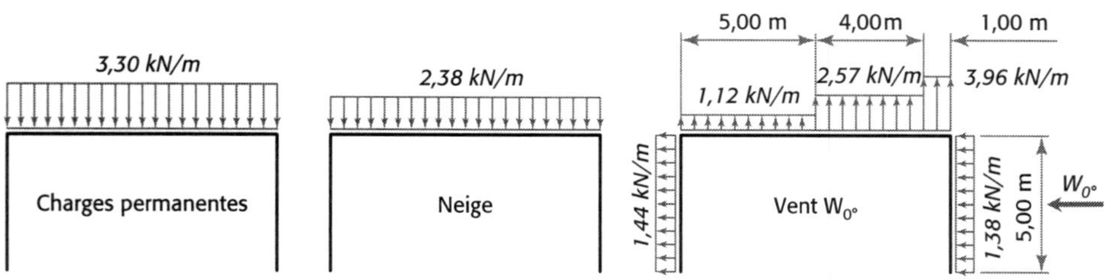

Figure 4.11 Charges linéiques sur portique

4.5 Référence bibliographique

[1] J.P. MUZEAU - *Steel$_{CUST}$: Description, analyse et modélisation d'un hall industriel en acier et des actions qui le sollicitent.* Best of des Cahiers de l'APK (sur DVD), APK, 2009.

CHAPITRE 5

Matériaux et produits sidérurgiques disponibles

Résumé

Les ouvrages en acier sont réalisés à partir de produits sidérurgiques plus ou moins élaborés, assemblés entre eux selon différents procédés. L'ensemble constitue alors l'ossature porteuse de la structure. Pour les bâtiments, cette dernière est complétée par une toiture et une enveloppe éventuellement réalisée en métal (acier, inox, aluminium…) ou à partir de matériaux divers (maçonnerie, bois, panneaux de particules, produits verriers, etc.). Ce chapitre [1, 2] présente les aciers et les produits sidérurgiques disponibles pour réaliser de telles structures.

5.1 Les aciers

Les matériaux disponibles pour réaliser les ossatures métalliques sont les aciers de construction (des aciers doux aux aciers à très haute limite d'élasticité) et les aciers inoxydables.

5.1.1 Les aciers de construction

La norme NF EN 10027-1 (1992) précise le système de désignation des aciers alors que la norme NF EN 10025 (2004) décrit les nuances de base utilisées en construction métallique.

Les caractéristiques mécaniques principales concernant les aciers de construction sont fournies dans le tableau 5.1.

Tableau 5.1 Caractéristiques mécaniques principales des aciers utilisés en construction métallique

Nuance d'acier	Limite d'élasticité	Résistance à la traction	Allongement à la rupture
S235	235 MPa	360 MPa	26 %
S275	275 MPa	430 MPa	22 %
S355	355 MPa	510 MPa	22 %
S460	460 MPa	550 MPa	17 %

Pour pouvoir mener une analyse en plasticité, les structures doivent être réalisées avec des aciers possédant un palier plastique suffisant pour permettre le développement des rotules plastiques.

Les conditions requises pour le matériau sont les suivantes (figure 5.1) :

- un rapport $f_u / f_y \geq 1{,}1$;
- un allongement à rupture supérieur à 15 % ;
- une déformation ultime telle que $\varepsilon_u \geq 15\varepsilon_y$.

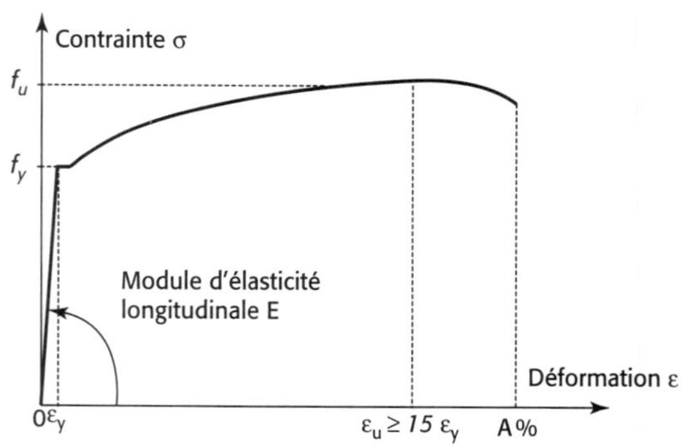

Figure 5.1 Diagramme de comportement de l'acier pour une analyse plastique

5.1.2 Désignation des aciers

Les aciers sont désignés par la lettre S suivie d'un nombre qui correspond à la limite d'élasticité exprimée en MPa et relative à la gamme d'épaisseur la plus faible. Suivent ensuite un ou deux symboles représentant respectivement la résilience et le mode d'obtention de l'acier. Le tableau 5.2 présente un exemple de ces désignations.

Tableau 5.2 Désignation des aciers de construction

	Lettre	**Chiffre**	**Symbole 1**	**Symbole 2**
Exemple	S	355	K3	N

Le symbole 1 représente l'énergie de rupture (ou la résilience) exprimée en Joules pour une température d'essai définie par un système de lettres et de chiffres. Il est donné dans le tableau 5.3.

Tableau 5.3 Désignation de la résilience

°C	**20**	**0**	**–20**	**–30**	**–40**	**–50**	**–60**
27J	JR	J0	J2	J3	J4	J5	J6
40 J	KR	K0	K2	K3	K4	K5	K6
60 J	LR	L0	L2	L3	L4	L5	L6

Le symbole 2 correspond au mode d'obtention de l'acier avec les notations suivantes :

M : thermomécanique

N : normalisé ou par laminage normalisant

Q : trempé et revenu

G : autres caractéristiques suivies, lorsque nécessaire, par 1 ou 2 digits.

Les aciers livrés à l'état *normalisé* et repérés par la lettre **N**, sont des aciers qui, après laminage et retour à la température ambiante, ont subi un traitement thermique complet de normalisation.

Les aciers livrés après *traitement thermomécanique* et repérés par la lettre **M** sont des aciers qui ont été laminés de telle sorte que les transformations structurales conduisent à la formation de ferrite/perlite fine après durcissement de la ferrite par précipitation de carbures de niobium et de vanadium. Le laminage thermomécanique peut inclure des procédés à vitesse de refroidissement accéléré avec ou sans revenu, y compris l'auto-revenu.

Les aciers livrés à l'état *trempé et revenu* et repérés par la lettre **Q** sont des aciers qui, après laminage et retour à la température ambiante, ont subi un cycle complet de trempe et revenu.

5.1.3 Caractéristiques mécaniques des aciers principaux

Les tableaux 5.4 et 5.5 présentent les limites d'élasticité f_y et les contraintes de rupture f_u (exprimées en MPa) des nuances principales d'acier en fonction des épaisseurs t (exprimées en mm).

Tableau 5.4 Aciers répondant à la norme EN 10025-2 : aciers de construction non alliés

Épaisseur		S 235		S 275		S 355		S 450	
< t ≤		f_y	f_u	f_y	f_u	f_y	f_u	f_y	f_u
0	**40**	235	360	275	430	355	510	440	550
40	**80**	215	360	255	410	335	470	410	550

Tableau 5.5 Aciers répondant à la norme EN 10025-4 : aciers de construction obtenus par laminage thermomécanique

Épaisseur		S 275 M/ML		S 355 M/ML		S 420 M/ML		S 460 M/ML	
< t ≤		f_y	f_u	f_y	f_u	f_y	f_u	f_y	f_u
0	**40**	275	370	355	470	420	520	460	540
40	**80**	255	360	355	450	390	500	430	530

5.1.4 Les aciers inoxydables

Les aciers inoxydables sont des aciers dont la teneur minimale en chrome est de 10,5%. Ceci leur confère des propriétés de résistance à la corrosion élevée. Elle peut être renforcée par l'addition d'autres éléments d'alliages comme le nickel ou le molybdène.

Il existe de nombreuses nuances. Celles qui sont les plus couramment utilisées dans le domaine du bâtiment peuvent être classées en trois grandes familles : ferritique au chrome, austénitique au chrome-nickel et austénitique au chrome-nickel-molybdène. Les nuances austéno-ferritiques (ou duplex) tendent à se développer compte tenu du très bon compromis résistance à la corrosion/propriétés mécaniques qu'elles présentent.

Si leur avantage principal est une excellente résistance à la corrosion dans la masse, leur aspect esthétique est également un critère de choix. La gamme s'étend des aspects les plus brillants aux plus mats.

Les caractéristiques mécaniques de ces aciers dépendent des alliages constitutifs mais les produits les plus utilisés présentent une résistance élastique de l'ordre de 300 MPa. À titre d'exemple, le tableau 5.6 fournit les caractéristiques mécaniques les plus importantes de trois aciers inoxydables courants.

Tableau 5.6 Nuances des principaux aciers inoxydables utilisés en construction métallique

Désignation	Limite d'élasticité	Résistance à la rupture	Allongement à rupture
Austénitique 1.4301	320 MPa	670 MPa	50%
Austénitique 1.4404	350 MPa	650 MPa	50%
Duplex 1.4462	620 MPa	840 MPa	30%

Pour ce qui concerne les éléments de structure, les produits disponibles sont des tôles, des tubes (ronds, carrés ou rectangulaires), des profilés (cornières, U, T, I) et des câbles. Il faut également signaler les bardages et les panneaux divers dont l'aspect esthétique représente toujours le critère de choix essentiel.

5.2 Les principaux produits sidérurgiques disponibles

Les produits sidérurgiques [3, 4] sont classés en trois catégories, les produits laminés à chaud, les produits formés à froid et les profils creux.

5.2.1 Les produits laminés à chaud

Cette description est volontairement limitée aux produits sidérurgiques *structuraux*, ce qui exclut les produits secondaires comme les tôles striées ou à relief, les produits de serrurerie ou ceux destinés à la décoration.

5.2.1.1 Les produits longs

Les profilés laminés à chaud comprennent les poutrelles en I, en H et en U, ainsi que les laminés marchands classés en profils angulaires (cornières à ailes égales ou inégales, les T et les petits fers U), en fers plats et en produits pleins (ronds, carrés et hexagones). Tous se distinguent par des dimensions transversales petites par rapport à leur longueur.

En général, la section transversale d'une poutrelle en I s'inscrit dans un rectangle dont la hauteur est de l'ordre de deux fois sa largeur alors que celle d'un profil en H présente une largeur pratiquement égale à sa hauteur (figure 5.2). Toutefois, pour les profilés de hauteur supérieure à 300 mm, cette forme n'est plus tout à fait respectée, la largeur variant proportionnellement moins vite que la hauteur. Le terme *profil en double T* est quelquefois utilisé pour désigner l'ensemble des produits en I ou en H.

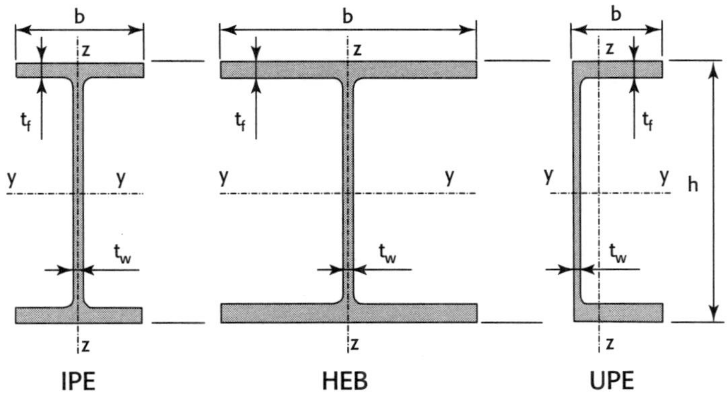

Figure 5.2 Allure générale des poutrelles en I, en H et en U

Les profilés en I, en H et en U couvrent une gamme de dimensions assez vaste, leur hauteur variant entre 80 et 1100 mm. Les principaux sont représentés à la figure 5.2.

En se limitant aux poutrelles *européennes*, c'est-à-dire en excluant les profilés britanniques, américains ou japonais, les produits disponibles sont les suivants :

- IPE, IPE-A, IPE-O, IPN ;
- HEA, HEB, HEM, HEA-A, HL, HD, HP ;
- UPE, UPN.

Dans ces désignations, les lettres I, H ou U représente la forme générale du profil, E signifie Européen et N indique un élément qualifié de Normal dont l'épaisseur des ailes n'est pas constante. Les autres lettres A, B, D, L, M, O ou P, correspondent à des ailes plus ou moins larges ou épaisses (A signifie allégé et M massif).

À titre d'exemple, le tableau 5.7 fournit les dimensions et quelques caractéristiques géométriques de profilés de hauteur comparable (≈ 300 mm). Les notations sont celles de la figure 5.2 auxquelles s'ajoutent :

- l'aire de la section transversale, A ;
- les modules plastiques selon l'axe y – y et l'axe z – z : $W_{pl,y}$ et $W_{pl,z}$;
- les rayons de giration par rapport aux axes y – y et z – z : i_y et i_z.

Tableau 5.7 Comparaison de dimensions et de caractéristiques géométriques de poutrelles de hauteur sensiblement égale

Type de profilé	h (mm)	b (mm)	t_f (mm)	t_w (mm)	A (cm^2)	$W_{pl,y}$ (cm^3)	i_y (cm)	$W_{pl,z}$ (cm^3)	i_z (cm)
IPE-A 300	297	150	9,2	6,1	46,5	541,8	12,42	107,3	3,34
IPE 300	300	150	10,7	7,1	53,8	628,4	12,46	125,2	3,35
IPE-O 300	304	152	12,7	8,0	62,8	743,8	12,61	152,3	3,44
HEA-A 300	283	300	10,5	7,5	88,9	1065,3	12,46	482,3	7,3
HEA 300	290	300	14,0	8,5	112,5	1383,3	12,74	641,2	7,49
HEB 300	300	300	19,0	11,0	149,1	1868,7	12,99	870,1	7,58
HEM 300	340	310	39,0	21,0	303,1	4077,7	13,98	1913,2	8,00

Il est à noter que, bien que dans le langage populaire, le vocable IPN signifie de manière générale *poutrelle métallique*, ce type de profilé n'est pratiquement plus utilisé. En effet, les deux faces de leurs ailes ne sont pas parallèles (elles présentent une pente de 14 %) ce qui provoque des difficultés au niveau des assemblages par boulonnage. Il en est de même pour les profils UPN de pente 5 à 8 % selon les dimensions.

Le tableau 5.8 permet de comparer les caractéristiques géométriques de différents profilés de poids sensiblement identique (ou d'aires de section transversale assez proches) mettant ainsi en évidence les aptitudes particulières de chaque type d'éléments. Les profilés en I sont ceux qui présentent les caractéristiques mécaniques les plus grandes autour de l'axe y. Ils sont donc particulièrement bien adaptés pour résister à des sollicitations de flexion simple sans risque de déversement. Par contre, dans le cas de sollicitations de compression, le risque de flambement est moindre avec les profilés en H qui présentent de meilleures propriétés mécaniques autour de l'axe faible. Lorsque les sollicitations sont combinées ou lorsqu'une instabilité de déversement est susceptible de se produire, il convient de choisir un profilé réalisant le meilleur compromis entre les différentes caractéristiques.

Ces profilés étant formés à chaud et comportant des variations d'épaisseur importantes dans leur section transversale, leur refroidissement n'est pas uniforme. Ils sont donc le siège de contraintes résiduelles de plus ou moins grande intensité.

Tableau 5.8 Comparaison de caractéristiques géométriques de poutrelles de poids équivalent

Caractéristiques			**IPE 330**	**IPE A 360**	**HEM 120**	**HEB 180**	**HEA 220**
Aire de la section	A	cm^2	62,6	64,0	66,4	65,3	64,3
Inertie	I_y	cm^4	11766,9	14515,5	2017,6	3831,1	5409,7
Module élastique	$W_{el,y}$	cm^3	713,1	811,8	288,2	425,7	515,2
Module plastique	$W_{pl,y}$	cm^3	804,3	906,8	350,6	481,4	568,5
Inertie	I_z	cm^4	788,0	944,3	702,1	1362,5	1954,5
Module élastique	$W_{el,z}$	cm^3	98,5	111,09	111,5	151,4	177,7
Module plastique	$W_{pl,z}$	cm^3	153,7	171,9	171,6	213,0	270,6
Moment d'inertie de torsion	I_t	cm^4	28,15	26,51	91,66	42,16	28,46
Moment d'inertie de gauchissement	I_w	cm^6	199100	281990	24790	93750	193270

5.2.1.2 Les produits plats

Les produits plats laminés à chaud sont classés en 3 catégories : les larges plats, les tôles et les bandes.

Les larges plats sont de largeurs comprises entre 150 et 1250 mm pour des épaisseurs supérieures à 4 mm.

Les tôles, d'épaisseurs comprises entre 1,5 et 21 mm pour des largeurs de 600 à 2134 mm, sont séparées en tôles fortes (épaisseur ≥ 3 mm) et en tôles minces (épaisseur < 3 mm).

Les bandes sont divisées en larges bandes (largeurs ≥ 600 mm), en feuillards (largeurs < 600 mm) et en larges bandes refendues (largeurs de laminage ≥ 600 mm mais largeurs de livraison < 600 mm).

Pour tous ces produits, différentes longueurs sont disponibles. Il est également possible d'obtenir des tôles d'épaisseur variable selon la longueur pour réaliser des poutres à inertie variable, reconstituées par soudage, sans avoir recours à des ajouts de semelles supplémentaires.

5.2.2 Les produits formés à froid

Ces produits sont issus de tôles de plus ou moins forte épaisseur (inférieure à 3 mm en général) pour lesquelles le formage est réalisé par pliages successifs à froid. Il est ainsi possible d'obtenir par ce procédé des cornières, des profils en C, en Oméga, en Sigma ou en Zed (figure 5.3).

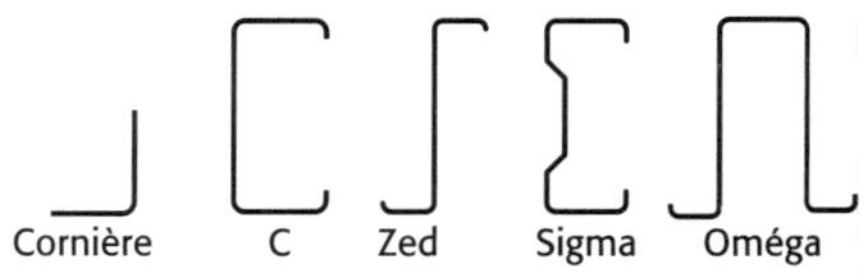

Figure 5.3 Exemples de formes de profilés formés à froid

Les bardages et les bacs aciers utilisés pour réaliser l'enveloppe des bâtiments (figure 5.4) font également partie de ce type de produits. La tôle mère peut être galvanisée ou prélaquée avant profilage ce qui évite un traitement ultérieur pour protéger les surfaces.

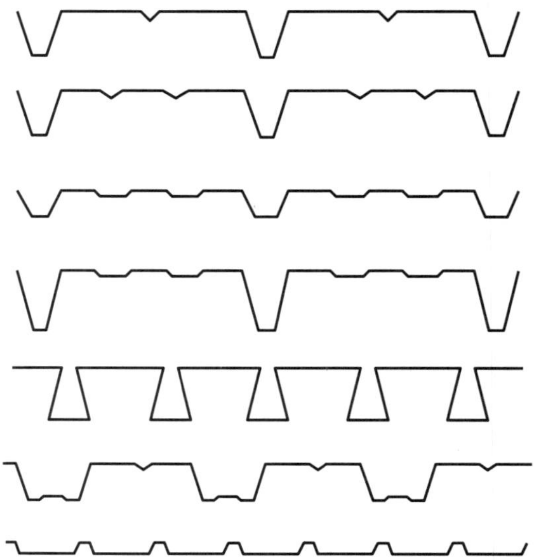

Figure 5.4 Exemples de formes de bacs acier nervurés

Ces produits étant formés à partir de tôles de faible épaisseur, ils présentent souvent un risque d'instabilité locale qui limite leur capacité portante. De plus, la mise en forme étant réalisée par profilage à froid, ces différents produits sont le siège de contraintes résiduelles plus ou moins importantes selon les rayons de pliage et l'épaisseur de la tôle mère.

5.2.3 Les produits tubulaires

Les produits tubulaires peuvent être formés à froid ou à chaud. Leur forme générale est celle d'un cylindre de génératrice circulaire, elliptique, carrée ou rectangulaire (figure 5.5). Selon leur mode de fabrication, ils sont soudés ou non.

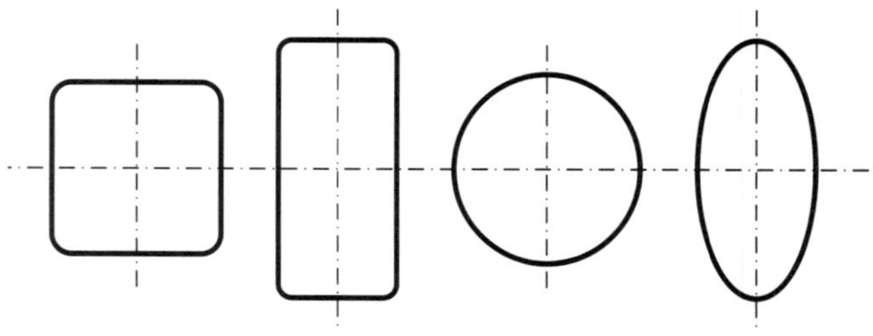

Figure 5.5 Profils tubulaires

Les dimensions sont très variables. Elles vont couramment de 20 à 500 mm pour les diamètres extérieurs des tubes circulaires, de 20 × 20 à 400 × 400 pour les tubes carrés et de 40 × 20 à 500 × 300 pour les tubes rectangulaires. Les épaisseurs varient dans des gammes importantes qui dépendent du mode de fabrication. Pour les éléments formés à chaud, les épaisseurs vont de 2 à 40 mm environ pour les tubes circulaires et de 2 à 25 mm pour les produits de forme carrée ou rectangulaire. Pour ceux qui sont formés à froid, elles sont comprises entre 1,2 et 12,5 mm.

Les dimensions indiquées ici sont celles des tubes qui existent habituellement dans le commerce. Il est évident que des éléments de plus gros diamètres (comme ceux qui sont utilisés dans l'industrie offshore par exemple) existent également mais qu'ils résultent de fabrications spéciales.

En comparaison des profils ouverts en I ou en H, ces produits tubulaires de forme fermée sont attractifs pour résister aux phénomènes d'instabilité. Ils présentent toutefois l'inconvénient d'être beaucoup plus difficiles à assembler.

5.2.4 Les produits composés

Les produits sidérurgiques précédents peuvent entrer dans la fabrication d'éléments composés très variés : poutres reconstituées soudées, poutres en treillis, poutres cellulaires, etc. Un grand nombre de possibilités existent dans les combinaisons, allant du simple ajout de plats de renforcement jusqu'à la création de sections composées spécifiques (figure 5.6). Les poutres alvéolaires représentent une famille d'éléments obtenus à partir de profilés laminés découpés dans l'âme puis réassemblés pour former des ouvertures circulaires, hexagonales, octogonales ou même sinusoïdales. La figure 5.7 représente le processus de fabrication de ce type de poutrelles. Il est à noter que les deux éléments ne sont pas nécessairement issus de la même section transversale ce qui autorise la création de poutres dissymétriques.

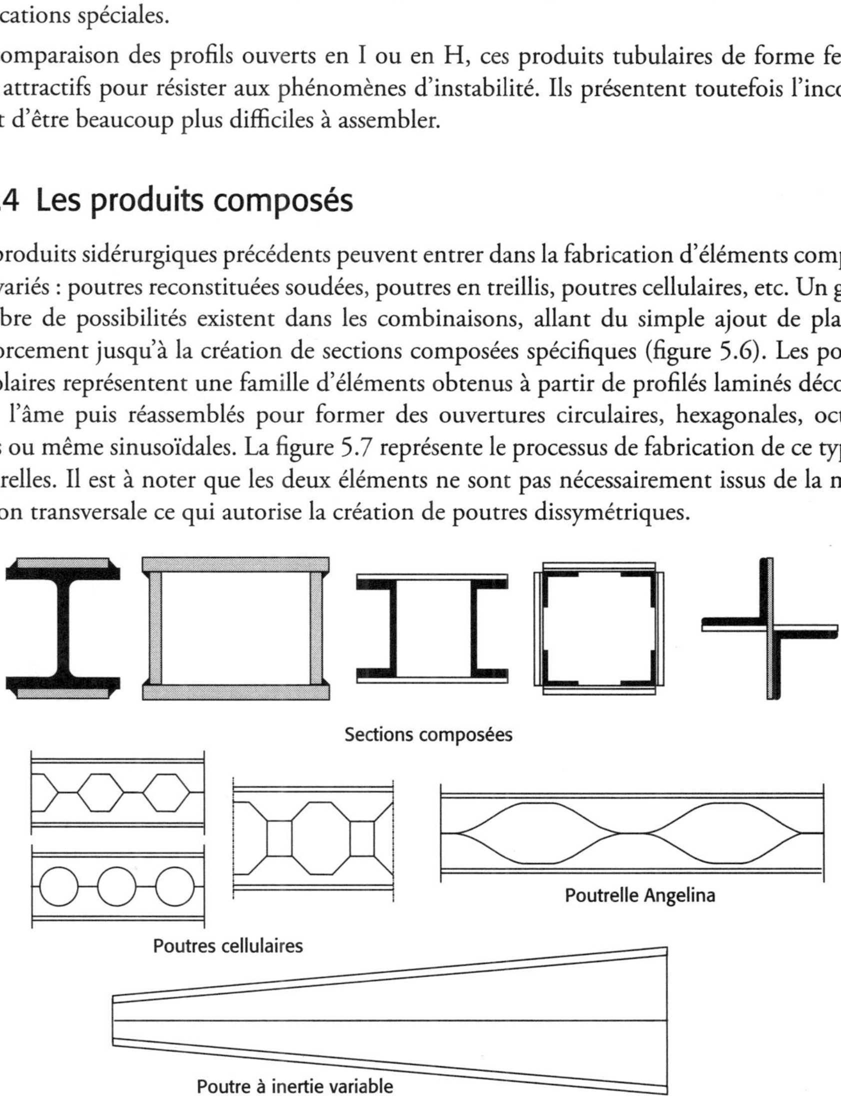

Figure 5.6 Produits composés

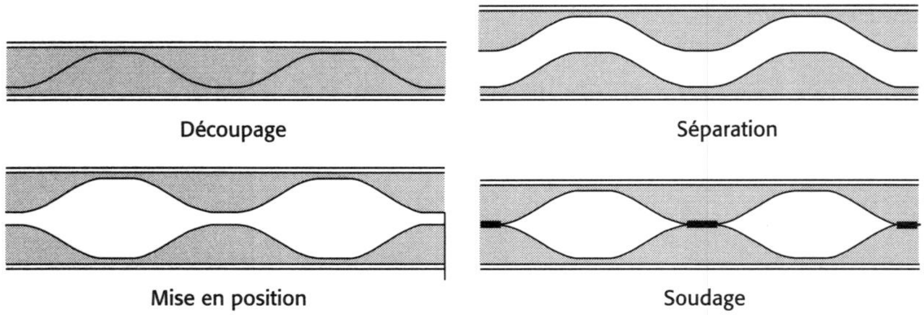

Figure 5.7 Processus de fabrication des poutrelles Angelina

5.3 Références bibliographiques

[1] J.P. MUZEAU – *Modélisation des ouvrages métalliques*, Chapitre 7 du Volume 2 « Calcul des ouvrages généraux de construction », Groupe AFPC - Emploi des éléments finis en Génie Civil, pp. 241-288, Hermès, 1997.

[2] APK – *Construction Métallique et Mixte Acier-Béton*. Tome 1 : Calcul et dimensionnement, Eyrolles 1996.

[3] ConstruirAcier – *Produits en acier pour construction : caractéristiques géométriques et mécaniques*, ConstruirAcier, 20, rue Jean Jaurès, 92800 Puteaux.

[4] ArcelorMittal – *Profilés et aciers marchands. Programme de vente*. Long carbon Europe, Luxembourg.

CHAPITRE 6

Analyse globale et classification des structures

Résumé

Ce chapitre concerne l'analyse globale des structures, ces dernières étant classées souples ou rigides.

Sont présentés le chemin aboutissant au critère de classification, ses conséquences sur le type d'analyse à envisager et les incidences sur les sollicitations (majoration ou non).

Puisqu'elles peuvent avoir une influence, les imperfections de structures à prendre en compte dans les analyses sont présentées selon l'Eurocode 3.

Une série d'exercices très divers illustrent le propos.

6.1 Introduction

Une analyse de structure, appelée communément « calcul de structure », consiste à déterminer, dans différentes sections, les sollicitations M, N, V à l'ELU (M_{Ed}, N_{Ed}, V_{Ed} selon les notations des Eurocodes) ainsi que les déplacements à l'ELS. On repère au moyen des diagrammes (M, N et V) les sections les plus sollicitées. À l'ELU, le calcul est prolongé par une vérification des sections transversales vis-à-vis des sollicitations qui peuvent se présenter pures ou combinées, et, s'il y a nécessité, par une vérification vis-à-vis des instabilités. On notera que le comportement de chaque barre est souvent influencé par le comportement du reste de la structure.

À l'ELS, on contrôle que les déplacements sont inférieurs aux déplacements admissibles.

Puisqu'il s'agit d'analyser un ensemble d'éléments d'une structure, l'Eurocode 3 utilise la notion d' « **Analyse globale de structure** ».

Notons qu'en Construction Métallique, l'analyse des structures tridimensionnelles peut généralement être ramenée à celle de structures planes indépendantes chargées dans leur plan. La suite de ce chapitre s'appuie principalement sur cette hypothèse de modélisation.

Le choix des méthodes d'analyse globale est guidé par deux critères :

- le premier est la prise en compte ou non des déplacements de points de structure ; l'analyse se fait alors respectivement au second ordre (analyse non-linéaire) ou au premier ordre (analyse linéaire) ;
- le second est la prise en compte du comportement du matériau au niveau des sections et des barres ; l'analyse se fait alors dans le domaine élastique, plastique, élastoplastique, etc. Signalons que dans la plupart des cas courants rencontrés dans la pratique, une analyse globale élastique est généralement suffisante. Les exemples fournis dans ce chapitre sont d'ailleurs traités avec cette hypothèse.

6.2 Bases de l'analyse structurale

Considérons la structure simple représentée à la figure 6.1a. On peut envisager la prise en compte ou non des déplacements induits par les efforts appliqués en procédant à une analyse au premier ou au deuxième ordre.

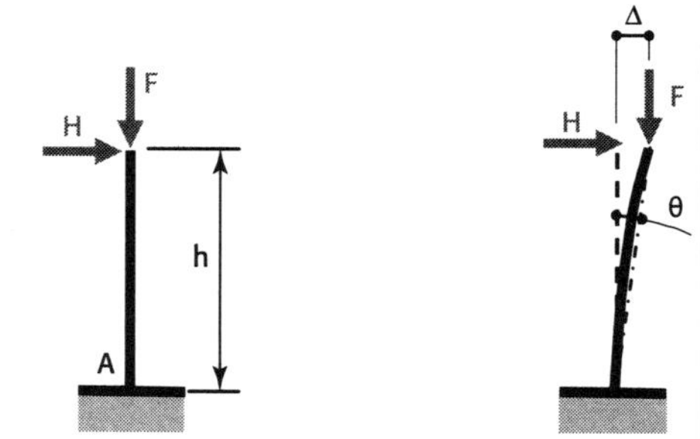

(a)
Sans prise en compte du déplacement

(b)
Avec prise en compte du déplacement

Figure 6.1

6.2.1 Analyse au premier ordre

Le moment en A s'écrit : $M_A = H \cdot h$. Le déplacement Δ créé en tête (figure 6.1b) est négligé. En conséquence, au premier ordre, le moment $F \cdot \Delta$ dû au comportement structural non linéaire est négligé lui aussi.

6.2.2 Analyse au second ordre

Si maintenant on considère l'état déformé de la structure, on tient compte du déplacement Δ et du moment secondaire qu'il induit : $F \cdot \Delta$.

Pour la structure déformée, on peut introduire, comme le fait l'Eurocode, la notion de rotation globale θ (figure 6.1b). Dans ce cas, le moment M_A a pour expression :

$$M_A = (H \cdot h) + (F \cdot \Delta) = (H \cdot h) + F\,(\theta \cdot h)$$

$$M_A = h\,(H + F \cdot \theta)$$

6.2.3 Équivalence

Pour tenir compte des effets du second ordre, on peut encore considérer un état équivalent à l'état déformé en faisant une analyse au premier ordre mais en augmentant la charge horizontale par $F \cdot \theta$ ou les moments avec $F \cdot \theta \cdot h$ (figure 6.5).

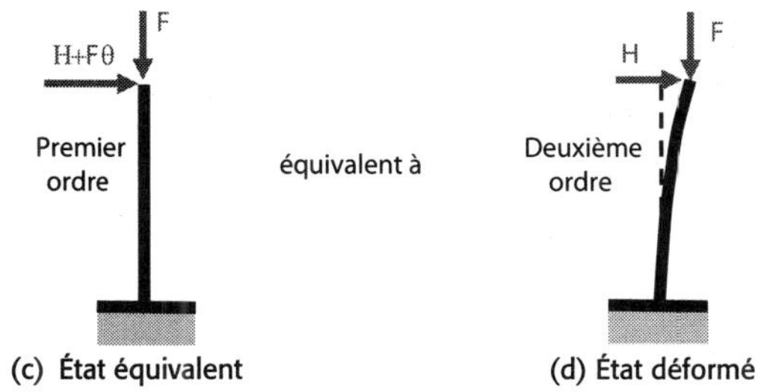

Figure 6.1

Finalement, le moment calculé est plus ***important*** lorsque les déplacements latéraux sont pris en compte. Quand ceux-ci sont petits, le moment secondaire $F \cdot \Delta$ peut être négligé. Dans le cas contraire, il faut prendre en compte déplacements et moments secondaires.

On est donc amené à considérer la souplesse (ou à l'inverse la rigidité) d'une structure vis-à-vis des déplacements latéraux. Ceci est traité dans le § 5.2 Analyse globale de l'EN 1993-1-1.

On remarquera qu'une déformation initiale (défaut d'aplomb) induit aussi un effet du second ordre et par suite un moment secondaire (figure 6.2).

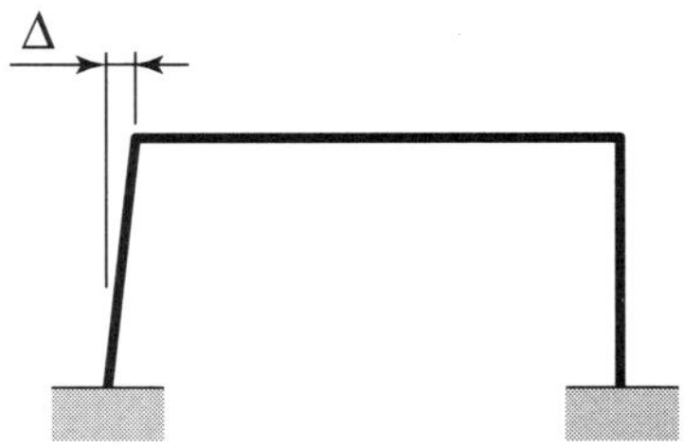

Figure 6.2 Déformation initiale avant application des charges

On conçoit facilement que les déplacements latéraux sont sensibles aux actions latérales (H). On sait aussi qu'une dissymétrie de charge ou de forme peut engendrer des déplacements latéraux (figures 6.3 et 6.4). Cependant, la contribution aux déplacements latéraux des actions latérales est généralement plus importante.

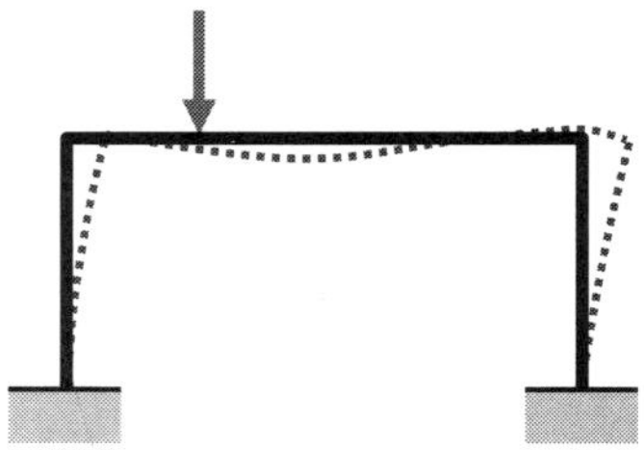

Figure 6.3 Non symétrie de charge sur structure symétrique

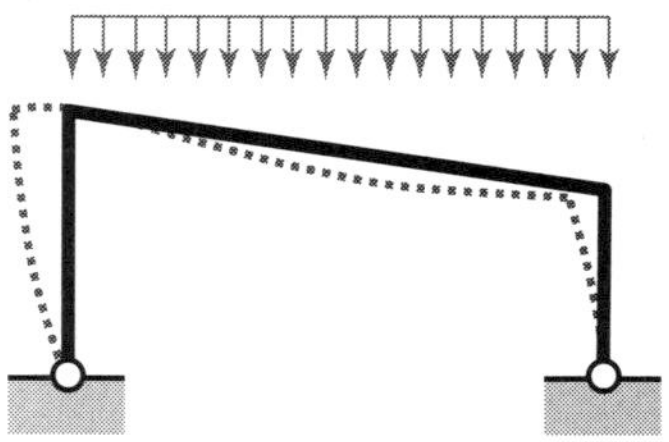

Figure 6.4 Symétrie de charge sur structure non symétrique

6.2.4 Coefficient d'éloignement de l'instabilité élastique

Considérons à nouveau le poteau de la figure 6.5. Si l'on procède à un examen au deuxième ordre, on tient compte de la courbure le long de la barre avec le modèle suivant :

$$\frac{d^2z}{dx^2} = -\frac{M(x)}{EI} \tag{6.1}$$

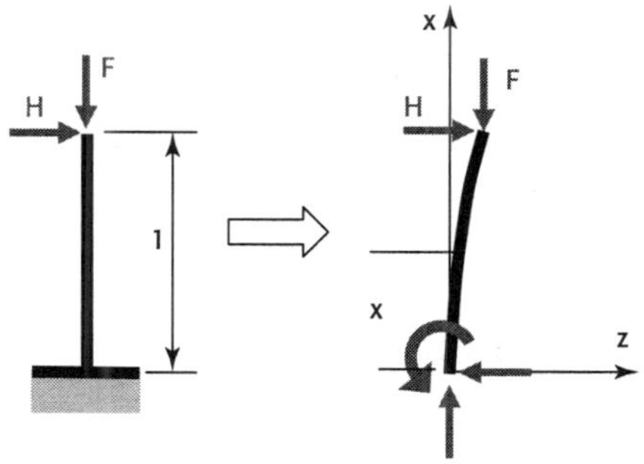

Figure 6.5 Moment à l'abscisse x

En exprimant le moment dans une section quelconque d'abscisse x et en introduisant son expression dans l'équation (6.1), on obtient une équation différentielle dont la solution est :

$$z = A_1 \sin\left(\sqrt{\frac{F}{EI}} \cdot x\right) + A_2 \cos\left(\sqrt{\frac{F}{EI}} \cdot x\right) + \frac{M_1 - H \cdot h}{F}.$$

Les constantes A_1 et A_2 sont déterminées en considérant les conditions aux limites aux deux extrémités de la barre. Finalement on aboutit à une charge dite critique, notée F_{cr}, la charge critique élastique provoquant l'instabilité de la structure (voir chapitre 9.1) :

$$F_{cr} = \frac{\pi^2 \, E \cdot I}{\ell_{cr}^{\;2}}$$

soit :

$$F_{cr} = \frac{\pi^2 \, E \cdot I}{4 \cdot \ell^2} = \frac{\pi^2 \, E \cdot I}{(2 \cdot \ell)^2} \quad \text{ou} \quad F_{cr} = \frac{\pi^2 \, E \cdot I}{\ell_{cr}^{\;2}}$$

avec $\ell_{cr} = 2\ell$, ℓ_{cr} étant la longueur de flambement *pour ce cas.*

Selon l'Eurocode 3, on définit un coefficient d'éloignement de l'effort de compression F, noté F_{Ed}, de l'élément susceptible d'être déstabilisé vis-à-vis de sa charge critique F_{cr}. Il est noté α_{cr}. C'est le coefficient par lequel il faut multiplier la charge de calcul F_{Ed} pour provoquer l'instabilité élastique de la structure étudiée.

Nous avons donc : $\alpha_{cr} = \frac{F_{cr}}{F_{Ed}}$, α_{cr} étant appelé coefficient d'éloignement. Plus α_{cr} est petit, plus F_{Ed} se rapproche de F_{cr} et, par suite, plus la structure est sensible à l'instabilité. Le coefficient α_{cr} est utilisé comme un critère de différentiation entre structures **souples** et structures **rigides**.

Au sens de l'Eurocode 3, dans le cas d'une analyse élastique, si $\alpha_{cr} = \frac{F_{cr}}{F_{Ed}} \geq 10$, une analyse au premier ordre est suffisante. Cela signifie que les déplacement dus aux charges, autrement dit le déplacement des points d'application des charges, ont une incidence négligeable sur la valeur des sollicitations. La structure peut alors être qualifiée de **rigide**. Dans le cas contraire, il convient de mener une analyse au second ordre qui prend en compte les déplacements sous les charges appliquées et la structure peut être qualifiée de **souple**.

Pour une analyse plastique, cette condition devient $\alpha_{cr} = \frac{F_{cr}}{F_{Ed}} \geq 15$. Si cette condition est vérifiée, une analyse au premier ordre est suffisante. La structure peut être qualifiée de **rigide**. Dans le cas contraire, elle peut être qualifiée de **souple** et une analyse au second ordre est nécessaire.

6.2.5 Coefficient d'amplification

Lors de la prise en compte du déplacement latéral, on admet que le moment $M_A = F \times h$ est majoré et devient :

$$M_A = (H \cdot \ell) \frac{1}{1 - \frac{1}{\frac{F_{cr}}{F_{Ed}}}} = (H \cdot \ell) \frac{1}{1 - \frac{1}{\alpha_{cr}}}$$

L'expression $1/(1 - 1/\alpha_{cr})$ est appelé ***coefficient d'amplification*** *des moments dus aux charges transversales.*

Il est à noter que $1 - 1/\alpha_{cr}$ est une approximation qui reste acceptable tant que $\alpha_{cr} \geq 3$. Dans le cas contraire, une analyse au second ordre est nécessaire (voir EN 1993 1-1, § 5.2.2 (5)B).

6.2.6 Coefficient d'éloignement

6.2.6.1 Structures à un étage

Considérons maintenant la structure de la figure 6.6.

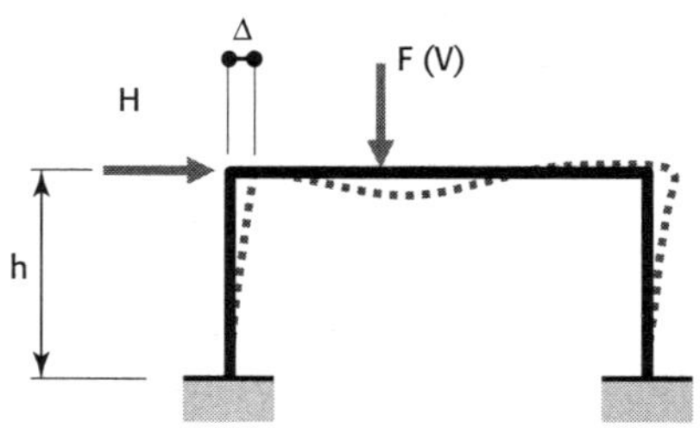

Figure 6.6 Déplacement latéral de la structure

On admet que : $\frac{F_{cr}}{F} = \frac{H \cdot h}{F \cdot \Delta}$

ce qui, avec les notations de l'Eurocode 3, s'écrit (voir EN 1993 1-1, § 5.2.1 (4)B) :

$$\alpha_{cr} = \left(\frac{H_{Ed}}{V_{Ed}}\right)\left(\frac{h}{\delta_{H,Ed}}\right)$$

où $\delta_{H,Ed}$ est calculé *uniquement sous les charges horizontales, sans prise en compte des charges verticales* V_{Ed}.

Cette relation est signalée par l'Eurocode comme étant un critère approché pour une structure de type poutres-poteaux. C'est une façon de déterminer le coefficient d'éloignement, à condition que les conditions d'utilisation suivantes soient respectées :

- toiture à faible pente (inférieure à 26°), c'est-à-dire < 0,5 (EN 1993 1-1, § 5.2.1 (4)B Note 1B),
- compression peu significative dans les traverses (EN 1993 1-1, § 5.2.1 (4)B Note 2B), soit : $\bar{\lambda} < 0{,}3\sqrt{\dfrac{A \cdot f_y}{N_{Ed}}}$.

N_{Ed} est l'effort normal de compression dans la traverse,

$\bar{\lambda}$ est l'élancement dans le plan de la structure, calculé pour la traverse considérée articulée à ses extrémités (figure 6.7), où il s'agit de $\bar{\lambda}_y$ et en rappelant que :

$$\bar{\lambda} = \sqrt{\frac{A \cdot f_y}{\dfrac{\pi^2\ E \cdot I}{\ell_{cr}^{\ 2}}}}$$

Dans l'expression de α_{cr}, le rapport H / Δ représente la rigidité horizontale intrinsèque de la structure. Attention, il faut bien faire la différence avec α_{cr} qui ne représente pas la même rigidité. En effet, ce rapport dépend des charges verticales F_{Ed} et, selon sa définition, de F_{cr}. Ainsi, une structure peut être classée souple pour une combinaison de charges et rigide pour une autre, alors que sa rigidité horizontale intrinsèque est toujours la même.

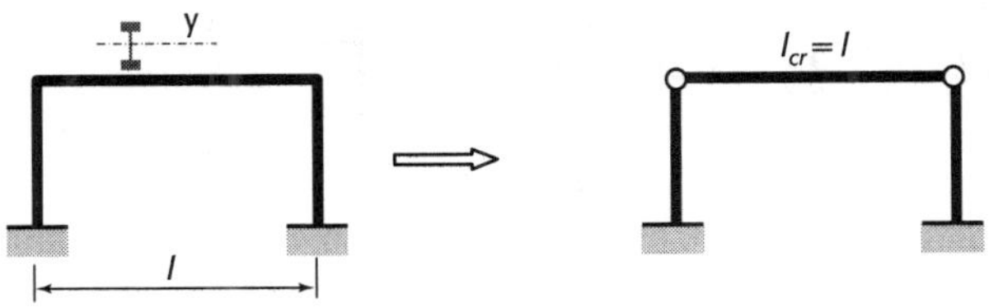

Figure 6.7 Traverse considérée articulée

Le rapport H / Δ étant constant dans le domaine élastique, il suffit donc de calculer Δ avec une charge arbitraire.

Cependant si l'on veut tenir compte d'actions horizontales, comme le vent par exemple, il est nécessaire de remplacer la charge répartie par deux charges ponctuelles (figure 6.8) afin de rester en cohérence avec le cheminement qui a mené à $\alpha_{cr} = \dfrac{H \cdot h}{V \cdot \Delta}$.

Par ailleurs, il convient de rappeler que $\Delta = \delta_{H,Ed}$ est déterminé **sans** prendre en compte les charges verticales V_{Ed}.

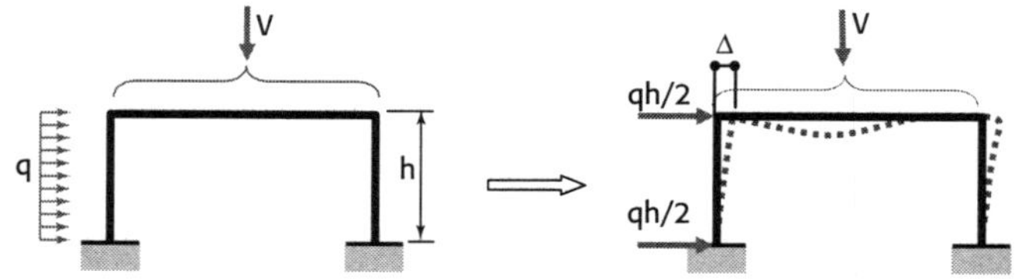

Figure 6.8 Transformation de charge

Remarque : Pour la détermination de $\alpha_{cr} = \left(\frac{H_{Ed}}{V_{Ed}}\right)\left(\frac{h}{\delta_{H,Ed}}\right)$, les actions horizontales peuvent être ramenées à une charge concentrée en pied et une autre en tête. Par contre, pour une analyse globale (recherche de sollicitations), il convient de conserver les charges dans leur configuration réelle avec un modèle réparti le cas échéant.

6.2.6.2 Structures à plusieurs étages

L'EN 1993 1-1, § 5.2.2 (6)B permet de calculer α_{cr} avec la relation approchée $\alpha_{cr} = \frac{H_{Ed} \cdot h}{F_{Ed} \cdot \Delta}$ (figure 6.9).

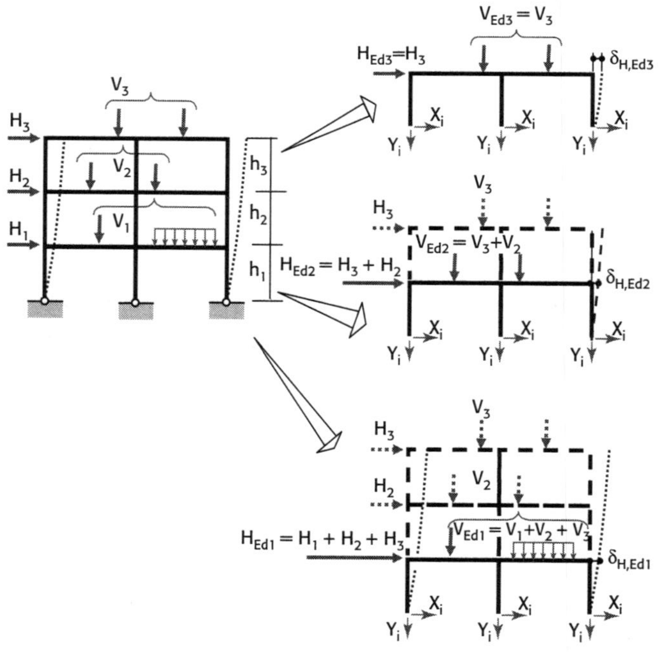

Figure 6.9 Structure à plusieurs étages

Pour l'étage i, nous avons : $\alpha_{cri} = \left(\frac{H_{Edi}}{V_{Edi}}\right)\left(\frac{h_i}{\delta_{H,Edi}}\right)$

où :

- H_{Edi} est la somme des actions horizontales au niveau de la partie supérieure de l'étage i, soit $H_{Edi} = \sum_i X_i$.
- V_{Edi} est la somme des actions verticales au niveau de la partie inférieure de l'étage i, soit $V_{Edi} = \sum_i Y_i$
- $\delta_{H,Edi}$ est le déplacement horizontal de la partie supérieure de l'étage i par rapport la partie inférieure du même étage et due aux charges horizontales seules.
- h_i est la hauteur de l'étage i.

Le plus petit des α_{cri} correspond au α_{cr} de la structure entière.

Selon l'Annexe Nationale, pour appliquer la formule ci-dessus et notamment pour la détermination de H_{Ed} et $\delta_{H,Ed}$, les charges réparties entre les niveaux bordant l'étage considéré sont reportées aux niveaux supérieur et inférieur de cet étage en fonction de leur distribution sur sa hauteur.

6.3 Prise en compte des imperfections dans les structures

Il s'agit maintenant de tenir compte des réalités dues à la fabrication, au montage, aux jeux, aux défauts de rectitude, au faux-aplomb, etc. Dans l'Eurocode 3, sont distinguées : les imperfections globales d'ossature, les imperfections locales d'éléments (barres) et les imperfections des systèmes de contreventement.

6.3.1 Imperfections globales

Nous avons montré précédemment qu'à un faux-aplomb caractérisé par l'angle Φ (figure 6.10) a pour effet d'engendrer des moments secondaires dont la conséquence est une amplification des déplacements latéraux.

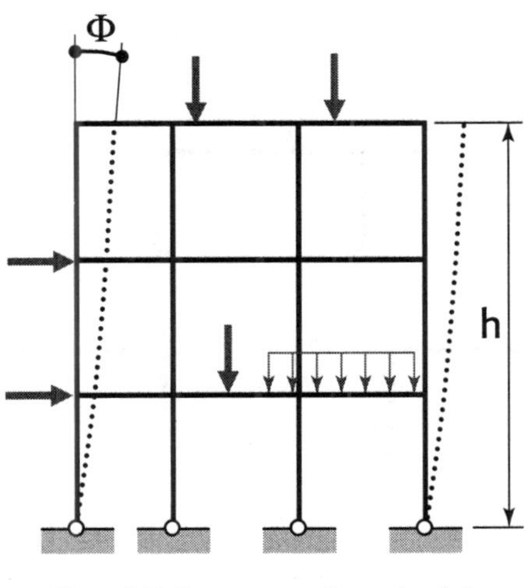

Figure 6.10 Structure avec faux-aplomb Φ

6.3.1.1 Détermination de l'imperfection

Dans l'Eurocode 3, l'imperfection Φ est déterminée par la relation : $\Phi = \Phi_0 \cdot \alpha_h \cdot \alpha_m$ (voir EN 1993-1-1, § 5.3.2. a) où :

- Φ_0 est la valeur de base ($\Phi_0 = 1/200$)
- α_h est un coefficient de réduction relatif à la hauteur h (en mètres) de la structure $\alpha_h = \dfrac{2}{\sqrt{h}}$ avec la restriction $2/3 \leq \alpha_h \leq 1$
- α_m est un coefficient de réduction relatif au nombre de poteaux pour une file, $\alpha_m = \sqrt{0,5\left(1+\dfrac{1}{m}\right)}$
- m est le nombre de poteaux dans une file qui supportent une charge verticale $N_{Ed} \geq 50\ \%$ de la valeur moyenne $N_{Ed\ moy}$ calculée sur l'ensemble des poteaux comptés sur la file.

6.3.1.2 Prise en compte ou non de l'imperfection globale

L'imperfection globale Φ peut être négligée devant une charge horizontale significative (cas du vent par exemple), c'est-à-dire si $H_{Ed} \geq 0,15\ V_{Ed}$ (cf. EN 1993-1-1, § 5.3.2.4(B)).

Pour la recherche des sollicitations, il a déjà été mentionné que Φ :

- peut être intégré directement dans une analyse au second ordre tenant compte de la position réelle des nœuds (figure 6.11a) ;
- ou indirectement en ajoutant des forces horizontales équivalentes aux effets du second ordre, dans une analyse du premier ordre (figure 6.11b).

Pour la recherche de α_{cr}, il convient de ramener les forces équivalentes $V_{Ed} \cdot \Phi$ (et H_{Ed}) en un même point (figure 6.11c).

On notera que cette imperfection doit être positionnée de façon à être défavorable à la structure, dans le même sens que celui du vent par exemple (figure 6.11d)

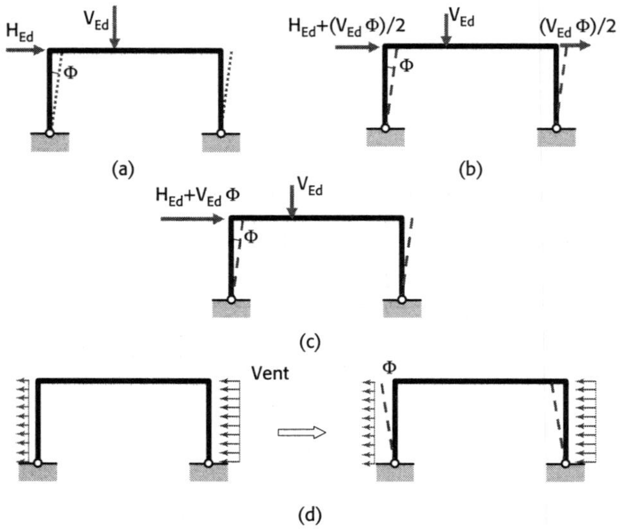

Figure 6.11 (a) Analyse au second ordre (b) Analyse au premier ordre (c) Forces appliquées en un seul point (d) Modélisation défavorable du faux-aplomb

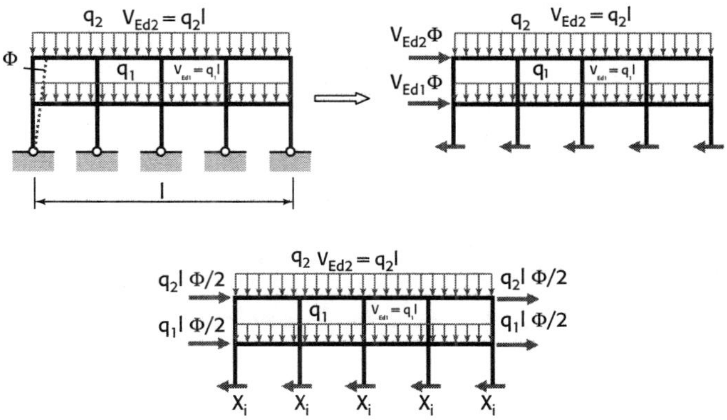

Figure 6.12 (a) Prise en compte des charges verticales par niveau (b) Répartition antisymétrique des forces

L'effort horizontal dû à l'imperfection appliqué à un niveau ne tient compte que des charges verticales appliquées à ce niveau (figure 6.12a) et peut être réparti de manière antisymétrique au niveau des travées (figure 6.12b).

L'équilibre horizontal s'écrit $\sum_i X_i + (q_1 \cdot 1 + q_2 \cdot 1)\,\Phi = 0$.

6.3.2 Imperfection locale

L'imperfection locale e_0 (EN 1993 1-1, § 5.3.2 b) est relative à une courbure de la barre. Elle induit, elle aussi, un effet du second ordre.

Considérons une barre avec une déformée initiale e_0 en son milieu (figure 6.13). Lors de la déformation, une flèche supplémentaire y apparaît. La flèche totale est alors : $y_1 = e_0 + y$.

L'Eurocode 3 indique (EN 1993-1-1 ; § 5.3.2(6)) que les imperfections locales peuvent être négligées lors de l'analyse globale pour les structures rigides. Toutefois il précise que pour les structures sensibles aux effets du second ordre (structures souples), il y a lieu d'introduire l'imperfection locale dans chaque barre comprimée, en particulier les poteaux (sauf si ceux-ci sont vérifiés selon l'EN 1993-1-1, § 6.3),

- si pour cette barre un assemblage d'extrémité au moins transmet un moment, (figure 6.14)
- et si $\bar{\lambda} > 0{,}5\sqrt{\frac{A \cdot f_y}{N_{Ed}}}$ (comme $\bar{\lambda} = 0{,}5\sqrt{\frac{A \cdot f_y}{F_{cr}}}$, il vient : $\frac{A \cdot f_y}{F_{cr}} > 0{,}25\frac{A \cdot f_y}{N_{Ed}}$, soit : $N_{Ed} > \frac{F_{cr}}{4}$)

  où :

  - $\bar{\lambda}$ est l'élancement réduit,
  - N_{Ed} est l'effort normal de calcul,
  - F_{cr} est calculée avec une longueur de flambement égale à la longueur d'épure de la barre (cf. chapitre 9.1).

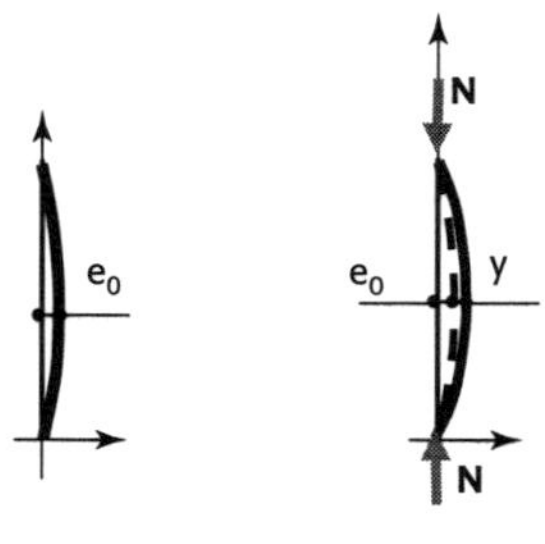

Figure 6.13 Poutre avec déformée initiale

Si ces deux conditions ne sont pas remplies, on peut négliger la déformée initiale e_0 *dans les barres comprimées.*

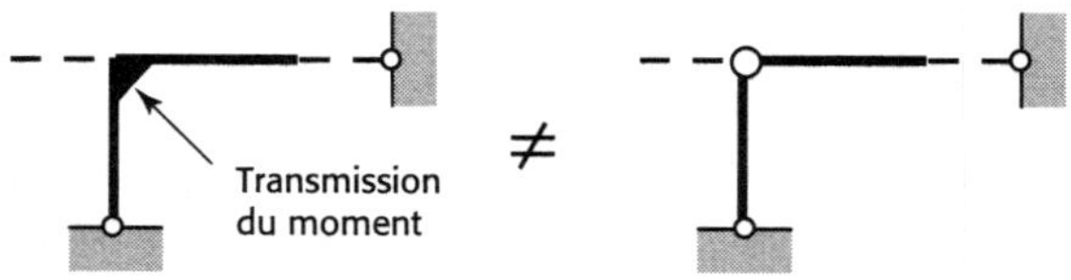

Figure 6.14 Portique avec liaison permettant la transmission du moment

L'Eurocode 3 fournit, dans le tableau 6.1 reproduit ci-après, les valeurs recommandées de l'imperfection e_0 à prendre en compte en fonction des courbes de flambement.

Tableau 6.1 de l'Eurocode 3 5.3.2.b : Valeurs de calcul de l'imperfection locale initiale en arc e_0/L

Courbe de flambement	Analyse élastique e_0/L	Analyse plastique e_0/L
a_o	1/350	1/300
a	1/300	1/250
b	1/250	1/200
c	1/200	1/150
d	1/150	1/100

Comme pour l'imperfection d'aplomb, les imperfections locales peuvent être remplacées par un chargement équivalent (EN 1993-1-1, § 5.3.2 (7)), c'est-à-dire une charge uniformément répartie q_d (figure 6.15).

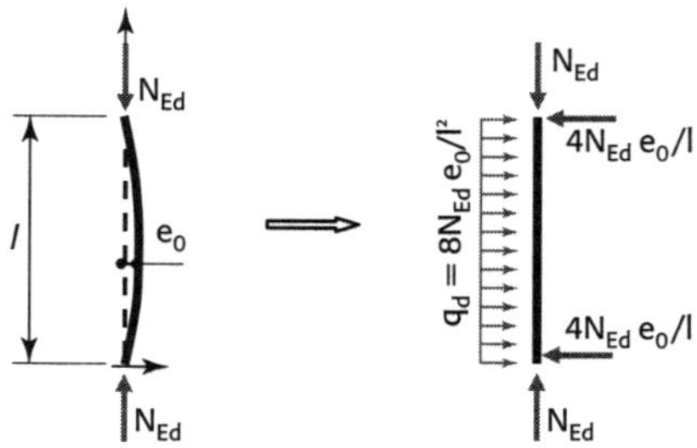

Figure 6.15 Remplacement de l'imperfection locale par un chargement

Sous l'action de q_d, le moment maximum a pour valeur : $M_{Ed} = \frac{q_d \cdot \ell^2}{8}$. Du fait de l'imperfection de rectitude, il s'écrit aussi : $M_{Ed} = N_{Ed} \cdot e_0$, d'où : $q_d = \frac{8 \cdot N_{Ed} \cdot e_0}{\ell^2}$.

La déformation initiale ou/et la charge équivalente doivent être orientées de manière à agir dans le sens de la sécurité, c'est-à-dire de la façon la plus défavorable pour la stabilité ou la résistance de la structure.

Les imperfections globales et locales sont cumulées de façon à conduire à un comportement défavorable pour la structure dans une combinaison de charges donnée.

6.4 Conséquences sur l'analyse globale et la vérification : classement de la structure

En premier lieu, il est nécessaire de classer la structure en structure souple ou structure rigide à partir du critère : $\alpha_{cr} = \frac{F_{cr}}{F_{Ed}}$ ou de la relation approchée : $\alpha_{cr} = \frac{H_{Ed} \cdot h}{F_{Ed} \cdot \Delta}$, pour les structures poutres-poteaux, si elle peut être appliquée (voir § 6.2.6.1).

On examine ensuite la prise en compte ou non de l'imperfection globale Φ et de l'imperfection locale e_0.

6.4.1 Cas de l'ossature rigide

Si l'ossature est rigide (soit $\alpha_{cr} \geq 10$), une analyse élastique au premier ordre peut être menée, les effets du second ordre étant négligeables.

Il n'est pas obligatoire de tenir compte des imperfections locales e_0.

Dans ce cas :

- pour le calcul des longueurs de flambement, la vérification de la stabilité des poteaux vis-à-vis du flambement est menée dans un mode à nœuds non déplaçables, ou à nœuds fixes si un système de contreventement ou des appuis suffisants bloquent les nœuds de la structure.
- on détermine les longueurs de flambement ℓ_{cr} en tenant compte de la rigidité des poutres aboutissant aux nœuds du poteau à vérifier (dans la mesure où des rotules plastiques ne se sont pas développées à proximité des nœuds, situation dans laquelle nous serions dans un cas où α_{cr} serait supérieur à 15 puisque c'est la limite de classification en structure rigide pour une analyse plastique).

6.4.2 Cas de l'ossature souple

Si l'ossature est souple (soit $\alpha_{cr} < 10$), il faut tenir compte des effets du second ordre et la stabilité individuelle des barres, dans le plan et hors plan, tant au flambement qu'au déversement, doit être vérifiée, dans le cas où des imperfections ne sont pas prises en compte dans cette analyse.

Si $\alpha_{cr} < 3$

Dans ce cas, on procède obligatoirement à une analyse du second ordre (EN 1993-1-1, § 5.2.2 Note B) en tenant compte de toutes les imperfections :

- soit par analyse au second ordre au moyen d'un logiciel adapté ou de façon itérative au moyen d'un logiciel classique d'analyse au premier ordre (l'analyse peut être élastique, plastique ou élastique-plastique) ;
- soit par analyse au premier ordre au moyen d'un logiciel classique d'analyse au premier ordre, mais en tenant compte des effets de second ordre par un chemin détourné qui consiste à majorer les actions dues aux déplacements latéraux.

Si l'on procède à une analyse au second ordre, les déplacements relatifs entre les nœuds sont pris en compte dans l'analyse et les sollicitations calculées se trouvent alors amplifiées en conséquence. Les vérifications à effectuer deviennent alors plus simples puisqu'elles se limitent à des vérifications de section transversale sans vérification de résistance des barres au flambement dans le plan (il convient toutefois de vérifier la structure vis-à-vis du risque de flambement hors plan ou de déversement).

Si cependant une vérification au flambement s'avère nécessaire, elle sera menée dans un mode à nœuds fixes. La longueur de flambement est prise égale à $\ell_{cr} = \ell_0$, c'est-à-dire la longueur entre les points d'épure de la poutre ou encore, pour affiner cette longueur de flambement ℓ_{cr}, en tenant compte de la rigidité des poutres aboutissant aux nœuds du poteau. Ceci dans la mesure où des rotules plastiques ne se sont pas développées à proximité de ces nœuds.

Si $3 < \alpha_{cr} < 10$

Dans ce cas, deux démarches d'analyse basées sur le premier ordre sont disponibles.

a) Première démarche

On procède à une analyse du premier ordre (EN 1993-1-1, § 5.2.2 (5)B) ***avec majoration*** (amplification) des **moments *dus aux déplacements latéraux***. On tient compte des imperfections.

Les moments dus aux effets du second ordre proviennent alors essentiellement des déplacements latéraux et sont donc dus aux actions latérales ou aux dissymétries de charge ou de forme et dans une moindre mesure des imperfections.

En vue de la vérification des sections et de la stabilité, pour tenir compte des effets du second ordre, il existe deux méthodes :

- soit, (EN 1993-1-1, § 5.2.2 (4)), les moments dus aux déplacements latéraux sont multipliés par le coefficient $1\Big/\left(1-\dfrac{1}{\alpha_{cr}}\right)$;
- soit, (EN 1993-1-1, § 5.2.2 (5)B), les actions horizontales sont multipliées par le même coefficient $1\Big/\left(1-\dfrac{1}{\alpha_{cr}}\right)$.

Dans ce dernier cas, les moments de calcul sont égaux à la somme $M = M_1 + M_2$, avec :

- M_1 déterminé sous les charges verticales V_{Ed},
- M_2 déterminé sous les charges latérales, soit H_{Ed} et $\Phi \cdot V_{Ed}$, multipliées chacune par $1\Big/\left(1-\dfrac{1}{\alpha_{cr}}\right)$, (EN 1993-1-1, § 5.2.2 (5)B), soit :

$$M = M_1 + \frac{M_2}{1 - \frac{1}{\alpha_{cr}}}$$

La **vérification aux instabilités** se fait dans un mode à nœuds fixes. La longueur de flambement est prise égale à $\ell_{cr} = \ell_0$, c'est-à-dire la longueur entre les points d'épure de la barre ou encore, pour affiner la longueur de flambement ℓ_{cr}, en tenant compte de la rigidité des poutres aboutissant aux nœuds du poteau ; ceci bien sûr dans la mesure où des rotules plastiques ne se sont pas développées à proximité de ces nœuds.

Aperçu sur la démarche avec une analyse élastique au premier ordre

Remarques liminaires :

Si le chargement et la structure sont symétriques, il n'existe pas de déplacements latéraux (figure 6.16).

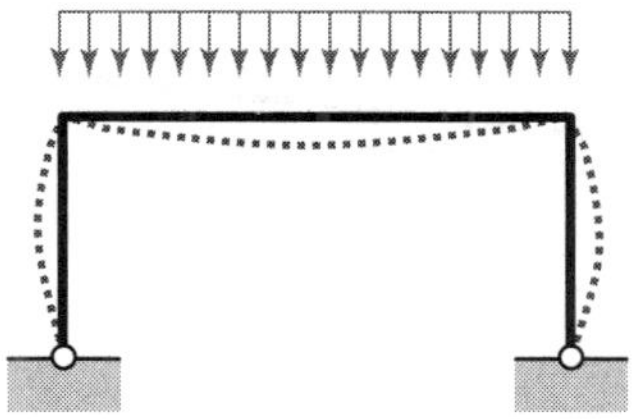

Figure 6.16 Chargement et structure symétriques, pas de déplacements latéraux

Si le chargement ou (et) la structure ne sont pas symétriques, des déplacements latéraux existent (figure 6.17).

1re étape : Effectuer la superposition suivante :

En analyse élastique, l'état 0 de départ peut être la superposition de l'état 1 (sous charges verticales V_{Ed}) et de l'état 2 sous charges latérales (H_{Ed}, etc.). La figure 6.18 illustre cette situation.

2e étape : Effectuer une analyse sous les charges verticales V_{Ed} seules, en bloquant la structure par un appui simple, donc en bloquant tout déplacement latéral (figure 6.19).

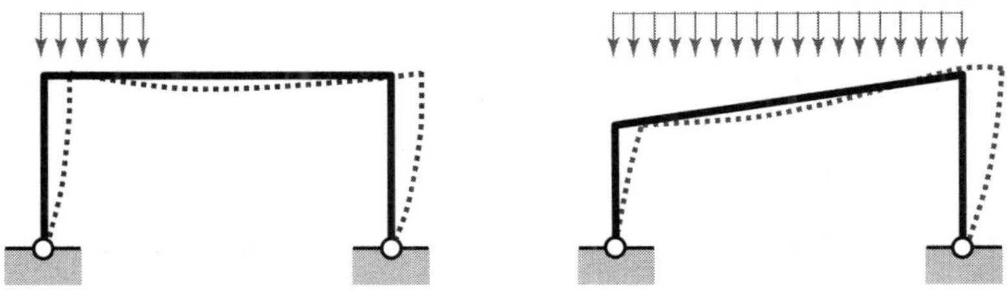

Figure 6.17 Chargement ou (et) la structure non symétriques

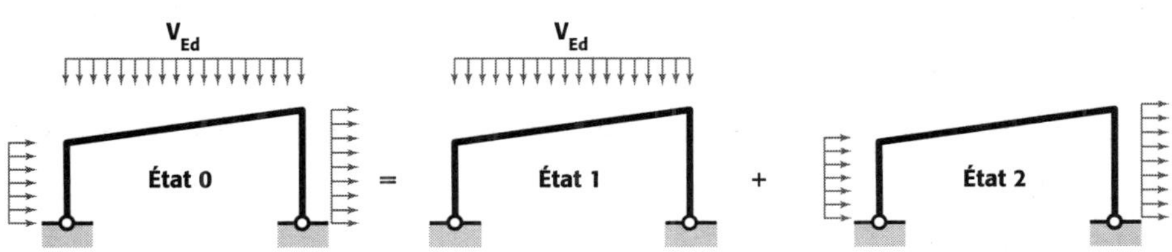

Figure 6.18 Superposition d'états, équivalence

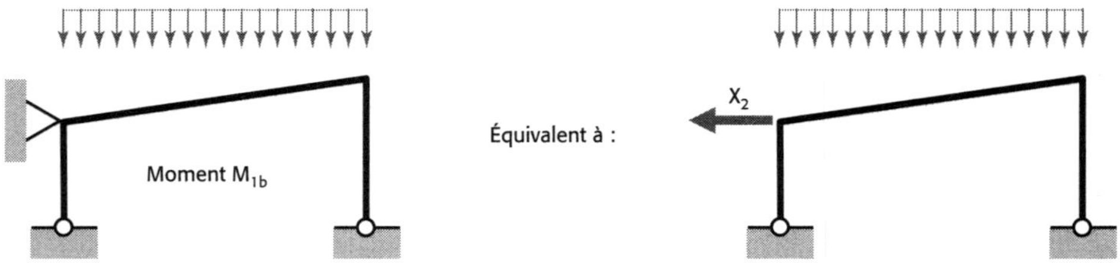

Figure 6.19 Structure bloquée latéralement sous V_{Ed}

Sans l'appui, la structure se déplace latéralement. Bloquée par l'appui fictif, il y a donc une action fictive de contact X_2 dirigée vers la gauche puisque le déplacement latéral a lieu vers la droite. Aussi peut on dire que le déplacement latéral de l'état 1 est dû à X_2 dirigée vers la droite, (figure 6.20). Finalement X_2 est une charge latérale qui va s'ajouter à celles de l'état 2 (figure 6.21).

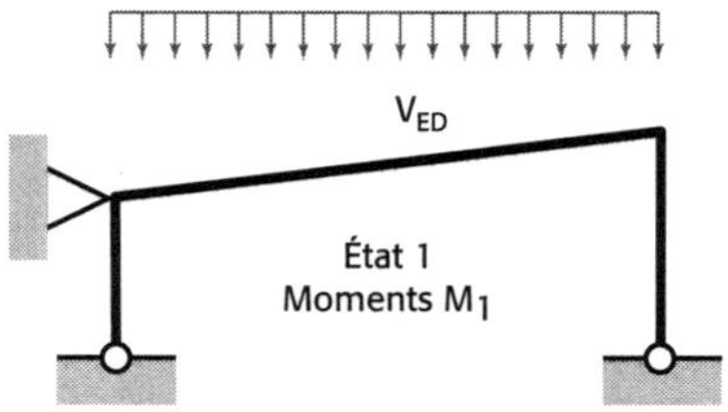

Figure 6.20 Déplacement sous X_2 sens inverse

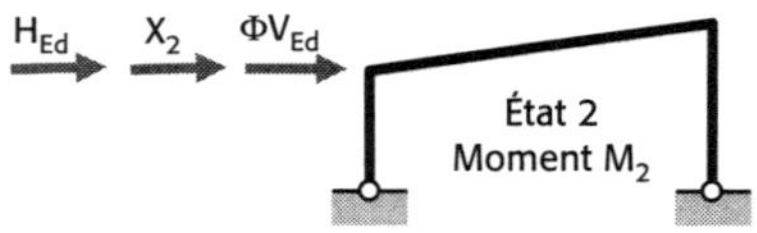

Figure 6.21 Structure sous cumul des charges horizontales

Les moments M_1 (ainsi que N_1 et V_1) sont déterminés pour la structure bloquée.

Si le chargement et la structure sont symétriques, l'action X_2 de l'appui est nulle.

3e étape : Effectuer une analyse sous H_{Ed} et $\Phi \cdot V_{Ed}$ si non négligeable, et X_2 si non nulle (figure 6.21). On obtient les moments M_2 (et N_2, V_2) de l'état 2.

M_2 est à amplifier en le multipliant par le facteur $1 \bigg/ \left(1 - \dfrac{1}{\alpha_{cr}}\right)$

On peut aussi, en amont, amplifier les actions horizontales pour obtenir M_2 amplifié (figure 6.22).

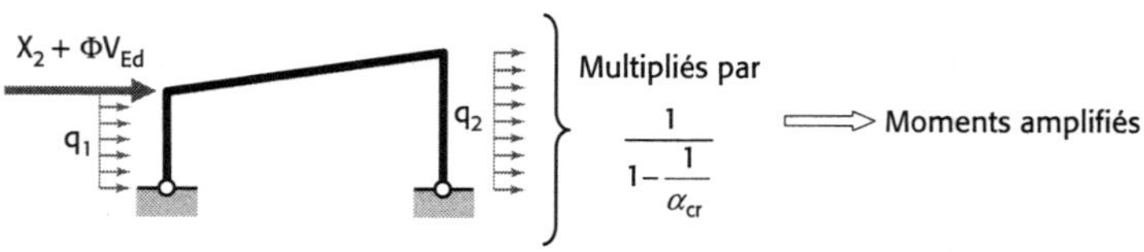

Figure 6.22 Amplification des charges en multipliant par $1 \bigg/ \left(1 - \dfrac{1}{\alpha_{cr}}\right)$.

On obtient finalement : $M = M_{1b} + M_2 \dfrac{1}{1 - \dfrac{1}{\alpha_{cr}}}$

b) Deuxième démarche

On procède à une analyse du premier ordre (EN 1993-1-1, § 5.2.2) sans majoration (amplification) des moments *dus aux déplacements latéraux*. Cependant, pour vérifier les assemblages et les barres autres que les poteaux (voir EN 1993-1-1 AN, § 5.2.2(8)), les moments sont à multiplier par :

$$1\Big/\left(1-\frac{1}{\alpha_{cr}}\right)$$

Dans ce cas, on a $M = M_{1b} + M_2$ avec M_{1b} déterminé sous charges verticales V_{Ed} et M_2 déterminé sous charges latérales, H_{Ed}, X_2.

Remarque : Φ n'est pas pris en compte dans cette démarche car il n'y a pas d'imperfection globale à introduire dans ce cas.

La superposition représentée à la figure 6.23 montre qu'il suffit d'étudier la structure à l'état 0, sous l'action de toutes les charges excepté $(\Phi \cdot V_{Ed})$.

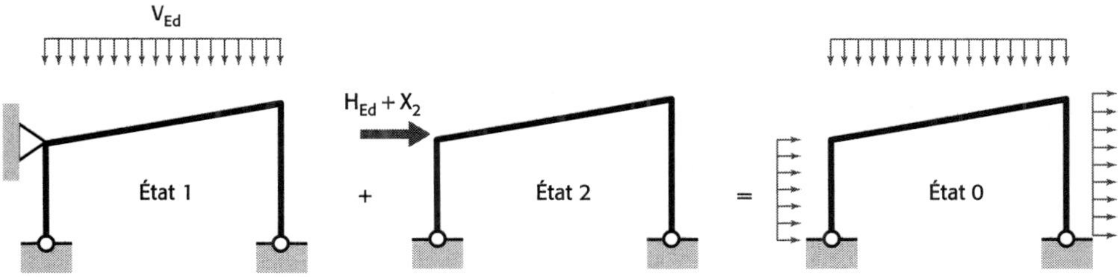

Figure 6.23 Superposition

La stabilité de l'ossature est vérifiée au moyen des longueurs de flambement, les imperfections globales et locales ne sont pas à prendre en compte (EN 1993-1-1, § 5.2.2 (8)).

Cette possibilité est donnée dans l'EN 1993-1-1, § 5.2.2.5(B) pour les structures à un seul niveau. Pour les structures à plusieurs niveaux, on peut faire de même si ceux-ci présentent une similitude au point de vue de la répartition des charges verticales, des charges horizontales et des ossatures de chaque étage vis-à-vis des actions horizontales (voir EN 1993-1-1, § 5.2.2.6(B)).

La **vérification au flambement** se fait dans un mode à nœuds déplaçables. La longueur de flambement est $\ell_{cr} > \ell_0$, ℓ_0 étant la longueur entre points d'épure de la barre, et le calcul de la longueur de flambement ℓ_{cr}, se faisant en tenant compte de la rigidité des poutres aboutissant aux nœuds du poteau, toujours dans la mesure où des rotules plastiques ne se sont pas développées à proximité de ces nœuds.

– *Organigramme pour une analyse élastique.*

Pour résumer et clarifier les démarches précédentes, pour une analyse élastique, on peut suivre l'organigramme présenté ci-après. On notera toutefois qu'une analyse au second ordre avec défaut d'aplomb et imperfection en arc dans les poteaux est utilisable pour toutes les structures souples.

Les défauts d'aplomb peuvent être négligés si $H_{Ed} \geq 0{,}15\ V_{Ed}$.

Quand $\alpha_{cr} \geq 3$, la démarche est valable pour une structure à un niveau.

Pour une structure à plusieurs niveaux, elle reste valable s'il y a similarité de la répartition des charges V_{Ed}, des charges horizontales et des rigidités des poutraisons vis-à-vis des charges horizontales.

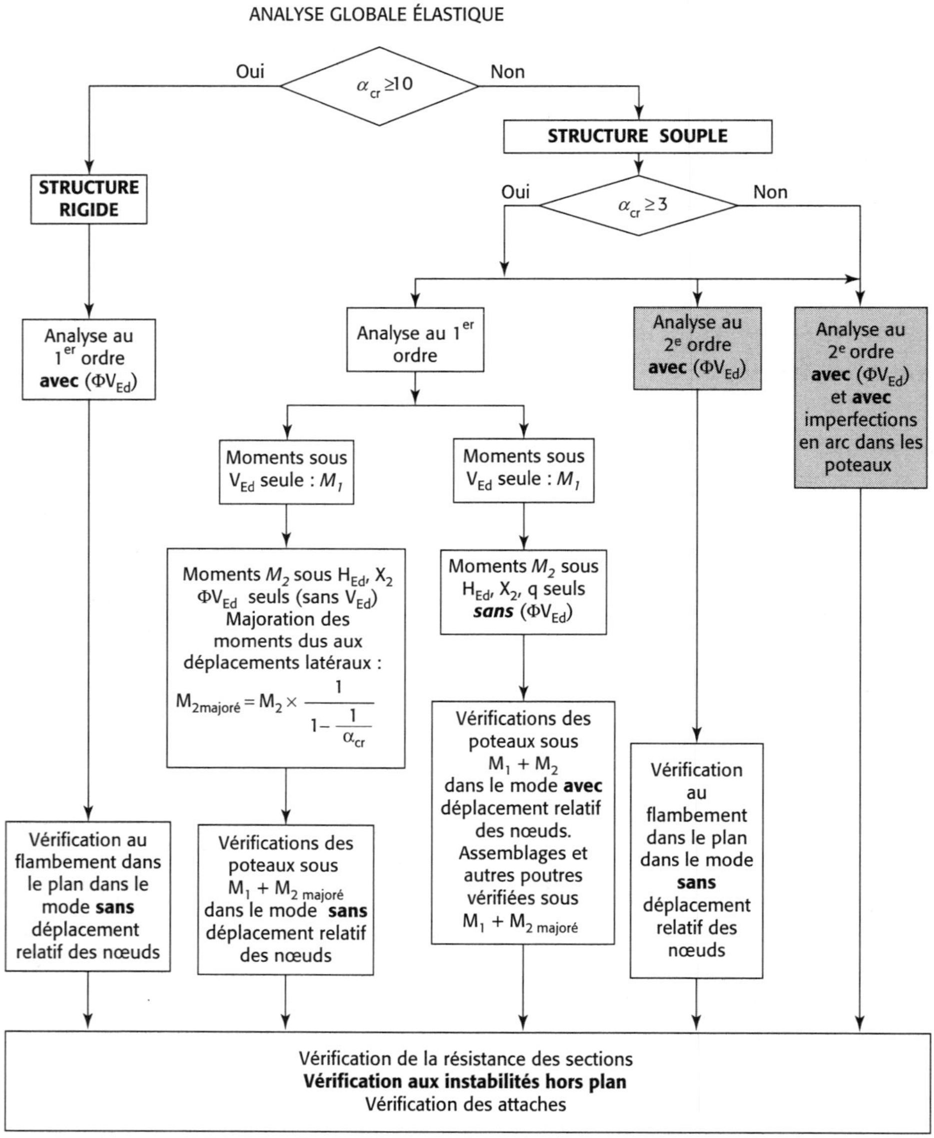

6.5 Imperfections et systèmes de contreventement

Un système de contreventement est destiné à stabiliser un ensemble ou un sous-ensemble d'une structure vis-à-vis des actions horizontales.

Sur la figure 6.24, le contreventement de versant (ici une poutre au vent) stabilise les traverses des portiques dans lesquelles existe un effort normal N_{Ed}.

Or, sous l'action des efforts de compression auxquels elle est soumise, une traverse peut être sensible à une imperfection locale (effet du second ordre).

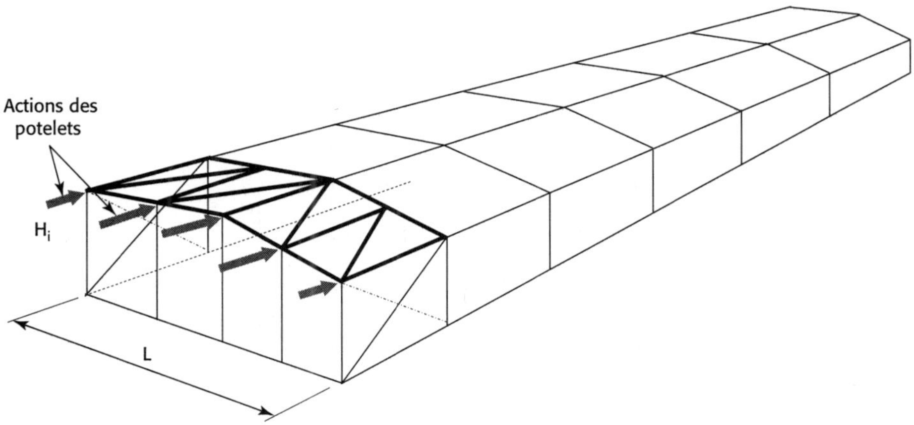

Figure 6.24 Poutre au vent

Les effets d'imperfection sont pris en compte à travers une imperfection géométrique en arc e_0 de chacun des éléments à stabiliser (figure 6.25),

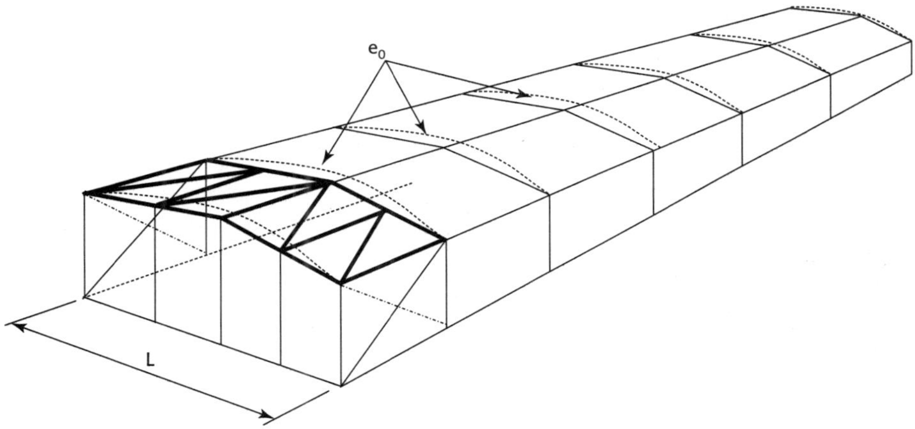

Figure 6.25 Imperfection géométrique en arc

Selon l'EN 1993-1-1, § 5.3.3, cette imperfection s'exprime sous la forme :

$$e_0 = \frac{\alpha_m \cdot L}{500}$$

avec : $\alpha_m = \sqrt{0,5\left(1+\frac{1}{m}\right)}$

L portée du système de contreventement,

m nombre d'éléments stabilisés.

Dans le cas de la figure 6.24, m = 7. Les traverses des deux premiers portiques sont naturellement stabilisées, l'ensemble des autres l'est également par les pannes faîtières et sablières.

Pour la vérification du système de contreventement, les imperfections géométriques en arc peuvent être remplacées par une force équivalente q_d (figure 6.26).

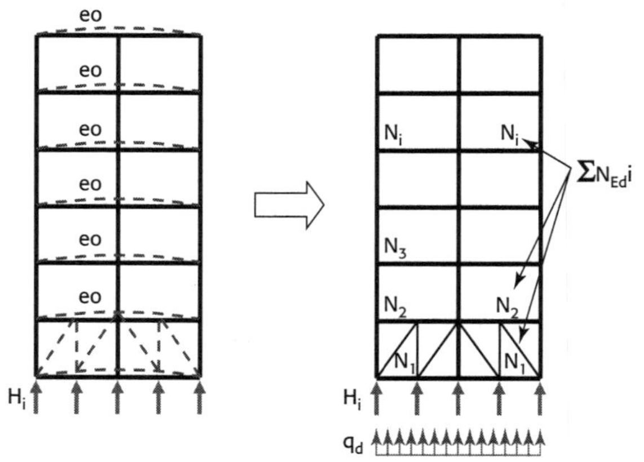

Figure 6.26 Remplacement de l'imperfection par une force équivalente q_d

L'intensité de cette force équivalente est :

$$q_d = \sum_i N_{Edi} \times 8 \frac{\left(e_0 + \delta_q\right)}{L^2}$$

avec :

δ_q flèche du système de contreventement dans le plan moyen du contreventement, calculée par une analyse au premier ordre et provoquée par q_d plus toutes charges extérieures éventuelles telle l'action des potelets par exemple (ici, les forces H_i),

Dans le cas où on utilise une analyse au deuxième ordre, δ_q peut être prise égale à zéro.

Si c'est *uniquement* la membrure des traverses qui est stabilisée (figure 6.27), alors N_{Ed}, l'effort normal dû au moment fléchissant s'écrit sous la forme : $N_{Ed} = \frac{M_{Ed}}{h}$ où M_{Ed} est le moment maximal dans la traverse.

N_{Ed}, étant supposé constant, cela place en sécurité. Bien sûr, si la membrure supporte en outre un effort axial, il s'ajoute à celui dû au moment fléchissant.

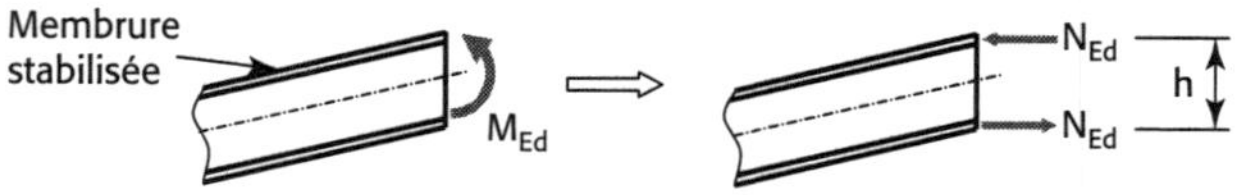

Figure 6.27 Effort dans les membrures

6.6 Exemples d'application

6.6.1 Premier exemple : défaut d'aplomb

6.6.1.1 Premier cas

On se propose de calculer l'imperfection Φ pour le bâtiment représenté à la figure 6.28 avec son chargement. La structure comporte cinq travées égales de 5,00 m de portée.

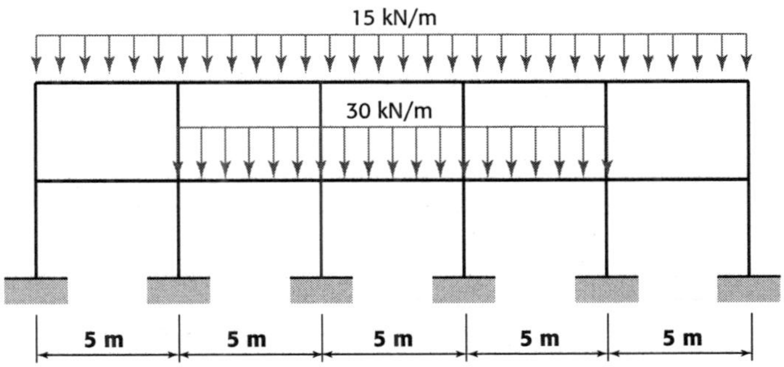

Figure 6.28 Le bâtiment étudié et son chargement

Nous avons ici :

$\Phi_0 = 1/200$; $\quad \alpha_h = \dfrac{2}{\sqrt{h}} = \dfrac{2}{\sqrt{6}} = 0,816$ avec $2/3 \leq \alpha_h \leq 1$;

$$\alpha_m = \sqrt{0,5\left(1+\frac{1}{m}\right)}$$

m est le nombre de poteaux, qui supportent une charge verticale $N_{Ed} \geq 50\ \%$ de la valeur moyenne $N_{Ed\ moy}$ calculée sur l'ensemble des poteaux comptés sur la file.

Comme il y a 6 poteaux, la valeur moyenne de la charge verticale par poteau est :

$$N_{Ed\ moy} = \frac{(15\times 25 + 30\times 15)}{6} = 137,5\ \text{kN},$$

50 % de cette valeur moyenne correspondent donc à : $0,5\times 137,5 = 68,75$ kN

Charge dans les poteaux 1 et 6 : $N_1 = N_6 = 15\times 2,5 = 37,5\ \text{kN} < 68,75\ \text{kN}$

Charge dans les poteaux 2 et 5 : $N_2 = N_5 = 15\times 5 + 30\times 2,5 = 150\ \text{kN} > 68,75\ \text{kN}$

Charge dans les poteaux 3 et 4 : $N_3 = N_4 = 15\times 5 + 30\times 5 = 225\ \text{kN} > 68,75\ \text{kN}$

Ainsi, le nombre de poteaux dont la charge est supérieure à 50 % de $N_{Ed\ moy} = 68,75$ kN est m = 4,

d'où : $$\alpha_m = \sqrt{0,5\left(1+\frac{1}{4}\right)} = 0,790$$

$$\Phi = \frac{1}{200}\times 0,816\times 0,790 = 0,00322\ ;\ \text{soit : } \Phi = \frac{1}{310}$$

6.6.1.2 Deuxième cas

Considérons maintenant le même bâtiment mais avec un chargement différent (figure 6.29).

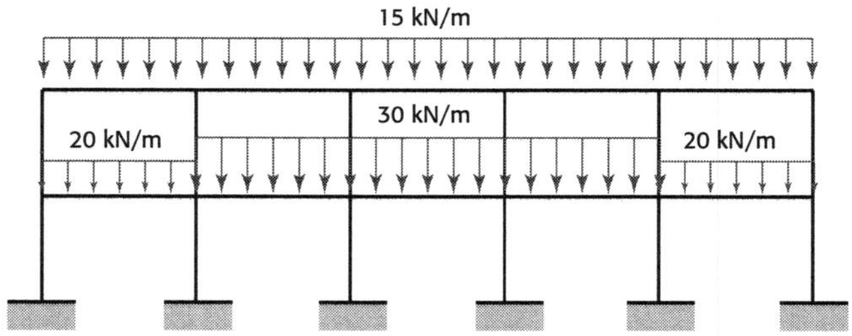

Figure 6.29 Le bâtiment étudié avec un autre chargement

Nous avons toujours :

$$\Phi = \Phi_0 \cdot \alpha_h \cdot \alpha_m \; ; \quad \Phi_0 = 1/200 \; ;$$

$$\alpha_h = \frac{2}{\sqrt{h}} = \frac{2}{\sqrt{6}} = 0{,}816 \text{ avec } 2/3 \leq \alpha_h \leq 1$$

Valeur moyenne $N_{Ed\,moy}$ de charge par poteau :

$$N_{Ed\,moy} = \frac{(20 \times 5 \times 2 + 15 \times 25 + 30 \times 15)}{6} = 170{,}8 \text{ kN}$$

50 % de cette valeur moyenne correspondent donc à 85,40 kN.

Charge dans les poteaux 1 et 6 : $N_1 = N_6 = 15 \times 2{,}5 + 20 \times 2{,}5 = 87{,}5 \text{ kN} > 85{,}40 \text{ kN}$

Charge dans les poteaux 2 et 5 :

$$N_2 = N_5 = 15 \times 5 + 30 \times 2{,}5 + 20 \times 2{,}5 = 200 \text{ kN} > 85{,}40 \text{ kN}$$

Charge dans les poteaux 3 et 4 : $N_3 = N_4 = 15 \times 5 + 30 \times 5 = 225 \text{ kN} > 85{,}40 \text{ kN}$

Le nombre de poteaux dont la charge est supérieure à 50 % de $N_{Ed\,moy}$ = 85,40 kN est donc m = 6, d'où :

$$\alpha_m = \sqrt{0{,}5\left(1 + \frac{1}{6}\right)} = 0{,}763$$

et : $$\Phi = \frac{1}{200} \times 0{,}816 \times 0{,}763 = 0{,}00311, \quad \text{soit :} \quad \Phi = \frac{1}{322}$$

6.6.2 Deuxième exemple : classification d'une structure à un niveau à l'aide du critère approché

On se propose de classifier selon l'Eurocode 3, les portiques transversaux et la stabilité de long pan d'un bâtiment à usage de stockage. Les portiques transversaux sont définis sur la figure 6.30. Ils sont espacés de 5,00 m. Les poteaux (HEA 280) sont liés rigidement avec les traverses (IPE 450) et ils sont articulés en pieds. La pente de toiture est égale à 8 %.

Les caractéristiques mécaniques des profilés sont les suivantes :

- poteaux : HEA 280 ($I_y = 13\,670 \text{ cm}^4$, $I_z = 4\,763 \text{ cm}^4$),
- traverse IPE 450 ($I_y = 33\,740 \text{ cm}^4$).

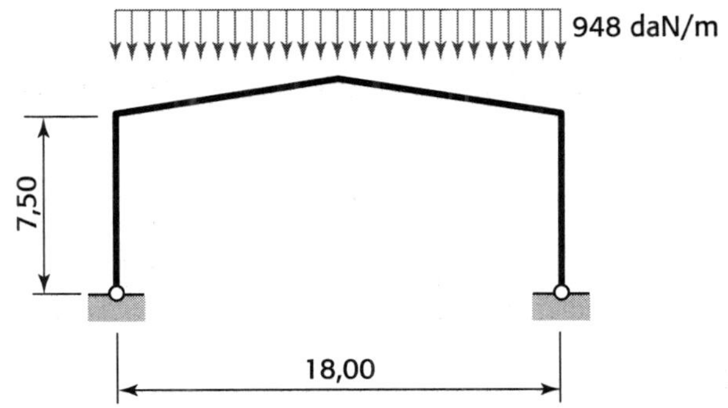

Figure 6.30 Portique courant objet de l'étude

Pour l'étude, les différentes combinaisons suivantes sont envisagées :

- Combinaison n°1 : action permanente G et neige S
- Combinaison n°2 : action permanente G et vent transversal W
- Combinaison n°3 : action permanente G, neige S et vent transversal W

Les valeurs des charges données ci-après sont les valeurs obtenues après combinaisons.

6.6.2.1 Classification du portique pour la combinaison n°1

La combinaison n°1 est représentée à la figure 6.30.

Le critère de classement est : $\alpha_{cr} = \dfrac{H_{Ed}}{\delta}\dfrac{h}{V_{Ed}}$. Ce critère approché est bien utilisable ici puisqu'il s'agit d'une structure de type poutres-poteaux la pente des versant est faible, $0,08 < 0,5.$

Calcul du défaut initial d'aplomb

$$\Phi = \Phi_0 \cdot \alpha_h \cdot \alpha_m \;; \qquad \Phi_0 = 1/200 \;;$$

$$\alpha_h = \frac{2}{\sqrt{h}} = \frac{2}{\sqrt{7,50}} = 0,730 \text{ avec } 2/3 \leq \alpha_h \leq 1$$

$$\alpha_m = \sqrt{0,5\left(1+\frac{1}{m}\right)} = \sqrt{0,5\left(1+\frac{1}{2}\right)} = 0,866$$

d'où : $$\Phi = \frac{1}{200} \times 0,730 \times 0,866 = 0,003, \quad \text{ou encore :} \quad \Phi = \frac{1}{316}$$

Pour une analyse au premier ordre, il convient de remplacer ce défaut d'aplomb par une charge équivalente fictive $H_{Ed} = V_{Ed} \cdot \Phi$ appliquée en tête de poteau, c'est-à-dire ici : $(948 \times 18) \times (1/316) = 17\,064 \times (1/316) = 54$ daN.

Chaque action verticale en pied est égale à $17\,064/2 = 8532$ daN.

En l'absence de charge horizontale, on peut choisir une charge arbitraire appliquée en tête de poteau. Quelle que soit cette charge, le rapport H/δ sera constant si l'analyse est menée en mode élastique.

Pour une charge horizontale de 1 000 daN en tête de poteau (figure 6.31), le déplacement en tête est : $\delta = 36{,}5$ mm au nœud gauche (V_{Ed} n'intervient pas dans ce calcul car δ est calculé sous les charges horizontales seules).

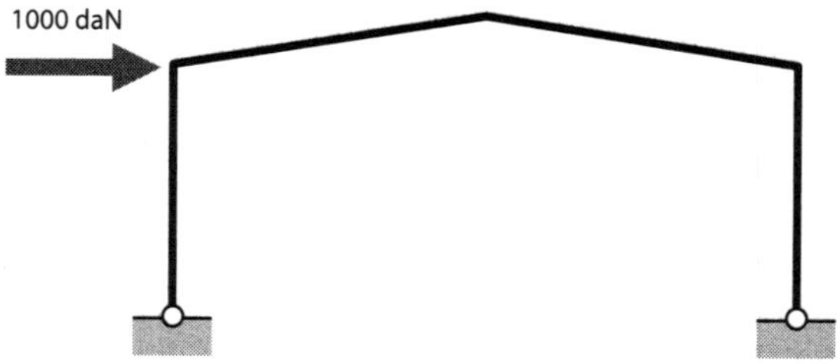

Figure 6.31 Portique sous charges arbitraires

D'où, avec $V_{Ed} = 948 \times 18 = 17064$ daN :

$$\alpha_{cr} = \frac{H_{Ed}}{\delta}\frac{h}{V_{Ed}} = \frac{1000}{36{,}5} \times \frac{7500}{17064} = 12{,}04 > 10.$$

La structure peut donc être considérée **rigide** pour cette combinaison. L'analyse au premier ordre est suffisante et elle doit être vérifiée dans un mode à nœuds déplaçables (voir § 5.2.1(4)B de l'EN 1993-1-1) étant donné qu'elle n'est pas contreventée ou triangulée.

Remarque : Si on choisit un poteau en HEA 260, $\alpha_{cr} = 9{,}98$, la structure est classée comme **souple** et il est alors nécessaire de tenir compte des effets du second ordre pour l'analyse globale de la structure.

6.6.2.2 Classification du portique pour la combinaison n°2

La combinaison n°2 est représentée à la figure 6.32.

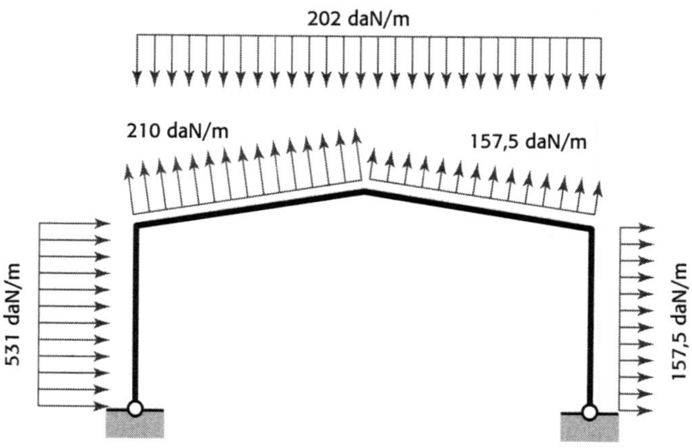

Figure 6.32 Combinaison n°2

Les actions du vent sont remplacées par des forces ponctuelles ramenées en tête et en pied du poteau gauche. D'après l'EN 1993-1-1, § 5.2.1 (4)B, la répartition uniforme du vent sur les longs pans se fait par moitié en tête et en pied de poteau (figure 6.33).

En négligeant les composantes horizontales dues à l'action du vent ainsi que les forces de frottement sur les versants, on obtient pour H_{Ed} : $531\times\frac{7,5}{2}\approx 1991$ daN et $157,5\times\frac{7,5}{2}\approx 59$ daN, soit un total de 2582 daN.

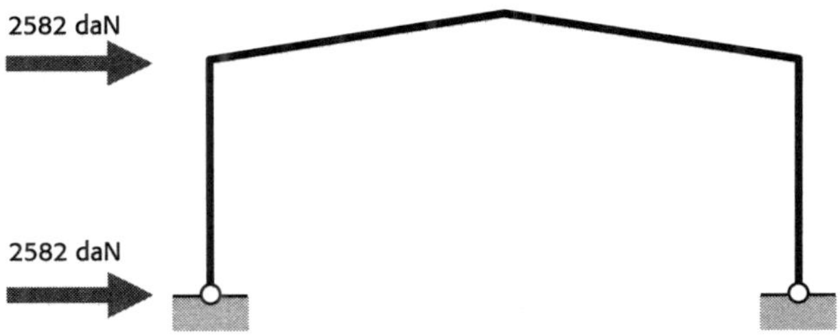

Figure 6.33 Transformation en forces ponctuelles

Nous obtenons alors pour les actions verticales :

$V_{Ed} = -202\times 18 + (210\times 9/\cos 4,57)\cos 4,57 + (157,5\times 9/\cos 4,57)\cos 4,57 = -328,6$ daN

Comme $H_{Ed} = 2582 \text{ daN} > 0,15\ V_{Ed} = 0,15\times 328$ daN, on ne prendra pas en compte le faux-aplomb.

Sous cet état de charge, le déplacement horizontal en tête de poteau est :

$$\delta = \frac{36,5\times 2581,8}{1000} = 94,2 \text{ mm}$$

d'où :

$$\alpha_{cr} = \frac{H_{Ed}}{\delta}\frac{h}{V_{Ed}} = \frac{2852}{94,2}\cdot\frac{7500}{328,6} = 625,5$$

En conséquence, la structure est classée **rigide** pour cette combinaison.

Remarque : Puisqu'au premier ordre il y a proportionnalité entre effort et déplacement, on aurait pu raisonner en gardant l'effort de 1000 daN, soit $\delta = 36,4$ mm.

6.6.2.3 Classification du portique pour la combinaison n°3

La combinaison n°3 est représentée à la figure 6.34.

Pour les actions verticales, nous avons dans ce cas :

$$V_{Ed} = -5,68\times 18 + 245\times 9 + 184\times 9 = -6\,363 \text{ daN.}$$

L'action horizontale en tête de poteau est : $H_{Ed} = (619+184)\ 7,5/2 = 3\,011,25$ daN.

Comme $H_{Ed} > 0,15\ V_{Ed} = 0,15\times 6\,363$ daN, là encore compte le faux-aplomb n'est pas à prendre en compte dans la recherche des sollicitations.

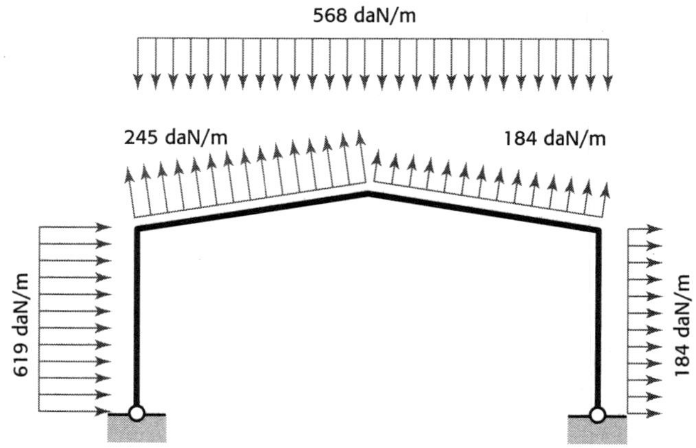

Figure 6.34 Combinaison n°3

Sous cet état de charge, le déplacement horizontal en tête de poteau est :

$$\delta = \frac{36,5 \times 3\,011,25}{1\,000} = 110 \text{ mm}$$

d'où :

$$\alpha_{cr} = \frac{H_{Ed}}{\delta}\frac{h}{V_{Ed}} = \frac{3\,011,25}{110} \cdot \frac{7\,500}{6\,363} = 32,29 > 10$$

En conséquence, ici encore la structure est classée **rigide** pour cette combinaison.

6.6.3 Troisième exemple : classification d'une stabilité de long pan

6.6.3.1 Combinaison n°1

Cette combinaison est représentée à la figure 6.35.

En l'absence d'action horizontale pour cette combinaison des charges, nous appliquons une force arbitraire de 1000 daN en tête de structure.

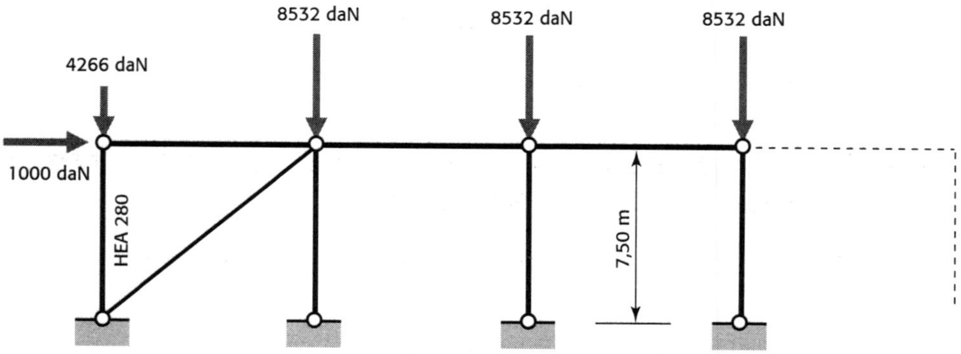

Figure 6.35 Stabilité triangulée

Le déplacement horizontal est : $\delta = 1{,}1$ mm et $V_{Ed} = 2 \times 4\,266 + 4 \times 8\,532 = 42\,660$ daN,

Remarque : Les structures triangulées possèdent souvent des configurations analogues. Elles conduisent par conséquent à un coefficient toujours important et très supérieur à 10. On peut donc généralement les considérer comme rigides.

Nous avons ici, en effet : $$\alpha_{cr} = \frac{H_{Ed}}{\delta}\frac{h}{V_{Ed}} = \frac{1\,000}{1{,}1}\cdot\frac{7\,500}{42\,660} = 159$$

Le long pan est donc classé **rigide** pour cette combinaison.

6.6.3.2 Combinaison n°3

Pour cette combinaison (figure 6.36), les charges permanentes sont les mêmes que pour l'étude des portiques mais cette fois le vent souffle longitudinalement par rapport à la structure en apportant une force ponctuelle de 4 383 daN.
Sous cette charge horizontale de 4 383 daN, le déplacement horizontal est $\delta = 4{,}8$ mm.

Nous avons ici : $V_{Ed} = 4\,383 \times 2 + 4\,170 \times 4 = 25\,446$ daN,

d'où : $$\alpha_{cr} = \frac{H_{Ed}}{\delta}\frac{h}{V_{Ed}} = \frac{4\,383}{4{,}8} \times \frac{7\,500}{25\,446} = 269{,}13 > 10$$

Le long pan est classé **rigide** pour cette combinaison également.

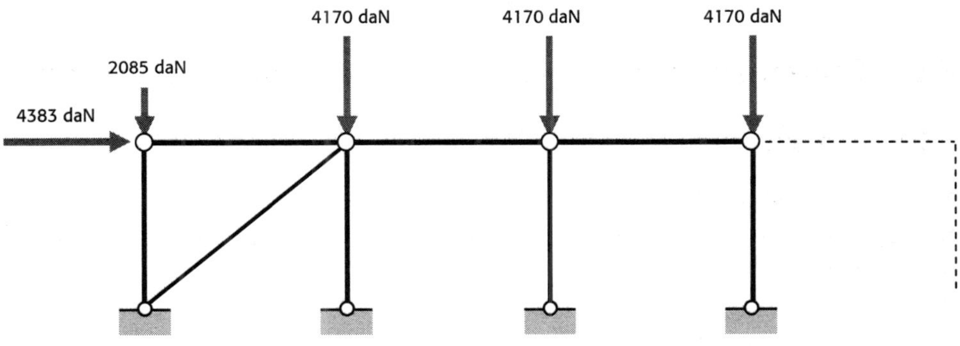

Figure 6.36 Stabilité sous combinaison 3

6.6.4 Quatrième exemple : classification d'une structure à un niveau en utilisant le critère de base $\alpha_{cr} = F_{cr}/F_{Ed}$

Il s'agit de mener une classification de structure en utilisant, non pas le critère approché, mais le critère de base, c'est-à-dire :

$$\alpha_{cr} = \frac{F_{cr}}{F_{Ed}} \qquad \text{avec :} \quad F_{cr} = \frac{\pi^2 EI}{\ell_{cr}^{\,2}}$$

où :

- ℓ_{cr} est la longueur de flambement déterminée dans un mode à nœuds déplaçables,
- F_{cr} est la charge critique dans l'élément susceptible d'instabilité,
- F_{Ed} est la charge de calcul sur ce même élément.

6.6.4.1 Structure à un niveau sous la combinaison n°1

Calcul des facteurs de distribution η_1 et η_2 pour les nœuds 1 et 2 selon l'Annexe E de l'ENV 1991-1-1 :

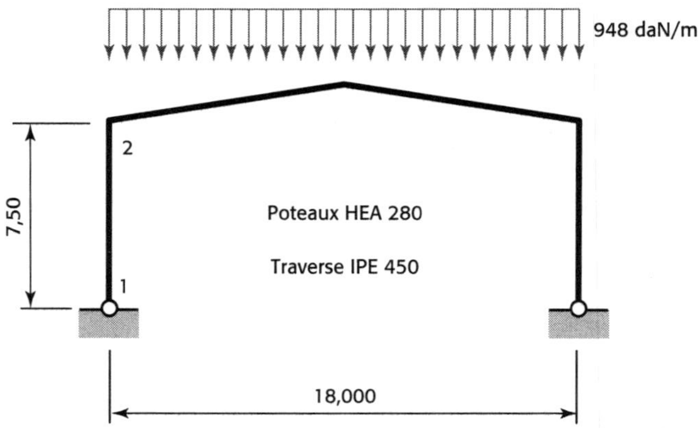

Figure 6.37 Portique sous combinaison n°1

$$\eta_1 = 1 \text{ (articulation)} \quad \text{et} \quad \eta_2 = \frac{\dfrac{13\,670}{750}}{\dfrac{13\,670}{750} + \dfrac{33\,740}{1\,800/\cos 4{,}57}} = 0{,}49$$

Pour ces valeurs, l'abaque de Wood (Figure E.2.2 [1]) reproduite à l'Annexe 9.2 de cet ouvrage, donne $\dfrac{\ell_{cr}}{7\,500} = 2{,}35$ d'où : $\ell_{cr} = 2{,}35 \times 7\,500 = 17\,625$ mm.

Avec cette valeur, nous obtenons :

$$F_{cr} = \frac{\pi^2 EI}{L_{cr}^{\ 2}} = \frac{\pi^2 \times 2{,}1 \times 10^6 \times 13\,670 \times 10^4}{17\,625^2} = 91\,207{,}2 \text{ daN}$$

À partir de : $\quad F_{Ed} = 968 \times 18/2 = 8\,712$ daN

nous pouvons calculer $\quad \alpha_{cr} = \dfrac{F_{cr}}{F_{Ed}} = \dfrac{91\,207{,}2}{8\,712} = 10{,}4 > 10$

En conclusion, la structure est **rigide** pour cette combinaison et on constate que ce résultat est un peu plus sévère que celui obtenu par la formule approchée (cf. § 6.6.2.1).

À titre d'information, le calcul approché par la relation empirique pour un mode à nœuds déplaçables (expression E.7 [1]) donne :

$$\ell_{cr} = L\sqrt{\frac{1-0,2(\eta_1+\eta_2)-0,12\cdot\eta_1\cdot\eta_2}{1-0,8(\eta_1+\eta_2)+0,60\cdot\eta_1\cdot\eta_2}} = 7,50\sqrt{\frac{1-0,2(1+0,49)-0,12\times1\times0,49}{1-0,8(1+0,49)+0,60\times1\times0,49}},$$

soit $\ell_{cr} = 7,5\times2,518 = 1888,6$ mm, proche de la valeur obtenue avec l'abaque de Wood.

Remarque : Les longueurs de flambement et les charges critiques données par cette méthode sont sécuritaires car le maintien latéral du poteau comprimé par le reste de la structure n'est pas pris en compte.

6.6.4.2 Classification du portique pour la combinaison n°2

La combinaison qui nous intéresse ici est la combinaison n°2 de la figure 6.38.

Les actions de contact en pieds (en daN) obtenues par un logiciel de calcul donnent :

- à gauche : $X = -3\,176,1$ daN et : $Y = -1\,013,1$ daN
- à droite : $X = -1\,949,8$ daN et : $Y = +1\,341,7$ daN

soit : $F_{Ed} = 1\,341,7$ daN

La charge critique, F_{cr} est inchangée (c'est le même poteau qui est susceptible d'être déstabilisé). Nous en déduisons :

$$\alpha_{cr} = \frac{F_{cr}}{F_{Ed}} = \frac{91\,207,2}{1\,341,7} = 68 >> 10$$

La structure est donc classée **rigide** pour cette combinaison, et on constate que ce résultat est plus sévère que celui obtenu par la formule approchée (voir § 6.6.2.2).

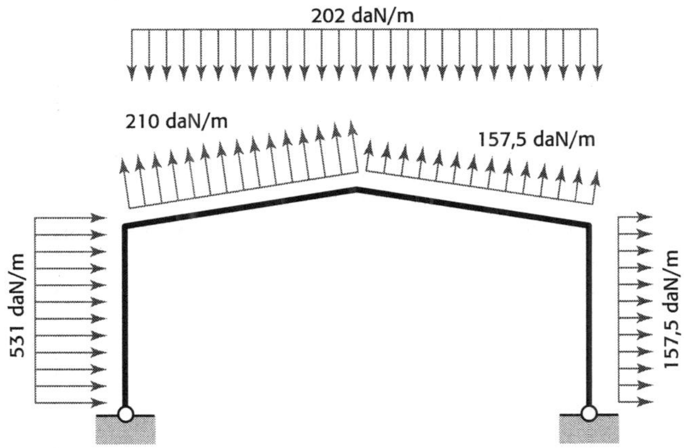

Figure 6.38 Portique pour la combinaison n°2

6.6.4.3 Classification du portique pour la combinaison n°3

La combinaison qui nous intéresse ici est la combinaison de la figure 6.39.

Les actions de contact en pieds (en daN) obtenues par un logiciel de calcul donnent :

- à gauche : $X = -2992,4$ daN et : $Y = +1808,7$ daN
- à droite : $X = -2986,2$ daN et : $Y = +4554,3$ daN

soit : $F_{Ed} = 4\ 554{,}3$ daN

et donc : $$\alpha_{cr} = \frac{F_{cr}}{F_{Ed}} = \frac{91\ 207{,}2}{4\ 554{,}3} = 20 > 10$$

La structure est donc classée **rigide** pour cette combinaison, et on constate que ce résultat est plus sévère que celui obtenu par la formule approchée (cf. § 6.6.2.3).

6.6.5 Cinquième exemple : classification d'une structure à deux niveaux

Pour l'étude de la structure représentée à la figure 6.40, deux combinaisons d'actions sont envisagées, soit :

- combinaison n°1 : actions permanentes de toiture G_t et de plancher G_p, neige S et charge d'exploitation Q ;
- combinaison n°2 : actions permanentes de toiture G_t et de plancher G_p, neige S, vent transversal W et charge d'exploitation Q.

Les éléments constitutifs de la structure sont les suivants :

- poteaux : HEB 300, $I_y = 25\,165\ \text{cm}^4$;
- traverse de toiture : IPE 400, $I_y = 23\,128\ \text{cm}^4$;
- traverse de plancher : HEB 450, $I_y = 78\,887\ \text{cm}^4$.

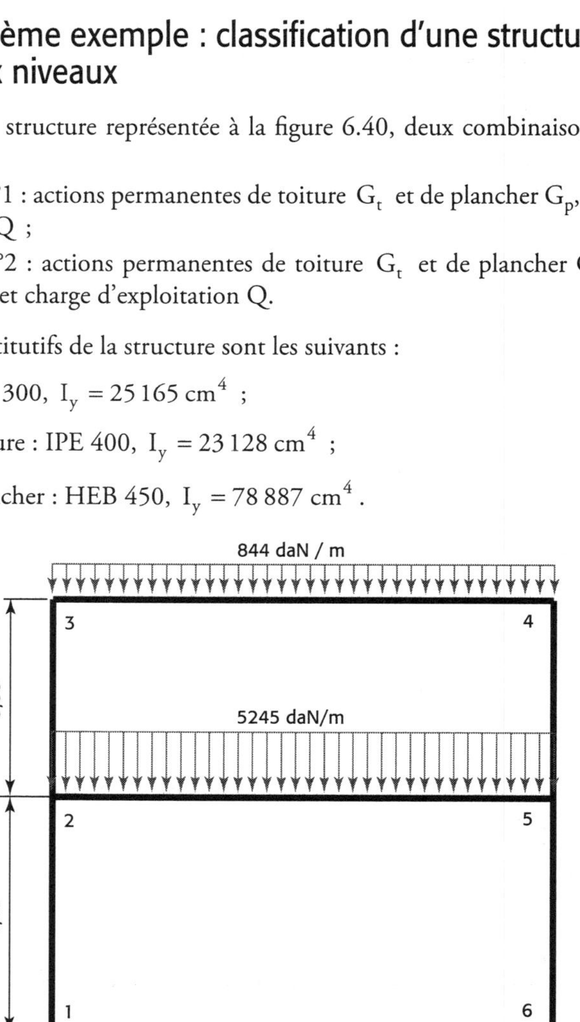

Figure 6.40 Structure à deux niveaux, combinaison d'actions n°1

6.6.5.1 Combinaison n°1

Premier étage

On détermine avec un logiciel de modélisation par éléments finis un déplacement du nœud 3 de 2,55 mm pour une charge horizontale de 10 000 N au nœud 3. Le nœud 2 est bloqué en translation pour obtenir une lecture directe du résultat.

$$\alpha_{cr} = \frac{H_{Ed}}{\delta}\frac{h}{V_{Ed}} = \frac{10\,000}{2{,}55}\cdot\frac{5\,000}{852\,460} = 23$$

Le premier étage est donc classé **rigide** pour cette combinaison.

Rez-de-chaussée

On détermine avec un logiciel de modélisation par éléments finis un déplacement du nœud 2 de 9,12 mm pour une charge horizontale de 10 000 N au nœud 2.

$$\alpha_{cr} = \frac{H_{Ed}}{\delta}\frac{h}{V_{Ed}} = \frac{10\,000}{9{,}12}\cdot\frac{6\,000}{852\,460} = 7{,}7$$

Le rez-de-chaussée est classé **souple** pour cette combinaison.

Comme $\alpha_{cr} \geq 3$, il convient d'**amplifier** les moments dus au déplacement latéral par le coefficient de majoration : $1\Big/\left(1-\dfrac{1}{\alpha_{cr}}\right)$, soit : $1\Big/\left(1-\dfrac{1}{7{,}7}\right)=1{,}15$

Combinaison n°2

Nous considérons ici la combinaison représentée à la figure 6.41.

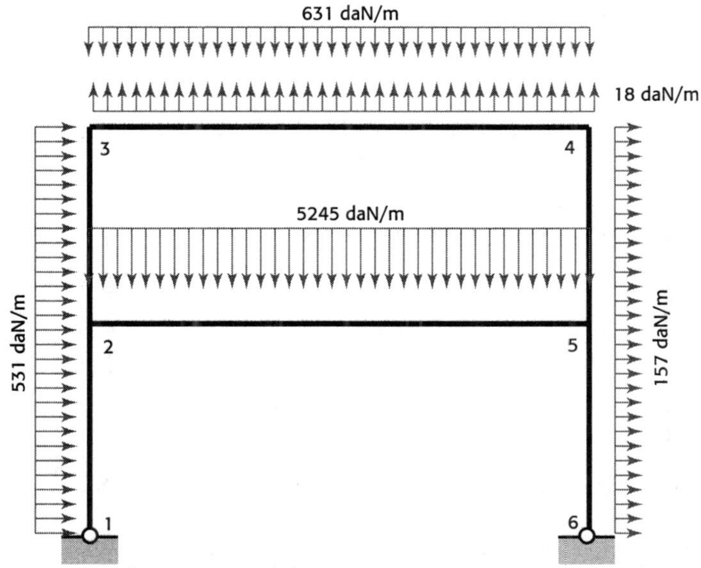

Figure 6.41 Structure sous la combinaison n°2

Premier étage

$$H_{Ed} = 5 \times (5\,310 + 1\,570)/2 = 17\,200 \text{ N}$$

$$V_{Ed} = 14 \times (6\,310 - 180) = 85\,820 \text{ N}$$

$$\alpha_{cr} = \frac{H_{Ed}}{\delta}\frac{h}{V_{Ed}} = \frac{17\,200}{2,55 \times (17,2/10)} \cdot \frac{5\,000}{85\,820} = 231$$

Le premier étage est donc classé **rigide** pour cette combinaison.

Il n'y a donc pas lieu d'amplifier les moments dus au déplacement latéral

Rez-de-chaussée

$$H_{Ed} = 6 \times (5\,310 + 1\,570)/2 = 20\,640 \text{ N}$$

$$V_{Ed} = 14 \times (6\,310 - 180 + 52\,450) = 820\,120 \text{ N}$$

$$\alpha_{cr} = \frac{H_{Ed}}{\delta}\frac{h}{V_{Ed}} = \frac{20\,640}{9,12 \times (20,64/10)} \cdot \frac{6\,000}{820\,120} = 8$$

La structure est classée comme **souple** pour cette combinaison.

Comme $\alpha_{cr} \geq 3$, il convient d'**amplifier** les moments dus au déplacement latéral par le coefficient de majoration : $1\Big/\left(1 - \frac{1}{\alpha_{cr}}\right)$, soit : $1\Big/\left(1 - \frac{1}{8}\right) = 1,143$.

6.6.6 Sixième exemple

Considérons le portique de la figure 6.42 constitué d'une traverse en IPE 500 et de deux poteaux articulés en pied réalisés avec des HEA 280. On se propose d'examiner la classification de la structure et ses conséquences sur la vérification des poteaux. Les deux démarches, critère de base et critère simplifié, sont envisagées suite à une analyse du premier ordre. Les charges indiquées résultent des combinaisons d'actions pondérées à l'ELU.

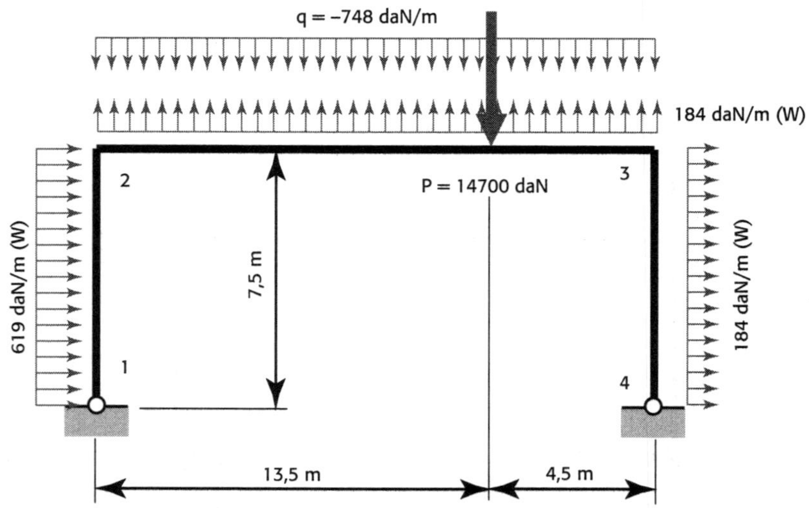

Figure 6.42 Schéma du portique étudié

6.6.6.1 Classification de la structure

Calcul de V_{Ed} :

- Sous q : $V_{Ed} = (748-184)\times 18 = 564\times 18 = 10\,152$ daN
- Sous P : $V_{Ed} = 14\,700$ daN
- Sous q+P : $V_{Ed} = 10\,152 + 14\,700 = 24\,852$ daN

Le poteau 3-4 supporte $N_{Ed} = 17\,356$ daN

Calcul de la force critique : $F_{cr} = \dfrac{\pi^2 EI}{\ell_{cr}^2}$.

Dans le mode global, la structure est à nœuds déplaçables. Selon l'annexe E de l'ENV 1991-1-1, l'expression de calcul de la longueur critique est alors :

$$\ell_{cr} = \ell_0 \sqrt{\frac{1-0,2(\eta_1+\eta_2)-0,12\cdot\eta_1\cdot\eta_2}{1-0,8(\eta_1+\eta_2)+0,60\cdot\eta_1\cdot\eta_2}}$$

Les facteurs de distribution sont ici les suivants :

$$\eta_1 = 1 \qquad \text{et :} \qquad \eta_2 = \frac{\dfrac{13\,670}{750}}{\dfrac{13\,670}{750}+\dfrac{48\,200}{1\,800}} = 0,405$$

d'où :

$$\ell_{cr} = \ell_0 \sqrt{\frac{1-0,2(1+0,405)-0,12\cdot 1\cdot 0,405}{1-0,8(1+0,405)+0,60\cdot\eta_1\cdot 0,405}} = \ell_0 \times 2,37$$

$$\ell_{cr} = 7500\times 2,37 = 17\,775 \text{ mm}$$

Pour chaque poteau :

$$F_{cr} = \frac{\pi^2 \times 21\times 10^6 \times 13\,670\times 10^4}{17\,775^2} = 89\,409 \text{ daN}$$

$$\alpha_{cr} = \frac{F_{cr}}{F_{Ed}} = \frac{89\,409}{17\,356} = 5,15 < 10.$$

La structure est donc classée comme structure **souple.**

Cependant, nous avons $\alpha_{cr} > 3$. On peut donc procéder à une analyse au premier ordre avec amplification des moments dus aux déplacements latéraux.

Remarque : Calcul de α_{cr} par la relation approchée :

Sous une seule charge horizontale de −1000 daN, le déplacement latéral est de 33 mm, d'où : $\alpha_{cr} = \dfrac{H_{Ed}}{\delta}\dfrac{h}{V_{Ed}} = \dfrac{1\,000}{33}\times\dfrac{7\,500}{24\,852} = 9,14 < 10.$

Cette valeur est supérieure à celle obtenue précédemment. Il est plus intéressant d'utiliser ce critère dans la mesure où il s'applique. Il donne des valeurs plus importantes car il tient compte du maintien latéral du poteau critique par le reste de la structure.

6.6.6.2 Première démarche

Recherche des actions horizontales entraînant un déplacement horizontal :

1. ***Le vent*** : action uniformément répartie sur les poteaux
2. ***Action équivalente due au faux-aplomb*** (il faut, au préalable, vérifier si elle est à prendre en compte) :

$$H_{Ed} = \frac{(619+184)\times 7{,}5}{2} = 3\,011\ \text{daN}.$$

$$H_{Ed} = 3\,011\ \text{daN} < 0{,}15 \cdot V_{Ed} = 0{,}15 \times 24\,852 = 3\,727{,}8\ \text{daN}$$

On doit donc tenir compte de l'imperfection Φ (EN 1993-1-1 § 5.3.2(4)B)

Calcul du défaut initial d'aplomb :

$$\Phi = \Phi_0 \cdot \alpha_h \cdot \alpha_m \ ; \qquad \Phi_0 = 1/200\ ;$$

$$\alpha_h = \frac{2}{\sqrt{h}} = \frac{2}{\sqrt{7{,}50}} = 0{,}730 \ \text{avec}\ 2/3 \le \alpha_h \le 1$$

$$\alpha_m = \sqrt{0{,}5\left(1+\frac{1}{m}\right)} = \sqrt{0{,}5\left(1+\frac{1}{2}\right)} = 0{,}866\ ;\ \Phi = \frac{1}{200}\times 0{,}730 \times 0{,}866 = 0{,}003,$$

soit : $$\Phi = \frac{1}{316}$$

d'où la force équivalente : $$V_{Ed}\,\Phi = 24\,852 \times \frac{1}{316} = 79\ \text{daN}$$

3. ***Dissymétrie du chargement***

Déterminons l'influence de cette dissymétrie sous forme de forces. Faisons l'analyse au premier ordre de l'état 1 (structure bloquée latéralement) présentée à la figure 6.43 (résultats obtenus à l'aide d'un logiciel de calcul).

Sans l'appui et sous l'action de ces charges verticales, la structure se déplace de 27 mm vers la gauche.

Il faut tout d'abord déterminer les moments et les déplacements latéraux induits par ces forces.

Ces forces et déplacements sont dus :

- au faux-aplomb : 79 daN
- au vent : 184 et 619 daN/m
- à la dissymétrie de charge : 1074 daN vers la gauche.

Le sens de cette action due à la dissymétrie de charge est fixé alors que le sens des deux autres actions (vent et faux-aplomb) est variable. Il convient de positionner ces dernières pour qu'elles produisent un effet défavorable à la structure (dans le sens de la sécurité) et donc vers la gauche.

L'état 2 est alors celui représenté à la figure 6.44 où est également tracé le diagramme de moments correspondant.

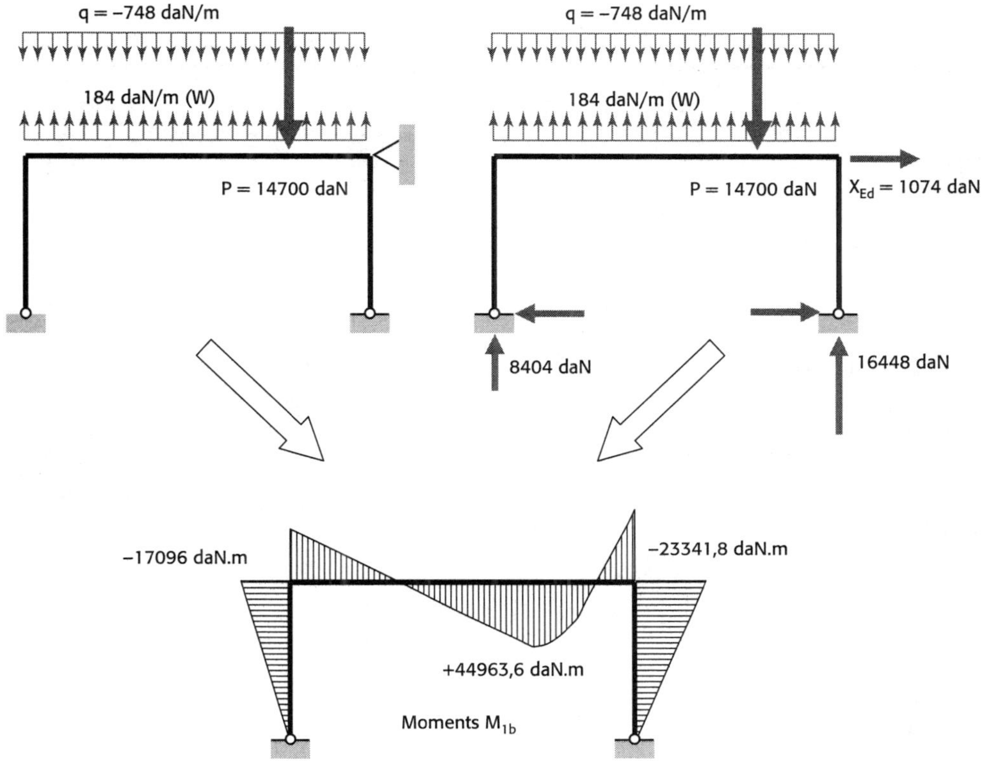

Figure 6.43 Analyse au premier ordre à état 1

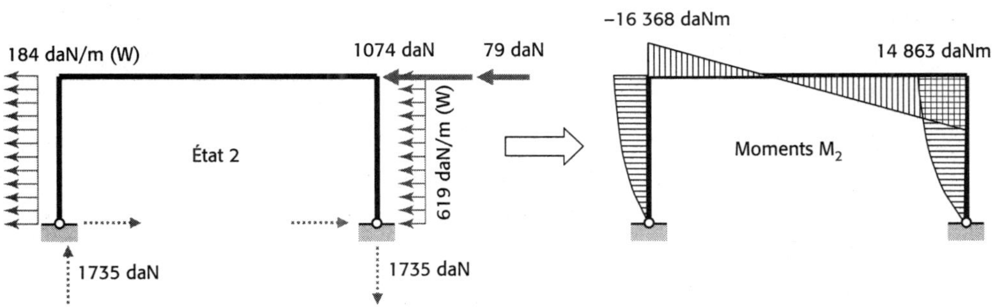

Figure 6.44 État 2, action du vent, faux-aplomb défavorable et action de contact inversée

Si l'on amplifie les moments M_2 avec le coefficient d'amplification :

$$1\Big/\left(1-\frac{1}{\alpha_{cr}}\right)=1\Big/\left(1-\frac{1}{9{,}14}\right)=1{,}123$$

on obtient le diagramme de la figure 6.45.

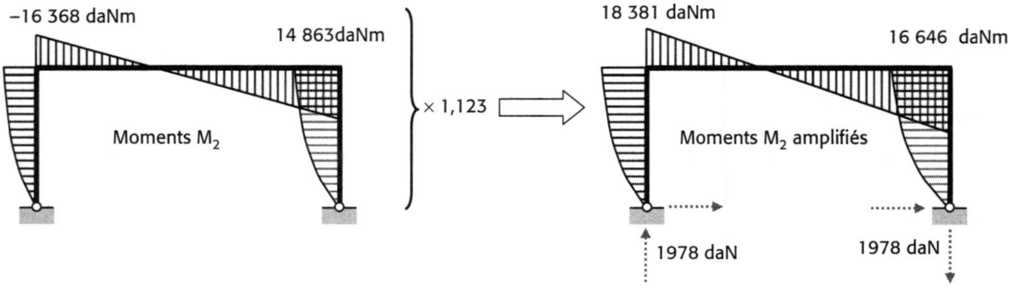

Figure 6.45 Amplification des moments à l'état 2

On obtient le même résultat en amplifiant les charges (figure 6.46).

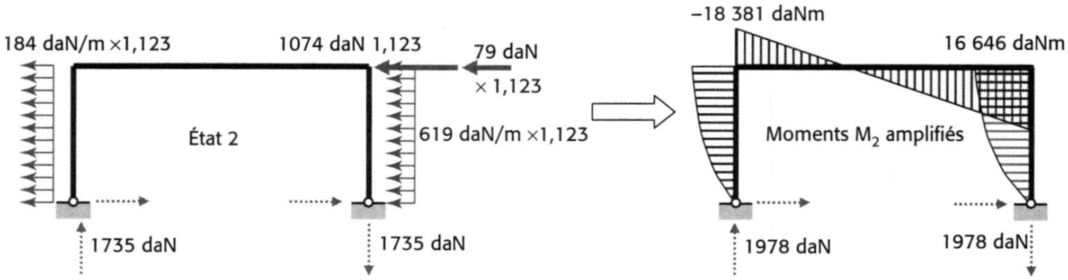

Figure 6.46 Amplification des charges à l'état 2

4. *Sollicitations pour les vérifications réglementaires*

Les poteaux sont inégalement chargés au point de vue du moment et de l'effort normal.

- Poteau de gauche :

$$M_{1b} + M_{2\,\text{Amplifié}} = -17\,096 - 16\,368 \times 1{,}123 = -17\,096 - 18\,381 = -35\,477 \text{ daN.m}$$

$$N_{Ed} = N_{Ed1b} + N_{Ed2} \times \frac{1}{1 - \dfrac{1}{\alpha_{cr}}} = 8\,404 + 1735 \times 1{,}123 = 8\,404 + 1948 = 10\,353 \text{ daN}$$

- Poteau de droite :

$$M_{1b} + M_{2\,\text{Amplifiés}} = -23342 + 16\,646 = -6\,650 \text{ daN.m}$$

$$N_{Ed} = N_{Ed1b} + N_{Ed2} \times \frac{1}{1 - \dfrac{1}{\alpha_{cr}}} = 16\,448 - 1\,735 \times 1{,}123 = 16\,448 - 2014 = 14\,500 \text{ daN}$$

Les poteaux de droite et de gauche étant identiques, seul le poteau de droite est à vérifier au flambement par flexion. Les deux poteaux sont à vérifier en tant que barres uniformes fléchies et comprimées (cf. chapitre 9). Pour la résistance des sections, on peut se limiter à vérifier le poteau de gauche car il supporte un moment important.

On peut prendre comme longueur de flambement : $\ell_{cr} = \ell_0 = 7500$ mm ou mieux, la longueur de flambement dans un mode à nœuds fixes calculée en tenant compte de la rigidité de la traverse, soit :

$$\ell_{cr} = \ell_0 \left[0{,}5 + 0{,}14\,(1 + 0{,}405) + 0{,}055 (1 + 0{,}405)^2 \right] = \ell_0 \times 0{,}805 = 6{,}04 \text{ m}$$

Par ailleurs, il est rappelé que pour la vérification des barres et assemblages, il faut amplifier les moments de déformation latérale de la manière suivante :

$$M_{1b} + M_2 \frac{1}{1-\frac{1}{\alpha_{cr}}}.$$

soit :

- Nœud de gauche :

$$M_{1b} + M_2 \frac{1}{1-\frac{1}{\alpha_{cr}}} = -17\,096 - 16\,368 \times 1{,}123$$

$$= -17\,096 - 18\,381 = -35\,477 \text{ daN.m}$$

- Nœud de droite

$$M_{1b} + M_{2\,\text{Amplifié}} = -23\,342 + 16\,646 = -6\,650 \text{ daN.m}$$

Pour la traverse :

- Nœud de gauche : $M = 35\,477$ daN.m.
- Nœud de droite : $M = -\,6\,650$ daN.m.

6.6.6.3 Deuxième démarche

1. Comme indiqué précédemment, il convient de considérer l'état 0 de départ, (figure 6.47), effectuer l'analyse au premier ordre sans imperfection et déterminer M_{Ed0}, N_{Ed0} et V_{Ed0} (figure 6.48).

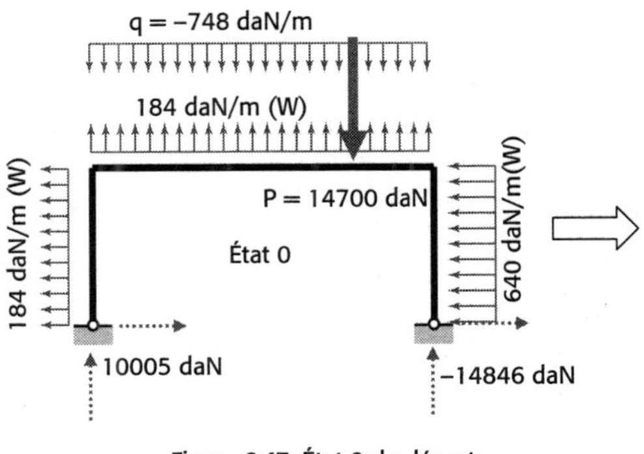

Figure 6.47 État 0 de départ

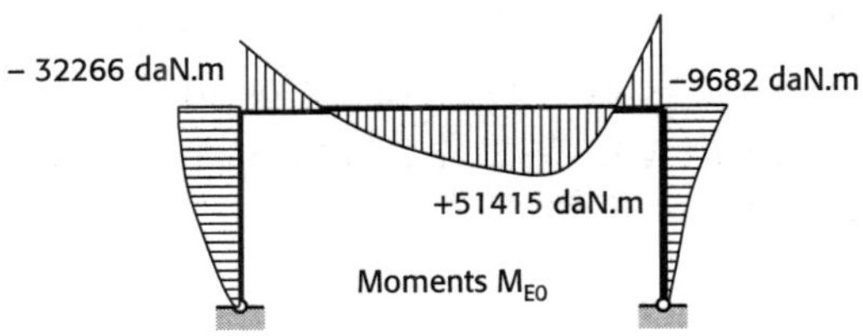

Figure 6.48 Diagramme des moments de l'état 0

2. Sollicitations pour les vérifications réglementaires

Les poteaux sont là encore inégalement chargés au point de vue du moment et de l'effort normal.

- Poteau de gauche : $M_{Ed} = 32\,266$ daN.m

  $N_{Ed} = 10\,005$ daN
- Poteau de droite : $M_{Ed} = -9\,682$ daN.m.

  $N_{Ed} = 14\,846$ daN

Dans les deux cas, on doit prendre la longueur de flambement calculée précédemment, dans un mode *à nœuds déplaçables,* $\ell_{cr} = \ell_0 = 17\,775$ mm.

Moments amplifiés pour vérifier la traverse :

- Nœud de gauche : $M = 36\,235$ daN.m.
- Nœud de droite : $M = -10\,873$ daN.m.

6.7 Références bibliographiques

[1] APK – *Manuel de Construction Métallique. Extraits des Eurocode à l'usage des étudiants*, Eyrolles, AFNOR, 2012.

[2] ENV 1993-1-1 – Eurocode 3 et Document d'application nationale - Calcul des structures en acier. Partie 1-1 : Règles générales et règles pour les bâtiments en acier. Partie 1-1 : Règles générales et règles pour les bâtiments. P 22-311-0, Eyrolles 1996.

[3] APK. Volume 1 de l'ouvrage collectif « Construction Métallique et Mixte Acier-Béton, Eyrolles 1996.

[4] SSEDTA. Introduction à l'Eurocode 3, Les Cahiers de l'APK, CD n°29, APK, 2001.

[5] ESDEP - Méthodes d'analyse des ossatures à nœuds rigides, Leçon 14.14, Les Cahiers de l'APK, CD n°23, APK. 1999.

[6] M. HIRT, M. CRISINEL, Traité de Génie civil de l'École Polytechnique de Lausanne, Volume 11 Presses polytechniques et universitaires romandes, 2001.

[7] P. MAÎTRE, Formulaire de la Construction métallique, Le Moniteur, 1997.

[8] P. CHILLON, M. KERGUIGNAS, Résistance des matériaux, Dunod, 1969.

[9] M. BRAHAM, E. LASCROMPES, Revue Construction Métallique, n° 4, 1992.

[10] Y. GALEA, A. BUREAU, *Choix de l'analyse globale des ossatures en acier.* Guide Eurocode. Éditions CSTB. 2011.

CHAPITRE 7

Classification des sections transversales

Résumé

Un élément de plaque mince comprimée, tel qu'une âme ou une semelle de section, peut subir un voilement bien avant d'atteindre sa limite d'élasticité. Ce voilement local peut limiter la résistance globale d'une section transversale en l'empêchant de développer sa pleine résistance plastique ou même élastique.

La notion de classe de section permet de quantifier ce phénomène en fonction de l'élancement (rapport de la largeur sur l'épaisseur) des parois comprimées d'une section. Le chapitre 5.5 de l'EN 1993-1-1 définit ainsi quatre classes de sections, correspondant à leur plus ou moins grande capacité à développer une résistance plastique. Cette classification repose sur l'élancement des parois et sur le diagramme des contraintes de compression sur la section selon la limite d'élasticité de l'acier.

7.1 Influence du voilement local sur la résistance des sections

La quasi-totalité des sections utilisées en construction métallique peut être considérée comme un assemblage d'un certain nombre de parois planes dont chacune est délimitée soit par une autre paroi soit par un bord libre.

On distingue ainsi (figure 7.1) :

- les parois en console, qui possèdent un bord libre,
- les parois internes, dont les deux bords sont liés à une autre paroi.

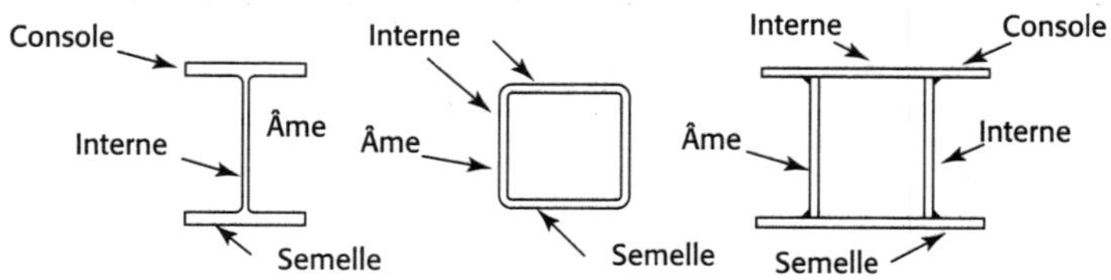

Figure 7.1 Parois internes et parois en console

L'élancement géométrique des parois des sections usuelles, c'est-à-dire le rapport de leur largeur sur leur épaisseur, varie dans des proportions très importantes. Lorsqu'elles sont sollicitées en compression, leur résistance au voilement local dépend directement de leur élancement, qui régit donc le niveau de résistance globale de la section, ainsi que la répartition des contraintes normales. La ruine intervient en effet de façon quasi systématique par un phénomène d'instabilité, assimilable à un flambement, dans la direction normale à la paroi, des fibres longitudinales les moins bien maintenues par le ou les bords appuyés : c'est le voilement local de compression.

7.2 Définition des classes de sections transversales

L'Eurocode 3 définit quatre classes de sections transversales, le classement d'une section transversale dépendant de l'élancement de ses parois et de la distribution des contraintes de compression.

Les sections transversales de Classe 1 sont celles dans lesquelles peuvent former une rotule plastique possédant la capacité de rotation exigée pour l'analyse plastique.

Les sections transversales de Classe 2 sont celles qui, bien qu'elles soient capables de développer un moment plastique, ont une capacité de rotation limitée et ne conviennent donc pas pour les structures analysées par une analyse plastique.

Les sections transversales de Classe 3 sont celles où la contrainte calculée dans la fibre comprimée extrême peut atteindre la limite d'élasticité, mais pour lesquelles le voilement local empêche le développement du moment de résistance plastique.

Les sections transversales de Classe 4 sont celles où le voilement local limite le moment résistant (ou la résistance à la compression pour les éléments sous charges normales). Une prise en compte explicite des effets du voilement local est nécessaire.

Le tableau 7.1 résume les classes en fonction du comportement et du moment résistant.

Tableau 7.1 Classification des sections transversales en fonction du comportement et du moment résistant

Modèle de comportement	Moment résistant	Classe
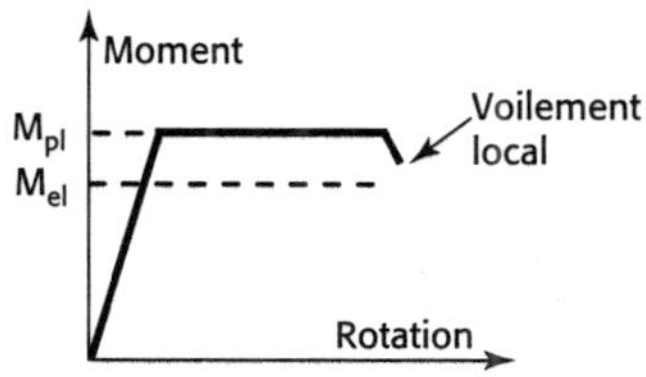	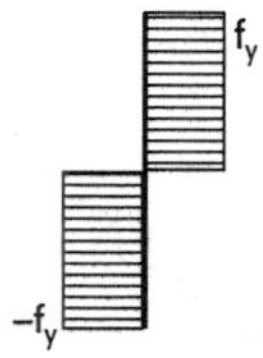 Plastique sur section brute	1
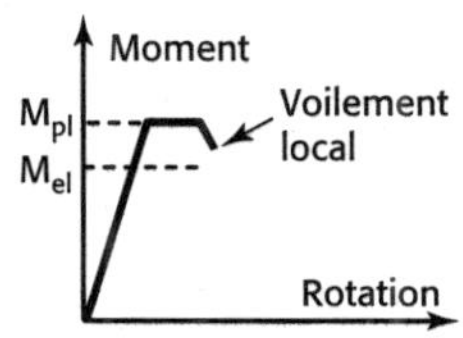	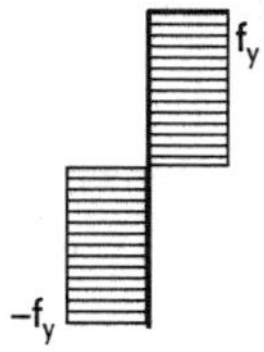 Plastique sur section brute ou élastique sur section brute suivant capacité de rotation	2
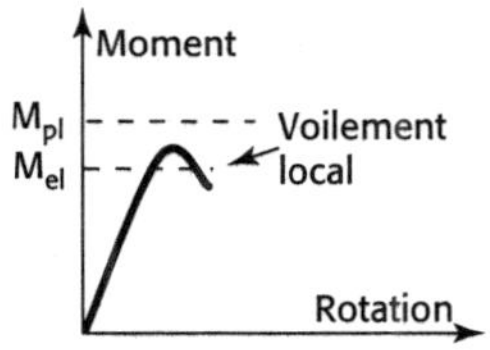	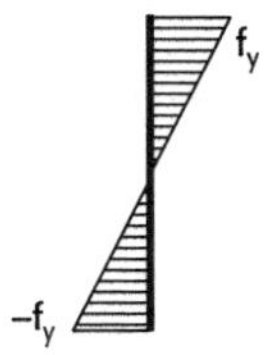 Élastique sur section brute	3
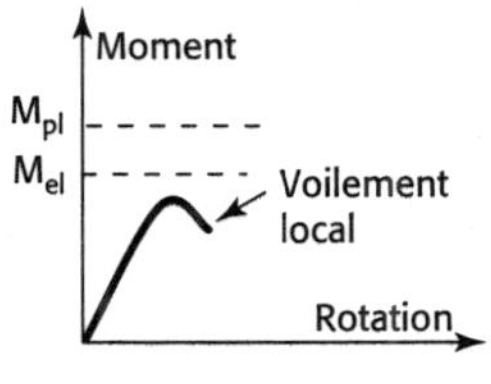	 Élastique sur section efficace	4

7.3 Résistance d'une paroi au voilement local

Une paroi de section sous effort normal de compression peut être assimilée à une plaque rectangulaire mince (figure 7.2).

La contrainte de voilement critique élastique de cette paroi soumise à des efforts de compression exercés sur ses petits côtés est donnée par :

$$\sigma_{cr} = \frac{k_\sigma \cdot \pi^2 \cdot E}{12\left(1-\nu^2\right)} \cdot \left(\frac{t}{b}\right)^2 \tag{7.1}$$

où :

- k_σ représente le coefficient de voilement de la plaque qui prend en compte les conditions d'appui aux bords et la distribution des contraintes.

- ν est le coefficient de Poisson ($\nu = 0,3$ pour l'acier).
- E est le module de Young (E = 210000 MPa pour l'acier).

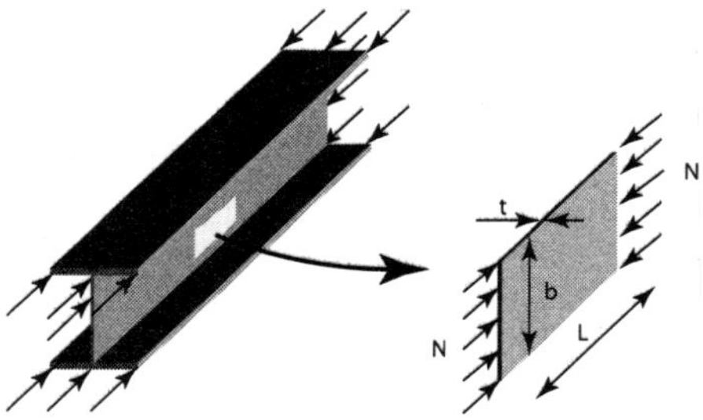

Figure 7.2 Assimilation d'une paroi de section comprimée à une plaque mince rectangulaire librement appuyée sur ses quatre côtés et soumise à un effort normal de compression

La quantité $\left(\frac{b}{t}\right)$ peut ici être assimilée à l'élancement de la plaque, par analogie avec l'élancement $\lambda = \left(\frac{L}{i}\right)$ d'une barre comprimée.

Les profils ouverts comportent un certain nombre de parois qui sont libres le long d'un bord longitudinal et dont la longueur est très supérieure à la largeur (semelles des profilés en I ou en H par exemple).

Pour ces parois en console, la valeur du coefficient de voilement peut être estimée par $k_\sigma = 0,425 + \left(\frac{b}{L}\right)^2$ et tend donc vers $k_\sigma = 0,425$.

Pour que ce type de paroi puisse atteindre la limite d'élasticité sans subir de phénomène de voilement local, il faut avoir : $\sigma_{cr} = \frac{k_\sigma \cdot \pi^2 \cdot E}{12\left(1-\nu^2\right)}\left(\frac{t}{b}\right)^2 \geq f_y$,

c'est-à-dire : $$\left(\frac{b}{t}\right) \leq 0,95\sqrt{k_\sigma \cdot E \cdot f_y}$$

La valeur du coefficient de voilement k_σ pour des élancements élevés est donnée dans le tableau 7.2.

Le comportement élastique-plastique d'une plaque parfaitement plane soumise à une compression uniforme peut alors être représenté à l'aide d'un diagramme « Charge ultime normalisée – Élancement réduit », pour lequel la charge ultime normalisée $\overline{N_p}$ et l'élancement réduit $\overline{\lambda_p}$ de la paroi sont donnés par :

$$\overline{N}_p = \frac{\sigma_{ult}}{f_y} \text{ et } \overline{\lambda}_p = \sqrt{\frac{f_y}{\sigma_{crit}}}$$

En remplaçant σ_{crit} par son expression (7.1) et f_y par $\frac{235}{\varepsilon^2}$ (de façon à étendre la validité du calcul à toutes les nuances d'acier) on obtient alors :

Tableau 7.2 Coefficient de voilement k_σ en fonction de la distribution de la contrainte normale

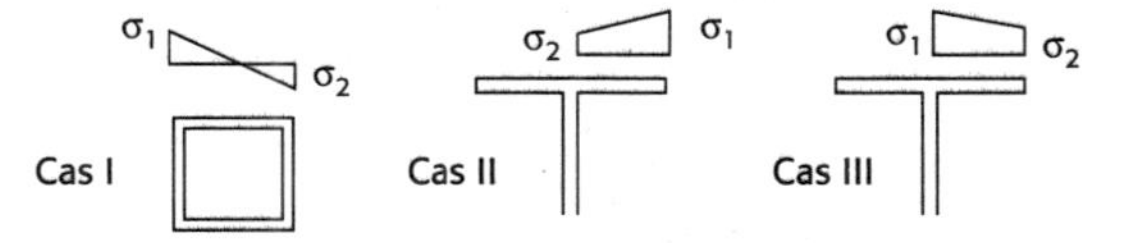

σ_1 : Contrainte maximale de compression (positive)

$\psi = \dfrac{\sigma_2}{\sigma_1}$	$1 \geq \psi \geq 0$	$0 \geq \psi \geq -1$
Cas I : Paroi interne	$\dfrac{8,02}{1,05+\psi}$	$7,81+6,29\psi+9,78\psi^2$
Cas II : Paroi en console	$0,57-0,21\psi+0,07\psi^2$	$0,57-0,21\psi+0,07\psi^2$
Cas III : Paroi en console	$\dfrac{0,578}{0,34+\psi}$	$1,7-5\psi+17,1\psi^2$

$$\bar{\lambda}_p = \sqrt{\frac{f_y}{\sigma_{crit}}} = \sqrt{\frac{235 \times 12\left(1-\nu^2\right)}{\varepsilon^2 \cdot k_\sigma \cdot \pi^2 \cdot E}\left(\frac{\bar{b}}{t}\right)^2} = \frac{\bar{b}/t}{28,4\,\varepsilon\,\sqrt{k_\sigma}} \qquad (7.2)$$

où $\bar{b}$ représente la largeur appropriée pour le type de paroi et le type de section transversale. La figure 7.3 représente le diagramme : $\bar{N}_p = f(\bar{\lambda}_p)$

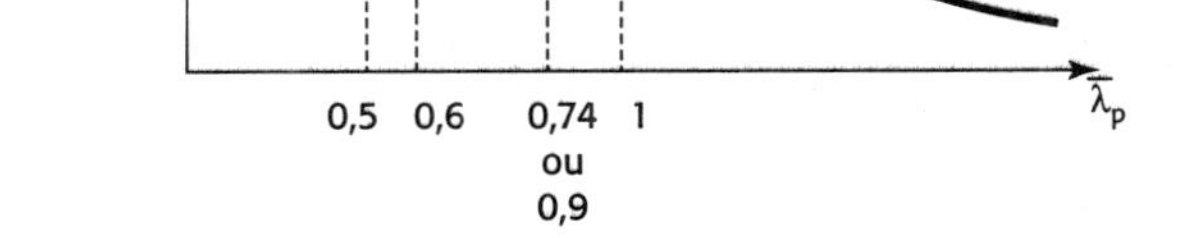

Figure 7.3 Diagramme de la contrainte ultime normalisée en fonction de l'élancement réduit

Si l'élancement réduit de la paroi est inférieur à 1, il n'y a pas de phénomène de voilement local, et la paroi peut développer sa pleine résistance plastique.

Si l'élancement réduit est supérieur à 1, la résistance de la plaque est limitée par l'apparition d'un voilement local, et on a alors : $N_p = \dfrac{\sigma_{ult}}{f_y} = \dfrac{\sigma_{crit}}{f_y} = \dfrac{1}{\bar{\lambda}_p^2}$

Cette approche purement théorique doit cependant être modulée par le fait que les parois des profils ne sont en réalité jamais parfaitement planes et que le comportement de l'acier n'est jamais exactement élastique-parfaitement plastique (il subit un écrouissage).

Il convient donc de minorer les valeurs de l'élancement réduit $\bar{\lambda}_p$ afin de retarder l'apparition du voilement local jusqu'à ce que la nécessaire distribution des contraintes dans la section (plastification au niveau de la fibre extrême ou distribution plastique sur la section entière) ait été atteinte.

L'Eurocode 3 utilise donc des élancements réduits de parois comme limites pour les classifications de section :

- **Paroi de Classe 1 :** $\bar{\lambda}_p < 0,5$
- **Paroi de Classe 2 :** $0,5 \leq \bar{\lambda}_p < 0,6$
- **Paroi de Classe 3 :** $0,6 \leq \bar{\lambda}_p < 0,9$ pour les parois sous gradient de contrainte et $0,6 \leq \bar{\lambda}_p < 0,74$ pour les parois totalement comprimées.

On peut ainsi, en substituant les valeurs appropriées de k_σ et de $\bar{\lambda}_p$ pour chaque classe dans l'expression (7.2), obtenir les valeurs des élancements de paroi limites pour chaque classe. Par exemple, pour une semelle entièrement comprimée, le facteur de voilement vaut $k_\sigma = 0,43$, de sorte que l'élancement limite pour la Classe 1 est donné par : $\bar{\lambda}_p = \dfrac{c / t_f}{28,42 \cdot \varepsilon \cdot \sqrt{k_\sigma}} < 0,5$,

soit $\dfrac{c}{t_f} < 0,5 \times 28,42 \times \varepsilon \sqrt{0,43} = 9,32\ \varepsilon$, arrondi à 10 ε.

Les tableaux 7.6 à 7.8 sont des extraits de l'Eurocode 3 donnant les élancements limites pour les parois comprimées de Classe 1 à 3.

Lorsque l'une quelconque des parois comprimées d'une section ne satisfait pas les critères d'appartenance à l'une de ces trois classes, la totalité de la section est considérée en Classe 4 (communément appelée « section élancée »), et il convient de prendre en compte le voilement local dans le calcul en utilisant une section transversale efficace en remplacement de la section brute.

7.4 Principes de classification

Toutes les parois d'une section transversale doivent être classées en fonction des critères d'élancement donnés dans le tableau 5.2 de l'Eurocode 3.

Une paroi qui ne respecte pas les critères d'appartenance à l'une des trois premières classes appartient à la Classe 4.

Une section transversale appartient à la classe de sa paroi de classe la plus élevée.

Une section transversale ne peut être classée que pour une répartition des contraintes normales donnée, donc pour un type de sollicitation donné.

Il convient de vérifier l'appartenance d'une paroi à une classe en commençant par les critères de la classe la plus basse.

7.5 Classification des âmes en flexion composée

Le classement des âmes en flexion composée est guidé par les paramètres d'élancement des parois, mais également par la distribution de la contrainte normale sur la section. Cette distribution est caractérisée par le positionnement de la fibre neutre, qui définit la frontière entre la zone comprimée et la zone tendue.

7.5.1 Âmes de Classe 1 ou 2 en flexion composée

Cas général

Pour ces parois, la distribution de contrainte est de type plastique, et la position de la fibre neutre est définie par le facteur α tel qu'indiqué sur la figure 7.4, tirée du tableau 5.2 de l'Eurocode 3.

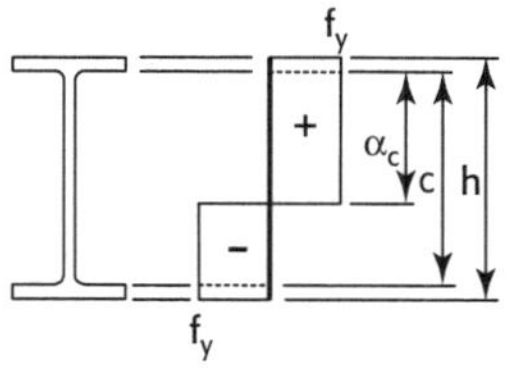

Figure 7.4 Distribution plastique de la contrainte normale sur une âme en flexion composée.

Sur cette figure, la partie comprimée est notée positivement.

Cas des profilés en I ou en H présentant des axes de symétrie

Pour ce type de profilés, les semelles tendues et comprimées sont identiques, de sorte que la somme algébrique des efforts normaux $N_{semelle}$ qui leur sont appliqués est nulle (voir figure 7.5).

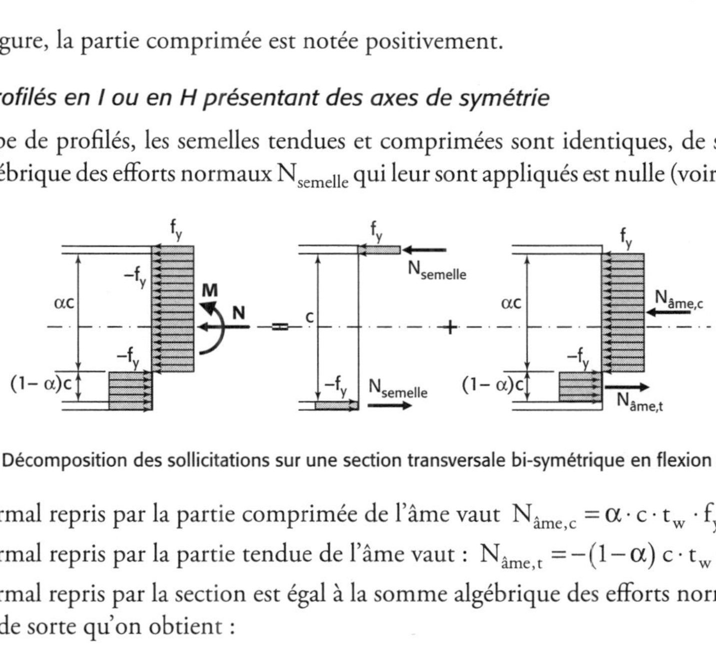

Figure 7.5 Décomposition des sollicitations sur une section transversale bi-symétrique en flexion composée.

L'effort normal repris par la partie comprimée de l'âme vaut $N_{\text{âme,c}} = \alpha \cdot c \cdot t_w \cdot f_y$

L'effort normal repris par la partie tendue de l'âme vaut : $N_{\text{âme,t}} = -(1-\alpha)\, c \cdot t_w \cdot f_y$

L'effort normal repris par la section est égal à la somme algébrique des efforts normaux repris par l'âme, de sorte qu'on obtient :

$$N = N_{\text{âme,c}} + N_{\text{âme,t}} = \alpha \cdot c \cdot t_w \cdot f_y - (1-\alpha) \cdot c \cdot t_w \cdot f_y = (2\alpha - 1) \cdot c \cdot t_w \cdot f_y$$

c'est-à-dire

$$\alpha = \frac{1}{2}\left[1 + \frac{N}{c \cdot t_w \cdot f_y}\right] \qquad (7.3)$$

L'effort normal de compression N est noté positivement.

7.5.2 Âmes de Classe 3 ou 4 en flexion composée

Cas général

Les parois internes qui ne respectent pas les critères d'appartenance aux Classes 1 ou 2, ne peuvent, par définition, développer leur résistance plastique, de sorte qu'il convient d'adopter un schéma de distribution élastique de la contrainte normale, pour lequel la position de la fibre neutre est caractérisée par le facteur ψ comme indiqué sur la figure 7.6, tirée du tableau 5.2 de l'Eurocode 3. Sur cette figure, la zone comprimée est notée positivement.

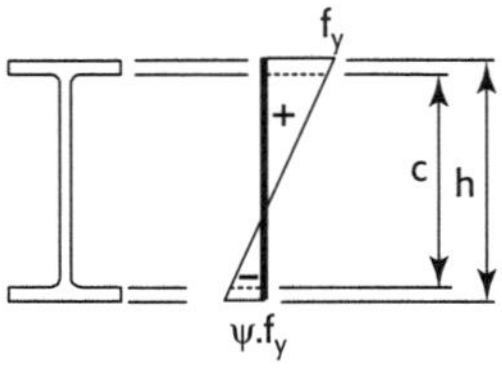

Figure 7.6 Distribution élastique de la contrainte normale sur une âme en flexion composée

Cas des profilés en I ou en H présentant deux axes de symétrie

En phase élastique, la contrainte normale est égale à la somme d'une contrainte σ_M due au moment de flexion et d'une contrainte $\sigma_N = \dfrac{N}{A}$ due à l'effort normal.

En reprenant les notations de la figure 7.6, on peut donc écrire :

$$f_y = \sigma_N + \sigma_M \quad \text{et} \quad \psi \cdot f_y = \sigma_N - \sigma_M$$

Ce qui, par sommation, donne :

$$(1+\psi) \cdot f_y = 2\,\sigma_N = 2\,\frac{N}{A}$$

soit finalement :

$$\psi = \frac{2\,N}{A \cdot f_y} - 1 \tag{7.4}$$

7.5.3 Exemple d'application

7.5.3.1 Calcul des classes d'un IPE 600, S 235, sous M_y, M_z et N

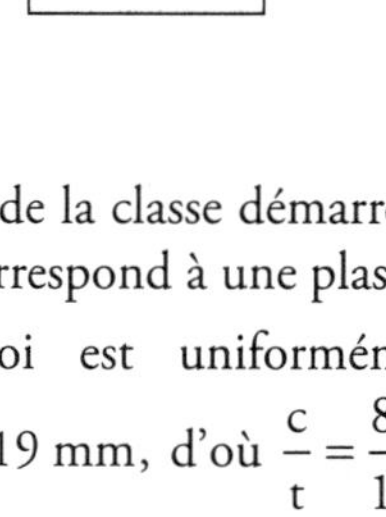

Classification sous M_y

Comme indiqué ci-dessus, le calcul de la classe démarre par la recherche de la classe la plus faible, donc de la Classe 1, ce qui correspond à une plastification totale de la paroi.

Classe de la semelle. Cette paroi est uniformément comprimée. Nous avons : $c = \dfrac{220-12}{2} - 24 = 80$ mm et $t_f = 19$ mm, d'où $\dfrac{c}{t} = \dfrac{80}{19} = 4{,}2 < 9 \cdot \varepsilon$ (avec $\varepsilon = \sqrt{\dfrac{235}{f_y}} = 1$).

La semelle est donc de Classe 1.

Classe de l'âme. Cette paroi est fléchie et totalement plastifiée. Nous avons, pour l'âme : $c = 514$ mm et $t_w = 12$ mm, d'où $\frac{c}{t} = \frac{514}{12} = 42,83 < 72 \cdot \varepsilon$. L'âme est donc de Classe 1.

Classe de la section sous M_y :

Un IPE 600 en acier S 235 est globalement de Classe 1 sous l'action d'un moment selon l'axe de grande inertie.

Classification sous M_z

Classe de la paroi de semelle uniformément comprimée. On retrouve le cas ci-dessus : semelle de Classe 1

Classe de l'âme :

Sous M_z, l'âme est fléchie dans la direction de l'axe y. A la limite, compte tenu de la répartition des contraintes normales, elle se comporte comme une paroi d'épaisseur égale à la hauteur d'âme et de hauteur égale à l'épaisseur d'âme. L'âme peut alors être considérée comme de Classe 1

Classe de la section sous M_z :

Un IPE 600 en acier S 235 est globalement de Classe 1 sous l'action d'un moment selon l'axe de petite inertie.

Classification sous N

Classe des semelles uniformément comprimées. On retrouve le cas ci-dessus : semelle de Classe 1

Classe de l'âme, uniformément comprimée : $\frac{c}{t} = 42,83 < 42 \cdot \varepsilon$. L'âme est donc de Classe 4

Classe de la section sous N *:*

Un IPE 600 en acier S 235 est globalement de Classe 4 sous l'action d'un effort de compression..

7.5.3.2 Classes des profilés courants du commerce sous M_y, M_z, N

Des calculs identiques peuvent être effectués Pour les nuances courantes d'acier, en prenant en compte le coefficient $\varepsilon = \sqrt{\frac{235}{f_y}} = 1$. Les résultats sont indiqués dans les tableaux A.7.1 à A.7.3 de l'Annexe.

7.5.3.3 Profilé IPE 600 en flexion composée

Soit un profilé IPE 600 de nuance S 235 en flexion composée avec un effort normal de compression de 1200 kN

Classification de la semelle comprimée

$$\frac{c}{t} = \frac{80}{19} = 4,21 < 9 \cdot \varepsilon = 9 \text{ : semelle de Classe 1}$$

Classification de l'âme fléchie et comprimée

On commence par faire l'hypothèse que la paroi est de Classe 1 ou 2 et que la distribution de la contrainte normale est de type plastique.

Avec cette hypothèse, la position de la fibre neutre est donnée par la relation (7.3) :

$$\alpha = \frac{1}{2}\left[1+\frac{N}{c \cdot t_w \cdot f_y}\right] = \frac{1}{2}\left[1+\frac{1200.10^3}{514 \times 12 \times 235}\right] = 0,914$$

On est donc dans le cas $\alpha > 0,5$, ce qui est cohérent avec l'hypothèse d'une section comprimée, mais on constate qu'on a par ailleurs :

$$\frac{c}{t_w} = \frac{514}{12} = 42,8 > \frac{456\,\varepsilon}{13 \times \alpha - 1} = 41,9$$

La paroi ne respecte donc pas le critère d'appartenance à la Classe 2, de sorte que l'hypothèse d'une distribution plastique doit être abandonnée et qu'il convient d'adopter un schéma de distribution élastique, pour lequel on a, selon l'expression (7.4) :

$$\psi = \frac{2\,N}{A \cdot f_y} - 1 = \frac{2 \times 1200.10^3}{156.10^2 \times 235} - 1 = -0,345 > -1$$

On constate alors qu'on vérifie bien la condition :

$$\frac{c}{t_w} = \frac{514}{12} = 42,8 < \frac{42\,\varepsilon}{0,67 + 0,33\,\psi} = 75,5 \text{ : âme de Classe 3}$$

La section est donc globalement de Classe 3.

7.6 Propriétés efficaces des sections de Classe 4

7.6.1 Principes de calcul des propriétés efficaces des sections de Classe 4

Une section transversale de Classe 4 peut être assimilée à une section transversale égale à la section brute diminuée de l'aire des « trous » sujets au voilement local, puis calculée de façon similaire aux sections de Classe 3 au moyen d'une résistance de section transversale élastique limitée par l'atteinte de la limite élastique sur la fibre extrême.

On peut calculer les largeurs efficaces des éléments comprimés au moyen d'un coefficient de réduction ρ qui dépend de l'élancement réduit des parois :

$$\rho = \frac{\overline{\lambda}_p - 0,055\,(3+\psi)}{\overline{\lambda}_p^2} \qquad (7.5)$$

où ψ caractérise la répartition de la contrainte de compression sur la paroi (voir tableaux 7.3 et 7.4).

Ce coefficient de réduction peut alors être appliqué à une paroi interne ou en console, comme indiqué dans les tableaux 7.3 et 7.4, tirés des tableaux 5.3.2 et 5.3.3 de l'Eurocode 3.

Le tableau 7.5 montre des exemples de sections transversales efficaces pour des parois comprimées ou fléchies.

L'axe moyen de la section transversale efficace peut être différent de celui de la section transversale brute. Pour une paroi fléchie, cet excentrement est pris en compte lors du calcul des caractéristiques géométriques de la section efficace. Pour une paroi soumise à un effort

Tableau 7.3 Largeurs efficaces des parois comprimées en console (feuille 1/2)

Distribution des contraintes (compression positive)	**Largeur efficace b_{eff}**
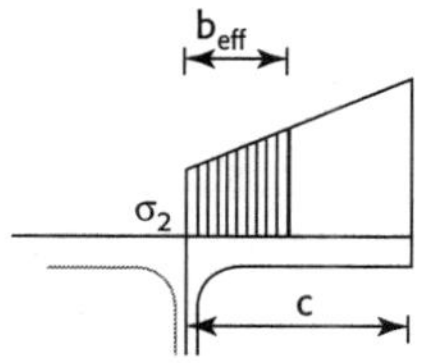	$1 > \psi \geq 0$ $b_{eff} = \rho \cdot c$
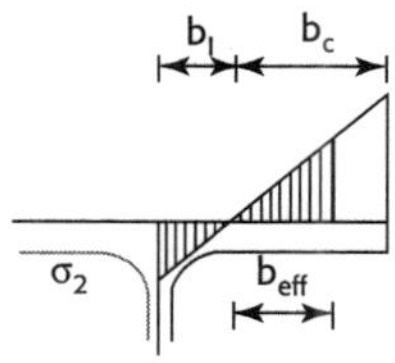	$\psi < 0$ $b_{eff} = \rho \cdot b_c = \rho \cdot c / (1 - \psi)$

$\psi = \sigma_2 / \sigma_1$	1	$1 \geq \psi \geq -1$	−1
Coefficient k_σ	0,43	$0,57 - 0,21\,\psi + 0,07\,\psi^2$	0,85

Tableau 7.3 Largeurs efficaces des parois comprimées en console (feuille 2/2)

Distribution des contraintes (compression positive)	**Largeur efficace b_{eff}**
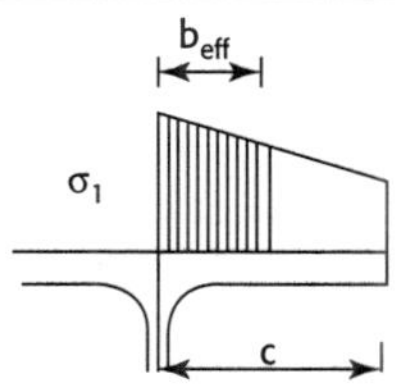	$1 > \psi \geq 0$ $b_{eff} = \rho \cdot c$
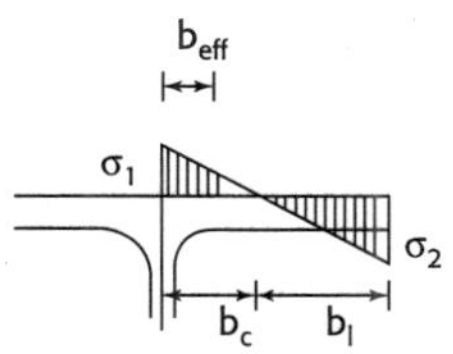	$\psi < 0$ $b_{eff} = \rho \cdot b_c = \dfrac{\rho \cdot c}{(1 - \psi)}$

$\psi = \sigma_2 / \sigma_1$	1	$1 > \psi > 0$	0	$0 > \psi > -1$	−1
Coefficient de voilement k_σ	0,43	$\dfrac{0,578}{0,34 + \psi}$	1,70	$1,7 - 5\,\psi + 17,1\,\psi^2$	23,8

Tableau 7.4 Largeurs efficaces des parois internes comprimées

<table>
<tr><th>Distribution des contraintes
(compression positive)</th><th>Largeur efficace b_{eff}</th></tr>
<tr><td>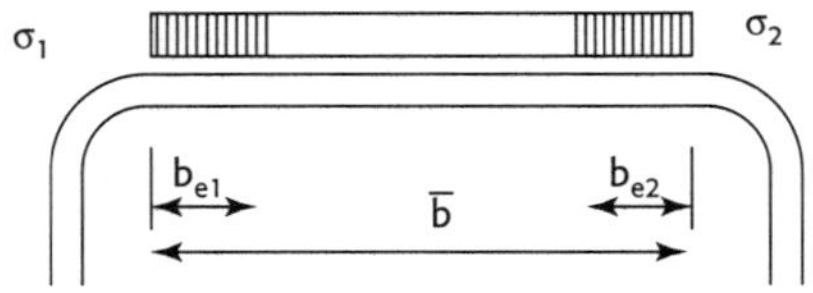
</td><td>$\psi = 1$
$\bar{b} = b - 3t$
$b_{eff} = \rho \bar{b}$
$b_{e1} = b_{e2} = 0{,}5\, b_{eff}$</td></tr>
<tr><td>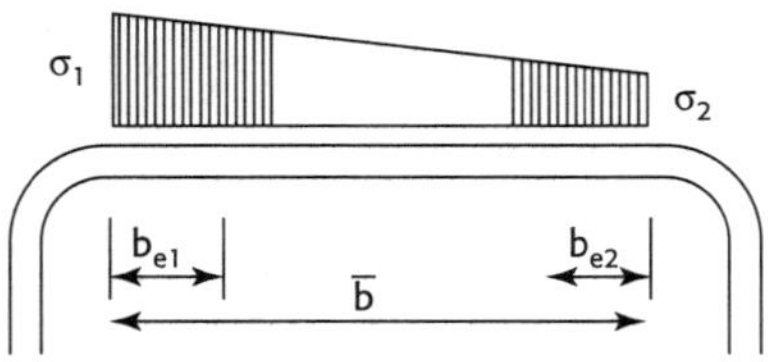
</td><td>$1 > \psi \geq 0$
$\bar{b} = b - 3t$
$b_{eff} = \rho \bar{b}$
$b_{e1} = \dfrac{2\, b_{eff}}{5 - \psi}$
$b_{e2} = b_{eff} - b_{e1}$</td></tr>
<tr><td>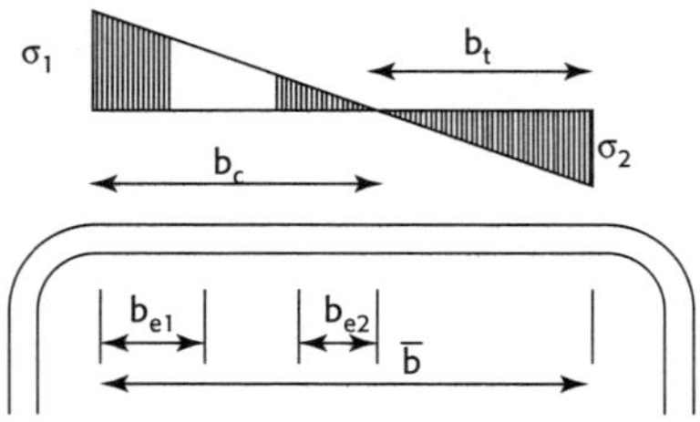
</td><td>$\psi < 0$
$\bar{b} = b - 3t$
$b_{eff} = \rho b_c = \rho \dfrac{\bar{b}}{(1 - \psi)}$
$b_{e1} = 0{,}4\, b_{eff}$
$b_{e2} = 0{,}6\, b_{eff}$</td></tr>
</table>

$\psi = \sigma_2 / \sigma_1$	$1 \geq \psi \geq 0$	$0 \geq \psi \geq -1$	$-1 \geq \psi \geq -2$
Coefficient k_σ	$\dfrac{8{,}2}{1{,}05 + \psi}$	$7{,}81 - 6{,}92\psi + 9{,}78\psi^2$	$5{,}98(1 - \psi)^2$

Illustré pour une section creuse RHS (profil creux rectangulaire). Pour d'autres profils, $\bar{b} = d$ pour les âmes et $\bar{b} = b$ pour les parois internes des semelles.

normal, cet excentrement génère un moment secondaire qu'il convient de prendre en compte dans le calcul de l'élément.

Le détail du calcul des propriétés efficaces d'une section de classe, pourra être avantageusement étudié sur les documents AccessSteel indiqués dans la bibliographie, librement consultables sur le site internet http ://www.access-steel.com.

Tableau 7.5 Sections de Classe 4 fléchies et comprimées

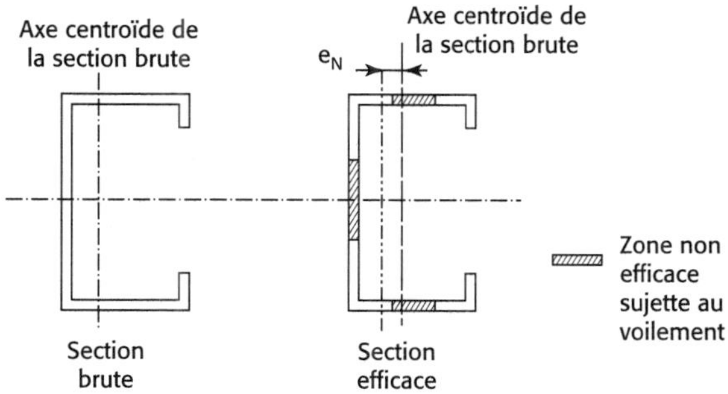

Section efficace vis-à-vis d'un effort normal

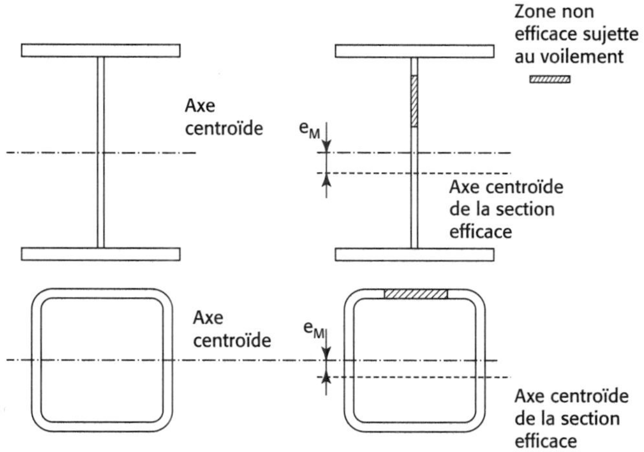

Section efficace vis-à-vis d'un moment fléchissant

7.6.2 Exemple d'application

Cet exemple concerne le calcul des propriétés de la section efficace en flexion d'un profilé en C à bords tombés formés à froid

Il est inspiré du document AccessSteel SX022a-FR-EU de décembre 2005 [1].

Il a pour objet de déterminer les propriétés de la section efficace en flexion du profilé décrit à la figure 7.7.

Le moment fléchissant a pour effet de comprimer la semelle supérieure et de tendre la semelle inférieure.

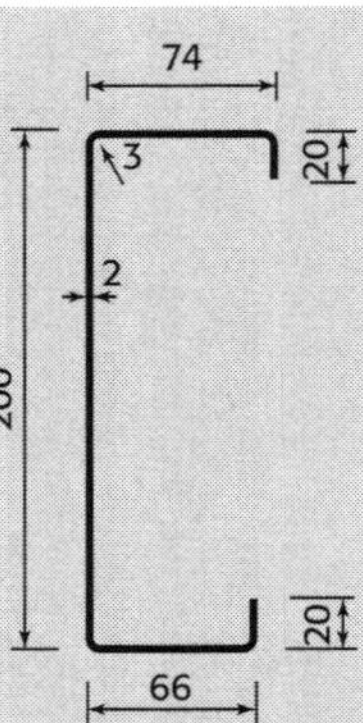

Figure 7.7 Géométrie du profilé

7.6.2.1 Propriétés de l'acier

- Limite d'élasticité : $f_y = 355$ MPa
- Module de Young : $E = 210000$ MPa
- Coefficient de Poisson : $\nu = 0,3$

7.6.2.2 Géométrie de la ligne médiane

- Hauteur de l'âme : $h_p = 200 - 2 = 198$ mm
- Largeur de la semelle comprimée : $b_{p1} = 74 - 2 = 72$ mm
- Largeur de la semelle tendue : $b_{p2} = 66 - 2 = 64$ mm
- Largeur du bord : $c_p = 20 - \frac{2}{2} = 19$ mm

7.6.2.3 Vérification des proportions géométriques

La méthode de calcul de l'EN 1993-1-3 est applicable si les trois conditions suivantes sont satisfaites (EN 1993-1-3 § 5.2) :

$$\frac{b}{t} \leq 60, \; \frac{c}{t} \leq 50 \text{ et } \frac{h}{t} \leq 500$$

Pour le présent exemple, nous avons bien :

$$\frac{b_{p1}}{t} = \frac{74}{2} = 37 < 60 \,;\; \frac{c_p}{t} = \frac{20}{2} = 10 < 50 \text{ et } \frac{h}{t} = \frac{200}{2} = 100 < 500$$

En outre, pour assurer une rigidité suffisante et pour éviter le flambement du raidisseur de bord, ses dimensions doivent être comprises entre les valeurs suivantes (EN 1993-1-3 § 5.1) : $0,2 \leq \frac{c}{b} \leq 0,6$.

Ici, cette condition est bien vérifiée car $\frac{c}{b_1} = \frac{20}{74} = 0,27$ et $\frac{c}{b_2} = \frac{20}{66} = 0,303$.

Enfin, l'influence des arrondis est négligée si $\frac{r}{t} \leq 5$ et $\frac{r}{b_p} \leq 0,1$ (EN 1993-1-3 § 5.1).

Nous avons ici $\frac{r}{t} = \frac{3}{2} = 1,5 < 5$ et $\begin{cases} \dfrac{r}{b_{p1}} = \dfrac{3}{72} = 0,04 < 0,1 \\ \dfrac{r}{b_{p2}} = \dfrac{3}{64} = 0,047 < 0,1 \end{cases}$

7.6.2.4 Propriétés de la section brute

$$A_{br} = t\left(2c_p + b_{p1} + b_{p2} + h_p\right) = 2\left(2\times 19 + 72 + 64 + 198\right) = 744 \text{ mm}^2$$

Position de l'axe centroïde vis-à-vis de l'axe de la semelle comprimée :

$$z_{b1} = \frac{t\left(c_p\left(h_p - c_p / 2\right) + b_{p2}\cdot h_p + h_p^2 / 2 + c_p^2 / 2\right)}{A_{br}}$$

$$z_{b1} = \frac{2\left(19\left(198 - 19/2\right) + 64\times 198 + 198^2/2 + 19^2/2\right)}{744} = 96,87 \text{ mm}$$

7.6.2.5 Propriétés de la section efficace de la semelle et du bord tombé comprimés

On applique la procédure générale (itérative) relative à un élément plan avec raidisseur de bord.

Cette procédure comporte trois étapes :

Première étape

Obtention d'une section transversale initiale pour le raidisseur en utilisant les largeurs efficaces de la semelle.

On considère pour cela :

- que la semelle comprimée est doublement soutenue,
- que le raidisseur confère un maintien total ($K = \infty$)
- que la résistance de calcul n'est pas réduite ($\sigma_{com,Ed} = f_y / \gamma_{M0}$)

– *Largeur efficace de la semelle comprimée (paroi interne comprimée)*

Sur la semelle comprimée, la contrainte de compression est uniforme : $\psi = 1$.

Coefficient de voilement : $k_\sigma = \dfrac{8,2}{1,05+\psi} = \dfrac{8,2}{2,05} = 4$

Élancement réduit : $\bar{\lambda}_p = \dfrac{b_{p1}/t}{28,42\,\varepsilon\sqrt{k_\sigma}} = \dfrac{72/2}{28,42\sqrt{235/355}\sqrt{4}} = 0,778$

Coefficient de réduction de la largeur : $\rho = \dfrac{\bar{\lambda}_p - 0,055\left(3+\psi\right)}{\bar{\lambda}_p^2} = \dfrac{0,778 - 0,22}{0,778^2} = 0,922$

Largeur efficace de la semelle comprimée : $b_{eff} = \rho\cdot b_{p1} = 0,922\times 72 = 66,4$ mm et $b_{e1} = b_{e2} = 0,5\, b_{eff} = 33,2$ mm

– *Largeur efficace du bord tombé (paroi en console comprimée)*

Il convient en premier lieu de déterminer la répartition de la contrainte de compression.

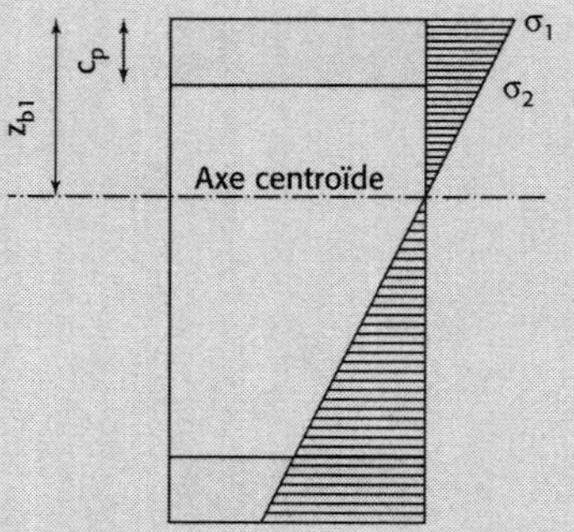

Figure 7.8 Répartition de la contrainte sur le bord tombé

$$\psi = \frac{\sigma_2}{\sigma_1} = \frac{z_{b1} - c_p}{z_{b1}} = \frac{96,87 - 19}{96,87} = 0,804$$

Coefficient de voilement : $k_\sigma = \dfrac{0,578}{0,34 + \psi} = \dfrac{0,578}{(0,34 + 0,804)} = 0,505$

Élancement réduit : $\bar{\lambda}_p = \dfrac{c_p / t}{28,42\,\varepsilon\sqrt{k_\sigma}} = \dfrac{19/2}{28,42\sqrt{235/355}\sqrt{0,505}} = 0,578$

Coefficient de réduction de la largeur :

$\rho = \dfrac{\bar{\lambda}_p - 0,055\,(3 + \psi)}{\bar{\lambda}_p^2} = \dfrac{0,578 - 0,209}{0,578^2} = 1,104 > 1$, de sorte qu'on doit prendre $\rho = 1$.

Largeur efficace du bord tombé : $c_{eff} = \rho \cdot c_p = 1 \times 19 = 19$ mm

Aire efficace du raidisseur de bord : $A_s = t\left(b_{e2} + c_{eff}\right) = 2 \times (33,2 + 19) = 104,4\ \text{mm}^2$

Deuxième étape

On détermine le coefficient de réduction à partir de la section efficace initiale du raidisseur, en tenant compte des effets du maintien élastique continu.

– *Contrainte critique de flambement élastique du raidisseur de bord*

$$\sigma_{cr,s} = 2\frac{\sqrt{K \cdot E \cdot I_s}}{A_s}, \text{ où}$$

K est la rigidité du support élastique par unité de longueur.

$$K = \frac{E \cdot t^3}{4\left(1 - \nu^2\right)} \cdot \frac{1}{b_1^2 \cdot h_p + b_1^3 + 0,5\, b_1 \cdot b_2 \cdot h_p \cdot k_f}$$

b_1 représente la distance entre la jonction âme-semelle et le centre de gravité de l'aire efficace du raidisseur de bord (semelle supérieure).

$$b_1 = b_{p1} - \frac{b_{e2} \cdot t \cdot b_{e2} / 2}{t\left(b_{e2} + c_{eff}\right)} = 72 - \frac{33,2 \times 2 \times 33,2 / 2}{2\,(33,2 + 19)} = 61,44\ \text{mm}$$

$k_f = 0$ pour une flexion autour de l'axe y

$$K = \frac{210000 \times 2^3}{4\left(1-0,3^2\right)} \cdot \frac{1}{61,44^2 \times 198 + 61,44^3} = 0,471 \text{ N/mm}$$

I_s est le moment d'inertie de la section efficace du raidisseur :

$$I_s = \frac{b_{e2} \cdot t^3}{12} + \frac{c_{eff}^3 \cdot t}{12} + \ldots$$

$$\ldots + b_{e2} \cdot t \left[\frac{c_{eff}^2}{2\left(b_{e2} + c_{eff}\right)}\right]^2 + c_{eff} \cdot t \left[\frac{c_{eff}}{2} - \frac{c_{eff}^2}{2\left(b_{e2} + c_{eff}\right)}\right]^2 = 3346 \text{ mm}^4$$

Ainsi, la contrainte critique de flambement élastique pour le raidisseur de bord vaut :

$$\sigma_{cr,s} = 2\frac{\sqrt{K \cdot E \cdot I_s}}{A_s} = 2\frac{\sqrt{0,471 \times 210000 \times 3346}}{104,4} = 348,51 \text{ N/mm}^2$$

– *Coefficient de réduction de l'épaisseur X_d pour le raidisseur de bord*

Élancement réduit : $\bar{\lambda}_p = \sqrt{\frac{f_y}{\sigma_{cr,s}}} = \sqrt{\frac{335}{348,51}} = 1,009$

Le coefficient de réduction sera (d'après EN 1993-1-3 § 5.5.3.1 (7)) :

- $\chi_d = 1,0$ si : $\bar{\lambda}_d \leq 0,65$
- $\chi_d = 1,47 - 0,723 \cdot \bar{\lambda}_d$ si : $0,65 \leq \bar{\lambda}_d \leq 1,38$
- $\chi_d = 0,66 / \bar{\lambda}_d$ si : $\bar{\lambda}_d \geq 1,38$

Soit, dans le cas présent $\chi_d = 1,47 - 0,723 \times 1,009 = 0,74$

Troisième étape

Étant donné que le coefficient χ_d de réduction pour le flambement du raidisseur est inférieur à 1, on doit procéder par itérations pour en affiner la valeur.

Les itérations sont exécutées sur la base des valeurs modifiées de ρ, lesquelles sont obtenues en utilisant :

$$\sigma_{com,Ed,i} = \frac{\chi_d \cdot f_y}{\gamma_{M0}} \quad \text{et :} \quad \bar{\lambda}_{p,red} = \bar{\lambda}_p \sqrt{\chi_d}$$

Le processus d'itération s'arrête lorsque la valeur de χ_d converge.

Valeurs initiales (première itération)	**Valeurs finales (4ème itération)**
· $\chi_d = 0,74$ · $b_{e2} = 33,2$ mm · $c_{eff} = 19$ mm	· $\chi_d = 0,722$ · $b_{e2} = 40,7$ mm · $c_{eff} = 19$ mm

Les valeurs finales des propriétés de la section efficace pour la semelle et le bord comprimé sont donc définies par :

- $\chi_d = 0,722$
- $b_{e2} = 40,7\text{mm}$
- $b_{e1} = 32,9 \text{ mm}$
- $t_{ed} = t \cdot \chi_d = 2 \times 0,722 = 1,44 \text{ mm}$

– *Propriétés de la section efficace de l'âme*

Position de l'axe neutre par rapport à la semelle comprimée :

$$h_c = \frac{c_p\left(h_p - c_p/2\right) + b_{p2} \cdot h_p + h_p^2/2 + c_{eff}^2 \cdot \chi_d/2}{c_p + b_{p2} + h_p + b_{e1} + \left(b_{e2} + c_{eff}\right)\chi_d} = 98,59 \text{ mm}$$

Rapport des contraintes : $\psi = \dfrac{h_c - h_p}{h_c} = \dfrac{98,59 - 198}{98,59} = -1,008 < -1$

Coefficient de flambement : $k_\sigma = 5,98\,(1-\psi)^2 = 5,98\,(1+1,008)^2 = 20,17$

Élancement réduit : $\overline{\lambda}_{p,h} = \dfrac{h_p/t}{28,42\,\varepsilon\sqrt{k_\sigma}} = \dfrac{198/2}{28,42\sqrt{235/355}\sqrt{20,17}} = 0,953$

Coefficient de réduction de la largeur :

$$\rho = \frac{\overline{\lambda}_{p,h} - 0,055\,(3+\psi)}{\overline{\lambda}_{p,h}^2} = \frac{0,953 - 0,055\,(3+1,008)}{0,953^2} = 0,928$$

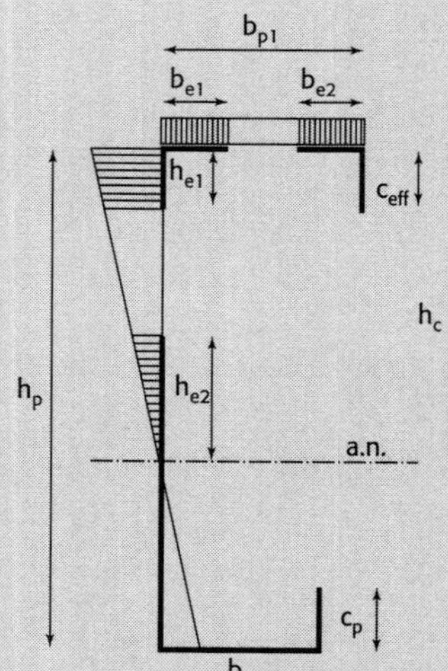

Figure 7.9 Répartition de la contrainte sur la section efficace

Largeur efficace de la zone comprimée de l'âme :

$$h_{eff} = \rho h_c = 0,928 \times 98,59 \text{ mm} = 91,53 \text{ mm}$$

À proximité de la semelle comprimée : $h_{e1} = 0,4\, h_{eff} = 0,4 \times 91,53 \text{ mm} = 36,61 \text{ mm}$

À proximité de l'axe neutre : $h_{e2} = 0,6\ h_{eff} = 0,6 \times 91,53\ mm = 54,92\ mm$

Largeur efficace de l'âme côté semelle comprimée : $h_1 = h_{e1} = 36,61\ mm$

Largeur efficace de l'âme côté semelle tendue :

$$h_2 = h_p - (h_c - h_{e2}) = 198 - (98,59 - 54,92) = 154,33\ mm$$

– *Propriétés de la section efficace*

Aire de la section transversale efficace :

$$A_{eff} = t \cdot \left[c_p + b_{p2} + h_1 + h_2 + b_{e1} + (b_{e2} + c_{eff})\,\chi_d \right]$$

$$A_{eff} = 2\left[19 + 64 + 36,61 + 154,33 + 32,9 + (40,7 + 19)\,0,722\right] = 699,9\ mm^2$$

Position de l'axe neutre par rapport à la semelle comprimée :

$$z_c = \frac{t\left[c_p\left(h_p - c_p/2\right) + b_{p2} \cdot h_p + h_2\left(h_p - h_2/2\right) + h_1^2/2 + c_{eff}^2 \cdot \chi_d/2\right]}{A_{eff}}$$

$$z_c = \frac{2\left[19\,(198 - 19/2) + 64 \times 198 + 154,33\,(198 - 154,33/2) + 36,61^2/2 + 19^2 \times 0,722/2\right]}{699,9}$$

$$z_c = 102,02\ mm$$

Position de l'axe neutre par rapport à la semelle tendue :

$$z_t = h_p - z_c = 198 - 102,02 = 95,98\ mm$$

Moment d'inertie :

$$I_{eff,y} = \frac{h_1^3 \cdot t}{12} + \frac{h_2^3 \cdot t}{12} + \frac{b_{p2} \cdot t^3}{12} + \frac{c_p^3 \cdot t}{12} + \frac{b_{e2}\,(\chi_d t)^3}{12} + \frac{c_{eff}^3\,(\chi_d t)}{12}$$
$$+ c_p \cdot t\left(z_t - c_p/2\right)^2 + b_{p2} \cdot t z_t^2 + h_2 \cdot t\left(z_t - h_2/2\right)^2 + h_1 \cdot t\left(z_c - h_1/2\right)^2$$
$$+ b_{e1} \cdot t z_c^2 + b_{e2}\,(\chi_d \cdot t)\,z_c^2 + c_{eff}\,(\chi_d \cdot t)\left(z_c - c_{eff}/2\right)^2$$

$$I_{eff,y} = 4\ 232\ 682\ mm^4$$

Module de résistance de la section efficace par rapport à la semelle comprimée :

$$W_{eff,y,c} = \frac{I_{eff,y}}{z_c} = \frac{4 \times 232 \times 682}{102,02} = 41\ 489\ mm^3$$

Module de résistance de la section efficace par rapport à la semelle tendue :

$$W_{eff,y,t} = \frac{I_{eff,y}}{z_t} = \frac{4 \times 232 \times 682}{95,98} = 44\ 100\ mm^3$$

7.7 Tableaux de classification de l'Eurocode 3

Les tableaux 7.6 à 7.8 qui suivent sont issus de l'Eurocode 3. Ils indiquent les limites d'élancements pour pouvoir déterminer les classes de sections transversales des parois comprimées.

Le premier (tableau 7.6) concerne les parois internes des sections (âmes des profils ouverts ou fermés, semelles des caissons). Le second (tableau 7.7) concerne les semelles ou parties de semelles en console. Le troisième enfin (tableau 7.8), les cornières et les sections tubulaires circulaires.

Tableau 7.6 Rapports largeur-épaisseur maximaux pour les parois comprimées

Parois comprimées internes

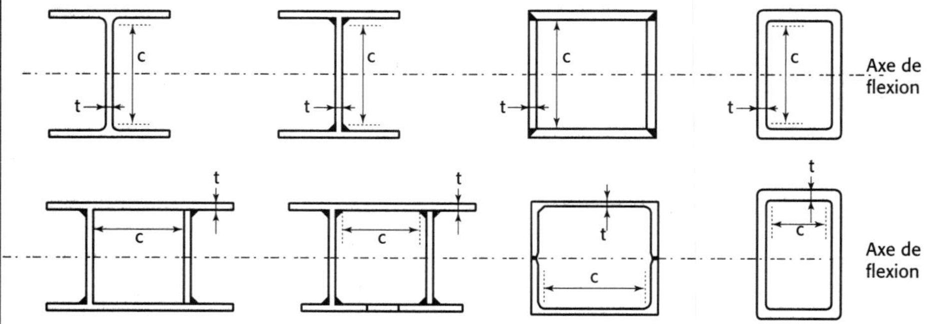

Classe	**Paroi flèche**	**Paroi comprimée**	**Paroi fléchie et comprimée**
Distribution des contraintes dans les parois (compression positive)	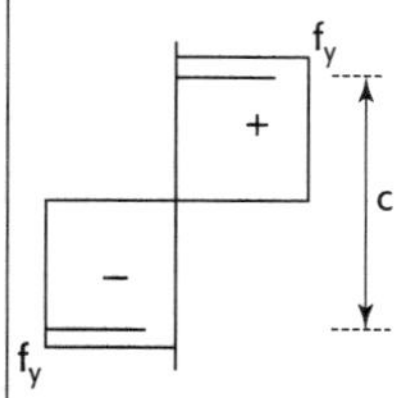	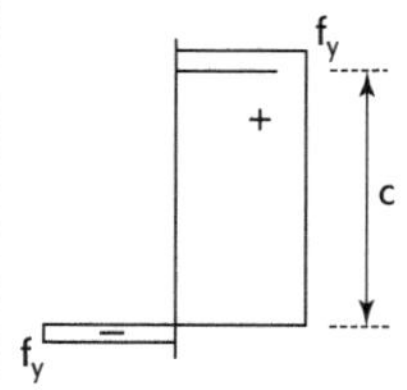	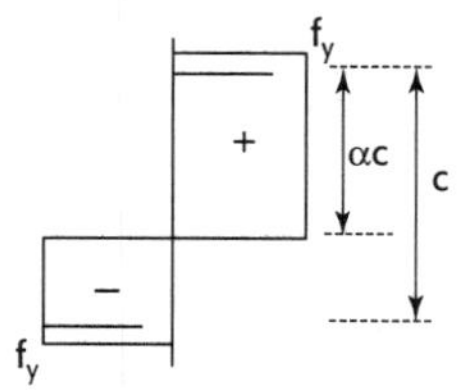
1	$c/t \leq 72\,\varepsilon$	$c/t \leq 33\,\varepsilon$	lorsque $\alpha > 0{,}5$: $c/t \leq \frac{396\,\varepsilon}{13\,\alpha - 1}$ lorsque $\alpha \leq 0{,}5$: $c/t \leq \frac{36\,\varepsilon}{\alpha}$
2	$c/t \leq 83\,\varepsilon$	$c/t \leq 38\,\varepsilon$	lorsque $\alpha > 0{,}5$: $c/t \leq \frac{456\,\varepsilon}{13\,\alpha - 1}$ lorsque $\alpha \leq 0{,}5$: $c/t \leq \frac{41{,}5\,\varepsilon}{\alpha}$
Distribution des contraintes dans les parois (compression positive)	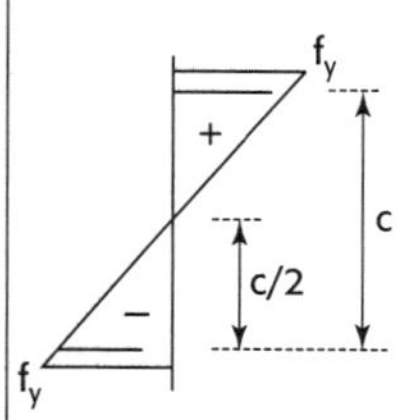	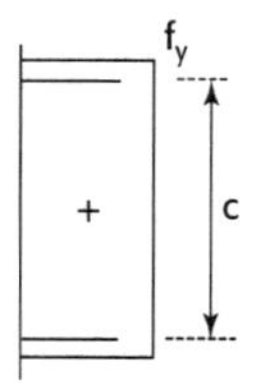	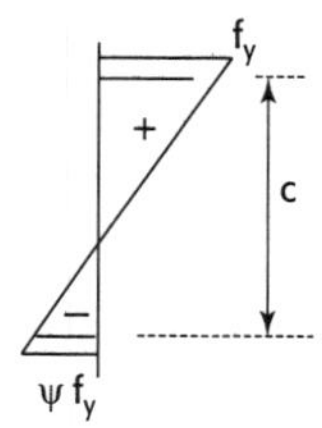
3	$c/t \leq 124\,\varepsilon$	$c/t \leq 42\,\varepsilon$	lorsque $\psi > -1$: $c/t \leq \frac{42\,\varepsilon}{0{,}67 + 0{,}33\,\psi}$ lorsque $\psi \leq -1$* : $c/t \leq 62\,\varepsilon\,(1-\psi)\sqrt{(-\psi)}$

$\varepsilon = \sqrt{235/f_y}$	f_y (MPa)	235	275	355	420	460
	ε	1,00	0,92	0,81	0,75	0,71

* $\psi \leq -1$ s'applique soit lorsque la contrainte de compression $\sigma < f_y$, soit lorsque la déformation de traction $\varepsilon_y > f_y/E$.

Tableau 7.7 Rapports largeur-épaisseur maximaux pour les parois comprimées

Semelles en console

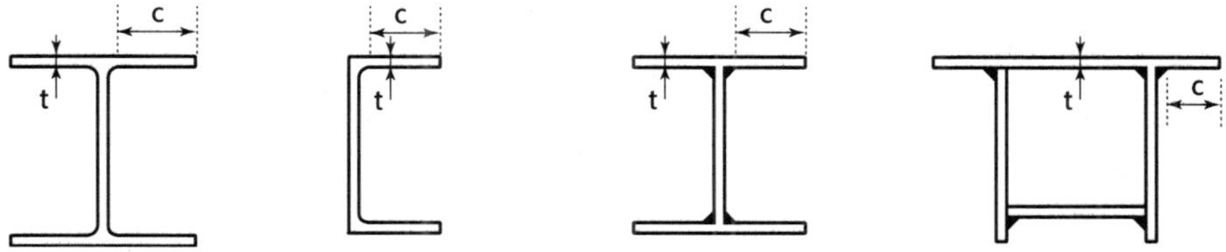

Sections laminées — Sections soudées

Classe	Paroi comprimée	Paroi fléchie et comprimée	
		Extrémité comprimée	Extrémité tendue
Distribution des contraintes dans les parois (compression positive)	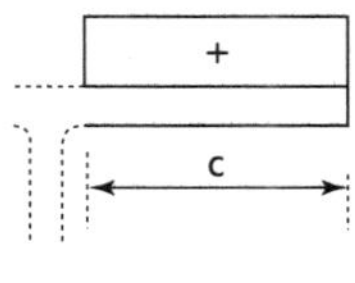	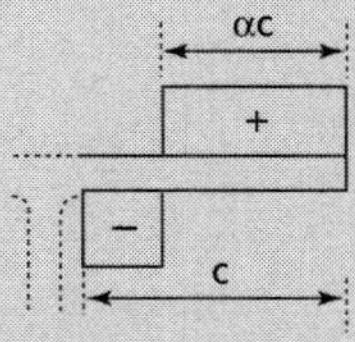	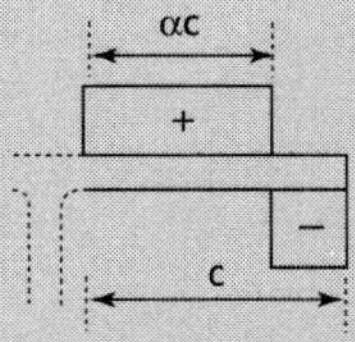
1	$c/t \le 9\,\varepsilon$	$c/t \le \frac{9\,\varepsilon}{\alpha}$	$c/t \le \frac{9\,\varepsilon}{\alpha\sqrt{\alpha}}$
2	$c/t \le 10\,\varepsilon$	$c/t \le \frac{10\,\varepsilon}{\alpha}$	$c/t \le \frac{10\,\varepsilon}{\alpha\sqrt{\alpha}}$
Distribution des contraintes dans les parois (compression positive)	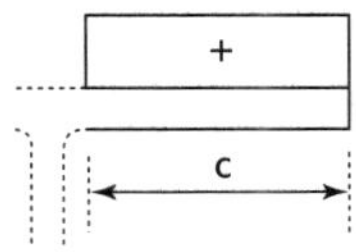	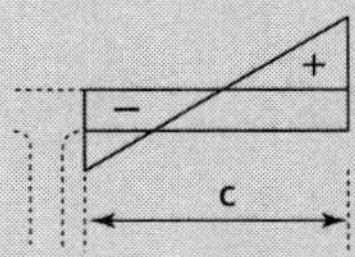	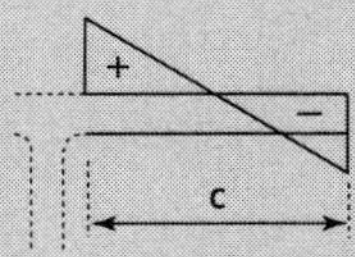
3	$c/t \le 14\,\varepsilon$	$c/t \le 21\,\varepsilon\sqrt{k_\sigma}$ Pour k_σ, voir EN 1996-1-5	

$\varepsilon = \sqrt{235/f_y}$	f_y (MPa)	235	275	355	420	460
	ε	1,00	0,92	0,81	0,75	0,71

Tableau 7.8 Rapports largeur-épaisseur maximaux pour les parois comprimées

Cornières

Consulter également « Semelles en console » (voir feuille 2 sur 3)

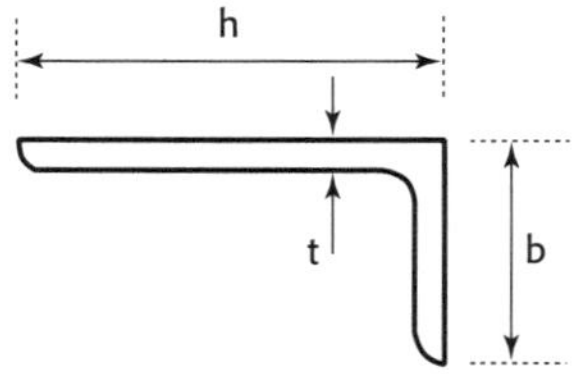

Ne s'applique pas aux cornières en contact continu avec d'autres composants

Classe	Section comprimée
Distribution des contraintes dans les parois (compression positive)	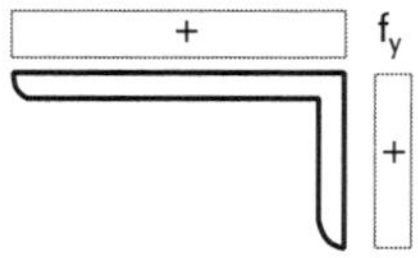
3	$h/t \le 15\,\varepsilon$: $\frac{b+h}{2t} \le 11{,}5\,\varepsilon$

Sections tubulaires

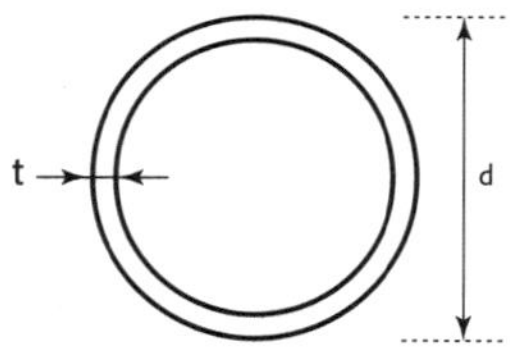

Classe	Section fléchie et/ou comprimée
1	$d/t \le 50\,\varepsilon^2$
2	$d/t \le 14\,\varepsilon^2$
3	$d/t \le 14\,\varepsilon^2$ Note : pour $d/t > 90\,\varepsilon^2$, voir EN 1993-1-6

$\varepsilon = \sqrt{235/f_y}$	f_y (MPa)	235	275	355	420	460
	ε	1,00	0,92	0,81	0,75	0,71
	ε^2	1,00	0,85	0,66	0,56	0,51

7.8 Références bibliographiques

[1] V. Ungureannu; A. Ruff - Exemple de calcul des propriétés de la section efficace en flexion d'un profilé en C à bords tombés formé à froid, *Access Steel,* SX022a-FR-EU, http://www.access-steel.com.

[2] V. Ungureannu; A. Ruff - Exemple de calcul des propriétés de la section efficace d'un profilé en C à bords tombés formé à froid soumis à la compression – *Access Steel,* SX023a-FR-EU, http://www.access-steel.com.

[3] V. Ungureannu; A. Ruff - Exemple de calcul d'un montant de mur en profilé en C à bords tombés formé à froid et sollicité en compression – *Access Steel,* SX024a-FR-EU, http://www.access-steel.com.

[4] V. Ungureannu; A. Ruff - Exemple de calcul d'un montant de mur en profilé en C à bords tombés formé à froid et sollicité en traction – *Access Steel,* SX025a-FR-EU, http://www.access-steel.com.

[5] V. Ungureannu; A. Ruff - Exemple de calcul d'un montant de mur en profilé en C à bords tombés formé à froid et sollicité en flexion composée – *Access Steel,* SX027a-FR-EU, http://www.access-steel.com.

[6] P. MAÎTRE – Formulaire de construction métallique – Éditions du Moniteur.

[7] B. JOHANSSON, R. MAQUOI, G. SEDLACEK, C. MÜLLER, D. BEG – Commentary and worked examples to EN 1993-1-5 « Plated Structural Elements » - JRC Scientific and Technical Resport, octobre 2007.

Annexe : Classes des sections transversales des profilés courants du commerce

Tableau A. 7.1 Classification des profilés IPE

		$f_y = 235$ N/mm²			$f_y = 275$ N/mm²			$f_y = 355$ N/mm²		
TYPE	**N°**	**N**	**M_y**	**M_z**	**N**	**M_y**	**M_z**	**N**	**M_y**	**M_z**
IPE	80	1	1	1	1	1	1	1	1	1
	100	1	1	1	1	1	1	1	1	1
	120	1	1	1	1	1	1	1	1	1
	140	1	1	1	1	1	1	1	1	1
	160	1	1	1	1	1	1	1	1	1
	180	1	1	1	1	1	1	2	1	1
	200	1	1	1	1	1	1	2	1	1
	220	1	1	1	1	1	1	2	1	1
	240	1	1	1	2	1	1	2	1	1
	270	2	1	1	2	1	1	3	1	1
	300	2	1	1	2	1	1	4	1	1
	330	2	1	1	3	1	1	4	1	1
	360	2	1	1	3	1	1	4	1	1
	400	3	1	1	3	1	1	4	1	1
	450	3	1	1	4	1	1	4	1	1
	500	3	1	1	4	1	1	4	1	1
	550	4	1	1	4	1	1	4	1	1
	600	4	1	1	4	1	1	4	1	1

Tableau A. 7.2 Classification des profilés IPEA

		$f_y = 235$ N/mm²			$f_y = 275$ N/mm²			$f_y = 355$ N/mm²		
TYPE	**N°**	**N**	**M_y**	**M_z**	**N**	**M_y**	**M_z**	**N**	**M_y**	**M_z**
IPEA	80	1	1	1	1	1	1	1	1	1
	100	1	1	1	1	1	1	1	1	1
	120	1	1	1	1	1	1	1	1	1
	140	1	1	1	1	1	1	2	1	1
	160	1	1	1	2	1	1	3	1	1
	180	2	1	1	2	1	1	3	1	1
	200	2	1	1	3	1	1	4	1	1
	220	2	1	1	3	1	1	4	1	1

Tableau A. 7.2 (suite)

		$f_y = 235$ N/mm²			$f_y = 275$ N/mm²			$f_y = 355$ N/mm²		
TYPE	**N°**	**N**	**M_y**	**M_z**	**N**	**M_y**	**M_z**	**N**	**M_y**	**M_z**
IPEA	240	2	1	1	3	1	1	4	1	1
	270	3	1	1	4	1	1	4	1	1
	300	3	1	1	4	1	1	4	2	2
	330	3	1	1	4	1	1	4	1	1
	360	4	1	1	4	1	1	4	1	1
	400	4	1	1	4	1	1	4	1	1
	450	4	1	1	4	1	1	4	1	1
	500	4	1	1	4	1	1	4	1	1
	550	4	1	1	4	1	1	4	1	1
	600	4	1	1	4	1	1	4	1	1

Tableau A. 7.3 Classification des profilés HEA

		$f_y = 235$ N/mm²			$f_y = 275$ N/mm²			$f_y = 355$ N/mm²		
TYPE	**N°**	**N**	**M_y**	**M_z**	**N**	**M_y**	**M_z**	**N**	**M_y**	**M_z**
HEA	100	1	1	1	1	1	1	1	1	1
	120	1	1	1	1	1	1	1	1	1
	140	1	1	1	1	1	1	2	2	2
	160	1	1	1	1	1	1	2	2	2
	180	1	1	1	2	2	2	3	3	3
	200	1	1	1	2	2	2	3	3	3
	220	1	1	1	2	2	2	3	3	3
	240	1	1	1	2	2	2	3	3	3
	260	2	2	2	3	3	3	3	3	3
	280	2	2	2	3	3	3	3	3	3
	300	2	2	2	3	3	3	3	3	3
	320	1	1	1	2	2	2	3	3	3
	340	1	1	1	1	1	1	3	3	3
	360	1	1	1	1	1	1	2	2	2
	400	1	1	1	1	1	1	2	1	1
HEA	450	1	1	1	1	1	1	2	1	1
	500	1	1	1	2	1	1	3	1	1
	550	2	1	1	2	1	1	4	1	1
	600	2	1	1	3	1	1	4	1	1

Tableau A. 7.4 Classification des profilés HEB

		$f_y = 235$ N/mm²			$f_y = 275$ N/mm²			$f_y = 355$ N/mm²		
TYPE	**N°**	**N**	**M_y**	**M_z**	**N**	**M_y**	**M_z**	**N**	**M_y**	**M_z**
HEB	100	1	1	1	1	1	1	1	1	1
	120	1	1	1	1	1	1	1	1	1
	140	1	1	1	1	1	1	1	1	1
	160	1	1	1	1	1	1	1	1	1
	180	1	1	1	1	1	1	1	1	1
	200	1	1	1	1	1	1	1	1	1
	220	1	1	1	1	1	1	1	1	1
	240	1	1	1	1	1	1	1	1	1
	260	1	1	1	1	1	1	1	1	1
	280	1	1	1	1	1	1	1	1	1
	300	1	1	1	1	1	1	1	1	1
	320	1	1	1	1	1	1	1	1	1
	340	1	1	1	1	1	1	1	1	1
	360	1	1	1	1	1	1	1	1	1
	400	1	1	1	1	1	1	1	1	1
	450	1	1	1	1	1	1	1	1	1
	500	1	1	1	1	1	1	2	1	1
	550	1	1	1	1	1	1	2	1	1
	600	1	1	1	2	1	1	3	1	1

Tableau A. 7.5 Classification des profilés HEM

		$f_y = 235$ N/mm²			$f_y = 275$ N/mm²			$f_y = 355$ N/mm²		
TYPE	**N°**	**N**	**M_y**	**M_z**	**N**	**M_y**	**M_z**	**N**	**M_y**	**M_z**
	100									
HEM	à	1	1	1	1	1	1	1	1	1
	600									

CHAPITRE 8

Résistance des sections

Résumé

Ce chapitre présente les vérifications à effectuer à l'ELU pour les sections transversales soumises aux sollicitations de traction, compression, flexion, torsion et cisaillement ainsi qu'à la combinaison de ces sollicitations conformément au chapitre 6.2 de la partie 1-1 de l'Eurocode 3 (normes NF EN 1993-1-1 et son Annexe Nationale NF EN 1993-1-1/NA). Ces vérifications doivent être effectuées dans les sections des barres, ou des portions de barres, non susceptibles de subir des instabilités (flambement, déversement, voilement).

8.1 Généralités

Dans chaque section transversale, la valeur de calcul d'une sollicitation ne doit pas excéder la résistance de calcul correspondante, et si plusieurs sollicitations agissent simultanément, leurs effets combinés ne doivent pas excéder la résistance pour cette combinaison.

En règle générale, les effets du traînage de cisaillement et du voilement local sont introduits au moyen de largeurs efficaces conformément à l'EN 1993-1-5. De même, il convient de considérer les effets du voilement par cisaillement conformément à l'EN 1993-1-5.

En général, les valeurs de calcul des résistances dépendent de la classe de la section transversale (voir chapitre 7).

Toutes les classes de sections peuvent être vérifiées vis-à-vis de leur résistance élastique, à condition d'utiliser pour la Classe 4 les propriétés de la section transversale efficace.

Comme alternative aux formules de vérification des sections données ci-dessous, pour une vérification en élasticité, le critère limite suivant peut être utilisé au point critique de la section transversale, sauf si d'autres formules d'interaction s'appliquent.

$$\left(\frac{\sigma_{x,Ed}}{f_y/\gamma_{M0}}\right)^2+\left(\frac{\sigma_{z,Ed}}{f_y/\gamma_{M0}}\right)^2-\left(\frac{\sigma_{x,Ed}}{f_y/\gamma_{M0}}\right)\left(\frac{\sigma_{z,Ed}}{f_y/\gamma_{M0}}\right)+3\left(\frac{\tau_{Ed}}{f_y/\gamma_{M0}}\right)^2\leq 1 \qquad (8.1)$$

où :

$\sigma_{x,Ed}$ est la valeur de calcul de la contrainte longitudinale locale au point considéré ;

$\sigma_{z,Ed}$ est la valeur de calcul de la contrainte transversale locale au point considéré ;

τ_{Ed} est la valeur de calcul de la contrainte de cisaillement locale au point considéré.

Cette vérification place généralement en sécurité puisqu'elle ne prend pas en compte toute distribution plastique partielle des contraintes, ce qui est pourtant autorisé dans le calcul élastique. Par conséquent, il convient de ne l'utiliser que lorsque l'interaction sur la base des résistances N_{Rd}, M_{Rd}, V_{Rd} ne peut être effectuée.

Il convient de vérifier la résistance plastique des sections transversales en trouvant une distribution des contraintes, n'excédant pas la limite d'élasticité, qui soit en équilibre avec les sollicitations et compatible avec les déformations plastiques associées.

Comme approximation plaçant en sécurité pour toutes les classes de section transversale, on peut utiliser une sommation linéaire des rapports sollicitation/résistance propres à chaque sollicitation agissante. Ainsi, pour les sections de Classe 1, 2 ou 3 soumises à une combinaison de N_{Ed}, $M_{y,Ed}$ et $M_{z,Ed}$, on peut utiliser le critère suivant :

$$\left(\frac{N_{Ed}}{N_{Rd}}\right)+\left(\frac{M_{y,Ed}}{M_{y,Rd}}\right)+\left(\frac{M_{z,Ed}}{M_{z,Rd}}\right)\leq 1 \qquad (8.2)$$

où N_{Rd}, $M_{y,Rd}$ et $M_{z,Rd}$ sont les valeurs de calcul de la résistance dépendant de la classe de section transversale et comprenant toute réduction éventuelle pouvant résulter des effets du cisaillement.

N_{Ed}, $M_{y,Ed}$ et $M_{z,Ed}$ sont respectivement les valeurs de calcul de l'effort normal et des moments fléchissants selon les deux axes.

Lorsque toutes les parois comprimées d'une section transversale sont de Classe 1 ou 2, la section peut être totalement plastifiée en flexion.

En règle générale, lorsque toutes les parois comprimées d'une section transversale sont de Classe 3, sa résistance est basée sur une distribution élastique des déformations dans la section. Il convient que les contraintes de compression soient plafonnées à la limite d'élasticité au niveau des fibres extrêmes.

8.2 Traction

8.2.1 Vérification

La valeur de calcul de l'effort de traction N_{Ed} dans chaque section transversale doit satisfaire la condition suivante :

$$\frac{N_{Ed}}{N_{t,Rd}} \leq 1 \tag{8.3}$$

où $N_{t,Rd}$ est la résistance (de calcul) à la traction de la section.

La résistance de la section doit être vérifiée dans la section brute, c'est-à-dire l'aire calculée à partir des dimensions nominales des pièces sans déduire les trous réalisés pour les fixations (EN 1993-1-1, § 6.2.2.1). Elle est notée A. Si la barre comporte des trous de fixation, elle doit être également vérifiée dans la section nette au droit des trous de fixation. L'aire nette est égale à l'aire brute diminuée des aires des trous et autres ouvertures (EN 1993-1-1, § 6.2.2.2). Elle est notée A_{net}. Son calcul est donné au paragraphe (2.3).

a) En section brute, la résistance à la traction $N_{t,Rd}$ est égale à la résistance plastique de la section transversale brute dont la valeur de calcul est :

$$N_{pl,Rd} = \frac{A \cdot f_y}{\gamma_{M_0}} \tag{8.4}$$

b) En section nette, la résistance à la traction $N_{t,Rd}$ est égale à la résistance ultime de la section transversale nette au droit des trous de fixation dont la valeur de calcul est :

$$N_{u,Rd} = 0,9 \frac{A_{net} \cdot f_u}{\gamma_{M_2}} \tag{8.5}$$

Les notations f_y et f_u correspondent respectivement à la limite d'élasticité et à la résistance à la traction de l'acier considéré.

Dans les assemblages de catégorie C (boulons hr précontraints, voir chapitre 11.1 et EN 1993-1-8, 3.4.2 (1)), c'est-à-dire résistant au glissement à l'état limite ultime, la résistance à la traction $N_{t,Rd}$ est égale à la résistance ultime de la section transversale nette au droit des trous de fixation dont la valeur de calcul est :

$$N_{net,Rd} = \frac{A_{net} \cdot f_y}{\gamma_{M_0}} \tag{8.6}$$

Lorsqu'une cornière simple tendue est attachée par boulons sur une seule aile, on peut la vérifier en traction seule, en minorant la valeur de calcul de la résistance ultime en section nette comme indiqué ci-après (voir EN 1993-1-8, 3.10.3), selon qu'elles comportent 1, 2 ou plus de boulons :

1 boulon : $$N_{u.Rd} = \frac{2(e_2 - 0,5d_0) \cdot t \cdot f_u}{\gamma_{M_2}} \quad (8.7)$$

2 boulons : $$N_{u.Rd} = \frac{\beta_2 \cdot A_{net} \cdot f_u}{\gamma_{M_2}} \quad (8.8)$$

3 boulons ou plus : $$N_{u.Rd} = \frac{\beta_3 \cdot A_{net} \cdot f_u}{\gamma_{M_2}} \quad (8.9)$$

Les coefficients minorateurs β_2 et β_3 sont donnés dans le graphique ci-dessous, en fonction des entraxes p_1.

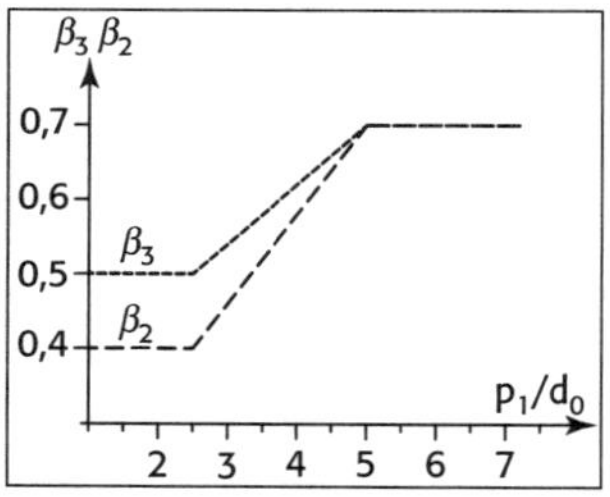

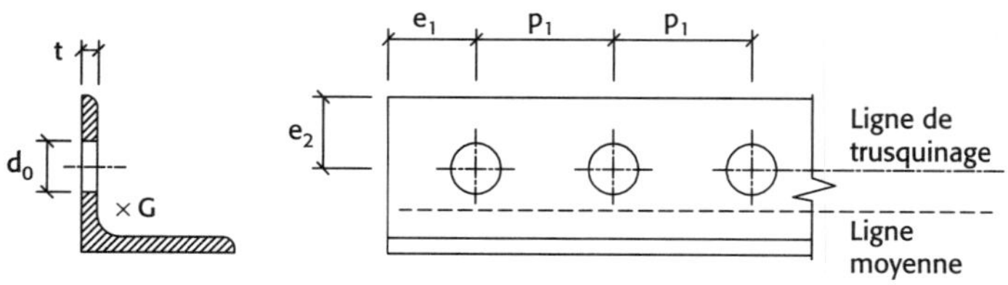

Figure 8.1 Coefficients minorateurs dépendant de l'entraxe p_1

Pour les cornières simples à ailes inégales, attachées par la petite aile, A_{net} est égale à l'aire nette de la cornière équivalente à ailes égales de mêmes dimensions que la petite aile.

8.2.2 Comportement plastique

Lorsqu'un comportement ductile est nécessaire, c'est-à-dire lorsque la section brute doit se plastifier avant rupture de la section nette (dimensionnement en capacité), il convient de vérifier une condition supplémentaire : $N_{pl,Rd} \leq N_{u,Rd}$ de manière à ce que l'assemblage ne constitue pas une zone de rupture potentielle.

En effet, si l'élément tendu doit subir des allongements plastiques (voir par exemple EN 1998, qui traite du séisme), il faut de plus que la rupture ne se produise pas au droit des trous de fixation, et donc que la condition de ductilité suivante (EN 1993-1-1, § 6.2.3 (3)) soit vérifiée :

$$0,9 \frac{A_{net}}{A} \geq \frac{f_y}{f_u} \frac{\gamma_{M_2}}{\gamma_{M_0}}$$

On peut remarquer que si $A_{net} < \frac{A \cdot f_y}{0,9\, f_u} \frac{\gamma_{M_2}}{\gamma_{M_0}}$, relation qui ne dépend que de caractéristiques géométriques, mécaniques et de coefficients partiels, la condition ne peut pas être vérifiée.

C'est le cas de certaines cornières par exemple. Une solution pour passer outre cette condition consiste à créer « un fusible », c'est-à-dire une réduction de la section brute en partie courante (loin de l'assemblage).

8.2.3 Définitions des aires brutes et nettes

Section brute A : Aire de la section transversale calculée à partir des dimensions nominales.

Section nette A_{net} : Aire brute du chemin de rupture diminuée des déductions appropriées pour tous les trous de fixation et autres ouvertures.

Si le chemin de rupture se fait suivant une section droite :

$$A_{net} = A - \sum A_{trous} = A - t.\ n.\ d_0 \text{ pour un plat}$$

Si le chemin de rupture se fait suivant une section oblique ou brisée (trous en quinconce) :

$$A_{net} = A - t\left(n.\ d_0 - \sum \frac{s^2}{4.\ p}\right) \qquad (8.10)$$

Cette valeur forfaitaire $s^2 t/(4p)$ est issue des travaux de Cochrane [1]. Elle présente l'avantage d'une formulation simple en sachant que l'erreur commise comparativement à une théorie plus fine ne dépasse pas 10 à 15 %.

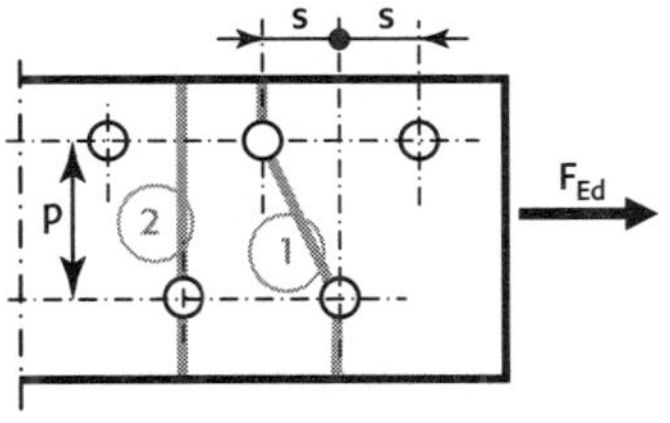

Figure 8.2 Trous en quinconce et lignes de rupture 1 et 2

Lorsque les trous sont en quinconce, l'aire à déduire est donc la plus grande des valeurs suivantes :

- aire des trous qui ne sont pas en quinconce dans n'importe quelle section transversale perpendiculaire à l'axe de la barre (ligne de rupture ②, figure 8.2),
- $t\left(n.\ d_0 - \sum \frac{s^2}{4.\ p}\right)$ (ligne de rupture ①, figure 8.2),

où :

- s est le pas en quiconque ou l'entraxe de deux trous consécutifs dans la ligne, mesuré perpendiculairement à l'axe de la barre (voir figure 8.2),
- p est l'entraxe de deux trous consécutifs mesuré perpendiculairement à l'axe de la barre,
- t est l'épaisseur,
- n est le nombre de trous situés sur toute ligne diagonale ou en zigzag s'étendant sur la largeur de la barre ou partie de barre,
- d_0 est le diamètre du trou.

8.2.4 Organigramme de vérification des sections en traction

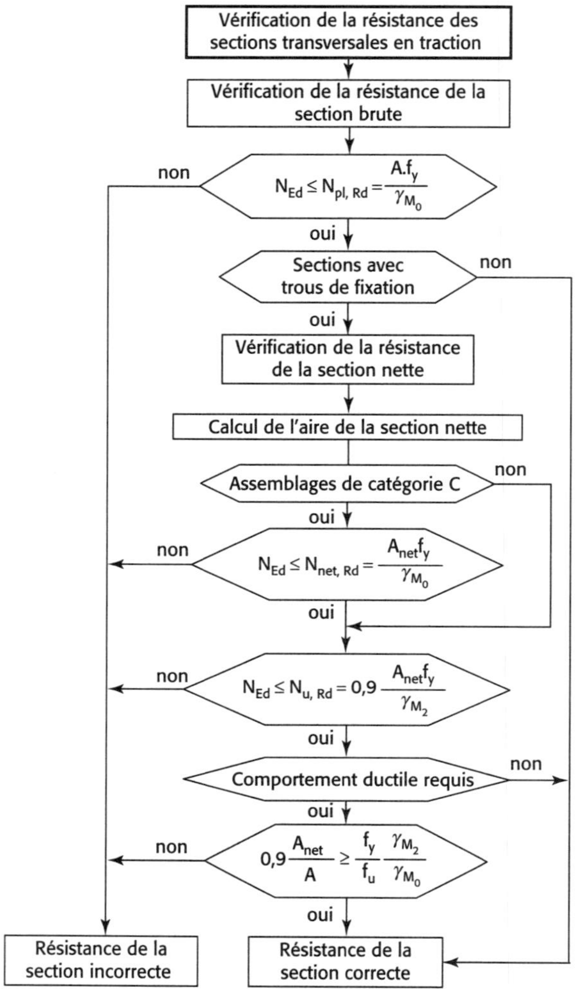

8.2.5 Applications

8.2.5.1 Exemple 1 – Zone d'assemblage d'un profilé

Un IPE 300 ([2]) en acier S 235 est soumis à un effort axial de traction $N_{Ed} = 900$ kN. Il est attaché par 2 × 3 boulons M 16 sur chaque aile (voir figure 8.3).

Vérifier ce profilé en section courante et dans la zone d'assemblage.

IPE 300 :

- $A = 53{,}8$ cm^2, $t_f = 10{,}7$ mm
- $A_{net} = 53{,}8 - 4 \times (1{,}6 + 0{,}2) \times (1{,}07) = 46{,}1$ cm^2, ce qui correspond à un trou nominal pour un M 16, $d_0 = d + 2$ et 4 trous pour une section droite.

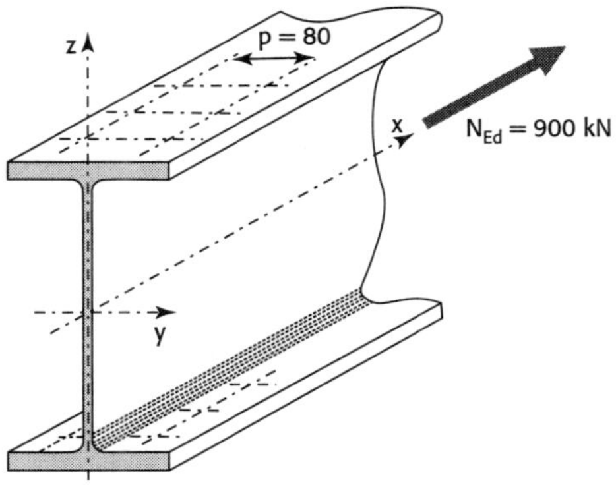

Figure 8.3 Profilé à vérifier

– $f_y = 235$ MPa, $f_u = 360$ MPa (t < 40 mm).

a) Vérification en section brute :

$$N_{t,R_d} = N_{pl,Rd} = \frac{5380.10^{-6} \times 235.10^{6}}{1} = 1264 \text{ kN}$$

d'où :
$$\frac{N_{Ed}}{N_{pl,Rd}} = \frac{900}{1264} = 0,71 < 1$$

b) Vérification en section nette :

$$N_{t,R_d} = N_{u,Rd} = \frac{0,9 \times 4610.10^{-6} \times 360.10^{6}}{1,25} = 1195 \text{ kN}$$

d'où :
$$\frac{N_{Ed}}{N_{u,Rd}} = \frac{900}{1195} = 0,75 < 1$$

Le profilé est vérifié en section brute et en section nette.

8.2.5.2 Exemple 2 – Large plat

Un effort normal de calcul en traction $N_{Ed} = 340$ kN doit être repris par un large-plat en acier S 235 dans la gamme des sections disponibles 120 × 12, 150 × 12, 180 × 12… Il sera assemblé par des boulons M22 disposés en quinconce sur 3 files.

Il est demandé de vérifier la section du large-plat à utiliser.

Vérification en section brute :

Le large-plat doit reprendre un effort de traction de 340 kN, on vérifie donc :

$$A \geq \frac{340.10^{3}}{235} = 1447 \text{ mm}^2$$

Un plat de 130 × 12 suffirait donc ($A = 1560$ mm^2) mais pour des raisons de respect des règles de pinces, on choisira un large-plat 180×12, soit $A = 2160$ mm^2 avec une configuration d'assemblage donnée sur la figure 8.4.

Nous avons donc :
$$N_{pl,Rd} = \frac{2160 \times 235}{1} = 507,6 \text{ kN}$$

Soit : $$\frac{N_{Ed}}{N_{pl,Rd}} = \frac{340}{507,6} = 0,67 < 1,00$$

Vérification en section nette :

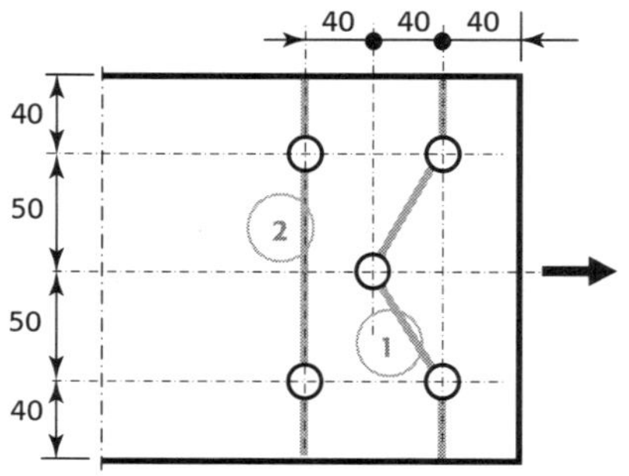

Figure 8.4 Section à vérifier

Section nette 1 :

$$A_{net_1} = 2160 - 12 \times \left[24 \times 3 - \frac{2 \times 40^2}{4 \times 50} \right] = 1488 \text{ mm}^2$$

soit : $$N_{u,Rd_1} = \frac{0,9 \times 1488 \times 360}{1,25} \approx 385,7 \text{ kN} > 340 \text{ kN}$$

Section nette 2 :

$$A_{net_2} = 2160 - 2 \times 24 \times 12 = 1584 \text{ mm}^2$$

soit : $$N_{u,Rd_2} = \frac{0,9 \times 1584 \times 360}{1,25} = 410,6 \text{ kN}$$

donc : $$\frac{N_{Ed}}{N_{u,Rd}} = \frac{340}{385,7} = 0,88 < 1,00$$

Le large-plat 180 × 12 est donc vérifié en section brute et en section nette.

8.2.5.3 Exemple 3 – Bâtiment industriel

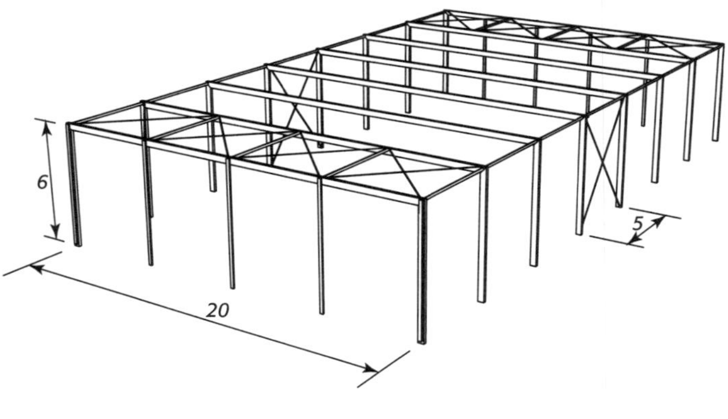

Figure 8.5 Éléments participant à la stabilité longitudinale

Soit le bâtiment ci-dessus ([3]) fermé par 2 pignons 20 × 6 m et 2 long-pans 35 × 6 m. La stabilité longitudinale (voir figure 8.5) est assurée par un contreventement en croix de Saint-André disposé au milieu de chaque long-pan, entre deux portiques, espacés de 5 mètres.

Les actions de renversement exercées sur chaque pignon sont reprises par les 2 contreventements de versant et transmises aux croix de Saint-André par des butons reliant les épaules des portiques.

L'enveloppe des pignons, considérés ici comme fermés, est constituée d'un bardage en bacs acier fixés sur des lisses espacées de 2 m, reposant sur des potelets verticaux espacés de 5 m. Ces potelets sont appuyés sur la traverse du portique de rive, au droit des nœuds de la poutre au vent (contreventement de versant), voir figure 8.6.

L'action du vent sur les murs pignons se traduit par une pression dont la valeur caractéristique est donnée égale à :

- action caractéristique moyenne sur le pignon avant : $w_{k.avant} = 0{,}84\ kN/m^2$,
- action caractéristique moyenne sur le pignon arrière : $w_{k\ .arrière} = 0{,}36\ kN/m^2$.

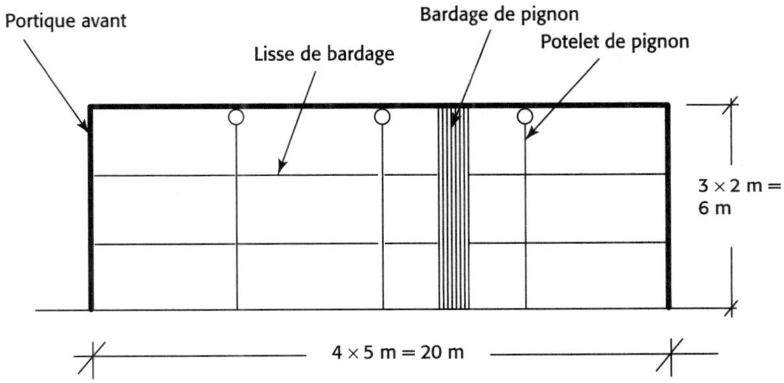

Figure 8.6 Pignon de rive

On se propose de déterminer les diagonales du contreventement de long-pan, en cornières simples à ailes égales.

Actions caractéristiques sur les contreventements de versant

Chaque contreventement de versant reprend, au total, la force créée par la pression sur la moitié supérieure du mur pignon correspondant, celle créée sur la moitié inférieure étant reprise par les fondations des potelets de pignon :

- action caractéristique totale exercée sur le contreventement avant :

$$0{,}84\times(20\times6/2)=50{,}4\ \text{kN}$$

- action caractéristique totale exercée sur le contreventement arrière :

$$0{,}36\times(20\times6/2)=21{,}6\ \text{kN}$$

Les butons B1, B2, B3 reprennent la moitié de l'action totale sur le contreventement de versant avant, sous la forme d'un effort normal de compression (cas de vent de la figure ci-dessous), les butons B5, B6, B7 la moitié de l'action sur le contreventement de versant arrière, sous la forme d'un effort normal de traction :

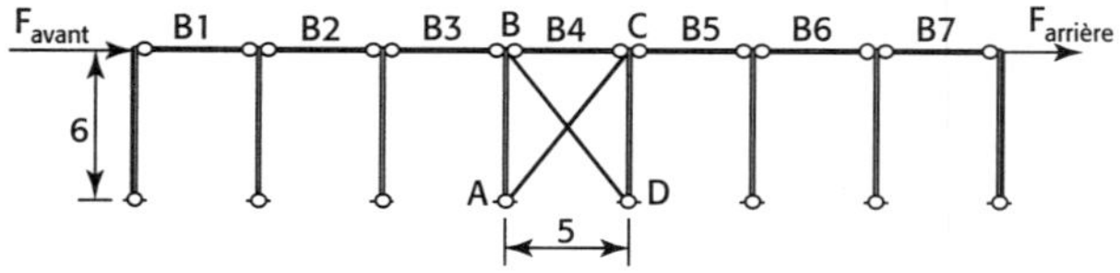

Figure 8.7 Stabilité d'un long-pan

- action caractéristique sur les butons B1 à B3 : $W_{k.avant} = 50{,}4/2 = 25{,}2$ kN en compression
- action caractéristique sur les butons B5 à B7 : $W_{k.arrière} = 21{,}6/2 = 10{,}8$ kN en traction.

Actions de calcul ELU sur les butons

Les actions de calcul ELU, en négligeant les poids propres des butons, correspondent à la « combinaison d'actions » $\gamma_{Q,1} \cdot Q_{k,1} = 1{,}5 \times W_k$, soit :

- pour les butons B1 à B3 : $N_{Ed} = 1{,}5 \times 25{,}2 = 37{,}8$ kN, en compression,
- pour les butons B5 à B7 : $N_{Ed} = 1{,}5 \times 10{,}8 = 16{,}2$ kN, en traction.
- pour le buton B4 : (sollicitation de calcul dans la diagonale AC), la valeur de l'action de calcul dans le buton B4 est identique à celle des butons B1 à B3.

Actions de calcul ELU sur un contreventement de long-pan, palée de stabilité ABCD

Les butons transmettent les efforts en tête de la palée de stabilité ABCD (voir figure 8.7) ; les actions caractéristiques sont égales à celles ci-avant. La combinaison d'action ELU sur la palée est égale à :

- $F_{avant} = 1{,}5 \times 25{,}2 = 37{,}8$ kN
- $F_{arrière} = 1{,}5 \times 10{,}8 = 16{,}2$ kN (voir figure 8.8)

En toute rigueur il faudrait ajouter à ces actions la force horizontale équivalente aux imperfections d'aplomb des poteaux de la palée, mais on la négligera dans le cas présent.

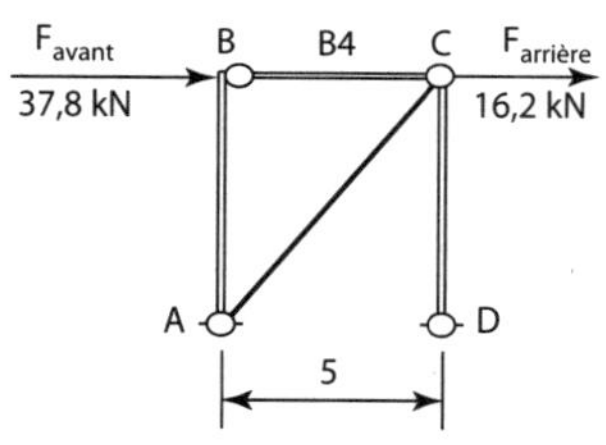

Figure 8.8 Palée de stabilité *du long-pan*

Sollicitation de calcul dans la diagonale AC

Sous la combinaison d'action ELU la diagonale BD, comprimée et très élancée, flambe rapidement et ne peut donc reprendre le chargement. Le buton B4 est donc comprimé par 37,8 kN. L'équilibre du nœud C donne :

N_{Ed} = (37,8 + 16,2) / sin(ACD) = 54,0 / sin 39°8 = 84,35 kN, effort normal de traction.

Dimensionnement et vérification de la diagonale

On utilisera une cornière simple à ailes égales, en acier S 235, assemblée par 3 boulons sur l'aile. Un prédimensionnement peut être effectué à partir de la résistance plastique de la section brute de la diagonale, soit :

$$N_{Ed} \leq \frac{A.\ f_y}{\gamma_{M_0}} \text{ d'où : } A \geq \frac{84\,350 \times 1,0}{235} = 360\,\text{mm}^2$$

On pourra choisir une cornière 60´60´6, acier S 235, pour laquelle A = 691 mm^2.

La vérification de la cornière choisie sera effectuée à partir de sa résistance ultime $N_{u.Rd}$ au droit des trous de fixation (risque de rupture de la section nette). Elle sera assemblée par trois boulons M 16, disposés comme ci-dessous, en une file sur la ligne de trusquinage, différente de la ligne moyenne (passant par le centre de gravité de la section droite). Mais, dans ce cas, l'effort de traction est excentré et la cornière est soumise à de la traction excentrée. On peut, néanmoins, la vérifier comme si elle n'était soumise qu'à de la traction.

$$N_{u.Rd} \leq \frac{\beta_3.A_{net}.f_u}{\gamma_{M2}}$$

β_3 est fonction de p_1 et de d_0, avec :

$d_0 = 16 + 2 = 18$ mm.

$p_1 = 60$ mm.

$$\frac{p_1}{d_0} = \frac{60}{18} = 3,33 \text{ d'où } \beta_3 = 0,58$$

$$A_{net} = A - t \cdot d_0 = 691 - 18 \times 6 = 583\,\text{mm}^2.$$

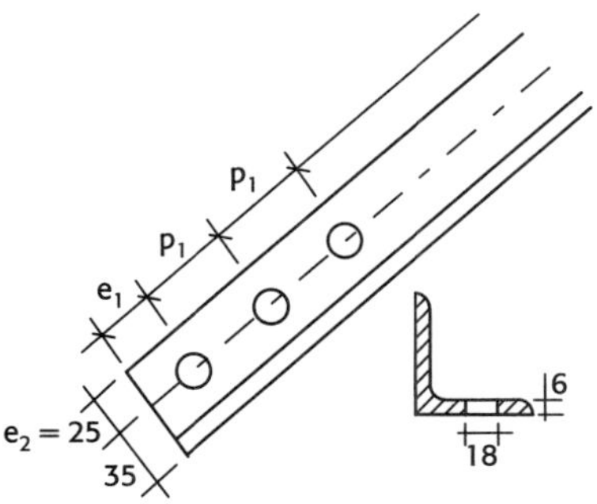

Figure 8.9 Diagonale de contreventement

Vérification :

$$84,35\text{ kN} \leq \frac{0,58 \times 583 \times 0,36}{1,25} = 97,38\text{ kN}$$

On retiendra donc une cornière 60 × 60 × 6 en acier S 235 assemblée par 3 boulons M 16, espacés de 60 mm.

8.3 Compression

8.3.1 Vérification

Un élément comprimé étant susceptible de flamber, il faudra, en général, vérifier la résistance de la barre au flambement, comme indiqué dans le chapitre suivant. Cependant si le flambement est empêché dans les deux plans par des dispositions constructives appropriées, on vérifiera alors la résistance des sections. Il en va de même lorsque les élancements réduits $\bar{\lambda}_y$ et $\bar{\lambda}_z$ de la barre sont inférieurs à 0,2 ou lorsque $\frac{N_{Ed}}{N_{c,R_d}} \leq 0,04$ dans les deux plans (voir 6.3.1.2 (4)).

La valeur de calcul de l'effort de compression N_{Ed} dans chaque section transversale doit satisfaire la condition suivante :

$$\frac{N_{E_d}}{N_{c,R_d}} \leq 1 \tag{8.11}$$

La valeur de calcul $N_{c,Rd}$ de la résistance de la section transversale à la compression uniforme est déterminée de la façon suivante :

$$N_{c,R_d} = N_{pl,R_d} = \frac{A.f_y}{\gamma_{M_0}} \text{ pour les sections transversales de Classe 1 à 3} \tag{8.12}$$

$$N_{c,R_d} = \frac{A_{eff}.f_y}{\gamma_{M_0}} \text{ pour les sections transversales de Classe 4} \tag{8.13}$$

avec A_{eff} l'aire efficace de la section transversale (pour prendre en compte les effets de voilement local).

Ainsi, à la différence de la traction, il n'est pas nécessaire de déduire les trous de fixation pour vérifier une section comprimée. L'aire de calcul est donc celle de la section brute. Excepté dans le cas de trous oblongs et surdimensionnés tels que définis dans l'EN 1090, il n'est pas nécessaire de prendre en compte les trous de fixation dans les barres comprimées, sous réserve qu'ils soient remplis par les fixations.

Il est important de souligner que cette vérification des sections comprimées n'est que rarement déterminante car elle ne s'applique qu'aux barres à très faible élancement (pour lesquelles le flambement n'est pas à craindre).

En effet, si la condition : $\bar{\lambda} \leq 0,2$

où $\bar{\lambda} = \frac{\lambda}{\pi}\sqrt{\frac{f_y}{E}}$ avec λ, élancement de la barre : $\lambda = \frac{\ell_c}{i}$, ℓ_c longueur critique de flambement et i rayon de giration,

n'est pas vérifiée, il convient de s'assurer de la résistance de la barre vis-à-vis du flambement. Dans ce cas, un coefficient χ vient réduire la capacité portante de la barre et le facteur partiel à prendre en compte n'est plus γ_{M0} mais γ_{M1} (EN 1993-1-1, § 6.3.1).

La vérification de la section transversale à la compression est donc limitée aux cas des éléments courts ou trapus.

8.3.2 Organigramme de vérification des sections en compression

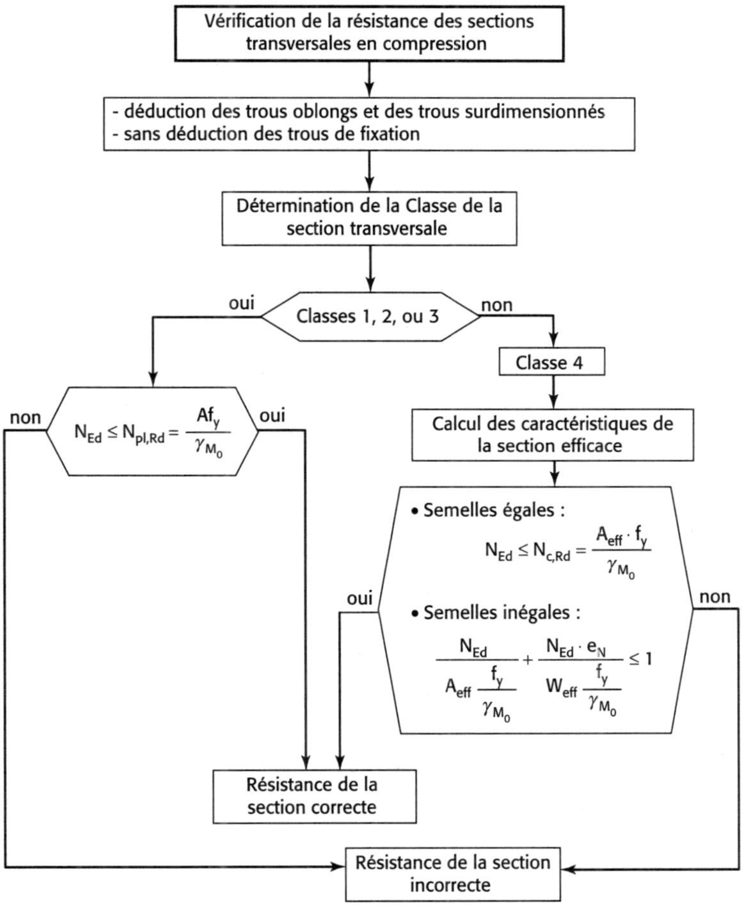

8.4 Flexion uni-axiale ou flexion simple

On se limite ici aux vérifications à effectuer dans le cas de sollicitations de flexion uni-axiale ou flexion simple. Dans un premier temps, on vérifie la résistance des sections sous moment fléchissant seul et la résistance sous effort tranchant seul. Ensuite, si l'effet de l'effort tranchant n'est pas négligeable, on vérifie le moment fléchissant sous une résistance réduite dans les sections concernées.

Il importe toutefois de rappeler que la flexion peut induire du déversement. Si cette instabilité risque de se produire, la démarche de vérification est plus complexe. Elle est indiquée dans le chapitre 9.2 de cet ouvrage, car elle concerne, non plus la vérification des sections, mais la vérification de la barre concernée.

8.4.1 Vérification sous moment fléchissant seul

8.4.1.1 Vérification

La valeur de calcul M_{Ed} du moment fléchissant dans chaque section transversale doit respecter la condition suivante :

$$\frac{M_{Ed}}{M_{c,Rd}} \leq 1 \qquad (8.14)$$

où $M_{c,Rd}$ est déterminé en prenant en compte les trous de fixation éventuels.

La valeur de calcul de la résistance d'une section transversale à la flexion par rapport à l'un de ses axes principaux est déterminée de la manière suivante :

$$M_{c,Rd} = M_{pl,Rd} = \frac{W_{pl} . f_y}{\gamma_{M_0}} \text{ pour les sections transversales de Classe 1 ou 2} \qquad (8.15)$$

$$M_{c,Rd} = M_{el,Rd} = \frac{W_{el,min} . f_y}{\gamma_{M_0}} \text{ pour les sections transversales de Classe 3} \qquad (8.16)$$

$$M_{c,Rd} = \frac{W_{eff,min} . f_y}{\gamma_{M_0}} \text{ pour les sections transversales de Classe 4} \qquad (8.17)$$

W_{pl} est le module de flexion plastique de la section. La référence [4] contient des indications concernant sa détermination pour les sections brutes courantes.

$W_{el,min}$ est le module de flexion élastique minimal de la section et $W_{eff,min}$ le module de flexion élastique minimal de la section efficace. Ils correspondent à la fibre subissant la contrainte élastique maximale.

Si la section vérifiée comporte des trous de fixation, ils doivent être pris en compte dans le calcul des modules de flexion. Néanmoins, dans la partie comprimée, on ne prend pas en compte les trous remplis par les fixations. Dans la semelle tendue, on peut les ignorer, sous réserve que pour cette semelle :

$$\frac{A_{f,net} . 0,9 . f_u}{\gamma_{M_2}} \geq \frac{A_f . f_y}{\gamma_{M_0}} \qquad (8.18)$$

où $A_{f.net}$ est l'aire de la section nette de la semelle tendue et A_f celle de sa section brute.

Ce critère assure un dimensionnement en capacité dans la région des rotules plastiques. Il en est de même pour les trous de fixation situés dans la partie tendue de l'âme. Dans ce cas, le critère de l'expression (8.18) est appliqué à la totalité de la zone tendue comportant la semelle tendue et la zone tendue de l'âme. Si les conditions ci-dessus sont vérifiées, le calcul des modules peut être mené en section brute.

8.4.1.2 Organigramme de vérification des sections en flexion pure

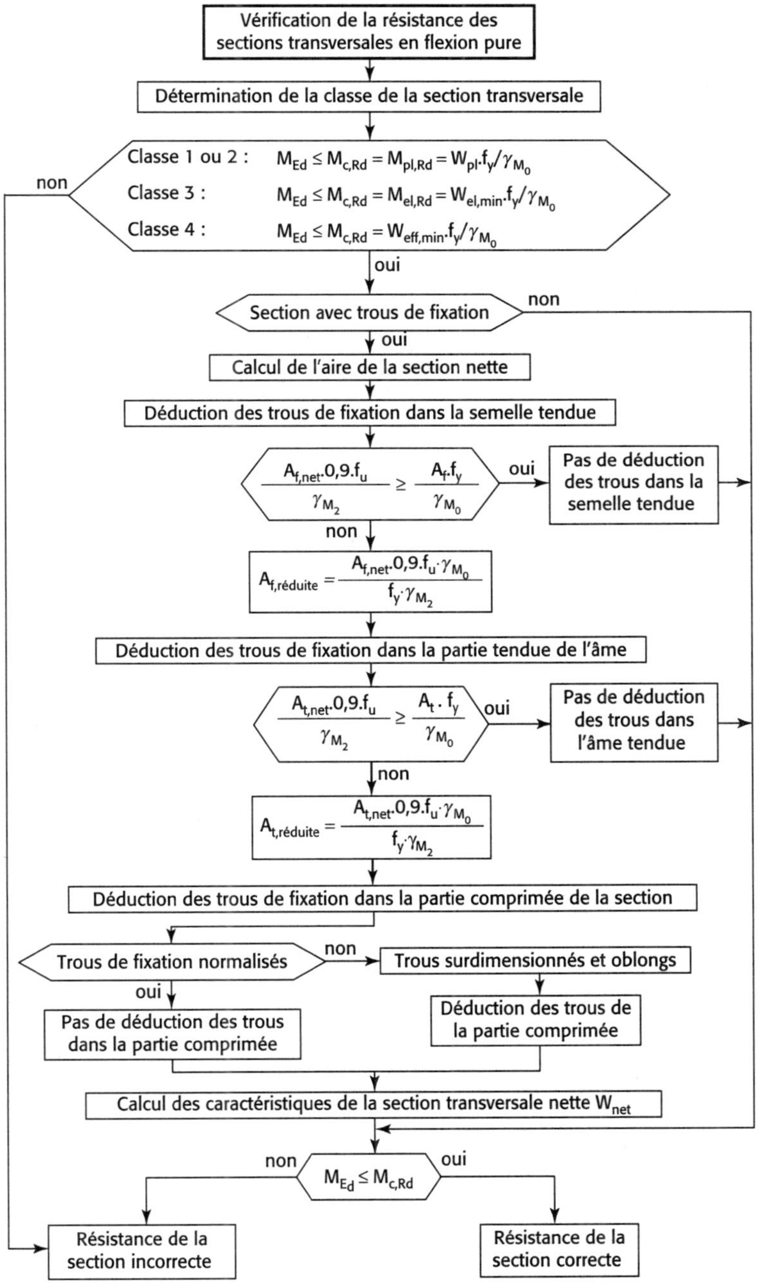

8.4.2 Vérification sous effort tranchant seul

8.4.2.1 Vérification

Il convient de vérifier que la valeur de calcul V_{Ed} de l'effort tranchant dans chaque section satisfait la condition suivante :

$$\frac{V_{E_d}}{V_{c,R_d}} \leq 1 \tag{8.19}$$

où $V_{c,Rd}$ est la valeur de calcul de la résistance au cisaillement. Pour le calcul plastique, $V_{c,Rd}$ est la valeur de calcul $V_{pl,Rd}$ de la résistance plastique au cisaillement telle que donnée en (8.20). Pour le calcul élastique, $V_{c,Rd}$ est la valeur de calcul de la résistance élastique au cisaillement calculée en utilisant (8.21) à (8.23).

En l'absence de torsion, la valeur de calcul de la résistance plastique au cisaillement est donnée par l'expression suivante :

$$V_{pl,R_d} = \frac{A_v \cdot \left(f_y/\sqrt{3}\right)}{\gamma_{M_0}} \tag{8.20}$$

où A_v est l'aire de cisaillement. On retrouve ici le critère de plasticité de Von Mises :

$$\tau_y = \frac{f_y}{\sqrt{3}}.$$

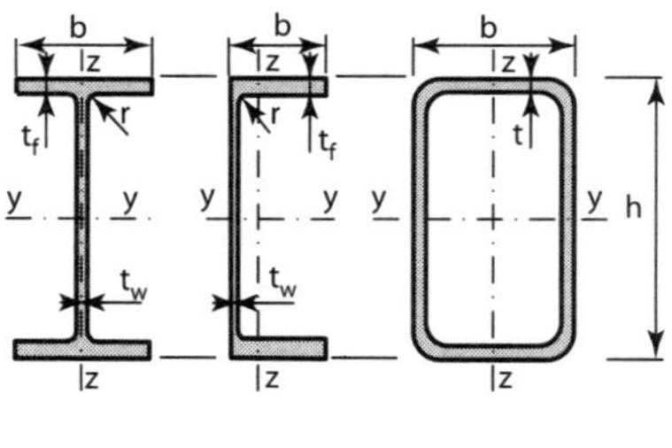

Figure 8.10 Notations

Pour les sections courantes et en utilisant les notations de la figure 8.10, l'aire de cisaillement A_v peut être déterminée par les relations suivantes :

- sections laminées en I ou en H, fléchies dans le plan de l'âme :
- $A_{vz} = A - 2 \cdot b \cdot t_f + \left(t_w + 2\,r\right) \cdot t_f$ mais dans tous les cas, A_{vz} doit rester supérieur à $\eta\left(h_w \cdot t_w\right)$ (où $\eta = 1$ par sécurité)

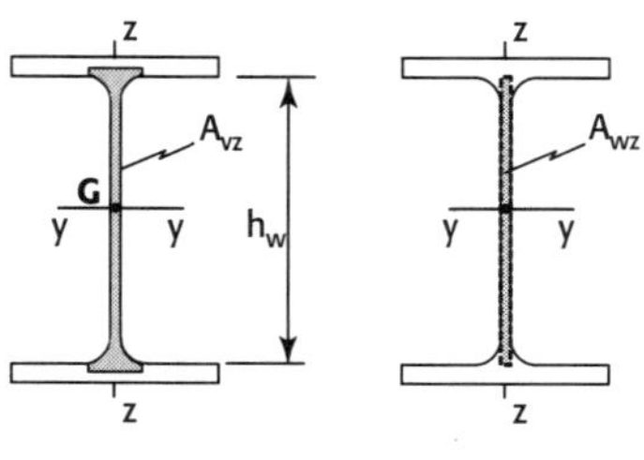

Figure 8.11 Aire de cisaillement pour les profilés en I ou en H fléchis autour de l'axe fort

- sections laminées en U fléchies dans le plan de l'âme,

$$A_{vz} = A - 2 . b . t_f + \left(t_w + r\right) . t_f$$

- sections laminées en T, fléchies dans le plan de l'âme,

$$A_{vz} = 0,9.(A - b.\ t_f)$$

- sections soudées en I, H ou en caisson, fléchies dans le plan de l'âme,

$$A_{vz} = \eta \sum (h_w \quad t_w)$$

- sections creuses rectangulaires laminées d'épaisseur uniforme, fléchies dans un plan parallèle à la hauteur,

$$A_{vz} = \frac{A . h}{b + h}$$

- sections soudées en I, H, U ou en caisson, fléchies dans un plan perpendiculaire à l'âme (charge parallèle aux semelles),

$$A_{vy} = A - \sum (h_w . t_w)$$

- sections creuses rectangulaires laminées d'épaisseur uniforme, fléchies dans un plan perpendiculaire à la hauteur (charge parallèle à la largeur),

$$A_{vy} = \frac{A.\ b}{b + h}$$

- sections creuses circulaires laminées d'épaisseur uniforme,

$$A_v = \frac{2A}{\pi}$$

où :

- A est l'aire de section transversale,
- b est la largeur hors-tout,
- h est la hauteur hors-tout,
- h_w est la hauteur de l'âme $\left(h_w = h - 2.\ t_f\right)$,
- r est le rayon du congé,
- t_f est l'épaisseur de semelle,
- t_w est l'épaisseur d'âme (si l'épaisseur d'âme n'est pas constante, il convient de prendre t_w égale à l'épaisseur minimale, EN 1993-1-5).

Note : η peut être pris en se plaçant du côté de la sécurité égal à 1,0 par défaut. La valeur $\eta = 1$ place en sécurité, mais l'EN 1993-1-1 renvoie à l'EN 1993-1-5 (plaques planes) pour plus de renseignements.

Pour la vérification vis-à-vis de la résistance élastique $V_{c,Rd}$ au cisaillement, le critère qui suit peut être utilisé, pour un point critique de la section transversale, à moins que la vérification du voilement spécifiée au chapitre 5 de l'EN 1993-1-5 ne s'applique :

$$\frac{\tau_{E_d}}{f_y / (\sqrt{3}.\gamma_{M_0})} \leq 1 \tag{8.21}$$

où τ_{Ed} peut être obtenu par : $\tau_{E_d} = \dfrac{V_{E_d} . S}{I.\ t}$ (8.22) avec :

- V_{Ed} est la valeur de calcul de l'effort tranchant,
- S est le moment statique de l'aire, quel que soit le côté du point considéré,
- I est le moment d'inertie de flexion de la section transversale complète,
- t est l'épaisseur au point considéré.

Ceci place en sécurité étant donné que la vérification exclut toute distribution plastique partielle des contraintes de cisaillement, ce qui est autorisé dans le calcul élastique. Par conséquent, il convient de ne l'effectuer que lorsque la vérification sur la base de $V_{c,Rd}$ selon le critère (8.19) ne peut être faite.

Pour les sections en I ou H, la contrainte de cisaillement dans l'âme peut être déterminée à l'aide de la formule approchée suivante :

$$\tau_{E_d} = \frac{V_{E_d}}{A_w} \leq \frac{\frac{f_y}{\sqrt{3}}}{\gamma_{M_0}} \text{ si } \frac{A_f}{A_w} \geq 0,6 \qquad (8.23)$$

où :

- A_f est l'aire d'une semelle,
- A_w est l'aire de l'âme : $A_w = h_w \cdot t_w$.

L'instabilité relative aux actions de cisaillement est le voilement. Pour les âmes dépourvues de raidisseurs intermédiaires, il convient de vérifier la résistance au voilement par cisaillement conformément au Chapitre 5 de l'EN 1993-1-5, si :

$$\frac{h_w}{t_w} > 72\frac{\varepsilon}{\eta} \qquad (8.24)$$

On rappelle que : $\varepsilon = \sqrt{235 / f_y}$ et que pour η, on se réfèrera à la Section 5 de l'EN 1993-1-5.

Il peut néanmoins être pris en se plaçant du côté de la sécurité égal à 1,0.

Il n'est pas nécessaire de prendre en compte les trous de fixation dans la vérification de la résistance au cisaillement sauf au niveau des zones d'attache comme indiqué dans l'EN 1993-1-8.

Lorsque l'effort tranchant est combiné avec un moment de torsion, il convient de réduire la résistance plastique $V_{pl,Rd}$ au cisaillement comme énoncé en (8.48) et (8.49).

8.4.2.2 Organigramme de vérification des sections en cisaillement pur

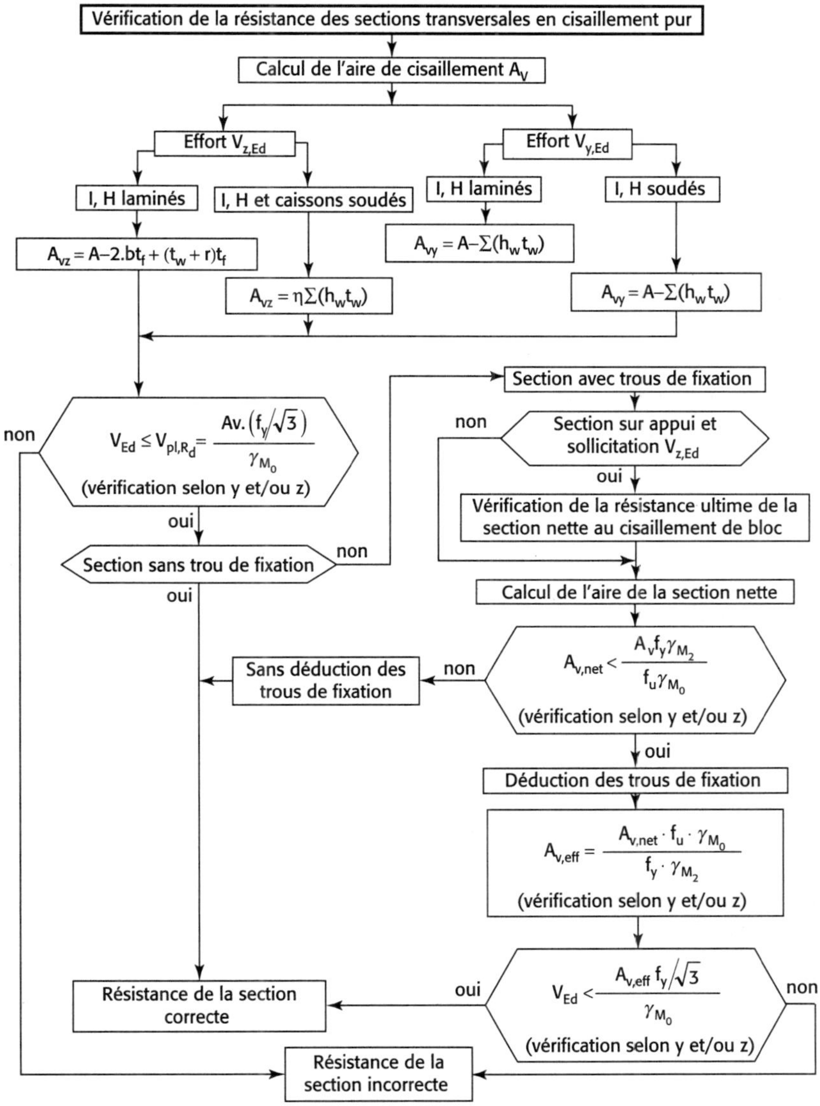

8.4.3 Vérification sous moment et effort tranchant combinés

8.4.3.1 Vérification

Dans le cas le plus fréquent où le moment fléchissant qui agit sur une section transversale est associé à un effort tranchant, la combinaison de ces deux sollicitations dépend de leur intensité relative (EN 1993-1-1, § 6.2.8). En effet, pour les petites valeurs de l'effort tranchant, la réduction de la capacité portante de la section est si faible qu'elle est compensée par l'écrouissage du matériau et qu'elle peut donc être négligée.

Ainsi, lorsque l'effort tranchant est inférieur à 50 % de la résistance plastique au cisaillement, son effet sur le moment résistant peut être négligé, sauf si le voilement par cisaillement réduit la résistance de la section (voir l'EN 1993-1-5).

Dans le cas contraire, il convient d'utiliser un moment résistant réduit égal à la résistance de calcul de la section transversale déterminée en considérant pour l'aire de cisaillement une limite d'élasticité réduite.

$$(1-\rho).f_y \tag{8.25}$$

où :

$$\rho = \left(\frac{2V_{Ed}}{V_{pl,Rd}} - 1\right)^2 \tag{8.26}$$

et $V_{pl,Rd}$ est calculé d'après (8.20).

En présence de torsion, il convient de calculer ρ à partir de cette relation :

$$\rho = \left(\frac{2V_{Ed}}{V_{pl,T,Rd}} - 1\right)^2 \tag{8.27}$$

mais il convient de prendre $\rho = 0$ si $V_{Ed} \leq 0,5\ V_{pl,T,Rd}$.

Pour les sections transversales en I à semelles égales et fléchies selon l'axe fort (dans le plan de l'âme), le moment résistant plastique réduit de calcul prenant en compte l'effort tranchant peut alors être calculé de la manière suivante :

$$M_{y,V,Rd} = \frac{\left[W_{pl,y} - \frac{\rho.\ A_w^2}{4t_w}\right] f_y}{\gamma_{M_0}} \quad \text{mais } M_{y,V,Rd} \leq M_{y,c,Rd} \tag{8.28}$$

où $M_{y,c,Rd}$ est calculé selon (8.15) à (8.17) et $A_w = h_w \cdot t_w$.

Pour les autres cas, $M_{V,Rd}$ est pris égal au moment de résistance plastique de la section transversale déterminé en utilisant une limite d'élasticité réduite :

$(1-\rho)\cdot f_y$ pour l'aire de cisaillement sans dépasser $M_{c,Rd}$.

Pour l'interaction de flexion, cisaillement et charges transversales, il convient de se reporter à la section 7 de l'EN 1993-1-5.

8.4.4 Exemple

Soit la structure ci-après qui relie les deuxièmes niveaux de 2 bâtiments distants de 16 mètres et situés à 150 m d'altitude en région A1. Elle sert au transport de fluides d'un bâtiment à l'autre par l'intermédiaire de canalisations posées sur les poutrelles constituant le platelage horizontal.

Les 2 poutres principales, de 16 m de long, sont en appui articulé à une extrémité et sur appui simple à l'autre extrémité. Elles sont posées, chacune en leur milieu, sur un poteau central.

Les 2 poteaux centraux, contreventés comme indiqué sur la figure, sont articulés au sol. Du fait de la liaison entre la poutre principale et le poteau (articulation), on considérera que la tête du poteau joue le rôle d'un appui simple pour la poutre.

Les actions caractéristiques sur la structure étudiée sont les suivantes :

- charges permanentes $g_k = 7{,}5\ \text{kN/m}^2$ horizontal sur le platelage (poids propre de la structure inclus),
- charges d'exploitation $I_k = 15\ \text{kN/m}^2$ horizontal sur la totalité du platelage,
- charges de neige caractéristique $s_k = 0{,}45\ \text{kN/m}^2$ horizontal sur la totalité du platelage,
- charges de vent, non envisagées (reprises par une triangulation entre les poutrelles et les poutres principales).

On considérera que les actions sur les poutres et les poutrelles sont uniformément réparties.

1) Calculer une poutrelle courante.
2) Calculer une poutre principale à l'ELU. La vérifier à l'ELS, avec comme condition : flèche maximum ≤ 25 mm.

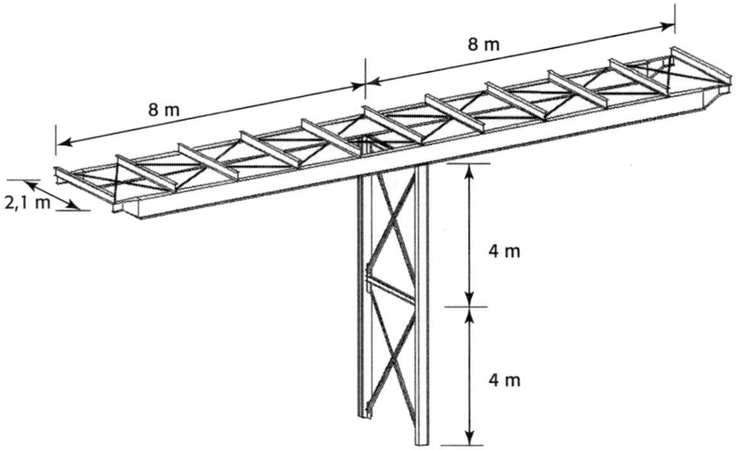

Figure 8.12 Structure étudiée

8.4.4.1 Dimensionnement des solives

On calcule dans un premier temps la bande de chargement sur une solive courante. Les solives sont disposées sur 5 espacements pour une longueur de 8 m, soit un espacement entre solives de : 8/5 = 1,6 m.

Les charges caractéristiques appliquées sur une solive sont donc :

- $g_k = 7{,}5 \times 1{,}6 = 12\ \text{kN/m}$,
- $I_k = 15 \times 1{,}6 = 24\ \text{kN/m}$,
- $s_k = 0{,}45 \times 1{,}6 = 0{,}72\ \text{kN/m}$.

La combinaison d'actions fondamentales dimensionnantes à l'ELU s'écrit donc :

$$q_u = 1,35\ g_k + 1,5\ I_k + 1,5\ \psi_0 \cdot s_k = 1,35 \times 12 + 1,5 \times 24 + 0,75 \times 0,72\ =\ 52,74\ \text{kN/m}$$

On vérifie la solive en flexion uniaxiale, pour une poutre isostatique sur deux appuis :

$$M_{Ed} = \frac{q_u \cdot l^2}{8} = \frac{52,74 \times 2,1^2}{8} \approx 29,08\ \text{kN. m}$$

La vérification s'écrit $M_{Ed} \leq M_{pl_y,Rd} = \dfrac{W_{pl,y} . f_y}{\gamma_{M0}}$, pour un profilé en I de classe 1.

Soit un module plastique nécessaire : $W_{pl,y} \geq \dfrac{29,08 \times 10^3}{235} = 123,74\ \text{cm}^3$.

On retiendra donc un ***IPE 160, acier S 235*** ($W_{pl,y} = 123,9\ \text{cm}^3$).

On vérifie la résistance au cisaillement, pour une poutre isostatique sur deux appuis :

$$V_{Ed} = \frac{q_u \cdot l}{2} = \frac{52,74 \times 2,1}{2} \approx 55,38\ \text{kN}$$

Or : $V_{pl,Rd} = \dfrac{9,70 \times 23,5}{\sqrt{3}} \approx 131,61\ \text{kN}$, la résistance vis-à-vis de l'effort tranchant est donc bien vérifiée et nous avons bien $V_{Ed} \leq V_{pl,Rd}$.

De plus, on a : $V_{Ed}\ <\ \dfrac{V_{pl,Rd}}{2}$, il n'y a donc pas de vérification complémentaire à effectuer sous la combinaison du moment fléchissant et de l'effort tranchant (M_y et V_z).

On retiendra donc un ***IPE 160 en acier S 235*** vis-à-vis de l'ELU.

On vérifie à présent les conditions de flèche à l'ELS. La combinaison d'actions caractéristiques dimensionnantes à l'ELS s'écrit donc :

$$q_s\ =\ g_k + I_k + \psi_0 \cdot s_k\ =\ 12 + 24 + 0,5 \times 0,72\ =\ 36,36\ \text{kN/m}$$

L'expression de la flèche pour une poutre isostatique sur deux appuis chargée uniformément s'écrit :

$$f = \frac{5\ q_s \cdot l^4}{384\ E \cdot I_y} = \frac{5 \times 36,36 \times \left(2,1 \times 10^3\right)^4}{384 \times 210000 \times 869,3 \times 10^4} \approx 5,04\ \text{mm}$$

On a donc : $f\ <\ 25$ mm. La condition de sécurité à l'ELS est vérifiée.

On retiendra donc un profilé ***IPE 160 en acier S 235*** vis-à-vis de l'ELS.

8.4.4.2 Dimensionnement des poutres principales

On vérifie à présent le dimensionnement d'une poutre principale (en calcul élastique-plastique dans un premier temps). Les 2 poutres principales sont considérées comme des poutres continues uniformément chargées et sur 3 appuis. Elles sont espacées de 2,1 m pour une portée de 8 m.

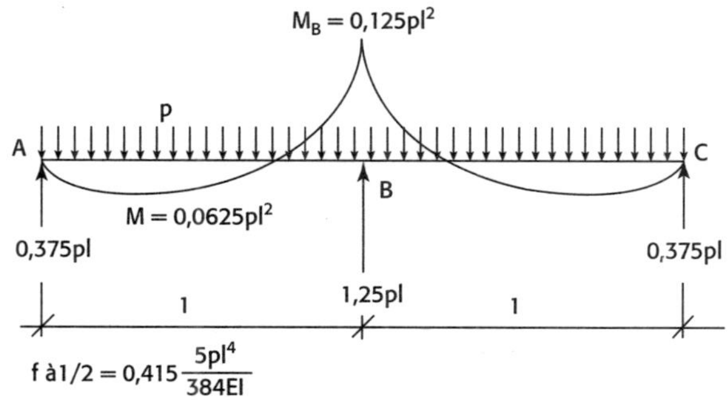

Figure 8.13 Formulaire de Résistance des Matériaux

Les charges caractéristiques appliquées sur une poutre sont donc :

- $g_k = 0{,}5 \times 7{,}5 \times 2{,}1 = 7{,}875$ kN/m,
- $I_k = 0{,}5 \times 15 \times 2{,}1 = 15{,}75$ kN/m,
- $s_k = 0{,}5 \times 0{,}45 \times 2{,}1 = 0{,}4725$ kN/m.

La combinaison d'actions fondamentales dimensionnantes à l'ELU s'écrit donc :

$$q_u = 1{,}35\, g_k + 1{,}5\, I_k + 1{,}5\, \psi_0 \cdot s_k = 1{,}35 \times 7{,}875 + 1{,}5 \times 15{,}75 + 0{,}75 \times 0{,}4725 = 34{,}61 \text{ kN/m}$$

Le moment maximum est atteint sur l'appui central et sa valeur est :

$$M_{Ed} = \frac{q_u \cdot l^2}{8} = \frac{34{,}61 \times 8^2}{8} \approx 276{,}885 \text{ kN. m}$$

La section droite des IPE normalisés (S 235 à S 355) étant de Classe 1, on considère qu'elle se comporte élastiquement en flexion uniaxiale pour un moment de calcul pouvant atteindre la valeur du moment théorique de plastification.

La sécurité s'écrit : $M_{Ed} \leq M_{pl_y,Rd} = \dfrac{W_{pl,y} \cdot f_y}{\gamma_{M_0}}$, pour un profilé en I de classe 1

Soit un module plastique nécessaire : $W_{pl,y} \geq \dfrac{276{,}885 \times 10^6}{235} = 1178{,}23.10^3 \text{ mm}^3$.

On retiendra donc un ***IPE 400 en acier S 235*** ($W_{pl,y}$ = 1307,1 cm^3).

On vérifie la résistance au cisaillement, au droit de l'appui central, pour une poutre hyperstatique sur trois appuis :

$$V_{Ed} = 0{,}625 \cdot q_u \cdot l = 0{,}625 \times 34{,}61 \times 8 \approx 173{,}05 \text{ kN}$$

Or : $V_{pl,Rd} = \dfrac{4270 \times 235}{\sqrt{3}} \approx 579{,}34$ kN, la résistance vis-à-vis de l'effort tranchant est donc bien vérifiée puisque $V_{Ed} \leq V_{pl,Rd}$.

De plus, on a : $V_{Ed} < \dfrac{V_{pl,Rd}}{2}$, il n'y a donc pas de vérification complémentaire à effectuer sous la combinaison du moment fléchissant et de l'effort tranchant (M_y et V_z).

On retiendra donc un ***IPE 400 en acier S 235*** vis-à-vis de l'ELU.

On vérifie à présent les conditions de flèche à l'ELS.

La combinaison d'actions caractéristiques dimensionnantes à l'ELS s'écrit donc :

$$q_s = g_k + I_k + \psi_0 \cdot s_k = 7{,}875 + 15{,}75 + 0{,}5 \times 0{,}4725 \sim 23{,}86 \text{ kN/m}$$

L'expression de la flèche maximale pour une poutre hyperstatique sur trois appuis chargée uniformément s'écrit :

$$f = 0{,}415 \times \frac{5\, q_s \cdot l^4}{384\, E \cdot I_y} = 0{,}415 \times \frac{5 \times 23{,}86 \times \left(8 \times 10^3\right)^4}{384 \times 210000 \times 23128{,}4 \times 10^4} \approx 10{,}87 \text{mm}$$

On a donc : $f < 25$ mm. La condition de sécurité à l'ELS est vérifiée. On retiendra donc un profilé ***IPE 400 en acier S 235.***

8.4.4.3 Détermination de la distribution de contrainte pour l'IPE 400 dans la section sollicitée par le moment maximal

Il s'agit ici de déterminer la distribution de contrainte pour l'IPE 400 en acier S 235, à l'ELU, dans la section sollicitée par le moment maximal M_{Ed} et d'expliciter $M_{el,y,Rd}$ et $M_{pl,y,Rd}$.

Le choix de l'IPE 400 en acier S 235 implique que la distribution de contraintes de flexion dans la section ne produit pas une plastification complète de la section puisque $M_{Ed} < M_{pl,y,Rd} = 307{,}16$ kN.m. D'autre part, on est capable de calculer $M_{el,y,Rd}$ correspondant au moment désignant la limite élastique du profilé :

$$M_{el,y,Rd} = \frac{W_{el,y} \cdot f_y}{\gamma_{M_0}} = \frac{1156{,}4 \cdot 10^{-6} \times 235 \times 10^6}{1{,}0} = 271{,}75 \text{ kN.m.}$$

On constate donc que $M_{el,y,Rd} < M_{Ed} < M_{pl,y,Rd}$. Par conséquent, dans le cas de l'ELU, le profil travaillerait en partie dans le domaine plastique pour les fibres les plus sollicitées et dans le domaine élastique pour les fibres les plus proches du centre de gravité ; on dit que la section travaille dans le régime élastique-plastique (voir figure 8.14).

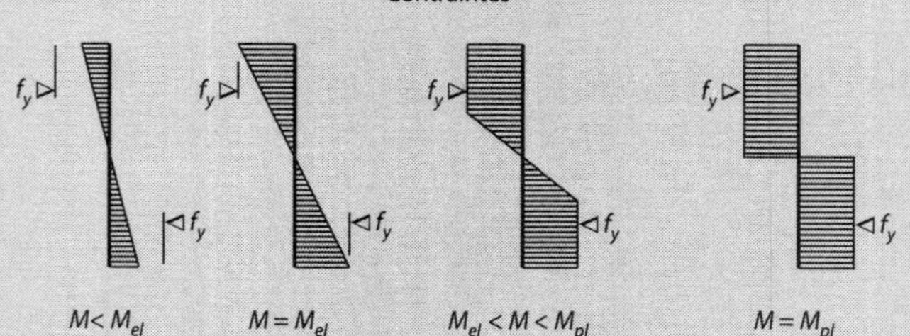

Figure 8.14 Les différentes distributions de contraintes dans le profilé

On se propose de déterminer à quelle cote se situe la transition entre la plasticité et l'élasticité sur l'IPE 400 S 235.

Nous savons que le moment maximal à l'ELU est $M_{Ed} = 276{,}89$ kN.m et qu'il va être repris par des fibres plastifiées et des fibres dont la contrainte est inférieure à 235 MPa. Supposons que la distribution de contraintes obéisse aux hypothèses suivantes (voir figure 8.15) :

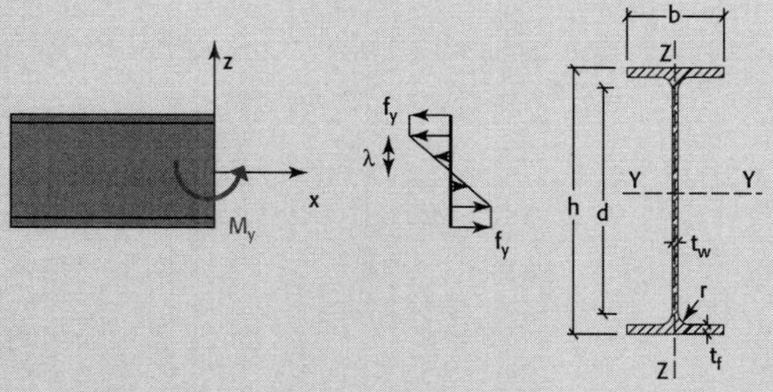

Figure 8.15 Distribution des contraintes supposée dans le profilé

On désigne par λ la cote de transition entre les deux comportements (supposés symétriques en compression et en traction). Dans ce cas, λ doit être inférieur à $(\frac{h}{2} - t_f)$, c'est la condition de respect de nos hypothèses.

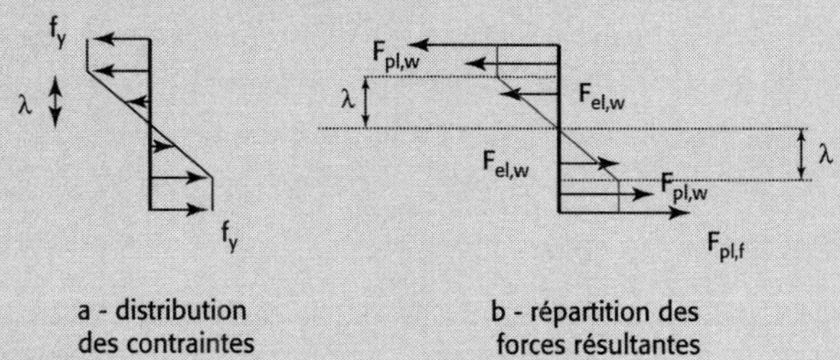

Figure 8.16 Distribution des contraintes et forces résultantes

La figure 8.16 représente les forces résultantes issues du profil de contrainte retenu dans nos hypothèses :

- $F_{pl,f}$ est la force résultante des fibres plastifiées dans la semelle
- $F_{pl,w}$ est la force résultante des fibres plastifiées dans l'âme.
- $F_{el,w}$ est la force résultante des fibres non-plastifiées dans l'âme.

Le moment résultant en G de ces forces doit être égal à M_{Ed} pour assurer l'équilibre de la section, ce qui donne l'équation suivante :

$$2F_{pl,f} \cdot \frac{1}{2}(h - t_f) + 2\, F_{pl,w} \cdot \frac{1}{2}\left[\left(\frac{h}{2} - t_f\right) + \lambda\right] + 2\, F_{el,w} \cdot \frac{2}{3}\lambda = M_{Ed}$$

Dans la formulation précédente les arrondis ont été négligés. Dans la zone élastique la distribution de contrainte est triangulaire, par conséquent le positionnement de la résultante $F_{pl,w}$ correspond à $\frac{2}{3}\lambda$.

En fonction de f_y, on peut déterminer l'intensité de chaque force résultante :

$$F_{pl,f} = b.\, t_f .\, f_y$$

$$F_{pl,w} = \frac{1}{2}\left[\left(\frac{h}{2} - t_f\right) - \lambda\right].\, t_w .\, f_y$$

$$F_{el,w} = \frac{t_w . \lambda . f_y}{2}$$

On en déduit donc les relations suivantes :

$$\frac{b \cdot t_f \cdot f_y}{2}(h - t_f) + \frac{1}{2}\left[\left(\frac{h}{2} - t_f\right) - \lambda\right] t_w \cdot f_y \left[\left(\frac{h}{2} - t_f\right) + \lambda\right] + \frac{t_w \cdot \lambda \cdot f_y}{2}\frac{2}{3}\lambda = \frac{M_{Ed}}{2}$$

$$\frac{b \cdot t_f \cdot f_y}{2}(h - t_f) + \frac{1}{2}\left[\left(\frac{h}{2} - t_f\right)^2 - \lambda^2\right] t_w \cdot f_y + \frac{t_w \cdot f_y \cdot \lambda^2}{3} = \frac{M_{Ed}}{2}$$

donc :

$$\lambda = \sqrt{\frac{-\frac{M_{Ed}}{2} + \frac{b \cdot t_f \cdot f_y}{2}(h - t_f) + \frac{1}{2}\left(\frac{h}{2} - t_f\right)^2 t_w \cdot f_y}{\frac{t_w\, f_y}{6}}}$$

L'application numérique donne une valeur $\lambda = 145$ mm (inférieure à $\frac{h}{2} - t_f = 186{,}5$ mm, condition de respect des hypothèses faites).

Par conséquent, 27,5 % de la hauteur du profilé est plastifiée pour l'ELU atteint, ce qui correspond à 70,48 % de la surface totale de la section.

Vérification en calcul élastoplastique

Une analyse globale plastique peut être effectuée car les conditions suivantes sont réunies :

- La section droite étant de Classe 1, elle peut être totalement plastifiée en flexion et supporter les rotations engendrées par un fonctionnement dans le domaine plastique : c'est une rotule plastique. On adopte un modèle de comportement élastique parfaitement plastique, ou élastique-plastique parfait, dans le cas présent, la poutre est maintenue latéralement par une solive à l'endroit où se formera la première rotule plastique, c'est à dire sur l'appui central.
- Le plan de chargement de flexion est le plan de symétrie du profil. Pour que la rotule plastique se forme il faut utiliser un profil de caractéristiques inférieures à celles d'un IPE 400, qui reste dans le domaine élastique. On choisira un IPE 360, acier S 235.

Parmi les différentes méthodes de calcul en plasticité (redistribution de 15 % au plus des moments, analyse cinématique, etc.) on appliquera ici la méthode pas à pas.

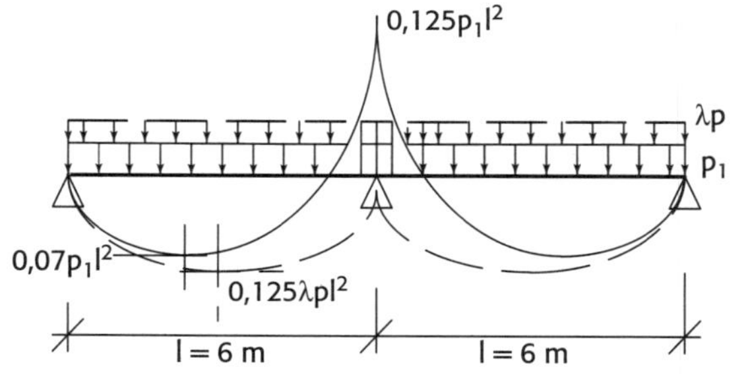

Figure 8.17 Moments fléchissant élastique et plastique

1er pas de calcul : recherche de p_1 à la limite du fonctionnement élastique

À la limite on a, sous p_1, $M_{Ed.p_1} = M_{pl_y.Rd} = \dfrac{1019,1\times 0,235}{1,0} = 239,488\,\text{kN.m}$, soit

$p_1 = 239,488/(0,125\times 8^2) = 29,936\ \text{kN/m}$

Une rotule plastique apparaît au milieu de la poutre sur l'appui central.

2e pas de calcul : fonctionnement plastique sous p_{ELU}

L'incrément de charge totale est : $\lambda p = p_{ELU} - p_1 = 34,61 - 29,936 = 4,674\ \text{kN/m}$

Cet incrément produit un incrément de moment $\lambda M = 4,674\times 8^2/8 = 37,39\ \text{kN/m}$, à mi-portée.

Sous $p_{ELU} = p_1 + \lambda p$, le moment de calcul maximum à mi-portée est peu différent de :

$$M_{Ed} = M_{y.p_1} + \lambda M = 0,07\times 29,936\ \times 8^2 + 37,39 = 171,5\ \text{kN.m}$$

L'IPE 360 convient donc puisque le moment de calcul M_{Ed}, en travée, est inférieur à la résistance de calcul au moment fléchissant $M_{pl_y,Rd}$.

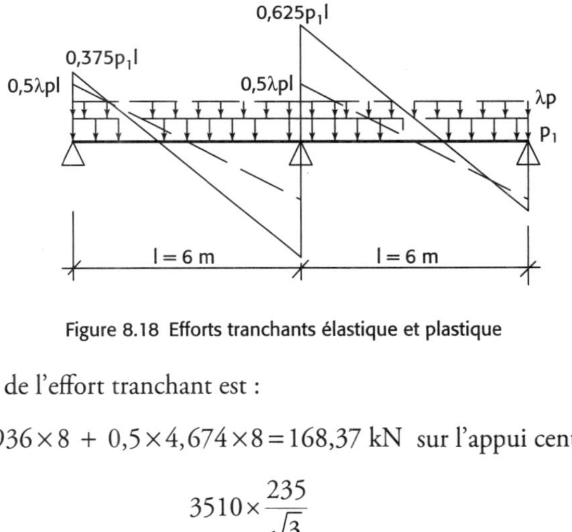

Figure 8.18 Efforts tranchants élastique et plastique

La valeur de calcul de l'effort tranchant est :

$V_{Ed} = 0,625\times 29,936\times 8\ +\ 0,5\times 4,674\times 8 = 168,37\ \text{kN}$ sur l'appui central.

La vérification s'écrit : $168,37\ \text{kN} \leq \dfrac{3510\times \dfrac{235}{\sqrt{3}}}{1,0} = 476,23\text{kN}.$

De plus V_{Ed} est inférieur à la moitié de la résistance plastique, il n'y a donc pas de vérification complémentaire à effectuer sous la combinaison du moment fléchissant et de l'effort tranchant (M_y et V_z).

L'***IPE 360 en acier S 235*** convient à l'ELU.

Sous le chargement ELS, $p_{ELS} = 2386\ \text{N/m}$, le moment maximum est $M_{ELS} = \dfrac{23,86\times 8^2}{8} = 190,9\ \text{kN.m}$. La contrainte de flexion maximum est alors $\sigma_f = \dfrac{M_{ELS}}{W_{el,y}} = \dfrac{190\,900\times 10^3}{903,6\times 10^3} = 211\ \text{MPa}$ si on considère un comportement en régime élastique. Or, $211 < f_y = 235\ \text{MPa}$, donc, à l'ELS, le comportement est bien élastique.

L'expression de la flèche maximale pour une poutre hyperstatique sur trois appuis chargée uniformément s'écrit alors :

$$f = 0,415 \times \frac{5\, p_{ELS} \cdot l^4}{384\, E \cdot I_y} = 0,415 \times \frac{5 \times 2386 \times 10^{-2} \times \left(8 \times 10^3\right)^4}{384 \times 210000 \times 16265,6 \times 10^4} \approx 15,46 \text{ mm.}$$

On a donc : $f < 25$ mm, la condition de sécurité à l'ELS est vérifiée.

En conclusion, un ***IPE 360 en acier S 235*** respecte bien toutes les conditions de vérification.

8.5 Flexion bi-axiale ou flexion déviée

8.5.1 Vérification

La vérification concernant la flexion déviée n'apparaît pas explicitement dans l'EN 1993-1-1 mais elle est intégrée à la Clause concernant la combinaison « Flexion et effort normal » (EN 1993-1-1, § 6.2.9). Pour vérifier une section en flexion déviée, en l'absence d'effort tranchant, il suffit donc de déterminer les différentes valeurs de calcul correspondant au cas où l'effort normal est nul.

Pour vérifier la résistance à la flexion déviée des sections de Classe 1 ou 2 (EN 1993-1-1, § 6.2.9.1 (6)), il faut, en premier lieu, évaluer la résistance plastique suivant les deux directions y et z, soit $M_{pl.y.Rd}$ et $M_{pl.z.Rd}$.

La vérification est alors la suivante :

$$\left(\frac{M_{y,Ed}}{M_{pl,y,Rd}}\right)^{\alpha} + \left(\frac{M_{z,Ed}}{M_{pl,z,Rd}}\right)^{\beta} \leq 1$$

où α et β dépendent de la nature des éléments étudiés :

- sections en I ou en H : $\alpha = 2$ et $\beta = 1$,
- profils creux rectangulaires : $\alpha = \beta = 1,66$,

Pour les sections de Classe 3 et 4 (EN 1993-1-1, § 6.2.9.2), il convient que la contrainte longitudinale maximale satisfasse le critère suivant :

$$\sigma_{x.Ed} \leq \frac{f_y}{\gamma_{M0}}$$

où $\sigma_{x.Ed}$ est la valeur de calcul de la contrainte longitudinale locale due à la combinaison des moments suivants les deux axes principaux y et z en prenant en compte les trous de fixation éventuels.

Pour les sections de Classe 3, on peut également utiliser la formule enveloppe suivante:

$$\frac{M_{y,Ed}}{W_{el,y,min}} + \frac{M_{z,Ed}}{W_{el,z,min}} \leq \frac{f_y}{\gamma_{M0}}$$

et pour les sections de Classe 4 la formule enveloppe :

$$\frac{M_{y,Ed}}{W_{eff,y,min}} + \frac{M_{z,Ed}}{W_{eff,z,min}} \leq \frac{f_y}{\gamma_{M0}}$$

avec $W_{eff,min}$, module élastique minimal de la section efficace, la section transversale étant supposée uniquement soumise à un moment fléchissant suivant l'axe considéré (y ou z).

8.5.2 Application

On se propose de calculer la panne de couverture, sur laquelle ont été calculées les actions caractéristiques au chapitre 4.3 (Descente des charges – Cas des pannes de couverture).

Elle repose, en appuis simples, sur les traverses de portiques espacés de 6 mètres. Elle est munie d'un lien de panne à mi-portée, dans le sens du versant de la couverture.

Les actions caractéristiques sont résumées à la figure 8.19.

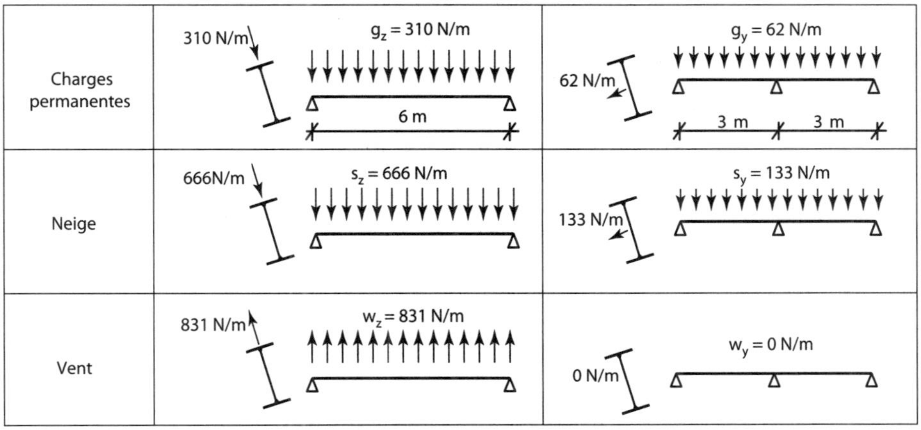

Figure 8.19 Actions caractéristiques sur la panne

Combinaison d'actions la plus défavorable, calcul des sollicitations M_y et M_z

La combinaison fondamentale d'actions la plus défavorable correspond à 1,35 G + 1,5 S. Les composantes selon les axes z et y sont les suivantes :

$$p_z = 1{,}35 \times 310 + 1{,}5 \times 666 = 1417{,}5\ \text{N/m}$$
$$p_y = 1{,}35 \times 62 + 1{,}5 \times 133 = 283{,}2\ \text{N/m}$$

(on pourra vérifier que toutes les autres combinaisons donnent des valeurs inférieures à la fois pour p_z et pour p_y).

La section la plus sollicitée sous moment fléchissant, sous p_z, est la section située à mi-longueur de la panne. Il en est de même sous p_y. La section à vérifier sera donc celle-ci.

Le calcul des sollicitations et de $M_{z,Ed}$ à mi-longueur est donné à la figure 8.20.

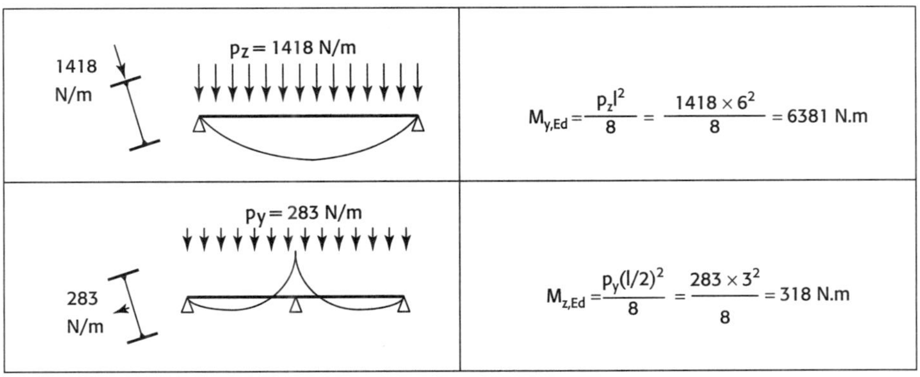

Figure 8.20 Sollicitations et moment $M_{z,Ed}$ à mi-longueur

Vérification à l'ELU

Le profil choisi initialement dans le calcul des actions sur la panne est un IPE 100 (poids au mètre 81 N/m). L'IPE 100, en acier S 235, est de Classe 1 sous M_y et sous M_z donc en Classe 1 sous M_y et M_z. La sécurité à l'ELU en flexion déviée s'écrit alors :

$$\left(\frac{M_{y,Ed}}{M_{pl,y,Rd}}\right)^{\alpha} + \left(\frac{M_{z,Ed}}{M_{pl,z,Rd}}\right)^{\beta} \leq 1$$

$$\text{soit, } \left(\frac{6381}{39,4\times10^{-6}\times235\times10^{6}}\right)^{2} + \left(\frac{318}{9,1\times10^{-6}\times235\times10^{6}}\right)^{1} = 0,475 + 0,149 = 0,624$$

La sécurité est donc vérifiée. Le profil IPE 100 convient à l'ELU.

8.6 Flexion et effort normal

8.6.1 Sections transversales de Classes 1 et 2

Il convient de ne pas oublier que la combinaison moment fléchissant et effort axial peut induire des instabilités de flambement et de déversement (voir chapitre 9). Lorsqu'il existe un effort normal, il convient de prendre en compte son incidence sur le moment résistant plastique.

En l'absence d'effort tranchant et pour les sections transversales de Classes 1 et 2, le critère suivant doit être vérifié :

$$M_{Ed} \leq M_{N,Rd} \tag{8.29}$$

où $M_{N,Rd}$ est le moment résistant plastique de calcul réduit par l'effort normal N_{Ed}.

Pour les sections comportant des semelles, l'Eurocode 3 considère que la réduction du moment plastique, due à la présence d'un effort normal faible, est compensée par l'écrouissage de l'acier et peut ainsi être négligée. Lorsque l'effet de l'effort normal mobilise la moitié de la résistance plastique de l'âme à la traction ou le quart de celle de la section transversale complète, il n'est plus possible de faire cette hypothèse et la section doit être vérifiée en flexion composée. Ces hypothèses sont mises en évidence par les courbes réelles d'interaction données dans les figures 8.21 et 8.22 [5].

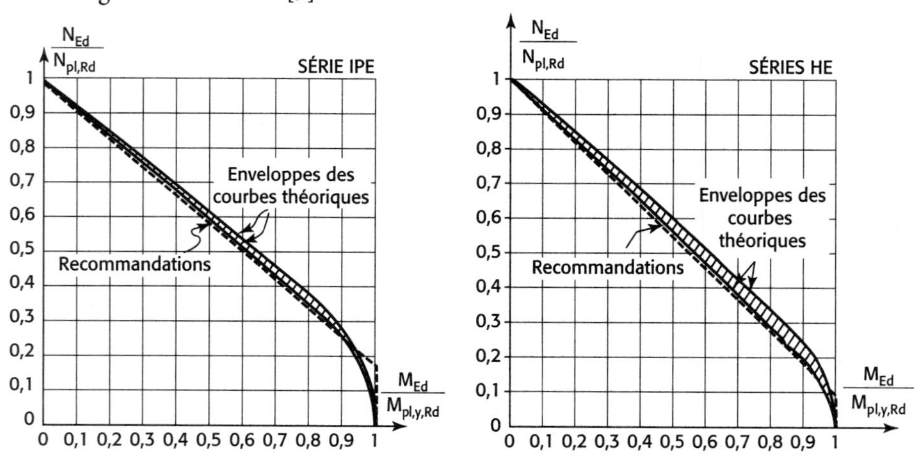

Figure 8.21 Interaction Effort normal - Moment fléchissant / axe y-y

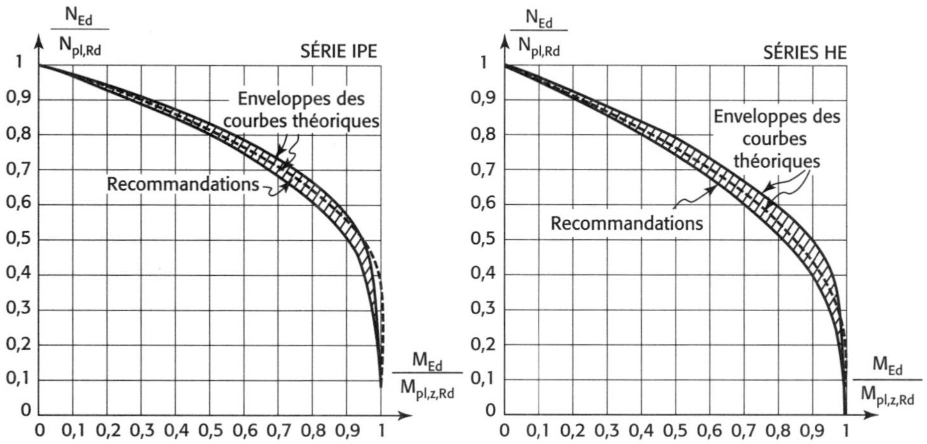

Figure 8.22 Interaction Effort normal - Moment fléchissant / axe z-z

En posant $n = \dfrac{N_{Ed}}{N_{pl,Rd}}$, rapport de l'effort normal de calcul sur la résistance plastique de calcul, et en posant également $a = \dfrac{A - 2.\, b.\, t_f}{A}$ (rapport de l'aire de l'âme sur l'aire totale du profilé) avec la condition $a \leq 0,5$, on obtient les expressions données ci-après.

Pour une section pleine rectangulaire sans trou d'élément de fixation, il convient de calculer $M_{N,Rd}$ par la relation suivante :

$$M_{N,Rd} = M_{pl,Rd}\left[1 - \left(\frac{N_{Ed}}{N_{pl,Rd}}\right)^2\right] \tag{8.30}$$

La vérification s'écrit alors :

$$\frac{M_{Ed}}{M_{pl,Rd}} + \left(\frac{N_{Ed}}{N_{pl,Rd}}\right)^2 \leq 1$$

Pour les sections bi-symétriques en I ou H et autres sections bi-symétriques à semelles, il n'est pas nécessaire de considérer l'effet de l'effort normal sur le moment résistant plastique autour de l'axe y-y lorsque les deux critères suivants sont satisfaits :

$$N_{Ed} \leq 0,25\, N_{pl,Rd} \tag{8.31}$$

$$N_{Ed} \leq \frac{0,5\, h_w \cdot t_w \cdot f_y}{\gamma_{M_0}} \tag{8.32}$$

Pour les sections bi-symétriques en I ou H, il n'est pas nécessaire de considérer l'impact de l'effort normal sur le moment résistant plastique autour de l'axe z-z lorsque :

$$N_{Ed} \leq \frac{h_w \cdot t_w \cdot f_y}{\gamma_{M_0}} \tag{8.33}$$

Dans le cas des profils en I ou H laminés courants et des sections en I ou H soudées à semelles égales, **fléchies selon l'axe fort**, les approximations suivantes peuvent être utilisées pour les sections transversales où les trous d'éléments de fixation n'ont pas à être pris en compte :

$$M_{N,y,Rd} = M_{pl,y,Rd}\left(\frac{1-n}{1-0,5a}\right) \text{ mais } M_{N,y,Rd} \leq M_{pl,y,Rd} \quad (8.34)$$

Cette condition est représentée sur le diagramme de la figure 8.23. On remarque que d'après la condition précédente, l'influence de l'effort normal est négligée tant que : $M_{N,y,Rd} \leq M_{pl,y,Rd}$, soit $1 \leq \left(\frac{1-n}{1-0,5a}\right)$, ce qui s'écrit finalement : $N_{Ed} < 0,5 \cdot a \cdot N_{pl,Rd}$.

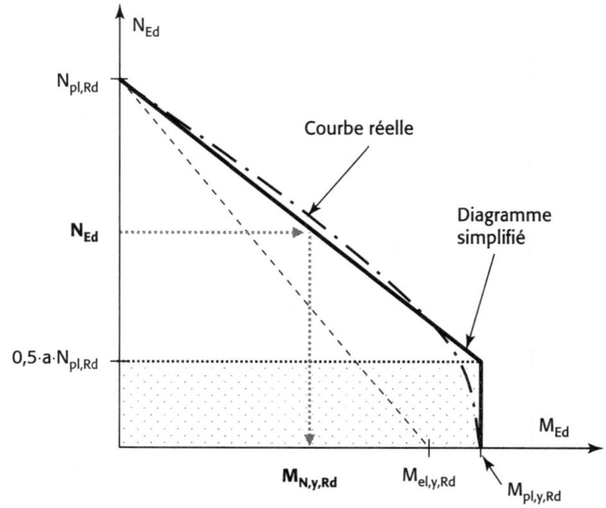

Figure 8.23 Diagramme simplifié retenu pour les sections en I ou en H fléchies selon l'axe fort

Pour les sections en I ou en H **fléchies selon l'axe faible** :

- pour $n \leq a$:

$$M_{N,z,Rd} = M_{pl,z,Rd} \quad (8.35)$$

- pour $n > a$:

$$M_{N,z,Rd} = M_{pl,z,Rd}\left[1-\left(\frac{n-a}{1-a}\right)^2\right] \quad (8.36)$$

où :

- $n = \frac{N_{Ed}}{N_{pl,Rd}}$
- $a = \frac{A-2bt_f}{A}$ mais $a \leq 0,5$.

Dans le cas des profils creux rectangulaires d'épaisseur uniforme et des sections en caisson soudées à ailes égales et à âmes égales, les approximations suivantes peuvent être employées pour les sections transversales où les trous d'éléments de fixation n'ont pas à être pris en compte :

$$M_{N,y,Rd} = M_{pl,y,Rd}\left(\frac{1-n}{1-0,5a_w}\right) \text{ mais } M_{N,y,Rd} \leq M_{pl,y,Rd} \quad (8.37)$$

$$M_{N,z,Rd} = M_{pl,z,Rd}\left(\frac{1-n}{1-0,5a_f}\right) \text{ mais } M_{N,z,Rd} \leq M_{pl,z,Rd} \quad (8.38)$$

où :

- $a_w = (A\text{-}2\,b \cdot t)/A$ mais $a_w \leq 0{,}5$ pour les sections creuses,
- $a_w = (A\text{-}2\,b \cdot t_f)/A$ mais $a_w \leq 0{,}5$ pour les sections en caisson soudées,
- $a_f = (A\text{-}2\,h \cdot t)/A$ mais $a_f \leq 0{,}5$ pour les sections creuses,
- $a_f = (A\text{-}2\,h \cdot t_w)/A$ mais $a_f \leq 0{,}5$ pour les sections en caisson soudées.

8.6.2 Sections transversales de Classes 3 et 4

Pour les sections transversales de Classe 3, en l'absence d'effort tranchant, il s'agit de vérifier (EN 1993-1-1, § 6.2.9.2) que la contrainte longitudinale maximale remplit la condition :

$$\sigma_{x,Ed} \leq \frac{f_y}{\gamma_{M_0}} \tag{8.39}$$

où $\sigma_{x,Ed}$ est la valeur de calcul de la contrainte longitudinale locale due au moment et à l'effort normal, en prenant en compte les trous d'éléments de fixation le cas échéant.

Soit encore :
$$\frac{N_{Ed}}{A\,\frac{f_y}{\gamma_{M_0}}} + \frac{M_{y,Ed}}{W_{el,y,min}\,\frac{f_y}{\gamma_{M_0}}} + \frac{M_{z,Ed}}{W_{el,z,min}\,\frac{f_y}{\gamma_{M_0}}} \leq 1$$

qui correspond, bien sûr, à une vérification en élasticité.

Pour les sections transversales de Classe 4, en l'absence d'effort tranchant et comme précédemment, il s'agit de vérifier (EN 1993-1-1, § 6.2.9.3) que la contrainte longitudinale satisfait la condition suivante:

$$\sigma_{x,Ed} \leq \frac{f_y}{\gamma_{M_0}} \tag{8.40}$$

calculée en utilisant les largeurs efficaces des parois comprimées. Soit la relation :

$$\frac{N_{Ed}}{A_{eff}\,\frac{f_y}{\gamma_{M_0}}} + \frac{M_{y,Ed} + N_{Ed}\,e_{Ny}}{W_{eff,y,min}\,\frac{f_y}{\gamma_{M_0}}} + \frac{M_{z,Ed} + N_{Ed}\,e_{Nz}}{W_{eff,z,min}\,\frac{f_y}{\gamma_{M_0}}} \leq 1$$

où : e_N est le décalage d'axe neutre selon l'axe de flexion considéré en supposant la section transversale soumise à la seule compression.

Pour la flexion biaxiale combinée avec un effort normal, le critère suivant peut être utilisé :

$$\left[\frac{M_{y,Ed}}{M_{N,y,Rd}}\right]^{\alpha} + \left[\frac{M_{z,Ed}}{M_{N,z,Rd}}\right]^{\beta} \leq 1 \tag{8.41}$$

où :

α et β sont des constantes dépendantes de la nature des éléments étudiés, et pouvant être prises en toute sécurité égales à l'unité, et sinon de la façon suivante :

- sections en I ou H,

$$\alpha = 2,\ \beta = 5\,n \text{ mais avec } \beta \geq 1$$

- sections creuses circulaires,

$$\alpha = 2,\ \beta = 2$$

- sections creuses rectangulaires,

$$\alpha = \beta = \frac{1{,}66}{1 - 1{,}13n^2} \text{ tout en respectant : } \alpha \leq 6 \text{ et } \beta \leq 6$$

où dans tous les cas : $n = \frac{N_{Ed}}{N_{pl,Rd}}$.

8.6.3 Organigramme de vérification des sections en flexion composée

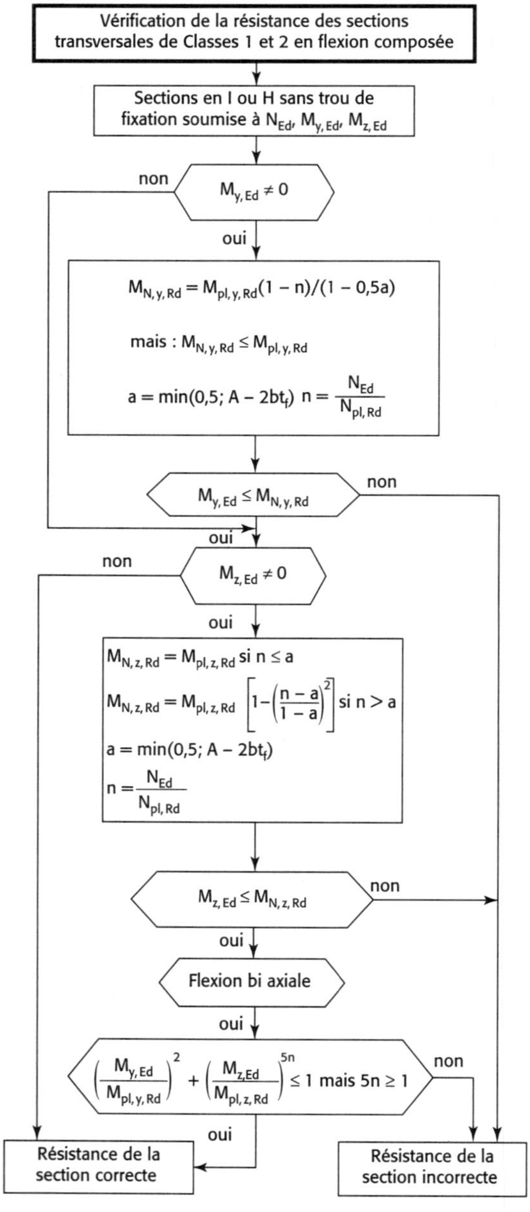

8.6.4 Exemple

Vérifier la résistance de la section ([6]) d'un **IPE 360** de nuance **S 235** soumis aux sollicitations suivantes :

$N_{Ed} = 800$ kN (compression) ; $M_{y,Ed} = 50$ kN.m ; $M_{z,Ed} = 35$ kN.m.

Une paroi comprimée a été choisie pour se situer d'emblée dans le cas le plus défavorable.

On rappelle les caractéristiques d'une section **IPE 360** :

$h = 360$ mm, $b = 170$ mm

$t_w = 8{,}0$ mm, $t_f = 12{,}7$ mm

$r = 18$ mm, $h_w = 298{,}6$ mm

$A = 72{,}73$ cm^2

$I_y = 16270$ cm^4, $I_z = 1043$ cm^4

$W_{el,y} = 903{,}6$ cm^3, $W_{el,z} = 122{,}8$ cm^3

$W_{pl,y} = 1019{,}1$ cm^3, $W_{pl,z} = 191{,}1$ cm^3

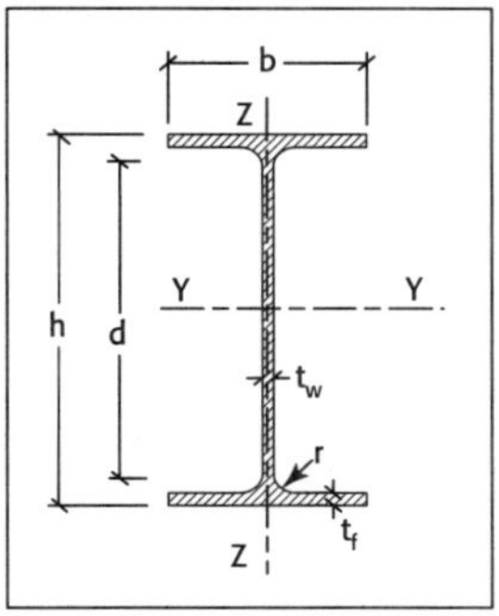

Détermination de la classe de résistance

Semelle comprimée (paroi en console comprimée)

$$\frac{c}{t} = \frac{(170 - 8 - 2 \times 18)/2}{12{,}7} = \frac{63}{12{,}7} = 4{,}96 \leq 9\ \varepsilon \qquad \Rightarrow \text{Classe 1 (S 235)}$$

Âme (paroi interne comprimée)

$$\frac{c}{t} = \frac{298{,}6}{8} = 37{,}3 \leq 38\ \varepsilon \qquad \Rightarrow \text{Classe 2 (S 235)}$$

La section étudiée est donc de classe 2.

Vérification simplifiée à partir du critère d'interaction linéaire

$$\left(\frac{N_{Ed}}{N_{Rd}}\right) + \left(\frac{M_{y,Ed}}{M_{y,Rd}}\right) + \left(\frac{M_{z,Ed}}{M_{z,Rd}}\right) \leq 1 \qquad (8.2)$$

$$N_{pl,Rd} = \frac{A.f_y}{\gamma_{M_0}} = \frac{7273 \times 235}{1} = 1709{,}2 \text{ kN}$$

$$M_{y,Rd} = M_{pl,y,Rd} = \frac{W_{pl,y}.f_y}{\gamma_{M_0}} = \frac{1019.10^{-6} \times 235.10^{6}}{1} = 239{,}5 \text{ kN.m}$$

$$M_{z,Rd} = M_{pl,z,Rd} = \frac{W_{pl,z}.f_y}{\gamma_{M_0}} = \frac{191{,}1.10^{-6} \times 235.10^{6}}{1} = 44{,}9 \text{ kN.m}$$

Vérification : $\dfrac{800}{1709{,}2} + \dfrac{50}{239{,}5} + \dfrac{35}{44{,}9} = 0{,}47 + 0{,}21 + 0{,}78 = 1{,}46 \geq 1$

Le critère simplifié n'est donc pas vérifié.

Vérification à partir du critère d'interaction défini en (8.41)

$$\left[\frac{M_{y,Ed}}{M_{N,y,Rd}}\right]^{\alpha}+\left[\frac{M_{z,Ed}}{M_{N,z,Rd}}\right]^{\beta}\leq 1 \qquad (8.41)$$

Calcul de $M_{N,y,Rd}$:

$$n=\frac{N_{Ed}}{N_{pl,Rd}}=\frac{800}{1709{,}1}=0{,}468$$

$$a=\frac{A-2b.t.f}{A}=0{,}406\leq 0{,}5$$

$$n\geq 0{,}25 \text{ et } N_{Ed}=800\text{ kN }\geq\frac{0{,}5\,h_w\cdot b_w\cdot f_y}{\gamma_{M_0}}=\frac{0{,}5\times 298{,}6\times 8\times 235}{1{,}0}=280{,}7\text{ kN}$$

Il convient donc de tenir compte de l'incidence de l'effort normal sur le moment plastique autour de l'axe y-y :

$$M_{N,y,Rd}=M_{pl,y,Rd}\frac{1-n}{1-0{,}5a}\leq M_{pl,y,Rd}$$

$$M_{N,y,Rd}=239{,}5\frac{1-0{,}468}{1-0{,}5\times 0{,}406}=159{,}85\text{ kN.m}$$

Calcul de $M_{N,z,Rd}$:

$$n\ \geq a \text{ et } N_{Ed}=800\text{ kN }\geq\frac{h_w\cdot b_w\cdot f_y}{\gamma_{M_0}}=\frac{298{,}6\times 8\times 235}{1{,}0}=561{,}4\text{ kN}$$

Il convient donc également de tenir compte de l'incidence de l'effort normal sur le moment plastique autour de l'axe z-z :

$$M_{N,z,Rd}=M_{pl,z,Rd}\left[1-\left(\frac{n-a}{1-a}\right)^2\right]=44{,}9\left[1-\left(\frac{0{,}468-0{,}406}{1-0{,}406}\right)^2\right]=44{,}4\text{ kN.m}$$

Une première vérification simplifiée peut être faite en adoptant : $\alpha=\beta=1$:

$$\frac{50}{159{,}85}+\frac{35}{44{,}4}=1{,}1$$

Ce critère n'est donc pas non plus vérifié.

Une seconde vérification est alors proposée en adoptant : $\alpha = 2$, $\beta = 5$ $n = 2,34 \geq 1$:

$$\left(\frac{50}{159,85}\right)^2 + \left(\frac{35}{44,4}\right)^{2,34} = 0,67 \leq 1$$

Le critère est donc vérifié.

Les deux formes de critères linéarisés proposées à titre de simplification apparaissent pour l'exemple traité ici comme très conservatifs.

8.7 Flexion, cisaillement et effort normal

8.7.1 Vérification

En présence d'un effort tranchant et d'un effort normal, il est nécessaire de prendre en compte l'effet de ces deux sollicitations sur le moment résistant.

A condition que la valeur de calcul V_{Ed} de l'effort tranchant n'excède pas 50 % de la résistance au cisaillement plastique de calcul $V_{pl,Rd}$, il n'est pas utile de réduire les résistances définies pour la combinaison flexion et effort normal, sauf lorsque le voilement par cisaillement réduit la résistance de la section, voir l'EN 1993-1-5.

Lorsque V_{Ed} excède 50 % de $V_{pl,Rd}$, il convient de calculer la résistance de calcul de la section transversale aux combinaisons de moment et d'effort normal en utilisant pour l'aire de cisaillement une limite d'élasticité réduite :

$$(1-\rho)f_y \tag{8.42}$$

où :

$$\rho = \left(\frac{2V_{Ed}}{V_{pl,Rd}} - 1\right)^2 \tag{8.43}$$

et $V_{pl,Rd}$ est calculé d'après (8.20).

8.7.2 Organigramme de vérification des sections en flexion composée avec interaction de cisaillement

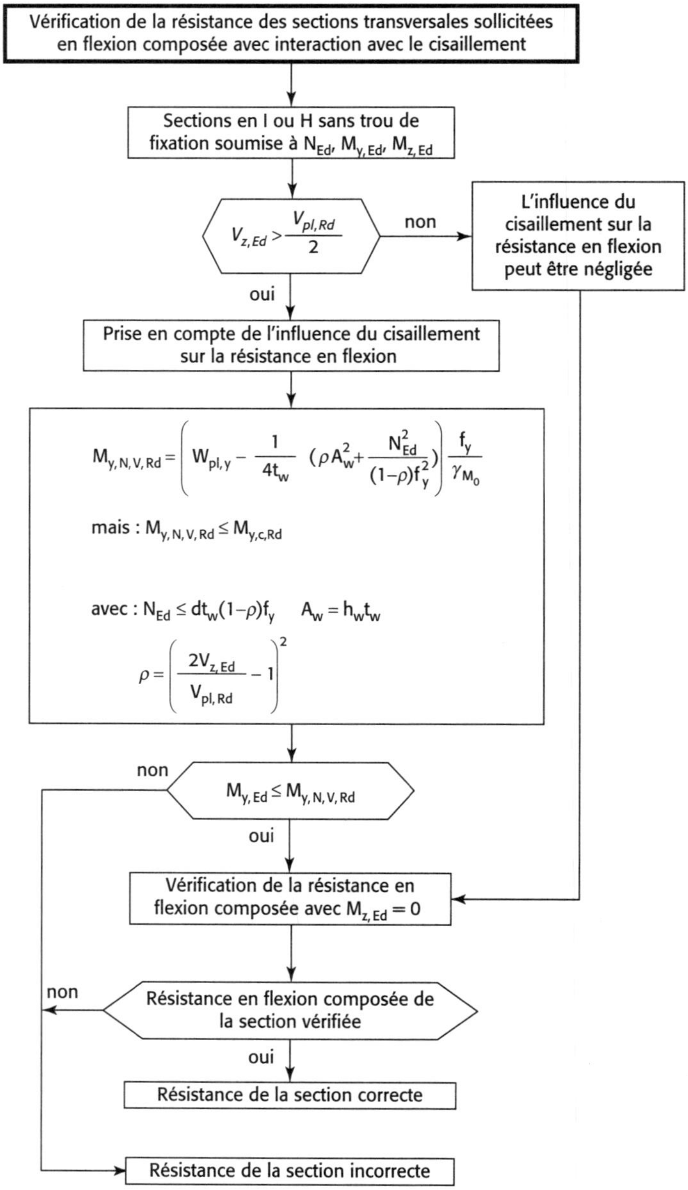

8.8 Torsion

Pour les barres soumises à une torsion et pour lesquelles les déformations distorsionnelles peuvent être négligées, il convient de s'assurer que la valeur de calcul du moment de torsionT_{Ed}, au niveau de chaque section transversale, satisfait la relation :

$$\frac{T_{Ed}}{T_{Rd}} \leq 1 \tag{8.44}$$

où T_{Rd} est la résistance de calcul de la section à la torsion.

Il faut considérer le moment de torsion total T_{Ed} dans toute section transversale comme la somme de deux effets internes :

$$T_{Ed} = T_{t,Ed} + T_{w,Ed} \tag{8.45}$$

où :

- $T_{t,Ed}$ est le moment de torsion de Saint-Venant,
- $T_{w,Ed}$ est le moment de torsion non uniforme (gauchissement).

Les valeurs de $T_{t,Ed}$ et $T_{w,Ed}$ dans toute section transversale peuvent être calculées à partir de T_{Ed} par une analyse élastique, en prenant en compte les propriétés de section de la barre, les conditions d'encastrement au niveau des appuis et la distribution des actions sur la longueur de la barre.

Comme simplification, on peut supposer que les effets du gauchissement par torsion peuvent être négligés dans le cas d'une barre possédant une section transversale creuse fermée, telle qu'un profil creux de construction. De même, on peut admettre comme simplification que les effets de torsion de Saint-Venant peuvent être négligés dans le cas d'une barre possédant une section transversale ouverte, telle qu'un profil en I ou H.

Pour le calcul de la résistance T_{Rd} des sections creuses fermées, il convient de déterminer la résistance de calcul au cisaillement de chaque paroi de section conformément à l'EN 1993-1-5.

Dans le cas de combinaison d'effort tranchant et de moment de torsion, il faut réduire la résistance plastique au cisaillement de $V_{pl,Rd}$ à $V_{pl,T,Rd}$ pour prendre en compte les effets de la torsion, et il convient que l'effort tranchant de calcul soit tel que :

$$\frac{V_{Ed}}{V_{pl,T,Rd}} \leq 1 \tag{8.46}$$

où $V_{pl,T,Rd}$ peut être déterminé à partir des expressions suivantes :

- pour une section en I ou H,

$$V_{pl,T,Rd} = \sqrt{1 - \frac{\tau_{t,Ed}}{1,25 \times (f_y / \sqrt{3}) / \gamma_{M_0}}} V_{pl,Rd} \tag{8.47}$$

- pour une section en U,

$$V_{pl,T,Rd} = \left[\sqrt{1 - \frac{\tau_{t,Ed}}{1,25 \times (f_y/\sqrt{3})/\gamma_{M_0}}} - \frac{\tau_{w,Ed}}{(f_y/\sqrt{3})/\gamma_{M_0}}\right] V_{pl,Rd} \qquad (8.48)$$

- pour un profil creux de construction,

$$V_{pl,T,Rd} = \left[1 - \frac{\tau_{t,Ed}}{(f_y/\sqrt{3})/\gamma_{M_0}}\right] V_{pl,Rd} \qquad (8.49)$$

où $V_{pl,Rd}$ est donné en (8.20).

8.9 Références bibliographiques

[1] V.H. COCHRANE – Rules for rivets holes deductions in tension members. *Engineering News-Record*, n°89, novembre 1922.

[2] E. FOURNELY – Résistances des sections : exemples de calcul, *Séminaire national de présentation et d'application des Eurocodes à la Construction Métallique*. St-Sauves, mars 2008.

[3] Y. DELOS – Applications Eurocode 3, *les Cahiers de l'APK n°13*, ISSN 1253-9163, mai 1998.

[4] P. LEQUIEN – Modules plastiques de sections courantes. *Construction Métallique*, n°4, 1990.

[5] Y. LESCOUARC'H – Capacité de résistance d'une section soumise à divers types de sollicitations. *Construction Métallique*, n°2, 1977.

[6] A. LACHAL – Résistances des sections : exemples de calcul, *Séminaire national de présentation et d'application des Eurocodes à la Construction Métallique*. St-Sauves, mars 2008.

[7] P. LEQUIEN – Organigrammes de vérification de la résistance des sections et des éléments à section en I. *Construction Métallique*, n°4, 1993.

[8] J.P. MUZEAU - Cours de Construction Métallique. Polytech'Clermont-Ferrand, 2010.

CHAPITRE 9

Résistance des barres

Résumé

Ce chapitre traite des vérifications de résistance des barres aux instabilités, c'est-à-dire, successivement, le flambement (§ 9.1), dû à l'action d'une compression axiale, le déversement (§ 9.2) qui se développe sous l'action d'un moment fléchissant, la combinaison de ces deux instabilités susceptible de se produire sous l'action d'une flexion composée (§ 9.3) et le voilement (§ 9 .4) dû à une sollicitation d'effort tranchant.

La ruine des barres par instabilité élastique peut être vérifiée par une prise en compte du phénomène lors de l'analyse globale en tenant compte des imperfections et éventuellement des effets du second ordre s'ils ont un effet significatif. L'Eurocode 3 offre la possibilité de vérifier globalement la stabilité d'une structure ou de vérifier la stabilité de chaque barre. Cette dernière possibilité permet de faire certains calculs à la main mais elle implique par ailleurs de choisir et d'utiliser des modélisations de la barre et de ses attaches dans le contexte de la structure étudiée.

9.1 Barres uniformes[1] comprimées

9.1.1 Généralités sur le flambement par flexion

Les barres comprimées constitutives d'une structure métallique sont soumises au flambement par flexion lorsqu'elles sont suffisamment élancées.

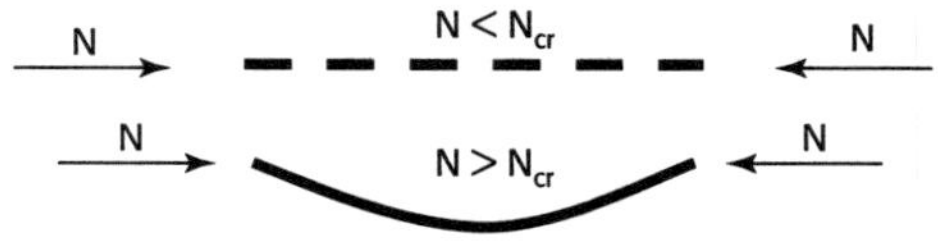

Figure 9.1.1 Phénomène de flambement

Cette instabilité élastique se produit lorsque la charge axiale de compression N sur une barre initialement rectiligne dépasse une valeur critique N_{cr} (figure 9.1.1) au-dessus de laquelle une légère augmentation de N engendre une forte augmentation de la flèche (figure 9.1.2) ce qui conduit à une plastification des sections déplacées et une ruine de la barre.

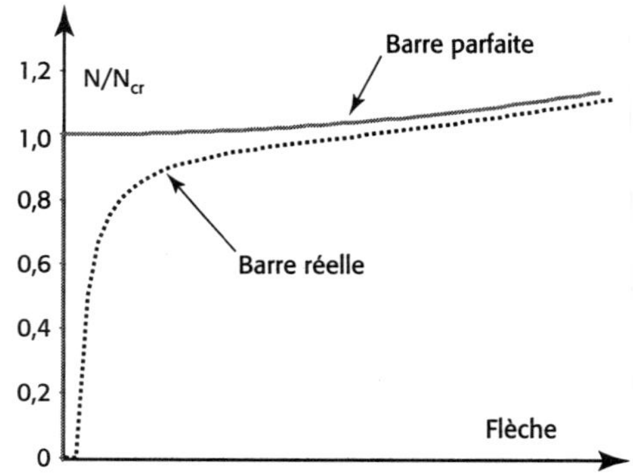

Figure 9.1.2 Rapport de charges critiques pour une barre comprimée de rectitude initiale parfaite et pour une barre comportant une flèche ou une courbure initiale (pointillés).

La non-linéarité du comportement d'une barre élancée réelle, donc imparfaite, sous charge axiale rend sa vérification plus complexe qu'une barre parfaite simplement comprimée. En effet, les défauts de rectitude de la barre, l'excentricité du chargement, les contraintes résiduelles et le changement de forme de la section initiale sont autant d'imperfections qui influent sur la stabilité d'une barre comprimée élancée. On constate sur la figure 9.1.2 qu'une barre initialement très légèrement courbée garde une flèche raisonnable pour une charge axiale nettement inférieure à la charge critique N_{cr}. Cette charge critique est déterminée par l'étude statique dans le plan x-y d'une barre comprimée élastique de longueur L, parfaitement bi-articulée, caractérisée par son moment d'inertie quadratique I_z et son module d'Young E (figure 9.1.3). Le flambement dans un autre plan que celui de la structure plane considérée est appelé flambement hors plan.

1. *Une barre uniforme est une barre de section constante sur toute sa longueur.*

À la charge critique, l'équilibre stable de la barre rectiligne se trouve à sa limite et il existe une configuration légèrement déformée de la barre dans le plan x-y qui peut aussi satisfaire l'équilibre (figure 9.1.3).

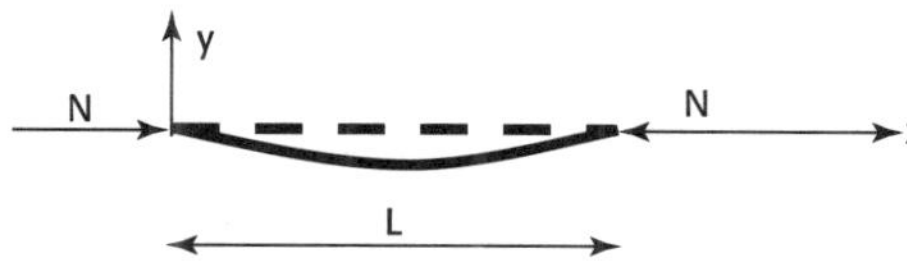

Figure 9.1.3 Paramétrage et modélisation de la barre flambée

Dans le cas d'une barre parfaite, la charge critique s'obtient de la manière suivante avec n entier quelconque :

$$N_{cr,n} = \frac{n^2 \cdot \pi^2 \cdot E \cdot I_z}{L^2} \tag{9.1.1}$$

La plus petite valeur de la charge critique N_{cr} est obtenue en prenant n = 1; cette charge critique est appelée charge d'Euler. Dans le cas où un entretoisement est utilisé, des modes de flambement plus élevés peuvent être obtenus (figure 9.1.4). Au lieu de $N_{cr,1}$, on écrira N_{cr} dans la suite de ce chapitre.

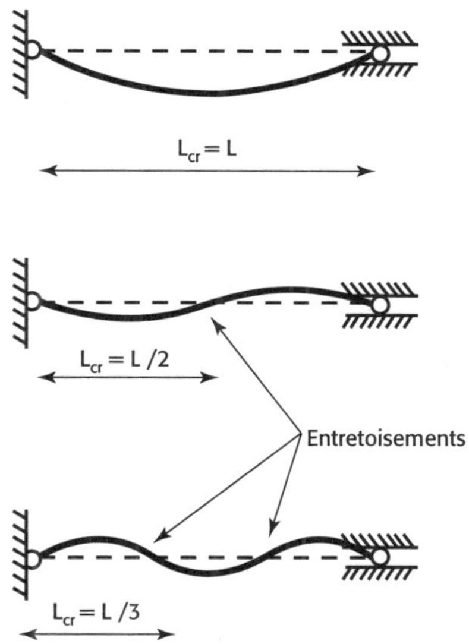

Figure 9.1.4 Représentation des trois premiers modes de flambement (n = 1, 2 et 3 respectivement)

Longueur d'épure : *(définition de l'Eurocode 3)*

Dans un plan donné, la longueur d'épure est la distance entre deux points adjacents au niveau desquels une barre est tenue vis-à-vis du déplacement latéral dans ce plan, ou entre un tel point et l'extrémité de l'élément.

Il s'agit de la longueur L de barre entre deux appuis ou liaisons dans le plan de flexion considéré même si le maintien évoqué est partiel ou nul à une extrémité.

Longueur de flambement : *(définition de l'Eurocode 3)*

Il s'agit de la longueur d'épure d'une barre bi-articulée par ailleurs similaire à la barre ou au tronçon de barre considéré et possédant la même résistance au flambement.

Il s'agit de la longueur critique $L \equiv L_{cr}$ *d'une barre virtuelle bi-articulée possédant la même section et pouvant supporter la même charge de compression que la barre considérée.*

La longueur critique ou de flambement L_{cr} dans le plan considéré d'une barre bi-articulée est la longueur d'épure L. Lorsque la barre ne peut pas être considérée comme bi-articulée pour $n = 1$ alors L_{cr} est inférieure à L, sauf dans de nombreuses structures à certaines extrémités se déplacent latéralement ce qui a pour effet d'augmenter L_{cr}.

Les cas limites correspondant à des barres individuelles sont donnés dans le tableau 9.1.1.

Attention, dans une structure constituée de plusieurs barres, il faut tenir compte de la rigidité en rotation réelle des liaisons entre les éléments structuraux ce qui peut conduire à des longueurs de flambement beaucoup plus importantes pouvant même aller jusqu'à l'infini. Ceci est largement explicité dans les applications de ce chapitre.

Tableau 9.1.1 Longueurs critiques ou de flambement

Poutre bi-articulée		$L_{cr} = L$
Poutre bi-encastrée		$L_{cr} = 0{,}5 \cdot L$
1 encastrement + 1 articulation		$L_{cr} = 0{,}7 \cdot L$
1 encastrement + extrémité mobile		$L_{cr} = 2 \cdot L$
1 encastrement + 1 encastrement mobile		$L_{cr} = L$

La première charge critique de flambement dans le plan x-y se réécrit alors dans les cas idéaux évoqués dans le tableau 9.1.1 en remplaçant L par L_{cr} :

$$N_{cr} = \frac{\pi^2 \cdot E \cdot I_z}{{L_{cr}}^2} \qquad (9.1.2)$$

Cette charge critique pour une barre parfaite de section A suppose aussi une contrainte de compression critique σ_{cr}. On peut donc écrire juste avant le flambement :

$$\sigma_{cr} = \frac{N_{cr}}{A} = \frac{\pi^2 \cdot E \cdot I_z}{A \cdot {L_{cr}}^2} \qquad (9.1.3)$$

Le rayon de giration de la section par rapport à z a pour expression : $i_z = \sqrt{\frac{I_z}{A}}$. En l'introduisant dans l'expression de la contrainte critique de compression, elle devient :

$$\sigma_{cr} = \frac{\pi^2 \cdot E \cdot i_z^2}{L_{cr}^2} \qquad (9.1.4)$$

Cette contrainte critique ne tient pas compte de la flexion dans la barre flambée ni des imperfections. Elle représente une limite théorique du chargement axial qui chute fortement avec l'augmentation de la longueur. En introduisant la limite d'élasticité f_y comme borne supérieure, on obtient pour un profilé de section transversale, de matériau et de longueur critique donnés, la contrainte critique théorique et donc la charge théoriquement admissible.

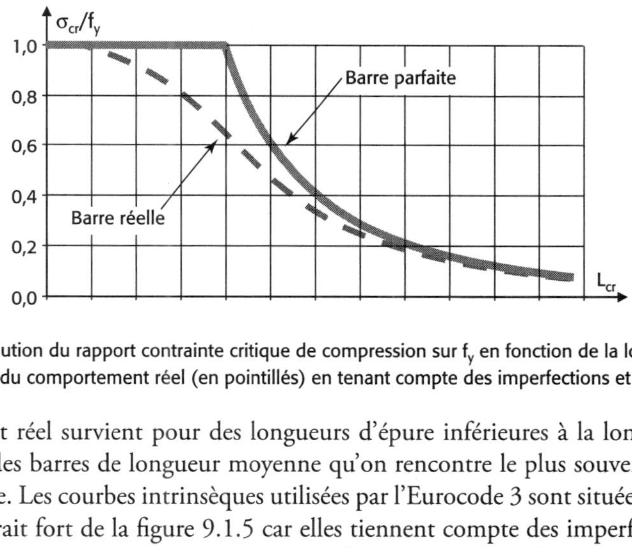

Figure 9.1.5 Évolution du rapport contrainte critique de compression sur f_y en fonction de la longueur critique L et représentation du comportement réel (en pointillés) en tenant compte des imperfections et de la plastification

Le flambement réel survient pour des longueurs d'épure inférieures à la longueur critique, surtout pour des barres de longueur moyenne qu'on rencontre le plus souvent en construction métallique. Les courbes intrinsèques utilisées par l'Eurocode 3 sont situées en-dessous de la courbe en trait fort de la figure 9.1.5 car elles tiennent compte des imperfections et de la plastification des sections non prises en compte dans la formule de N_{cr} citée précédemment.

9.1.2 Vérification des barres au flambement par flexion

9.1.2.1 Résistance au flambement

Les formules de résistance données ci-après s'apparentent à l'expression de l'effort normal maximal de compression minoré par les coefficients χ et γ_{M1}. La résistance de calcul au flambement d'une barre soumise à la compression axiale est déterminée par :

$$N_{b,Rd} = \frac{\chi \cdot A \cdot f_y}{\gamma_{M1}} \text{ pour les sections transversales de Classe 1, 2 ou 3} \qquad (9.1.5)$$

$$N_{b,Rd} = \frac{\chi \cdot A_{eff} \cdot f_y}{\gamma_{M1}} \text{ pour les sections transversales de Classe 4} \qquad (9.1.6)$$

avec :

χ : coefficient de réduction pour le mode de flambement considéré

A : aire de la section

f_y : valeur nominale de la limite d'élasticité de l'acier employé

γ_{M1} : coefficient partiel pour l'instabilité d'une barre pris égal à 1 pour les bâtiments et 1,1 pour les ponts dans l'Annexe Nationale.

La condition de résistance est :

$$N_{Ed} \leq N_{b,Rd} \tag{9.1.7}$$

avec :

N_{Ed} : valeur de calcul de l'effort de compression

$N_{b,Rd}$: résistance de calcul au flambement de la barre comprimée

La Classe d'une section dépend de la capacité de la partie comprimée à résister au voilement local (voir chapitre 7). Cette résistance est croissante lorsque l'on passe de la Classe 4 à la Classe 1. Dans le cas d'une section de Classe 4, le voilement local a lieu avant même que la contrainte normale maximale n'atteigne f_y ou que la résistance au flambement ne soit atteinte. Dans ce cas, pour pouvoir mener le calcul, on définit une section réduite efficace A_{eff} qui représente l'aire capable de résister, c'est-à-dire la section nominale amputée des zones susceptibles de voiler. Il n'est pas nécessaire de prendre en compte les trous de fixation aux extrémités de la poutre pour la détermination de A ou A_{eff}.

9.1.2.2 Critère de flambement

L'élancement réduit, noté $\bar{\lambda}$ caractérise la sensibilité au flambement de la barre comprimée dans les conditions d'exploitation. Il est proportionnel à la longueur critique de flambement. Il est défini par les expressions suivantes :

$$\bar{\lambda} = \sqrt{\frac{A \cdot f_y}{N_{cr}}} = \frac{L_{cr}}{i \cdot \lambda_1} \text{ pour les sections transversales de Classe 1, 2 ou 3} \tag{9.1.8}$$

$$\bar{\lambda} = \sqrt{\frac{A_{eff} \cdot f_y}{N_{cr}}} = \frac{L_{cr}}{i \cdot \lambda_1}\sqrt{\frac{A_{eff}}{A}} \text{ pour une section transversale de Classe 4} \tag{9.1.9}$$

dans lesquelles : $i = \sqrt{\dfrac{I_{v,\, y \text{ ou } z}}{A}}$

$$\text{avec : } \lambda_1 = \pi\sqrt{\frac{E}{f_y}} = 93{,}9\,\varepsilon \text{ (sans unité) où : } \varepsilon = \sqrt{\frac{235}{f_y}} \tag{9.1.10}$$

Tableau 9.1.2 Valeurs standards de λ_1

Nuance	S 235	S 275	S 355	S 420	S 460
λ_1	93,9	86,8	76,4	70,2	66,2

L'expérimentation montre que la vérification au flambement d'une barre comprimée est nécessaire pour :

$$\bar{\lambda} > 0{,}2 \text{ ou } N_{Ed} > 0{,}04 \cdot N_{cr} \tag{9.1.11}$$

Le tableau 9.1.1 donne les valeurs de L_{cr} à utiliser dans le cas d'appuis rigides ou articulés par rapport à une référence indéformable. Pour les assemblages semi-rigides, il faut calculer la capacité de rotation élastique (voir chapitre 12). Pour le poteau, voir le § 1.2.5 de ce chapitre. Pour les barres de structures triangulées ou à treillis, voir le tableau 9.1.3 issu de l'Annexe BB1 de la NF EN 1993-1-1 :2004(F).

Tableau 9.1.3 Valeurs de L_{cr} à utiliser dans les structures triangulées et à treillis.

	Section	Dans le plan	Hors plan
Membrure 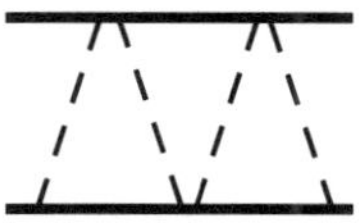	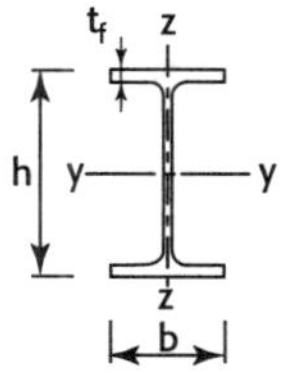	$0{,}9 \cdot L$ ou L	L
		$0{,}9 \cdot L$ ou L	$0{,}9 \cdot L$ ou L
Barre de treillis 	Toutes sauf cornières	$0{,}9 \cdot L^*$ ou L	L
	 et membrures parallèles	$0{,}75 \cdot L^{**}$ ou L	$0{,}75 \cdot L^{**}$ ou L
	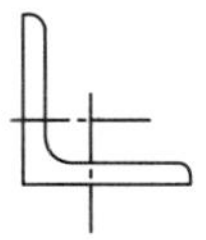	$y-y$ ou $z-z$	$v-v$
		$0{,}5 \cdot i \cdot \lambda_1 + 0{,}7 \cdot L^*$ ou L	$0{,}35 \cdot i \cdot \lambda_1 + 0{,}7 \cdot L^*$ ou L

* *Si chaque extrémité est attachée avec 2 boulons au moins.*

** *Si (largeur barre /largeur membrure) < 0,6 et tubes soudés tout autour non grugés ni aplatis.*

Cas des profilés en U ou cornières jumelés

Dans le cas de barres de treillis constituées de cornières ou de profilés en U jumelés entre eux par deux ou quatre, il convient de disposer une fourrure de l'épaisseur des goussets et un boulon ou des soudures tous les $15 \cdot i_{min}$ d'une barre au maximum. Cette disposition permet de vérifier avantageusement les barres jumelées au flambement comme une barre unique. Si l'on ajoute des barrettes soudées ou boulonnées entre les ailes laissées libres (figure 9.1.6), on peut écarter ces liaisons jusqu'à $70 \cdot i_{min}$. Ce terme i_{min} est le rayon de giration minimum de la barre isolée (i_v pour les cornières et i_z pour les profilés en U)

Figure 9.1.6 Barres composées de cornières disposées en croix liaisonnées par paires de barrettes en croix

Cornières simples

Lorsque le degré de fixation est suffisant (2 boulons au moins) et lorsque les membrures assurent une rigidité suffisante (voir ** tableau 9.1.3), les excentrements hors du plan du treillis peuvent être négligés et l'on peut utiliser les élancements réduits efficaces suivants :

$$\text{Flambement suivant l'axe v} - \text{v} : \bar{\lambda}_{eff,v} = 0{,}35 + 0{,}7 \cdot \bar{\lambda}_v \quad (9.1.12)$$

$$\text{Flambement suivant l'axe y} - \text{y} : \bar{\lambda}_{eff,y} = 0{,}50 + 0{,}7 \cdot \bar{\lambda}_y \quad (9.1.13)$$

$$\text{Flambement suivant l'axe z} - \text{z} : \bar{\lambda}_{eff,z} = 0{,}50 + 0{,}7 \cdot \bar{\lambda}_z \quad (9.1.14)$$

Cas des membrures de treillis à plan vertical

Figure 9.1.7 Flambement théorique d'un treillis dans le plan avec des montants déformés suivant le mode n = 2.

- Dans le plan du treillis :

Les nœuds constituent des points fixes (figure 9.1.7) et le flambement est considéré pour une membrure supérieure en charges descendantes et pour une membrure inférieure au soulèvement.

- Hors du plan du treillis :

Pour la membrure supérieure : la longueur de flambement dépend de l'écartement des pannes (celles effectivement reliées au système de contreventement) qui constituent les points fixes si la structure est suffisamment rigide. L_{cr} est alors l'espacement de ces pannes.

Pour la membrure inférieure : la longueur de flambement est égale à la distance entre appuis extérieurs en considérant un effort normal non constant que l'on pourra approximer de manière conservative par son maximum. En général, des bracons maintiennent latéralement la membrure inférieure en créant des points fixes ; on retient alors $L_{cr} = 0{,}9 \cdot L_c$ (tableau 9.1.3) où L_c est la distance entre attaches des bracons sur la membrure.

9.1.2.3 Calcul du coefficient de réduction χ

$$\chi = \frac{1}{\Phi + \sqrt{\Phi^2 - \bar{\lambda}^2}} \text{ mais } \chi < 1 \quad (9.1.15)$$

$$\text{avec : } \Phi = 0{,}5 \cdot \left(1 + \alpha \cdot (\bar{\lambda} - 0{,}2) + \bar{\lambda}^2\right) \quad (9.1.16)$$

où :

α est le facteur d'imperfection à choisir selon la courbe de flambement considérée : a_0, a, b, c ou d (tableau 9.1.4) qui dépend elle-même de plusieurs paramètres (voir tableau 9.1.6).

Tableau 9.1.4 Facteur d'imperfection

Courbe de flambement	**a_0**	**a**	**b**	**c**	**d**
α	0,13	0,21	0,34	0,49	0,76

La figure 9.1.8 représente ces courbes de flambement.

Courbes de flambement de l'Eurocode 3

L'Eurocode 3 propose cinq courbes de flambement fonction du facteur d'imperfection α. Selon la valeur de l'élancement réduit $\overline{\lambda}$, l'équation 9.1.15 permet de calculer le coefficient de réduction χ. Le tableau 9.1.5 ci-dessous n'en donne que quelques valeurs mais l'Annexe 9.1, située à la fin de ce chapitre, donne les tableaux complets.

Tableau 9.1.5 Valeurs de χ en fonction de $\overline{\lambda}$ et de α

λ	α = **0,13**	α = **0,21**	α = **0,34**	α = **0,49**	α = **0,76**
0,0	1,000	1,000	1,000	1,000	1,000
0,2	1,000	1,000	1,000	1,000	1,000
0,3	0,986	0,977	0,964	0,949	0,923
0,4	0,97	0,953	0,926	0,897	0,85
0,5	0,951	0,924	0,884	0,843	0,779
0,6	0,928	0,890	0,837	0,785	0,710
0,7	0,896	0,848	0,784	0,725	0,643
0,8	0,853	0,796	0,724	0,662	0,580
0,9	0,796	0,734	0,661	0,60	0,521
1,0	0,725	0,666	0,597	0,54	0,467
1,1	0,648	0,596	0,535	0,484	0,419
1,2	0,573	0,530	0,478	0,434	0,376
1,3	0,505	0,470	0,427	0,389	0,339
1,4	0,446	0,418	0,382	0,349	0,306
1,5	0,395	0,372	0,342	0,315	0,277
1,6	0,352	0,333	0,308	0,284	0,251
1,7	0,315	0,299	0,278	0,258	0,229
1,8	0,283	0,270	0,252	0,235	0,209
1,9	0,256	0,245	0,229	0,214	0,192
2,0	0,232	0,223	0,209	0,196	0,177
2,1	0,212	0,204	0,192	0,180	0,163
2,2	0,194	0,187	0,176	0,166	0,151
2,3	0,178	0,172	0,163	0,154	0,140
2,4	0,164	0,159	0,151	0,143	0,130
2,5	0,152	0,147	0,140	0,132	0,121
2,6	0,140	0,136	0,130	0,123	0,113
2,7	0,130	0,127	0,121	0,115	0,106
2,8	0,122	0,118	0,113	0,108	0,100
2,9	0,114	0,111	0,106	0,101	0,094
3,0	0,106	0,104	0,099	0,095	0,088

Tableau 9.1.6 Choix de la courbe de flambement

SECTION TRANSVERSALE		Limites (cotes en mm)		Flambement suivant l'axe	Courbe de flambement S235 S275 S355 S420	Courbe de flambement S460
Sections en I laminées	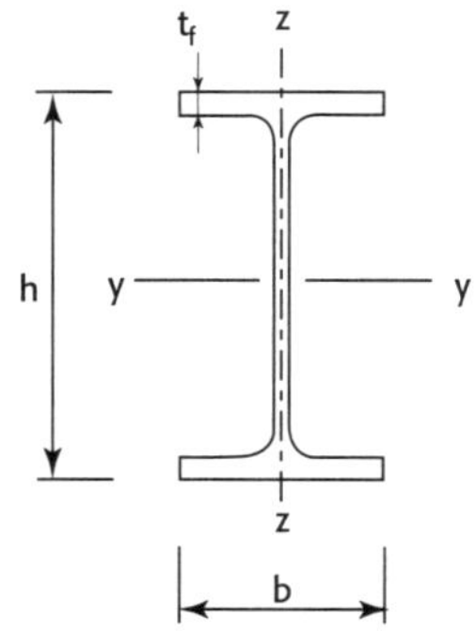	$h / b > 1{,}2$	$t_f \leq 40$	y-y z-z	a b	a_0 a_0
			$40 < t_f \leq 100$	y-y z-z	b c	a a
		$h / b \leq 1{,}2$	$t_f \leq 100$	y-y z-z	b c	a a
			$t_f > 100$	y-y z-z	d d	c c
Sections en I soudées	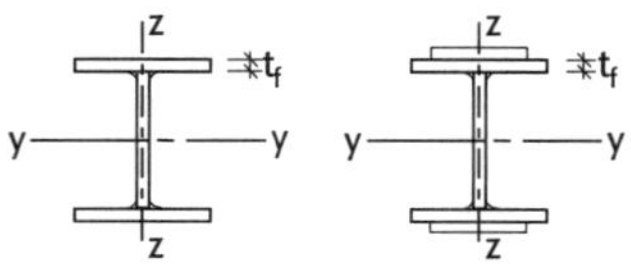	$t_f \leq 40$		y-y z-z	b c	b c
		$t_f > 40$		y-y z-z	c d	b c
Sections creuses		Finies à chaud		Quelconque	a	a_0
		Finies à froid		Quelconque	c	c
Sections en caisson soudé	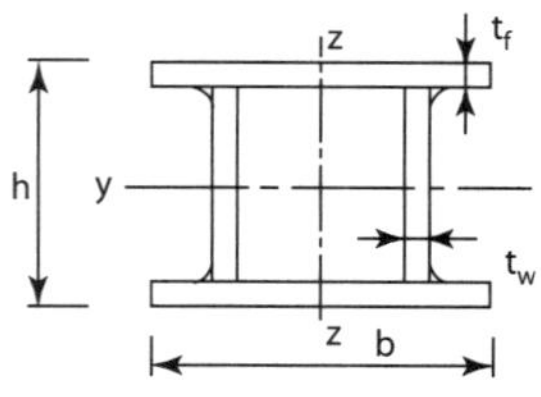	En général (sauf comme indiqué ci-dessous)		Quelconque	b	b
		Soudures épaisses $a > 0{,}5\ t_f$ $b/ t_f < 30$ $h/ t_w < 30$		Quelconque	c	c

SECTION TRANSVERSALE		Limites (cotes en mm)	Flambement suivant l'axe	Courbe de flambement	
				S235 S275 S355 S420	S460
Sections en U, T et pleines	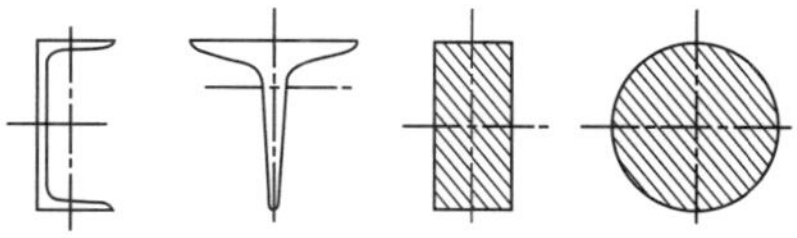		Quelconque	c	c
Sections en L	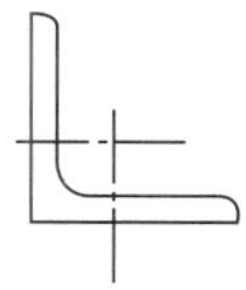		Quelconque	b	b

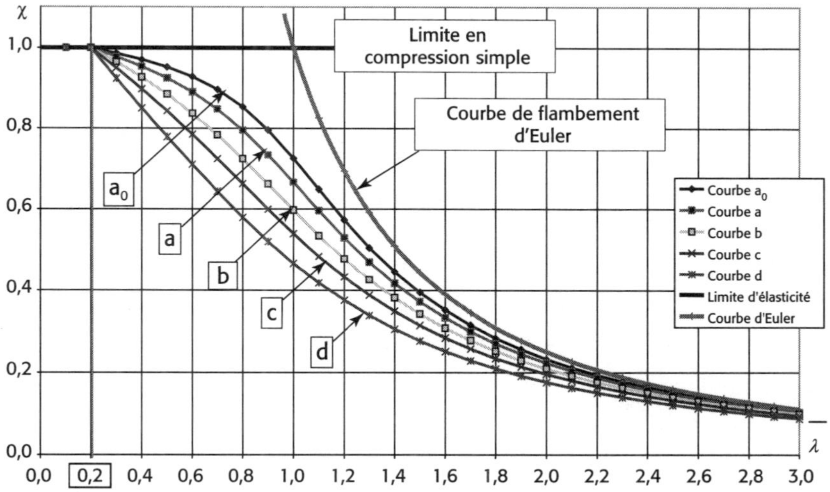

Figure 9.1.8 *Courbes de flambement de l'Eurocode 3*

Les 5 tableaux de l'annexe 9.1, fournis à la fin de ce chapitre, donnent le détail des valeurs de χ en fonction de $\bar{\lambda}$ pour ces 5 courbes de flambement.

9.1.2.4 Organigramme pour la vérification au flambement par flexion

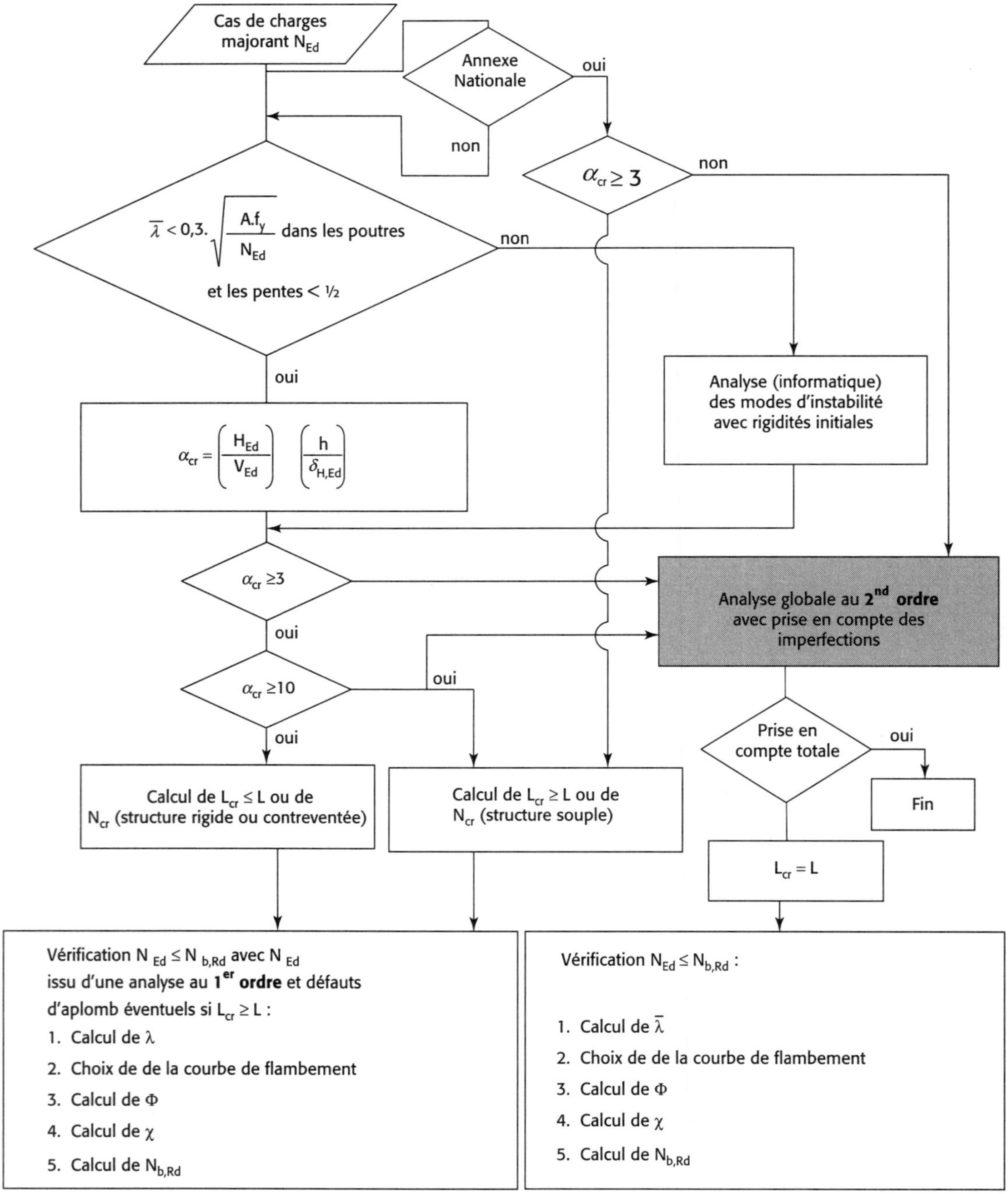

9.1.2.5 Longueurs de flambement pour la vérification individuelle des poteaux

La détermination de la longueur de flambement L_{cr} pour les poteaux n'est pas donnée dans l'Eurocode 3. On peut cependant utiliser la méthode suivante, tirée de l'Annexe E de l'ENV 1993-1-1, qui place en sécurité.

La longueur de flambement d'un poteau AB appartenant à une structure de type portique, pour le flambement dans la plan du portique, dépend des facteurs de distribution η_A et η_B aux extrémités A et B du poteau (Figure 9.1.9).

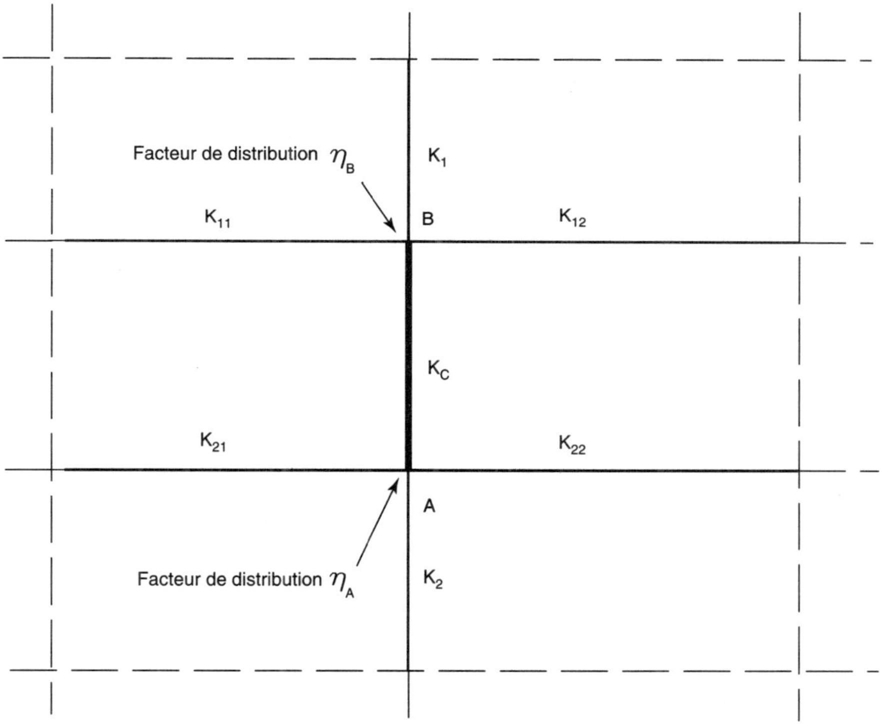

Figure 9.1.9 Poteau AB, facteurs de distribution

Calcul des facteurs de distribution

Le facteur de distribution η_B, à l'extrémité B d'un poteau AB, dépend des rigidités K_c des poteaux et des rigidités effectives K_{ij} des poutres assemblées sur le poteau AB en B, et situées dans le plan de flambement étudié.

On appelle rigidité K_c, ou K_i, d'un poteau la quantité $4\dfrac{EI}{L}$ du poteau, et rigidité effective K_{ij} d'une poutre le rapport $\left(a\dfrac{EI}{L}\right)$, où le coefficient a est tiré du tableau 9.1.7.

Les inerties I sont les inerties des barres (poteau ou poutre) par rapport à un axe perpendiculaire au plan de flambement étudié. Les longueurs L sont les longueurs des barres. Le coefficient a dépend des conditions de liaison aux extrémités de la poutre considérée, et est donné dans le tableau ci-dessous.

Les facteurs de distribution η_B en B et η_A en A sont obtenus par les formules suivantes :

$$\eta_B = \frac{K_c + K_1}{K_c + K_1 + K_{11} + K_{12}} \qquad (9.1.17)$$

$$\eta_A = \frac{K_c + K_2}{K_c + K_2 + K_{21} + K_{22}}$$

Remarque

Les valeurs K_i des numérateurs permettent de tenir compte du flambement simultané éventuel des tronçons de poteau adjacents.

Calcul des longueurs de flambement

La longueur de flambement L_{cr} est donnée par les formules suivantes, dans les deux cas ci-dessous :

— *Mode d'instabilités à nœuds fixes*

Il concerne les poteaux appartenant à une structure qui est, soit appuyée transversalement sur une autre construction considérée comme infiniment rigide (noyau central béton armé par exemple), soit contreventée ou analysée au second ordre :

$$L_{cr} = L\left(0,5 + 0,14\,(\eta_A + \eta_B) + 0,055\,(\eta_A + \eta_B)^2\right), \text{ ou}$$

$$L_{cr} = L\left[\frac{1 + 0,145(\eta_A + \eta_B) - 0,265 \cdot \eta_A \cdot \eta_B}{2 - 0,364\,(\eta_A + \eta_B) - 0,247 \cdot \eta_1 \cdot \eta_B}\right] \qquad (9.1.24)$$

— *Mode d'instabilité à nœuds déplaçables*

Pour les poteaux d'une structure souple dont les sollicitations ont été calculées par une méthode d'analyse globale au premier ordre sans amplification des moments dans l'élément considéré,

Tableau 9.1.7 Rigidité effective des poutres

N = effort de compression axiale, $N_E = \pi^2 EI / L^2$

Liaison aux extrémités de la poutre	**Rigidité effective K_{ij} de la poutre**	**Schéma**
Encastrement à l'extrémité opposée de la poutre	$\frac{4.EI}{L}\left(1 - 0,4\frac{N}{N_E}\right)$ (9.1.18)	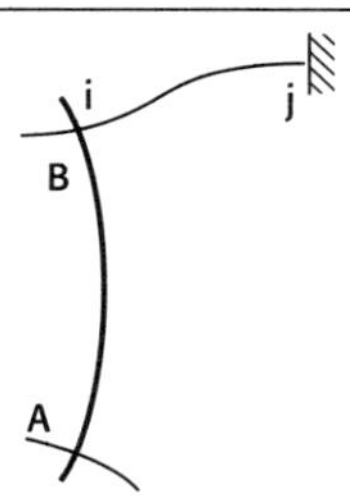
Articulation à l'extrémité opposée de la poutre	$\frac{3.EI}{L}\left(1 - \frac{N}{N_E}\right)$ (9.1.19)	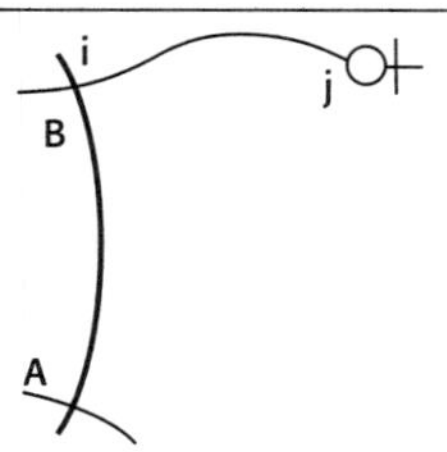

Liaison aux extrémités de la poutre	Rigidité effective K_{ij} de la poutre	Schéma
Rotations égales aux deux extrémités de la poutre (double courbure)	$\frac{6.EI}{L}\left(1-0,2\frac{N}{N_E}\right)$ (9.1.20)	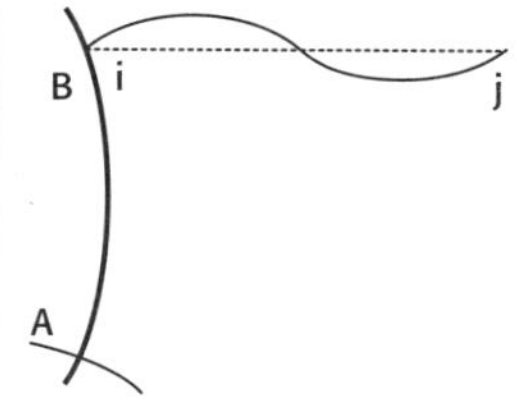
Rotations égales et opposées aux deux extrémités (simple courbure)	$\frac{2.EI}{L}\left(1-\frac{N}{N_E}\right)$ (9.1.21)	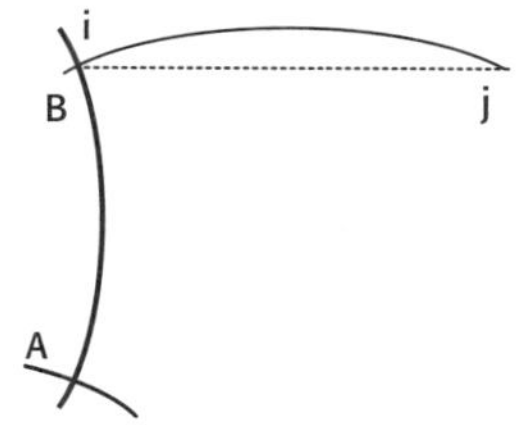
Cas général	$\frac{4.EI}{L}\left(1+0,5\frac{\theta_i}{\theta_j}\right)\left(1-\frac{N}{N_E}\right)$ (9.1.22)	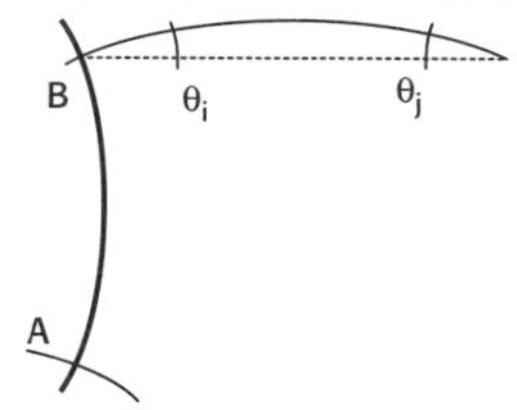
Encastrement à l'extrémité de la poutre libre en translation verticale	$\frac{EI}{L}\left(1-0,4\frac{N}{N_E}\right)$ (9.1.23)	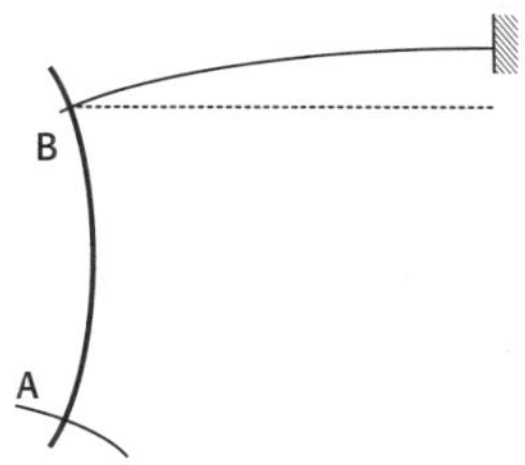

$$L_{cr} = L.\sqrt{\frac{1-0,2\,(\eta_A+\eta_B)-0,12\cdot\eta_A\cdot\eta_B}{1-0,8\,(\eta_A+\eta_B)+0,60\cdot\eta_A\cdot\eta_B}} \qquad (9.1.25)$$

L'annexe 9.2, à la fin de ce chapitre, rappelle les abaques établit par Wood [7] permettant de déterminer ces mêmes rapports de L_{cr}/L tant pour les structure rigides que pour les structures souples.

9.1.3 Flambement par torsion ou par flexion-torsion

Pour les barres constituées de sections transversales ouvertes non bi-symétriques, il peut être nécessaire de mener une vérification de la résistance au flambement par torsion et par flexion-torsion. Cette vérification est systématique pour les profilés minces formés à froid.

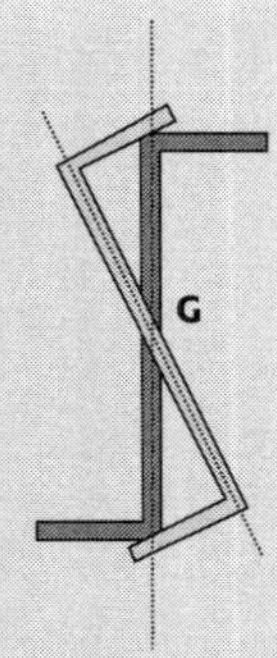

Figure 9.1.10 Flambement par torsion

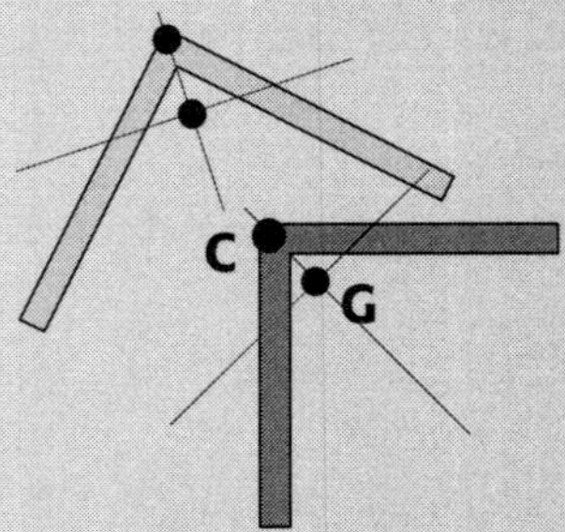

Figure 9.1.11 Flambement par flexion-torsion

Ce type de flambement est souvent le cas :

- pour les sections ouvertes à centre de symétrie sensibles au flambement par torsion (figure 9.1.10 par exemple),
- pour les sections ouvertes non symétriques sensibles au flambement par flexion-torsion (figure 9.1.11 par exemple).

Il convient alors de déterminer l'élancement réduit $\overline{\lambda}_{LT}$ pour le flambement par torsion ou par flexion-torsion par :

$$\overline{\lambda}_{LT} = \sqrt{\frac{A\ .f_y}{N_{cr}}} \quad \text{pour les sections transversales de Classe 1, 2 ou 3,} \quad (9.1.26)$$

$$\overline{\lambda}_{LT} = \sqrt{\frac{A_{eff}\ .f_y}{N_{cr}}} \quad \text{pour les sections transversales de Classe 4,} \quad (9.1.27)$$

où $N_{cr} = N_{cr,TF}$ mais $N_{cr} < N_{cr,T}$

$N_{cr,T}$ est l'effort critique de flambement élastique par torsion,

$N_{cr,TF}$ est l'effort critique de flambement élastique par flexion-torsion

$$N_{cr,T} = \frac{1}{i_0^2} \cdot \left(G \cdot I_t + \frac{\pi^2 \cdot E \cdot I_w}{L_{cr,T}^2} \right) \text{ avec } i_0^2 = i_y^2 + i_z^2 + y_0^2 + z_0^2 \quad (9.1.28)$$

- $L_{cr,T}$ longueur de flambement correspondant à la torsion et au gauchissement en prenant en compte les conditions de liaisons aux extrémités
- I_t est l'inertie de torsion de Saint-Venant
- I_w est l'inertie de gauchissement
- y_0 et z_0 sont les coordonnées du centre de cisaillement par rapport au centre de gravité de la section brute.

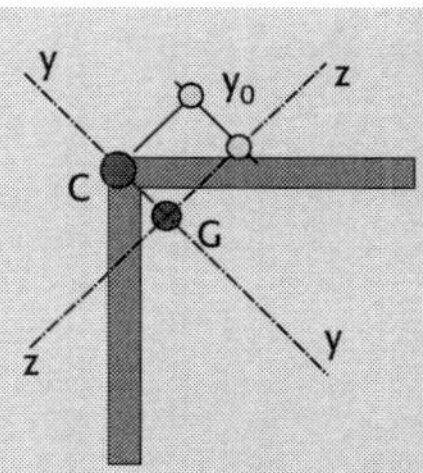

Figure 9.1.12 Centre de cisaillement. Notations

Pour une section symétrique par rapport à y-y par exemple :

$$N_{cr,TF} = \frac{1}{2 \cdot \beta} \cdot \left[\left(N_{cr,y} + N_{cr,T} \right) - \sqrt{\left(N_{cr,y} + N_{cr,T} \right)^2 - 4 \cdot \beta \cdot N_{cr,y} \cdot N_{cr,T}} \right] \qquad (9.1.29)$$

$$\text{avec } \beta = 1 - \left(\frac{y_0}{i_0} \right)^2 \qquad (9.1.30)$$

La courbe de flambement est prise dans le tableau 9.1.6 relativement à l'axe z.

9.1.4 Exemples de vérifications au flambement par flexion des structures planes

9.1.4.1 Poteau d'un bâtiment industriel

Données de l'étude

Cet exemple consiste en la justification de la stabilité d'un poteau de portique de façade d'un bâtiment de type industriel (figure 9.1.13).

Les étapes du calcul qui conduisent aux efforts dans l'élément ne sont pas décrites ici. En revanche, la vérification de la résistance au flambement est détaillée pour les efforts de calcul qui correspondent à une combinaison d'actions pour les vérifications aux ELU.

Le poteau étudié est réalisé avec un profilé IPE 330 en acier S 235. La longueur entre points d'épure est de 10 m. Le poteau est maintenu latéralement en tête sur la traverse et articulé en pied. De plus, on considère un appui latéral intermédiaire constitué par une lisse de bardage située à une hauteur de 6 m par rapport au sol et liée au dispositif de stabilité longitudinale.

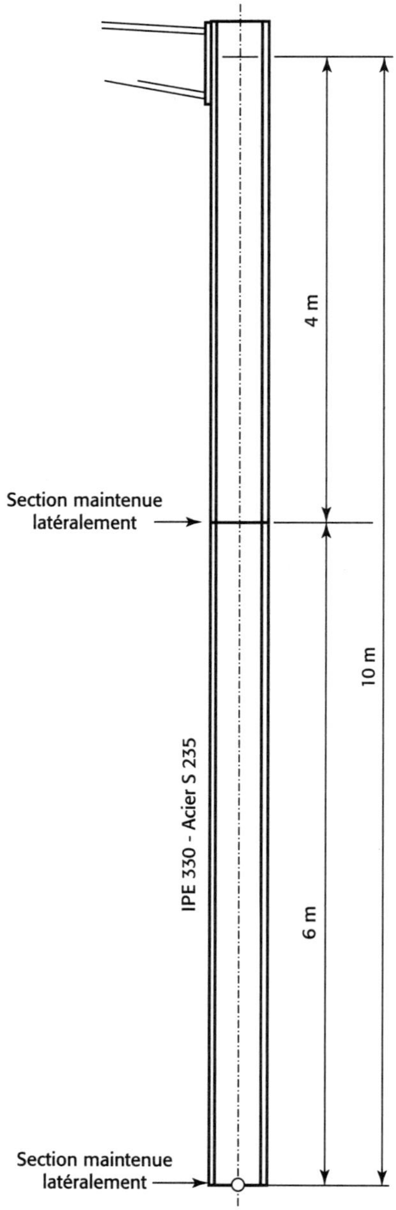

Figure 9.1.13 Poteau étudié

Le portique est contreventé (pan de fer). Dans ce cas, l'analyse globale de la structure peut être effectuée en négligeant les effets du second ordre. Le poteau est soumis à un effort axial de compression N_{Ed} supposé constant sur la hauteur. Pour la combinaison étudiée, nous avons :

$$N_{Ed} = 160 \text{ kN}$$

— *Caractéristiques du profilé*

Acier : Module de Young : E = 210 000 MPa

Module de cisaillement : G = 80 770 MPa

Limite d'élasticité : f_y = 235 MPa

Section : IPE 330

- $A = 62,60\ cm^2$
- $i_y = 13,71\ cm$
- $i_z = 3,5\ cm$

— *Classe de la section*

Sous l'effort normal qui lui est appliqué, la section transversale est de Classe 2. La vérification de l'élément peut donc être effectuée en utilisant la résistance plastique de la section (voir chapitre 7).

— *Longueur de flambement dans le plan du portique*

La structure étant contreventée, l'analyse globale du portique est effectuée en négligeant les effets du second ordre et la résistance au flambement des poteaux peut être vérifiée en calculant la longueur de flambement $L_{cr,y}$ pour une structure rigide. On peut alors prendre comme longueur de flambement sécuritaire, la longueur d'épure : $L_{cr,y} = L = 10$ m.

— *Longueur de flambement hors plan du portique*

Le long-pan étant contreventé, la longueur de flambement hors plan du poteau du portique peut être prise égale à celle du tronçon le plus long : $L_{cr,z} = L_{max} = 6$ m. Un calcul plus précis consisterait à rechercher l'effort axial critique dans le poteau en tenant compte de la continuité des deux tronçons de longueurs différentes. Ce calcul conduirait alors à une longueur de flambement de 4,8 m.

Vérifications réglementaires

— *Flambement dans le plan du portique*

1. L'élancement réduit en section transversale de Classe 1 en S 235 (avec $\lambda_1 = 93,9$ dans le tableau 9.1.2) vaut :

$$\bar{\lambda} = \frac{L_{cr,y}}{i_y \cdot \lambda_1} = \frac{1000}{1371 \times 93,9} = 0,777 > 0,2$$

2. Pour h/b = 330/160 > 1,2 et t_f = 11,5 < 40 mm, le tableau 9.1.6 indique que pour un acier S 235 et un flambement autour de l'axe y, la courbe de flambement à considérer est la courbe a, soit $\alpha = 0,21$ (tableau 9.1.4).
3. D'où :

$$\Phi = 0,5 \cdot \left(1 + \alpha \cdot (\bar{\lambda} - 0,2) + \bar{\lambda}^2\right) = 0,5 \times \left(1 + 0,21 \times (0,777 - 0,2) + 0,777^2\right) = 0,862$$

4. Nous en déduisons : $\chi = \dfrac{1}{\Phi + \sqrt{\Phi^2 - \bar{\lambda}^2}} = \dfrac{1}{0,862 + \sqrt{0,862^2 - 0,777^2}} = 0,809$
5. La résistance de calcul de la barre comprimée au flambement est alors :

$$N_{b,Rd} = \frac{\chi \cdot A \cdot f_y}{\gamma_{M1}} = \frac{0,809 \times 6260 \times 235}{1,0} = 1,19.10^6 \text{ N, soit 1190 kN.}$$

6. On vérifie bien que : $N_{Ed} \leq N_{b,Rd}$, soit 160 kN < 1190 kN.

La stabilité du poteau est donc assurée dans le plan du portique.

— *Flambement hors plan*

1. L'élancement réduit en section de Classe 1 en S 235 (avec $\lambda_1 = 93{,}9$ dans le tableau 9.1.2) vaut :

$$\bar{\lambda} = \frac{L_{cr,z}}{i_z \cdot \lambda_1} = \frac{600}{355 \times 93{,}9} = 1{,}80 > 0{,}2$$

2. Dans le tableau 9.1.6 avec h/b = 330/160 > 1,2, t_f = 14,6 < 40 mm, pour un acier S 235 et un flambement autour de l'axe z (hors plan), on doit prendre la courbe de flambement b. Le tableau 9.1.4 donne alors $\alpha = 0{,}34$.

3. On calcule $\Phi = 0{,}5.\left(1+\alpha.(\bar{\lambda}-0{,}2)+\bar{\lambda}^2\right) = 0{,}5 \times [1+0{,}34 \times (1{,}80-0{,}2)+1{,}80^2]$, soit : $\Phi = 2{,}392$

4. On en déduit : $\chi = \dfrac{1}{\Phi + \sqrt{\Phi^2 - \bar{\lambda}^2}} = \dfrac{1}{2{,}392 + \sqrt{2{,}392^2 - 1{,}80^2}} = 0{,}252$

3. et 4. bis : avec le tableau Annexe 9.1 .3, on obtiendrait : $\chi = 0{,}3211$

5. On trouve ainsi : $N_{b,Rd} = \dfrac{\chi \cdot A \cdot f_y}{\gamma_{M1}} = \dfrac{0{,}252 \times 62602 \times 235}{1} = 0{,}371.10^6$ N, soit 371 kN

6. On vérifie alors : $N_{Ed} \leq N_{b,Rd}$, soit : 160 kN < 371 kN.

La stabilité du poteau est donc également assurée hors plan du portique.

Nota : La résistance au flambement hors plan est celle qui est la plus proche de N_{Ed}. C'est donc celle-ci qui est déterminante dans le dimensionnement par rapport à l'instabilité de ce poteau pour la combinaison aux ELU proposée.

9.1.4.2 Calcul des longueurs de flambement dans le plan d'un portique et de la résistance au flambement $N_{b,Rd}$ d'un poteau

Cet exemple présente les calculs nécessaires pour l'évaluation de la résistance au flambement dans le plan d'un élément d'une structure plane au sens de l'Eurocode 3. Il s'agit du poteau 1-2 du portique multi-étagé représenté à la figure 9.1.24.

Deux cas de comportement sont étudiés :

- la structure est supposée rigide ou contreventée (ou analysée globalement au second ordre) ;
- la structure est supposée (analysée globalement au premier ordre) : le déplacement latéral d'une extrémité du poteau doit être pris en compte.

La structure à étages schématisée à la figure 9.1.24 a été choisie pour son caractère général. Le poteau intérieur 1-2 est vérifié vis-à-vis de sa résistance au flambement. Pour plus de simplicité dans le calcul des rigidités en rotation aux nœuds 1 et 2, on considère que tous les assemblages sont continus au sens de l'Eurocode 3 et que toutes les sections sont réalisées en acier S 235 avec des sections transversales de Classe inférieure à 4. La compression dans les poutres est considérée négligeable. Sur cette figure, les longueurs sont indiquées en m et les inerties des sections en cm^4.

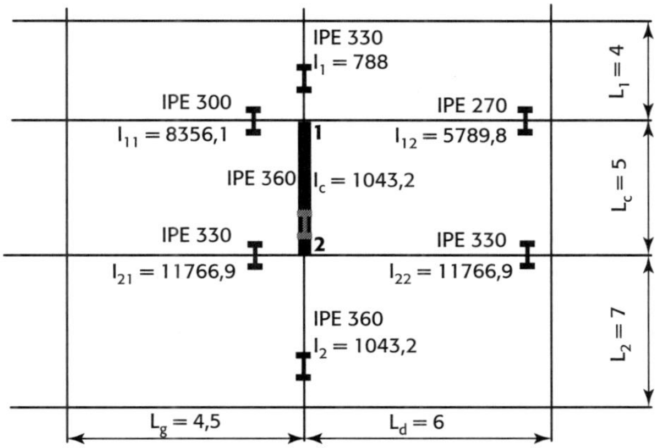

Figure 9.1.24 Structure multi-étagée étudiée

Cas d'une structure rigide ou contreventée

— *Modélisation*

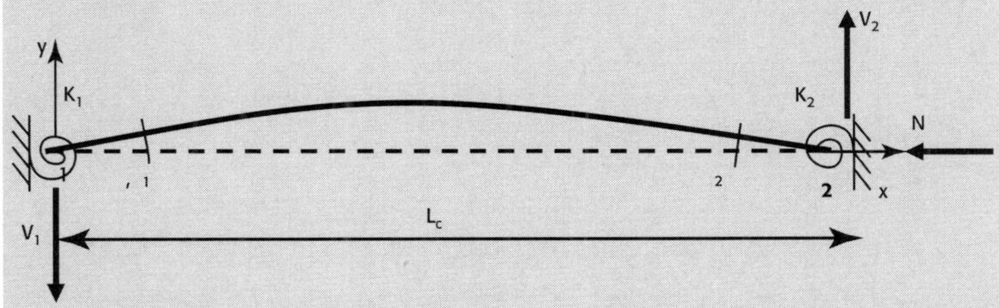

Figure 9.1.25 Modélisation du poteau 1-2 en mode rigide

On définit arbitrairement le premier mode de flambement tel que $\varphi_1 > 0$ et $\varphi_2 < 0$.

L'équilibre statique du poteau 1-2 donne :

$$V_1 + V_2 = 0$$

$$V_2 \cdot L_c - K_1 \cdot \varphi_1 - K_2 \cdot \varphi_2 = 0$$

L'approximation de l'équation différentielle donnée par la théorie de la flexion simple s'écrit ici :

$$E \cdot I_c \cdot y''(x) = -N \cdot y - K_2 \cdot \varphi_2 + V_2 \cdot (L_c - x)$$

On pose $\omega = \sqrt{\dfrac{N}{E \cdot I_c}}$ et on écrit la solution générale de l'équation différentielle du 2nd ordre à coefficients constants de la déformée :

$$y(x) = A \cdot \cos(\omega \cdot x) + B \cdot \sin(\omega \cdot x) - \frac{K_2 \cdot \varphi_2}{N} + \frac{V_2 \cdot (L - x)}{E \cdot I_c \cdot \omega^2}$$

Les conditions aux limites de la déformée y(x) déterminent les constantes A et B :

$$y(0) = 0 \Rightarrow A = -\frac{K_1 \cdot \varphi_1}{N}$$

puis :

$$y(L) = 0 \Rightarrow B = \frac{K_2 \cdot \varphi_2}{N \cdot \sin(\omega \cdot L_c)} + \frac{K_1 \cdot \varphi_1}{N \cdot \tan(\omega \cdot L_c)}$$

La pente de la déformée s'écrit alors :

$$y'(x) = \frac{K_1 \cdot \varphi_1 \cdot \omega}{N} \cdot \sin(\omega \cdot x) + \left(\frac{K_2 \cdot \varphi_2 \cdot \omega}{N \cdot \sin(\omega \cdot L_c)} + \frac{K_1 \cdot \varphi_1 \cdot \omega}{N \cdot \tan(\omega \cdot L_c)} \right) \cdot \cos(\omega \cdot x) - \frac{V_2}{N}$$

La condition $y'(0) = \varphi_1$ donne l'équation :

$$\varphi_1 . \left(N - \frac{K_1 \cdot \omega}{\tan(\omega \cdot L_c)} + \frac{K_1}{L_c} \right) = \varphi_2 \cdot \left(\frac{K_2 \cdot \omega}{\sin(\omega \cdot L_c)} - \frac{K_2}{L_c} \right)$$

La condition $y'(L_c) = \varphi_2$ donne l'équation :

$$\varphi_1 \cdot \left(K_1 \cdot \omega \cdot \sin(\omega \cdot L_c) + \frac{K_1 \cdot \omega \cdot \cos(\omega \cdot L_c)}{\tan(\omega \cdot L_c)} - \frac{K_1}{L_c} \right) = \varphi_2 \cdot \left(N - \frac{K_2 \cdot \omega}{\tan(\omega \cdot L_c)} + \frac{K_2}{L_c} \right)$$

On élimine alors les angles entre ces deux conditions de pente et la charge critique se détermine par la résolution numérique de l'équation d'inconnue w suivante en ayant pris soin de remplacer N par $E \cdot I_C \cdot \omega^2$:

$$\left(E \cdot I_c \cdot \omega^2 - \frac{K_1 \cdot \omega}{\tan(\omega \cdot L_c)} + \frac{K_1}{L_c} \right) \left(E \cdot I_c \cdot \omega^2 - \frac{K_2 \cdot \omega}{\tan(\omega \cdot L_c)} + \frac{K_2}{L_c} \right) - \ldots$$

$$\ldots \left(K_1 \cdot \omega \cdot \sin(\omega \cdot L_c) + \frac{K_1 \cdot \omega \cdot \cos(\omega \cdot L_c)}{\tan(\omega \cdot L_c)} - \frac{K_1}{L_c} \right) \left(\frac{K_2 \cdot \omega}{\sin(\omega \cdot L_c)} - \frac{K_2}{L_c} \right) = 0$$

avec :

$$\omega \in \left] 0 ; \frac{2 \cdot \pi}{L} \right]$$

— *Application numérique*

L'allure prévisible du premier mode de flambement local d'une telle structure considérée rigide est représentée à la figure 9.1.26. De cette considération découle le fait que les extrémités des poutres sont toutes encastrées.

La rigidité initiale à l'extrémité 1 se calcule à partir de la relation suivante (voir tableau 9.1.7) :

$$K_1 = \frac{4 \cdot E \cdot I_1}{L_1} + \frac{4 \cdot E \cdot I_{11}}{L_g} + \frac{4 \cdot E \cdot I_{12}}{L_d}$$

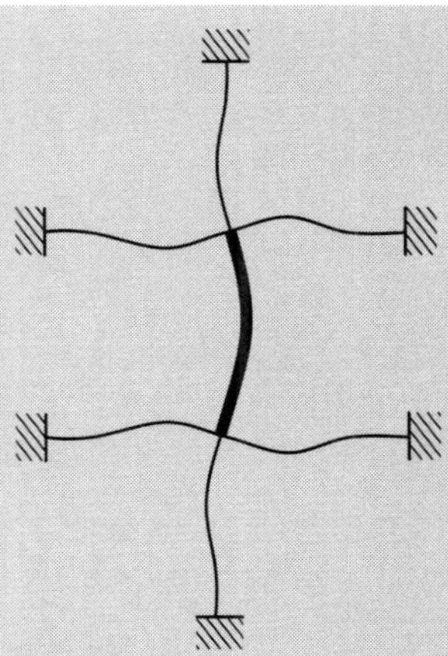

Figure 9.1.26 Allure du premier mode de flambement

Le calcul numérique de K_1 donne :

$$K_1 = 4 \times 21000000 \times \left(\frac{788}{400} + \frac{8356{,}1}{450} + \frac{5789{,}8}{600} \right) = 2{,}53.10^9 \,\text{N.cm / rad}$$

soit : $$K_1 = 2{,}53.10^{10} \,\text{N.mm / rad}$$

On procède de la même manière pour l'extrémité 2 :

$$K_2 = \frac{4 \cdot E \cdot I_2}{L_2} + \frac{4 \cdot E \cdot I_{21}}{L_g} + \frac{4 \cdot E \cdot I_{22}}{L_d},$$

soit : $$K_2 = 4 \times 21000000 \times \left(\frac{1043{,}2}{700} + \frac{11766{,}9}{450} + \frac{11766{,}9}{600} \right) = 3{,}96.10^9 \,\text{N.cm / rad}$$

ou encore : $$K_2 = 3{,}96.10^{10} \,\text{N.mm / rad}$$

La première solution de l'équation donnant la charge critique vaut $\omega_c = 0{,}00122$ d'où : $N_{cr} = 3271$ kN (on utilise avantageusement un tableur et un tracé de courbe pour identifier plus facilement la solution).

On en déduit : $$L_{cr} = \frac{\pi}{\omega_c} \approx 2571 \,\text{mm}$$

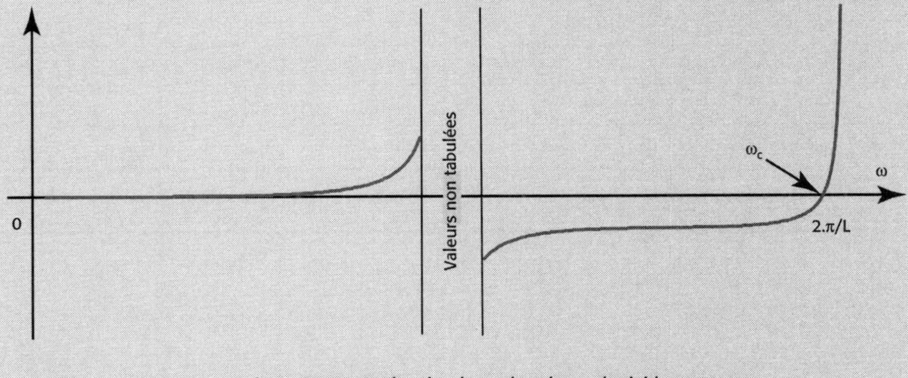

Figure 9.1.27 Recherche de ω_c dans le mode rigide

— *Vérifications réglementaires*

1. L'élancement réduit pour les sections transversales de Classe 1 à 3 vaut :

$$\bar{\lambda} = \sqrt{\frac{A \cdot f_y}{N_{cr}}} = \sqrt{\frac{7270 \times 235}{3271000}} = 0,723 > 0,2$$

ou :

$$\bar{\lambda} = \frac{L_{cr}}{i \cdot \lambda_1} = \frac{257,1}{\sqrt{\frac{1043,2}{72,7}} \times 93,9} = 0,723$$

2. Dans le tableau 9.1.6, avec h/b > 1,2, $t_f < 40$ mm, pour un acier S 235 et un flambement autour de l'axe z, on doit prendre la courbe de flambement b. Le tableau 9.1.4 donne alors $\alpha = 0,34$.
3. On calcule : $\Phi = 0,5 \cdot \left(1 + \alpha.(\bar{\lambda} - 0,2) + \bar{\lambda}^2\right) = 0,5 \times \left(1 + 0,34 \times (0,723 - 0,2) + 0,723^2\right)$ qui donne : $\Phi = 0,85$.

4. On calcule : $\chi = \dfrac{1}{\Phi + \sqrt{\Phi^2 - \bar{\lambda}^2}} = \dfrac{1}{0,85 + \sqrt{0,85^2 - 0,723^2}} = 0,77.$
5. Et enfin : $N_{b,Rd} = \dfrac{\chi \cdot A \cdot f_y}{\gamma_{M1}} = \dfrac{0,77 \times 7270 \times 235}{1} = 1315,5$ kN.

— *Calcul rapide de* L_{cr}

On calcule les facteurs de distribution de rigidité (η_1 , η_2) pour lesquels les rigidités effectives des poutres dans le cas d'extrémités opposées encastrées sont égales à $K_{ij} = \dfrac{4 \cdot E \cdot I_{ij}}{L_{ij}}$. La rigidité des poteaux encastrés est égale à $K_i = \dfrac{4 \cdot E \cdot I_i}{L_i}$ et dans tous les cas $R_c = \dfrac{4 \cdot E \cdot I_c}{L_c}$ (voir tableau 9.1.7).

Les données nécessaires sont rassemblées dans le tableau 9.1.8.

Tableau 9.1.8 Données pour le calcul des rigidités

	Poteaux			**Poutres**			
Profilé	IPE 330	IPE 360	IPE 360	IPE 300	IPE 270	IPE 330	IPE 330
I (cm^4)	788	1043,2	1043,2	8356,1	5789,8	11766,9	11766,9
L (cm)	400	500	700	450	600	450	600
4.I/L (cm^3)	7,88	8,32	5,96	74,28	38,6	104,6	78,44
Rigidités effectives	K_1	R_c	K_2	K_{11}	K_{12}	K_{21}	K_{22}

D'où :

$$\eta_1 = \frac{R_c}{R_c + R_1} = \frac{R_c}{R_c + K_1 + K_{11} + K_{12}}$$

$$\eta_1 = \frac{8,32 \times E}{8,32 \times E + 7,88 \times E + 74,28 \times E + 38,6 \times E} = 0,064$$

$$\eta_2 = \frac{R_c}{R_c + R_2} = \frac{R_c}{R_c + K_2 + K_{21} + K_{22}}$$

$$\eta_2 = \frac{8{,}32 \times E}{8{,}32 \times E + 5{,}96 \times E + 104{,}6 \times E + 78{,}44 \times E} = 0{,}042$$

On détermine alors L_{cr} pour une structure rigide :

$$\frac{L_{cr}}{L} = 0{,}5 + 0{,}14 \times (0{,}064 + 0{,}042) + 0{,}055 \times (0{,}064 + 0{,}042)^2 = 0{,}515$$

d'où : $L_{cr} = 5000 \times 0{,}515 = 2575$ mm et $N_{cr} = E \cdot I_z \cdot \dfrac{\pi^2}{{L_{cr}}^2} = 3260$ kN

Note : ce rapport L_{cr} / L *aurait également pu être déterminé à l'aide des abaques de Wood [7] données à l'Annexe 9.2.*

Ce résultat également est quasi identique à celui donné par l'équation en ω et est confirmé par une étude informatique avec le logiciel RDM 6.17 dont une déformée est montrée à la figure 9.1.28.

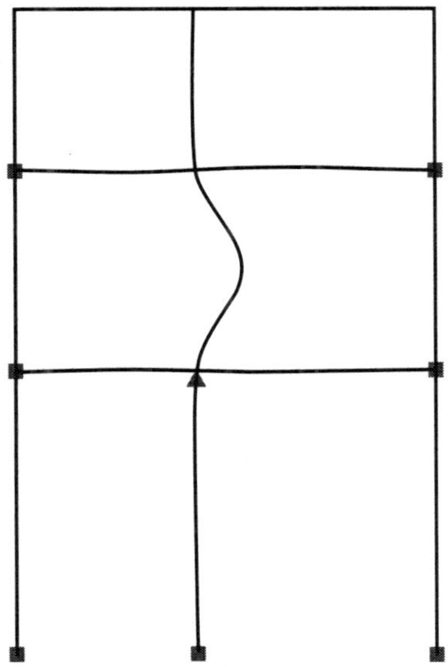

Figure 9.1.28 Déformée du système d'après RDM 6 en, mode rigide

Cas d'une structure souple

— *Modélisation*

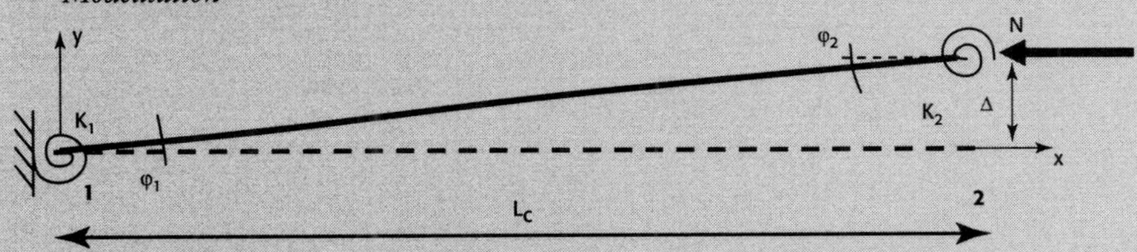

Figure 9.1.29 Modélisation du poteau 1-2 en mode souple

On définit arbitrairement le premier mode de flambement tel que $\varphi_1 > 0$ et $\varphi_2 > 0$.

La somme des moments en 1 appliqués au poteau donne :

$$N.\Delta - K_1 \cdot \varphi_1 - K_2 \cdot \varphi_2 = 0$$

On isole le déplacement :

$$\Delta = \frac{K_1 \cdot \varphi_1 + K_2 \cdot \varphi_2}{N}$$

L'approximation de l'équation différentielle donnée par la théorie de la flexion simple s'écrit ici :

$$E \cdot I_c \cdot y''(x) = -N \cdot (y - \Delta) - K_2 \cdot \varphi_2$$

On pose $\omega = \sqrt{\frac{N}{E \cdot I_c}}$ et on écrit la solution générale de l'équation différentielle du 2nd ordre à coefficients constants de la déformée en remplaçant aussi Δ :

$$y(x) = A \cdot \cos(\omega \cdot x) + B \cdot \sin(\omega \cdot x) + \frac{K_1 \cdot \varphi_1}{N}$$

Les conditions aux limites de la déformée y(x) déterminent les constantes A et B :

$$y(0) = 0 \Rightarrow A = -\frac{K_1 \cdot \varphi_1}{N}$$

puis :

$$y(L) = \Delta \Rightarrow B = \frac{1}{N} \cdot \left(\frac{K_1 \cdot \varphi_1}{\tan(\omega \cdot L_c)} + \frac{K_2 \cdot \varphi_2}{\sin(\omega \cdot L_c)} \right)$$

La pente de la déformée s'écrit alors :

$$y'(x) = -A \cdot \omega \cdot \sin(\omega \cdot x) + B \cdot \omega \cdot \cos(\omega \cdot x)$$

La condition $y'(0) = \varphi_1 = B \cdot \omega$ donne l'équation :

$$\varphi_1 \cdot \left(1 - \frac{K_1 \cdot \omega}{N \cdot \tan(\omega \cdot L_c)} \right) = \varphi_2 \cdot \left(\frac{K_2 \cdot \omega}{N \cdot \sin(\omega \cdot L_c)} \right)$$

et la condition $y'(L_c) = \varphi_2$ donne :

$$\varphi_1 \cdot \left(\frac{K_1 \cdot \omega \cdot \sin(\omega \cdot L_c)}{N} + \frac{K_1 \cdot \omega}{N} \frac{\cos(\omega \cdot L_c)}{\tan(\omega \cdot L_c)} \right) = \varphi_2 \cdot \left(1 - \frac{K_2 \cdot \omega}{N \cdot \tan(\omega \cdot L_c)} \right)$$

On élimine alors les angles entre ces deux conditions de pente et la charge critique se détermine par la résolution numérique d'une équation d'inconnue ω en ayant pris soin de remplacer N par $E \cdot I_C \cdot \omega^2$. Ceci donne l'équation suivante d'inconnue ω :

$$\left(1 - \frac{K_1}{E \cdot I_c \cdot \omega \cdot \tan(\omega \cdot L_c)} \right) \left(1 - \frac{K_2}{E \cdot I_c \cdot \omega \cdot \tan(\omega \cdot L_c)} \right) - \ldots$$

$$\ldots \left(\frac{K_1 v \sin(\omega v L_c)}{E \cdot I_c \cdot \omega} + \frac{K_1}{E \cdot I_c \cdot \omega} . \frac{\cos(\omega \cdot L_c)}{\tan(\omega \cdot L_c)} \right) \left(\frac{K_2}{E \cdot I_c \cdot \omega \cdot \sin(\omega \cdot L_c)} \right) = 0$$

avec : $$\omega \in \left]0;\frac{2\pi}{L}\right]$$

— *Application numérique*

Les assemblages sont considérés continus au sens de l'Eurocode 3 et la structure est modélisée en tant que structure souple (des déplacements latéraux libres sont pris en considération). La rigidité présentée par les tronçons de poteaux est considérablement affaiblie devant celle des poutres car les nœuds opposés se déplacent latéralement par rapport aux axes des poteaux (voir figure 9.1.30).

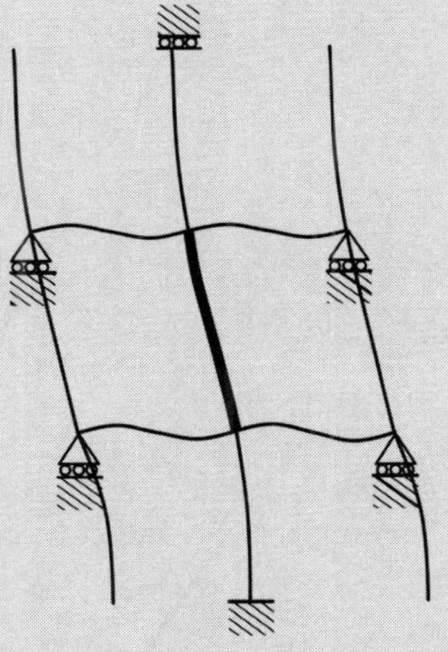

Figure 9.1.30 Allure du premier mode de flambement

La valeur de la rigidité à l'extrémité 1 peut se déterminer par (voir tableau 9.1.7) :

$$K_1 = \frac{6 \cdot E \cdot I_{11}}{L_g} + \frac{6 \cdot E \cdot I_{12}}{L_d} + \frac{E \cdot I_1}{L_1}$$

ou : $$K_1 = 21000000 \times \left[6 \times \left(\frac{8356,1}{450} + \frac{5789,8}{600}\right) + \frac{788}{400}\right] = 3,59.10^9\,\text{N.cm / rad}$$

soit : $$K_1 = 3,59.10^{10}\,\text{N.mm / rad}$$

De la même façon pour l'extrémité 2 :

$$K_2 = \frac{6 \cdot E \cdot I_{21}}{L_g} + \frac{6 \cdot E \cdot I_{22}}{L_d} + \frac{E \cdot I_2}{L_2}$$

soit : $$K_2 = 21000000 \times \left[6 \times \left(\frac{11766,9}{450} + \frac{11766,9}{600}\right) + \frac{1043,2}{700}\right] = 5,79.10^9\,\text{N.cm / rad}$$

ou : $$K_2 = 5,79.10^{10}\,\text{N.mm / rad}$$

La première solution de l'équation donnant la charge critique est :

$$\omega_c = 0{,}00061 \text{ et } N_{cr} = 830 \text{ kN}$$

On en déduit : $$L_{cr} = \frac{\pi}{\omega_c} \approx 5102 \text{ mm}$$

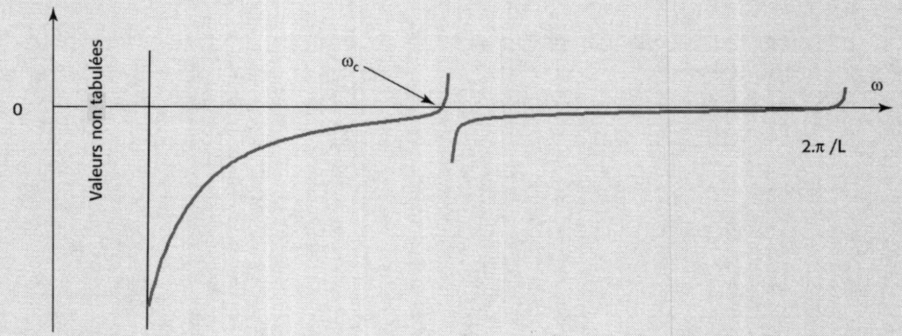

Figure 9.1.31 Recherche de w_c dans le mode souple

— *Calcul rapide de* L_{cr} *:*

On calcule les facteurs de distribution de rigidité (η_1, η_2) pour lesquels les rigidités effectives des poutres dans le cas d'extrémités opposées soumises à des moments égaux sont égales à $K_{ij} = \frac{6 \cdot E \cdot I_{ij}}{L_{ij}}$.

La rigidité du poteau considéré est égale à, $K_c = \frac{4 \cdot E \cdot I_c}{L_c}$ dans tous les cas et $K_i = \frac{E \cdot I_i}{L_i}$ car la rigidité en rotation du poteau déplaçable vaut le quart de celle du poteau encastré (voir tableau 9.1.7).

Nous avons ainsi :

$$\eta_1 = \frac{R_c}{R_c + (K_1 + K_{11} + K_{12})} = \frac{8{,}32}{8{,}32 + 0{,}25 \times 7{,}88 + 1{,}5 \times 74{,}28 + 1{,}5 \times 38{,}6} = 0{,}046$$

$$\eta_2 = \frac{Rc}{Rc + (K_2 + K_{21} + K_{22})} = \frac{8{,}32}{8{,}32 + 0{,}25 \times 5{,}96 + 1{,}5 \times 104{,}6 + 1{,}5 \times 78{,}44} = 0{,}029$$

On détermine alors L_{cr} pour dans le cas d'une structure souple :

$$L_{cr} = 5000 \times \sqrt{\frac{1 - 0{,}2 \times (0{,}046 + 0{,}029) - 0{,}12 \times (0{,}046 \times 0{,}029)}{1 - 0{,}8 \times (0{,}046 + 0{,}029) + 0{,}6 \times (0{,}046 \times 0{,}029)}} = 5115 \text{ mm}$$

et : $$N_{cr} = E \cdot I_z \cdot \frac{\pi^2}{L_{cr}^2} = 826 \text{ kN}$$

Un calcul avec le logiciel RDM 6 donne un coefficient critique de 2,7 avec un chargement en compression de 830 kN du poteau, ce qui montre que la détermination de L_{cr} dans les structures souples avec l'équation différentielle ou avec la formule empirique est toujours largement sécuritaire.

Les logiciels de ce type sont plus précis car ils tiennent compte du maintien horizontal conféré par tous les éléments de la structure et non pris en compte dans les calculs présentés ici. Une déformée issue de ce logiciel est montrée à la figure 9.1.32.

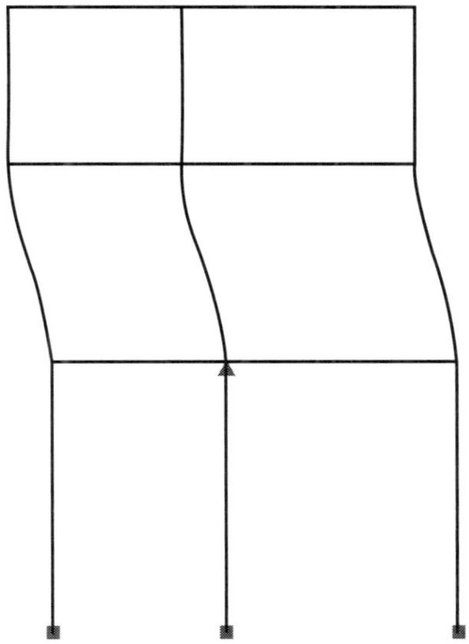

Figure 9.1.32 Déformée du système d'après RDM 6 en, mode souple

— *Vérifications réglementaires*

1. L'élancement réduit pour les sections transversales de Classe 1 à 3 vaut :

$$\bar{\lambda} = \sqrt{\frac{A \cdot f_y}{N_{cr}}} = \sqrt{\frac{7270 \times 235}{830000}} = 1,44 > 0,2$$

2. Dans le tableau 9.1.6, avec $h/b > 1,2$, $t_f < 40$ mm, pour un acier S 235 et un flambement autour de l'axe z, on doit prendre la courbe de flambement b. Le tableau 9.1.4 donne alors $\alpha = 0,34$.
3. On calcule $\Phi = 0,5 \cdot \left(1 + \alpha \cdot (\bar{\lambda} - 0,2) + \bar{\lambda}^2\right) = 0,5 \times \left(1 + 0,34 \times (1,44 - 0,2) + 1,44^2\right)$ qui mène à : $\Phi = 1,75$
4. On détermine ensuite : $\chi = \dfrac{1}{\Phi + \sqrt{\Phi^2 - \bar{\lambda}^2}} = \dfrac{1}{1,75 + \sqrt{1,75^2 - 1,44^2}} = 0,36$
5. Et enfin : $N_{b,Rd} = \dfrac{\chi \cdot A \cdot f_y}{\gamma_{M1}} = \dfrac{0,36 \times 7270 \times 235}{1} = 615$ kN

On remarque donc que l'on perd donc environ 53 % de résistance au flambement pour le poteau 1-2 si la structure est classée souple.

9.1.4.3 Vérification au flambement de barres de treillis

Il s'agit d'étudier le treillis simple de type Warren avec montants de la figure 9.1.33. Ce treillis repose sur des voiles en béton et il supporte la toiture d'un hall industriel. Le bâtiment possède une longueur de 64 m. Les treillis sont espacés de 8 m et leur portée est de 24 m. La hauteur de la construction est de 11 m. Des acrotères dépassent de 0,45 m en rive de toiture.

À chaque nœud de la membrure supérieure, une panne isostatique réalisée en IPE 200 transmet au treillis les charges verticales de la toiture ainsi que les charges climatiques et d'entretien. La construction se situe en site industriel (catégorie 2 de rugosité), en terrain plat ($C_0 = 1$), en Isère (département 38), à une altitude de 400 m, région C2 pour la neige et région 1 pour le vent, en site non protégé.

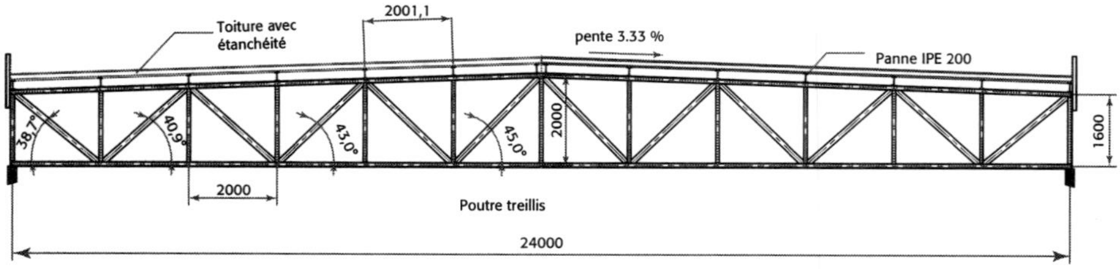

Figure 9.1.33 Treillis étudié

Données de calcul (voir chapitre 3) :

- Toiture + étanchéité : 0,30 kN/m² (support nervuré + isolant + étanchéité)
- Pannes : 0,224 kN/m
- Charges d'entretien : 0,8 kN/m² (non cumulables avec les charges climatiques)
- Charges de neige :
  - neige normale S_1 (sans accumulation) : $S_1 = 0{,}68$ kN/m^2 ;
  - neige accidentelle uniforme : $S_{A1} = 1{,}08$ kN/m^2 ;
  - neige normale S_2 (avec accumulation au droit des acrotères) : $S_2 = 0{,}9$ kN/m^2 sur une longueur $l_s = 5$ m ;
  - neige accidentelle avec accumulation : $S_{A2} = 1{,}43$ kN/m^2 avec $l_s = 5$ m.
  - Une majoration de 0,1 kN/m² est appliquée sur une distance de 2 m au niveau des acrotères pour difficulté d'écoulement des eaux en présence de neige et d'une pente faible (3,3 %).
- Charges de vent :
  - pression dynamique de pointe au niveau de l'acrotère : $q_p = 0{,}72$ kN/m^2 ;
  - coefficients de pression extérieure en toiture déterminés selon le tableau (7.2) de la NF EN 1991-1-4 ;
  - le bâtiment est considéré fermé pour les combinaisons à caractère durable transitoire ($C_{pi} = +0{,}2$ ou $-0{,}3$) ;
  - une situation de projet accidentelle avec porte ouverte en pignon considéré comme face dominante donne $C_{pi} = +0{,}63$, non cumulable avec la neige accidentelle ($\psi_{2w} = 0$).

Modèle de calcul et combinaisons de charges :

La modélisation a été effectuée en supposant que les diagonales et les montants sont articulés sur les membrures ; ces dernières étant supposées continues sur une demi-travée. La structure étant symétrique, l'étude est limitée à une demi-structure pour le cas de charges envisagé. Les numéros des barres ont été définis conformément à la figure 9.1.34.

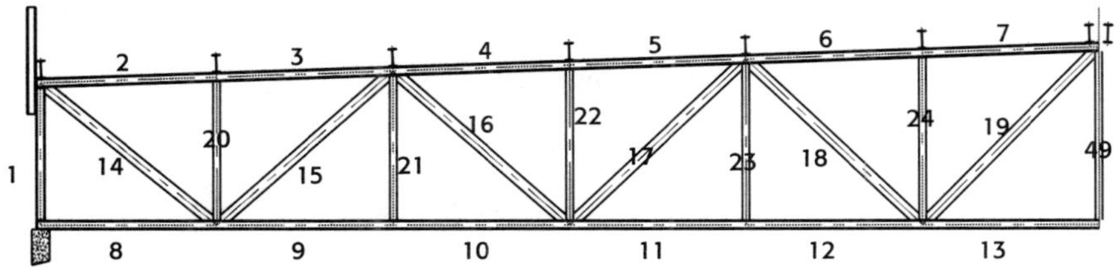

Figure 9.1.34 Repérage des barres

Les barres, réalisées en acier S 275, sont constituées des éléments suivants :

- diagonales 14 à19 en tubes rectangulaires 120 × 60 × 5 ;
- montants 20 à 24 et 49 en tubes carrés 60 × 3,2 ;
- montant d'appuis 1 en HEA 120 ;
- membrure supérieure 2 à 7 en HEA 180 ;
- membrure inférieure 8 à 13 en HEA 120.

Les combinaisons aux ELU retenues sont indiquées au tableau 9.1.9.

Tableau 9.1.9 Combinaisons ELU

	Combinaisons fondamentales	**Combinaisons accidentelles**
Actions résultantes descendantes	$1{,}35 \cdot G + 1{,}5 \cdot S_1$ $1{,}35 \cdot G + 1{,}5 \cdot S_2$	$G + S_{A1}$ $G + S_{A2}$
	$1{,}35 \cdot G + 1{,}5 \cdot W^+ + 0{,}75 \cdot S_2$ $1{,}35 \cdot G + 1{,}5 \cdot S_2 + 0{,}9 \cdot W^+$	Sans objet car $\psi_{2S} = 0$ et $\psi_{2W} = 0$ pour A < 1000 m
Soulèvement	$G + 1{,}5 \cdot W^-$	$G + W^-$ (porte de pignon ouverte)

Les calculs montrent que pour la combinaison $1{,}35 \cdot G + 1{,}5 \cdot S_2 + 0{,}9 \cdot W^+$ est critique pour la stabilité des montants et diagonales. La membrure inférieure est comprimée lors du soulèvement dû à $G + 1{,}5 \cdot W^-$.

Vérifications des sections et du flambement par flexion

— *Vérification des diagonales 14 et 15*

Caractéristiques communes :

Elles sont réalisées en tubes rectangulaires 120 × 60 × 5. Elles possèdent donc une aire de section transversale $A = 16{,}88\ cm^2$ et des rayons de giration $i_y = 4{,}245$ cm et $i_z = 2{,}433$ cm. Pour un acier S 275, $\lambda_1 = 86{,}8$ (tableau 9.1.2).

La diagonale 14 supporte un effort de traction : $N_{Ed} = 264{,}4$ kN.

Les diagonales étant soudées (elles ne présentent donc pas de trous de fixation), on doit vérifier :

$$N_{Ed} \leq N_{t,Rd} \text{ avec : } N_{t,Rd} = N_{pl,Rd} = \frac{A \cdot f_y}{\gamma_{M_0}}$$

$$N_{t,Rd} = \frac{16{,}88 \times 275 \times 10^{-1}}{1} = 464{,}2 \text{ kN} \geq N_{Ed} = 264{,}4 \text{ kN}$$

La diagonale 14 est donc bien vérifiée.

La diagonale 15 supporte un effort de compression : $N_{Ed} = 200{,}7$ kN.

Le tableau 9.1.3 autorise $L_{cr,z} = 0{,}75$. L hors plan car on vérifie 60/120 < 0,6. Une approche sécuritaire consiste à retenir : $L_{cr,y} = L_{cr,z} = L = 2647$ mm.

Il est alors inutile d'effectuer la vérification dans le plan du treillis pour lequel le rayon de giration i_y est le plus fort car les courbes de flambement sont identiques dans les deux cas (courbe a). Par contre, il convient de vérifier le flambement hors plan.

1. L'élancement réduit en section de Classe 1, 2 ou 3 vaut ($L_{cr} \equiv L$) :

$$\bar{\lambda} = \frac{L_{cr}}{i \cdot \lambda_1} = \frac{264{,}7}{2{,}433 \times 86{,}8} = 1{,}253 > 0{,}2$$

2. Dans le tableau 9.1.6 : tube fini à chaud en S275, on choisit la courbe de flambement a. Dans le tableau 9.1.4 : pour cette courbe, on trouve $\alpha = 0{,}21$
3. On calcule : $\boldsymbol{\Phi} = 0{,}5 \cdot \left(1 + \alpha \cdot (\bar{\lambda} - 0{,}2) + \bar{\lambda}^2\right) = 0{,}5 \times \left(1 + 0{,}21 \times (1{,}253 - 0{,}2) + 1{,}253^2\right)$ qui donne : $\boldsymbol{\Phi} = 1{,}396$
4. On calcule ensuite : $\chi = \dfrac{1}{\Phi + \sqrt{\Phi^2 - \bar{\lambda}^2}} = \dfrac{1}{1{,}396 + \sqrt{1{,}396^2 - 1{,}253^2}} = 0{,}497$

3. et 4. bis : Si l'on utilisait le tableau 9.1.5 par exemple, on trouverait $\chi = 0{,}5$ par interpolation linaire

5. Et enfin : $N_{b,Rd} = \dfrac{\chi \cdot A \cdot f_y}{\gamma_{M1}} = \dfrac{0{,}497 \times 1688 \times 275}{1} = 230$ kN
6. On vérifie alors $N_{Ed} \leq N_{b,Rd}$ soit 200,7 kN < 230 kN : le tube résiste bien au flambement hors plan. **La diagonale 15 est donc bien vérifiée.**

— *Vérification des montants*

Le treillis étudié comporte des montants qui ne sont pratiquement pas sollicités (barres 21, 23 et leurs symétriques mais aussi 49). Ils peuvent néanmoins être sollicités si un rail supportant un faux-plafond était liaisonné aux nœuds inférieurs. Notons cependant que ces montants jouent un rôle important car ils divisent par 2 les longueurs de flambement de la membrure inférieure dans le plan du treillis.

Caractéristiques communes :

Ils sont réalisés en tubes carrés 60 × 3,2. Ils possèdent donc une aire de section transversale $A = 7{,}221$ cm^2 et des rayons de giration $i_y = i_z = 2{,}314$ cm. Nous avons, là encore, $\lambda_1 = 86{,}8$ (acier S 275).

C'est la même combinaison $1{,}35 \cdot G + 1{,}5 \cdot S_2 + 0{,}9 \cdot W^+$ qui donne la sollicitation la plus importante dans le montant 20 : $N_{Ed} = 33{,}4$ kN en compression.

On a choisi ici un montant carré de 60 × 3,2, donc de même largeur que la diagonale pour des raisons évidentes d'assemblage. La longueur de flambement prise entre points d'épure vaut : $L_{cr,y} = L_{cr,z} = L = 1667$ mm.

On obtient $N_{b,Rd} = 154{,}5$ kN > 34 kN ce qui vérifie la stabilité du montant.

On pourrait de ce point de vue choisir un tube carré de 40 × 3,2 qui résisterait encore largement à la sollicitation.

— *Vérification de la membrure supérieure*

La barre 6 est la plus sollicitée : $N_{Ed} = 539,1$ kN en compression.

Caractéristiques : HEA 180 en acier S275, soit A = 45,3 cm^2, $i_y = 7,45$ cm, $i_z = 4,52$ cm, $\lambda_1 = 86,8$.

Vérification dans le plan du treillis :

La longueur de flambement prise entre points d'épure vaut $L_{cr,y} = L = 2,001$ m (sécuritaire : voir tableau 9.1.3).

1. L'élancement réduit en section de Classe 1, 2 ou 3 vaut ($L_{cr} \equiv L$) :

$$\bar{\lambda} = \frac{L_{cr}}{i \cdot \lambda_1} = \frac{200,1}{7,45 \times 86,8} = 0,31 > 0,2.$$

2. Dans le tableau 9.1.6, pour h/b < 1,2 et $t_f < 100$ mm, un acier S 235 et un flambement autour de l'axe y, on obtient la courbe de flambement b. Le tableau 9.1.4 donne alors $\alpha = 0,34$.
3. On calcule $\Phi = 0,5 \cdot \left(1 + \alpha \cdot (\bar{\lambda} - 0,2) + \bar{\lambda}^2\right) = 0,5 \times \left(1 + 0,34 \times (0,31 - 0,2) + 0,31^2\right)$ qui conduit à : $\Phi = 0,566$
4. On calcule ensuite : $\chi = \dfrac{1}{\Phi + \sqrt{\Phi^2 - \bar{\lambda}^2}} = \dfrac{1}{0,566 + \sqrt{0,566^2 - 0,31^2}} = 0,961$
5. Et enfin : $N_{b,Rd} = \dfrac{\chi \cdot A \cdot f_y}{\gamma_{M1}} = \dfrac{0,961 \times 4530 \times 275}{1} = 1197$ kN
6. On vérifie bien que : $N_{Ed} \leq N_{b,Rd}$ soit : 539,1 kN < 1197 kN. **La membrure supérieure résiste bien au flambement dans le plan du treillis.**

Vérification hors plan du treillis :

Des croix de contreventement relient deux pannes séparées par une troisième. La membrure est donc reliée à un point fixe de la poutre au vent tous les 2 nœuds. La longueur de flambement est alors $L_{cr,z}$ = L = 4,002 m (sécuritaire : voir tableau 9.1.3).

1. L'élancement réduit en section de Classe 1, 2 ou 3 vaut :

$$\bar{\lambda} = \frac{L_{cr}}{i \cdot \lambda_1} = \frac{400,2}{4,52 \times 86,8} = 1,02 > 0,2$$

2. Dans le tableau 9.1.6, on trouve dans ce cas (h/b < 1,2, $t_f < 100$ mm, S 235 et flambement autour de l'axe z) : courbe c. Le tableau 9.1.4 donne alors $\alpha = 0,49$.
3. On calcule $\Phi = 0,5 \cdot \left(1 + \alpha \cdot (\bar{\lambda} - 0,2) + \bar{\lambda}^2\right) = 0,5 \times \left(1 + 0,49 \times (1,02 - 0,2) + 1,02^2\right)$, soit : $\Phi = 1,221$
4. On calcule : $\chi = \dfrac{1}{\Phi + \sqrt{\Phi^2 - \bar{\lambda}^2}} = \dfrac{1}{1,221 + \sqrt{1,221^2 - 1,02^2}} = 0,528$
5. Et enfin : $N_{b,Rd} = \dfrac{\chi \cdot A \cdot f_y}{\gamma_{M1}} = \dfrac{0,528 \times 4530 \times 275}{1} = 658,2$ kN
6. On vérifie alors : $N_{Ed} \leq N_{b,Rd}$ soit 539,1 kN < 658,2 kN. **La membrure supérieure résiste donc bien au flambement hors du plan du treillis.**

On remarque que l'axe d'inertie faible amplifie le flambement hors plan. Il serait plus judicieux de coucher le profilé : on passerait alors avec un HEA 140 avec des systèmes d'attache spéciaux pour les pannes. En choisissant par exemple un tube rectangulaire fini à chaud de 180 × 80 × 5 mis à plat et muni d'organes de liaison adéquats pour les pannes, on obtient un effort résistant de 572 kN hors plan et 583 kN dans le plan du treillis avec une masse linéique de 19,5 kg/m. Le HEA 180 pèse 35,5 kg/m donc le gain de poids serait de 45 % avec un surcoût du tube par rapport au HEA 180 et des attaches spéciales.

— *Vérification de la membrure inférieure :*

Sous les charges descendantes, la membrure inférieure est tendue, mais sous charges de soulèvement, la membrure inférieure est comprimée et doit être vérifiée au flambement hors plan sous un effort normal interne non constant le long de la membrure. La longueur de flambement très importante nécessite souvent la mise en place de bracons liés aux pannes pour la réduire.

Vérification sous charges descendantes :

C'est la combinaison $1{,}35 \cdot G + 1{,}5 \cdot S2 + 0{,}9 \cdot W^+$ qui donne l'effort maximal dans la membrure inférieure. Dans ce cas, la membrure est tendue et $N_{Ed} = 525{,}2$ kN dans la barre 13.

Caractéristiques : HEA 120 Acier S275, soit : $A = 25{,}3\ \text{cm}^2$, $i_y = 4{,}89$ cm et $i_z = 3{,}02$ cm

On vérifie que :

$$N_{Ed} \leq N_{t,Rd} \text{ avec } N_{t,Rd} = N_{pl,Rd} = \frac{A \cdot f_y}{\gamma_{M0}}$$

$$N_{t,Rd} = \frac{25{,}3 \times 275 \times 10^{-1}}{1} = 695{,}8 \text{ kN} \geq N_{Ed} = 525{,}2 \text{ kN}$$

Vérification au soulèvement (charges ascendantes) :

La combinaison $G + W_A$ (porte de pignon ouverte) donne le cas défavorable en compression pour la membrure inférieure dans la barre 13, soit $N_{Ed} = 63{,}9$ kN.

La longueur susceptible de flamber étant importante, on la restreint par braconnage (voir figure 9.1.35) sur la panne supérieure, au niveau du nœud commun aux barres 11 et 12 et son symétrique.

La longueur de flambement est $L_{cr,z} = L = 4$ m hors du plan du treillis (tableau 9.1.3).

1. L'élancement réduit en section de Classe 1, 2 ou 3 vaut :

$$\bar{\lambda} = \frac{L_{cr}}{i \cdot \lambda_1} = \frac{800}{3{,}02 \times 86{,}8} = 3{,}05 > 0{,}2$$

2. Dans le tableau 9.1.6, on trouve dans ce cas ($h/b < 1{,}2$, $t_f < 100$ mm, S 235 et flambement autour de l'axe z) : courbe c. Le tableau 9.1.4 conduit à $\alpha = 0{,}49$.
3. On calcule $\Phi = 0{,}5 \cdot \left(1 + \alpha \cdot (\bar{\lambda} - 0{,}2) + \bar{\lambda}^2\right) = 0{,}5 \times \left(1 + 0{,}49 \times (3{,}05 - 0{,}2) + 3{,}05^2\right)$, d'où : $\Phi = 5{,}86$
4. On calcule : $\chi = \dfrac{1}{\Phi + \sqrt{\Phi^2 - \bar{\lambda}^2}} = \dfrac{1}{5{,}86 + \sqrt{5{,}86^2 - 3{,}05^2}} = 0{,}092$
5. Puis : $N_{b,Rd} = \dfrac{\chi \cdot A \cdot f_y}{\gamma_{M1}} = \dfrac{0{,}092 \times 2530 \times 275}{1} = 64{,}1$ kN
6. On vérifie alors : $N_{Ed} \leq N_{b,Rd}$ soit 63,9 kN < 64,1 kN. **La membrure inférieure résiste donc au flambement dans le cas du soulèvement.**

— *Vérification du bracon :*

Caractéristiques : tube rond Ø 42,4 × 3,2 en acier S 275, écrasé à chaque extrémité et lié par 1 boulon M12 à chaque extrémité (figure 9.1.35).

Longueur entre points d'épure : $L = L_{cr} = 3248$ mm (tableau 9.1.3).

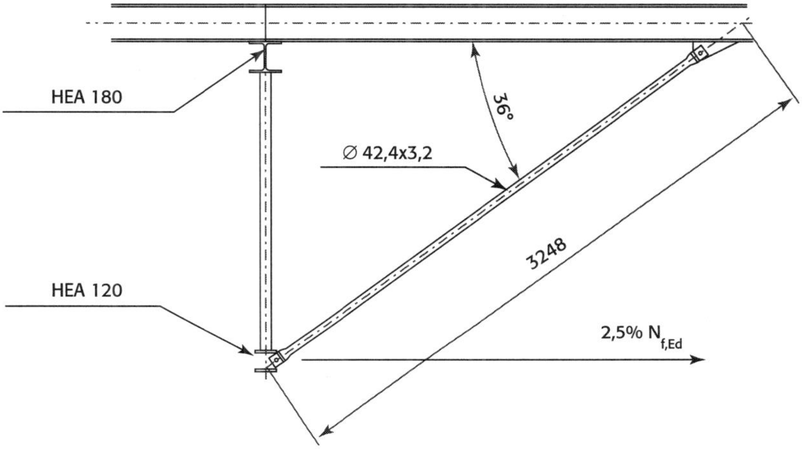

Figure 9.1.35 Bracon

La NF EN 1993-1-1 article 6.3.5.2 (3)B préconise que tout élément de maintien (boulon, bracon) doit être calculé pour résister à une force locale d'au moins 2,5 % de $N_{f,Ed}$ transmise par la semelle (ici la membrure inférieure) dans son plan et perpendiculaire au plan de l'âme sans combinaison avec d'autres charges. $N_{f,Ed}$ est l'effort normal maximal dans la semelle comprimée de la barre stabilisée.

Dans notre cas la barre est sollicitée par un effort $N_{f,Ed}$ de 60,9 kN en compression (barres 11 et 12).

L'effort normal de compression développé dans le bracon est :

$$N_{c,Ed} = \frac{2,5\% \times 60,9}{\cos 36°} = 1,88 \text{ kN}$$

et celui-ci doit être vérifié au flambement :

$$N_{b,Rd} = 13,83 \text{ kN} > N_{Ed} = 1,88 \text{ kN}$$

On notera que le tube est surdimensionné, un tube Ø26,9 × 2,3 aurait été suffisant.

9.2 Barres uniformes fléchies

9.2.1 Introduction

Les éléments structuraux élancés, chargés dans leur plan rigide, ont tendance à présenter une instabilité dans un plan plus flexible. Dans le cas d'une poutre fléchie selon son axe de forte inertie, la ruine peut survenir sous une forme d'instabilité qui provoque une flèche latérale combinée à une torsion. La poutre se dérobe. C'est le déversement. La figure 9.2.1 illustre ce phénomène pour une poutre en console.

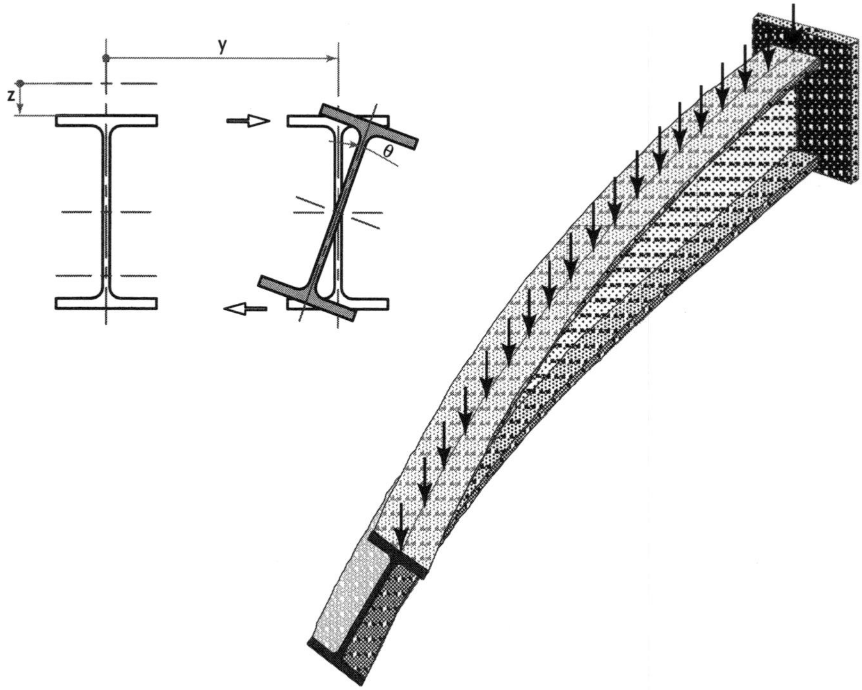

Figure 9.2.1 Déversement d'une poutre en console

La résistance ultime d'une poutre fléchie qui déverse est atteinte pour un effort ($Effort_{déversement}$) inférieur à l'effort ($Effort_{plastique}$) correspondant à la plastification totale de la section (voir figure 9.2.2).

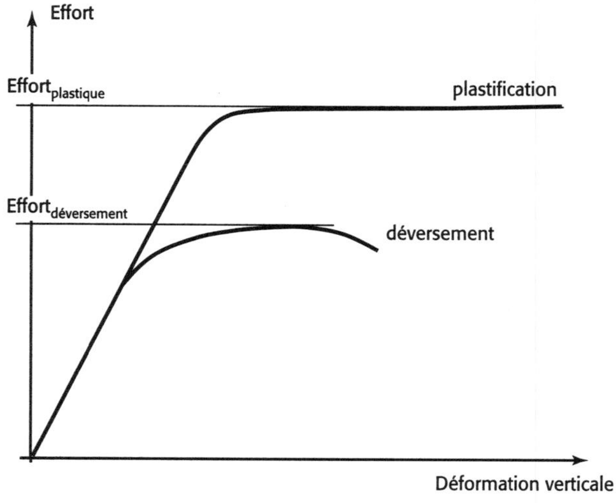

Figure 9.2.2 Comportement d'un élément fléchi

Une fois que le déversement s'est produit, la poutre présente un comportement instable similaire à celui correspondant au flambement par divergence.

On peut considérer le déversement comme le flambement latéral de la membrure comprimée de la poutre. Cette membrure étant en liaison avec une partie de la section tendue, le flambement s'accompagne d'une torsion.

Pour une poutre dépourvue d'imperfections, constituée d'un matériau homogène et élastique, soumise à un moment de flexion constant, l'étude théorique de la stabilité conduit à une valeur critique correspondant à une bifurcation d'équilibre. Dans le cas particulier d'une poutre comportant une section constante bi-symétrique, supposée indéformable et dont les extrémités sont simplement maintenues en torsion, une expression classique de ce moment critique de déversement a été établie par Stephen P. Timoshenko (1878-1972) sous la forme :

$$M_{cr} = \frac{\pi}{L}\sqrt{E \cdot I_z \cdot G \cdot I_t \cdot \left(1 + \frac{\pi^2 \cdot E \cdot I_w}{L^2 \cdot G \cdot I_t}\right)}$$

avec L : longueur de la poutre,

I_z : moment quadratique suivant l'axe de faible inertie,

I_t : moment d'inertie de torsion,

I_w : moment d'inertie de gauchissement,

E : module de déformation élastique longitudinal du matériau constituant la section,

G : module de déformation élastique transversal du matériau constituant la section.

La valeur de ce moment critique de déversement est modifiée dans la pratique par les caractéristiques réelles de la barre comprenant les imperfections du matériau, les dimensions réelles de la section, les conditions de liaisons, la variation du moment de flexion et la position du point d'application des charges transversales par rapport au centre de gravité de la section.

L'Annexe Nationale française de l'Eurocode 3 propose des expressions prenant en compte ces différents paramètres.

9.2.2 Résistance au déversement suivant l'Eurocode 3

Pour une barre non maintenue latéralement et soumise à une flexion selon l'axe fort, la vérification règlementaire vis-à-vis du déversement consiste à vérifier que :

$$\frac{M_{Ed}}{M_{b,Rd}} \leq 1,0$$

avec M_{Ed} : valeur de calcul du moment fléchissant,

$M_{b,Rd}$: moment résistant de calcul au déversement.

- Les poutres dont la semelle comprimée est suffisamment maintenue ne sont pas sensibles au déversement.
- Les poutres constituées de profils creux circulaires ou carrés, de sections creuses circulaires ou en caisson carrées reconstituées, ne sont pas sensibles au déversement.

Le moment résistant de calcul au déversement s'exprime par la relation suivante :

$$M_{b,Rd} = \chi_{LT} \cdot W_y \cdot \frac{f_y}{\gamma_{M1}}$$

avec χ_{LT} : coefficient de réduction pour le déversement,

W_y : module de résistance dépendant de la classe de la section transversale (voir tableau 9.2.1).

Tableau 9.2.1 Module de résistance

Classe	1 ou 2	3	4
W_y	$W_{pl,y}$	$W_{el,y}$	$W_{eff,y}$

Il n'est pas nécessaire de prendre en compte les trous de fixation situés à l'extrémité de la poutre pour la détermination de W_y.

9.2.2.1 Cas général

Le coefficient de réduction pour le déversement, χ_{LT}, se détermine à partir de la relation (9.2.1) :

$$\chi_{LT} = \frac{1}{\Phi_{LT} + \sqrt{\Phi_{LT}^2 - \bar{\lambda}_{LT}^2}} \quad \text{mais } \chi_{LT} \leq 1,0 \qquad (9.2.1)$$

avec $\Phi_{LT} = 0,5 \cdot \left[1 + \alpha_{LT} \cdot \left(\bar{\lambda}_{LT} - 0,2\right) + \bar{\lambda}_{LT}^2\right]$

et $\bar{\lambda}_{LT} = \sqrt{\dfrac{W_y \cdot f_y}{M_{cr}}}$

où M_{cr} est le moment critique pour le déversement élastique,

et α_{LT}, le facteur d'imperfection qui conditionne le choix de la courbe de déversement.

L'instabilité de déversement correspond au flambement latéral de la partie de la section soumise à des contraintes de compression du fait de la flexion. Les courbes de déversement sont les mêmes que les courbes de flambement utilisées dans le § 9.1.

Pour choisir la courbe de déversement, il est nécessaire de consulter le tableau 9.2.2 qui précise la courbe à retenir en fonction du type de section : sections en I laminées, sections en I soudées ou autres types de sections.

Tableau 9.2.2 Courbes de déversement recommandées pour une section transversale lorsque l'expression (9.2.1) est utilisée

Sections transversales	Limites	Courbe de déversement
Sections en I laminées	$h / b \leq 2$ $h / b > 2$	a b
Sections en I soudées	$h / b \leq 2$ $h / b > 2$	c d
Autres sections	–	d

Les valeurs recommandées pour le facteur d'imperfection α_{LT} sont données dans le tableau 9.2.3 en fonction de la courbe de déversement.

Tableau 9.2.3 Valeurs recommandées pour les facteurs d'imperfection des courbes de déversement

Courbes de déversement	**a**	**b**	**c**	**d**
Facteur d'imperfection α_{LT}	0,21	0,34	0,49	0,76

Les tableaux donnant les coefficients de réduction χ_{LT} suivant les courbes a, b, c et d sont identiques à ceux du paragraphe 9.1 concernant le coefficient χ pour le flambement. Ils sont fournis à l'Annexe 9.1 à la fin de ce chapitre.

- Dans le cas général qui nous intéresse dans ce paragraphe (c'est-à-dire en application du § 6.3.2.2 de la norme NF EN 1993-1-1), pour un élancement réduit $\bar{\lambda}_{LT} \leq 0,2$ ou, ce qui revient au même, si $\frac{M_{Ed}}{M_{cr}} \leq \bar{\lambda}_{LT}^2 = 0,04$, les effets du déversement peuvent être négligés et seules les vérifications de section transversale s'appliquent.

9.2.2.2 Courbes de déversement pour profils laminés ou sections soudées équivalentes

Pour les profils laminés ou les sections soudées équivalentes fléchis, les valeurs de χ_{LT} pour l'élancement réduit approprié peuvent être déterminées de la façon suivante :

$$\chi_{LT} = \frac{1}{\Phi_{LT} + \sqrt{\Phi_{LT}^2 - \beta \cdot \bar{\lambda}_{LT}^{\,2}}} \quad \text{mais :} \begin{cases} \chi_{LT} \leq 1,0 \\ \chi_{LT} \leq \dfrac{1}{\bar{\lambda}_{LT}^2} \end{cases}$$

$$\Phi_{LT} = 0,5 \cdot \left[1 + \alpha_{LT} \cdot \left(\bar{\lambda}_{LT} - \bar{\lambda}_{LT,0} \right) + \beta \cdot \bar{\lambda}_{LT}^2 \right]$$

Il est admis que les sections reconstituées soudées en I dont les caractéristiques respectent les critères suivants :

- la section est symétrique par rapport à l'âme ;
- le rapport des inerties des semelles dans leur plan n'excèdent pas 1,2 ;
- $\frac{t_{f\,max}}{t_w} \leq 3.$

peuvent être considérées comme des sections soudées équivalentes.

Les valeurs de $\bar{\lambda}_{LT,0}$ et de α_{LT} sont déterminées par :

- sections laminées doublement symétriques :

$$\bar{\lambda}_{LT,0} = 0,2 + 0,1 \cdot \frac{b}{h} \quad \text{et} \quad \alpha_{LT} = 0,4 - 0,2 \cdot \frac{b}{h} \cdot \bar{\lambda}_{LT}^2 \geq 0$$

- Sections soudées en I doublement symétriques :

$$\bar{\lambda}_{LT,0} = 0,3 \cdot \frac{b}{h} \quad \text{et} \quad \alpha_{LT} = 0,5 - 0,25 \cdot \frac{b}{h} \cdot \bar{\lambda}_{LT}^2 \geq 0$$

- Autres sections :

$$\bar{\lambda}_{LT,0} = 0,2 \quad \text{et} \quad \alpha_{LT} = 0,76$$

et pour toutes les sections $\beta = 1,0$.

Pour prendre en compte la distribution des moments entre les maintiens latéraux des barres, le coefficient de réduction χ_{LT} peut être modifié comme suit :

$$\chi_{LT,mod} = \frac{\chi_{LT}}{f} \text{ mais } \chi_{LT,mod} \leq 1$$

$$f = 1 - 0{,}5 \cdot (1 - k_c) \cdot \left[1 - 2 \cdot \left(\bar{\lambda}_{LT} - 0{,}8\right)^2\right] \text{ mais } f \leq 1$$

k_c est un facteur de correction pris dans le tableau 9.2.4.

Le coefficient f n'est applicable que pour des barres sans maintiens latéraux intermédiaires et pour lesquelles on a supposé le gauchissement libre aux extrémités pour le calcul de $\bar{\lambda}_{LT}$.

- Dans le cas des profils laminés ou des sections soudées équivalentes qui nous intéresse dans ce paragraphe (c'est-à-dire quand le § 6.3.2.3 de la norme NF EN 1993-1-1 est pris en compte), les effets du déversement peuvent être négligés si $\bar{\lambda}_{LT} \leq \bar{\lambda}_{LT,0}$ ou, ce qui revient au même, si $\frac{M_{Ed}}{M_{cr}} \leq \bar{\lambda}_{LT,0}^2$.

Tableau 9.2.4 Facteurs de correction k_c

Distribution des moments	**k_c**
 $\psi = 1$	1,0
 $-1 \leq \psi \leq 1$	$\frac{1}{1{,}33 - 0{,}33 \cdot \psi}$
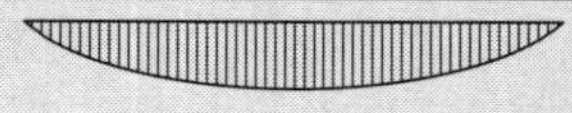	0,94
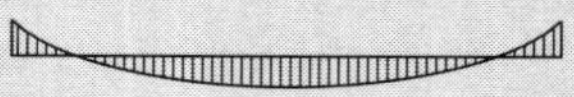	0,90
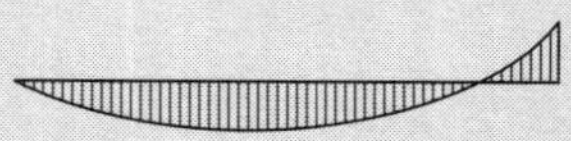	0,91
	0,86
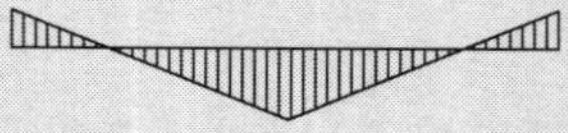	0,77
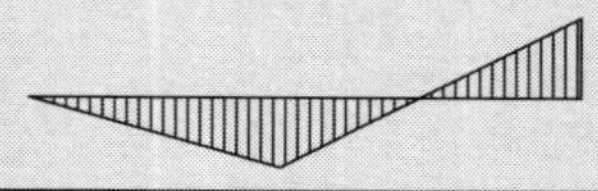	0,82

9.2.2.3 Moment critique M_{cr} pour le déversement élastique

Le moment critique M_{cr} pour le déversement élastique est basé sur les propriétés de section transversale brute et prend en compte les conditions de chargement, la distribution réelle des moments et les maintiens latéraux.

1. Dans les formules usuelles de M_{cr} supposant l'indéformabilité de la section, il est rappelé que l'inertie de torsion de la section brute (torsion de St Venant, dite torsion uniforme) ne peut légitimement être prise en compte totalement dans le calcul de M_{cr} que si la

section est, ou peut être, considérée indéformable. On vise ici la déformabilité transversale de l'âme souvent très élancée des profils reconstitués soudés en I. À défaut d'une justification spécifique, on considèrera qu'une section en I ayant une âme de rapport $h_w/t_w > 170$ ne remplit pas cette condition d'indéformabilité transversale et qu'il convient alors de déterminer M_{cr} en prenant une inertie de torsion réduite à celle de l'âme seule. On traduit ici le cas limite où les deux semelles ne tourneraient pas et où le flambement latéral de la semelle comprimée n'impliquerait que la rotation de l'âme (d'où le maintien de son inertie de torsion) ainsi que sa flexion transversale.

2. L'Annexe MCR de l'Annexe Nationale NF EN 1993-1-1/NA présente une formulation du calcul de M_{cr} pour des barres uniformes à sections doublement symétriques, simplement fléchies et maintenues au déversement à leurs deux extrémités.

L'Annexe MCR donne une formulation approchée pour le calcul du moment critique de déversement élastique M_{cr} de barres (ou tronçons de barres) satisfaisant l'ensemble des critères suivants :

- barres uniformes à section transversale doublement symétrique et supposée indéformable,
- barres simplement fléchies, le chargement étant appliqué dans le plan de forte inertie de la barre,
- barres maintenues au déversement à leurs deux extrémités, sans aucun maintien latéral intermédiaire, ponctuel ou continu. Les conditions de maintien à chaque extrémité sont au minimum les suivantes qui constituent les conditions « nominales » de maintien, aussi appelées « appuis à fourche » :
  - maintien en déplacement latéral,
  - maintien en rotation autour de l'axe longitudinal de la barre.

Dans tous les cas, et en particulier pour les cas non couverts par cette Annexe Nationale, le moment critique de déversement élastique peut être déterminé par une analyse de stabilité élastique de la barre, à condition que le calcul prenne en compte tous les paramètres susceptibles d'affecter notablement la valeur de M_{cr} tels que :

- la géométrie de la section,
- la rigidité au gauchissement,
- la position verticale de la charge transversale par rapport au centre de cisaillement,
- les conditions de maintien latéral.

L'attention est attirée sur le fait que la relation peut donner des résultats erronés par excès en cas de forte dissymétrie de la section.

La formulation générale de M_{cr} est la suivante :

$$M_{cr} = C_1 \cdot \frac{\pi^2 \cdot E \cdot I_z}{(k_z \cdot L)^2} \cdot \left\{ \sqrt{\left(\frac{k_z}{k_w}\right)^2 \cdot \frac{I_w}{I_z} + \frac{(k_z \cdot L)^2 \cdot G \cdot I_t}{\pi^2 \cdot E \cdot I_z} + (C_2 \cdot z_g)^2} - C_2 \cdot z_g \right\} \qquad (9.2.2)$$

avec :

E	module de Young ($E = 210\,000$ MPa),
G	module de cisaillement ($G = 80\,770$ MPa),
I_z	inertie de flexion par rapport à l'axe faible z,
I_t	inertie de torsion,
I_w	inertie de gauchissement,

L	longueur de la barre ou tronçon de barre étudié,
k_z et k_w	coefficients « de longueur de flambement »,
z_g	distance entre le point d'application de la charge et le centre de cisaillement (qui coïncide ici avec le centre de gravité). Un signe est attribué à z_g (voir ci-après),
C_1 et C_2	coefficients dépendant des conditions de maintien aux extrémités et chargements (voir figures 9.2.5 et 9.2.6).

Le coefficient k_z est lié aux conditions de maintien des sections d'extrémité à la rotation autour de l'axe faible z. Il est analogue au rapport de la longueur de flambement sur la longueur de la barre pour un élément comprimé. k_z est généralement pris égal à 1,0 sauf si une valeur inférieure peut être justifiée.

Le coefficient k_w est lié aux conditions de maintien des sections d'extrémité au gauchissement. k_w doit être pris égal à 1,0 sauf si une valeur inférieure peut être justifiée par une disposition particulière pour un maintien en gauchissement.

Dans le cas général, z_g est positif pour les charges agissant vers le centre de cisaillement depuis leur point d'application (voir figure 9.2.3) et négatif dans le cas contraire.

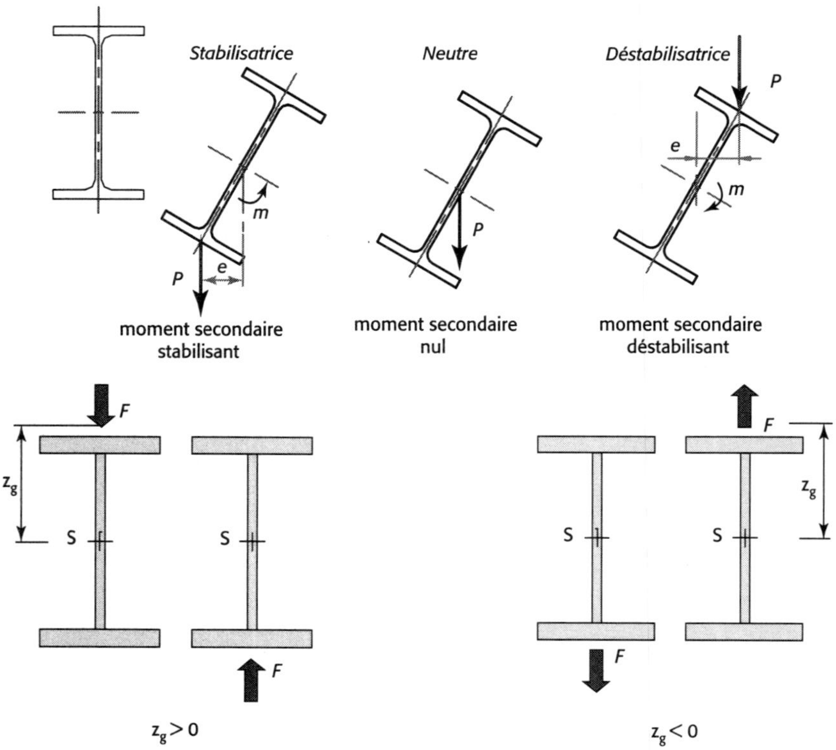

Figure 9.2.3 Signe de z_g en fonction du point et du sens d'application de la charge

Dans le cas de conditions « nominales » d'appui aux extrémités (appuis dits « à fourche »), k_z et k_w sont pris égaux à 1,0 et la formule (9.2.2) devient :

$$M_{cr} = C_1 \cdot \frac{\pi^2 \cdot E \cdot I_z}{L^2} \cdot \left\{ \sqrt{\frac{I_w}{I_z} + \frac{L^2 \cdot G \cdot I_t}{\pi^2 \cdot E \cdot I_z} + (C_2 \cdot z_g)^2} - C_2 \cdot z_g \right\} \qquad (9.2.3)$$

Si de plus, le moment fléchissant est linéaire le long de la barre (absence de charge transversale) ou lorsque la charge est appliquée au centre de cisaillement, alors $(C_2 z_g) = 0$ et la formule (9.2.3) se réduit à :

$$M_{cr} = C_1 \cdot \frac{\pi^2 \cdot E \cdot I_z}{L^2} \cdot \sqrt{\frac{I_w}{I_z} + \frac{L^2 \cdot G \cdot I_t}{\pi^2 \cdot E \cdot I_z}}$$

Pour les sections en I doublement symétriques, l'inertie de gauchissement I_w peut être calculée comme suit :

$$I_w = \frac{I_z \cdot (h - t_f)^2}{4}$$

avec :

- h hauteur de la section transversale,
- t_f épaisseur de la semelle.

Coefficients C_1 et C_2

— *Généralités*

Les coefficients C_1 et C_2 dépendent de divers paramètres :

- les propriétés de la section,
- les conditions d'appui,
- l'allure du diagramme de moment fléchissant.

Des valeurs sont données ci-après pour quelques cas simples de chargement, ainsi que pour le cas très courant d'une barre soumise à une combinaison de moment d'extrémité et d'une charge uniformément répartie (sous forme graphique dans le dernier cas). Dans tous les cas, il est supposé que $k_z = k_w = 1{,}0$.

— *Barre seulement soumise à des moments d'extrémité*

Le coefficient C_1 peut être déterminé à l'aide du tableau 9.2.5 et $C_2 = 0$. On peut également utiliser la formule approchée suivante :

$$C_1 = \frac{1}{\sqrt{0{,}235 + 0{,}423 \cdot \psi + 0{,}252 \cdot \psi^2}}$$

— *Barre avec charge transversale*

Le tableau 9.2.6 donne les valeurs de C_1 et C_2 pour certains cas simples de chargement transversal.

— *Barre avec moments d'extrémité et charge uniformément répartie*

La distribution des moments peut être définie au moyen de deux paramètres :

- ψ rapport des moments d'extrémité. Par définition, M est le moment d'extrémité maximal en valeur absolue, et donc : $-1 \le \psi \le 1$ ($\psi = 1$ pour un moment uniforme).
- μ rapport du moment « isostatique » (barre supposée sur appuis simples) dû à la charge transversale q au moment maximal d'extrémité M.

$$\mu = \frac{q \cdot L^2}{8 \cdot M}$$

Tableau 9.2.5 Valeurs de C_1 pour des moments d'extrémité (pour $k_z = k_w = 1,0$)

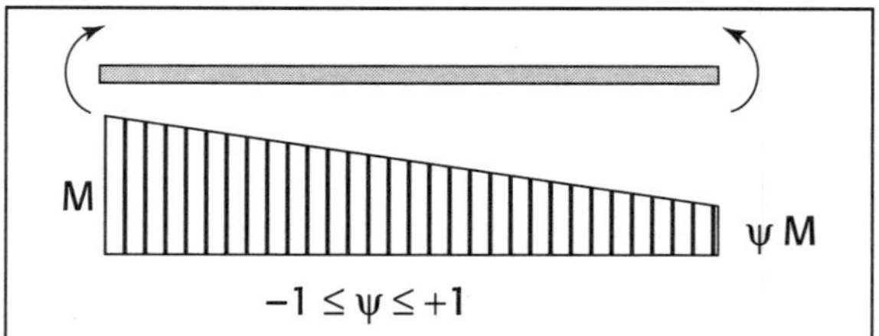

ψ	C_1
+1,00	1,00
+0,75	1,14
+0,50	1,31
+0,25	1,52
0,00	1,77
–0,25	2,05
–0,50	2,33
–0,75	2,57
–1,00	2,55

Tableau 9.2.6 Valeurs de C_1 et C_2 pour des cas simples de charge (pour $k_z = k_w = 1$)

Chargement et conditions d'appui dans le plan	**Diagramme du moment fléchissant**	**C_1**	**C_2**
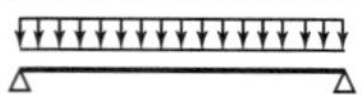		1,13	0,45
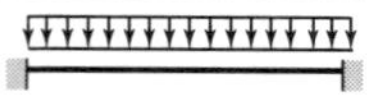		2,57	1,55
		1,35	0,59
		1,69	1,50
Note : M_{cr} est calculé pour la section de moment maximal le long de la barre (en gras)			

Convention de signe pour μ :

$\mu > 0$ si M et la charge transversale q fléchissent la poutre dans le même sens (comme illustré sur la figure 9.2.4).

$\mu < 0$ autrement.

Les valeurs de C_1 et C_2 ont été déterminées pour $k_z = k_w = 1$.

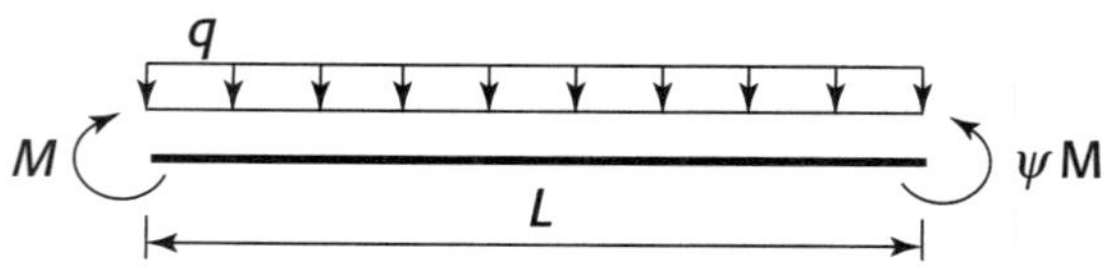

Figure 9.2.4 Moments d'extrémité avec une charge uniformément répartie

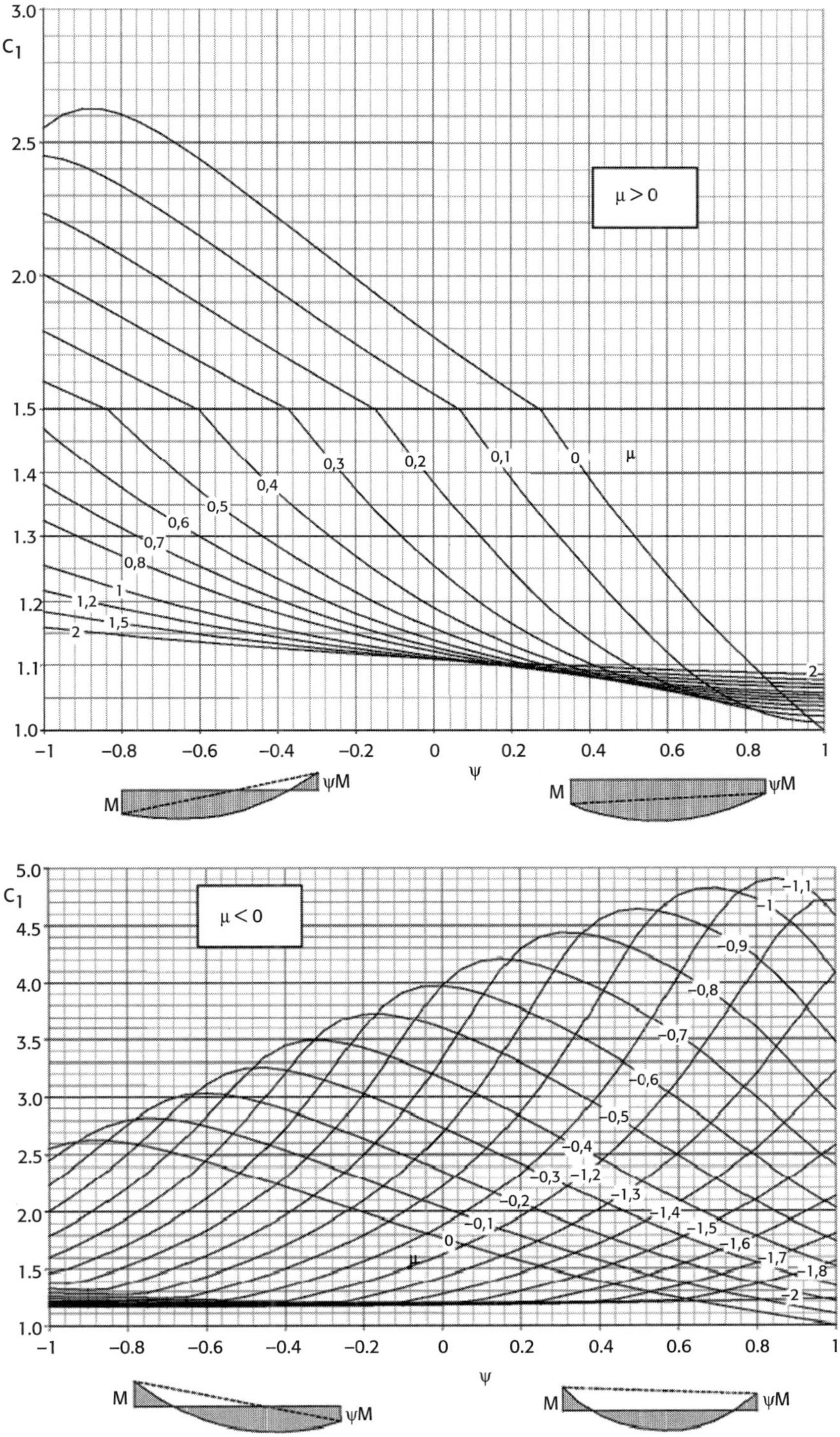

Figure 9.2.5 Moments d'extrémité et charge uniformément répartie – Coefficient C_1

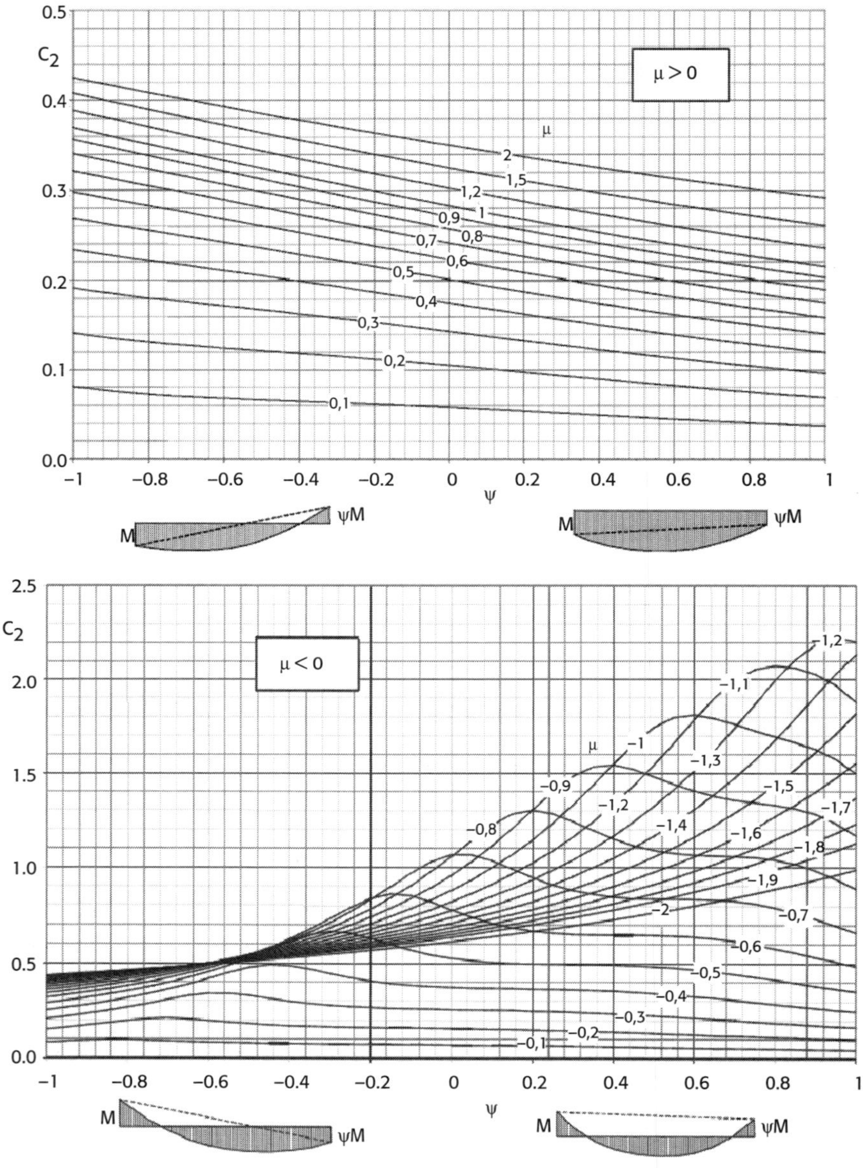

Figure 9.2.6 Moments d'extrémité et charge uniformément répartie – Coefficient C_2

— *Formulations analytiques des coefficients C1 et C2 (alternative aux figures 9.2.5 et 9.2.6)*

a) Coefficient C_1

Soit : $\beta = \psi + 4 \cdot \mu - 1$ et $\gamma = \beta^2 - 8 \cdot \mu$

$$a = 0,5 \cdot (1+\beta) + 0,1413364 \cdot \gamma - 0,6960364 \cdot \beta \cdot \mu + 0,9126223 \cdot \mu^2$$

$$b = 0,5 \cdot (1+\beta) + 0,1603341 \cdot \gamma - 0,9240091 \cdot \beta \cdot \mu + 1,4281556 \cdot \mu^2$$

$$c = -0,1801266 \cdot \beta - 0,0900633 \cdot \gamma + 0,5940757 \cdot \beta \cdot \mu + 0,9352904 \cdot \mu^2$$

$$A = a \cdot b - c^2 \qquad B = 2 \cdot a + \frac{b}{2}$$

$$d_1 = |\mu + 0,52 \cdot (1+\psi)| \quad \text{et} \quad e_1 = 0,3$$

- Si $d_1 > e_1$ $\quad r_1 = 1$
- $d_1 \le e_1$ $\quad r_1 = f_1 + \dfrac{d_1 \cdot (1-f_1)}{e_1}$ avec $f_1 = 0,88 - 0,04 \cdot \psi$

$m = \left|\dfrac{M_{max}}{M}\right|$ où M_{max} est le moment maximal le long de la poutre.

$m = |1 - \xi \cdot (1-\psi) + 4 \cdot \mu \cdot \xi (1-\xi)|$ avec la limitation $m \ge 1$

où $\xi = 0,5 - \dfrac{(1-\psi)}{8 \cdot \mu}$ avec la limitation $0 \le \xi \le 1$

et enfin : $C_{10} = r_1 \sqrt{\dfrac{B - \sqrt{B^2 - 4 \cdot A}}{2 \cdot A}}$

le coefficient C_1 est alors donné par $C_1 = m \cdot C_{10}$

En cas de charge q seule (M = 0) ou très prépondérante

($|\mu| > 20$) : $C_1 = 1,127$

b) Coefficient C_2

$C_2 = 0,398 \cdot r_2 \cdot |\mu| \cdot C_{10}$

C_{10} déterminé comme précédemment et r_2 :

$d_2 = |0,425 + \mu + 0,676 \cdot \psi|$ et $e_2 = 0,65 - 0,35 \cdot \psi$

- Si $d_2 > e_2$ $\quad r_2 = 1$
- Si $d_2 \le e_2$ $\quad r_2 = f_2 + \dfrac{d_2 \cdot (1-f_2)}{e_2}$ avec $f_2 = 0,81 + 0,05 \cdot \psi$

En cas de charge q seule (M = 0) ou très prépondérante $(|\mu| > 20)$: $C_2 = 0,454$

— *Barre avec moments d'extrémité et charge uniformément répartie et effort ponctuel*

Les travaux de Y. Galéa édités dans la revue Construction Métallique n°2, 2002 [8], permettent de déterminer les coefficients C_1 et C_2 dans ce cadre là.

Caractérisation de la distribution du moment fléchissant :

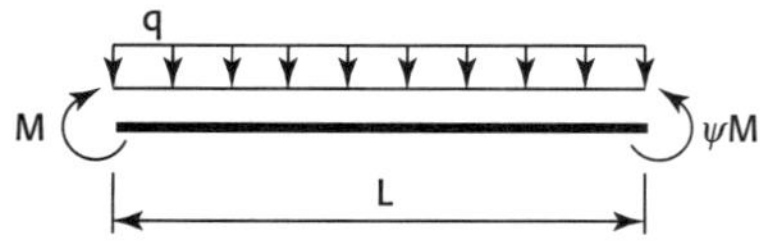

Figure 9.2.7 Moments d'extrémité avec une charge répartie

ψ : rapport des moments d'extrémité.

Par définition :

$$-1 \leq \psi \leq 1$$

($\psi = 1$ correspond au moment uniforme).

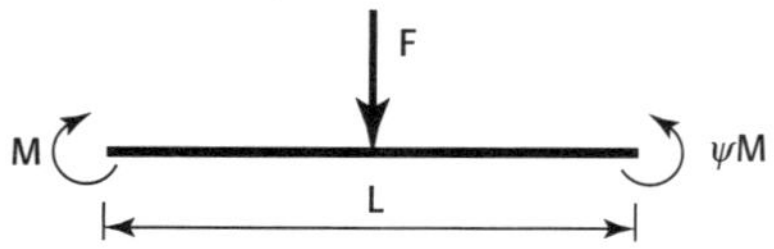

Figure 9.2.8 Moments d'extrémité avec une charge ponctuelle

Rapport des moments isostatiques au moment d'extrémité maximum M en valeur absolue.

$$\begin{cases} \mu = \dfrac{q \cdot L^2}{8 \cdot M} \\ \mu = \dfrac{F \cdot L}{4 \cdot M} \end{cases}$$

$\mu \geq 0$ si q (ou F) et le moment maximum d'extrémité fléchissent la poutre dans le même sens (cas des figures 9.2.7 et 9.2.8)

C_1, C_2 se déterminent à partir des abaques fournis à l'Annexe 9.3 donnée à la fin de ce chapitre.

- Moments d'extrémité et charge répartie
  - Tableau annexe 9–3–1 : Coefficient $C_1 - \mu > 0$
  - Tableau annexe 9–3–2 : Coefficient $C_1 - \mu < 0$
  - Tableau annexe 9–3–3 : Coefficient $C_2 - \mu > 0$
  - Tableau annexe 9–3–4 : Coefficient $C_2 - \mu < 0$
- Moments d'extrémité et charge concentrée
  - Tableau annexe 9–3–5 : Coefficient $C_1 - \mu > 0$
  - Tableau annexe 9–3–6 : Coefficient $C_1 - \mu < 0$
  - Tableau annexe 9–3–7 : Coefficient $C_2 - \mu > 0$
  - Tableau annexe 9–3–8 : Coefficient $C_2 - \mu < 0$

9.2.2.4 Organigramme de vérification au déversement dans le cas général

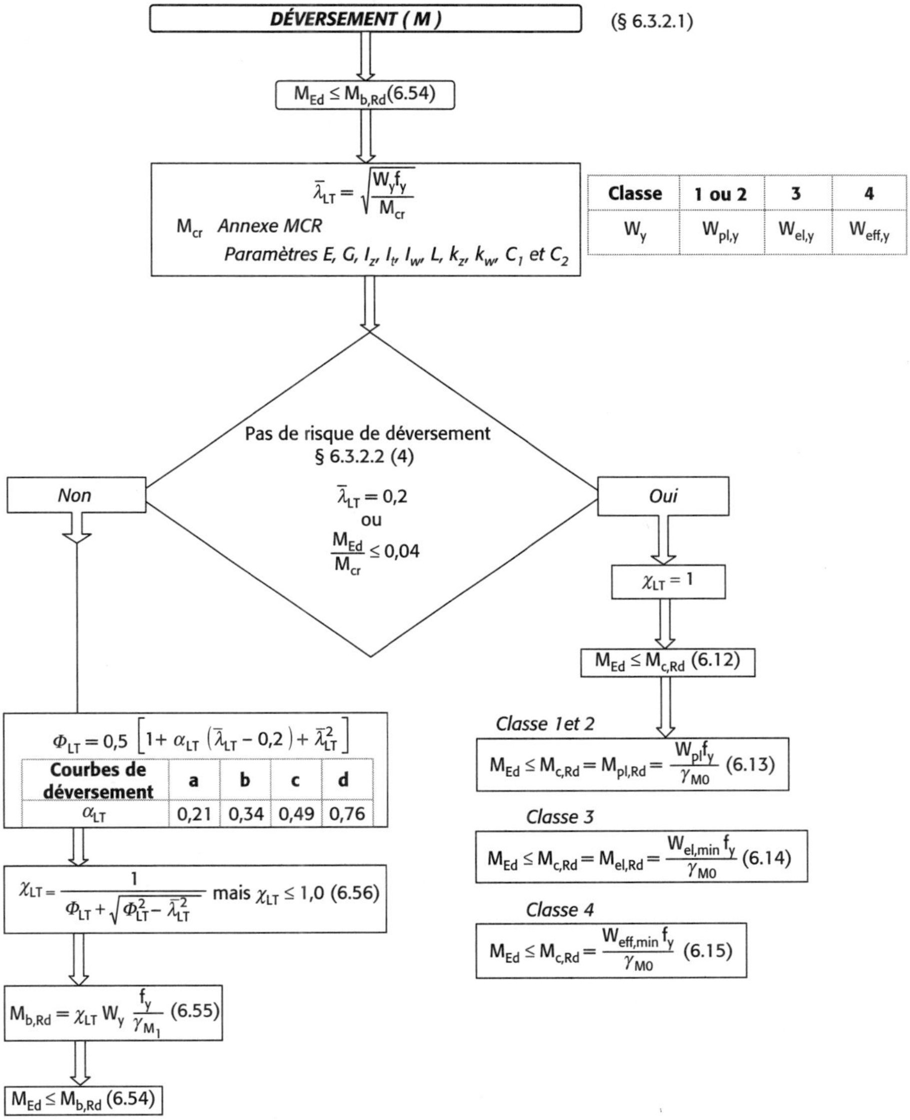

Figure 9.2.9 Organigramme de vérification au déversement dans le cas général.

9.2.2.5 Premier exemple : pont routier à poutres

Exemple inspiré de la référence [11].

Le franchissement d'un cours d'eau pour le réseau routier a été réalisé par un pont à poutres. La portée à franchir de 37,500 m s'effectue à l'aide de poutres PRS 1500 mm en acier S 235.

La présence de la voie ferroviaire parallèle à la voie routière a facilité le transport sur site de ces poutres. La mise en place s'est effectuée en nocturne à l'aide de deux engins de levage positionnés sur les berges de part et d'autre de la rivière et reliés par radio pour assurer la synchronisation des grutiers. Le maintien au cours du transvasement a été assuré au moyen d'élingues verticales disposées aux extrémités.

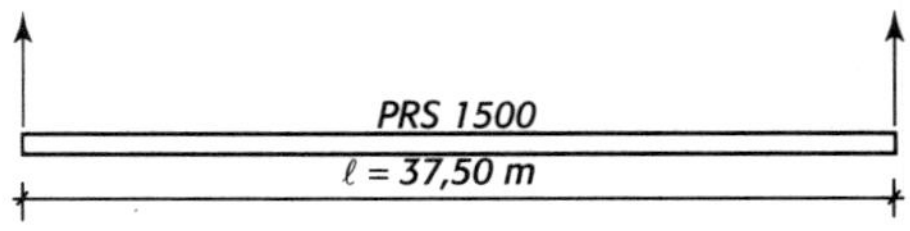

Figure 9.2.10 Modélisation d'une poutre

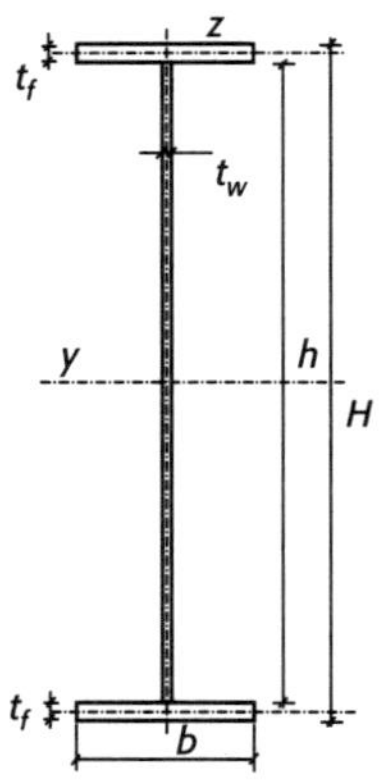

Dimensions du PRS

$$\begin{cases} H = 1\,500 \text{ mm} & t_w = 20 \text{ mm} \\ h = 1\,420 \text{ mm} & t_f = 40 \text{ mm} \\ b = 400 \text{ mm} & a_f = a_w = 7 \text{ mm} \end{cases}$$

Caractéristiques du PRS

$$\begin{cases} A = 604 \text{ cm}^2 \\ I_y = 2\,182\,921 \text{ cm}^4 \qquad I_z = 42\,761 \text{ cm}^4 \\ W_{pl,y} = 33\,442 \text{ cm}^3 \\ I_t = 2\,025{,}12 \text{ cm}^4 \; I_w = 227\,370.10^3 \text{ cm}^6 \end{cases}$$

Figure 9.2.11 Caractéristiques de la section du PRS 1500

Les effets dynamiques dus aux à-coups de levage, des difficultés de coordination des deux grutiers et des oscillations dues au vent sont pris en compte en admettant une charge quasi-statique avec la pondération de $\gamma_G = 1{,}35$ des charges permanentes.

Question : Y a-t-il risque de déversement d'une poutre lors du montage sous l'action de leur seul poids propre ?

Poids propre par mètre linéaire : $pp = 7850 \times 604.10^{-4}$

$$= 474{,}14 \text{ daN / m} = 4{,}74 \text{ kN / m}$$

Moment fléchissant maximum : $M_{Ed} = \dfrac{pp \cdot \ell^2}{8} \cdot \gamma_G = \dfrac{474{,}14 \times 37{,}5^2}{8} \times 1{,}35$

$$= 112516 \text{ daN.m} = 1\,125{,}16 \text{ kN.m}$$

Classe de la section transversale du profil

Âme :

$$c / t \cong \left(1420 - 2 \times \sqrt{2} \times 7\right) / 20 = 70{,}01$$

Paroi fléchie : $72 \cdot \varepsilon = 72 \times 1{,}0 = 72 \quad c / t < 72 \cdot \varepsilon \Rightarrow$ Classe 1

Semelles :

$$c / t \cong \frac{\left(400 - 2 \times \sqrt{2} \times 7\right) / 2}{40} = 4{,}75$$

Paroi comprimée : $9 \cdot \varepsilon = 9 \times 1{,}0 = 9 \quad c / t < 9 \cdot \varepsilon \Rightarrow$ Classe 1

Le profil est de Classe 1.

Résistance au déversement :

Il faut vérifier : $\dfrac{M_{Ed}}{M_{b,Rd}} \leq 1,0$

avec $M_{b,Rd} = \chi_{LT} \cdot W_y \cdot \dfrac{f_y}{\gamma_{M1}}$, $\gamma_{M1} = 1,0$,

$W_y = W_{pl,y} = 33442 \text{ cm}^3$ (section transversale de Classe 1).

1ère méthode : Courbes de déversement – Cas général (NF EN 1993-1-1 § 6.3.2.2)

Déterminons : $$\chi_{LT} = \frac{1}{\Phi_{LT} + \sqrt{\Phi_{LT}^2 - \bar{\lambda}_{LT}^2}} \quad \text{mais } \chi_{LT} \leq 1,0$$

avec $$\Phi_{LT} = 0,5 \cdot \left[1 + \alpha_{LT} \cdot \left(\bar{\lambda}_{LT} - 0,2\right) + \bar{\lambda}_{LT}^2\right]$$

où $$\bar{\lambda}_{LT} = \sqrt{\frac{W_y \cdot f_y}{M_{cr}}}$$

— *Moment critique de déversement*

Selon l'Annexe Nationale MCR, l'expression générale du moment critique de déversement est :

$$M_{cr} = C_1 \cdot \frac{\pi^2 \cdot E \cdot I_z}{(k_z \cdot L)^2} \left\{ \sqrt{\left(\frac{k_z}{k_w}\right)^2 \cdot \frac{I_w}{I_z} + \frac{(k_z \cdot L)^2 \cdot G \cdot I_t}{\pi^2 \cdot E \cdot I_z} + (C_2 \cdot z_g)^2} - C_2 \cdot z_g \right\}$$

En considérant $k_w = k_z = 1,0$, la formule (9.2.3) devient :

$$M_{cr} = C_1 \cdot \frac{\pi^2 \cdot E \cdot I_z}{L^2} \left\{ \sqrt{\frac{I_w}{I_z} + \frac{L^2 \cdot G \cdot I_t}{\pi^2 \cdot E \cdot I_z} + (C_2 \cdot z_g)^2} - C_2 \cdot z_g \right\}$$

Les charges gravitaires (permanentes) étant situées au niveau du centre de gravité, $z_g = 0$ mm. Le moment critique s'écrit donc finalement :

$$M_{cr} = C_1 \cdot \frac{\pi^2 \cdot E \cdot I_z}{L^2} \sqrt{\frac{I_w}{I_z} + \frac{L^2 \cdot G \cdot I_t}{\pi^2 \cdot E \cdot I_z}}$$

Valeur du coefficient C_1 :

nous sommes dans le cas d'une barre avec charge transversale uniformément répartie, d'où $C_1 = 1,13$ (tableau 9.2.7). Notons que nous aurions également $C_2 = 0,45$ mais que ce coefficient n'intervient pas ici.

Le moment critique de déversement a donc finalement pour valeur :

$$M_{cr} = 1,13 \times \frac{\pi^2 \times 210000 \times 42761.10^4}{37500^2} \left\{ \sqrt{\frac{227370.10^9}{42761.10^4} + \frac{37500^2 \times 80770 \times 2025,12.10^4}{\pi^2 \times 210000 \times 42761.10^4}} \right\}$$

soit : $$M_{cr} = 1259\,335\,221 \text{ N.mm} = 1259,34 \text{ kN.m}$$

— *Vérification de la stabilité du PRS 1500 au déversement*

L'élancement réduit pour le déversement a pour valeur :

$$\bar{\lambda}_{LT} = \sqrt{\frac{W_y \cdot f_y}{M_{cr}}} = \sqrt{\frac{33442 \times 235 \times 10^{-3}}{1259,34}} = 2,498$$

Nous pouvons maintenant calculer : $\Phi_{LT} = 0,5 \cdot \left[1 + \alpha_{LT} \cdot \left(\bar{\lambda}_{LT} - 0,2\right) + \bar{\lambda}_{LT}^2\right]$

Valeur du facteur d'imperfection α_{LT} : d'après le tableau 9.2.2, pour une section en I soudée, $h / b = 1500 / 400 = 3,75 > 2$, il convient de retenir la courbe d. Le tableau 9.2.3 donne alors : $\alpha_{LT} = 0,76$, d'où :

$$\Phi_{LT} = 0,5 \times \left[1 + 0,76 \times (2,498 - 0,2) + 2,498^2\right] = 4,493$$

Comme $\lambda_{LT} = 2,498 > 0,2$ et $\frac{M_{Ed}}{M_{cr}} = \frac{1125,16}{1259,34} = 0,893 > 0,04$, il y a bien risque de déversement. Nous devons donc mener la vérification vis-à-vis de cette instabilité.

Avec : $$\chi_{LT} = \frac{1}{\Phi_{LT} + \sqrt{\Phi_{LT}^2 - \bar{\lambda}_{LT}^2}} = \frac{1}{4,493 + \sqrt{4,493^2 - 2,498^2}} = 0,122 \leq 1$$

nous obtenons :

$$M_{b,Rd} = \chi_{LT} \cdot W_y \cdot \frac{f_y}{\gamma_{M1}} = 0,122 \times 33442 \times \frac{235}{1,0} = 958782 \text{ N.m} = 958,78 \text{ kN.m}$$

soit : $$\frac{M_{Ed}}{M_{b,Rd}} = \frac{1125,16}{958,78} = 1,174 > 1,0$$

Nous en déduisons que le PRS ne convient pas dans cette configuration de levage.

— *Proposition de solution par modification de la position des élingues*

Une réduction de la distance entre les deux élingues à 35,500 m, si elle est envisageable, permet de réduire le moment M_{Ed} et d'augmenter χ_{LT}.

L'expression du moment fléchissant en travée devient :

$$M_{Ed} = \left[\frac{pp \times 37,5^2}{8} - \frac{pp \times 37,5}{2} \times \frac{35,5}{2}\right] \times 1,35 = \frac{pp \times 37,5^2}{8}\left[2 \times \frac{35,5}{37,5} - 1\right] \times 1,35$$

soit : $$M_{Ed} = 1\,125,16 \times 0,893 = 1\,005,14 \text{ kN.m}$$

On suppose ici que C_1 et C_2 varient très peu, le moment sur appui restant faible par rapport au moment en travée.

Tous calculs faits, cela conduit à : $M_{cr} = 1343,36$ kN.m et $\chi_{LT} = 0,128$

d'où : $$\frac{M_{Ed}}{M_{b,Rd}} = 0,996$$

Avec cette nouvelle disposition des élingues, le PRS convient.

2e méthode : Courbes de déversement pour profils laminés ou sections soudées équivalentes (NF EN 1993-1-1 § 6.3.2.3 et Annexe Nationale)

Nous reprenons ici la configuration initiale avec une portée de 37,5 m.

Déterminons : $$\chi_{LT} = \frac{1}{\Phi_{LT} + \sqrt{\Phi_{LT}^2 - \beta \cdot \overline{\lambda}_{LT}^2}} \quad \text{mais} \quad \begin{cases} \chi_{LT} \leq 1{,}0 \\ \chi_{LT} \leq \dfrac{1}{\overline{\lambda}_{LT}^2} \end{cases}$$

avec : $$\Phi_{LT} = 0{,}5 \cdot \left[1 + \alpha_{LT} \cdot \left(\overline{\lambda}_{LT} - \overline{\lambda}_{LT,0}\right) + \beta \cdot \overline{\lambda}_{LT}^2\right]$$

Le moment critique de déversement demeure inchangé par rapport aux calculs précédents, soit :

$$M_{cr} = 1259{,}34 \text{ kN.m}$$

tout comme l'élancement réduit : $\overline{\lambda}_{LT} = \sqrt{\dfrac{W_y \cdot f_y}{M_{cr}}} = \sqrt{\dfrac{33442 \times 235 \times 10^{-3}}{1259{,}34}} = 2{,}498$

D'après le § 2.1.2, il convient de vérifier que la section peut être considérée comme une section soudée équivalente. C'est bien le cas car :

- le rapport des inerties des semelles dans leur plan est < 1,2 puisqu'elles sont identiques,
- la section est symétrique par rapport à l'âme,
- et $\dfrac{t_{f\,max}}{t_w} = \dfrac{40}{20} = 2 \leq 3$.

Nous sommes dans le cas d'une section soudée en I doublement symétrique. D'où :

$$\overline{\lambda}_{LT,0} = 0{,}3 \cdot \frac{b}{h} = 0{,}3 \times \frac{400}{1500} = 0{,}08$$

$$\alpha_{LT} = 0{,}5 - 0{,}25 \cdot \frac{b}{h} \cdot \overline{\lambda}_{LT}^2 = 0{,}5 - 0{,}25 \times \frac{400}{1500} \times 2{,}498^2 = 0{,}084 \quad \text{et} \quad \beta = 1$$

Comme : $\overline{\lambda}_{LT} = 2{,}498 > \overline{\lambda}_{LT,0} = 0{,}08$ et : $\dfrac{M_{Ed}}{M_{cr}} = \dfrac{1125{,}16}{1259{,}34} = 0{,}893 > \overline{\lambda}_{LT,0}^2 = 0{,}0064$

Il y a bien risque de déversement.

Détermination des paramètres Φ_{LT} et χ_{LT} :

$$\Phi_{LT} = 0{,}5 \cdot \left[1 + \alpha_{LT} \cdot \left(\overline{\lambda}_{LT} - \overline{\lambda}_{LT,0}\right) + \beta \cdot \overline{\lambda}_{LT}^2\right]$$

soit : $$\Phi_{LT} = 0{,}5 \times \left[1 + 0{,}084 \times (2{,}498 - 0{,}08) + 1 \times 2{,}498^2\right] = 3{,}722$$

$$\chi_{LT} = \frac{1}{\Phi_{LT} + \sqrt{\Phi_{LT}^2 - \beta \cdot \overline{\lambda}_{LT}^2}} = \frac{1}{3{,}722 + \sqrt{3{,}722^2 - 1 \times 2{,}498^2}} = 0{,}154$$

Nous avons bien : $\chi_{LT} \leq 1$ et $\chi_{LT} \leq \dfrac{1}{\overline{\lambda}_{LT}^2} = \dfrac{1}{2{,}498^2} = 0{,}160$

Pour prendre en compte la distribution des moments entre les maintiens latéraux des barres, le coefficient de réduction χ_{LT} est modifié de la manière suivante :

$$\chi_{LT,mod} = \frac{\chi_{LT}}{f}$$

Détermination du facteur correctif f : d'après le tableau 9.2.4, $k_c = 0,94$ pour une distribution de moment parabolique en travée.

D'où : $$f = 1 - 0,5 \cdot (1 - k_c) \cdot \left[1 - 2 \cdot \left(\bar{\lambda}_{LT} - 0,8\right)^2\right]$$

soit encore : $$f = 1 - 0,5 \times (1 - 0,94) \times \left[1 - 2 \times (2,498 - 0,8)^2\right] = 1,143$$

Comme f > 1, nous retenons f = 1.

Nous en déduisons : $$\chi_{LT,mod} = \frac{\chi_{LT}}{f} = 0,154 \leq 1, \text{ et :}$$

$$M_{b,Rd} = \chi_{LT,mod} \cdot W_y \cdot \frac{f_y}{\gamma_{M1}} = 0,154 \times 33442 \times \frac{235}{1,0} = 1210266 \text{ N.m} = 1210,27 \text{ kN.m}$$

Il vient alors : $$\frac{M_{Ed}}{M_{b,Rd}} = \frac{1125,16}{1210,27} = 0,930 < 1,0$$

Ceci démontre qu'en application de cette clause, le PRS convient.

Comparatif entre les chapitres NF EN 1993-1-1 § 6.3.2.2 et § 6.3.2.3 pour cet exemple :

Pour le cas traité et pour ces hypothèses de chargement, les 2 méthodes ne donnent pas des résultats équivalents. La différence (21 %) est importante. L'application du chapitre § 6.3.2.3 est plus favorable pour cet exemple.

9.2.2.6 Second exemple : déversement élastique d'une poutre à section bi-symétrique soumise à des moments d'extrémité et une charge répartie ou concentrée

La poutre étudiée (voir figure 9.2.12) est constitué d'un profilé IPE 200. Sa longueur est L = 4 m. Ses extrémités sont supposées maintenues au déversement.

Caractéristiques géométriques : $I_z = 142,4 \text{ cm}^4$, $I_t = 6,98 \text{ cm}^4$, $I_w = 12988 \text{ cm}^6$, $W_{pl,y} = 220,6 \text{ cm}^3$. En flexion simple, la section transversale de ce profilé est de Classe 1.

Matériau : acier S 235, E = 210 000 MPa, G = 80770 MPa et $f_y = 235$ MPa

Distribution du moment de flexion :

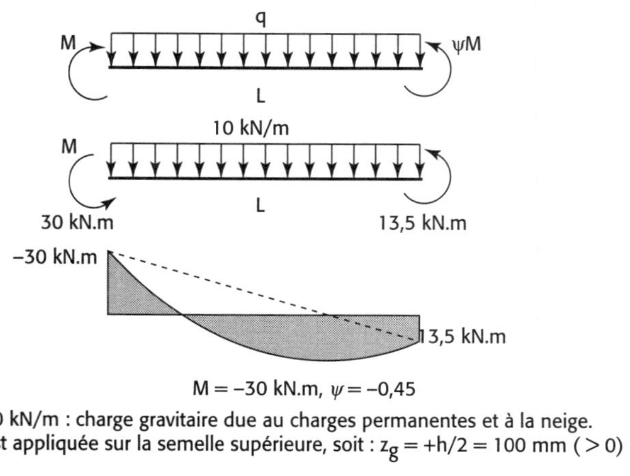

Figure 9.2.12 Chargement sur la poutre

— *Moment critique de déversement*

La charge q et le moment d'extrémité M pris séparément fléchissent la poutre en sens contraire. Le paramètre μ est donc affecté du signe négatif.

$$\mu = -\frac{q \cdot L^2}{8 \cdot M} = -\frac{10 \times 4^2}{8 \times 30} = -0,667 < 0$$

Valeur du coefficient C_1 : nous devons faire une double approximation linéaire à partir de l'extrait du tableau A.9.3.2 représenté à la figure 9.2.13 :

Pour $\mu = -0,6$ $$C_1 = \frac{2,722 - 2,385}{-0,4-(-0,5)} \times (-0,45-(-0,5)) + 2,385 = 2,5535$$

Pour $\mu = -0,7$ $$C_1 = \frac{2,300 - 2,046}{-0,4-(-0,5)} \times (-0,45-(-0,5)) + 2,046 = 2,173$$

Et donc pour $\mu = -0,667$:

$$C_1 = \frac{2,5535 - 2,173}{-0,6-(-0,7)} \times (-0,667-(-0,7)) + 2,173 = 2,2986 \cong 2,300$$

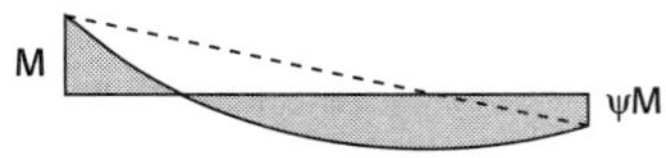

C_1	-1	-0,9	-0,8	-0,7	-0,6	-0,5	-0,4	-0,3
0	2,554	2,627	2,606	2,534	2,438	2,331	2,219	2,104
-0,1	2,450	2,672	2,805	2,815	2,751	2,653	2,538	2,415
-0,2	2,233	2,490	2,763	2,972	3,034	2,987	2,890	2,770
-0,3	2,003	2,231	2,505	2,817	3,108	3,249	3,236	3,149
-0,4	1,790	1,980	2,210	2,491	2,828	3,190	3,440	3,489
-0,5	1,604	1,759	1,944	2,171	2,450	2,795	3,201	3,579
-0,6	1,468	1,570	1,719	1,897	2,115	2,385	2,722	3,140
-0,7	1,382	1,410	1,530	1,671	1,840	2,046	2,300	2,618
-0,8	1,324	1,316	1,372	1,486	1,618	1,776	1,967	2,201

Figure 9.2.13 Zone du tableau A.9.3.2

Valeur du coefficient C_2 : nous devons faire à nouveau une double approximation linéaire à partir de l'extrait du tableau A.9.3.4 représenté à la figure 9.2.14 :

Pour $\mu = -0,6$ $$C_2 = \frac{0,625 - 0,540}{-0,4-(-0,5)} \times (-0,45-(-0,5)) + 0,540 = 0,5825$$

Pour $\mu = -0,7$ $$C_2 = \frac{0,617 - 0,544}{-0,4-(-0,5)} \times (-0,45-(-0,5)) + 0,544 = 0,5805$$

Et donc pour $\mu = -0,667$

$$C_2 = \frac{0,5825 - 0,5805}{-0,6-(-0,7)} \times (-0,667-(-0,7)) + 0,5805 = 0,581$$

Le moment critique de déversement a pour expression :

$$M_{cr} = C_1 \cdot \frac{\pi^2 \cdot E \cdot I_z}{L^2} \left\{ \sqrt{\frac{I_w}{I_z} + \frac{L^2 \cdot G \cdot I_t}{\pi^2 \cdot E \cdot I_z} + (C_2 \cdot z_g)^2} - C_2 \cdot z_g \right\}$$

Nous avons (figure 9.2.12) : $z_g = \frac{200}{2} = 100 \text{ mm}$

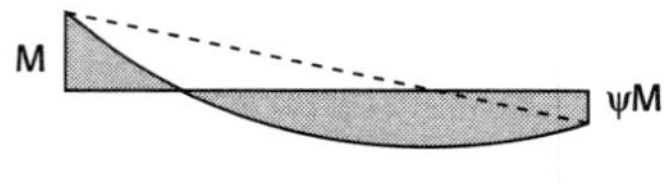

C_2	−1	−0,9	−0,8	−0,7	−0,6	−0,5	−0,4	−0,3
0	0,000	0,000	0,000	0,000	0,000	0,000	0,000	0,000
−0,1	0,083	0,094	0,096	0,089	0,083	0,080	0,077	0,076
−0,2	0,150	0,172	0,197	0,209	0,197	0,181	0,171	0,165
−0,3	0,205	0,232	0,265	0,307	0,338	0,328	0,298	0,277
−0,4	0,250	0,279	0,315	0,360	0,418	0,477	0,487	0,445
−0,5	0,287	0,316	0,352	0,396	0,453	0,526	0,612	0,665
−0,6	0,317	0,345	0,380	0,421	0,474	0,540	0,625	0,731
−0,7	1,340	0,368	0,400	0,439	0,486	0,544	0,617	0,710
−0,8	1,358	0,385	0,415	0,451	0,493	0,544	0,606	0,683

Figure 9.2.14 Zone du tableau A.9.3.4

D'où : $M_{cr} = 2{,}3 \times \frac{\pi^2 \times 210000 \times 142{,}4.10^4}{4000^2} \times \ldots$

$$\ldots \times \left\{ \sqrt{\frac{12988.10^6}{142{,}4.10^4} + \frac{4000^2 \times 80770 \times 6{,}98.10^4}{\pi^2 \times 210000 \times 142{,}4.10^4} + (0{,}581 \times 100)^2} - 0{,}581 \times 100 \right\}.10^{-6}$$

$$M_{cr} = 63{,}38 \ \text{kN.m}$$

Le moment de flexion maximum se situant à l'origine de la poutre (M_{max} = 30 kN.m), cette valeur de M_{cr} est donc aussi la valeur critique du moment à l'origine de la poutre.

— *Vérification de la stabilité de la poutre au déversement*

L'élancement réduit pour le déversement a pour valeur :

$$\bar{\lambda}_{LT} = \sqrt{\frac{W_{pl,y} \cdot f_y}{M_{cr}}} = \sqrt{\frac{220{,}6.10^3 \times 235}{63{,}38.10^6}} = 0{,}904$$

1e méthode selon la NF EN 1993-1-1 § 6.3.2.2

Nous avons : $\bar{\lambda}_{LT} = 0{,}904 > 0{,}2$ et $\frac{M_{Ed}}{M_{cr}} = 0{,}473 > 0{,}04$.

Il y a donc bien risque de déversement.

Nous sommes dans le cas d'un profil laminé avec h / b = 2 ≤ 2. Il convient de retenir la courbe de déversement a, d'où : $\alpha_{LT} = 0,21$.

Nous en déduisons : $$\Phi_{LT} = 0,5 \cdot \left[1 + \alpha_{LT} \cdot \left(\bar{\lambda}_{LT} - 0,2\right) + \bar{\lambda}_{LT}^2\right]$$

Soit : $$\Phi_{LT} = 0,5 \times \left[1 + 0,21 \times (0,904 - 0,2) + 0,904^2\right] = 0,983$$

$$\chi_{LT} = \frac{1}{\Phi_{LT} + \sqrt{\Phi_{LT}^2 - \bar{\lambda}_{LT}^2}} = \frac{1}{0,983 + \sqrt{0,983^2 - 0,904^2}} = 0,730$$

$$M_{b,Rd} = \chi_{LT} \cdot W_y \cdot \frac{f_y}{\gamma_{M0}} = 0,730 \times 220,6 \times \frac{235}{1} \times 10^{-3} = 37,85 \text{ kN.m}$$

soit : $$\frac{M_{Ed}}{M_{b,Rd}} = \frac{30}{37,85} = 0,792 \leq 1$$

Le profil IPE 200 convient.

2e méthode : suivant NF EN 1993-1-1 § 6.3.2.3

Nous avons : $$\Phi_{LT} = 0,5 \cdot \left[1 + \alpha_{LT} \cdot \left(\bar{\lambda}_{LT} - \bar{\lambda}_{LT,0}\right) + \beta \cdot \bar{\lambda}_{LT}^2\right]$$

Il s'agit d'une section laminée en I (doublement symétrique) :

$$\bar{\lambda}_{LT,0} = 0,2 + 0,1 \cdot \frac{b}{h} = 0,2 + 0,1 \times \frac{100}{200} = 0,25$$

$$\alpha_{LT} = 0,4 - 0,2 \cdot \frac{b}{h} \bar{\lambda}_{LT}^2 = 0,4 - 0,2 \times \frac{100}{200} \times 0,904^2 = 0,318$$

et : $$\beta = 1$$

Nous avons : $$\bar{\lambda}_{LT} = 0,904 > \bar{\lambda}_{LT,0} = 0,25$$

d'où : $$\frac{M_{Ed}}{M_{cr}} = 0,473 > \bar{\lambda}_{LT,0}^2 = 0,25^2 = 0,0625$$

Il y a donc risque de déversement.

Nous avons : $$\Phi_{LT} = 0,5 \times \left[1 + 0,318 \times (0,904 - 0,25) + 1 \times 0,904^2\right] = 1,013$$

d'où : $$\chi_{LT} = \frac{1}{\Phi_{LT} + \sqrt{\Phi_{LT}^2 - \beta \cdot \bar{\lambda}_{LT}^2}} = \frac{1}{1,013 + \sqrt{1,013^2 - 1 \times 0,904^2}} = 0,680$$

$k_c = 0,905$ (tableau 9.2.5 entre 0,90 et 0,91).

D'après : $$f = 1 - 0,5 \cdot (1 - k_c) \cdot \left[1 - 2 \cdot \left(\bar{\lambda}_{LT} - 0,8\right)^2\right]$$

Nous avons : $$f = 1 - 0,5(1 - 0,905)\left[1 - 2(0,680 - 0,8)^2\right] = 0,9539 \leq 1$$

D'où : $$\chi_{LT,mod} = \frac{\chi_{LT}}{f} = \frac{0,680}{0,9539} = 0,713$$

Enfin, avec : $$M_{b,Rd} = \chi_{LT,mod} \cdot W_y \cdot \frac{f_y}{\gamma_{M1}}$$

où : $\gamma_{M1} = 1,0$ et $W_y = W_{pl,y}$ pour une section de Classe 1, nous en déduisons :

$$M_{b,Rd} = 0,713 \times 220,6 \times \frac{235}{1,0} \times 10^{-3} = 36,98 \text{ kN.m}$$

Vérification : $$\frac{M_{Ed}}{M_{b,Rd}} = \frac{30}{36,98} = 0,811 \leq 1,0$$

Le profil IPE 200 convient.

Comparaison entre les chapitres NF EN 1993-1-1 § 6.3.2.2 et § 6.3.2.3 :

Pour cette application et avec une modélisation de chargement identique, ces deux méthodes donnent des résultats équivalents. La différence de 2,40 % est faible. L'application du chapitre § 6.3.2.2 est plus favorable pour cet exemple contrairement au cas précédent.

9.3 Barres uniformes fléchies et comprimées

9.3.1 Introduction

Dans son chapitre 6.3.3, la norme EN 1993-1-1 traite la question de l'interaction entre l'effort normal et les moments de flexion en tenant compte des instabilités suivant les axes principaux y et z et de la classe de la section transversale.

Les différents ratios, relatifs aux sollicitations citées, sont amplifiés par des facteurs d'interaction k_{ij} et sont cumulés pour former des critères enveloppe.

9.3.2 Résistance à la flexion composée déviée suivant l'Eurocode 3

La stabilité des barres uniformes à sections transversales bi-symétriques non sensibles à la distorsion est généralement à vérifier en effectuant une distinction entre les barres qui ne sont pas sensibles aux déformations par torsion (sections creuses circulaires ou les sections maintenues en torsion) et celles qui le sont (sections transversales ouvertes et non maintenues en torsion).

- Les formules d'interaction sont basées sur le modèle d'une barre à travée unique comportant à ses extrémités des appuis simples « à fourches », avec ou sans maintien latéral continu, et soumise à un effort de compression, des moments d'extrémité et/ou des charges transversales.
- Dans le cas où les conditions exposées ci-dessus ne sont pas satisfaites, il convient de consulter la norme EN 1993-1-1 § 6.3.4.

La vérification de la résistance de barres de systèmes structuraux peut être effectuée sur la base de barres individuelles à travée unique considérées comme extraites du système. Les effets du second ordre dus à la déformation globale latérale du système (effets P-Δ) doivent être pris en compte, soit dans la détermination des moments d'extrémité de la barre, soit par l'utilisation de longueurs de flambement appropriées.

Il convient de vérifier que les barres qui sont soumises à une combinaison de flexion et de compression axiale satisfont aux conditions suivantes :

$$\frac{N_{Ed}}{\dfrac{\chi_y N_{Rk}}{\gamma_{M1}}} + k_{yy}\frac{M_{y,Ed} + \Delta M_{y,Ed}}{\chi_{LT}\dfrac{M_{y,Rk}}{\gamma_{M1}}} + k_{yz}\frac{M_{z,Ed} + \Delta M_{z,Ed}}{\dfrac{M_{z,Rk}}{\gamma_{M1}}} \leq 1 \qquad (9.3.1)$$

$$\frac{N_{Ed}}{\dfrac{\chi_z N_{Rk}}{\gamma_{M1}}} + k_{zy}\frac{M_{y,Ed} + \Delta M_{y,Ed}}{\chi_{LT}\dfrac{M_{y,Rk}}{\gamma_{M1}}} + k_{zz}\frac{M_{z,Ed} + \Delta M_{z,Ed}}{\dfrac{M_{z,Rk}}{\gamma_{M1}}} \leq 1 \qquad (9.3.2)$$

avec :

N_{Ed}, $M_{y,Ed}$ et $M_{z,Ed}$	valeurs de calcul de l'effort de compression et des moments maximaux dans la barre par rapport aux axes y-y et z-z respectivement,
$\Delta M_{y,Ed}$ et $\Delta M_{z,Ed}$	moments provoqués par le décalage de l'axe neutre selon la EN 1993-1-1, § 6.2.9.3 tableau 8.3.5, pour les sections de Classe 4, voir tableau 9.3.1,
χ_y et χ_z	facteurs de réduction dus au flambement par flexion d'après la EN 1993-1-1, § 6.3.1
χ_{LT}	coefficient de réduction dû au déversement d'après la EN 1993-1-1, § 6.3.2
k_{yy}, k_{yz}, k_{zy}, k_{zz}	facteurs d'interaction (voir ci-après).

Tableau 9.3.1 Valeurs à retenir pour $N_{Rk} = f_y \times A_i$, $M_{i,Rk} = f_y \times W_i$ et $\Delta M_{i,Ed}$

Classe	1	2	3	4
A_i	A	A	A	A_{eff}
W_y	$W_{pl,y}$	$W_{pl,y}$	$W_{el,y}$	$W_{eff,y}$
W_z	$W_{pl,z}$	$W_{pl,z}$	$W_{el,z}$	$W_{eff,z}$
$\Delta M_{y,Ed}$	0	0	0	$e_{N,y} \cdot N_{Ed}$
$\Delta M_{z,Ed}$	0	0	0	$e_{N,z} \cdot N_{Ed}$

Les facteurs d'interaction k_{yy}, k_{yz}, k_{zy}, k_{zz} sont déterminés à l'aide de l'Annexe A de l'Eurocode 3 qui s'appuie sur la « Méthode 1 ». Cette Annexe a un statut normatif contrairement à l'Annexe B fondée sur la « Méthode 2 » (non présentée ici) qui n'est qu'informative.

Dans les relations (9.3.1) et (9.3.2), les premiers termes en $N_{Ed} \Big/ \dfrac{\chi_{y\text{ ou }z} \cdot N_{Rk}}{\gamma_{M1}}$ prennent en considération le flambement par compression suivant les axes y et z.

Dans les termes suivants, la flexion est prise en compte suivant les deux axes lorsque la barre est soumise à une sollicitation de flexion déviée. Le terme $M_{y,Ed} \Big/ \chi_{LT} \cdot \dfrac{M_{y,Rk}}{\gamma_{M1}}$ représente la sollicitation de moment fléchissant suivant l' « axe fort y » affecté du coefficient minorateur χ_{LT} pour tenir compte de l'instabilité de déversement suivant cet axe.

- Pour les barres non sensibles à la déformation par torsion, on a $\chi_{LT} = 1,0$

Le terme $M_{z,Ed} \Big/ \dfrac{M_{z,Rk}}{\gamma_{M1}}$ est le ratio complémentaire de la contribution du moment fléchissant suivant l' « axe faible z ».

Chaque terme de moment est augmenté par les rapports $\Delta M_{y,Ed} \Big/ \chi_{LT} \dfrac{M_{y,Rk}}{\gamma_{M1}}$ et $\Delta M_{z,Ed} \Big/ \dfrac{M_{z,Rk}}{\gamma_{M1}}$ prenant en compte le décalage de l'axe neutre. Ceci n'intervient que pour les profils de Classe 4.

Chaque sollicitation provoque une interaction avec les autres. Ces derniers ratios sont multipliés par des coefficients k_{yy}, k_{yz} pour un flambement suivant l' « axe fort y » et k_{zy}, k_{zz} pour un flambement suivant l' « axe faible z ».

Pour le cas courant de la flexion composée d'un profil de Classe 1 ou 2 par exemple, c'est-à-dire $M_{z,Ed} = 0$, les relations précédentes se réduisent à :

$$\frac{N_{Ed}}{\chi_y \cdot A \cdot f_y / \gamma_{M1}} + k_{yy} \cdot \frac{M_{y,Ed}}{\chi_{LT} \cdot W_{pl,y} \cdot f_y / \gamma_{M1}} \leq 1$$

$$\frac{N_{Ed}}{\chi_z \cdot A \cdot f_y / \gamma_{M1}} + k_{zy} \cdot \frac{M_{y,Ed}}{\chi_{LT} \cdot W_{pl,z} \cdot f_y / \gamma_{M1}} \leq 1$$

k_{yy} et k_{zy} font intervenir les facteurs C_{my}, C_{mz}, C_{mLT}, C_{yy} et C_{yz} limitant la barre à une valeur élastique-plastique intermédiaire des moments de plastification.

9.3.2.1 Facteurs d'interaction k_{ij} de la méthode 1 de l'Annexe A de l'Eurocode 3

Tableau 9.3.2 Facteurs d'interaction k_{ij}

Facteurs d'interaction	**Propriétés élastiques de sections de Classe 3 ou 4**	**Propriétés plastiques de sections de Classe 1 ou 2**
k_{yy}	$C_{my} \cdot C_{mLT} \cdot \dfrac{\mu_y}{1 - \dfrac{N_{Ed}}{N_{cr,y}}}$	$C_{my} \cdot C_{mLT} \cdot \dfrac{\mu_y}{1 - \dfrac{N_{Ed}}{N_{cr,y}}} \cdot \dfrac{1}{C_{yy}}$
k_{yz}	$C_{mz} \cdot \dfrac{\mu_y}{1 - \dfrac{N_{Ed}}{N_{cr,z}}}$	$C_{mz} \cdot \dfrac{\mu_y}{1 - \dfrac{N_{Ed}}{N_{cr,z}}} \cdot \dfrac{1}{C_{yz}} \cdot 0{,}6\sqrt{\dfrac{w_z}{w_y}}$
k_{zy}	$C_{my} \cdot C_{mLT} \cdot \dfrac{\mu_z}{1 - \dfrac{N_{Ed}}{N_{cr,y}}}$	$C_{my} \cdot C_{mLT} \cdot \dfrac{\mu_z}{1 - \dfrac{N_{Ed}}{N_{cr,y}}} \cdot \dfrac{1}{C_{zy}} \cdot 0{,}6\sqrt{\dfrac{w_y}{w_z}}$
k_{zz}	$C_{mz} \cdot \dfrac{\mu_z}{1 - \dfrac{N_{Ed}}{N_{cr,z}}}$	$C_{mz} \cdot \dfrac{\mu_z}{1 - \dfrac{N_{Ed}}{N_{cr,z}}} \cdot \dfrac{1}{C_{zz}}$
Termes auxiliaires		
	$\mu_y = \dfrac{1 - \dfrac{N_{Ed}}{N_{cr,y}}}{1 - \chi_y \cdot \dfrac{N_{Ed}}{N_{cr,y}}}$	$\mu_z = \dfrac{1 - \dfrac{N_{Ed}}{N_{cr,z}}}{1 - \chi_z \cdot \dfrac{N_{Ed}}{N_{cr,z}}}$
	$w_y = \dfrac{W_{pl,y}}{W_{el,y}} \leq 1{,}5$	$w_z = \dfrac{W_{pl,z}}{W_{el,z}} \leq 1{,}5$

$$n_{pl} = \frac{N_{Ed}}{N_{Rk} / \gamma_{M1}} \qquad C_{my}, \text{ voir tableau 9.3.3}$$

$$a_{LT} = 1 - \frac{I_T}{I_y} \geq 0$$

$$C_{yy} = 1 + (w_y - 1) \cdot \left[\left(2 - \frac{1,6}{w_y} \cdot C_{my}^2 \cdot \bar{\lambda}_{max} - \frac{1,6}{w_y} \cdot C_{my}^2 \cdot \bar{\lambda}_{max}^2 \right) \cdot n_{pl} - b_{LT} \right] \geq \frac{W_{el,y}}{W_{pl,y}}$$

$$\text{avec } b_{LT} = 0,5 \cdot a_{LT} \cdot \bar{\lambda}_0^2 \cdot \frac{M_{y,Ed}}{\chi_{LT} \cdot M_{pl,y,Rd}} \cdot \frac{M_{z,Ed}}{M_{pl,z,Rd}}$$

$$C_{yz} = 1 + (w_z - 1) \cdot \left[\left(2 - 14 \cdot \frac{C_{mz}^2 \cdot \bar{\lambda}_{max}^2}{w_z^5} \right) \cdot n_{pl} - c_{LT} \right] \geq 0,6 \sqrt{\frac{w_z}{w_y}} \cdot \frac{W_{el,z}}{W_{pl,z}}$$

$$\text{avec } c_{LT} = 10 \cdot a_{LT} \cdot \frac{\bar{\lambda}_0^2}{5 + \bar{\lambda}_z^4} \cdot \frac{M_{y,Ed}}{C_{my} \cdot \chi_{LT} \cdot M_{pl,y,Rd}}$$

$$C_{zy} = 1 + (w_y - 1) \cdot \left[\left(2 - 14 \cdot \frac{C_{my}^2 \cdot \bar{\lambda}_{max}^2}{w_y^5} \right) \cdot n_{pl} - d_{LT} \right] \geq 0,6 \cdot \sqrt{\frac{w_y}{w_z}} \cdot \frac{W_{el,y}}{W_{pl,y}}$$

$$\text{avec } d_{LT} = 2 \cdot a_{LT} \cdot \frac{\bar{\lambda}_0}{0,1 + \bar{\lambda}_z^4} \cdot \frac{M_{y,Ed}}{C_{my} \cdot \chi_{LT} \cdot M_{pl,y,Rd}} \cdot \frac{M_{z,Ed}}{C_{mz} \cdot M_{pl,z,Rd}}$$

$$C_{zz} = 1 + (w_z - 1) \cdot \left[\left(2 - \frac{1,6}{w_z} \cdot C_{mz}^2 \cdot \bar{\lambda}_{max} - \frac{1,6}{w_z} \cdot C_{mz}^2 \cdot \bar{\lambda}_{max}^2 - e_{LT} \right) \cdot n_{pl} \right] \geq \frac{W_{el,z}}{W_{pl,z}}$$

$$\text{avec } e_{LT} = 1,7 \cdot a_{LT} \cdot \frac{\bar{\lambda}_0}{0,1 + \bar{\lambda}_z^4} \cdot \frac{M_{y,Ed}}{C_{my} \cdot \chi_{LT} \cdot M_{pl,y,Rd}}$$

$$\bar{\lambda}_{max} = \max \begin{cases} \bar{\lambda}_y \\ \bar{\lambda}_z \end{cases}$$

$\bar{\lambda}_0$ = élancement réduit pour le déversement dans le cas du moment fléchissant uniforme, c'est-à-dire $\psi_y = 1,0$ dans le Tableau 9.3.3

$\bar{\lambda}_{LT}$ = élancement réduit pour le déversement.

Si $\bar{\lambda}_0 \leq 0,2 \cdot \sqrt{C_1} \cdot \sqrt[4]{\left(1 - \frac{N_{Ed}}{N_{cr,z}}\right)\left(1 - \frac{N_{Ed}}{N_{cr,TF}}\right)}$: pas de sensibilité à la torsion.

$$C_{my} = C_{my,0}$$

$$C_{mz} = C_{mz,0}$$

$$C_{mLT} = 1,0$$

Si $\bar{\lambda}_0 > 0,2 \cdot \sqrt{C_1} \cdot \sqrt[4]{\left(1 - \frac{N_{Ed}}{N_{cr,z}}\right)\left(1 - \frac{N_{Ed}}{N_{cr,TF}}\right)}$: sensibilité à la torsion.

$$C_{my} = C_{my,0} + (1 - C_{my,0}) \cdot \frac{\sqrt{\varepsilon_y} \cdot a_{LT}}{1 + \sqrt{\varepsilon_y} \cdot a_{LT}}$$

$$C_{mz} = C_{mz,0}$$

$$C_{mLT} = C_{my}^2 \frac{a_{LT}}{\sqrt{\left(1 - \frac{N_{Ed}}{N_{cr,z}}\right) \cdot \left(1 - \frac{N_{Ed}}{N_{cr,T}}\right)}} \geq 1$$

$\varepsilon_y = \dfrac{M_{y,Ed}}{N_{Ed}} \cdot \dfrac{A}{W_{el,y}}$ pour les sections transversales de Classes 1, 2 et 3.

$\varepsilon_y = \dfrac{M_{y,Ed}}{N_{Ed}} \cdot \dfrac{A_{eff}}{W_{eff,y}}$ pour les sections transversales de Classe 4.

$N_{cr,y}$ = effort normal critique de flambement élastique par flexion selon l'axe y-y

$N_{cr,z}$ = effort normal critique de flambement élastique par flexion selon l'axe z-z

$N_{cr,T}$ = effort normal critique de flambement élastique par torsion

$$N_{cr,T} = \frac{A}{I_0} \cdot \left(G \cdot I_T + \frac{\pi^2 \cdot E \cdot I_w}{L^2} \right)$$

I_0 : inertie polaire de la section

$$I_0 = I_y + I_z + \left(y_0^2 + z_0^2\right) \cdot A$$

$y_0 = 0$ et $z_0 = 0$ pour les sections doublement symétriques

$N_{cr,TF}$ = effort normal critique de flambement élastique par flexion-torsion

$N_{cr,TF} = N_{cr,T}$ pour les sections doublement symétriques

Cas d'une section symétrique / y-y'

$$N_{cr,TF} = \frac{I_0}{2 \cdot (I_y + I_z)} \cdot \left(N_{cr,y} + N_{cr,T} - \sqrt{\left(N_{cr,y} + N_{cr,T}\right)^2 - 4 \cdot N_{cr,y} \cdot N_{cr,T} \cdot \frac{I_y + I_z}{I_0}} \right)$$

Cas d'une section symétrique / z-z'

$$N_{cr,TF} = \frac{I_0}{2 \cdot (I_y + I_z)} \cdot \left(N_{cr,z} + N_{cr,T} - \sqrt{\left(N_{cr,z} + N_{cr,T}\right)^2 - 4 \cdot N_{cr,z} \cdot N_{cr,T} \cdot \frac{I_y + I_z}{I_0}} \right)$$

$I_T = I_t$: inertie de torsion de Saint-Venant

I_w = inertie de gauchissement

I_y = inertie de flexion par rapport à l'axe y-y

C_1 = facteur dépendant du chargement et des conditions aux extrémités (voir § 2.1.3)

Tableau 9.3.3 Facteurs de moment uniforme équivalent $C_{mi,0}$

Diagrammes de moment	$C_{mi,0}$
	$C_{mi,0} = 0{,}79 + 0{,}21 \cdot \psi_i + 0{,}36 \cdot (\psi_i - 0{,}33) \cdot \dfrac{N_{Ed}}{N_{cr,i}}$
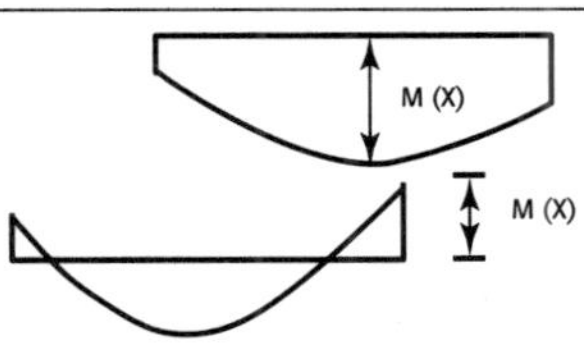	$C_{mi,0} = 1 + \left(\dfrac{\pi^2 \cdot E \cdot I_i \cdot \lvert\delta_x\rvert}{L^2 \cdot \lvert M_{i,Ed}(x)\rvert} - 1 \right) \cdot \dfrac{N_{Ed}}{N_{cr,i}}$ $M_{i,Ed}(x)$ *est le moment maximal* $M_{y,Ed}$ *ou* $M_{z,Ed}$ $\lvert\delta_x\rvert$ *est la flèche maximale locale le long de la barre*
	$C_{mi,0} = 1 - 0{,}18 \cdot \dfrac{N_{Ed}}{N_{cr,i}}$
	$C_{mi,0} = 1 - 0{,}03 \cdot \dfrac{N_{Ed}}{N_{cr,i}}$

9.3.2.2 Organigramme de vérification en flexion composée

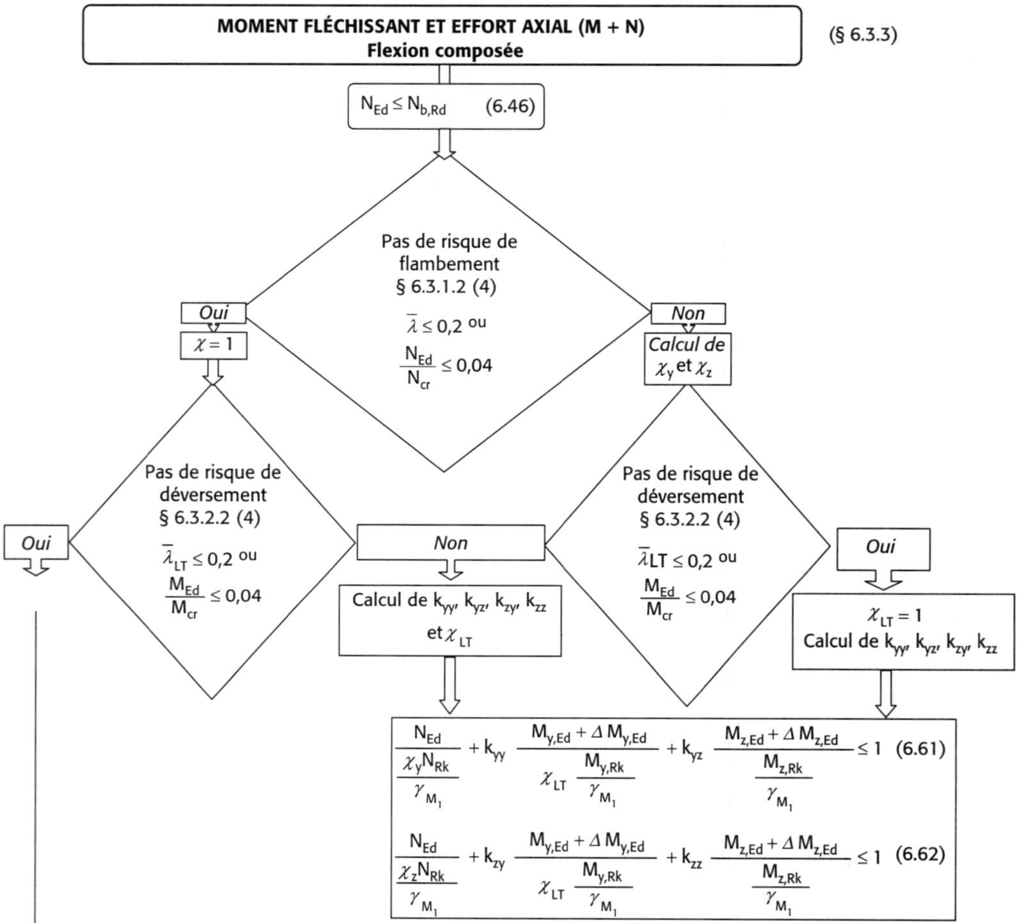

Valeurs pour $N_{Rk} = f_y A_i$, $M_{Rk} = f_y W_y$ et $\Delta M_{i,Ed}$

Classe	1	2	3	4
A_i	A	A	A	A_{eff}
W_y	$W_{pl,y}$	$W_{pl,y}$	$W_{el,y}$	$W_{eff,y}$
W_z	$W_{pl,z}$	$W_{pl,z}$	$W_{el,z}$	$W_{eff,z}$
$\Delta M_{y,Ed}$	0	0	0	$e_{N,y} \cdot N_{Ed}$
$\Delta M_{z,Ed}$	0	0	0	$e_{N,z} \cdot N_{Ed}$

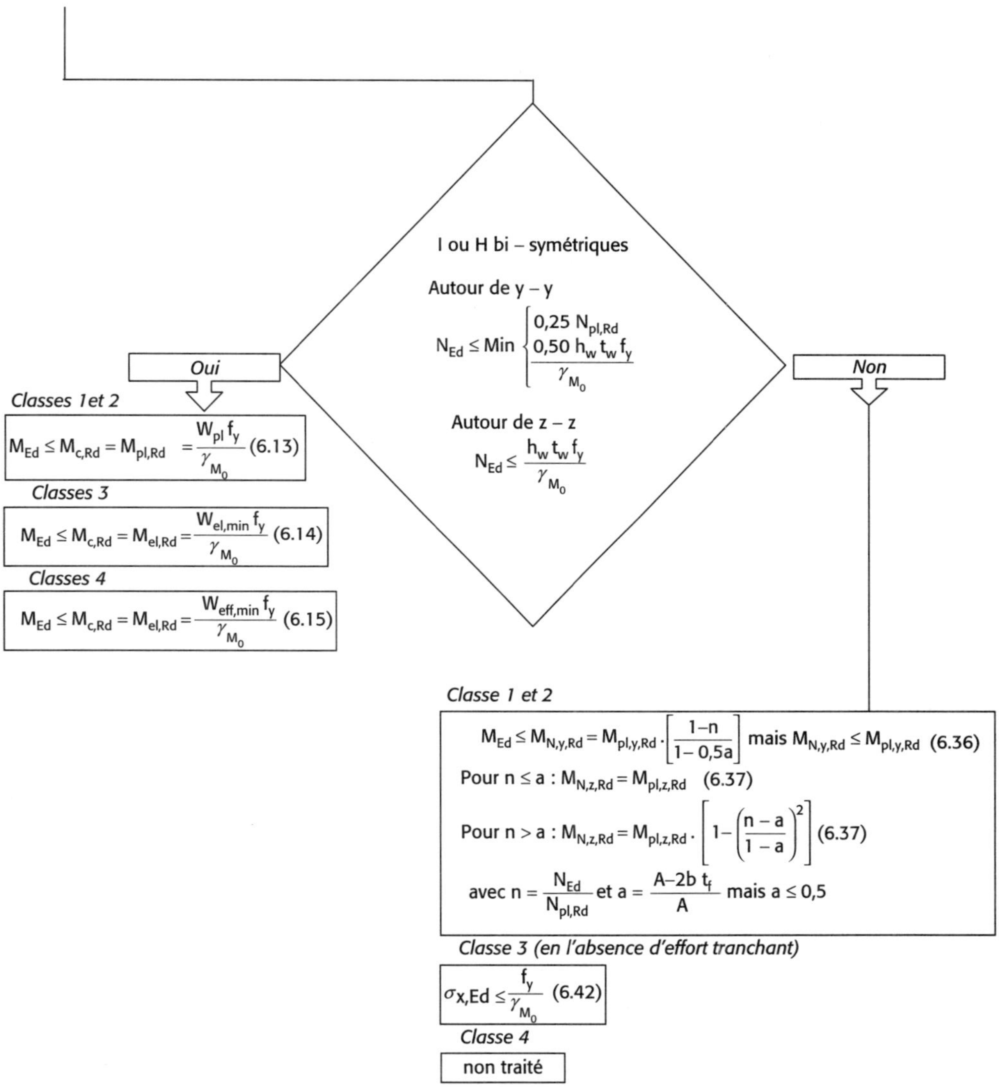

Figures 9.3.1 et 9.3.2 Organigramme vérification en flexion composée

9.3.2.3 Premier exemple : résistance d'un poteau en flexion composée sans déversement

Il s'agit de vérifier un élément comprimé fléchi de 3,5 m de hauteur pour lequel le déversement est supposé empêché. Cet exemple est issu de la référence [4] que le lecteur qui souhaite plus d'informations est invité à consulter.

Le chargement de calcul consiste en un chargement axial de $N_{Ed} = 210$ kN.m et un moment appliqué à une extrémité d'intensité $M_{y,Ed} = 43$ kN.m (diagramme de flexion triangulaire) autour de l'axe fort de la barre.

Le profil utilisé est un profilé IPE 200 en acier S 235.

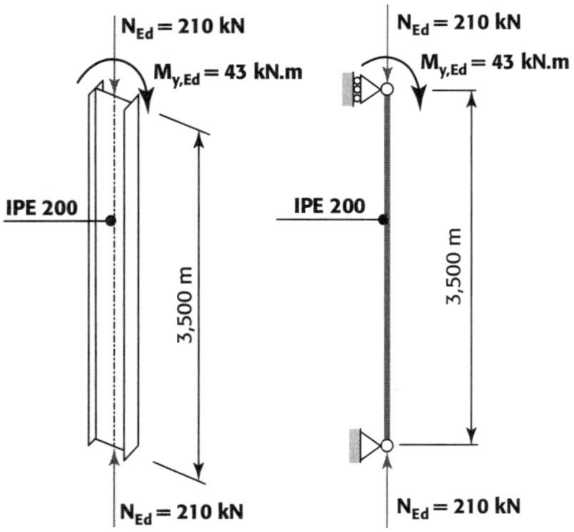

Caractéristiques géométriques :

$$\begin{cases} h = 200 \text{ mm} \\ b = 100 \text{ mm} \\ t_w = 5{,}6 \text{ mm} \\ t_f = 8{,}5 \text{ mm} \\ r = 12 \text{ mm} \\ d = 200 - 2(8{,}5 + 12) = 159 \text{ mm} \\ A = 28{,}5 \text{ cm}^2 \end{cases}$$

Figure 9.3.3 Chargement du poteau

$$\begin{cases} I_y = 1943 \text{ cm}^4 \\ I_z = 142{,}4 \text{ cm}^4 \end{cases} \quad \begin{cases} I_t = 6{,}98 \text{ cm}^4 \\ I_w = 12988{,}09 \text{ cm}^6 \end{cases} \quad \begin{cases} W_{el,y} = 194{,}3 \text{ cm}^3 \\ W_{el,z} = 28{,}47 \text{ cm}^3 \end{cases}$$

$$\begin{cases} W_{pl,y} = 220{,}6 \text{ cm}^3 \\ W_{pl,z} = 44{,}61 \text{ cm}^3 \end{cases} \quad \begin{cases} i_y = 8{,}26 \text{ cm} \\ i_z = 2{,}24 \text{ cm} \end{cases} \quad \begin{cases} A_{vz} = 14{,}00 \text{ cm}^2 \\ A_{vy} = 17{,}99 \text{ cm}^2 \end{cases}$$

Classification de la section transversale :

Pour $t \leq 40$ mm et $f_y = 235$ MPa, nous avons : $\varepsilon = \sqrt{\frac{235}{f_y}} = 1{,}0$

Âme (paroi fléchie et comprimée) :

$$\alpha = \frac{1}{2} \cdot \left(\frac{N_{Ed}}{d \cdot t_w \cdot f_y} + 1 \right) = \frac{1}{2} \cdot \left(\frac{200.10^3}{159 \times 5{,}6 \times 235} + 1 \right) = 1{,}002 > 1$$

La partie droite de l'âme est entièrement comprimée. On prend $\alpha = 1$

$$c / t = d / t_w = \frac{159}{5{,}6} = 28{,}39 < 33 \cdot \varepsilon \quad \Rightarrow \quad \text{Âme de Classe 1.}$$

Semelle (paroi comprimée) :

La partie en console, c, est égale à : $c = \frac{b - t_w - 2 \cdot r}{2}$

soit : $$c = \frac{100 - 5{,}6 - 2 \times 12}{2} = 35{,}2 \text{ mm}$$

d'où : $c / t = c / t_f = 35{,}2 / 8{,}5 = 4{,}14 < 9 \cdot \varepsilon = 9 \quad \Rightarrow$ Semelle de Classe 1.

La section est de Classe 1

Calcul de la résistance de la section transversale

La résistance doit être vérifiée à ses deux extrémités.

— *Résistance de la section transversale à l'effort tranchant*

$$V_{z,Ed} = \frac{M_{y,Ed}}{L} = \frac{43.10^3}{3500} = 12,3 \text{ kN}$$

Résistance plastique au cisaillement : $V_{pl,z,Rd} = \dfrac{A_{vz} \cdot \dfrac{f_y}{\sqrt{3}}}{\gamma_{M0}} = \dfrac{1400 \times 0,235}{\sqrt{3} \times 1,0} = 189,9 \text{ kN}$

La section résiste à l'effort tranchant : $V_{z,Ed} < V_{pl,z,Rd}$

$V_{z,Ed} = 12,3 \text{ kN} \leq 0,5 \cdot V_{pl,z,Rd} = 0,5 \times 189,9 = 95,0 \text{ kN}$, c'est-à-dire comme l'effort tranchant est inférieur à la moitié de la résistance plastique au cisaillement, son effet sur le moment résistant peut être négligé.

— *Résistance de la section transversale sous la combinaison flexion et effort normal*

Il convient de vérifier : $M_{y,Ed} \leq M_{N,y,Rd}$ où : $M_{N,y,Rd}$ est le moment résistant plastique de calcul réduit par l'effort normal N_{Ed}.

L'influence de l'effort normal sur le moment résistant plastique doit être pris en compte puisque [Eurocode 3 § 6.2.9.1 (4)] précise :

$$N_{Ed} \leq \frac{h_w \cdot t_w \cdot f_y}{\gamma_{M0}} \quad \text{avec } h_w = h - 2 \cdot t_f = 200 - 2 \times 8,5 = 183 \text{ mm}$$

d'où :

$$210 \text{ kN} < \frac{183 \times 5,6 \times 0,235}{1,0} = 240 \text{ kN}$$

et :

$$\frac{N_{Ed}}{N_{pl,Rd}} = 0,314 > 0,25$$

Dans le cas de profils laminés courants fléchis autour de l'axe de grande inertie, $M_{N,y,Rd}$ a pour expression : $M_{N,y,Rd} = M_{pl,y,Rd} \dfrac{1-n}{1-0,5a}$ mais $M_{N,y,Rd} \leq M_{pl,y,Rd}$

avec : $n = \dfrac{N_{Ed}}{N_{pl,Rd}}$ où : $N_{pl,Rd} = \dfrac{A f_y}{\gamma_{M0}} = \dfrac{2\,850 \times 0,235}{1,0} = 669,8 \text{ kN}$

et: $a = \dfrac{A - 2 b t_f}{A}$ mais : $a \leq 0,5$

Nous avons ici : $n = \dfrac{210}{669,8} = 0,314$ et : $a = \dfrac{2\,850 - 2 \times 100 \times 8,5}{2\,850} = 0,404$

d'où :

$$M_{N,y,Rd} = \frac{W_{pl,y} \cdot f_y}{\gamma_{M0}} \cdot \frac{1-n}{1-0,5 \cdot a} = \frac{220,6.10^3 \times 235}{1,0} \times \frac{1-0,314}{1-0,5 \times 0,404} \times 10^{-6} = 44,6 \text{ kN.m}$$

$$M_{N,y,Rd} = 44,6 \text{ kN.m} < M_{pl,y,Rd} = 51,8 \text{ kN.m}$$

Nous avons donc :

$$M_{y,Ed} = 43 \text{ kN.m} < M_{N,y,Rd} = 44,6 \text{ kN.m}$$

Il n'est pas nécessaire de vérifier l'autre extrémité où l'effort axial est le même mais où le moment est nul.

Le **profil IPE 200 convient** pour ce qui est de la résistance de la section transversale.

Calcul de la stabilité de la barre

— *Calcul du coefficient de réduction au flambement*

$$\bar{\lambda}_y = \sqrt{\frac{A \cdot f_y}{N_{cr,y}}} \quad \text{avec : } N_{cr,y} = \frac{\pi^2 \cdot E \cdot I_y}{L_y^2}$$

$$N_{cr,y} = \frac{\pi^2 \times 210000 \times 1943.10^4}{3500^2} = 3287.10^3 \text{ N} = 3287 \text{ kN}$$

$$\bar{\lambda}_y = \sqrt{\frac{2850 \times 235}{3287.10^3}} = 0,451$$

$$\Phi_y = 0,5 \cdot \left[1 + \alpha_y \cdot \left(\bar{\lambda}_y - 0,2\right) + \bar{\lambda}_y^2\right]$$

$h/b > 2$, S 235 et $t_f < 40$ mm $\Rightarrow$ Courbe de flambement a $\quad \alpha_y = 0,21$

$$\Phi_y = 0,5 \times \left[1 + 0,21 \times (0,451 - 0,2) + 0,451^2\right] = 0,628$$

$$\chi_y = \frac{1}{\Phi_y + \sqrt{\Phi_y^2 - \bar{\lambda}_y^2}} = \frac{1}{0,628 + \sqrt{0,628^2 - 0,451^2}} = 0,939$$

— *Calcul de la résistance au flambement élastique-plastique*

La vérification complète comprend les deux expressions (9.3.1) et (9.3.2).

Ici, $M_{z,Ed} = 0$ (flexion uniaxiale) et $\chi_{LT} = 1$ (déversement empêché).

De plus comme le flambement ne peut pas se développer autour de l'axe faible, seule la première relation est à vérifier.

$$\frac{N_{Ed}}{\dfrac{\chi_y \cdot N_{pl,Rd}}{\gamma_{M1}}} + k_{yy} \frac{M_{y,Ed}}{\dfrac{M_{pl,y,Rd}}{\gamma_{M1}}} \leq 1$$

avec :

$$k_{yy} = C_{my} \cdot C_{mLT} \cdot \frac{\mu_y}{1 - \dfrac{N_{Ed}}{N_{cr,y}}} \cdot \frac{1}{C_{yy}}$$

$$C_{yy} = 1 + \left(w_y - 1\right) \cdot \left[\left(2 - \frac{1,6}{w_y} \cdot C_{my}^2 \cdot \bar{\lambda}_{max} - \frac{1,6}{w_y} \cdot C_{my}^2 \cdot \bar{\lambda}_{max}^2\right) \cdot n_{pl} - b_{LT}\right] \geq \frac{W_{el,y}}{W_{pl,y}}$$

En l'absence de déversement, la section est considérée insensible à la torsion :

$$C_{mLT} = 1 \text{ et } C_{my} = C_{my,0}$$

$$b_{LT} = 0,5 \cdot a_{LT} \cdot \bar{\lambda}_0^2 \cdot \frac{M_{y,Ed}}{\chi_{LT} \cdot M_{pl,y,Rd}} \cdot \frac{M_{z,Ed}}{M_{pl,z,Rd}} = 0 \text{ car } M_{z,Ed} = 0$$

$$k_{yy} = C_{my,0} \cdot \frac{\mu_y}{1 - \frac{N_{Ed}}{N_{cr,y}}} \cdot \frac{1}{C_{yy}}$$

Comme le flambement est empêché autour de l'axe faible, $\overline{\lambda}_{max} = \overline{\lambda}_y$

$$C_{yy} = 1 + (w_y - 1)\left[\left(2 - \frac{1,6}{w_y} C_{my,0}^2 \, \overline{\lambda}_y - \frac{1,6}{w_y} C_{my,0}^2 \, \overline{\lambda}_y^2\right) . n_{pl}\right] \geq \frac{W_{el,y}}{W_{pl,y}}$$

— *Détermination du facteur de moment uniforme équivalent*

Nous sommes dans un cas d'un diagramme de moment linéaire avec $\psi = 0$

$$C_{my,0} = 0,79 + 0,21 \cdot \psi_i + 0,36 \cdot (\psi_i - 0,33) \cdot \frac{N_{Ed}}{N_{cr,y}}$$

$$C_{my,0} = 0,79 + 0,21 \times 0 + 0,36 \times (0 - 0,33) \times \frac{210}{3287} = 0,782$$

Détermination du terme μ_y : $\mu_y = \dfrac{1 - \dfrac{N_{Ed}}{N_{cr,y}}}{1 - \chi_y \cdot \dfrac{N_{Ed}}{N_{cr,y}}} = \dfrac{1 - \dfrac{210}{3287}}{1 - 0,939 \times \dfrac{210}{3287}} = 0,996$

Détermination de w_y : $w_y = \dfrac{W_{pl,y}}{W_{el,y}} = \dfrac{220,6}{194,3} = 1,135 \leq 1,5$

— *Vérification de la résistance au flambement élastique-plastique*

Nous obtenons alors :

$$C_{yy} = 1 + (1,135 - 1) \times \left[\left(2 - \frac{1,6}{1,135} \times 0,782^2 \times 0,451 - \frac{1,6}{1,135} \times 0,782^2 \times 0,451^2\right) \times 0,314\right]$$

$$C_{yy} = 1,061 \geq \frac{W_{el,y}}{W_{pl,y}} = \frac{194,3}{220,6} = 0,881$$

$$k_{yy} = 0,782 \times \frac{0,996}{1 - \frac{210}{3287}} \times \frac{1}{1,061} = 0,784$$

Soit : $$\frac{N_{Ed}}{\frac{\chi_y \cdot N_{pl,Rd}}{\gamma_{M1}}} + k_{yy} \cdot \frac{M_{y,Ed}}{\frac{M_{pl,y,Rd}}{\gamma_{M1}}} = \frac{210}{0,939 \times \frac{669,8}{1,0}} + 0,784 \times \frac{43}{\frac{51,8}{1,0}}$$

$$= 0,334 + 0,651 = 0,985 < 1,0$$

Le profilé IPE 200 convient.

9.3.2.4 Deuxième exemple : résistance d'un poteau en flexion composée avec déversement

Il s'agit d'un élément comprimé fléchi de 3,5 m de hauteur pour lequel le déversement n'est pas empêché. Là encore, cet exemple est issu de la référence [4]. Le lecteur qui souhaiterait plus d'informations ou des cas encore plus complexes (flexion déviée composée avec risque de flambement et de déversement notamment) est invité à la consulter.

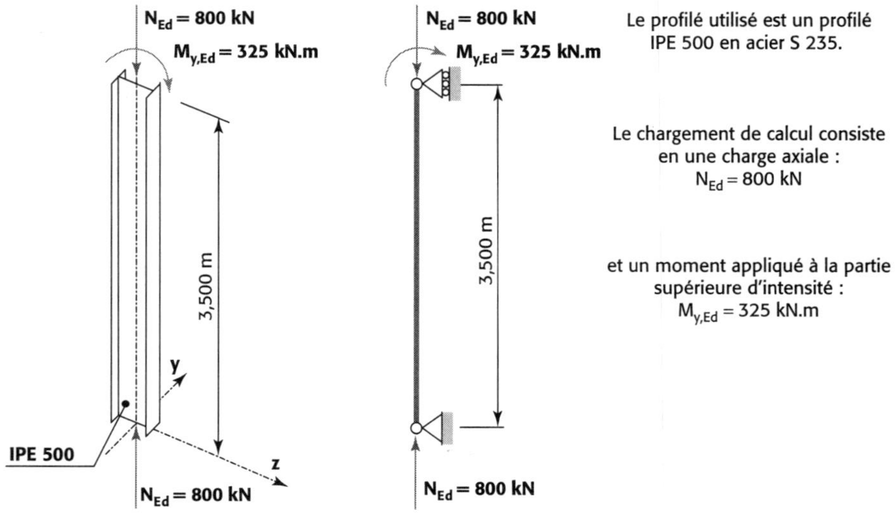

Figure 9.3.4 Chargement du poteau

Caractéristiques géométriques et mécaniques principales :

$$\begin{cases} h = 500 \text{ mm} \\ b = 200 \text{ mm} \end{cases} \quad \begin{cases} t_w = 10,2 \text{ mm} \\ t_f = 16 \text{ mm} \end{cases} \quad \begin{cases} r = 21 \text{ mm} \\ d = 500 - 2(16+21) = 426 \text{ mm} \end{cases} \quad A = 115,5 \text{ cm}^2$$

$$\begin{cases} I_y = 48\,198,54 \text{ cm}^4 \\ I_z = 2\,141,69 \text{ cm}^4 \end{cases} \quad \begin{cases} I_t = 89,29 \text{ cm}^4 \\ I_w = 124\,365,38 \text{ cm}^6 \end{cases}$$

$$\begin{cases} W_{el,y} = 1\,927,94 \text{ cm}^3 \\ W_{el,z} = 214,17 \text{ cm}^3 \end{cases} \quad \begin{cases} W_{pl,y} = 2\,194,12 \text{ cm}^3 \\ W_{pl,z} = 335,88 \text{ cm}^3 \end{cases} \quad \begin{cases} i_y = 20,43 \text{ cm} \\ i_z = 4,31 \text{ cm} \end{cases}$$

$$\begin{cases} A_{vz} = 59,87 \text{ cm}^2 \\ A_{vy} = 67,18 \text{ cm}^2 \end{cases}$$

Classification de la section transversale

Pour $t \leq 40$ mm et $f_y = 235$ MPa, nous avons : $\varepsilon = \sqrt{\dfrac{235}{f_y}} = 1,0$

Âme (paroi fléchie et comprimée) :

$$\alpha = \frac{1}{2} \cdot \left(\frac{N_{Ed}}{d \cdot t_w \cdot f_y} + 1 \right) = \frac{1}{2} \times \left(\frac{800.10^3}{426 \times 10,2 \times 235} + 1 \right) = 0,892$$

La partie droite de l'âme est partiellement comprimée.

$$c / t = d / t_w = \frac{426}{10,2} = 41,76$$

Limite de la Classe 1 pour $\alpha > 0,5$:

$$396 \cdot \varepsilon / (13 \cdot \alpha - 1) = 396 \times 1 / (13 \times 0,892 - 1) = 37,39$$

Limite de la Classe 2 pour $\alpha > 0,5$:

$$456 \cdot \varepsilon / (13 \cdot \alpha - 1) = 456 \times 1 / (13 \times 0,892 - 1) = 43,05 > d / t_w = 41,76$$

$\Rightarrow$ Âme de Classe 2

Semelle (paroi comprimée) :

La partie en console, c, est égale à :

$$c = \frac{b - t_w - 2 \cdot r}{2} = \frac{200 - 10,2 - 2 \times 21}{2} = 73,9 \text{ mm}$$

D'où $c / t = c / t_f = 73,9 / 16 = 4,62 < 9 \cdot \varepsilon = 9$

$\Rightarrow$ Semelle de Classe 1

La section est de Classe 2.

Calcul de la résistance de la section transversale

La résistance de la section doit être vérifiée à ses deux extrémités.

— *Résistance de la section transversale à l'effort tranchant*

Détermination de l'effort tranchant de calcul :

$$V_{z,Ed} = \frac{M_{y,Ed}}{L} = \frac{325.10^3}{3500} = 92,9 \text{ kN}$$

Résistance plastique au cisaillement :

$$V_{pl,z,Rd} = \frac{A_{vz} \cdot \frac{f_y}{\sqrt{3}}}{\gamma_{M0}} = \frac{5987 \times 0,235}{\sqrt{3} \times 1,0} = 812,3 \text{ kN}$$

La section résiste à l'effort tranchant : $V_{z,Ed} = V_{pl,z,Rd}$

De plus, nous avons :

$$V_{z,Ed} = 92,9 \text{ kN} \leq 0,5 \cdot V_{pl,z,Rd} = 0,5 \times 812,3 = 406,2 \text{ kN}$$

Comme l'effort tranchant est inférieur à la moitié de la résistance plastique au cisaillement, son effet sur le moment résistant peut être négligé.

— *Résistance de la section transversale sous la combinaison flexion et effort normal*

Il convient de vérifier : $M_{y,Ed} \leq M_{N,y,Rd}$

où $M_{N,y,Rd}$ est le moment résistant plastique de calcul réduit par l'effort normal N_{Ed}.

L'influence de l'effort normal sur le moment résistant plastique doit bien être pris en compte puisque d'après [Eurocode 3 § 6.2.9.1 (4)] :

$$N_{Ed} \leq \frac{h_w \cdot t_w \cdot f_y}{\gamma_{M0}} \quad \text{avec} \quad h_w = h - 2 \cdot t_f = 500 - 2 \times 16 = 468 \text{ mm}$$

$$\Leftrightarrow \quad 800 \text{ kN} < \frac{468 \times 10,2 \times 235}{1,0} \times 10^{-3} = 1121,8 \text{ kN}$$

et $$\frac{N_{Ed}}{N_{pl,Rd}} = \frac{N_{Ed}}{\frac{A \cdot f_y}{\gamma_{M0}}} = \frac{800}{\frac{11550 \times 0,235}{1,0}} = 0,295 > 0,25$$

Dans le cas de profils laminés courants fléchis autour de l'axe de grande inertie, $M_{N,y,Rd}$ a pour expression :

$$M_{N,y,Rd} = M_{pl,y,Rd} \cdot \frac{1-n}{1-0,5 \cdot a} \quad \text{mais} \quad M_{N,y,Rd} \leq M_{pl,y,Rd}$$

avec : $n = \dfrac{N_{Ed}}{N_{pl,Rd}}$ où : $N_{pl,Rd} = \dfrac{A f_y}{\gamma_{M0}} = \dfrac{11\,550 \times 0,235}{1,0} = 2\,714,3 \text{ kN}$

et : $a = \dfrac{A - 2 \cdot b \cdot t_f}{A}$ mais $a \leq 0,5$

Nous avons ici :

$$n = \frac{800}{2714,3} = 0,295 \quad \text{et} \quad a = \frac{11550 - 2 \times 200 \times 16}{11550} = 0,446$$

D'où :

$$M_{N,y,Rd} = \frac{W_{pl,y} \cdot f_y}{\gamma_{M0}} \cdot \frac{1-n}{1-0,5 \cdot a} = \frac{2194,12.10^3 \times 235}{1,0} \times \frac{1-0,295}{1-0,5 \times 0,446} \cdot 10^{-6} = 467,8 \text{ kN.m}$$

$$M_{N,y,Rd} = 468 \text{ kN.m} < M_{pl,y,Rd} = 515,6 \text{ kN.m}$$

Il n'est pas nécessaire de vérifier l'autre extrémité où l'effort axial est le même mais où le moment est nul.

Le **profil IPE 500 convient** pour ce qui est de la résistance de la section transversale.

Calcul de la stabilité de la barre

— *Calcul du coefficient de réduction au flambement / axe y-y*

$$\bar{\lambda}_y = \sqrt{\frac{A \cdot f_y}{N_{cr,y}}} \quad \text{avec} \quad N_{cr,y} = \frac{\pi^2 \cdot E \cdot I_y}{L_y^2}$$

$$N_{cr,y} = \frac{\pi^2 \times 210\,000 \times 48\,199.10^4}{3500^2} = 81\,548,7.10^3 \text{ N} = 81\,548,7 \text{ kN}$$

$$\bar{\lambda}_y = \sqrt{\frac{11\,550 \times 235}{81\,548,7.10^3}} = 0,182$$

$$\Phi_y = 0,5 \cdot \left[1 + \alpha_y \cdot \left(\bar{\lambda}_y - 0,2\right) + \bar{\lambda}_y^2\right]$$

$$h/b > 2, \text{ S 235 et } t_f < 40 \text{ mm} \Rightarrow \text{Courbe de flambement a} : \alpha_y = 0,21$$

$$\Phi_y = 0,5 \cdot \left[1 + 0,21 \cdot (0,182 - 0,2) + 0,182^2\right] = 0,515$$

$$\chi_y = \frac{1}{\Phi_y + \sqrt{\Phi_y^2 - \bar{\lambda}_y^2}} = \frac{1}{0,515 + \sqrt{0,515^2 - 0,182^2}} = 1,004 > 1 \text{ donc} : \chi_y = 1,000$$

— *Calcul du coefficient de réduction au flambement / axe z-z*

$$\bar{\lambda}_z = \sqrt{\frac{A \cdot f_y}{N_{cr,z}}} \quad \text{avec} \quad N_{cr,z} = \frac{\pi^2 \cdot E \cdot I_z}{L_z^2}$$

$$N_{cr,z} = \frac{\pi^2 \times 210000 \times 2142.10^4}{3500^2} = 3623,6.10^3 \text{ N} = 3623,6 \text{ kN}$$

$$\bar{\lambda}_z = \sqrt{\frac{11550 \times 235}{3623,6.10^3}} = 0,866$$

$$\Phi_z = 0,5 \cdot \left[1 + \alpha_z \cdot \left(\bar{\lambda}_z - 0,2\right) + \bar{\lambda}_z^2\right]$$

$$h / b > 2 \text{, S 235 et } t_f < 40 \text{ mm} \Rightarrow \text{Courbe de flambement b : } \alpha_z = 0,34$$

$$\Phi_z = 0,5 \times \left[1 + 0,34 \times (0,866 - 0,2) + 0,866^2\right] = 0,988$$

$$\chi_z = \frac{1}{\Phi_z + \sqrt{\Phi_z^2 - \bar{\lambda}_z^2}} = \frac{1}{0,988 + \sqrt{0,988^2 - 0,866^2}} = 0,683 \leq 1$$

— *Détermination des termes μ_y et μ_z*

$$\mu_y = \frac{1 - \frac{N_{Ed}}{N_{cr,y}}}{1 - \chi_y \cdot \frac{N_{Ed}}{N_{cr,y}}} = \frac{1 - \frac{800}{81548,7}}{1 - 1,0 \cdot \frac{800}{81548,7}} = 1,0$$

$$\mu_z = \frac{1 - \frac{N_{Ed}}{N_{cr,z}}}{1 - \chi_z \cdot \frac{N_{Ed}}{N_{cr,z}}} = \frac{1 - \frac{800}{3623,6}}{1 - 0,683 \cdot \frac{800}{3623,6}} = 0,918$$

— *Détermination de* w_y *et* w_z

$$w_y = \frac{W_{pl,y}}{W_{el,y}} = \frac{2194,12}{1927,94} = 1,138 \leq 1,5$$

$$w_z = \frac{W_{pl,z}}{W_{el,z}} = \frac{335,88}{214,17} = 1,568 > 1,5 \quad \text{d'où : } w_z = 1,5$$

— *Détermination du facteur de moment uniforme équivalent*

Nous sommes ici dans un cas d'un diagramme de moment linéaire avec $\psi = 0$

$$C_{my,0} = 0,79 + 0,21 \cdot \psi_i + 0,36 \cdot (\psi_i - 0,33) \cdot \frac{N_{Ed}}{N_{cr,y}}$$

$$C_{my,0} = 0,79 + 0,21 \times 0 + 0,36 \times (0 - 0,33) \times \frac{800}{81548,7} = 0,789$$

— *Calcul du coefficient de réduction au déversement*

Comme $I_t = 89,3\ cm^4 < I_y = 48199\ cm^4$, la section transversale est telle que la barre est susceptible de déverser.

— *Moment critique de déversement sous moment supposé constant*

$$M_{cr,0} = \frac{\pi^2 \cdot E \cdot I_z}{L_{cr,LT}^2} \sqrt{\frac{I_w}{I_z} + \frac{L_{cr,LT}^2 \cdot G \cdot I_t}{\pi^2 \cdot E \cdot I_z}}$$

$$M_{cr,0} = \frac{\pi^2 \times 210000 \times 2141,69.10^4}{3500^2} \sqrt{\frac{1243,65.10^9}{2141,69.10^4} + \frac{3500^2 \times 80770 \times 89,29.10^4}{\pi^2 \times 210000 \times 2141,69.10^4}} \times 10^{-6}$$

$$M_{cr,0} = 1012\ kN.m$$

— *Élancement critique de déversement sous moment supposé constant*

$$\bar{\lambda}_0 = \sqrt{\frac{W_y \cdot f_y}{M_{cr,0}}} = \sqrt{\frac{W_{pl,y} \cdot f_y}{M_{cr,0}}} = \sqrt{\frac{2194,12 \times 235.10^{-3}}{1\,012}} = 0,714$$

$W_y = W_{pl,y}$ car la section est de Classe 2

— *Effort normal critique de flambement par torsion*

$$N_{cr,T} = \frac{A}{I_0} \cdot \left(G \cdot I_t + \frac{\pi^2 \cdot E \cdot I_w}{L^2} \right)$$

$$I_0 = I_y + I_z + \left(y_0^2 + z_0^2\right) \cdot A = 48198,54 + 2141,69 + 0 = 50340,23\ cm^4$$

I_0 = inertie polaire de la section avec $y_0 = 0$ et $z_0 = 0$ (section doublement symétrique).

$$N_{cr,T} = \frac{11550}{50340,23.10^4} \times \left(80770 \times 89,29.10^4 + \frac{\pi^2 \times 210000 \times 1243,65.10^9}{3500^2} \right) \times 10^{-3}$$

$$N_{cr,T} = 6482,5\ kN$$

— *Facteur* C_1

Pour un tel chargement, un moment d'extrémité, $\psi = 0$, alors $C_1 = 1,77$ (tableau 9.2.6).

— *Élancement limite pour la sensibilité à la déformation par torsion*

$$\bar{\lambda}_{0\,lim} = 0,2 \cdot \sqrt{C_1} \cdot \sqrt[4]{\left(1 - \frac{N_{Ed}}{N_{cr,z}}\right) \cdot \left(1 - \frac{N_{Ed}}{N_{cr,T}}\right)}$$

$$\bar{\lambda}_{0\,lim} = 0,2 \times \sqrt{1,77} \times \sqrt[4]{\left(1 - \frac{800}{3623,6}\right) \times \left(1 - \frac{800}{6482,5}\right)} = 0,242 \text{ avec : } C_1 = 1,77$$

Comme $\bar{\lambda}_0 = 0,713 > \bar{\lambda}_{0\,lim} = 0,242$, la section est sensible à la torsion.

— *Détermination des termes* C_{my} *et* C_{mLT}

$$a_{LT} = 1 - \frac{I_t}{I_y} = 1 - \frac{89,29}{48198,54} = 0,998 > 0$$

$$\varepsilon_y = \frac{M_{y,Ed}}{N_{Ed}} \cdot \frac{A}{W_{el,y}} = \frac{325.10^3}{800} \times \frac{11550}{1927,94.10^3} = 2,434$$

$$C_{my} = C_{my,0} + \left(1 - C_{my,0}\right) \cdot \frac{\sqrt{\varepsilon} \cdot a_{LT}}{1 + \sqrt{\varepsilon} \cdot a_{LT}}$$

$$= 0,789 + (1 - 0,789) \times \frac{\sqrt{2,434} \times 0,998}{1 + \sqrt{2,434} \times 0,998} = 0,917$$

$$C_{mLT} = C_{my}^2 \cdot \frac{a_{LT}}{\sqrt{\left(1 - \frac{N_{Ed}}{N_{cr,z}}\right) \cdot \left(1 - \frac{N_{Ed}}{N_{cr,T}}\right)}}$$

$$= 0,917^2 \times \frac{0,998}{\sqrt{\left(1 - \frac{800}{3623,6}\right) \times \left(1 - \frac{800}{6482,5}\right)}} = 1,015 > 1$$

— *Calcul du moment critique de déversement*

$$M_{cr} = C_1 \cdot \frac{\pi^2 \cdot E \cdot I_z}{L^2} \left\{ \sqrt{\frac{I_w}{I_z} + \frac{L^2 G I_t}{\pi^2 E I_z} + (C_2 z_g)^2} - C_2 z_g \right\}$$

avec $k_z = k_w = 1$ pour des appuis considérés « appuis à fourche ».

$$z_g = 0$$

$$C_1 = 1,77 \qquad \text{et} \qquad C_2 = 0$$

D'où :

$$M_{cr} = 1,77 \cdot M_{cr,0} = 1791 \text{ kN.m}$$

— *Élancement critique de déversement*

$$\bar{\lambda}_{LT} = \sqrt{\frac{W_{pl,y} \cdot f_y}{M_{cr}}} = \sqrt{\frac{2194,12.10^3 \times 235}{1791.10^6}} = 0,537$$

— *Facteur de réduction au déversement*

$$\Phi_{LT} = 0,5 \cdot \left[1 + \alpha_{LT} \cdot \left(\bar{\lambda}_{LT} - 0,2\right) + \bar{\lambda}_{LT}^2\right]$$

La courbe de déversement pour un profilé laminé avec $h / b > 2$ est la courbe b, d'où $\alpha_{LT} = 0,34$ (Tableaux 9.2.2 et 9.2.3).

$$\Phi_{LT} = 0,5 \times \left[1 + 0,34 \times \left(0,537 - 0,2\right) + 0,537^2\right] = 0,701$$

$$\chi_{LT} = \frac{1}{\Phi_{LT} + \sqrt{\Phi_{LT}^2 - \bar{\lambda}_{LT}^2}} = \frac{1}{0,701 + \sqrt{0,701^2 - 0,537^2}} = 0,868 < 1$$

— *Calcul de la résistance au flambement élastique-plastique*

La vérification complète s'appuie sur les deux expressions (9.3.1) et (9.3.2) :

$$\frac{N_{Ed}}{\frac{\chi_y N_{Rk}}{\gamma_{M1}}}+k_{yy}\frac{M_{y,Ed}+\Delta M_{y,Ed}}{\chi_{LT}\cdot\frac{M_{y,Rk}}{\gamma_{M1}}}+k_{yz}\frac{M_{z,Ed}+\Delta M_{z,Ed}}{\frac{M_{z,Rk}}{\gamma_{M1}}}\leq 1$$

$$\frac{N_{Ed}}{\frac{\chi_z N_{Rk}}{\gamma_{M1}}}+k_{zy}\frac{M_{y,Ed}+\Delta M_{y,Ed}}{\chi_{LT}\cdot\frac{M_{y,Rk}}{\gamma_{M1}}}+k_{zz}\frac{M_{z,Ed}+\Delta M_{z,Ed}}{\frac{M_{z,Rk}}{\gamma_{M1}}}\leq 1$$

$$k_{yy}=C_{my}\cdot C_{mLT}\cdot\frac{\mu_y}{1-\frac{N_{Ed}}{N_{cr,y}}}\cdot\frac{1}{C_{yy}}$$

$$k_{zy}=C_{my}\cdot C_{mLT}\cdot\frac{\mu_z}{1-\frac{N_{Ed}}{N_{cr,y}}}\cdot\frac{1}{C_{zy}}\cdot 0,6\cdot\sqrt{\frac{w_y}{w_z}}$$

$$C_{yy}=1+\left(w_y-1\right)\cdot\left[\left(2-\frac{1,6}{w_y}\cdot C_{my}^2\cdot\bar{\lambda}_{max}-\frac{1,6}{w_y}\cdot C_{my}^2\cdot\bar{\lambda}_{max}^2\right)\cdot n_{pl}-b_{LT}\right]\geq\frac{W_{el,y}}{W_{pl,y}}$$

$$C_{zy}=1+\left(w_y-1\right)\cdot\left[\left(2-14\cdot\frac{C_{my}^2\cdot\bar{\lambda}_{max}^2}{w_y^5}\right)\cdot n_{pl}-d_{LT}\right]\geq 0,6\cdot\sqrt{\frac{w_y}{w_z}}\cdot\frac{W_{el,y}}{W_{pl,y}}$$

$$b_{LT}=0,5\cdot a_{LT}\cdot\bar{\lambda}_0^2\cdot\frac{M_{y,Ed}}{\chi_{LT}\cdot M_{pl,y,Rd}}\cdot\frac{M_{z,Ed}}{M_{pl,z,Rd}}$$

$$d_{LT}=2\cdot a_{LT}\cdot\frac{\bar{\lambda}_0}{0,1+\bar{\lambda}_z^4}\cdot\frac{M_{y,Ed}}{C_{my}\cdot\chi_{LT}\cdot M_{pl,y,Rd}}\cdot\frac{M_{z,Ed}}{C_{mz}\cdot M_{pl,z,Rd}}$$

$$\bar{\lambda}_{max}=\max\begin{cases}\bar{\lambda}_y\\\bar{\lambda}_z\end{cases}$$

— *Calcul des différents termes et vérification de la résistance au flambement élastique-plastique*

En prenant en compte les données du problème, $M_{z,Ed}=0$, $\gamma_{M1}=1,0$, le calcul se simplifie ici sous la forme :

$$\frac{N_{Ed}}{\chi_y\cdot N_{pl,Rd}}+k_{yy}\cdot\frac{M_{y,Ed}}{\chi_{LT}\cdot M_{pl,y,Rd}}\leq 1$$

$$\frac{N_{Ed}}{\chi_z\cdot N_{pl,Rd}}+k_{zy}\cdot\frac{M_{y,Ed}}{\chi_{LT}\cdot M_{pl,y,Rd}}\leq 1$$

$$b_{LT}=0,5\cdot a_{LT}\cdot\bar{\lambda}_0^2\cdot\frac{M_{y,Ed}}{\chi_{LT}\cdot M_{pl,y,Rd}}\cdot\frac{M_{z,Ed}}{M_{pl,z,Rd}}=0$$

$$d_{LT}=2\cdot a_{LT}\cdot\frac{\bar{\lambda}_0}{0,1+\bar{\lambda}_z^4}\cdot\frac{M_{y,Ed}}{C_{my}\cdot\chi_{LT}\cdot M_{pl,y,Rd}}\cdot\frac{M_{z,Ed}}{C_{mz}\cdot M_{pl,z,Rd}}=0$$

$$\bar{\lambda}_{max} = \max\begin{cases}\bar{\lambda}_y = 0,182\\ \bar{\lambda}_z = 0,866\end{cases} = 0,866$$

$$n_{pl} = \frac{N_{Ed}}{\frac{N_{Rk}}{\gamma_{M1}}} = \frac{N_{Ed}}{N_{pl,Rd}} = n = 0,295$$

$$C_{yy} = 1 + (1,138 - 1) \times \left[\left(2 - \frac{1,6}{1,138} \times 0,917^2 \times 0,866 - \frac{1,6}{1,138} \times 0,917^2 \times 0,866^2\right) \times 0,295\right]$$

$$C_{yy} = 1,004 \geq \frac{W_{el,y}}{W_{pl,y}} = \frac{1927,94}{2194,12} = 0,879$$

$$C_{zy} = 1 + (1,138 - 1) \times \left[\left(2 - 14 \times \frac{0,917^2 \times 0,866^2}{1,138^5}\right) \times 0,295\right]$$

$$C_{zy} = 0,893 \geq 0,6 \cdot \sqrt{\frac{w_y}{w_z}} \cdot \frac{W_{el,y}}{W_{pl,y}} = 0,6 \times \sqrt{\frac{1,138}{1,5}} \times \frac{1927,94}{2194,12} = 0,459$$

On en déduit :

$$k_{yy} = 0,917 \times 1,015 \times \frac{1,0}{1 - \frac{800}{81548,7}} \times \frac{1}{1,004} = 0,936$$

$$k_{zy} = 0,917 \times 1,015 \times \frac{0,918}{1 - \frac{800}{81548,7}} \times \frac{1}{0,893} \times 0,6 \times \sqrt{\frac{1,138}{1,5}} = 0,505$$

La vérification s'écrit alors :

$$\frac{N_{Ed}}{\chi_y \cdot N_{pl,Rd}} + k_{yy} \cdot \frac{M_{y,Ed}}{\chi_{LT} \cdot M_{pl,y,Rd}} = \frac{800}{1,000 \times 2\,714,3} + 0,936 \times \frac{325}{0,868 \times 2194,12 \times 0,235}$$

$$= 0,295 + 0,680 = 0,975 < 1$$

$$\frac{N_{Ed}}{\chi_z \cdot N_{pl,Rd}} + k_{zy} \cdot \frac{M_{y,Ed}}{\chi_{LT} \cdot M_{pl,y,Rd}} = \frac{800}{0,683 \times 2714,3} + 0,505 \times \frac{325}{0,868 \times 2194,12 \times 0,235}$$

$$= 0,432 + 0,367 = 0,799 < 1$$

Le profil IPE 500 convient.

9.4 Le voilement des âmes

Le voilement est une instabilité de plaque. Un tel mode de ruine a déja été rencontré lors de l'étude des capacités des sections vis-à-vis de la compression qui aboutit à la classification des sections. Comme les parois en console, une âme complètement ou partiellement comprimée peut subir un voilement local.

Pour l'âme il existe cependant un voilement spécifique qui apparaît sous plusieurs formes suivant la cause et la zone affectée.

9.4.1 Différents types de voilement de l'âme

9.4.1.1 Voilement local dû à la courbure et à l'action des semelles

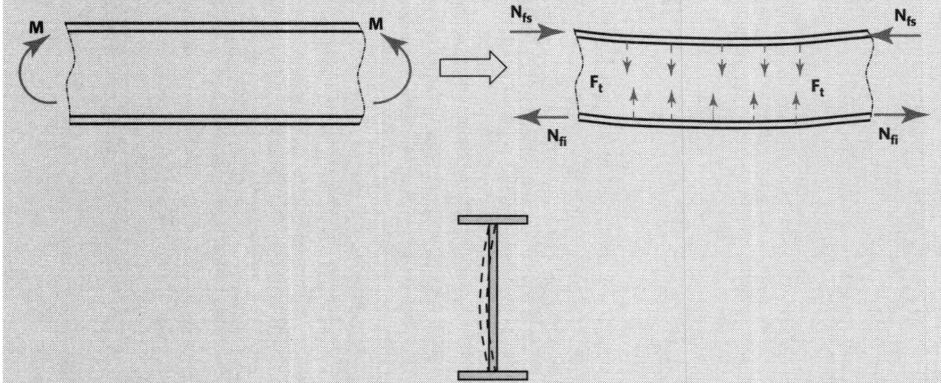

Figure 9.4.1 Voilement local par courbure de poutre

Sous l'action du moment donc des efforts N_f, la poutre prend une courbure qui entraîne une étreinte de l'âme sous l'action des forces réparties transversales F_t (voir figure 9.4.1). Il s'agit d'une poussée « au plein » en opposition à une poussée « au vide » en intrados par exemple.

9.4.1.2 Voilement local par écrasement (crushing)

L'écrasement se fait sous l'action d'une charge locale Q (figure 9.4.2), par plastification sans bifurcation c'est-à-dire sans déviation de l'âme hors de son plan moyen. Il ne s'agit pas à proprement parler d'un voilement, mais bien d'un écrasement (compression, raccourcissement).

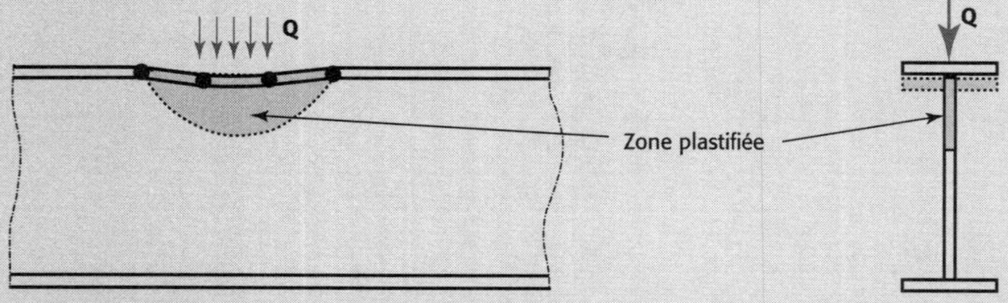

Figure 9.4.2 Voilement par écrasement

9.4.1.3 Voilement local par fossettage, déviation et enfoncement local

Le voilement local par fossettage, déviation et enfoncement local correspond à une bifurcation de l'âme qui se traduit par l'apparition d'une fossette (dimple, dimpling) et la plastification de l'âme. Des charnières plastiques curvilignes se créent alors sur une certaine hauteur (figure 9.4.3).

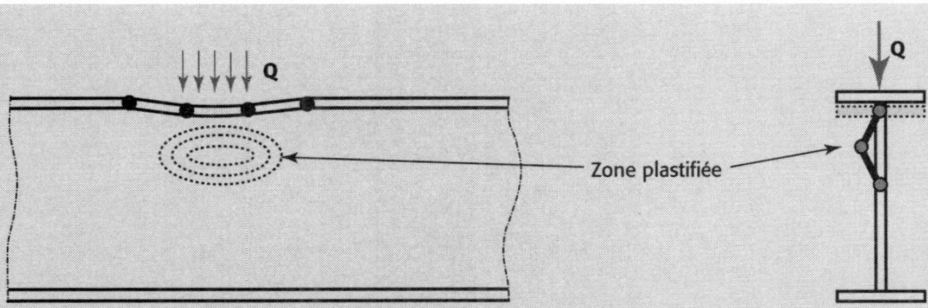

Figure 9.4.3 Voilement par fossettage

9.4.1.4 Voilement global de l'âme

Le voilement global de l'âme se développe sous l'action d'une charge localisée. À la différence des deux instabilités précédentes, ici c'est l'âme elle-même qui devient instable sur toute sa hauteur (figure 9.4.4).

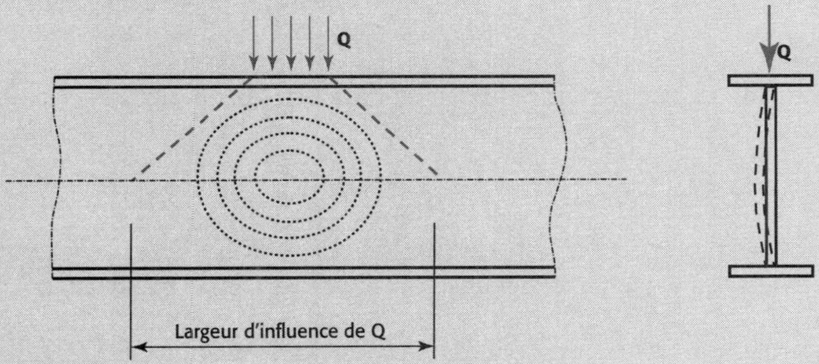

Figure 9.4.4 Voilement global de l'âme

9.4.1.5 Voilement par cisaillement

Le voilement par cisaillement (photos et figure 9.4.5) concerne ce qui est convenu d'appeler un « panneau », c'est-à-dire l'espace de poutre situé entre deux zones raidies, entre deux raidisseurs transversaux, par exemple. Le panneau est soumis à un effort tranchant V. Sous l'action des deux efforts V, deux diagonales se « dessinent », l'une tendue, l'autre comprimée. C'est cette dernière, par ruine en compression, qui amène le voilement, il y a, cloques obliques, un gondolement qui se traduit par des plis dans la direction de la diagonale tendue.

Sur les photos 9.4.1 et 9.4.2, le cadre recouvert d'un textile montre le phénomène.

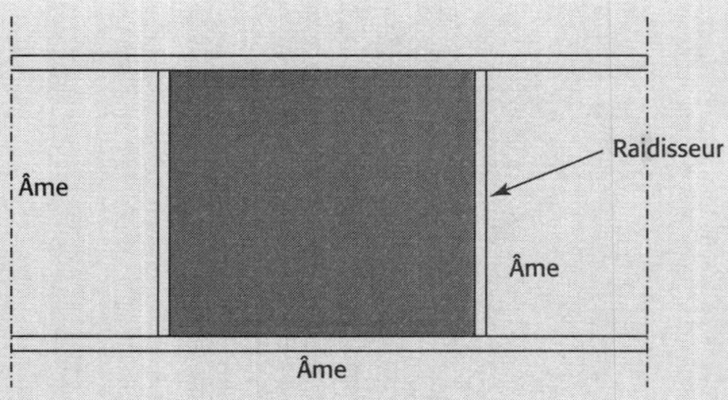

Photo 9.4.1 Panneau avant action de l'effort tranchant

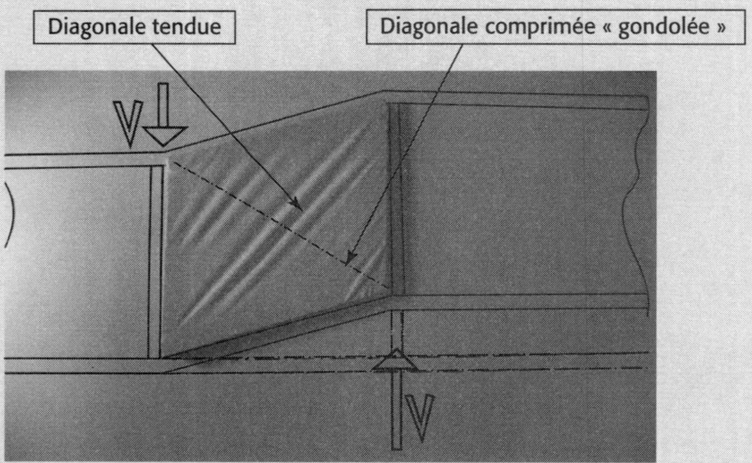

Photo 9.4.2 Comportement du panneau sous l'action de l'effort tranchant induisant le voilement de la diagonale comprimée

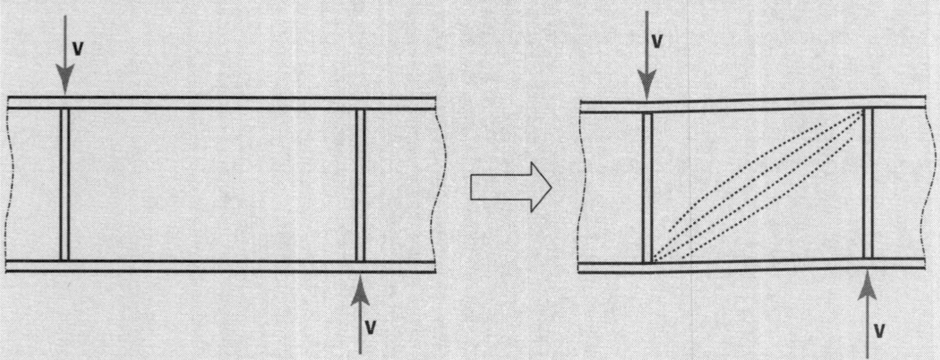

Figure 9.4.5 L'effort tranchant induit le voilement (modèle post critique simple)

À travers les calculs, ce modèle correspond au modèle « post critique simple », retenu dans l'Eurocode 3. Signalons qu'un autre modèle, celui du « champ diagonal de traction », figure 9.4.6, était retenu dans la version précédente de l'Eurocode 3.

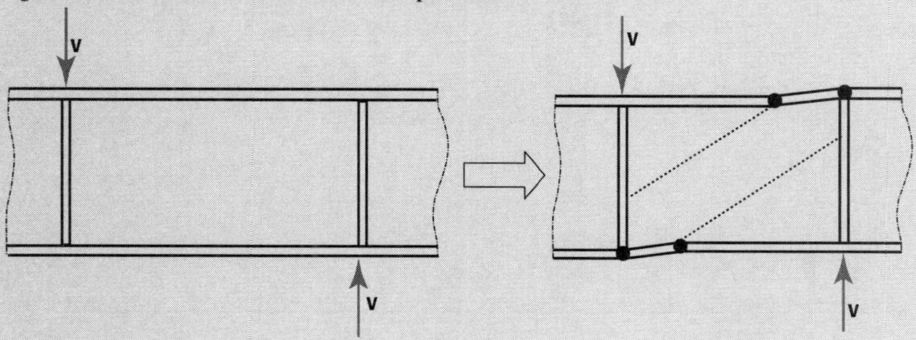

Figure 9.4.6 Modèle du champ diagonal de traction

On peut dire dès maintenant que l'Eurocode 3 permet de tenir compte de l'influence des semelles, quand elles en ont la possibilité, (rotules plastiques, figure 9.4.6), sur la résistance au voilement de l'âme.

9.4.1.6 Combinaisons des différents types

Le long d'une même poutre, on peut trouver ou non différents types de voilement, figure 9.4.7. Cependant on note que la ruine de la poutre a lieu dès l'apparition du premier voilement quel que soit son type.

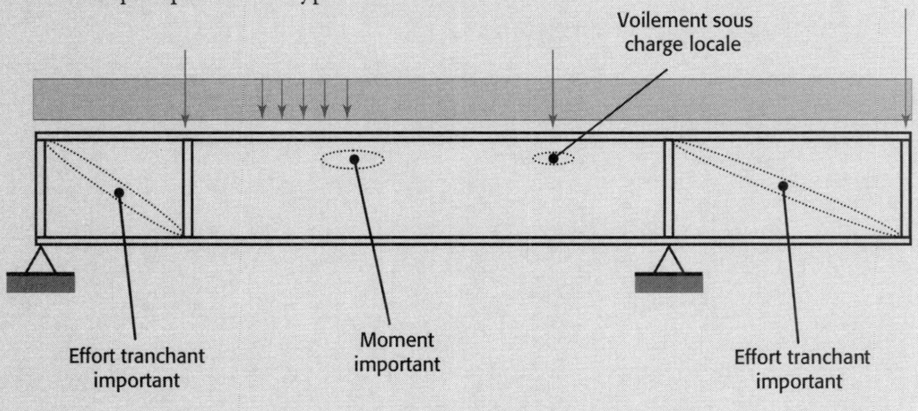

Figure 9.4.7 Différents types de voilement possible sur une même poutre

9.4.2 Technologie

9.4.2.1 Généralités

La technologie consiste à augmenter l'épaisseur de l'âme ou à maintenir, à raidir, les zones comprimées susceptibles de gondoler, de voiler. Raidir est souvent plus judicieux qu'une augmentation importante de l'épaisseur, une poutre munie de raidisseurs est plus légère qu'une poutre non raidie *pour la même efficacité*.

Cependant un compromis entre augmentation de l'épaisseur et le raidissage qui demande préparation, soudure, main d'œuvre... est toujours à examiner. Les calculs sont là pour justifier les choix.

Les raidisseurs sont placés, si nécessaire, au droit des forces, en particulier aux appuis où ils peuvent prendre le vocable de « montant ». Ils sont disposés symétriquement par rapport à l'âme ou d'un seul côté, figure 9.4.8. Leur forme est fonction de leur résistance nécessaire (inertie...), figure 9.4.8, cette résistance est relative à leur non flambement dans le plan perpendiculaire au plan de l'âme. Dans l'autre plan, l'âme les maintient.

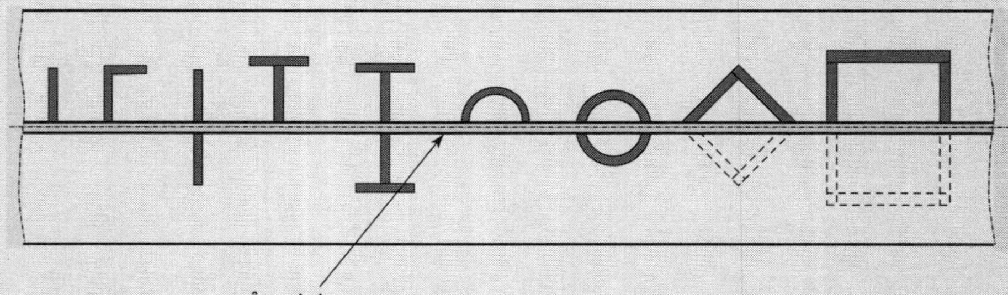

Figure 9.4.8 Différentes géométries de raidisseurs

Les raidisseurs sont liés aux semelles par soudure. Les semelles ne présentent qu'une faible résistance à la rotation des extrémités des raidisseurs aussi peut-on prendre pour la longueur de flambement ℓ_{cr} des raidisseurs, la hauteur h_w de l'âme, figure 9.4.9, ce qui place en sécurité, voir sur ce point le paragraphe concernant la vérification des raidisseurs.

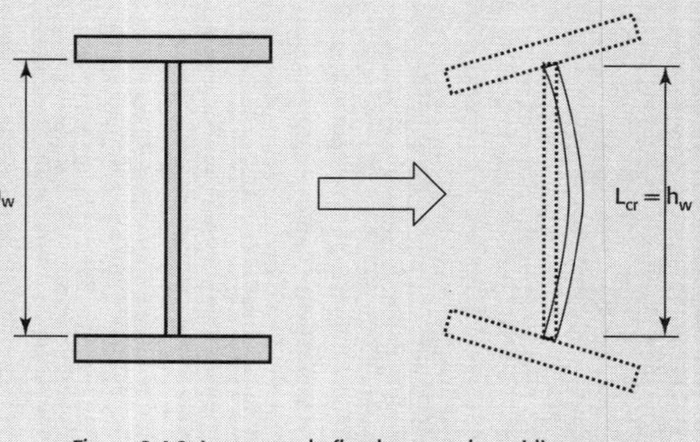

Figure 9.4.9 Longueur de flambement des raidisseurs

9.4.2.2 Différents types de raidisseurs

On distingue les raidisseurs rigides et les raidisseurs souples, ainsi que les montants d'extrémités (c'est-à-dire, plus précisément, aux appuis), figure 9.4.10, et les raidisseurs intermédiaires qui sont, soit transversaux, figure 9.4.10, (en général perpendiculaires aux semelles), soit longitudinaux figure 9.4.11 (en général parallèles aux mêmes semelles). Ces distinctions interviennent dans les calculs de vérification selon l'Eurocode 3.

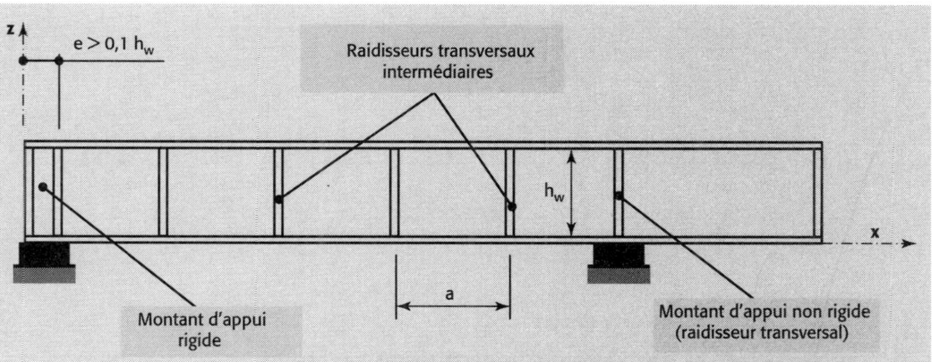

Figure 9.4.10 Raidisseurs transversaux

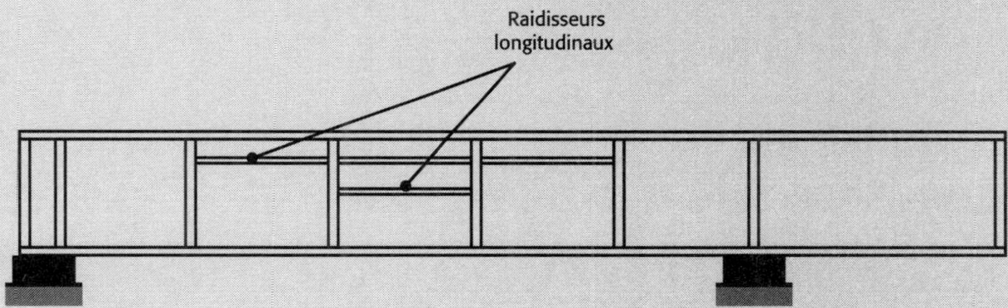

Figure 9.4.11 Raidisseurs longitudinaux

Les montants, EN 1993-1-5, § 9.3

Pour être rigides, les montants d'appui doivent être constitués de deux raidisseurs symétriques par rapport à l'âme ou d'un profil laminé, figure 9.4.12. Pour ce raidisseur double, il faut aussi que l'aire totale de sa section A_{st} soit suffisante, il faut que $A \geq \dfrac{4 \cdot h_w \cdot t_w^{\,2}}{e}$

avec $e > 0{,}1\ h_w$, EN1993-1-5 § 9.3.2

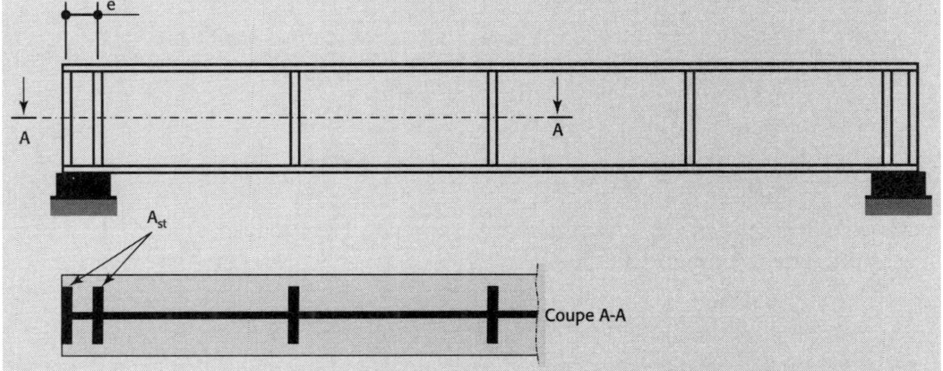

Figure 9.4.12 Montant d'appui rigide

Le montant est souple, s'il est simple, d'un seul côté de l'âme ou symétrique par rapport à l'âme, (figure 9.4.13).

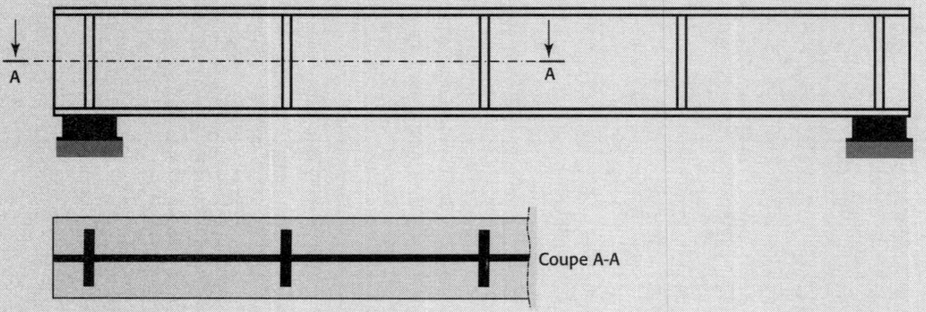

Figure 9.4.13 Montant d'appui souple

Bien que souple, le montant doit être résistant vis-à-vis de l'action de contact présente au droit de l'appui, une vérification au flambement est nécessaire.

Cas particulier des poutres faisant office de traverse de portique

La poutre est soit soudée sur le poteau, soit liée au poteau par boulons et platine, figure 9.4.14.

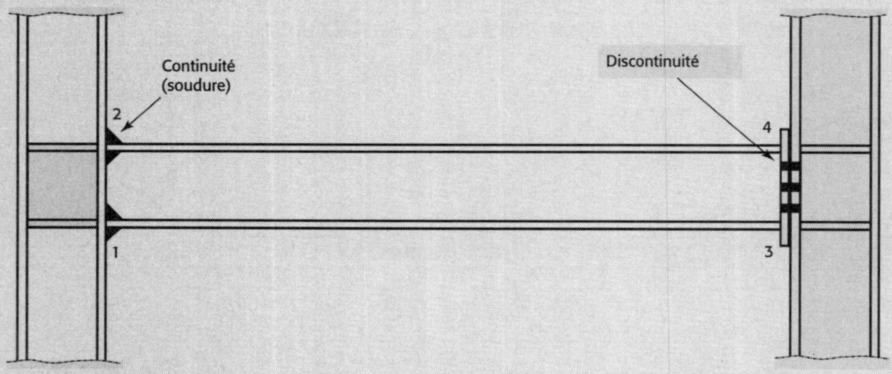

Figure 9.4.14 Poutre soudée ou boulonnée sur poteau, continuité ou non

A gauche, figure 9.4.14, il y a continuité par les cordons de soudure et par les raidisseurs transversaux du poteau qui prolongent les semelles de la poutre, on retrouve la configuration des figures 9.4.11 et 9.4.12 aussi la partie 1-2 de la semelle du poteau peut être considérée comme raidisseur rigide.

A droite, figure 9.4.14, il y a discontinuité entre platine et poteau, la partie 3-4, la platine, constitue, certes, un raidisseur mais un raidisseur isolé et donc souple.

Raidisseurs intermédiaires transversaux EN 1993-1-5, § 9.3.2

Quand ces raidisseurs sont considérés rigides, ils doivent présenter une inertie I_{stx} suffisante, soit :

Si : $\dfrac{a}{h_w} \leq \sqrt{2}$, il faut que : $I_{stx} \geq \dfrac{1{,}5 \cdot h_w{}^3 \cdot t_w{}^3}{a^2}$

Si : $\dfrac{a}{h_w} \geq \sqrt{2}$, il faut que : $I_{stx} \geq 075 \cdot h_w \cdot t_w{}^3$

a et h_w sont repérés figure 9.4.10, I_{stx} est déterminée par rapport à l'axe *x*.

Un panneau encadré par deux raidisseurs remplissant ces conditions est un panneau encadré par deux raidisseurs rigides, à l'inverse les deux raidisseurs sont souples.

Si un panneau est encadré par un raidisseur rigide d'un côté et d'un raidisseur souple de l'autre, on considère les deux raidisseurs comme étant souples.

Quand les raidisseurs sont considérés souples leur rigidité doit être prise en compte dans le calcul de la valeur mini de k_τ EN 1993-5, § 5.3 Note 5.

— *Cas des phénomènes de fatigue*

Dans le cas d'alternance du sens des contraintes (poutres de pont roulant…), on évite l'apparition de fissures dangereuses dans les cordons et éléments en ne soudant pas les pieds de raidisseurs. On les maintient alors par cales ajustées qui permettront des mouvements relatifs entre semelle et raidisseur tout en permettant à celui-ci de jouer son rôle, figure 9.4.15.

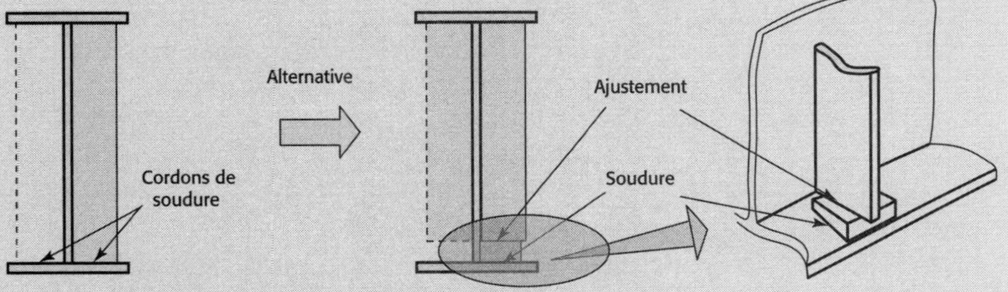

Figure 9.4.15 Raidisseur sur cale ajustée

9.4.3 Voilement d'âme par cisaillement – Approche et vérification

9.4.3.1 Conditions d'étude

Ce qui suit concerne les poutres munies de raidisseurs (montants) aux extrémités (appuis). Si ce n'est pas le cas il ne s'agit plus de voilement par cisaillement mais de voilement local sous charge ponctuelle EN 1993-1-5.

Il peut y avoir présence de raidisseurs transversaux et longitudinaux intermédiaires. Les panneaux sont à membrures parallèles ou avec entre elles un angle maximal de 10°, figure 9.4.16.

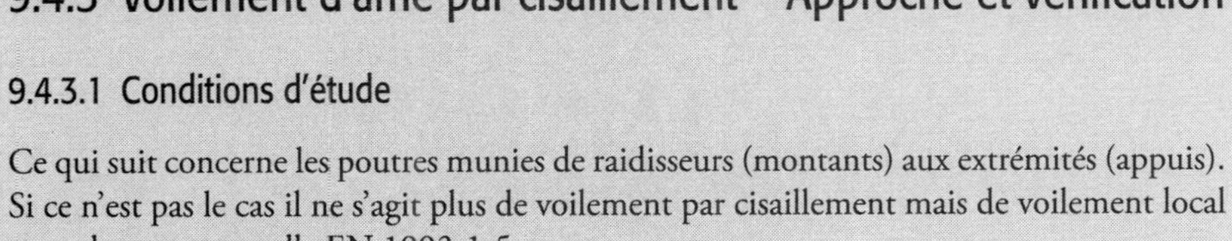

Figure 9.4.16 Inclinaison maximale

9.4.3.2 Rappel sur la résistance plastique de l'âme vis-à-vis du cisaillement

Le critère est : $V_E \leq A_v \cdot \left(\frac{f_w}{\sqrt{3}}\right) / \gamma_{M0}$, en rappelant que :

- Pour les profilés laminés en I ou H, $A_v = 1 - 2 \cdot b \cdot t_f + (t_w + 2 \cdot r) \cdot t_f$ avec $A_v > \eta \cdot h_w \cdot t_w$
- pour les sections reconstituées soudées, I ou H, $A_v = \eta \cdot h_w \cdot t_w$, voir EN 1993-1-1, §6.2.6

quant à η, sa valeur (EN 1993-1-5 et Annexes Nationales), est :

- $\eta = 1,2$ pour toutes les nuances jusqu'à S460 incluse
- $\eta = 1,0$ pour toutes les nuances au-delà de S460

9.4.3.3 Approche du mécanisme et base théorique

Modélisation et cheminement

On a vu que le voilement est dû à l'effort tranchant V_{Ed} et provient en quelque sorte du flambement de la diagonale comprimée, celle-ci étant sous contraintes σ_c qui atteint alors une valeur maximale, figure 9.4.17. Cependant il est montré que la contrainte σ_c peut être très supérieure à la contrainte critique σ_{cr} rencontrée dans la théorie sur le voilement, il y a raffermissement. La contrainte σ_c étant au-delà de la contrainte critique σ_{cr}, le comportement est alors appelé « post-critique ».

Tant que V_{Ed} et inférieur à un effort tranchant critique V_{cr}, $(\tau < \tau_{cr})$ il n'y pas de voilement. Au-delà le voilement a lieu, $V_{Ed} = V_{cr}$, $(\tau = \tau_{cr})$, il y a formation d'un champ diagonal de traction dans le panneau, figure 9.4.18, celui-ci, dans son ensemble, n'est pas encore à la ruine. Le panneau fonctionne comme panneau d'une poutre triangulée (fonctionnement « post critique »). La ruine apparaît quand la diagonale tendue atteint sa résistance ultime.

Ce comportement n'est possible que si le panneau, et en particulier, les diagonales, sont accrochées aux extrémités au niveau des semelles et au niveau de l'âme d'où la présence nécessaire des raidisseurs transversaux et des montants pour les extrémités de poutre. Pour que l'accrochage soit efficace, les raidisseurs intermédiaires ou les montants doivent être rigides voir § II-2-2.

La résistance du panneau peut être augmentée par la résistance des semelles, leur rigidité, jusqu'à la formation de charnières plastiques, figure 9.4.18 bis. Cela suppose que la résistance des semelles n'est pas entièrement mobilisée par la reprise du moment (et éventuellement de l'effort normal).

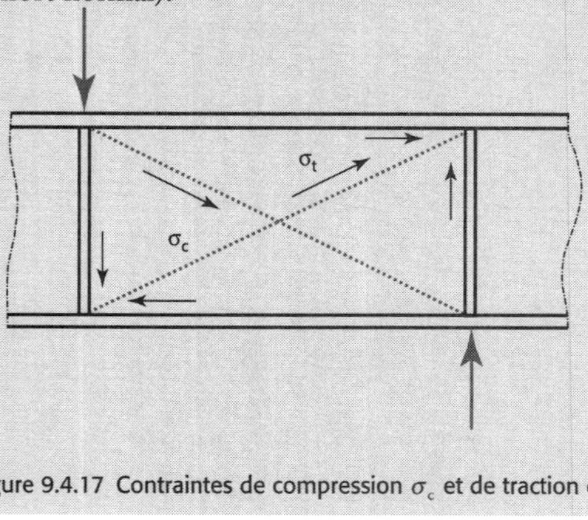

Figure 9.4.17 Contraintes de compression σ_c et de traction σ_t

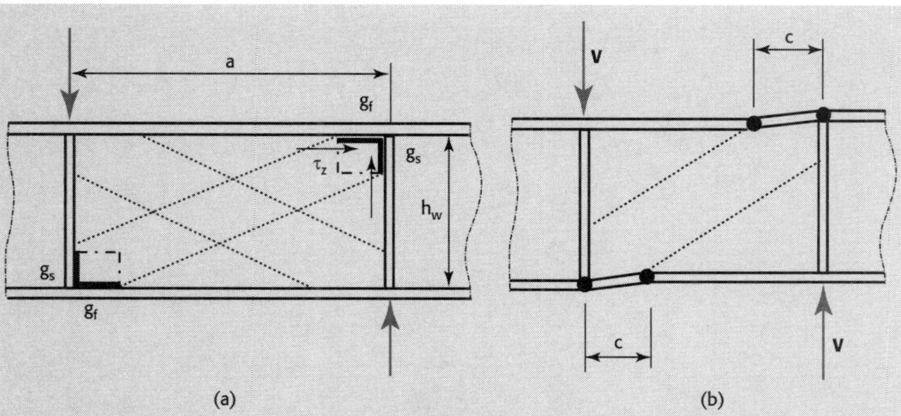

Figure 9.4.18 (a) Champ diagonal de traction (b) Charnières plastiques dans les semelles

On peut supposer que les diagonales sont fixées à des goussets fictifs, figure 9.4.18, eux-mêmes fixés sur les longueurs g_s et g_f et considérer le rapport : $\frac{g_f}{a} = \frac{g_s}{h_w}$. Au maximum le gousset, figure 9.4.18, peut être soumis à une contrainte de cisaillement, $\tau_{zw} = \frac{f_{yw}}{\sqrt{3}}$.

Dans le gousset on a aussi : $\tau_{zw} = k_\tau \cdot \frac{\pi^2 \cdot E}{12 \cdot (1-\nu^2)} \cdot \left(\frac{t_w}{g_s}\right)^2$, dans l'ensemble du panneau on a $\tau_{cr} = k_\tau \cdot \frac{\pi^2 \cdot E}{12 \cdot (1-\nu^2)} \cdot \left(\frac{t_w}{h_w}\right)^2$ en rappelant que :

$$\tau_{cr} = k_\tau \cdot \sigma_E \text{ avec } \sigma_E = \frac{\pi^2 \cdot E}{12 \cdot (1-\nu^2)}\left(\frac{t_w}{h_w}\right)^2.$$

Pour le gousset et le panneau on a :

$$k_\tau \cdot \frac{\pi^2 \cdot E}{12 \cdot (1-\nu^2)} \cdot t_w^{\ 2} = \tau_{zw} \cdot g_s^{\ 2} \text{ et } k_\tau \frac{\pi^2 \cdot E}{12 \cdot (1-\nu^2)} \cdot t_w^{\ 2} = \tau_{cr} \cdot h_w^{\ 2}$$

en identifiant on obtient : $\tau_{zw}\ g_s^{\ 2} = \tau_{cr} \cdot h_w^{\ 2}$ d'où : $g_s^{\ 2} = \frac{\tau_{cr} \cdot h_w^{\ 2}}{\tau_{zw}} = \frac{h_w^{\ 2}}{\frac{\tau_{zw}}{\tau_{cr}}}$,

soit : $$g_s = \frac{h_w}{\sqrt{\frac{\tau_{zw}}{\tau_{cr}}}},$$

par ailleurs l'élancement réduit est : $\bar{\lambda}_w = \sqrt{\frac{\tau_{zw}}{\tau_{cr}}} = \sqrt{\frac{f_{yw}}{\tau_{cr} \cdot \sqrt{3}}} = \sqrt{\frac{f_{yw}}{k_\tau \cdot \sigma_E \cdot \sqrt{3}}}$, et finalement la longueur d'accrochage est : $g_s = \frac{h_w}{\bar{\lambda}_w}$ ceci amène à un effort ultime $V_u = g_s \cdot t_w \cdot \tau_{zw} = \frac{h_w \cdot t_w \cdot \tau_{zw}}{\bar{\lambda}_w}$ et la valeur de calcul $V_{ud} = \frac{h_w \cdot t_w \cdot \tau_{zw}}{\bar{\lambda}_w \cdot \gamma_{M1}}$, cette relation est théorique, avec l'apport des essais, on arrive à la formulation de l'Eurocode 3.

9.4.3.4 Approche Eurocode

Élancement réduit et résistance de calcul de l'âme selon l'Eurocode 3

On a : $\bar{\lambda}_w = \sqrt{\dfrac{f_{yw}}{k_\tau \cdot \sigma_E \cdot \sqrt{3}}}$, avec $E = 210000$ MPa $\nu = 0{,}3$,

$$\sigma_E = \frac{\pi^2 \times 210000}{12 \times \left(1 - 0{,}3^2\right)} \left(\frac{t_w}{h_w}\right)^2 = 189000 \times \frac{t_w^{\ 2}}{h_w^{\ 2}}$$

on obtient :

$$\bar{\lambda}_w = \sqrt{\frac{f_{yw}}{k_\tau \times 189000 \times \dfrac{t_w^{\ 2}}{h_w^{\ 2}} \times \sqrt{3}}}.$$

En prenant comme référence la nuance S 235, on peut poser $235 = \varepsilon^2 f_{yw}$ (en MPa)

$$\bar{\lambda}_w = \sqrt{\frac{235}{\varepsilon^2 \cdot \sqrt{3} \cdot k_\tau \cdot 189000 \cdot \dfrac{t_w^{\ 2}}{h_w^{\ 2}}}} = \sqrt{\frac{1}{\varepsilon^2 \cdot \dfrac{\sqrt{3} \cdot k_\tau \cdot 189000}{235} \cdot \dfrac{t_w^{\ 2}}{h_w^{\ 2}}}},$$

soit :

$$\bar{\lambda}_w = \frac{h_w}{37{,}4 \cdot t_w \cdot \varepsilon \cdot \sqrt{k_\tau}}$$

On a vu que $\bar{\lambda}_w = \sqrt{\dfrac{\tau_{zw}}{\tau_{cr}}}$, soit : $\bar{\lambda}_w^2 = \dfrac{\tau_{zw}}{\tau_{cr}}$, d'où $\tau_{cr} = \dfrac{\tau_{zw}}{\bar{\lambda}_w^2}$ et $\tau_{zw} = \dfrac{f_{yw}}{\sqrt{3}}$

la résistance de calcul (que l'on peut considérer comme l'effort tranchant critique de calcul V_{cr}) est :

$$V_{bw,Rd} = \frac{h_w \cdot t_w \cdot \tau_{cr}}{\gamma_{M1}} = \frac{h_w \cdot t_w \cdot \tau_{zw}}{\bar{\lambda}_w^2 \cdot \gamma_{M1}} = \frac{f_{yw} \cdot h_w \cdot t_w}{\bar{\lambda}_w^2 \sqrt{3} \cdot \gamma_{M1}} = \frac{\chi_w \cdot f_{yw} \cdot h_w \cdot t_w}{\sqrt{3} \cdot \gamma_{M1}}$$

et :

$$\chi_w = \frac{1}{\bar{\lambda}_w^2}.$$

En s'appuyant sur les résultats d'essais, on constate que si $\bar{\lambda}_w < \dfrac{0{,}83}{\eta}$, la ruine se produit par plastification de l'âme sous cisaillement $\left(\tau_{zw} = \dfrac{f_{yw}}{\sqrt{3}}\right)$ *avant* qu'apparaisse le voilement. Par contre si $\bar{\lambda}_w > \dfrac{0{,}83}{\eta}$, la ruine du panneau peut se produire par voilement de l'âme, une vérification vis-à-vis de cette instabilité est à effectuer, figure 9.4.19.

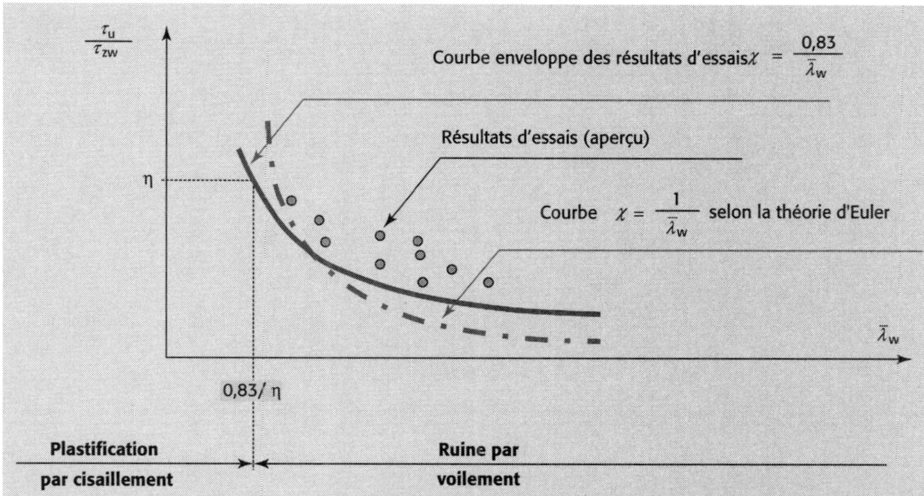

Figure 9.4.19 Plastification ou voilement

La résistance de l'âme vis-à-vis du voilement par cisaillement est, selon la norme EN 1993-1-5, §5.5 (relation 5.1):

$V_{bw,Rd} = \dfrac{\chi_w \cdot f_{yw} \cdot h_w \cdot t_w}{\sqrt{3} \cdot \gamma_{M1}}$, tout en restant inférieur ou égal à $\dfrac{\eta \cdot f_{yw} \cdot h_w \cdot t_w}{\sqrt{3} \cdot \gamma_{M1}}$, on doit vérifier $V_{E,d} = V_{bw,Rd}$.

χ_w est le coefficient de voilement par cisaillement fonction de l'élancement réduit $\overline{\lambda}_w$, les valeurs retenues par l'Eurocode 3 sont celles de la réalité indiquée par les essais au lieu de $\chi_w = \dfrac{1}{\overline{\lambda}_w^2}$,figure 9.4.19 et figure 9.4.19 bis. χ_w est donné dans le tableau 5.1 ou le graphe de la figure 9.4.5.2 de la norme EN 1993-1-5.

— *Valeurs de* χ_w

Si $\overline{\lambda}_w < \dfrac{0,83}{\eta}$ alors $\chi_w = \eta$ que les montants aux appuis soient rigides ou souples.

Si $\dfrac{0,83}{\eta} < \overline{\lambda}_w < 1,08$ alors $\chi_w = \dfrac{0,83}{\overline{\lambda}_w}$ que les montants aux appuis soient rigides ou souples.

Si $\overline{\lambda}_w \geq 1,08$ alors $\chi_w = \dfrac{1,37}{0,7 + \overline{\lambda}_w}$ si les montants sont rigides et $\chi_w = \dfrac{0,83}{\overline{\lambda}_w}$ si les montants sont souples.

Coefficient de voilement par cisaillement k_τ

Ce coefficient intervient dans la formulation de $\overline{\lambda}_w$:

$$\overline{\lambda}_w = \sqrt{\frac{\tau_{zw}}{\tau_{cr}}} = \sqrt{\frac{f_{yw}}{\sqrt{3} \cdot \tau_{cr}}} = \sqrt{\frac{f_{yw}}{\sqrt{3} \cdot k_\tau \cdot \sigma_E}} = 0,76 \cdot \sqrt{\frac{f_{yw}}{k_\tau \cdot \sigma_E}}$$

en rappelant que : $\overline{\lambda}_w = \dfrac{h_w}{37,4 \cdot t_w \cdot \varepsilon \cdot \sqrt{k_\tau}}$.

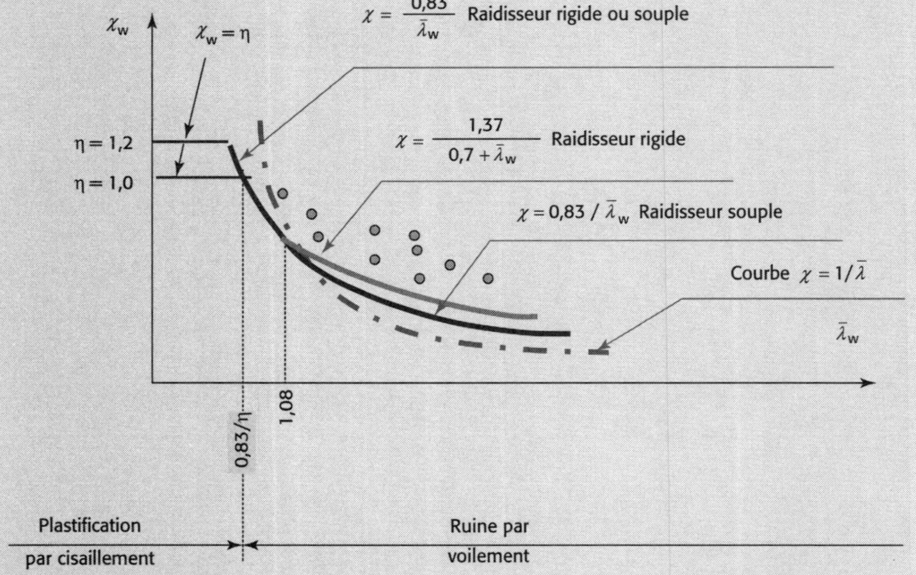

Figure 9.4.19 bis Valeurs de χ_w

Dans le cas de panneaux sans raidisseurs longitudinaux (ou avec plus de deux raidisseurs longitudinaux), voir figure 9.4.20, ou dans le cas de raidisseurs rigides aux appuis, les raidisseurs transversaux intermédiaires sont rigides, les raidisseurs transversaux intermédiaires souples ne sont pas pris en compte.

Pour $a \geq h_w$ alors : $$k_\tau = 5,34 + 4 \cdot \left(\frac{h_w}{a}\right)^2$$

Pour $a < h_w$ alors : $$k_\tau = 4 + 5,34 \cdot \left(\frac{h_w}{a}\right)^2$$

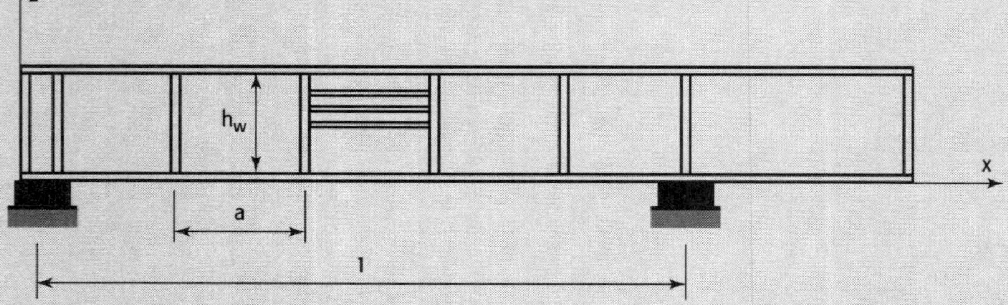

Figure 9.4.20 Configuration avec et sans raidisseurs longitudinaux

— *Remarque*

Si la poutre comporte des montants aux extrémités et des raidisseurs intermédiaires transversaux et (ou) longitudinaux, $\bar{\lambda}_w = \frac{h_w}{37,4 \cdot t_w \cdot \varepsilon \cdot \sqrt{k_\tau}}$. Si la poutre ne comporte que des montants aux extrémités, figure 9.4.21, alors $a = \ell$ est très supérieure à h_w et le coefficient de voilement par cisaillement k_τ est pratiquement égal à 5,34. D'où $\bar{\lambda}_w = \dfrac{h_w}{37{,}4 \cdot t_w \cdot \varepsilon \cdot \sqrt{5{,}34}}$ soit : $\bar{\lambda}_w = \dfrac{h_w}{86{,}4 \cdot t_w \cdot \varepsilon}$.

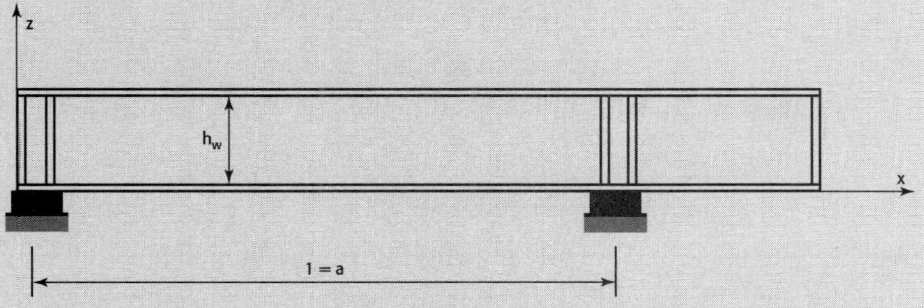

Figure 9.4.21 Poutre avec montants aux appuis et sans raidisseurs transversaux intermédiaires

Autres formes des critères EN 1993-1-5, §5.1

Pour une âme avec raidisseurs intermédiaires, la vérification au voilement est nécessaire si :

$$\bar{\lambda}_w = \frac{h_w}{37{,}4 \cdot t_w \cdot \varepsilon \cdot \sqrt{k_\tau}} > \frac{0{,}83}{\eta}$$

qui peut s'écrire :

$$\frac{h_w}{t_w} > 37{,}4 \cdot \varepsilon \cdot \sqrt{k_\tau}\,\frac{0{,}83}{\eta} = \varepsilon \cdot \sqrt{k_\tau} \cdot \frac{31}{\eta}, \text{ soit : } \frac{h_w}{t_w} > \varepsilon \cdot \sqrt{k_\tau} \cdot \frac{31}{\eta}$$

Pour une âme sans raidisseurs intermédiaires, (mais avec raidisseurs aux appuis), $k_\tau = 5{,}34$, alors la vérification est nécessaire pour : $\dfrac{h_w}{t_w} > \varepsilon \cdot \dfrac{72}{\eta}$.

9.4.3.5 Participation des semelles

Les semelles peuvent participer, en résistance, au voilement de l'âme.

En effet elles présentent une raideur vis-à-vis de la déformation de l'âme et ceci jusqu'à la formation des rotules en leur sein, figure 9.4.22.

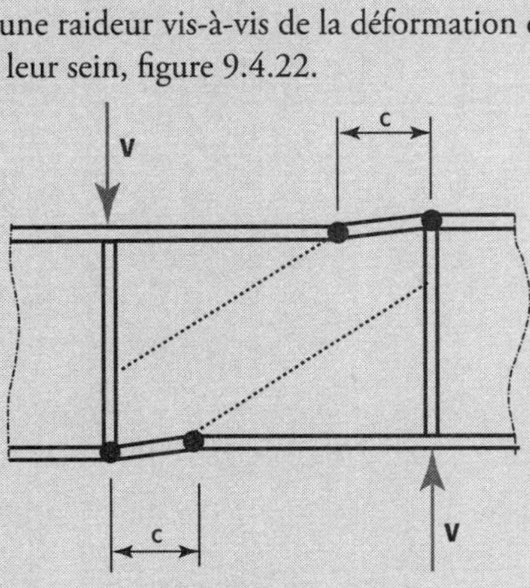

Figure 9.4.22 Formation des rotules dans les semelles

Ceci sous entend qu'il reste une réserve de résistance dans les semelles. Autrement dit qu'elles ne sont pas entièrement mobilisées pour la reprise du moment résistant $M_{f,Rd}$, qu'elles peuvent reprendre à *elles seules*, sans tenir compte de l'âme, ($M_{f,Rd} < M_{pl}$). Cette réserve est donc : ($M_{f,Rd} - M_{E,d}$), de ce fait si $M_{E,d} \geq M_{f,Rd}$, la réserve est inexistante et $V_{bf,Rd} = 0$.

$M_{f,Rd}$ est le moment résistant de calcul de la section transversale composée ***uniquement*** des semelles efficaces (semelles comprimées de Classe 4). La capacité axiale d'une semelle est $b_f\ t_f\ f_{yf}$, mais en retenant la plus faible si les semelles sont inégales, soit, figure 9.4.23 : si $b_{fi} < b_{fs}$, par exemple :

$$M_{f,Rd} = \frac{M_{f,k}}{\gamma_{M0}} = \frac{1}{\gamma_{M0}}(b_{fi} \cdot t_{fi}) \cdot f_{yi} \cdot h_m.$$

En respectant pour la largeur b_f une dimension maximale de $15 \cdot \varepsilon \cdot t_f$ de part et d'autre de l'âme, soit : $b_f \leq t_w + 30 \cdot \varepsilon \cdot t_f$.

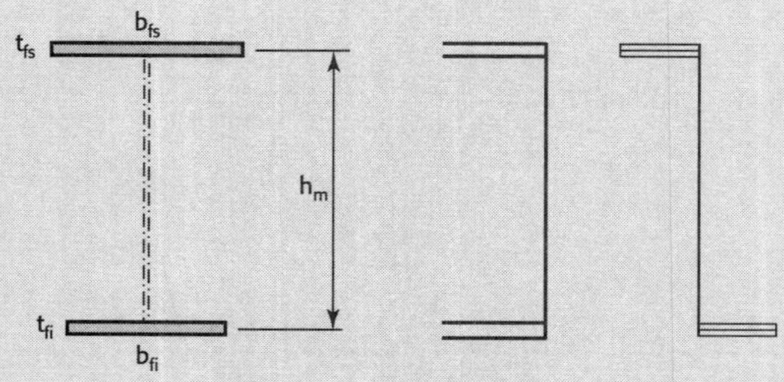

Figure 9.4.23 Section à semelles inégales

Dans l'expression de $V_{bf,Rd}$, le facteur $\frac{1}{c \cdot \gamma_{M1}}\left(1 - \left(\frac{M_{Ed}}{M_{f,Rd}}\right)^2\right)$ constitue la réduction de capacité due à la présence du moment fléchissant.

Dans la norme EN 1993-1-5, §5.4, cette contribution des semelles est notée :

$V_{bf,Rd} = \frac{b_f \cdot t_f^2 \cdot f_{yf}}{c \cdot \gamma_{M1}}\left(1 - \left(\frac{M_{Ed}}{M_{f,Rd}}\right)^2\right)$ et s'ajoute à $V_{bw,Rd} = \frac{\chi_w \cdot f_{yw} \cdot h_w \cdot t_w}{\sqrt{3} \cdot \gamma_{M1}}$ la capacité de l'âme.

c est la distance entre deux rotules, $c = a \cdot \left(0,25 + \frac{1,6 \cdot b_f \cdot t_f^2 \cdot f_{yf}}{t_w \cdot h_w^2 \cdot f_{yw}}\right)$

Finalement la résistance totale est : $V_{b,Rd} = V_{bw,Rd} + V_{bf,Rd} \leq \frac{\eta \cdot f_{yw} \cdot h_w \cdot t_w}{\sqrt{3} \cdot \gamma_{M1}}$ on doit vérifier $V_{E,d} = V_{b,Rd}$.

9.4.3.6 Simultanéité de sollicitations - interaction

Présence de N_{Ed} et M_{Ed}

En présence d'un effort normal N_{Ed}, il y a interaction entre l'effort normal et le moment et $M_{f,Rd}$ est à multiplier par le coefficient : $\left(1-\left(\dfrac{N_{Ed}}{\dfrac{(A_{fs}+A_{fi})\cdot f_{yf}}{\gamma_{M0}}}\right)\right)$

A_{fs} aire de la semelle supérieure, A_{fi} aire de la semelle inférieure.

Présence de N_{Ed}, V_{Ed} et M_{Ed}

Dans le cas où $V_{Ed} \le 0,5\,V_{bw,Rd}$, alors V_{Ed} est négligeable il n'y a pas de réduction à effectuer, EN 1993 1-5, §7.1.

Dans le cas où $\dfrac{M_{Ed}}{M_{pl,Rd}} \ge \dfrac{M_{f,Rd}}{M_{pl,Rd}}$, EN 1993-1-5, §7, soit $M_{Ed} \ge M_{f,Rd}$ et si $V_{Ed} > V_{bw,Rd}$, alors il faut vérifier : $\dfrac{M_{Ed}}{M_{pl,Rd}}+\left(1-\dfrac{M_{f,Rd}}{M_{pl,Rd}}\right)\cdot\left(2\cdot\dfrac{V_{Ed}}{V_{bw,Rd}}-1\right)^2 \le 1.$

La vérification de ce critère doit se faire dans chaque section située à plus de $h_m/2$ de l'appui.

$M_{f,Rd}$ est le moment résistant de calcul de la section transversale composée uniquement des semelles efficaces (semelles comprimées de Classe 4) qui doit être réduit de part la présence de N_{Ed} par application du coefficient :

$$\left(1-\left(\frac{N_{Ed}}{\dfrac{(A_{fs}+A_{fi})\cdot f_{yf}}{\gamma_{M0}}}\right)\right)$$

$M_{pl,Rd}$ moment résistant plastique de la section composée de la section efficace des semelles et de celle de l'âme quelle que soit la Classe de celle–ci. La vérification se fait pour les sections situées à $0,5\cdot h_w$ de l'appui pourvu d'un montant.

9.4.3.7 Vérification des raidisseurs

Nécessité

Les contraintes de cisaillement τ_z constituent un effort vertical et les raidisseurs sont par suite soumis à un effort de compression, ils risquent donc de flamber et dans ce cas ne plus s'opposer à la déformation latérale, suivant l'axe y, de l'âme du fait du voilement de celle-ci, figure 9.4.24. Longitudinalement, selon l'axe x, le raidisseur est maintenu en grande partie par l'âme, par contre il est libre suivant l'axe y, il suffit donc de vérifier le raidisseur dans son plan moyen, c'est-à-dire perpendiculairement au plan de l'âme, soit par rapport à l'axe x.

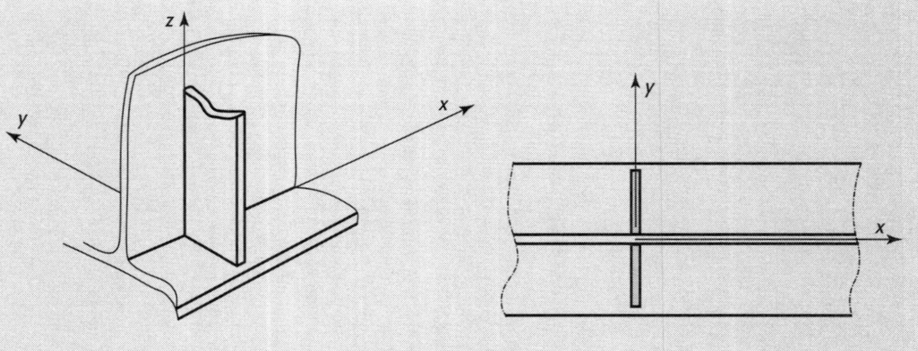

Figure 9.4.24 Direction $\overline{Oy}$ du flambement éventuel

Les caractéristiques mécaniques sont donc à calculer par rapport à l'axe x. L'Eurocode, EN 1993-1-5, §9, permet (comme le règlement précédent) de bénéficier de la contribution d'une partie de l'âme sur une distance de $15\,\varepsilon\, t_w$ de part et d'autre du raidisseur, figure 9.4.25, toutefois, sans qu'il y ait interférence entre ces zones.

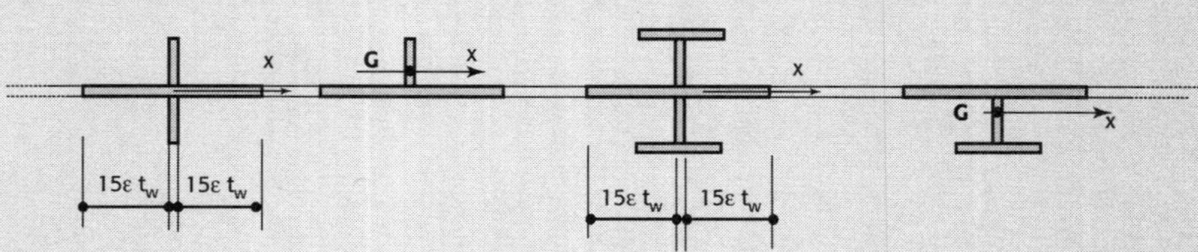

Figure 9.4.25 Plages de contribution de l'âme

Remarque

Quand le raidisseur n'est pas installé symétriquement par rapport à l'âme, il convient bien sûr de rechercher le barycentre G correspondant à l'ensemble raidisseur et les deux plages de longueur $15\,\varepsilon\, t_w$, figure 9.4.25, puis de calculer les caractéristiques mécaniques par rapport à l'axe Gx. Corrélativement le barycentre étant décalé par rapport à l'effort de compression, il y a lieu de tenir compte du moment secondaire induit par cet excentrement.

Effort de compression sur les raidisseurs

La contrainte théorique est $\tau_{cr} = \dfrac{\tau_{zw}}{\bar{\lambda}_w^2} = \dfrac{f_{yw}}{\bar{\lambda}_w^2 \cdot \sqrt{3}}$ et l'effort tranchant critique (de calcul)

est : $V_{cr} = \dfrac{\tau_{cr} \cdot h_w \cdot t_w}{\gamma_{M1}} = \dfrac{f_{yw} \cdot h_w \cdot t_w}{\bar{\lambda}_w^2 \cdot \gamma_{M1} \cdot \sqrt{3}}$.

Si $V_{Ed} < V_{cr}$, soit $(\tau < \tau_{cr})$, l'âme résiste seule, ne voile pas, dans ce cas elle supporte l'effort et le raidisseur ne reprend rien, il sert à délimiter les panneaux, $N_{st} = 0$.

Si $V_{Ed} > V_{cr}$, l'âme ne peut reprendre que V_{cr} et le raidisseur agit en reprenant le surplus c'est-à-dire $V_{Ed} - V_{cr}$

$$N_{st} = V_{Ed} - V_{cr} \quad \text{soit :} \quad N_{st} = V_{Ed} - \frac{f_{yw} \cdot h_w \cdot t_w}{\bar{\lambda}_w^2 \cdot \gamma_{M1} \cdot \sqrt{3}}$$

L'expression $N_{st} = V_{Ed} - \frac{f_{yw} \cdot h_w \cdot t_w}{\bar{\lambda}_w^2 \cdot \gamma_{M1} \cdot \sqrt{3}}$ place en sécurité, l'Eurocode permet de prendre :

$$N_{st} = V_{Ed} - \frac{\chi_w \cdot f_{yw} \cdot h_w \cdot t_w}{\gamma_{M_1} \cdot \sqrt{3}}$$ (EN 1993-1-5, § 9.3.3 (3) note).

La même note de l'Eurocode 3 indique que si l'effort tranchant V_{Ed} est variable il faut retenir la valeur de l'effort tranchant situé $0,5\ h_w$ du raidisseur où V_{Ed} a la valeur maximale, figure 9.4.26.

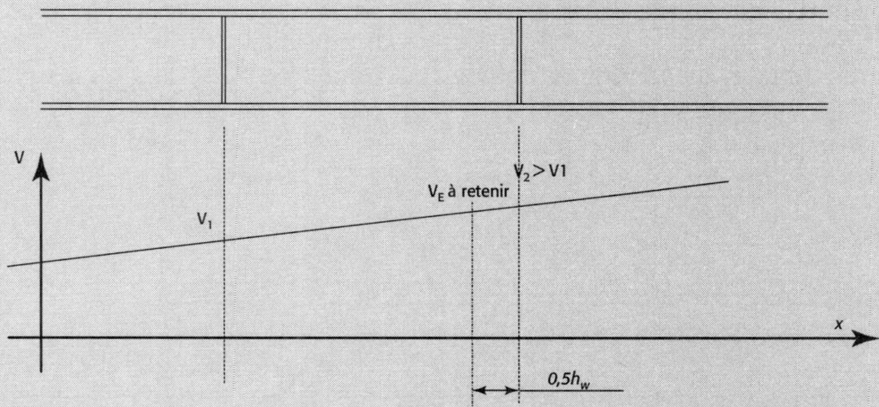

Figure 9.4.26 Effort tranchant à retenir quand celui-ci est variable

Pour les montants aux appuis, l'effort normal à retenir est l'action de contact au droit de l'appui.

Longueur et courbe de flambement des raidisseurs EN 1993 1-5, §9.4.(2)

Aux appuis, on peut considérer que la poutre est maintenue latéralement en partie supérieure (figure 9.4.27). La rigidité des semelles étant faible, ces semelles ne s'opposent pratiquement pas à la rotation de l'âme, d'où $\ell_{cr} = 0,75\ h_w$ (de manière générale, on ne descend pas en-dessous de cette dernière valeur).

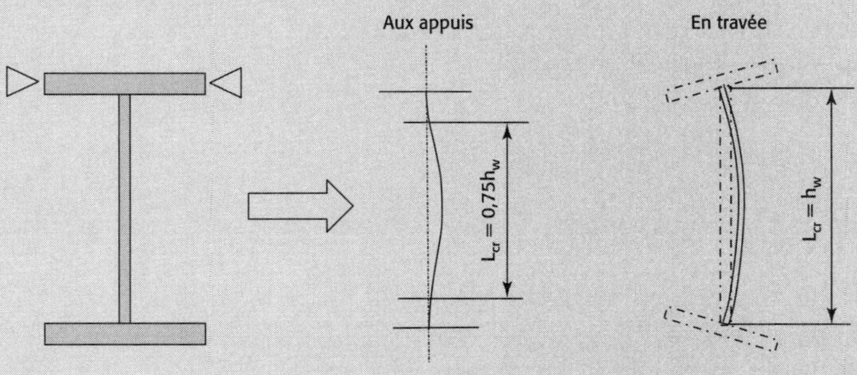

Figure 9.4.27 Longueur de flambement

En travée, la rotation n'est pas gênée pour les raidisseurs intermédiaires, le maintien peut être moins sûr, on prend $\ell_{cr} = h_w$.

Pour la détermination du coefficient χ, c'est la courbe de flambement « c » qui est à retenir. Il est rappelé que les raidisseurs doubles de montant doivent vérifier :

$$A_{st} \geq \frac{4 \cdot h_w \cdot t_w^2}{e} \quad \text{avec } e > 0{,}1\, h_w, \text{ EN1993-1-5 § 9.3.2}$$

9.4.3.8 Exemples de vérification au voilement par cisaillement

Exemple 1

Une poutre est sur deux appuis distants de 10 m (figure 9.4.28). Au droit de ses appuis, sont prévus des montants en double raidisseur de part et d'autre de l'âme. Le chargement vertical est uniformément réparti et vaut 70,5 kN/m ; par ailleurs la poutre peut recevoir éventuellement un effort normal de compression de 195 kN.

On se propose de vérifier la poutre vis-à-vis du voilement.

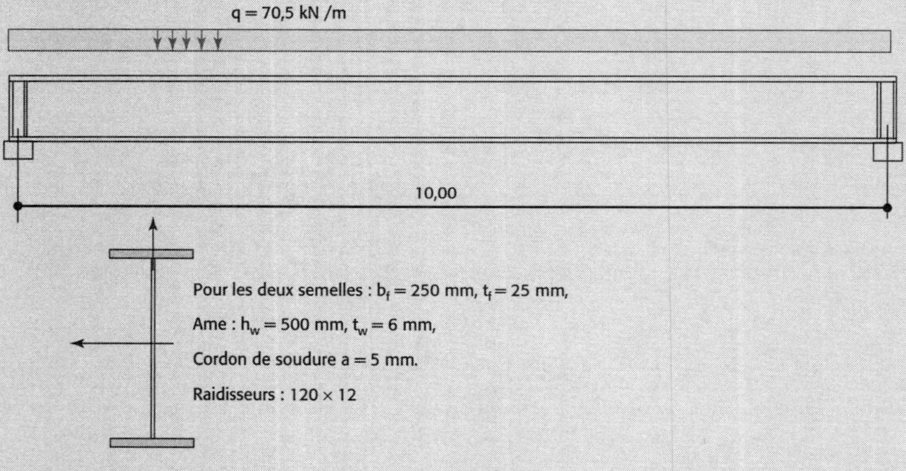

Figure 9.4.28 La poutre et son chargement

La section, symétrique, est un profil reconstitué, dont la nuance est S 355 pour les semelles et S 235 pour l'âme et les raidisseurs.

— *Classe de la section*

$$\text{Semelles : } \frac{c}{t} = \frac{125-3-7}{25} = 4{,}6 < 7{,}32 = 9 \times 0{,}814 \Rightarrow \text{ Classe 1}$$

$$\text{Ame : } \frac{c}{t} = \frac{500-2\times 7}{6} = 81 < 83 \times 1 \Rightarrow \text{ Classe 2.}$$

Au point de vue du moment, la section peut atteindre le moment plastique M_{pl}.

— *Résistance plastique de l'âme au cisaillement :*

$$V_{pl,Rd} = \frac{\eta \cdot h_w \cdot t_w \cdot f_{yw}}{\lambda_{M0}} = \frac{1{,}2 \times 500 \times 6 \times 235}{1 \times \sqrt{3}} = 488438 \text{ N, soit } 488{,}438 \text{ kN.}$$

— *Besoin ou non d'une vérification au voilement*

Élancement de l'âme (pas de raidisseurs intermédiaires) :

$$\frac{h_w}{t_w} = \frac{500}{6} = 83,33 > \varepsilon\frac{72}{\eta} = 1 \times \frac{72}{1,2} = 60$$

La vérification au voilement est nécessaire.

1 – Prise en compte, uniquement, de la résistance de l'âme

On a, $a > h_w$ alors $k_\tau = 5,34 + 4 \cdot \left(\frac{h_w}{a}\right)^2$, soit : $k_\tau = 5,34 + 4 \times \left(\frac{500}{10000}\right)^2 = 5,34$

$$\bar{\lambda}_w = \frac{h_w}{37,4 \cdot t_w \cdot \varepsilon \cdot \sqrt{k_\tau}}$$

soit : $$\bar{\lambda}_w = \frac{500}{37,4 \times 6 \times 1 \times \sqrt{5,34}} = 0,964 \Rightarrow \frac{0,83}{1,2} < \bar{\lambda}_w = 0,964 < 1,08$$

d'où : $$\chi_w = \frac{0,83}{\bar{\lambda}_w} = \frac{0,83}{0,964} = 0,86$$

d'où encore : $$V_{bw,Rd} = \frac{\chi_w \cdot f_{yw} \cdot h_w \cdot t_w}{\gamma_{M1} \cdot \sqrt{3}}$$

$$V_{bw,Rd} = \frac{0,86 \times 235 \times 500 \times 6}{1,0 \times \sqrt{3}} = 350047 \text{ N} = 350,05 \text{ kN}$$

Effort tranchant à l'appui : $V_{Ed} = \frac{q \cdot l}{2} = \frac{70,5 \times 10}{2} = 352,5$ kN.

On constate que $V_{bw,Rd} < V_{Ed}$, l'âme seule ne résiste pas au voilement.

Il convient d'examiner s'il existe une réserve dans les semelles.

2 – Prise en compte de la résistance des semelles

$$M_{Ed} = \frac{q \cdot l^2}{8} = \frac{70,5 \times 10^2}{8} = 881,25 \text{ kN.m}$$

et : $M_{f,Rd} = b_f \cdot t_f \cdot f_{yf} \cdot h_m = 250 \times 25 \times 325 \times 526 = 1\,164\,843\,750 \text{ N} = 1\,164,84$ kN.m

Après avoir vérifié pour la largeur b_f une dimension maximale de 15 ε t_f de part et d'autre de l'âme, soit : $b_f = 250 \leq t_w + 30\varepsilon\, t_f = 6 + 30 \times 1 \times 25 = 756$ mm.

On a $M_{Ed} < M_{f,Rd}$, les semelles disposent donc d'une réserve.

3 – Calcul de $V_{bf,Rd}$ *:*

$$V_{bf,Rd} = \frac{b_f \cdot t_f^2 \cdot f_{yf}}{c \cdot \gamma_{M1}}\left(1 - \left(\frac{M_{Ed}}{M_{f,Rd}}\right)^2\right) \quad \text{et } c = a\left(0,25 + \frac{1,6 \cdot b_f \cdot t_f^2 \cdot f_{yf}}{t_w \cdot h_w^2 \cdot f_{yw}}\right)$$

$$c = 10\,000\left(0,25 + \frac{1,6 \times 250 \times 25^2 \times 355}{6 \times 500^2 \times 235}\right) = 5\,017 \text{ mm}$$

et : $$V_{bf,Rd} = \frac{250 \times 25^2 \times 355}{5017 \times 1}\left(1-\left(\frac{881\,250\,000}{1\,164\,843\,750}\right)^2\right) = 4\,728 \text{ N}$$

4 – Mais on constate aussi que $V_{Ed} = 352{,}5 \text{ kN} > 0{,}5\ V_{bw,Rd} = 0{,}5 \times 350{,}047 = 175 \text{ kN}$ cependant $M_{Ed} < M_{f,Rd}$ il n'y a donc pas lieu de tenir compte de l'interaction entre V et M et de vérifier : $\frac{M_{Ed}}{M_{pl,Rd}} + \left(1 - \frac{M_{f,Rd}}{M_{pl,Rd}}\right) \cdot \left(2 \cdot \frac{V_{Ed}}{V_{bw,Rd}} - 1\right)^2 \leq 1$

Finalement la résistance au voilement et la résistance plastique sont telles que :

$$V_{b,Rd} = V_{bw,Rd} + V_{bf,Rd} = 350\,047 + 4\,728 = 354\,775 \text{ N}$$

$$V_{pl,Rd} = \frac{\eta \cdot h_w \cdot t_w \cdot f_{yw}}{\gamma_{M0}} = \frac{1{,}2 \times 500 \times 6 \times 235}{1{,}1\sqrt{3}} = 488438 \text{ N}$$

soit encore : $$V_{b,Rd} = 354{,}8 \text{ kN} < V_{pl,Rd} = 488{,}4 \text{ kN}$$

De plus, nous avons bien :

$$V_{b,Rd} = 354{,}8 \text{ kN} > V_{Ed} = 352{,}5 \text{ kN} \text{ et : } V_{Ed} = 352{,}5 \text{ kN} < V_{pl,Rd} = 488{,}4 \text{ kN.}$$

Le critère est donc bien vérifié.

On constate que le critère est vérifié grâce au relativement faible apport des semelles.

5 – Influence de la prise en compte de l'effort normal de compression de 195 kN

Dans ce cas $M_{f,Rd}$ doit être réduit par application du coefficient :

$$\left(1-\left(\frac{N_{Ed}}{\frac{(A_{fs}+A_{fi})\cdot f_{yf}}{\gamma_{M0}}}\right)\right) \text{ soit : } \left(1-\left(\frac{195000}{\frac{(250\times 25\times 2)355}{1{,}0}}\right)\right) = 0{,}956$$

d'où : $$M_{f,Rd} = 1\,164\,843\,750 \times 0{,}956 = 1\ 113\ 656\ 250 \text{ N.mm},$$

avec toujours $M_{Ed} < M_{f,Rd}$ il n'y a toujours pas lieu de tenir compte de l'interaction entre V et M et de vérifier.

Par compte l'apport des semelles est modifié :

$$V_{bf,Rd} = \frac{250 \times 25^2 \times 355}{5017 \times 1{,}0}\left(1-\left(\frac{881\,250000}{113\,656250}\right)^2\right) = 4\,133 \text{ N}$$

soit 16 % de moins qu'en l'absence d'effort normal.

Par suite, $V_{b,Rd} = V_{bw,Rd} + V_{bf,Rd} = 350\,047 + 4\,133 = 354\,180$ N, toujours supérieur à $V_{Ed} = 352{,}5$ kN.

6 – Vérification des raidisseurs aux appuis (figure 9.4.29)

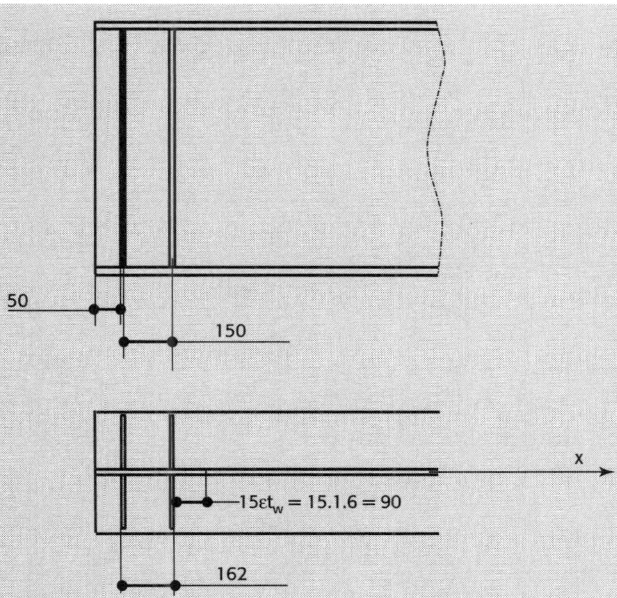

Figure 9.4.29 Raidissage à l'appui

Section des raidisseurs : $A_{st} = 4(120 \times 12) + 302 \times 6 = 7562 \text{ mm}^2$ (entre les raidisseurs on ne peut pas prendre deux fois $15\ \varepsilon\ t_w = 15 \times 1 \times 6 = 90,2 = 180$ mm puisqu'il y a interférence).

$$A_{st} = 7562 \text{ mm}^2 \geq \frac{4 \cdot h_w \cdot t_w{}^2}{e} = \frac{4 \times 500 \times 6^2}{150} = 480 \text{ mm}^2$$

et : $$e = 150 > 0,1 \cdot h_w = 50 \text{ mm}.$$

L'action de contact est $N_{st} = 352,5$ kN. Il faut vérifier $N_{st} \leq \dfrac{\chi \cdot A \cdot f_y}{\gamma_{M1}}$

En tenant compte de la participation de l'âme à l'inertie, on a :

$$I_x = \frac{(50 + 162 + 90)\,6^3}{12} + 4 \times \left(\frac{120^3 \times 12}{12} + (120 \times 12) \times 63^2 \right)$$

soit : $$I_x = 5436 + 29773440 = 29778876 \text{ mm}^4$$

Bien que ce soit des raidisseurs de montant, on vérifie au passage, que :

$$I_x > 0,75 \cdot h_w \cdot t_w = 0,75 \times 500 \times 6^3 = 81000 \text{ mm}^4,\ \frac{a}{h_w} = \frac{10000}{500} = 20 > \sqrt{2},$$

$$A_{st} = 4(120 \times 12) + 302 \times 6 = 7562 \text{ mm}^2$$

Le rayon de giration est : $i_x = \sqrt{\dfrac{I_x}{A}} = \sqrt{\dfrac{29778879}{7562}} = 62,75$ mm

L'élancement est : $$\lambda_x = \frac{\ell_{cr}}{i_x} = \frac{500}{62,75} = 7,97$$

et l'élancement réduit : $\bar{\lambda}_x = \frac{\lambda_x}{93,91} = \frac{7,97}{93,91} = 0,085 < 0,2$, dans ce cas $\chi = 1$

et : $N_{b,Rd} = \frac{\chi \cdot A \cdot f_y}{\gamma_{M1}} = \frac{1 \times 7562 \times 235}{1,0} = 1777070 \text{ N} = 1777 \text{ kN} > N_{st} = 352,5 \text{ kN}$

Les montants conviennent.

Exemple 2

Une poutre est sur deux appuis distants de 32,5 m (figure 9.4.30). Au droit de ses appuis, sont prévus des montants en double raidisseur de part et d'autres de l'âme. Le chargement vertical est uniformément réparti et vaut 40 kN / m par ailleurs la poutre reçoit deux efforts ponctuels de 45 kN.

Il faut vérifier la poutre vis-à-vis du voilement.

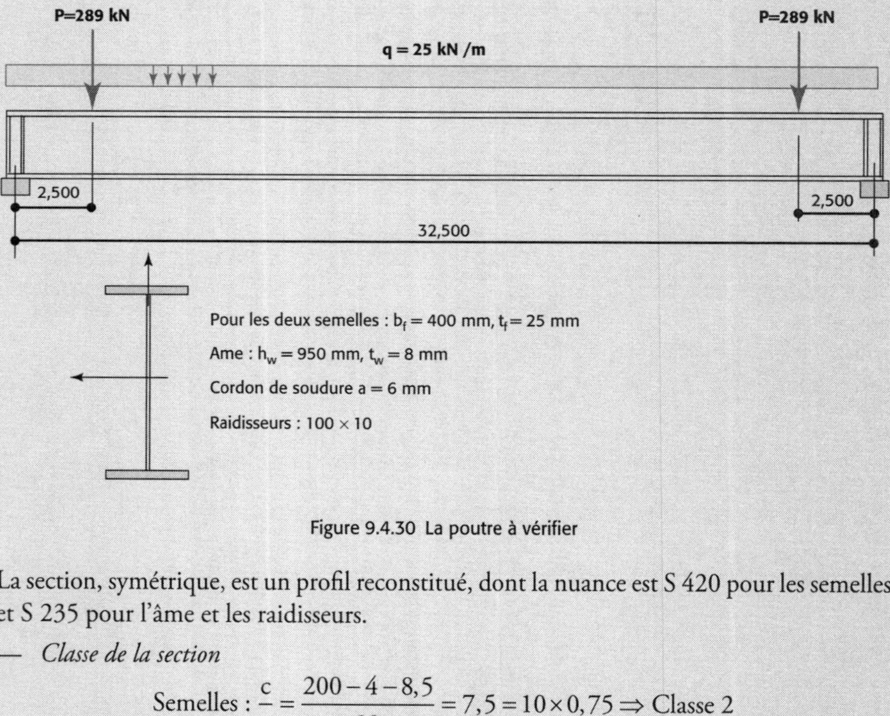

Figure 9.4.30 La poutre à vérifier

La section, symétrique, est un profil reconstitué, dont la nuance est S 420 pour les semelles et S 235 pour l'âme et les raidisseurs.

— *Classe de la section*

$$\text{Semelles : } \frac{c}{t} = \frac{200 - 4 - 8,5}{30} = 7,5 = 10 \times 0,75 \Rightarrow \text{Classe 2}$$

$$\text{Âme : } \frac{c}{t} = \frac{950 - 2 \times 8,5}{8} = 116 < 124 \times 1 \Rightarrow \text{Classe 3.}$$

Le moment résistant peut être calculé en suivant l'article EN 1996 1-1 - 6.2.2.4

— *Résistance plastique de l'âme au cisaillement*

$$V_{pl,Rd} = \frac{\eta \cdot h_w \cdot t_w \cdot f_{yw}}{\lambda_{M0}} = \frac{1,2 \times 950 \times 8 \times 235}{1 \times \sqrt{3}} = 1237377 \text{ N} = 1237,4 \text{ kN}$$

— *Besoin ou non d'une vérification au voilement*

Élancement de l'âme (pas de raidisseurs intermédiaires)

$$\frac{h_w}{t_w} = \frac{950}{8} = 118,75 > \varepsilon\frac{72}{\eta} = 1\times\frac{72}{1,2} = 60$$

La vérification au voilement est nécessaire.

1 – Prise en compte, uniquement, de la résistance de l'âme, on néglige l'apport des semelles dans la suite.

On a : $a > h_w$ alors $k_\tau = 5,34 + 4\cdot\left(\frac{h_w}{a}\right)^2$, soit : $k_\tau = 5,34 + 4\left(\frac{950}{32500}\right)^2 = 5,34$

$$\bar{\lambda}_w = \frac{h_w}{37,4\cdot t_w\cdot\varepsilon\cdot\sqrt{k_\tau}}$$

$$\bar{\lambda}_w = \frac{950}{37,4\times 8\times 1\sqrt{5,34}} = 1,374 \Rightarrow \bar{\lambda}_w = 1,374 > 1,08,$$

d'où : $$\chi_w = \frac{1,37}{0,7+\bar{\lambda}_w} = \frac{1,37}{0,7+1,374} = 0,66$$

soit encore : $$V_{bw,Rd} = \frac{\chi_w\cdot f_{yw}\cdot h_w\cdot t_w}{\gamma_{M1}\cdot\sqrt{3}}$$

$$V_{bw,Rd} = \frac{0,66\times 235\times 950\times 8}{1,0\times\sqrt{3}} = 680557\ \text{N} = 680,6\ \text{kN}$$

Effort tranchant à l'appui :

$$V_{Ed} = \frac{ql}{2} + P = \frac{25\times 32,5}{2} + 289 = 695,25\ \text{kN}.$$

On constate que $V_{bw,Rd} < V_{Ed}$, l'âme seule ne résiste pas au voilement.

Il faut donc prévoir des raidisseurs. Dans un premier temps, ils sont installés au droit des forces ponctuelles, figure 9.4.31.

— *Examen du panneau médian*

Inertie du raidisseur et de la partie d'âme,

$$I_x = \frac{240\times 8^3}{12} + \frac{10\times 208^3}{12} = 10240 + 7499093 = 7509333\ \text{mm}^4$$

On constate que : $I_x > 0,75\cdot h_w\cdot t_w = 0,75\times 500\times 8^3 = 364800\ \text{mm}^4$

$$\frac{a}{h_w} = \frac{25700}{950} = 28,9 > \sqrt{2}$$

Les raidisseurs intermédiaires peuvent être considérés rigides.

On a : $a > h_w$, alors $k_\tau = 5,34 + 4\cdot\left(\frac{h_w}{a}\right)^2$, soit : $k_\tau = 5,34 + 4\left(\frac{950}{10000}\right)^2 = 5,34$

On retrouve : $$\bar{\lambda}_w = \frac{h_w}{37,4\cdot t_w\cdot\varepsilon\cdot\sqrt{k_\tau}}$$

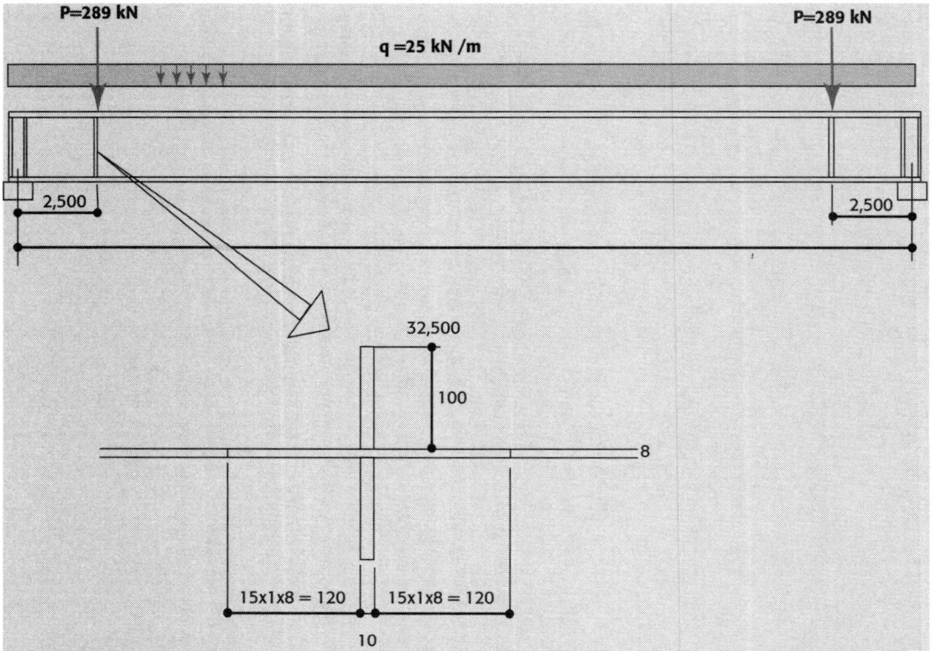

Figure 9.4.31 Raidisseurs au droit des forces ponctuelles

$$\bar{\lambda}_w = \frac{950}{37,4 \times 8 \times 1,0\sqrt{5,34}} = 1,374 \Rightarrow \bar{\lambda}_w = 1,374 > 1,08.$$

Les raidisseurs étant rigides : $\chi_w = \frac{1,37}{0,7 + \bar{\lambda}_w} = \frac{1,37}{0,7 + 1,374} = 0,66$

d'où encore : $$V_{bw,Rd} = \frac{\chi_w \cdot f_{yw} \cdot h_w \cdot t_w}{\gamma_{M1} \cdot \sqrt{3}}$$

$$V_{bw,Rd} = \frac{0,66 \times 235 \times 950 \times 8}{1,0 \times \sqrt{3}} = 680557 \text{ N} = 680,6 \text{ kN}$$

Remarque : si les raidisseurs étaient déclarés souples on aurait :

$$\chi_w = \frac{0,83}{\bar{\lambda}_w} = \frac{0,83}{1,374} = 0,60,$$

d'où encore : $$V_{bw,Rd} = \frac{\chi_w \cdot f_{yw} \cdot h_w \cdot t_w}{\gamma_{M1} \cdot \sqrt{3}}$$

$$V_{bw,Rd} = \frac{0,6 \times 235 \times 950 \times 8}{1,0 \times \sqrt{3}} = 618688 \text{ N} = 618,7 \text{ kN}$$

1 – Effort tranchant au droit des raidisseurs (figure 9.4.32)

A droite du raidisseur gauche : $V_{Ed} = 343,75$ kN, à gauche : $V_{Ed} = 623,75$ kN et 331,875 kN à $0,5\, h_w = 0,5 \times 950 = 0,475$ m.

$V_{bw,Rd} = 680,6\ kN > V_{Ed} = 331,875\ kN$ (et 343,75 kN et 632,75 kN), le raidissage convient vis-à-vis du voilement.

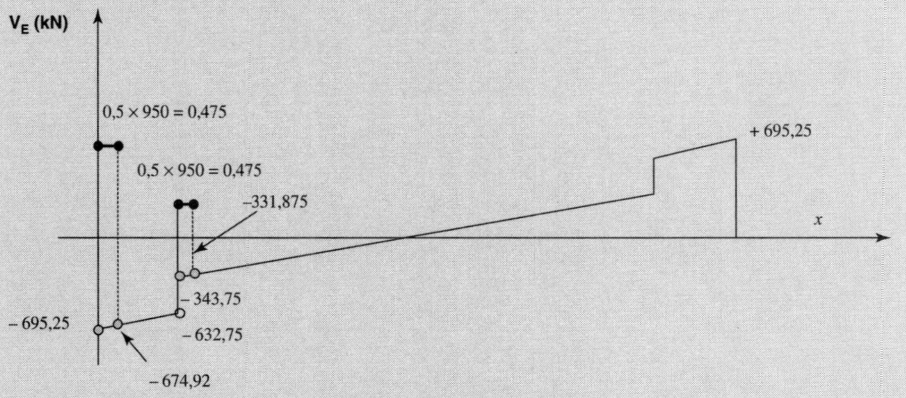

Figure 9.4.32 Effort tranchant au droit des raidisseurs

2 – Vérification des raidisseurs intermédiaires vis-à-vis du flambement.

$$V_{cr} = \frac{\tau_{cr} \cdot h_w \cdot t_w}{\gamma_{M1}} = \frac{f_{yw} \cdot h_w \cdot t_w}{\bar{\lambda}_w^2 \cdot \gamma_{M1} \cdot \sqrt{3}} = \frac{235 \times 950 \times 8}{1,374 \times 1,0\ \sqrt{3}} = 5\,61,174\ kN$$

d'où : $$V_{Ed} = 331,87\ kN < V_{cr}$$

Remarque : en toute rigueur il faut considérer $V_{Ed} = 331,87\ kN$ côté panneau considéré, cependant si l'on prend en compte $V_{Ed} = 632,75\ kN$ (au droit du raidisseur et non à $0,5\ h_w$), alors $V_{Ed} > V_{cr}$ et $N_{st} = 632,75 - 546,174 = 86,57\ kN$.

$$A = 208 \times 10 + 240 \times 8 = 4\,000\ mm^2$$

Le rayon de giration est : $i_x = \sqrt{\frac{I_x}{A}} = \sqrt{\frac{7509333}{4000}} = 43,32\ mm.$

L'élancement est : $\lambda_x = \frac{\ell_{cr}}{i_x} = \frac{950}{43,32} = 21,92$

et l'élancement réduit : $\bar{\lambda}_x = \frac{\lambda_x}{93,91} = \frac{21,92}{93,91} = 0,233 > 0,2$

Dans ce cas, $\chi = 0,98$. Il faut donc prendre la courbe c, d'où :

$$N_{b,Rd} = \frac{\chi \cdot A \cdot f_y}{\gamma_{M1}} = \frac{0,98 \times 4400 \times 235}{1,0} = 921200\ N > N_{st} = 921,2\ kN > N_{st} = 86,6\ kN$$

Les raidisseurs conviennent.

— *Examen d'un panneau de rive*

1 – Vérification vis-à-vis du voilement

Il est encadré par deux raidisseurs rigides.

On a : $a = 2,5 > h_w = 0,950$, alors : $k_\tau = 5,34 + 4 \cdot \left(\frac{h_w}{a}\right)^2$, soit :

$$k_\tau = 5,34 + 4 \times \left(\frac{950}{2500}\right)^2 = 5,92$$

$$\bar{\lambda}_w = \frac{h_w}{37,4 \cdot t_w \cdot \varepsilon \cdot \sqrt{k_\tau}}$$

$$\bar{\lambda}_w = \frac{950}{37,4 \times 8 \times 1\sqrt{5,92}} = 1,30 \Rightarrow \bar{\lambda}_w = 1,30 > 1,08,$$

les raidisseurs étant rigides : $\chi_w = \frac{1,37}{0,7 + \bar{\lambda}_w} = \frac{1,37}{0,7 + 1,30} = 0,68$

d'où : $$V_{bw,Rd} = \frac{\chi_w \cdot f_{yw} \cdot h_w \cdot t_w}{\gamma_{M1} \cdot \sqrt{3}}$$

$$V_{bw,Rd} = \frac{0,68 \times 235 \times 950 \times 8}{1,0 \times \sqrt{3}} = 701180 \text{ N} = 701,2 \text{ kN} > 674,9 \text{ kN}$$

Le raidissage convient pour ce panneau.

2 – Vérification des raidisseurs

Pour le raidisseur intermédiaire situé à droite, on a :

$$V_{bw,Rd} = 680,6 \text{ kN} > V_{Ed} = 632,75 \text{ kN}.$$

Montants d'appuis, figure 9.4.33.

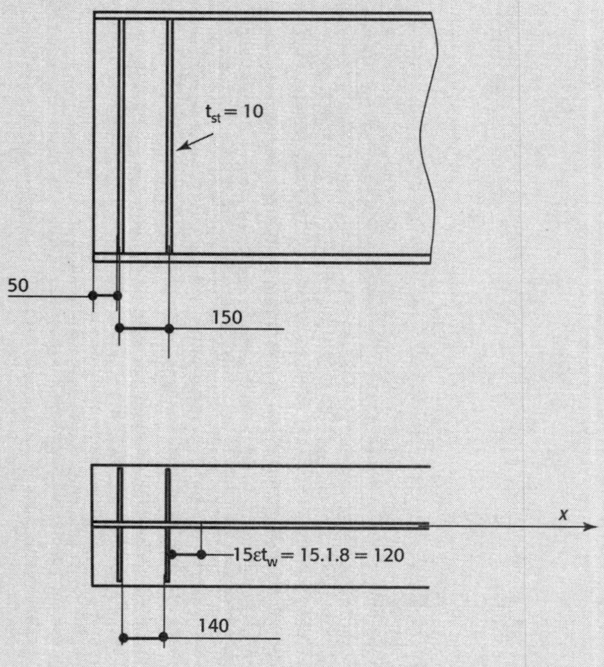

Figure 9.4.33 Moments d'appuis

Section des raidisseurs : $A_{st} = 208 \times 10 + 240 \times 8 = 4000 \text{ mm}^2$

$$A_{st} = 208 \times 10 + 310 \times 8 = 4560 \text{ mm}^2$$

et : $$A_{st} = 4560 \text{ mm}^2 \geq \frac{4 \cdot h_w \cdot t_w^2}{e} = \frac{4 \times 950 \times 8^2}{150} = 1621 \text{ mm}^2$$

et : $$e = 150 > 0{,}1\, h_w = 95 \text{ mm}.$$

Inertie du raidisseur et de la partie d'âme :

$$I_x = \frac{(120 + 140 + 50)\, 8^3}{12} + \frac{10 \times 208^3}{12} = 13226 + 14998186 = 15011412 \text{ mm}^4$$

$$A = 208 \times 10 + 310 \times 8 = 4560 \text{ mm}^2$$

Le rayon de giration est : $i_x = \sqrt{\frac{I_x}{A}} = \sqrt{\frac{15011412}{4560}} = 57{,}37 \text{ mm}$

L'élancement est : $$\lambda_x = \frac{\ell_{cr}}{i_x} = \frac{950}{57{,}37} = 16{,}55$$

et l'élancement réduit : $$\bar{\lambda}_x = \frac{\lambda_x}{93{,}91} = \frac{16{,}55}{93{,}91} = 0{,}176 < 0{,}2$$

Dans ce cas , nous avons $\chi = 1$. Il convient donc de prendre la courbe c. D'où :

$$N_{b,Rd} = \frac{\chi \cdot A \cdot f_y}{\gamma_{M1}} = \frac{1 \times 4560 \times 235}{1{,}0} = 1071600 \text{ N} = 1071{,}6 \text{ kN} > N_{st} = 674{,}9 \text{ kN}$$

Les montants sont stables.

9.4.3.9 Présence de raidisseurs longitudinaux

Ces raidisseurs maintiennent l'âme relativement à la compression amenée, soit par un effort normal soit par le moment fléchissant ou le cumul des deux. Pour être efficaces ils doivent eux-mêmes être maintenus, ils le sont en s'accrochant sur les raidisseurs transversaux (figure 9.4.34).

Il est rappelé que leur présence a une influence sur le coefficient de voilement k_τ déjà utilisé pour les raidisseurs transversaux. S'il a plus de deux raidisseurs longitudinaux sur la hauteur alors les valeurs de k_τ sont modifiées :

Pour $a \geq h_w$, alors : $$k_\tau = 5{,}34 + 4 \cdot \left(\frac{h_w}{a}\right)^2 + k_{\tau st}$$

Pour $a < h_w$, alors : $$k_\tau = 4 + 5{,}34 \cdot \left(\frac{h_w}{a}\right)^2 + k_{\tau st}$$

avec : $$k_{\tau st} = 9 \cdot \left(\frac{h_w}{a}\right)^2 \cdot \sqrt[4]{\left(\frac{I_{sl}}{t_w^3 \cdot h_w}\right)^3} < \frac{2{,}1}{t_w} \cdot \sqrt[3]{\frac{I_{sl}}{h_w}}$$

I_{sl} est la somme des inerties individuelles de chaque raidisseur longitudinal et calculé par rapport à l'axe z, comme pour les raidisseurs transversaux il est possible de faire participer l'âme sur une distance de $2 \times 30\varepsilon\, t_w$.

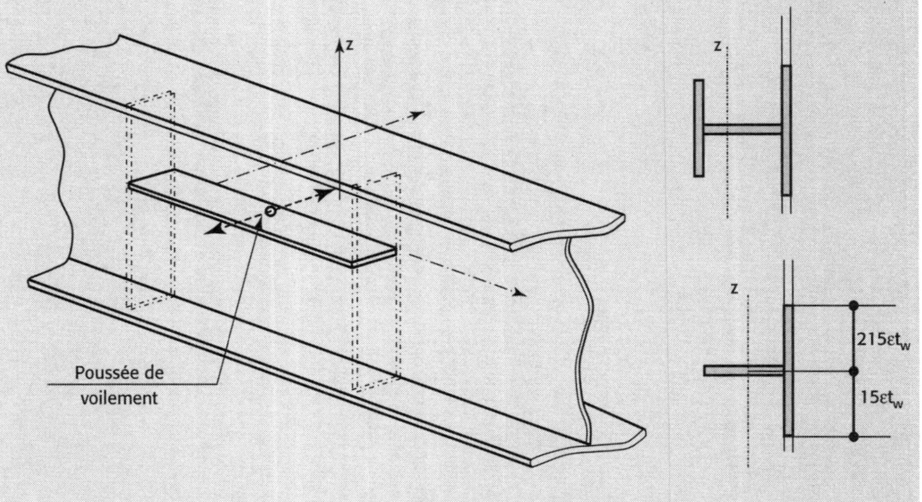

Figure 9.4.34 Accrochage d'un raidisseur longitudinal

9.4.4 Voilement induit par les semelles

Les semelles exercent une étreinte de l'âme, « une poussée au plein ».

Pour prévenir le voilement, on doit vérifier EN 1993-1-5, §8 :

$$\frac{h_w}{t_w} = k \cdot \frac{E}{f_{yf}} \cdot \sqrt{\frac{A_w}{A_{fc}}}$$

Avec : A_w aire de la section d'âme,

A_{fc} aire de la section efficace de la semelle comprimée,

$k = 0,3$ s'il y a exploitation de la rotule plastique

$k = 0,4$ s'il y a exploitation du moment résistant plastique

$k = 0,55$ s'il y a exploitation du moment résistant élastique.

Pour les poutres courbes l'étreinte est accentuée, on vérifie alors :

$$\frac{h_w}{t_w} = \frac{k \cdot \dfrac{E}{f_{yf}} \cdot \sqrt{\dfrac{A_w}{A_{fc}}}}{\sqrt{1 + \dfrac{h_w \cdot E}{3 \cdot r \cdot f_{yf}}}}$$

où : r est le rayon de courbure de la semelle comprimée.

9.4.5 Voilement sous force locale

Que l'âme soit raidie ou non il faut vérifier : $F_{Rd} = \frac{f_{yw} \cdot L_{ef} \cdot f_{tw}}{\gamma_{M1}} \leq F_{Ed}$

F_{Rd} : effort résistant au droit la force exercée F_{Ed}.

la norme EN 1993-1-5, § 6 indique comment déterminer les différents termes de cette relation.

9.5 Références bibliographiques

[1] EN 1993-1-1, octobre 2005 Eurocode 3, Calcul des structures en acier Partie1-1 : Règles générales et règles pour les bâtiments. AFNOR.

[2] EN 1993-1-1 mai 2007/NA, Eurocode 3, Calcul des structures en acier, Partie 1-1 : Règles générales et règles pour les bâtiments, Annexe Nationale à la EN 1993-1-1:2005, Règles générales et règles pour les bâtiments. AFNOR.

[3] N. BOISSONNADE, R. GREINER & J.P. JASPART – Rules for Member stability in EN 1993-1-1. Background documentation and design guidelines. CECM : Comité Technique n°8 "Stabilité", publication n°119, 2006.

[4] J.P. MUZEAU - Résistance des barres. Séminaire national de présentation et d'application des Eurocodes à la Construction Métallique. Formation des Professeurs de Sections de Techniciens Supérieurs. 1ère session, Saint-Sauves, Clermont-Ferrand, novembre 2005.

[5] J.M. VERNIER - Flambement des poteaux de portiques à section constante avec compression variable sur la longueur : Partie 3.3 Longueurs de flambement, Construction Métallique n°4, 2000, pp. 91.

[6] A. BUREAU - Application de l'EC3-DAN. Résistance des éléments comprimés et fléchis, partie 3 : Exemple d'application. Construction Métallique n°4, 2002, pp. 47-50.

[7] R.H. WOOD - Effective lengths of columns in multi-storey buildings. The Structural Engineer, Vol. 52 :7, 235-244, 1974.

[8] Y. GALÉA - Déversement élastique d'une poutre à section bi-symétrique soumise à des moments d'extrémité et une charge répartie ou concentrée. Construction métallique, n°2, 2002.

[9] V. LEMAIRE - Calcul d'un portique de bâtiment industriel selon EN 1993-1-1. Construction métallique, n°4, 2005.

[10] P. MAÎTRE – Formulaire de la Construction Métallique, Éditions du Moniteur, 1997.

[11] J. MOREL - Calcul des structures métalliques selon l'Eurocode 3 – Eyrolles, 1994.

[12] A. BUREAU - Flambement par torsion et par flexion-torsion d'une barre comprimée. Construction métallique, n°2 – 2004.

[13] APK – Construction Métallique et Mixte Acier-Béton. Tome 1 : Calcul et dimensionnement, Eyrolles 1996.

[14] APK – Construction Métallique et Mixte Acier-Béton. Tome 2 : Conception et mise en œuvre, Eyrolles 1996.

[15] P.O. MARTIN -. Résistance des âmes de poutres en I à l'effort tranchant – Application de l'Eurocode 3 Partie 1-1 et Partie 1-5. Construction métallique, n°2, 2007.

[16] Ph. LEQUIN, J. RAOUL, J. ROCHE - Application de l'Eurocode 3 (ENV) – Résistance des âmes au voilement par cisaillement. Construction Métallique n°3, 1991.

[17] M. HIRT et R. BEZ – Construction Métallique. Notions fondamentales et méthodes de dimensionnement, Traité de Génie Civil de l'EPFL, Vol. 10, Presses Polytechniques et Universitaires Romandes, Lausanne, 1994.

Annexes

9.1 Valeurs tabulées des cinq courbes de flambement

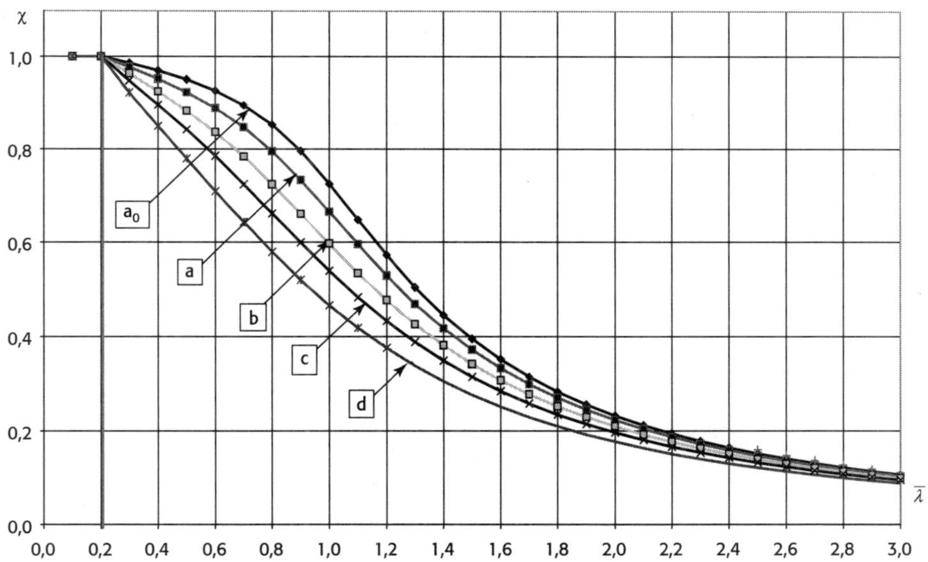

Tableau A. 9.1.1 Courbe a_0 - Valeurs du coefficient c (a = 0,13)

$\bar{\lambda}$	0,00	0,01	0,02	0,03	0,04	0,05	0,06	0,07	0,08	0,09
0,1	1,0000	1,0000	1,0000	1,0000	1,0000	1,0000	1,0000	1,0000	1,0000	1,0000
0,2	1,0000	0,9986	0,9973	0,9959	0,9945	0,9931	0,9917	0,9903	0,9889	0,9874
0,3	0,9859	0,9845	0,9829	0,9814	0,9799	0,9783	0,9767	0,9751	0,9735	0,9718
0,4	0,9701	0,9684	0,9667	0,9649	0,9631	0,9612	0,9593	0,9574	0,9554	0,9534
0,5	0,9513	0,9492	0,9470	0,9448	0,9425	0,9402	0,9378	0,9354	0,9328	0,9302
0,6	0,9276	0,9248	0,9220	0,9191	0,9161	0,9130	0,9099	0,9066	0,9032	0,8997
0,7	0,8961	0,8924	0,8886	0,8847	0,8806	0,8764	0,8721	0,8676	0,8630	0,8582
0,8	0,8533	0,8483	0,8431	0,8377	0,8322	0,8266	0,8208	0,8148	0,8087	0,8025
0,9	0,7961	0,7895	0,7828	0,7760	0,7691	0,7620	0,7549	0,7476	0,7403	0,7329
1,0	0,7253	0,7178	0,7101	0,7025	0,6948	0,6870	0,6793	0,6715	0,6637	0,6560
1,1	0,6482	0,6405	0,6329	0,6252	0,6176	0,6101	0,6026	0,5951	0,5877	0,5804
1,2	0,5732	0,5660	0,5590	0,5520	0,5450	0,5382	0,5314	0,5248	0,5182	0,5117
1,3	0,5053	0,4990	0,4927	0,4866	0,4806	0,4746	0,4687	0,4629	0,4572	0,4516
1,4	0,4461	0,4407	0,4353	0,4300	0,4248	0,4197	0,4147	0,4097	0,4049	0,4001
1,5	0,3953	0,3907	0,3861	0,3816	0,3772	0,3728	0,3685	0,3643	0,3601	0,3560
1,6	0,3520	0,3480	0,3441	0,3403	0,3365	0,3328	0,3291	0,3255	0,3219	0,3184
1,7	0,3150	0,3116	0,3083	0,3050	0,3017	0,2985	0,2954	0,2923	0,2892	0,2862
1,8	0,2833	0,2804	0,2775	0,2746	0,2719	0,2691	0,2664	0,2637	0,2611	0,2585
1,9	0,2559	0,2534	0,2509	0,2485	0,2461	0,2437	0,2414	0,2390	0,2368	0,2345
2,0	0,2323	0,2301	0,2280	0,2258	0,2237	0,2217	0,2196	0,2176	0,2156	0,2136
2,1	0,2117	0,2098	0,2079	0,2061	0,2042	0,2024	0,2006	0,1989	0,1971	0,1954
2,2	0,1937	0,1920	0,1904	0,1887	0,1871	0,1855	0,1840	0,1824	0,1809	0,1794
2,3	0,1779	0,1764	0,1749	0,1735	0,1721	0,1707	0,1693	0,1679	0,1665	0,1652
2,4	0,1639	0,1626	0,1613	0,1600	0,1587	0,1575	0,1563	0,1550	0,1538	0,1526
2,5	0,1515	0,1503	0,1491	0,1480	0,1469	0,1458	0,1447	0,1436	0,1425	0,1414
2,6	0,1404	0,1394	0,1383	0,1373	0,1363	0,1353	0,1343	0,1333	0,1324	0,1314
2,7	0,1305	0,1296	0,1286	0,1277	0,1268	0,1259	0,1250	0,1242	0,1233	0,1224
2,8	0,1216	0,1207	0,1199	0,1191	0,1183	0,1175	0,1167	0,1159	0,1151	0,1143
2,9	0,1136	0,1128	0,1120	0,1113	0,1106	0,1098	0,1091	0,1084	0,1077	0,1070
3,0	0,1063	0,1056	0,1049	0,1043	0,1036	0,1029	0,1023	0,1016	0,1010	0,1003

Tableau A. 9.1.2 Courbe a - Valeurs du coefficient c ($\alpha = 0,21$)

$\bar{\lambda}$	0,00	0,01	0,02	0,03	0,04	0,05	0,06	0,07	0,08	0,09
0,1	1,0000	1,0000	1,0000	1,0000	1,0000	1,0000	1,0000	1,0000	1,0000	1,0000
0,2	1,0000	0,9978	0,9956	0,9934	0,9912	0,9889	0,9867	0,9844	0,9821	0,9798
0,3	0,9775	0,9751	0,9728	0,9704	0,9680	0,9655	0,9630	0,9605	0,9580	0,9554
0,4	0,9528	0,9501	0,9474	0,9447	0,9419	0,9391	0,9363	0,9333	0,9304	0,9273
0,5	0,9243	0,9211	0,9179	0,9147	0,9114	0,9080	0,9045	0,9010	0,8974	0,8937
0,6	0,8900	0,8862	0,8823	0,8783	0,8742	0,8700	0,8657	0,8614	0,8569	0,8524
0,7	0,8477	0,8430	0,8382	0,8332	0,8282	0,8230	0,8178	0,8124	0,8069	0,8014
0,8	0,7957	0,7899	0,7841	0,7781	0,7721	0,7659	0,7597	0,7534	0,7470	0,7405
0,9	0,7339	0,7273	0,7206	0,7139	0,7071	0,7003	0,6934	0,6865	0,6796	0,6726
1,0	0,6656	0,6586	0,6516	0,6446	0,6376	0,6306	0,6236	0,6167	0,6098	0,6029
1,1	0,5960	0,5892	0,5824	0,5757	0,5690	0,5623	0,5557	0,5492	0,5427	0,5363
1,2	0,5300	0,5237	0,5175	0,5114	0,5053	0,4993	0,4934	0,4875	0,4817	0,4760
1,3	0,4703	0,4648	0,4593	0,4538	0,4485	0,4432	0,4380	0,4329	0,4278	0,4228
1,4	0,4179	0,4130	0,4083	0,4036	0,3989	0,3943	0,3898	0,3854	0,3810	0,3767
1,5	0,3724	0,3682	0,3641	0,3601	0,3561	0,3521	0,3482	0,3444	0,3406	0,3369
1,6	0,3332	0,3296	0,3261	0,3226	0,3191	0,3157	0,3124	0,3091	0,3058	0,3026
1,7	0,2994	0,2963	0,2933	0,2902	0,2872	0,2843	0,2814	0,2786	0,2757	0,2730
1,8	0,2702	0,2675	0,2649	0,2623	0,2597	0,2571	0,2546	0,2522	0,2497	0,2473
1,9	0,2449	0,2426	0,2403	0,2380	0,2358	0,2335	0,2314	0,2292	0,2271	0,2250
2,0	0,2229	0,2209	0,2188	0,2168	0,2149	0,2129	0,2110	0,2091	0,2073	0,2054
2,1	0,2036	0,2018	0,2001	0,1983	0,1966	0,1949	0,1932	0,1915	0,1899	0,1883
2,2	0,1867	0,1851	0,1836	0,1820	0,1805	0,1790	0,1775	0,1760	0,1746	0,1732
2,3	0,1717	0,1704	0,1690	0,1676	0,1663	0,1649	0,1636	0,1623	0,1610	0,1598
2,4	0,1585	0,1573	0,1560	0,1548	0,1536	0,1524	0,1513	0,1501	0,1490	0,1478
2,5	0,1467	0,1456	0,1445	0,1434	0,1424	0,1413	0,1403	0,1392	0,1382	0,1372
2,6	0,1362	0,1352	0,1342	0,1332	0,1323	0,1313	0,1304	0,1295	0,1285	0,1276
2,7	0,1267	0,1258	0,1250	0,1241	0,1232	0,1224	0,1215	0,1207	0,1198	0,1190
2,8	0,1182	0,1174	0,1166	0,1158	0,1150	0,1143	0,1135	0,1128	0,1120	0,1113
2,9	0,1105	0,1098	0,1091	0,1084	0,1077	0,1070	0,1063	0,1056	0,1049	0,1042
3,0	0,1036	0,1029	0,1022	0,1016	0,1010	0,1003	0,0997	0,0991	0,0985	0,0978

Tableau A. 9.1.3 Courbe b - Valeurs du coefficient c ($\alpha = 0,34$)

$\bar{\lambda}$	**0,00**	**0,01**	**0,02**	**0,03**	**0,04**	**0,05**	**0,06**	**0,07**	**0,08**	**0,09**
0,1	1,0000	1,0000	1,0000	1,0000	1,0000	1,0000	1,0000	1,0000	1,0000	1,0000
0,2	1,0000	0,9965	0,9929	0,9894	0,9858	0,9822	0,9786	0,9750	0,9714	0,9678
0,3	0,9641	0,9604	0,9567	0,9530	0,9492	0,9455	0,9417	0,9378	0,9339	0,9300
0,4	0,9261	0,9221	0,9181	0,9140	0,9099	0,9057	0,9015	0,8973	0,8930	0,8886
0,5	0,8842	0,8798	0,8752	0,8707	0,8661	0,8614	0,8566	0,8518	0,8470	0,8420
0,6	0,8371	0,8320	0,8269	0,8217	0,8165	0,8112	0,8058	0,8004	0,7949	0,7893
0,7	0,7837	0,7780	0,7723	0,7665	0,7606	0,7547	0,7488	0,7428	0,7367	0,7306
0,8	0,7245	0,7183	0,7120	0,7058	0,6995	0,6931	0,6868	0,6804	0,6740	0,6676
0,9	0,6612	0,6547	0,6483	0,6419	0,6354	0,6290	0,6226	0,6162	0,6098	0,6034
1,0	0,5970	0,5907	0,5844	0,5781	0,5719	0,5657	0,5595	0,5534	0,5473	0,5412
1,1	0,5352	0,5293	0,5234	0,5175	0,5117	0,5060	0,5003	0,4947	0,4891	0,4836
1,2	0,4781	0,4727	0,4674	0,4621	0,4569	0,4517	0,4466	0,4416	0,4366	0,4317
1,3	0,4269	0,4221	0,4174	0,4127	0,4081	0,4035	0,3991	0,3946	0,3903	0,3860
1,4	0,3817	0,3775	0,3734	0,3693	0,3653	0,3613	0,3574	0,3535	0,3497	0,3459
1,5	0,3422	0,3386	0,3350	0,3314	0,3279	0,3245	0,3211	0,3177	0,3144	0,3111
1,6	0,3079	0,3047	0,3016	0,2985	0,2955	0,2925	0,2895	0,2866	0,2837	0,2809
1,7	0,2781	0,2753	0,2726	0,2699	0,2672	0,2646	0,2620	0,2595	0,2570	0,2545
1,8	0,2521	0,2496	0,2473	0,2449	0,2426	0,2403	0,2381	0,2359	0,2337	0,2315
1,9	0,2294	0,2272	0,2252	0,2231	0,2211	0,2191	0,2171	0,2152	0,2132	0,2113
2,0	0,2095	0,2076	0,2058	0,2040	0,2022	0,2004	0,1987	0,1970	0,1953	0,1936
2,1	0,1920	0,1903	0,1887	0,1871	0,1855	0,1840	0,1825	0,1809	0,1794	0,1780
2,2	0,1765	0,1751	0,1736	0,1722	0,1708	0,1694	0,1681	0,1667	0,1654	0,1641
2,3	0,1628	0,1615	0,1602	0,1590	0,1577	0,1565	0,1553	0,1541	0,1529	0,1517
2,4	0,1506	0,1494	0,1483	0,1472	0,1461	0,1450	0,1439	0,1428	0,1418	0,1407
2,5	0,1397	0,1387	0,1376	0,1366	0,1356	0,1347	0,1337	0,1327	0,1318	0,1308
2,6	0,1299	0,1290	0,1281	0,1272	0,1263	0,1254	0,1245	0,1237	0,1228	0,1219
2,7	0,1211	0,1203	0,1195	0,1186	0,1178	0,1170	0,1162	0,1155	0,1147	0,1139
2,8	0,1132	0,1124	0,1117	0,1109	0,1102	0,1095	0,1088	0,1081	0,1074	0,1067
2,9	0,1060	0,1053	0,1046	0,1039	0,1033	0,1026	0,1020	0,1013	0,1007	0,1001
3,0	0,0994	0,0988	0,0982	0,0976	0,0970	0,0964	0,0958	0,0952	0,0946	0,0940

Tableau A. 9.1.4 Courbe c - Valeurs du coefficient c ($\alpha = 0,49$)

$\bar{\lambda}$	**0,00**	**0,01**	**0,02**	**0,03**	**0,04**	**0,05**	**0,06**	**0,07**	**0,08**	**0,09**
0,1	1,0000	1,0000	1,0000	1,0000	1,0000	1,0000	1,0000	1,0000	1,0000	1,0000
0,2	1,0000	0,9949	0,9898	0,9847	0,9797	0,9746	0,9695	0,9644	0,9593	0,9542
0,3	0,9491	0,9440	0,9389	0,9338	0,9286	0,9235	0,9183	0,9131	0,9078	0,9026
0,4	0,8973	0,8920	0,8867	0,8813	0,8760	0,8705	0,8651	0,8596	0,8541	0,8486
0,5	0,8430	0,8374	0,8317	0,8261	0,8204	0,8146	0,8088	0,8030	0,7972	0,7913
0,6	0,7854	0,7794	0,7735	0,7675	0,7614	0,7554	0,7493	0,7432	0,7370	0,7309
0,7	0,7247	0,7185	0,7123	0,7060	0,6998	0,6935	0,6873	0,6810	0,6747	0,6684
0,8	0,6622	0,6559	0,6496	0,6433	0,6371	0,6308	0,6246	0,6184	0,6122	0,6060
0,9	0,5998	0,5937	0,5876	0,5815	0,5755	0,5695	0,5635	0,5575	0,5516	0,5458
1,0	0,5399	0,5342	0,5284	0,5227	0,5171	0,5115	0,5059	0,5004	0,4950	0,4896
1,1	0,4842	0,4790	0,4737	0,4685	0,4634	0,4583	0,4533	0,4483	0,4434	0,4386
1,2	0,4338	0,4290	0,4243	0,4197	0,4151	0,4106	0,4061	0,4017	0,3974	0,3931
1,3	0,3888	0,3846	0,3805	0,3764	0,3724	0,3684	0,3644	0,3606	0,3567	0,3529
1,4	0,3492	0,3455	0,3419	0,3383	0,3348	0,3313	0,3279	0,3245	0,3211	0,3178
1,5	0,3145	0,3113	0,3081	0,3050	0,3019	0,2989	0,2959	0,2929	0,2900	0,2871
1,6	0,2842	0,2814	0,2786	0,2759	0,2732	0,2705	0,2679	0,2653	0,2627	0,2602
1,7	0,2577	0,2553	0,2528	0,2504	0,2481	0,2457	0,2434	0,2412	0,2389	0,2367
1,8	0,2345	0,2324	0,2302	0,2281	0,2260	0,2240	0,2220	0,2200	0,2180	0,2161
1,9	0,2141	0,2122	0,2104	0,2085	0,2067	0,2049	0,2031	0,2013	0,1996	0,1979
2,0	0,1962	0,1945	0,1929	0,1912	0,1896	0,1880	0,1864	0,1849	0,1833	0,1818
2,1	0,1803	0,1788	0,1774	0,1759	0,1745	0,1731	0,1717	0,1703	0,1689	0,1676
2,2	0,1662	0,1649	0,1636	0,1623	0,1611	0,1598	0,1585	0,1573	0,1561	0,1549
2,3	0,1537	0,1525	0,1514	0,1502	0,1491	0,1480	0,1468	0,1457	0,1446	0,1436
2,4	0,1425	0,1415	0,1404	0,1394	0,1384	0,1374	0,1364	0,1354	0,1344	0,1334
2,5	0,1325	0,1315	0,1306	0,1297	0,1287	0,1278	0,1269	0,1260	0,1252	0,1243
2,6	0,1234	0,1226	0,1217	0,1209	0,1201	0,1193	0,1184	0,1176	0,1168	0,1161
2,7	0,1153	0,1145	0,1137	0,1130	0,1122	0,1115	0,1108	0,1100	0,1093	0,1086
2,8	0,1079	0,1072	0,1065	0,1058	0,1051	0,1045	0,1038	0,1031	0,1025	0,1018
2,9	0,1012	0,1006	0,0999	0,0993	0,0987	0,0981	0,0975	0,0969	0,0963	0,0957
3,0	0,0951	0,0945	0,0939	0,0934	0,0928	0,0922	0,0917	0,0911	0,0906	0,0901

Tableau A. 9.1.5 Courbe d - Valeurs du coefficient c ($\alpha = 0,76$)

$\bar{\lambda}$	**0,00**	**0,01**	**0,02**	**0,03**	**0,04**	**0,05**	**0,06**	**0,07**	**0,08**	**0,09**
0,1	1,0000	1,0000	1,0000	1,0000	1,0000	1,0000	1,0000	1,0000	1,0000	1,0000
0,2	1,0000	0,9921	0,9843	0,9765	0,9688	0,9611	0,9535	0,9459	0,9384	0,9309
0,3	0,9235	0,9160	0,9086	0,9013	0,8939	0,8866	0,8793	0,8721	0,8648	0,8576
0,4	0,8504	0,8432	0,8360	0,8289	0,8218	0,8146	0,8075	0,8005	0,7934	0,7864
0,5	0,7793	0,7723	0,7653	0,7583	0,7514	0,7444	0,7375	0,7306	0,7237	0,7169
0,6	0,7100	0,7032	0,6964	0,6897	0,6829	0,6762	0,6695	0,6629	0,6563	0,6497
0,7	0,6431	0,6366	0,6301	0,6237	0,6173	0,6109	0,6046	0,5983	0,5921	0,5859
0,8	0,5797	0,5736	0,5675	0,5615	0,5556	0,5496	0,5438	0,5379	0,5322	0,5265
0,9	0,5208	0,5152	0,5096	0,5041	0,4987	0,4933	0,4879	0,4826	0,4774	0,4722
1,0	0,4671	0,4620	0,4570	0,4521	0,4472	0,4423	0,4375	0,4328	0,4281	0,4235
1,1	0,4189	0,4144	0,4099	0,4055	0,4012	0,3969	0,3926	0,3884	0,3843	0,3802
1,2	0,3762	0,3722	0,3683	0,3644	0,3605	0,3568	0,3530	0,3493	0,3457	0,3421
1,3	0,3385	0,3350	0,3316	0,3282	0,3248	0,3215	0,3182	0,3150	0,3118	0,3086
1,4	0,3055	0,3024	0,2994	0,2964	0,2935	0,2906	0,2877	0,2849	0,2821	0,2793
1,5	0,2766	0,2739	0,2712	0,2686	0,2660	0,2635	0,2609	0,2585	0,2560	0,2536
1,6	0,2512	0,2488	0,2465	0,2442	0,2419	0,2397	0,2375	0,2353	0,2331	0,2310
1,7	0,2289	0,2268	0,2248	0,2228	0,2208	0,2188	0,2168	0,2149	0,2130	0,2112
1,8	0,2093	0,2075	0,2057	0,2039	0,2021	0,2004	0,1987	0,1970	0,1953	0,1936
1,9	0,1920	0,1904	0,1888	0,1872	0,1856	0,1841	0,1826	0,1810	0,1796	0,1781
2,0	0,1766	0,1752	0,1738	0,1724	0,1710	0,1696	0,1683	0,1669	0,1656	0,1643
2,1	0,1630	0,1617	0,1604	0,1592	0,1580	0,1567	0,1555	0,1543	0,1532	0,1520
2,2	0,1508	0,1497	0,1486	0,1474	0,1463	0,1452	0,1442	0,1431	0,1420	0,1410
2,3	0,1399	0,1389	0,1379	0,1369	0,1359	0,1349	0,1340	0,1330	0,1320	0,1311
2,4	0,1302	0,1292	0,1283	0,1274	0,1265	0,1257	0,1248	0,1239	0,1231	0,1222
2,5	0,1214	0,1205	0,1197	0,1189	0,1181	0,1173	0,1165	0,1157	0,1149	0,1142
2,6	0,1134	0,1127	0,1119	0,1112	0,1104	0,1097	0,1090	0,1083	0,1076	0,1069
2,7	0,1062	0,1055	0,1048	0,1042	0,1035	0,1029	0,1022	0,1016	0,1009	0,1003
2,8	0,0997	0,0990	0,0984	0,0978	0,0972	0,0966	0,0960	0,0954	0,0948	0,0943
2,9	0,0937	0,0931	0,0926	0,0920	0,0914	0,0909	0,0904	0,0898	0,0893	0,0888
3,0	0,0882	0,0877	0,0872	0,0867	0,0862	0,0857	0,0852	0,0847	0,0842	0,0837

9.2 Abaques de Wood [7] et détermination du rapport L_{cr}/L

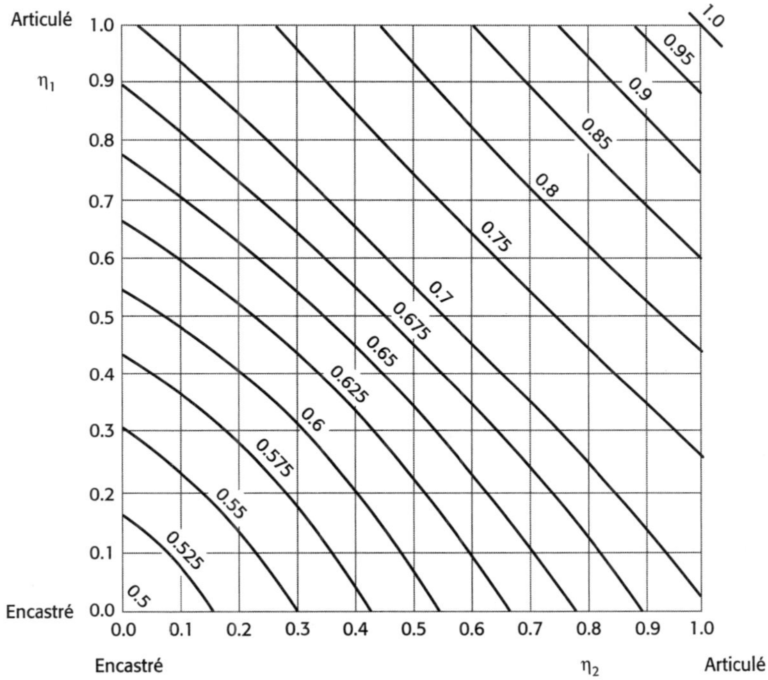

Figure A. 9.2.1 Rapport L_{cr}/L de longueur de flambement d'un poteau dans un mode à nœuds fixes

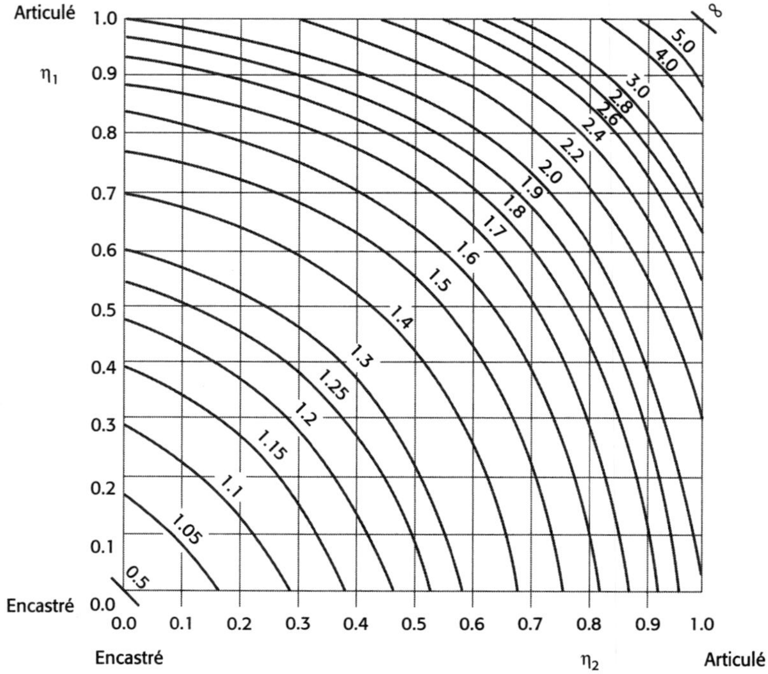

Figure A. 9.2.2 Rapport L_{cr}/L de longueur de flambement d'un poteau dans un mode à nœuds déplaçables

$$\eta_1 = \frac{K_c}{K_c + K_{11} + K_{12}} \text{ et } \eta_2 = \frac{K_c}{K_c + K_{21} + K_{22}}$$

si K_c est la rigidité I/L du poteau et K_{ij} la rigidité effective des poutres.

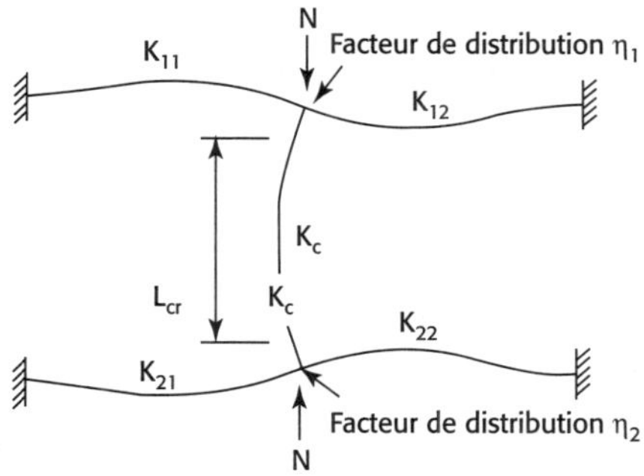

(a) Mode de flambement à noeuds fixes

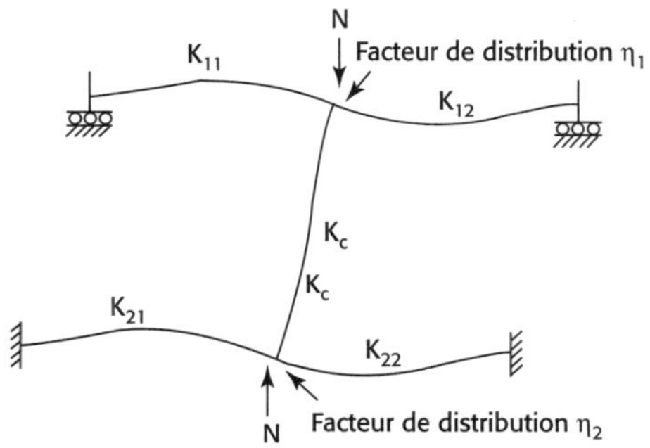

(b) Mode de flambement à noeuds déplaçables

Figure A. 9.2.3 Facteurs de distribution pour les poteaux

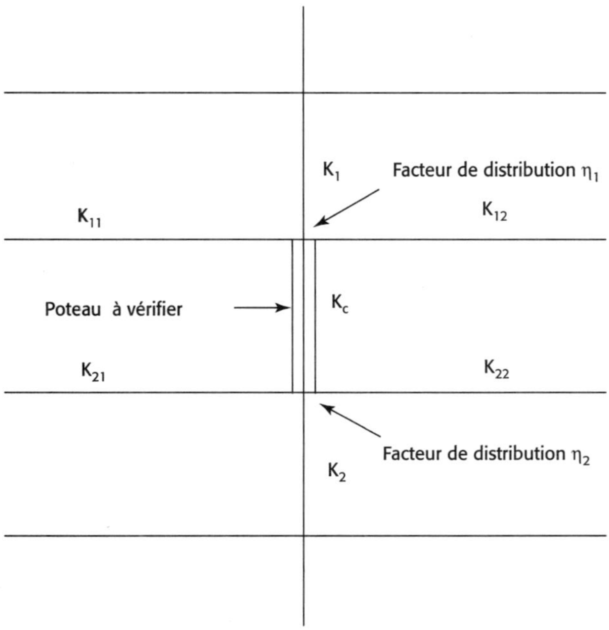

Figure A. 9.2.4 Facteurs de distribution pour des poteaux continus

Les facteurs de distribution de la rigidité pour des modèles du type de ceux présentés à la figure Annexe 9.2.4 sont obtenus par les relations :

$$\eta_1 = \frac{K_c + K_1}{K_c + K_1 + K_{11} + K_{12}} \text{ et } \eta_2 = \frac{K_c + K_2}{K_c + K_2 + K_{21} + K_{22}}$$

si K_c est la rigidité I/L du poteau, K_i la rigidité des poteaux adjacents et K_{ij} la rigidité effective des poutres.

9.3 Coefficients C_1 et C_2 pour le déversement

Voir 9.5 Références bibliographiques, [8].

Tableau A.9.3.1 Coefficient C_1 - Moments d'extrémité et charge répartie – $\mu > 0$

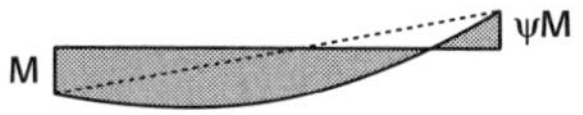

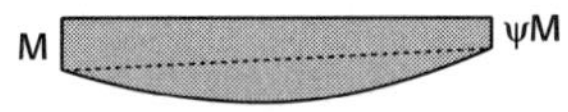

C_1	ψ																				
$\mu = qL^2/8M > 0$	-1	-0,9	-0,8	-0,7	-0,6	-0,5	-0,4	-0,3	-0,2	-0,1	0	0,1	0,2	0,3	0,4	0,5	0,6	0,7	0,8	0,9	1
0	2,554	2,627	2,606	2,534	2,438	2,331	2,219	2,104	1,990	1,878	1,770	1,667	1,569	1,477	1,391	1,312	1,238	1,171	1,109	1,052	1,000
0,1	2,450	2,411	2,337	2,246	2,148	2,046	1,943	1,842	1,744	1,648	1,558	1,472	1,391	1,315	1,245	1,179	1,119	1,070	1,037	1,018	1,012
0,2	2,233	2,160	2,076	1,986	1,894	1,802	1,712	1,625	1,541	1,461	1,385	1,314	1,246	1,187	1,139	1,101	1,071	1,049	1,034	1,025	1,022
0,3	2,003	1,925	1,843	1,760	1,678	1,598	1,521	1,446	1,375	1,310	1,254	1,206	1,165	1,131	1,102	1,080	1,062	1,048	1,039	1,033	1,030
0,4	1,790	1,717	1,642	1,569	1,497	1,430	1,370	1,316	1,269	1,227	1,190	1,159	1,131	1,108	1,089	1,073	1,061	1,051	1,044	1,039	1,037
0,5	1,604	1,539	1,479	1,423	1,373	1,326	1,284	1,247	1,213	1,184	1,157	1,135	1,115	1,098	1,084	1,072	1,063	1,055	1,049	1,046	1,043
0,6	1,468	1,421	1,377	1,336	1,299	1,265	1,234	1,206	1,181	1,159	1,139	1,122	1,106	1,093	1,082	1,073	1,065	1,059	1,054	1,051	1,049
0,7	1,382	1,346	1,313	1,282	1,253	1,227	1,203	1,181	1,161	1,144	1,128	1,114	1,102	1,091	1,082	1,074	1,068	1,063	1,059	1,056	1,054
0,8	1,324	1,296	1,270	1,245	1,222	1,201	1,182	1,164	1,148	1,134	1,121	1,110	1,100	1,090	1,083	1,076	1,071	1,066	1,062	1,060	1,058
0,9	1,284	1,261	1,239	1,219	1,201	1,183	1,167	1,153	1,140	1,128	1,117	1,107	1,098	1,091	1,084	1,078	1,073	1,069	1,066	1,063	1,061
1	1,254	1,236	1,217	1,201	1,185	1,170	1,157	1,145	1,133	1,123	1,114	1,105	1,098	1,091	1,085	1,080	1,076	1,072	1,069	1,067	1,065
1,1	1,233	1,217	1,201	1,187	1,174	1,161	1,150	1,139	1,129	1,120	1,112	1,105	1,098	1,092	1,087	1,082	1,078	1,075	1,072	1,070	1,068
1,2	1,216	1,202	1,189	1,176	1,165	1,154	1,144	1,135	1,126	1,118	1,111	1,104	1,098	1,093	1,088	1,084	1,081	1,077	1,075	1,072	1,071
1,3	1,203	1,191	1,179	1,168	1,158	1,148	1,139	1,131	1,124	1,117	1,110	1,104	1,099	1,094	1,090	1,086	1,083	1,079	1,077	1,075	1,073
1,4	1,193	1,181	1,172	1,162	1,153	1,144	1,136	1,129	1,122	1,116	1,110	1,104	1,099	1,095	1,091	1,087	1,084	1,081	1,079	1,077	1,075
1,5	1,184	1,175	1,165	1,157	1,148	1,141	1,134	1,127	1,121	1,115	1,110	1,105	1,100	1,096	1,092	1,089	1,086	1,083	1,081	1,079	1,078
1,6	1,177	1,168	1,160	1,152	1,145	1,138	1,131	1,125	1,120	1,114	1,110	1,105	1,101	1,097	1,094	1,091	1,088	1,085	1,083	1,081	1,080
1,7	1,171	1,164	1,156	1,149	1,142	1,135	1,130	1,124	1,119	1,114	1,109	1,105	1,102	1,098	1,095	1,092	1,089	1,087	1,085	1,083	1,081
1,8	1,167	1,159	1,153	1,146	1,140	1,134	1,128	1,123	1,118	1,114	1,109	1,106	1,102	1,099	1,096	1,093	1,090	1,088	1,086	1,084	1,083
2	1,159	1,153	1,147	1,141	1,136	1,131	1,126	1,122	1,118	1,114	1,110	1,107	1,103	1,101	1,098	1,095	1,093	1,091	1,089	1,087	1,086
2,2	1,153	1,148	1,143	1,138	1,133	1,129	1,125	1,121	1,117	1,114	1,111	1,107	1,105	1,102	1,100	1,097	1,095	1,093	1,091	1,090	1,089
2,5	1,148	1,143	1,139	1,135	1,131	1,127	1,124	1,120	1,117	1,114	1,111	1,109	1,107	1,104	1,102	1,100	1,098	1,096	1,094	1,093	1,092
3	1,141	1,138	1,135	1,131	1,128	1,126	1,123	1,120	1,117	1,115	1,113	1,111	1,109	1,107	1,105	1,103	1,102	1,100	1,099	1,098	1,096
3,5	1,137	1,134	1,132	1,130	1,127	1,125	1,122	1,120	1,118	1,116	1,114	1,112	1,111	1,109	1,108	1,106	1,105	1,103	1,102	1,101	1,100
4	1,135	1,133	1,130	1,128	1,126	1,124	1,122	1,121	1,119	1,117	1,115	1,114	1,112	1,111	1,110	1,108	1,107	1,105	1,105	1,104	1,103
5	1,132	1,130	1,129	1,127	1,126	1,124	1,122	1,121	1,119	1,118	1,117	1,116	1,115	1,114	1,112	1,111	1,110	1,109	1,108	1,108	1,107
7	1,129	1,128	1,127	1,126	1,125	1,124	1,123	1,122	1,121	1,120	1,120	1,119	1,118	1,117	1,116	1,115	1,114	1,114	1,113	1,112	1,112
10	1,128	1,127	1,127	1,126	1,125	1,125	1,124	1,123	1,123	1,122	1,121	1,121	1,120	1,119	1,119	1,118	1,118	1,117	1,117	1,116	1,116
∞	1,127	1,127	1,127	1,127	1,127	1,127	1,127	1,127	1,127	1,127	1,127	1,127	1,127	1,127	1,127	1,127	1,127	1,127	1,127	1,127	1,127

Tableau A.9.3.2 Coefficient C_1 - Moments d'extrémité et charge répartie – $\mu < 0$

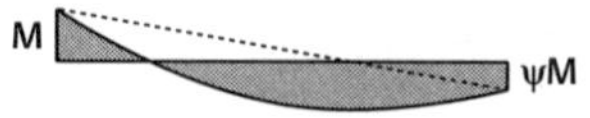

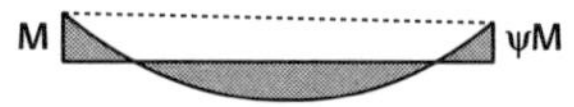

C_1 / $\mu = q L^2 / 8 M < 0$	ψ = -1	-0,9	-0,8	-0,7	-0,6	-0,5	-0,4	-0,3	-0,2	-0,1	0	0,1	0,2	0,3	0,4	0,5	0,6	0,7	0,8	0,9	1
0	2,554	2,627	2,606	2,534	2,438	2,331	2,219	2,104	1,990	1,878	1,770	1,667	1,569	1,477	1,391	1,312	1,238	1,171	1,100	1,052	1,000
-0,1	2,450	2,672	2,805	2,815	2,751	2,653	2,538	2,415	2,288	2,160	2,033	1,909	1,791	1,678	1,573	1,475	1,385	1,302	1,227	1,158	1,095
-0,2	2,233	2,490	2,763	2,972	3,034	2,987	2,890	2,770	2,637	2,497	2,354	2,210	2,069	1,932	1,802	1,680	1,567	1,464	1,371	1,286	1,209
-0,3	2,003	2,231	2,505	2,817	3,108	3,249	3,236	3,149	3,027	2,886	2,735	2,576	2,414	2,252	2,094	1,942	1,800	1,670	1,551	1,444	1,348
-0,4	1,790	1,980	2,210	2,491	2,828	3,190	3,440	3,489	3,423	3,306	3,162	3,001	2,829	2,648	2,463	2,279	2,101	1,934	1,781	1,644	1,522
-0,5	1,604	1,759	1,944	2,171	2,450	2,795	3,201	3,579	3,726	3,703	3,601	3,461	3,296	3,113	2,915	2,705	2,490	2,279	2,081	1,902	1,742
-0,6	1,468	1,570	1,719	1,897	2,115	2,385	2,722	3,140	3,598	3,908	3,971	3,902	3,775	3,614	3,426	3,214	2,979	2,728	2,477	2,240	2,027
-0,7	1,382	1,410	1,530	1,671	1,840	2,046	2,300	2,618	3,020	3,507	3,972	4,191	4,192	4,094	3,945	3,760	3,540	3,281	2,989	2,685	2,400
-0,8	1,324	1,316	1,372	1,486	1,618	1,776	1,967	2,201	2,493	2,862	3,326	3,863	4,290	4,433	4,397	4,276	4,104	3,882	3,600	3,253	2,884
-0,9	1,284	1,278	1,271	1,332	1,438	1,562	1,708	1,882	2,095	2,357	2,685	3,101	3,617	4,175	4,550	4,646	4,584	4,438	4,219	3,898	3,471
-1	1,254	1,250	1,245	1,242	1,291	1,389	1,503	1,637	1,796	1,986	2,218	2,505	2,865	3,317	3,865	4,419	4,754	4,820	4,724	4,498	4,089
-1,1	1,233	1,229	1,226	1,223	1,222	1,248	1,339	1,444	1,566	1,709	1,879	2,083	2,331	2,638	3,019	3,491	4,045	4,574	4,869	4,871	4,590
-1,2	1,216	1,213	1,211	1,209	1,208	1,208	1,208	1,290	1,386	1,496	1,625	1,775	1,954	2,168	2,428	2,746	3,136	3,607	4,133	4,583	4,712
-1,3	1,203	1,201	1,199	1,198	1,197	1,197	1,198	1,200	1,241	1,329	1,429	1,544	1,678	1,834	2,019	2,239	2,504	2,823	3,207	3,648	4,084
-1,4	1,193	1,191	1,190	1,189	1,189	1,189	1,190	1,192	1,195	1,199	1,274	1,364	1,467	1,586	1,723	1,883	2,070	2,292	2,555	2,865	3,221
-1,5	1,184	1,183	1,182	1,182	1,182	1,183	1,184	1,185	1,188	1,191	1,196	1,221	1,303	1,396	1,501	1,621	1,760	1,920	2,107	2,325	2,578
-1,6	1,177	1,176	1,176	1,176	1,176	1,177	1,178	1,180	1,183	1,186	1,190	1,194	1,200	1,245	1,328	1,422	1,528	1,649	1,788	1,946	2,128
-1,7	1,171	1,171	1,171	1,171	1,171	1,172	1,174	1,176	1,178	1,181	1,185	1,189	1,194	1,199	1,207	1,266	1,350	1,444	1,550	1,670	1,805
-1,8	1,167	1,166	1,166	1,167	1,167	1,168	1,170	1,171	1,174	1,177	1,180	1,184	1,189	1,194	1,200	1,207	1,214	1,283	1,366	1,460	1,564
-2	1,159	1,159	1,159	1,160	1,161	1,162	1,163	1,165	1,167	1,170	1,173	1,176	1,180	1,185	1,190	1,195	1,201	1,208	1,215	1,223	1,232
-2,2	1,153	1,154	1,154	1,155	1,156	1,157	1,159	1,160	1,162	1,165	1,167	1,170	1,174	1,178	1,182	1,186	1,192	1,197	1,203	1,209	1,217
-2,5	1,148	1,148	1,148	1,149	1,151	1,152	1,153	1,155	1,157	1,159	1,161	1,164	1,167	1,170	1,173	1,177	1,181	1,185	1,189	1,195	1,201
-3	1,141	1,142	1,143	1,143	1,144	1,146	1,147	1,148	1,150	1,152	1,154	1,156	1,158	1,160	1,163	1,166	1,169	1,172	1,175	1,179	1,183
-3,5	1,137	1,138	1,139	1,140	1,141	1,142	1,143	1,144	1,146	1,147	1,149	1,151	1,152	1,155	1,157	1,159	1,161	1,164	1,167	1,170	1,173
-4	1,135	1,136	1,136	1,137	1,138	1,139	1,140	1,142	1,143	1,144	1,145	1,147	1,149	1,151	1,152	1,154	1,156	1,158	1,160	1,163	1,165
-5	1,132	1,133	1,133	1,134	1,135	1,136	1,137	1,138	1,139	1,140	1,141	1,142	1,144	1,145	1,146	1,148	1,149	1,151	1,152	1,154	1,156
-7	1,129	1,130	1,130	1,131	1,132	1,133	1,133	1,134	1,135	1,136	1,137	1,137	1,138	1,139	1,140	1,141	1,142	1,143	1,144	1,145	1,146
-10	1,128	1,129	1,129	1,130	1,130	1,131	1,131	1,132	1,132	1,133	1,133	1,134	1,134	1,135	1,136	1,136	1,137	1,138	1,139	1,139	1,140
∞	1,127	1,127	1,127	1,127	1,127	1,127	1,127	1,127	1,127	1,127	1,127	1,127	1,127	1,127	1,127	1,127	1,127	1,127	1,127	1,127	1,127

Tableau A.9.3.3 Coefficient C_2 - Moments d'extrémité et charge répartie – $\mu > 0$

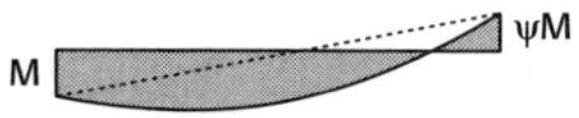

C_2 — $\mu = qL^2/8M > 0$ \ ψ	-1	-0,9	-0,8	-0,7	-0,6	-0,5	-0,4	-0,3	-0,2	-0,1	0	0,1	0,2	0,3	0,4	0,5	0,6	0,7	0,8	0,9	1
0	0,000	0,000	0,000	0,000	0,000	0,000	0,000	0,000	0,000	0,000	0,000	0,000	0,000	0,000	0,000	0,000	0,000	0,000	0,000	0,000	0,000
0,1	0,081	0,076	0,072	0,070	0,068	0,066	0,065	0,063	0,062	0,060	0,058	0,056	0,054	0,052	0,049	0,047	0,045	0,043	0,041	0,039	0,037
0,2	0,142	0,136	0,131	0,128	0,125	0,122	0,119	0,116	0,112	0,109	0,105	0,101	0,097	0,093	0,090	0,086	0,082	0,079	0,075	0,072	0,069
0,3	0,192	0,186	0,181	0,176	0,172	0,167	0,163	0,158	0,154	0,149	0,144	0,138	0,133	0,128	0,123	0,118	0,113	0,109	0,104	0,100	0,096
0,4	0,234	0,227	0,222	0,216	0,211	0,205	0,199	0,193	0,187	0,181	0,175	0,169	0,163	0,157	0,151	0,145	0,140	0,134	0,129	0,125	0,120
0,5	0,269	0,262	0,255	0,249	0,242	0,236	0,229	0,222	0,215	0,208	0,201	0,194	0,187	0,181	0,174	0,168	0,162	0,157	0,151	0,146	0,141
0,6	0,298	0,290	0,283	0,276	0,268	0,261	0,253	0,245	0,238	0,230	0,223	0,216	0,208	0,201	0,195	0,188	0,182	0,176	0,170	0,165	0,159
0,7	0,322	0,313	0,305	0,297	0,289	0,281	0,273	0,265	0,257	0,249	0,241	0,234	0,226	0,219	0,212	0,205	0,199	0,193	0,187	0,181	0,175
0,8	0,341	0,332	0,324	0,315	0,307	0,298	0,290	0,282	0,273	0,265	0,257	0,250	0,242	0,235	0,228	0,221	0,214	0,208	0,202	0,196	0,190
0,9	0,357	0,348	0,339	0,330	0,321	0,313	0,304	0,296	0,287	0,279	0,271	0,263	0,256	0,248	0,241	0,234	0,227	0,221	0,215	0,209	0,203
1	0,370	0,361	0,352	0,342	0,334	0,325	0,316	0,308	0,299	0,291	0,283	0,275	0,268	0,260	0,253	0,246	0,240	0,233	0,227	0,221	0,215
1,1	0,380	0,371	0,362	0,353	0,344	0,335	0,327	0,318	0,310	0,302	0,294	0,286	0,278	0,271	0,264	0,257	0,250	0,244	0,238	0,232	0,226
1,2	0,389	0,380	0,371	0,362	0,353	0,344	0,336	0,327	0,319	0,311	0,303	0,295	0,288	0,281	0,274	0,267	0,260	0,254	0,248	0,241	0,236
1,3	0,397	0,387	0,378	0,369	0,360	0,352	0,343	0,335	0,327	0,319	0,311	0,304	0,296	0,289	0,282	0,275	0,269	0,263	0,256	0,251	0,245
1,4	0,403	0,394	0,385	0,376	0,367	0,359	0,350	0,342	0,334	0,326	0,318	0,311	0,304	0,297	0,290	0,284	0,277	0,271	0,265	0,259	0,253
1,5	0,408	0,399	0,390	0,381	0,373	0,364	0,356	0,348	0,340	0,333	0,325	0,318	0,311	0,304	0,297	0,291	0,284	0,278	0,272	0,266	0,261
1,6	0,413	0,404	0,395	0,386	0,378	0,370	0,362	0,354	0,346	0,339	0,331	0,324	0,317	0,310	0,304	0,297	0,291	0,285	0,279	0,274	0,268
1,7	0,416	0,408	0,399	0,391	0,383	0,375	0,367	0,359	0,351	0,344	0,337	0,330	0,323	0,316	0,310	0,303	0,297	0,291	0,286	0,280	0,274
1,8	0,420	0,411	0,403	0,394	0,386	0,379	0,371	0,363	0,356	0,349	0,342	0,335	0,328	0,322	0,315	0,309	0,303	0,297	0,291	0,286	0,281
2	0,425	0,417	0,409	0,401	0,393	0,386	0,378	0,371	0,364	0,357	0,351	0,344	0,338	0,331	0,325	0,319	0,313	0,308	0,302	0,297	0,292
2,2	0,429	0,421	0,414	0,406	0,399	0,392	0,385	0,378	0,371	0,365	0,358	0,352	0,346	0,340	0,334	0,328	0,323	0,317	0,312	0,306	0,301
2,5	0,433	0,426	0,419	0,412	0,406	0,399	0,392	0,386	0,380	0,374	0,368	0,362	0,356	0,350	0,345	0,339	0,334	0,329	0,324	0,319	0,314
3	0,438	0,432	0,426	0,420	0,413	0,408	0,402	0,396	0,390	0,385	0,380	0,374	0,369	0,364	0,359	0,354	0,349	0,344	0,340	0,335	0,331
3,5	0,441	0,436	0,430	0,425	0,419	0,414	0,409	0,404	0,398	0,393	0,389	0,384	0,379	0,374	0,370	0,365	0,361	0,356	0,352	0,348	0,344
4	0,444	0,438	0,433	0,428	0,424	0,419	0,414	0,409	0,405	0,400	0,396	0,391	0,387	0,382	0,378	0,374	0,370	0,366	0,362	0,358	0,354
5	0,446	0,442	0,437	0,433	0,429	0,425	0,421	0,417	0,413	0,409	0,406	0,402	0,398	0,394	0,391	0,387	0,384	0,380	0,377	0,374	0,370
7	0,448	0,445	0,442	0,439	0,435	0,432	0,429	0,426	0,423	0,420	0,418	0,415	0,412	0,409	0,406	0,404	0,401	0,398	0,395	0,393	0,390
10	0,449	0,447	0,445	0,442	0,440	0,438	0,436	0,433	0,431	0,429	0,427	0,425	0,423	0,421	0,419	0,416	0,414	0,412	0,410	0,408	0,406
∞	0,454	0,454	0,454	0,454	0,454	0,454	0,454	0,454	0,454	0,454	0,454	0,454	0,454	0,454	0,454	0,454	0,454	0,454	0,454	0,454	0,454

Tableau A.9.3.4 Coefficient C_2 - Moments d'extrémité et charge répartie – $\mu < 0$

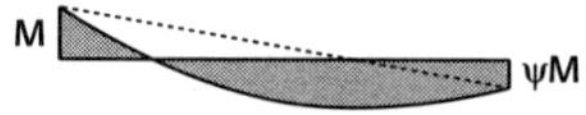

C_2	ψ																				
$\mu = qL^2/8M < 0$		-1	-0,9	-0,8	-0,7	-0,6	-0,5	-0,4	-0,3	-0,2	-0,1	0	0,1	0,2	0,3	0,4	0,5	0,6	0,7	0,8	0,9	1
	0	0,000	0,000	0,000	0,000	0,000	0,000	0,000	0,000	0,000	0,000	0,000	0,000	0,000	0,000	0,000	0,000	0,000	0,000	0,000	0,000	0,000
	-0,1	0,083	0,094	0,096	0,089	0,083	0,080	0,077	0,076	0,074	0,073	0,071	0,069	0,067	0,064	0,061	0,058	0,055	0,052	0,050	0,047	0,044
	-0,2	0 150	0,172	0,197	0,209	0,197	0,181	0,171	0,165	0,161	0,159	0,156	0,153	0,149	0,144	0,138	0,132	0,124	0,118	0,111	0,104	0,098
	-0,3	0,205	0,232	0,265	0,307	0,338	0,328	0,298	0,277	0,266	0,259	0,256	0,253	0,249	0,243	0,235	0,224	0,212	0,200	0,187	0,175	0,164
	-0,4	0,250	0,279	0,315	0,360	0,418	0,477	0,487	0,445	0,406	0,384	0,372	0,367	0,364	0,360	0,353	0,341	0,325	0,306	0,285	0,265	0,246
	-0,5	0,287	0,316	0,352	0,396	0,453	0,526	0,612	0,665	0,629	0,567	0,526	0,505	0,497	0,494	0,491	0,483	0,467	0,442	0,412	0,381	0,350
	-0,6	0,317	0,345	0,380	0,421	0,474	0,540	0,625	0,731	0,834	0,849	0,777	0,708	0,669	0,652	0,648	0,646	0,638	0,616	0,578	0,532	0,485
	-0,7	0,340	0,368	0,400	0,439	0,486	0,544	0,617	0,710	0,829	0,968	1,067	1,035	0,946	0,878	0,844	0,834	0,832	0,823	0,789	0,731	0,661
	-0,8	0,358	0,385	0,415	0,451	0,493	0,544	0,606	0,683	0,780	0,904	1,058	1,223	1,300	1,241	1,151	1,091	1,065	1,058	1,039	0,982	0,888
	-0,9	0,373	0,398	0,427	0,460	0,498	0,542	0,596	0,660	0,738	0,836	0,958	1,113	1,302	1,483	1,544	1,482	1,403	1,355	1,328	1,280	1,169
	-1	0,385	0,409	0,435	0,465	0,500	0,540	0,586	0,640	0,705	0,783	0,878	0,996	1,145	1,330	1,548	1,743	1,807	1,760	1,696	1,628	1,498
	-1,1	0,394	0,417	0,442	0,469	0,501	0,536	0,577	0,624	0,678	0,742	0,819	0,910	1,022	1,160	1,332	1,543	1,785	1,994	2,071	2,025	1,876
	-1,2	0,402	0,423	0,446	0,472	0,500	0,532	0,569	0,609	0,656	0,710	0,773	0,847	0,934	1,039	1,166	1,322	1,513	1,742	1,993	2,190	2,204
	-1,3	0,409	0,428	0,450	0,474	0,500	0,529	0,561	0,597	0,638	0,685	0,737	0,798	0,869	0,951	1,049	1,165	1,305	1,474	1,678	1,911	2,133
	-1,4	0,414	0,433	0,453	0,475	0,499	0,525	0,555	0,587	0,623	0,664	0,709	0,760	0,819	0,886	0,964	1,054	1,161	1,286	1,436	1,613	1,817
	-1,5	0,419	0,436	0,455	0,475	0,498	0,522	0,549	0,578	0,610	0,646	0,685	0,730	0,780	0,836	0,900	0,973	1,056	1,154	1,267	1,400	1,554
	-1,6	0,422	0,439	0,457	0,476	0,497	0,519	0,543	0,570	0,599	0,631	0,666	0,705	0,748	0,796	0,850	0,910	0,978	1,056	1,146	1,248	1,366
	-1,7	0,426	0,441	0,458	0,476	0,495	0,516	0,539	0,563	0,589	0,618	0,650	0,684	0,722	0,763	0,809	0,861	0,918	0,982	1,055	1,137	1,230
	-1,8	0,428	0,443	0,459	0,476	0,494	0,513	0,534	0,557	0,581	0,607	0,635	0,666	0,700	0,737	0,777	0,821	0,870	0,924	0,985	1,052	1,128
	-2	0,433	0,446	0,461	0,476	0,492	0,509	0,527	0,546	0,567	0,589	0,612	0,638	0,665	0,695	0,726	0,761	0,799	0,839	0,884	0,933	0,986
	-2,2	0,436	0,448	0,461	0,475	0,489	0,504	0,520	0,537	0,555	0,574	0,594	0,616	0,639	0,663	0,690	0,718	0,748	0,780	0,815	0,853	0,893
	-2,5	0,440	0,451	0,462	0,474	0,486	0,499	0,513	0,527	0,542	0,558	0,574	0,592	0,610	0,629	0,650	0,672	0,695	0,719	0,745	0,772	0,802
	-3	0,444	0,453	0,462	0,472	0,482	0,492	0,503	0,514	0,526	0,538	0,551	0,564	0,578	0,592	0,607	0,623	0,639	0,656	0,674	0,692	0,712
	-3,5	0,447	0,454	0,462	0,470	0,479	0,487	0,496	0,505	0,515	0,525	0,535	0,545	0,556	0,568	0,579	0,591	0,604	0,617	0,630	0,644	0,659
	-4	0,448	0,455	0,462	0,469	0,476	0,483	0,491	0,499	0,507	0,515	0,524	0,532	0,541	0,550	0,560	0,570	0,580	0,591	0,601	0,612	0,624
	-5	0,450	0,455	0,461	0,466	0,472	0,478	0,483	0,490	0,496	0,502	0,508	0,515	0,521	0,528	0,535	0,542	0,550	0,557	0,565	0,572	0,581
	-7	0,452	0,456	0,459	0,463	0,467	0,471	0,475	0,479	0,483	0,487	0,492	0,496	0,500	0,505	0,509	0,514	0,518	0,523	0,528	0,533	0,538
	-10	0,453	0,455	0,458	0,461	0,463	0,466	0,469	0,471	0,474	0,477	0,480	0,482	0,485	0,488	0,491	0,494	0,497	0,500	0,503	0,506	0,509
	∞	0,454	0,454	0,454	0,454	0,454	0,454	0,454	0,454	0,454	0,454	0,454	0,454	0,454	0,454	0,454	0,454	0,454	0,454	0,454	0,454	0,454

Tableau A.9.3.5 Coefficient C_1 - Moments d'extrémité et charge concentrée – $\mu > 0$

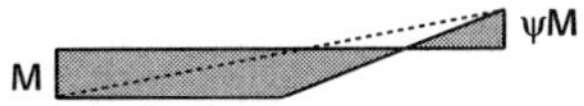

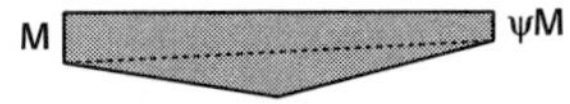

C_1	ψ																				
$\mu = FL/4M > 0$	-1	-0,9	-0,8	-0,7	-0,6	-0,5	-0,4	-0,3	-0,2	-0,1	0	0,1	0,2	0,3	0,4	0,5	0,6	0,7	0,8	0,9	1
0	2,554	2,627	2,606	2,534	2,438	2,331	2,219	2,104	1,990	1,878	1.770	1,667	1,569	1,477	1,391	1,312	1,238	1,171	1,109	1,052	1,000
0,1	2,494	2,475	2,408	2,317	2,216	2,109	2,002	1,896	1,792	1,693	1,597	1,507	1,423	1,344	1,271	1,203	1,140	1,082	1,029	1,028	1,027
0,2	2,348	2,285	2,200	2,105	2,006	1,906	1,807	1,711	1,619	1,532	1,449	1,371	1,298	1,231	1,168	1,109	1,055	1,055	1,055	1,053	1,051
0,3	2,168	2,089	2,000	1,908	1,815	1,724	1,636	1,551	1,470	1,394	1,322	1,255	1,192	1,134	1,079	1,080	1,080	1,078	1,077	1,074	1,072
0,4	1,983	1,901	1,816	1,730	1,646	1,564	1,486	1,412	1,342	1,276	1,213	1,155	1,101	1,102	1,103	1,102	1,101	1,098	1,096	1,093	1,090
0,5	1,809	1,730	1,651	1,573	1,498	1,426	1,358	1,293	1,231	1,174	1,120	1,122	1,124	1,124	1,123	1,121	1,118	1,116	1,112	1,109	1,105
0,6	1,650	1,577	1,505	1,436	1,370	1,306	1,246	1,189	1,136	1,140	1,142	1,143	1,143	1,141	1,140	1,137	1,134	1,131	1,127	1,123	1,119
0,7	1,508	1,442	1,378	1,317	1,258	1,203	1,150	1,155	1,158	1,160	1,161	1,160	1,159	1,157	1,154	1,151	1,148	1,144	1,140	1,136	1,132
0,8	1,383	1,324	1,267	1,213	1,161	1,168	1,173	1,175	1,177	1,177	1,177	1,175	1,173	1,170	1,167	1,163	1,160	1,156	1,152	1,147	1,143
0,9	1,273	1,221	1,170	1,179	1,185	1,189	1,191	1,192	1,192	1,192	1,190	1,188	1,185	1,182	1,178	1,174	1,170	1,166	1,162	1,158	1,153
1	1,177	1,187	1,194	1,200	1,203	1,206	1,207	1,206	1,205	1,204	1,201	1,199	1,195	1,192	1,188	1,184	1,180	1,176	1,171	1,167	1,163
1,1	1,202	1,209	1,214	1,217	1,219	1,220	1,219	1,218	1,217	1,214	1,211	1,208	1,205	1,201	1,197	1,193	1,188	1,184	1,180	1,175	1,171
1,2	1,222	1,227	1,230	1,231	1,232	1,231	1,230	1,229	1,226	1,223	1,220	1,217	1,213	1,209	1,205	1,201	1,196	1,192	1,187	1,183	1,179
1,3	1,238	1,241	1,243	1,243	1,243	1,241	1,240	1,237	1,235	1,231	1,228	1,224	1,220	1,216	1,212	1,208	1,203	1,199	1,194	1,190	1,186
1,4	1,252	1,253	1,254	1,253	1,252	1,250	1,248	1,245	1,242	1,238	1,235	1,231	1,227	1,223	1,218	1,214	1,210	1,205	1,201	1,196	1,192
1,5	1,263	1,263	1,263	1,262	1,260	1,258	1,255	1,252	1,248	1,245	1,241	1,237	1,233	1,229	1,224	1,220	1,216	1,211	1,207	1,202	1,198
1,6	1,273	1,272	1,271	1,269	1,267	1,264	1,261	1,258	1,254	1,250	1,246	1,242	1,238	1,234	1,230	1,225	1,221	1,217	1,212	1,208	1,204
1,7	1,280	1,279	1,277	1,275	1,273	1,270	1,266	1,263	1,259	1,255	1,251	1,247	1,243	1,239	1,235	1,230	1,226	1,222	1,217	1,213	1,209
1,8	1,287	1,286	1,283	1,281	1,278	1,275	1,271	1,268	1,264	1,260	1,256	1,252	1,248	1,243	1,239	1,235	1,231	1,226	1,222	1,218	1,214
2	1,298	1,296	1,293	1,290	1,287	1,283	1,279	1,276	1,272	1,268	1,264	1,260	1,256	1,251	1,247	1,243	1,239	1,235	1,231	1,226	1,222
2,2	1,306	1,303	1,300	1,297	1,294	1,290	1,286	1,282	1,278	1,274	1,270	1,266	1,262	1,258	1,254	1,250	1,246	1,242	1,238	1,234	1,230
2,5	1,315	1,312	1,309	1,305	1,302	1,298	1,294	1,290	1,287	1,283	1,279	1,275	1,271	1,267	1,263	1,259	1,255	1,251	1,247	1,244	1,240
3	1,325	1,322	1,318	1,315	1,311	1,307	1,304	1,300	1,296	1,293	1,289	1,285	1,282	1,278	1,274	1,271	1,267	1,264	1,260	1,257	1,253
3,5	1,331	1,328	1,324	1,321	1,317	1,314	1,311	1,307	1,304	1,300	1,297	1,293	1,290	1,287	1,283	1,280	1,277	1,273	1,270	1,267	1,263
4	1,335	1,332	1,328	1,325	1,322	1,319	1,316	1,312	1,309	1,306	1,303	1,300	1,296	1,293	1,290	1,287	1,284	1,281	1,278	1,275	1,272
5	1,339	1,337	1,334	1,331	1,328	1,325	1,322	1,320	1,317	1,314	1,311	1,308	1,306	1,303	1,300	1,298	1,295	1,292	1,290	1,287	1,284
7	1,343	1,341	1,339	1,337	1,334	1,332	1,330	1,328	1,326	1,323	1,321	1,319	1,317	1,315	1,313	1,311	1,308	1,306	1,304	1,302	1,300
10	1,346	1,344	1,342	1,341	1,339	1,337	1,336	1,334	1,332	1,331	1,329	1,327	1,326	1,324	1,322	1,321	1,319	1,318	1,316	1,315	1,313
∞	1,348	1,348	1,348	1,348	1,348	1,348	1,348	1,348	1,348	1,348	1,348	1,348	1,348	1,348	1,348	1,348	1,348	1,348	1,348	1,348	1,348

Tableau A.9.3.6 Coefficient C_1 - Moments d'extrémité et charge concentrée – $\mu < 0$

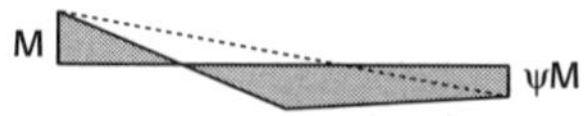

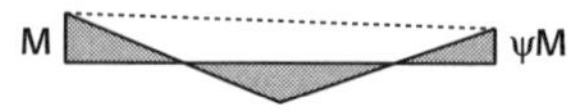

C_1 — $\mu = FL/4M < 0$ \ ψ	-1	-0,9	-0,8	-0,7	-0,6	-0,5	-0,4	-0,3	-0,2	-0,1	0	0,1	0,2	0,3	0,4	0,5	0,6	0,7	0,8	0,9	1
0	2,554	2,627	2,606	2,534	2,438	2,331	2,219	2,104	1,990	1,878	1,770	1,667	1,569	1,477	1,391	1,312	1,238	1,171	1,109	1,052	1,000
-0,1	2,494	2,682	2,760	2,737	2,663	2,563	2,451	2,333	2,212	2,090	1,970	1,852	1,740	1,633	1,533	1,439	1,353	1,274	1,202	1,136	1,075
-0,2	2,348	2,597	2,804	2,889	2,868	2,792	2,690	2,575	2,451	2,324	2,195	2,066	1,939	1,817	1,700	1,590	1,489	1,395	1,310	1,232	1,161
-0,3	2,168	2,417	2,689	2,916	3,012	2,994	2,919	2,817	2,700	2,573	2,440	2,304	2,166	2,029	1,896	1,769	1,649	1,538	1,437	1,344	1,261
-0,4	1,983	2,207	2,472	2,763	3,012	3,124	3,114	3,044	2,943	2,826	2,697	2,560	2,417	2,270	2,123	1,978	1,838	1,707	1,586	1,476	1,377
-0,5	1,809	2,000	2,231	2,505	2,811	3,083	3,219	3,225	3,163	3,067	2,950	2,821	2,681	2,532	2,377	2,218	2,059	1,906	1,762	1,631	1,512
-0,6	1,650	1,811	2,004	2,236	2,514	2,828	3,122	3,291	3,322	3,274	3,185	3,072	2,943	2,801	2,647	2,483	2,311	2,138	1,970	1,813	1,671
-0,7	1,508	1,643	1,802	1,992	2,222	2,496	2,811	3,122	3,332	3,399	3,372	3,295	3,189	3,062	2,919	2,760	2,586	2,400	2,210	2,025	1,855
-0,8	1,383	1,496	1,627	1,783	1,968	2,189	2,453	2,760	3,080	3,332	3,449	3,453	3,394	3,297	3,175	3,032	2,868	2,681	2,477	2,267	2,066
-0,9	1,273	1,368	1,478	1,605	1,754	1,931	2,141	2,390	2,681	2,998	3,283	3,458	3,508	3,475	3,393	3,278	3,135	2,963	2,760	2,533	2,302
-1	1,177	1,258	1,349	1,454	1,576	1,718	1,884	2,080	2,312	2,583	2,885	3,185	3,414	3,523	3,529	3,469	3,363	3,220	3,035	2,807	2,554
-1,1	1,202	1,220	1,239	1,327	1,427	1,542	1,675	1,831	2,012	2,225	2,472	2,753	3,048	3,313	3,485	3,544	3,515	3,422	3,273	3,066	2,806
-1,2	1,222	1,239	1,258	1,279	1,301	1,396	1,505	1,629	1,773	1,940	2,133	2,357	2,612	2,889	3,163	3,382	3,500	3,512	3,434	3,273	3,031
-1,3	1,238	1,255	1,273	1,293	1,314	1,338	1,363	1,465	1,581	1,713	1,865	2,040	2,242	2,470	2,722	2,984	3,222	3,386	3,439	3,374	3,193
-1,4	1,252	1,268	1,285	1,304	1,324	1,346	1,369	1,395	1,424	1,531	1,652	1,791	1,949	2,129	2,333	2,559	2,798	3,029	3,210	3,291	3,233
-1,5	1,263	1,278	1,295	1,312	1,331	1,351	1,374	1,397	1,423	1,451	1,481	1,592	1,718	1,861	2,022	2,203	2,403	2,616	2,827	3,003	3,090
-1,6	1,273	1,287	1,302	1,319	1,337	1,356	1,376	1,398	1,422	1,447	1,474	1,503	1,534	1,648	1,777	1,921	2,082	2,258	2,446	2,633	2,792
-1,7	1,280	1,294	1,309	1,325	1,341	1,359	1,378	1,398	1,420	1,443	1,468	1,494	1,522	1,551	1,581	1,698	1,827	1,969	2,125	2,289	2,453
-1,8	1,287	1,300	1,314	1,329	1,345	1,361	1,379	1,398	1,418	1,439	1,461	1,485	1,511	1,537	1,565	1,594	1,623	1,739	1,866	2,003	2,147
-2	1,298	1,310	1,323	1,336	1,350	1,364	1,380	1,396	1,413	1,431	1,451	1,471	1,492	1,514	1,537	1,561	1,585	1,611	1,636	1,660	1,683
-2,2	1,306	1,317	1,329	1,341	1,353	1,366	1,380	1,394	1,409	1,425	1,441	1,458	1,476	1,495	1,515	1,535	1,556	1,577	1,599	1,621	1,642
-2,5	1,315	1,325	1,335	1,345	1,356	1,367	1,379	1,391	1,403	1,416	1,430	1,444	1,458	1,473	1,489	1,505	1,522	1,539	1,556	1,574	1,592
-3	1,325	1,333	1,341	1,349	1,358	1,367	1,376	1,386	1,395	1,405	1,416	1,426	1,437	1,448	1,460	1,472	1,484	1,497	1,509	1,522	1,535
-3,5	1,331	1,338	1,344	1,351	1,359	1,366	1,373	1,381	1,389	1,397	1,406	1,414	1,423	1,432	1,441	1,450	1,460	1,469	1,479	1,489	1,499
-4	1,335	1,341	1,346	1,352	1,359	1,365	1,371	1,378	1,384	1,391	1,398	1,405	1,412	1,420	1,427	1,435	1,442	1,450	1,458	1,466	1,475
-5	1,339	1,344	1,348	1,353	1,358	1,363	1,367	1,372	1,377	1,382	1,388	1,393	1,398	1,404	1,409	1,414	1,420	1,426	1,432	1,437	1,443
-7	1,343	1,347	1,350	1,353	1,356	1,359	1,363	1,366	1,369	1,372	1,376	1,379	1,383	1,386	1,390	1,393	1,397	1,401	1,404	1,408	1,411
-10	1,346	1,348	1,350	1,352	1,354	1,356	1,358	1,361	1,363	1,365	1,367	1,369	1,372	1,374	1,376	1,379	1,381	1,383	1,386	1,388	1,390
∞	1,348	1,348	1,348	1,348	1,348	1,348	1,848	1,348	1,348	1,348	1,348	1,348	1,348	1,348	1,348	1,348	1,348	1,348	1,348	1,348	1,348

Tableau A.9.3.7 Coefficient C_2 - Moments d'extrémité et charge concentrée – $\mu > 0$

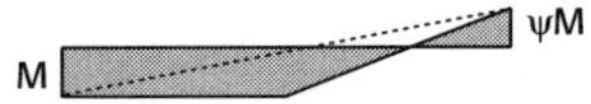

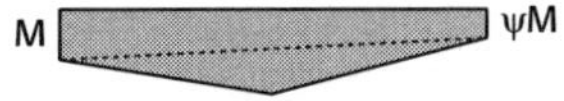

$\mu = FL/4M > 0$

C_2	ψ = -1	-0,9	-0,8	-0,7	-0,6	-0,5	-0,4	-0,3	-0,2	-0,1	0	0,1	0,2	0,3	0,4	0,5	0,6	0,7	0,8	0,9	1
0	0,000	0,000	0,000	0,000	0,000	0,000	0,000	0,000	0,000	0,000	0,000	0,000	0,000	0,000	0,000	0,000	0,000	0,000	0,000	0,000	0,000
0,1	0,060	0,057	0,054	0,053	0,053	0,054	0,055	0,055	0,056	0,056	0,055	0,054	0,053	0,051	0,050	0,048	0,046	0,044	0,042	0,040	0,038
0,2	0,109	0,105	0,103	0,103	0,104	0,105	0,106	0,106	0,106	0,105	0,103	0,101	0,099	0,095	0,092	0,089	0,085	0,081	0,078	0,075	0,071
0,3	0,153	0,151	0,150	0,151	0,152	0,153	0,153	0,152	0,151	0,149	0,145	0,142	0,138	0,133	0,129	0,124	0,119	0,114	0,110	0,105	0,101
0,4	0,196	0,195	0,195	0,196	0,196	0,196	0,195	0,193	0,190	0,186	0,182	0,177	0,172	0,166	0,160	0,154	0,149	0,143	0,138	0,132	0,127
0,5	0,237	0,236	0,236	0,236	0,235	0,234	0,231	0,228	0 223	0,219	0,213	0,207	0,201	0,194	0,188	0,181	0,175	0,168	0,162	0,156	0,151
0,6	0,275	0,274	0,273	0,272	0,270	0,267	0,263	0,258	0,253	0,247	0,240	0,233	0,226	0,219	0,212	0,205	0,198	0,191	0,184	0,178	0,172
0,7	0,310	0,308	0,306	0,303	0,300	0,295	0,290	0,284	0,278	0,271	0,264	0,256	0,249	0,241	0,233	0,226	0,218	0,211	0,204	0,198	0,191
0,8	0,340	0,337	0,334	0,330	0,325	0,320	0,314	0,307	0,300	0,292	0,284	0,276	0,268	0,260	0,252	0,245	0,237	0,229	0,222	0,215	0,208
0,9	0,367	0,363	0,358	0,353	0,347	0,341	0,334	0,326	0,319	0,311	0,303	0,294	0,286	0,277	0,269	0,261	0,253	0,246	0,238	0,231	0,224
1	0,390	0,385	0,379	0,373	0,366	0,359	0,351	0,343	0,335	0,327	0,318	0,310	0,301	0,293	0,285	0,276	0,268	0,261	0,253	0,246	0,239
1,1	0,410	0,404	0,397	0,390	0,383	0,375	0,367	0,359	0,350	0,341	0,333	0,324	0,315	0,307	0,298	0,290	0,282	0,274	0,267	0,259	0,252
1,2	0,426	0,420	0,413	0,405	0,397	0,389	0,380	0,372	0,363	0,354	0,345	0,337	0,328	0,319	0,311	0,302	0,294	0,287	0,279	0,271	0,264
1,3	0,441	0,434	0,426	0,418	0,410	0,401	0,392	0,383	0,375	0,366	0,357	0,348	0,339	0,331	0,322	0,314	0,306	0,298	0,290	0,283	0,276
1,4	0,453	0,446	0,437	0,429	0,420	0,412	0,403	0,394	0,385	0,376	0,367	0,358	0,349	0,341	0,333	0,324	0,316	0,308	0,301	0,293	0,286
1,5	0,464	0,456	0,448	0,439	0,430	0,421	0,412	0,403	0,394	0,385	0,376	0,368	0,359	0,350	0,342	0,334	0,326	0,318	0,310	0,303	0,296
1,6	0,473	0,465	0,456	0,448	0,439	0,430	0,421	0,412	0,403	0,394	0,385	0,376	0,368	0,359	0,351	0,343	0,335	0,327	0,320	0,312	0,305
1,7	0,482	0,473	0,464	0,455	0,446	0,437	0,428	0,419	0,410	0,401	0,393	0,384	0,376	0,367	0,359	0,351	0,343	0,335	0,328	0,321	0,313
1,8	0,489	0,480	0,471	0,462	0,453	0,444	0,435	0,426	0,417	0,408	0,400	0,391	0,383	0,375	0,366	0,358	0,351	0,343	0,336	0,328	0,321
2	0,500	0,491	0,482	0,473	0,465	0,456	0,447	0,438	0,429	0,421	0,412	0,404	0,396	0,388	0,380	0,372	0,365	0,357	0,350	0,343	0,336
2,2	0,509	0,500	0,491	0,483	0,474	0,465	0,457	0,448	0,440	0,431	0,423	0,415	0,407	0,399	0,392	0,384	0,377	0,369	0,362	0,355	0,349
2,5	0,519	0,511	0,502	0,494	0,485	0,477	0,469	0,460	0,452	0,444	0,436	0,429	0,421	0,414	0,407	0,399	0,392	0,385	0,379	0,372	0,365
3	0,530	0,523	0,514	0,507	0,499	0,491	0,484	0,476	0,469	0,461	0,454	0,447	0,440	0,433	0,426	0,420	0,413	0,407	0,400	0,394	0,388
3,5	0,538	0,530	0,523	0,515	0,508	0,501	0,494	0,487	0,480	0,474	0,467	0,460	0,454	0,448	0,441	0,435	0,429	0,423	0,417	0,412	0,406
4	0,542	0,535	0,529	0,522	0,515	0,509	0,502	0,496	0,490	0,483	0,477	0,471	0,465	0,459	0,454	0,448	0,442	0,437	0,431	0,426	0,420
5	0,548	0,542	0,536	0,531	0,525	0,519	0,514	0,508	0,503	0,497	0,492	0,487	0,482	0,477	0,472	0,467	0,462	0,457	0,452	0,447	0,443
7	0,553	0,549	0,544	0,540	0,535	0,531	0,527	0,522	0,518	0,514	0,510	0,506	0,502	0,498	0,494	0,490	0,486	0,482	0,478	0,475	0,471
10	0,556	0,552	0,549	0,546	0,543	0,539	0,536	0,533	0,530	0,527	0,524	0,521	0,518	0,515	0,512	0,509	0,506	0,503	0,500	0,497	0,494
∞	0,630	0,630	0,630	0,630	0,630	0,630	0,630	0,630	0,630	0,630	0,630	0,630	0,630	0,630	0,630	0,630	0,630	0,630	0,630	0,630	0,630

Tableau A.9.3.8 Coefficient C_2 - Moments d'extrémité et charge concentrée – $\mu < 0$

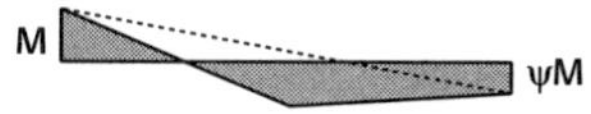

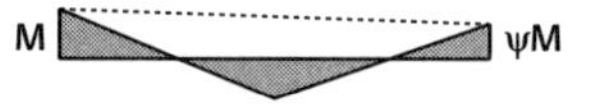

C_2 $\mu = FL/4M < 0$	ψ: -1	-0,9	-0,8	-0,7	-0,6	-0,5	-0,4	-0,3	-0,2	-0,1	0	0,1	0,2	0,3	0,4	0,5	0,6	0,7	0,8	0,9	1
0	0,000	0,000	0,000	0,000	0,000	0,000	0,000	0,000	0,000	0,000	0,000	0,000	0,000	0,000	0,000	0,000	0,000	0,000	0,000	0,000	0,000
-0,1	0,067	0,073	0,069	0,063	0,059	0,057	0,057	0,058	0,059	0,061	0,061	0,061	0,061	0,060	0,058	0,056	0,053	0,051	0,048	0,046	0,044
-0,2	0,134	0,154	0,163	0,151	0,135	0,125	0,121	0,120	0,122	0,125	0,128	0,129	0,130	0,128	0,126	0,121	0,116	0,111	0,105	0,099	0,094
-0,3	0,202	0,231	0,263	0,277	0,253	0,222	0,202	0,193	0,191	0,194	0,198	0,203	0,206	0,206	0,204	0,198	0,191	0,181	0,172	0,161	0,152
-0,4	0,267	0,304	0,349	0,396	0,416	0,382	0,332	0,298	0,280	0,275	0,277	0,282	0,289	0,293	0,293	0,288	0,278	0,265	0,250	0,235	0,220
-0,5	0,326	0,368	0,419	0,482	0,548	0,581	0,543	0,475	0,421	0,391	0,378	0,376	0,381	0,388	0,392	0,390	0,381	0,365	0,345	0,322	0,300
-0,6	0,377	0,420	0,474	0,541	0,621	0,707	0,761	0,736	0,658	0,583	0,533	0,508	0,499	0,501	0,506	0,507	0,500	0,483	0,457	0,427	0,396
-0,7	0,419	0,463	0,516	0,582	0,662	0,757	0,862	0,943	0,947	0,875	0,787	0,717	0,674	0,652	0,646	0,645	0,639	0,623	0,592	0,552	0,509
-0,8	0,452	0,496	0,548	0,610	0,684	0,775	0,882	1,002	1,110	1,156	1,113	1,026	0,942	0,880	0,842	0,822	0,808	0,789	0,754	0,703	0,645
-0,9	0,480	0,522	0,571	0,629	0,697	0,779	0,876	0,991	1,122	1,252	1,341	1,346	1,282	1,197	1,121	1,065	1,026	0,993	0,949	0,886	0,808
-1	0,502	0,542	0,588	0,642	0,704	0,777	0,863	0,965	1,084	1,220	1,364	1,490	1,552	1,532	1,463	1,383	1,313	1,252	1,189	1,108	1,005
-1,1	0,520	0,558	0,601	0,651	0,707	0,773	0,849	0,938	1,041	1,161	1,299	1,449	1,598	1,710	1,748	1,716	1,647	1,567	1,481	1,376	1,243
-1,2	0,535	0,571	0,611	0,657	0,709	0,767	0,835	0,913	1,002	1,105	1,224	1,360	1,512	1,670	1,815	1,910	1,930	1,887	1,803	1,683	1,523
-1,3	0,547	0,581	0,619	0,661	0,708	0,762	0,822	0,890	0,968	1,057	1,159	1,276	1,408	1,556	1,716	1,875	2,008	2,079	2,070	1,983	1,824
-1,4	0,557	0,589	0,624	0,664	0,707	0,756	0,810	0,871	0,940	1,017	1,105	1,205	1,318	1,446	1,588	1,744	1,905	2,053	2,155	2,174	2,084
-1,5	0,565	0,596	0,629	0,665	0,706	0,750	0,799	0,854	0,915	0,984	1,060	1,146	1,243	1,352	1,474	1,610	1,759	1,915	2,064	2,177	2,209
-1,6	0,572	0,601	0,632	0,666	0,704	0,745	0,790	0,839	0,894	0,955	1,022	1,098	1,182	1,275	1,380	1,496	1,625	1,765	1,913	2,055	2,167
-1,7	0,578	0,606	0,635	0,667	0,702	0,740	0,781	0,826	0,876	0,930	0,991	1,057	1,131	1,212	1,302	1,402	1,513	1,635	1,766	1,904	2,036
-1,8	0,584	0,609	0,637	0,667	0,700	0,735	0,773	0,815	0,860	0,909	0,963	1,023	1,088	1,159	1,238	1,325	1,421	1,526	1,641	1,764	1,891
-2	0,592	0,615	0,640	0,667	0,696	0,726	0,760	0,795	0,833	0,875	0,920	0,968	1,021	1,078	1,140	1,207	1,281	1,361	1,449	1,543	1,645
-2,2	0,598	0,620	0,642	0,666	0,692	0,719	0,748	0,779	0,812	0,848	0,886	0,926	0,970	1,017	1,068	1,123	1,181	1,245	1,314	1,388	1,467
-2,5	0,605	0,624	0,644	0,665	0,686	0,710	0,734	0,760	0,788	0,817	0,847	0,880	0,915	0,952	0,991	1,033	1,077	1,125	1,176	1,230	1,287
-3	0,612	0,628	0,644	0,661	0,679	0,698	0,717	0,737	0,759	0,781	0,804	0,828	0,854	0,881	0,909	0,938	0,969	1,002	1,036	1,073	1,111
-3,5	0,617	0,630	0,644	0,658	0,673	0,689	0,705	0,721	0,739	0,756	0,775	0,794	0,814	0,835	0,857	0,880	0,903	0,928	0,953	0,980	1,008
-4	0,620	0,632	0,644	0,656	0,669	0,682	0,695	0,709	0,724	0,739	0,754	0,770	0,787	0,804	0,821	0,839	0,858	0,878	0,898	0,919	0,941
-5	0,624	0,633	0,642	0,652	0,662	0,672	0,682	0,693	0,704	0,715	0,727	0,738	0,750	0,763	0,775	0,788	0,802	0,815	0,830	0,844	0,859
-7	0,627	0,633	0,640	0,647	0,653	0,660	0,667	0,675	0,682	0,689	0,697	0,705	0,712	0,720	0,728	0,737	0,745	0,754	0,762	0,771	0,780
-10	0,628	0,633	0,637	0,642	0,647	0,651	0,656	0,661	0,666	0,671	0,676	0,681	0,686	0,691	0,696	0,701	0,707	0,712	0,718	0,723	0,729
∞	0,630	0,630	0,630	0,630	0,630	0,630	0,630	0,630	0,630	0,630	0,630	0,630	0,630	0,630	0,630	0,630	0,630	0,630	0,630	0,630	0,630

CHAPITRE 10

ELS : états limites de service

Résumé

Au-delà des critères de résistance essentiels évoqués dans les chapitres précédents, toute structure doit satisfaire des critères d'utilisation en condition de service normal c'est-à-dire sous des combinaisons d'actions qu'il n'y a pas lieu de pondérer. Ces critères ELS sont généralement conditionnés par des désordres qu'engendreraient des déformations trop importantes ou par un sentiment d'inconfort induit par des vibrations par exemple (fréquences comprises entre 1 et 5 Hz). Il faut également veiller à éviter la mise en résonance de la structure en présence de machines vibrantes.

Le présent chapitre évoque les critères relatifs à chaque famille d'éléments et précise les conditions réglementaires à respecter.

10.1 Les états limites de service

Les états limites de service doivent refléter des situations « normales » d'utilisation, situations que l'ouvrage est censé rencontrer plus ou moins fréquemment durant sa vie. De ce fait, les combinaisons d'actions ELS envisagées sont des combinaisons non pondérées qui garantissent aux ouvrages en acier un fonctionnement dans le domaine élastique, donc le recours à une analyse élastique et aux formules de RdM usuelles.

10.2 Barres tendues

Les déformations de traction étant relativement limitées (dans le domaine élastique), la norme EN 1993-1-1 n'impose pas de critère ELS pour ce type d'élément.

Toutefois, il convient de réduire l'élancement λ (longueur / rayon de giration) :

- pour éviter une flexion exagérée des barres sous l'effet de leur poids propre,
- pour éviter la mise en vibration sous l'action de sollicitations dynamiques (vent, machines tournantes, entre autres).

Bien qu'aucune condition réglementaire ne soit imposée, on considère que l'élancement limite est de :

- 240 si la barre assure un rôle porteur principal,
- 300 pour une barre secondaire ou un contreventement.

10.3 Poteaux et barres comprimées

Il n'existe pas de critères ELS réglementaires propres aux poteaux et barres comprimées, car :

- les déformations longitudinales d'effort normal sont généralement négligeables,
- les déformations dues au flambement ne sont pas quantifiables.

Le recours à des barres de contre-flambement peut efficacement limiter l'apparition des déformations de flambement.

10.4 Poutres

10.4.1 Poutres à âme pleine

Une flèche excessive dans une poutre de plancher ou de toiture peut entraîner divers désordres : fissurations de cloisons, bris de vitrage, dysfonctionnement des châssis de portes ou de fenêtres... D'autre part, une flexibilité excessive peut engendrer des problèmes de transmission de bruit ou de vibrations, sources d'inconfort.

Une attention particulière doit également être apportée aux déformations résultant des risques d'accumulation d'eaux sur les toitures de faible pente (< 5 %). Une flèche excessive peut engendrer une accumulation d'eau irréversible provoquant ainsi une ruine. Sur les toitures plates, il convient de n'autoriser qu'une flèche assez stricte et de disposer des orifices d'évacuation en nombre suffisant aux points bas. Il est recommandé de donner une pente en toiture d'au moins 3 %.

10.4.1.1 Critères ELS

En fonction de l'usage de la poutre, les critères ELS et les combinaisons d'actions à considérer diffèrent.

Les valeurs limites recommandées données ci-après doivent être comparées aux résultats des calculs à partir des combinaisons caractéristiques (voir tableau 2.2, chapitre 2). D'autres valeurs limites de déformation peuvent être fixées par les documents du marché.

Notons qu'il est généralement d'usage d'assimiler la flèche en travée (à mi-portée) à la flèche maximale et de négliger les déformations d'effort tranchant devant les déformations de flexion.

10.4.1.2 Flèches verticales

Les notations des valeurs limites de flèche indiquées ci-après sont représentées sur la figure 10.1 dans le cas de la poutre simplement appuyée.

Les symboles suivants sont utilisés :

w_1 : flèche due aux actions permanentes,

w_3 : flèche additionnelle due aux actions variables,

w_c : contreflèche dans l'élément structural non chargé,

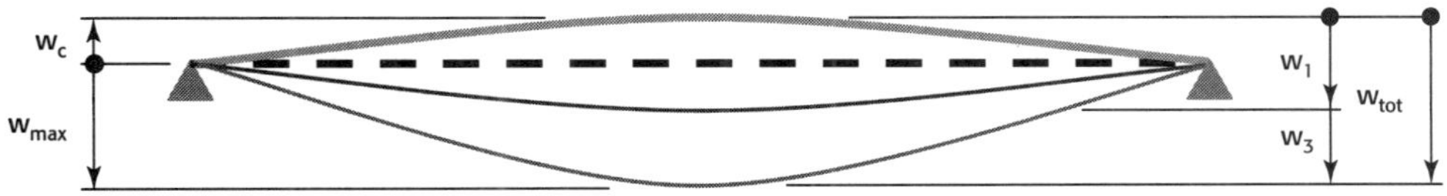

Figure 10.1 Décomposition des différentes flèches d'une poutre fléchie

La flèche totale, w_{tot}, est telle que : $w_{tot} = w_1 + w_3$

La flèche résiduelle totale w_{max} incluant la contreflèche a pour expression :

$$w_{max} = w_1 + w_3 - w_c$$

Les valeurs limites recommandées des flèches verticales pour les poutres de bâtiments sont données dans le tableau 10.1 où L est la portée de la poutre.

Tableau 10.1 Valeurs recommandées pour les flèches verticales

Conditions	Limites	
	w_{max}	w_3
Toitures en général (non accessibles)	L / 200	L / 250
Toitures accessibles	L / 200	L / 300
Planchers en général	L / 200	L /300
Planchers et toitures supportant des cloisons en plâtre ou en autres matériaux fragiles ou rigides	L / 250	L / 350
Planchers supportant des poteaux	L / 400	L / 500
Cas où w_{max} peut nuire à l'aspect du bâtiment	L /250	

Pour les poutres en porte-à-faux, la longueur L à considérer est égale à 2 fois la longueur du porte-à-faux.

10.4.1.3 Vibrations

Pour le fonctionnement de la structure ou le confort de l'utilisateur, il convient de maintenir la fréquence naturelle des vibrations de la structure ou de l'élément structural au-dessus de valeurs appropriées, selon la fonction du bâtiment et la source des vibrations, en accord avec le client et/ou l'autorité compétente.

En l'absence de spécifications particulières dans les documents du marché, les limitations sur les fréquences propres de vibrations les plus basses des planchers des structures sont données au tableau 10.2.

Dans le calcul de la fréquence propre, la masse à retenir relative aux charges d'exploitation correspond à 20 % des charges d'exploitation prise en compte dans la combinaison caractéristique. Lorsqu'une part des charges d'exploitation correspond à des éléments non structuraux rigidement fixés à la construction (cloisons légères par exemple), la masse correspondante à retenir est 100 % de cette part et 20 % pour le reste.

Lorsque la première fréquence propre est inférieure à la fréquence limite recommandée (tableau 10.2), il convient de procéder à une analyse plus affinée de la réponse dynamique de la structure, en tenant compte de l'amortissement.

Une méthode de calcul de cette réponse dynamique est proposée en Annexe B de la norme NF P 22-311-1/NA

Tableau 10.2 Valeurs limites des fréquences de vibrations les plus basses des planchers

Nature des locaux	Fréquence propre
Habitations, bureaux	2,6 Hz
Gymnases, salles de danse	5 Hz

Note : Les raideurs des planchers et des palées verticales de stabilité des bâtiments courants conduisent à des valeurs de fréquences horizontales qui ne sont pas excitées par la marche du piéton. Une étude particulière de la réponse est nécessaire en cas de fréquence propre horizontale inférieure à 1,25 Hz notamment pour les ouvrages susceptibles d'être traversés par une foule (synchronisation des piétons)

10.4.2 Poutres en treillis

Elles doivent satisfaire les mêmes critères ELS que les poutres à âme pleine.

Dans les poutres en treillis, les flèches sont principalement dues aux déformations axiales des barres. Les diagonales et montants, qui assurent le même rôle qu'une âme de poutre à âme pleine, peuvent contribuer pour une part pouvant atteindre 30% à la flèche de la poutre. C'est pourquoi il est usuel de dire que, dans une poutre en treillis, les déformations « d'effort tranchant » (ou déformations de l'âme) ne peuvent être négligées.

Notons aussi que, la rigidité des poutres en treillis étant relativement élevée, les critères ELS usuels sont généralement satisfaits.

10.5 Poteaux en flexion composée

La norme EN 1993-1-1 ne donne pas d'indication sur les flèches propres que peuvent présenter les poteaux comprimés et fléchis.

Il convient toutefois de limiter les flèches ou déplacements horizontaux qui, à défaut d'être définies avec le client, pourront être comparées aux valeurs recommandées données dans le tableau 10.3.

Ces déplacements sont généralement évalués en tête de poteau et calculés à partir des combinaisons caractéristiques (voir tableau 2.2, chapitre 2).

10.5.1 Flèches horizontales

Les notations sont les suivantes :

u : déplacement horizontal sur la hauteur H du bâtiment

u_i : déplacement horizontal sur la hauteur H_i d'un étage

L_i : distance entre 2 portiques successifs

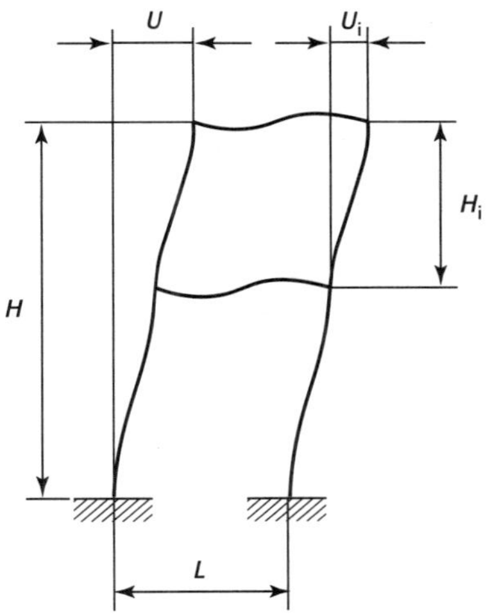

Tableau 10.3 Valeurs limites recommandées pour les flèches horizontales

Conditions	Limites
Bâtiments industriels à niveau unique sans pont roulant, avec parois non fragiles [a] :	
– déplacement en tête de poteau	H / 150
– déplacement différentiel en tête entre 2 portiques consécutifs	H / 150
Eléments supports de bardage métallique (hors encadrement de baies) :	
– lisses	L_i / 150
– montants (flèche propre)	H_i / 150
Autres bâtiments à niveau unique, sans pont roulant [b) c)] :	
– déplacement en tête de poteau	H_i / 250
– déplacement différentiel en tête entre 2 portiques consécutifs	L_i / 200
Bâtiments industriels à plusieurs niveaux, sans pont roulant, avec parois non fragiles :	
– entre chaque étage	H_i / 200
– pour la structure dans son ensemble si $H \leq 30$ m	H / 200
si $H > 30$ m	H / 300

Conditions		Limites
Autres bâtiments à plusieurs niveaux, sans pont roulant [c] **:**		
– entre chaque étage		$H_i / 300$
– pour la structure dans son ensemble	si : $H \leq 10$ m	$H / 300$
	si : 10 m $< H \leq 30$ m	$\dfrac{H}{200+10H}$
	si : $H > 30$ m	$H / 500$

où :

H_i est la hauteur du poteau ou de l'étage ou du montant de bardage ;

H est la hauteur totale de la structure

L_i est la distance entre deux portiques consécutifs ou la longueur d'une lisse

Notes :

a) **Bâtiments sans pont roulant** : cas des bâtiments avec portiques simples ou à travées multiples, à un niveau, sans exigence particulièrement restrictive en matière de déformation

b) **Autres bâtiments à niveau unique** : ce sont des bâtiments ayant des exigences particulières en matière de déformations (ex : fragilité des parois, aspect, confort, utilisation). Ils peuvent être simples ou à travées multiples

c) **Dans le cas de parois fragiles** : la valeur limite de flèche horizontale peut être supérieure lorsque des dispositions constructives adoptées pour les liaisons des parois à l'ossature le permettent.

Pour les ossatures supports de chemin de roulement, et dans l'attente de la publication de la norme NF EN 1993-6, il convient de limiter les flèches horizontales sous combinaison caractéristique selon le tableau 10.4.

Tableau 10.4 Valeurs limites recommandées des flèches horizontales

Conditions	Limites	Schémas
Déplacement horizontal u_y d'une ossature (ou d'un poteau) au niveau de l'appui du pont roulant, provoqué par la combinaison d'efforts latéraux de pont roulant et de l'action ou non du vent caractéristique h_c représente la hauteur du niveau de l'appui du pont roulant (sur un rail ou sur une semelle)	Avec vent : $u_y \leq h_c / 200$ Sans vent : $u_y \leq h_c / 400$	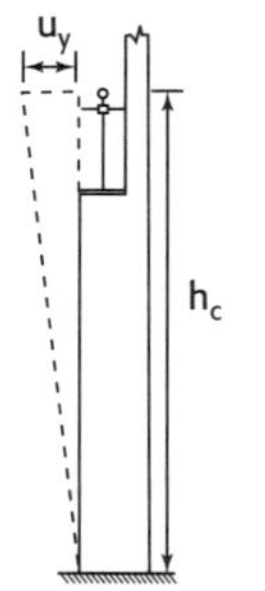
Différence Δu_y entre les déplacements horizontaux d'ossatures (ou de poteaux) adjacentes supportant les poutres d'un chemin de roulement de pont roulant situé à l'intérieur	$\Delta u_y \leq L / 200$	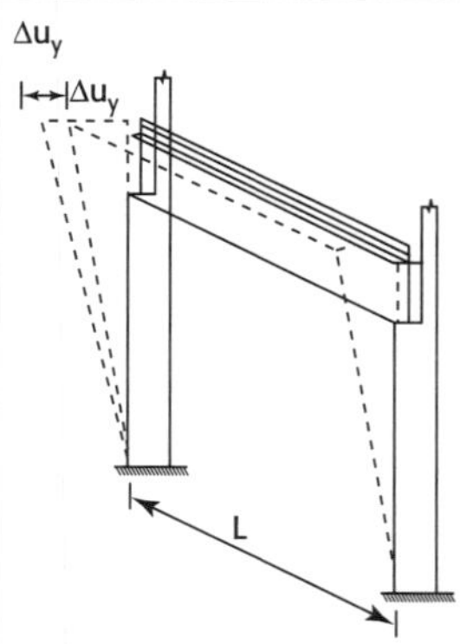
Différence Δu_y entre les déplacements horizontaux de poteaux (ou d'ossatures) adjacents supportant les poutres d'un chemin de roulement de pont roulant situé à l'extérieur : – provoquée par la combinaison d'efforts latéraux de pont roulant et de l'action du vent de service – provoquée par la charge du vent hors service	 $\Delta u_y \leq L / 300$ $\Delta u_y \leq L / 200$	

10.5.2 Exemple

On désire réaliser un plancher collaborant pour une salle de danse (catégorie C5, $q_k = 5$ kN/m², $Q_k = 7$ kN)

Les solives sont constituées de profils IPE simplement appuyés aux extrémités, de portée 10 m et d'espacement 2,50 m.

Le plancher béton est constitué de bacs acier « Cofrasta 40 » posés en continu (coefficient de continuité 1,1) et d'une dalle béton d'épaisseur 8 cm (G = 180 daN/m²)

Dimensionner les solives courantes. (On néglige l'effet de Q_k devant celui de q_k)

Dimensionnement ELU

Charges permanentes : $G = 1{,}8 \times 2{,}5 \times 1{,}1 + \text{poids profil négligé} = 4{,}95 \text{ kN / m}$

Charges d'exploitation : $I = 5 \times 2{,}5 \times 1{,}1 = 13{,}75 \text{ kN / m}$

La zone d'influence d'une solive étant de $10 \times 2{,}5 = 25 \text{ m}^2 > A_0 = 3{,}5 \text{ m}^2$, on peut utiliser le coefficient de réduction α_A : $\alpha_A = 0{,}77 + \dfrac{3{,}5}{25} = 0{,}91$ (voir Chapitre 3 § 3.1)

Combinaison ELU : $1{,}35 \cdot G + 1{,}5 \cdot I$, soit :

$$q_u = 1{,}35 \times 4{,}95 + 1{,}5 \times (0{,}91 \times 13{,}75) = 25{,}45 \text{ kN / m}$$

Les sections laminées en I étant généralement de Classe 1 en flexion/axe fort, la condition ELU à respecter est :

$$M_{Ed} \leq M_{c,Rd}$$

avec : $$M_{Ed} = \frac{q_u \cdot l^2}{8} = \frac{25{,}45 \times 10^2}{8} = 318{,}12 \text{ kN.m}$$

et : $$M_{c,Rd} = M_{pl,y} = W_{pl,y} \cdot f_y$$

On peut donc définir la valeur théorique du module de flexion plastique $W_{pl,y}$ qui dépend évidemment de la nuance d'acier choisie, soit :

Acier de nuance S 235:

$$W_{pl,y} \geq \frac{M_{Ed}}{f_y} = \frac{318{,}12.10^6}{235} = 1353702 \text{ mm}^3 = 1353 \text{ cm}^3$$

soit : IPE 450 : $W_{pl,y} = 1702 \text{ cm}^3$, Ratio : 0,80

Nuance S 275 : $W_{pl,y} \geq 1157 \text{ cm}^3 \rightarrow$ IPE 400 : $W_{pl,y} = 1307 \text{ cm}^3$, Ratio : 0,89

Nuance S 355 : $W_{pl,y} \geq 896 \text{ cm}^3 \rightarrow$ IPE 360 : $W_{pl,y} = 1019 \text{ cm}^3$, Ratio : 0,88

Dimensionnement ELS

2 critères ELS sont à satisfaire d'après le tableau 10.1 :

La formulation générale est du type $E_d \leq C_d$ (Chapitre 2 § 1.2)

avec E_d : valeur de calcul de la flèche en travée

C_d : valeur limite du critère ELS

Critère n°1 : $C_d = w_{max} = l/200$ sous la combinaison G + I

Soit : $q_{s1} = 4{,}95 + 0{,}91 \times 13{,}75 = 17{,}46$ kN / m

$$E_d = \frac{5 \cdot q_{s1} \cdot l^4}{384 \cdot E \cdot I}$$

On peut donc définir la valeur théorique du moment quadratique I, soit :

$$I \geq \frac{5 \cdot 200 \cdot q_{s1} \cdot l^3}{384.E} = \frac{1000 \times 17{,}46 \times 10000^3}{384 \times 210000} = 21652.10^4\,mm^4 = 21652\ cm^4$$

$\rightarrow$ IPE 400 (I_y = 23 128 cm^4) : Ratio : 0,94

Critère n°2 : $C_d = w_3 = l/300$ sous la seule charge I

soit : $q_{s2} = 0{,}91 \times 13{,}75 = 12{,}51$ kN / m

$$I \geq \frac{5 \cdot 300 \cdot q_{s2} \cdot l^3}{384 \cdot E} = \frac{1500 \times 12{,}51 \times 10000^3}{384 \times 210000} = 23270.10^4\,mm^4 = 23270\ cm^4$$

$\rightarrow$ IPE 450 (I_y = 33 743 cm^4) : Ratio : 0,69

La condition prépondérante se révèle être le critère ELS n° 2, le profil à retenir serait donc :

$\rightarrow$ IPE 450 en acier S 235 : $W_{pl,y} = 1701{,}8$ cm^3, $I_y = 33742{,}9$ cm^4 (77,6 kg/m)

On pourrait toutefois être tenté d'avoir recours au profil : *(Ratio ELS n°2 : 1,006)*

$\rightarrow$ IPE 400 en acier S 275 : $W_{pl,y} = 1307{,}1$ cm^3, $I_y = 23128{,}4$ cm^4 (66,3 kg/m)

Vérification : La prise en compte du poids propre du profil ne remet pas en cause le dimensionnement

Pour le IPE 450 S 235 : G = 5,73 kN/m

q_u = 26,50 kN/m Ratio ELU : 0,83

q_{s1} = 18,24 kN/m Ratio ELS n°1 : 0,67

q_{s2} = 12,51 kN/m Ratio ELS n°2 : 0,69 (idem)

Pour le IPE 400 S 275 : G = 5,61 kN/m

q_u = 26,35 kN/m Ratio ELU : 0,92

q_{s1} = 18,12 kN/m Ratio ELS n°1 : 0,97

q_{s2} = 12,51 kN/m Ratio ELS n°2 : 1,006 (idem)

Vérification dynamique

Critère de confort : la fréquence propre de vibration des solives doit être supérieure à 5 Hz sous la combinaison G + 0,2.I (voir tableau 10.2)

L'analyse dynamique à l'aide du logiciel RdM 6 fournit les résultats donnés dans le tableau 10.5 où seules les fréquences relatives au mode 1 de vibration sont indiquées.

Tableau 10.5 Résultats obtenus avec le logiciel RDM 6

Configuration	Masse ajoutée (kg/m)	Fréquence de vibration en Hz		
		IPE 400	IPE 450	IPE 500
Profil seul	0	13,47	15,03	16,61
Profil + Dalle G	495	4,62	5,52	6,53
G + 0,2.I	745	3,84	4,61	5,46

Aucun des 2 profils initiaux IPE 400 ou IPE 450 ne satisfait ce dernier critère ELS car leur fréquence de vibration est inférieure à 5 Hz

Il conviendrait donc d'avoir recours à un IPE 500.

Remarques

Comme pour les problèmes d'instabilité, la nuance n'a pas d'incidence sur les phénomènes vibratoires.

On peut augmenter la fréquence propre de vibration des poutres en rigidifiant les liaisons en extrémité.

On peut amortir les vibrations en agissant :

- au niveau de la source (revêtement amortissant),
- au niveau de la structure (amortisseurs).

Á défaut d'utiliser un logiciel, on peut calculer la fréquence propre à l'aide d'un formulaire, soit pour une poutre sur 2 appuis chargée uniformément (source SteelBizFrance) :

$$T = \frac{\pi}{5} \cdot \sqrt{\frac{m \cdot l^4}{E \cdot I}}$$

soit, pour un profil IPE 500 :

m = profil + dalle + 0,2.I = 105,5 + 495 + 250 ≈ 850 kg/m

$$T = \frac{\pi}{5}\sqrt{\frac{850.10^4}{210000.10^6 \times 48198,5.10^{-8}}} = 0,182 \text{ s}$$

soit : $$f = \frac{1}{T} = 5,49 \text{ Hz} > 5 \text{ Hz}$$

La fréquence de vibration est convenable, l'écart avec le résultat fourni par le logiciel est dérisoire (5,49 Hz pour 5,46 Hz)

10.6 Références bibliographiques

[1] NF EN 1993-1-1, octobre 2005 Eurocode 3, Calcul des structures en acier Partie 1-1 : Règles générales et règles pour les bâtiments. AFNOR.

[2] NF EN 1993-1-1 mai 2007/NA, Eurocode 3, Calcul des structures en acier, Partie 1-1 : Règles générales et règles pour les bâtiments, Annexe Nationale à la NF EN 1993-1-1 : 2005, Règles générales et règles pour les bâtiments. AFNOR.

[3] APK – Construction Métallique et Mixte Acier-Béton. Tome 1 : Calcul et dimensionnement, Eyrolles 1996.

[4] APK – Construction Métallique et Mixte Acier-Béton. Tome 2 : Conception et mise en œuvre, Eyrolles 1996.

[5] CTICM – Site internet « SteelBizFrance »

CHAPITRE 11

Assemblages simples

Résumé

Les assemblages simples correspondent aux attaches de base faisant intervenir les moyens d'assemblage classiques (boulons ordinaires, boulons précontraints et soudures). Les assemblages structuraux plus complexes (assemblages par platines d'about par exemple) sont traités ultérieurement.

Dans le présent chapitre sont abordés successivement les attaches boulonnées, les attaches soudées et les assemblages par axes d'articulation. Pour chaque type d'assembleur, les dispositions constructives sont précisées et commentées. Des exemples de calcul viennent illustrer les spécifications fournies dans la partie 1.8 de l'Eurocode 3.

11.1 Introduction

Les assemblages sont des éléments structuraux très importants en charpente métallique. Leur conception ainsi que le moyen de fixation utilisé, doivent impérativement permettre la transmission d'efforts internes d'une barre à l'autre tels que définis dans la note de calcul.

Un appui simple (ou appui glissant) ne doit transmettre qu'une action ponctuelle et il doit permettre une libre rotation et une liberté de mouvement dans une direction ou dans un plan (voir figure 11.1.1 par exemple). Une rotule ne doit pas transmettre de moment. Elle doit permettre une libre rotation de l'assemblage. Un encastrement doit pouvoir transmettre un effort normal, un effort tranchant et un moment fléchissant. Il ne doit exister aucune liberté de mouvement relatif entre deux barres considérées comme encastrées.

En réalité, selon les cas, un assemblage n'est ni une articulation parfaite, ni un encastrement parfait. Une articulation transmettra un moment résiduel qu'il faudra limiter au maximum et un encastrement permettra une légère rotation entre les deux barres qu'il faudra là aussi limiter.

Généralement, on peut néanmoins considérer :

- qu'un assemblage par cornières d'âme comme celui de la figure 11.1.2. est une articulation ou « un assemblage articulé »,
- qu'un assemblage par platine d'about de forte épaisseur soudée sur l'âme et sur les ailes avec raidisseurs (voir figure 11.1.3) est un encastrement ou « un assemblage rigide ».

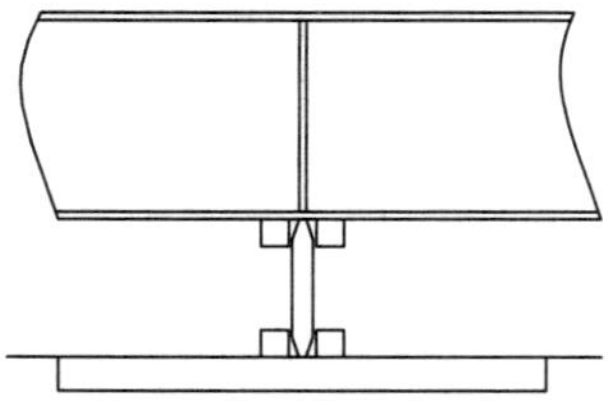

Figure 11.1.1 Assemblage considéré comme appui glissant

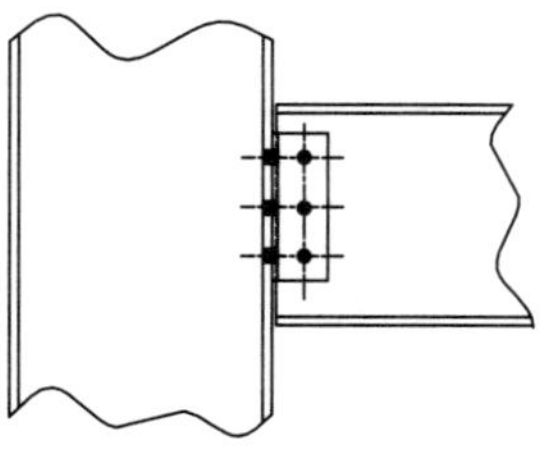

Figure 11.1.2 Assemblage considéré comme articulé

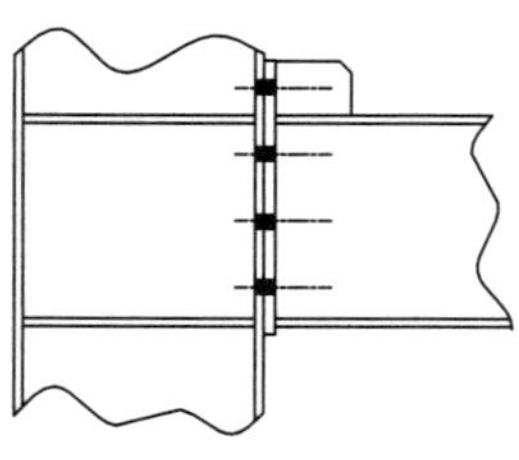

Figure 11.1.3 Assemblage considéré comme rigide

D'autres assemblages qui ne se comportent ni comme une articulation, ni comme un encastrement, sont définis comme « semi-rigides » mais dans ce cas, il faut faire intervenir leur courbe de réponse moment-rotation dans l'analyse des structures (voir figure 11.1.4). Ceci est traité dans le chapitre suivant.

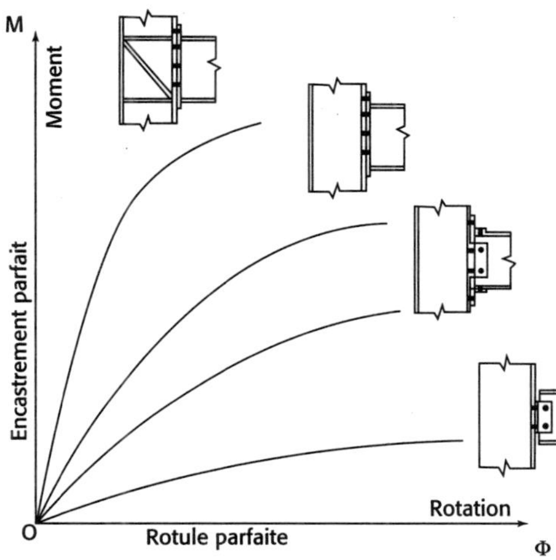

Figure 11.1.4 Courbe moment-rotation pour plusieurs types d'assemblages

Les moyens de fixation (ou assembleurs) sont nombreux et variés. Citons notamment :

- les boulons ordinaires,
- les boulons précontraints,
- les boulons sertis,
- les rivets,
- la soudure.

Dans le présent chapitre, le paragraphe 2 concerne les boulons ordinaires et les boulons précontraints, le paragraphe 3 traite des assemblages par soudage et le paragraphe 4 contient un exemple de calcul d'assemblage par axe d'articulation.

11.2 Les assemblages boulonnés

11.2.1 Classification des assemblages boulonnés selon l'Eurocode 3

L'EN 1993-1-8 définit les assemblages suivants :

- Assemblages travaillant au cisaillement
  - Catégorie A : Assemblages travaillant en pression diamétrale
  - Catégorie B : Assemblages résistant au glissement à l'ELS
  - Catégorie C : Assemblages résistant au glissement à l'ELU
- Assemblages travaillant à la traction
  - Catégorie D : Assemblages par boulons ordinaires
  - Catégorie E : Assemblages par boulons précontraints

Un assemblage travaille en pression diamétrale si c'est le corps du boulon qui transmet l'effort d'une pièce à une autre.

Un assemblage résistant au glissement nécessite l'usage de boulons précontraints. Ces boulons empêchent le glissement des pièces les unes par rapport aux autres en mobilisant les forces de frottement qui sont dues au serrage contrôlé que l'on applique à des boulons à haute résistance.

Un assemblage de catégorie B est un assemblage qui, au-delà de l'ELS, travaille en pression diamétrale jusqu'à l'ELU.

Tous les assemblages, sauf ceux de la catégorie B, doivent être vérifiés à l'ELU.

11.2.2 Résistance des pièces assemblées

Pour les cas les plus courants, on retrouve ici certaines des expressions développées dans le chapitre 7 qui concerne la vérification des sections.

11.2.2.1 Pièces tendues

Le tableau 11.2.1 récapitule les expressions permettant la vérification des pièces tendues. Elles sont issues des parties 1-1 § 6.2.3 et 1-8 § 3.10.3 de l'Eurocode 3.

Tableau 11.2.1 Expressions de vérification des pièces tendues

N_{Ed} : Effort normal dans la pièce		
Cas général		
Partie courante : $N_{Ed} \leq N_{pl,Rd}$	$N_{pl,Rd} = \dfrac{A \cdot f_y}{\gamma_{M0}}$	A : aire de la section $\gamma_{M0} = 1,0$
Zone d'assemblage : $N_{Ed} \leq N_{u,Rd}$	$N_{u,Rd} = \dfrac{0,9 \cdot A_{net} \cdot f_u}{\gamma_{M2}}$	$\gamma_{M2} = 1,25$
Cas particulier 1 : assemblage de catégorie C		
$N_{Ed} \leq N_{net,Rd}$	$N_{net,Rd} = \dfrac{A_{net} \cdot f_y}{\gamma_{M0}}$	A_{net} : aire nette
Cas particulier 2 : cornière simple attachée par une rangée de boulons		
$N_{Ed} \leq N_{u,Rd}$	Attache par 1 boulon : $N_{u,Rd} = \dfrac{2(e_2 - 0,5.d_0)\, t \cdot f_u}{\gamma_{M2}}$	e_2 : distance entre le trou et le bord de la cornière opposé au talon. d_0 : diamètre du trou t : épaisseur de la pièce la plus mince assemblée. β_2 : voir tableau 11.2.5 β_3 : voir tableau 11.2.5
	Attache par 2 boulons : $N_{u,Rd} = \dfrac{\beta_2 \cdot A_{net} \cdot f_u}{\gamma_{M2}}$	
	Attache par 3 boulons ou plus : $N_{u,Rd} = \dfrac{\beta_3 \cdot A_{net} \cdot f_u}{\gamma_{M2}}$	

11.2.2.2 Pièces comprimées

Le tableau 11.2.2 récapitule les expressions permettant la vérification des pièces comprimées. Elles sont issues de la partie 1-1 § 6.2.4 de l'Eurocode 3.

Tableau 11.2.2 Expressions de vérification des pièces comprimées

$N_{Ed} \leq N_{c,Rd}$	Sections de Classes 1, 2 ou 3 : $N_{c,Rd} = \frac{A \cdot f_y}{\gamma_{M0}}$
	Sections de Classe 4 : $N_{c,Rd} = \frac{A_{eff} \cdot f_y}{\gamma_{M0}}$

11.2.2.3 Pièces travaillant au cisaillement

Le tableau 11.2.3 récapitule les expressions permettant la vérification des pièces dans lesquelles le cisaillement est prépondérant. Elles sont issues de la partie 1-1 § 6.2.6 de l'Eurocode 3.

Tableau 11.2.3 Expressions de vérification des pièces cisaillées

$V_{Ed} \leq V_{pl,Rd}$	V_{Ed} : effort tranchant dans la pièce
	$V_{pl,Rd} = \frac{A_v \cdot f_y}{\sqrt{3} \cdot \gamma_{M0}}$

11.2.2.4 Cornière simple attachée par une seule rangée de boulons dans une aile

Le tableau 11.2.4 récapitule les expressions permettant la vérification des cornières simples attachées par une seule rangée de boulons dans une aile. Elles sont issues de la partie 1-8 § 3.10.3 de l'Eurocode 3.

Tableau 11.2.4 Expressions de vérification de cornières simples attachées par une seule aile

$N_{Ed} \leq N_{u,Rd}$	Attachée par 1 boulon : $N_{u,Rd} = \frac{2(e_2 - 0,5.d_0)t.f_u}{\gamma_{M2}}$	e_2 : distance entre le trou et le bord de la cornière opposé au talon. d_0 : diamètre du trou t : épaisseur de la pièce assemblée la plus mince.
	Attachée par 2 boulons : $N_{u,Rd} = \frac{\beta_2 A_{net} f_u}{\gamma_{M2}}$	β_2 : voir tableau 11.2.5
	Attachée par 3 boulons ou plus : $N_{u,Rd} = \frac{\beta_3 A_{net} f_u}{\gamma_{M2}}$	β_3 : voir tableau 11.2.5

Tableau 11.2.5 Valeurs des coefficients minorateurs β_2 et β_3

Rapport $\frac{p_1}{d_0} = R$	**0**	**2,5**	**5,0**	**∞**
Valeur de β_2	0,4	$0,4 + 0,3\frac{R-2,5}{2,5}$	0,7	
Valeur de β_3	0,5	$0,5 + 0,2\frac{R-2,5}{2,5}$	0,7	

avec p_1 : entraxe longitudinal des trous

11.2.2.5 Résistance à la rupture par cisaillement de bloc

Outre une rupture perpendiculaire à l'élément dans le cas de traction, il peut se produire une ruine par cisaillement d'un bloc de matière qui se détache de la pièce principale (voir l'exemple traité § 11.2.7.3). Ce phénomène fait intervenir une partie tendue mais aussi une partie cisaillée selon la partie 1-8 § 3.10.2 de l'Eurocode 3.

Tableau 11.2.6 Expressions pour la vérification au cisaillement de bloc

<table>
<tr><td rowspan="2">$N_{Ed} \leq V_{eff,Rd}$</td><td>Chargement centré sur la cassure :
$V_{eff,1,Rd} = \frac{A_{nt} \cdot f_u}{\gamma_{M2}} + \frac{A_{nv} \cdot f_y}{\sqrt{3} \cdot \gamma_{M0}}$</td><td rowspan="2">$A_{nt}$: section nette tendue.
A_{nv} : section nette cisaillée.</td></tr>
<tr><td>Chargement non centré sur la cassure :
$V_{eff,2,Rd} = \frac{A_{nt} \cdot f_u}{2 \cdot \gamma_{M2}} + \frac{A_{nv} \cdot f_y}{\sqrt{3} \cdot \gamma_{M0}}$</td></tr>
</table>

11.2.2.6 Résistance à la rupture par pression diamétrale

Pour les assemblages de catégorie A, si les pièces sont de faible épaisseur, le boulon peut les déformer fortement sous l'effort qu'il leur fait subir.

Pour ce genre d'assemblages, le boulon transmet un effort d'une pièce ou d'un ensemble de mêmes pièces (pièces situées à gauche par exemple) vers une autre pièce ou vers un autre ensemble de mêmes pièces (pièces situées à droite par exemple). La vérification se fera donc en considérant l'épaisseur totale « t » d'une pièce ou d'un ensemble de pièces. Il apparaît ici aussi une notion importante qui est le nombre de plans de cisaillement. Il s'agit pour un même boulon du nombre de plans pour lesquels, par l'intermédiaire du boulon, l'effort passe du premier ensemble de pièces au second ensemble de pièces.

Le tableau 11.2.7 récapitule les expressions permettant la vérification des pièces en pression diamétrale. Elles sont issues de la partie 1-8 § 3.6.1 de l'Eurocode 3.

Tableau 11.2.7 Expressions pour la vérification de la pression diamétrale

<table>
<tr><td rowspan="3">$F_{v,Ed} \leq F_{b,Rd}$</td><td colspan="2">$F_{v,Ed}$: effort perpendiculaire à l'axe du boulon, exercé par celui-ci sur un même ensemble de pièces</td></tr>
<tr><td>Assemblage courant y compris ceux de catégorie C :
$F_{b,Rd} = \frac{k_1 \cdot \alpha_b \cdot f_u \cdot d \cdot t}{\gamma_{M2}}$</td><td rowspan="2">$k_1 = \min\left((2,8 \frac{e_2}{d_0} - 1,7) ; (1,4 \frac{p_2}{d_0}) ; 2,5\right)$
$\alpha_b = \min\left(\frac{e_1}{3 \cdot d_0} ; (\frac{p_1}{3 \cdot d_0} - 0,25) ; \frac{f_{ub}}{f_u} ; 1\right)$
d : diamètre du boulon
t : somme des épaisseurs des pièces qui composent l'ensemble de pièces examiné
e_1 ; p_1 ; e_2 ; p_2 : voir § 11.2.4
f_{ub} : résistance ultime de l'acier qui compose le boulon voir tableau 11.2.10</td></tr>
<tr><td>Assemblage à simple recouvrement et une seule rangée de boulons :
$F_{b,Rd} = \frac{1,5 \cdot f_u \cdot d \cdot t}{\gamma_{M2}}$</td></tr>
</table>

- La valeur déterminante pour k_1 est généralement 2,5 ;
- La valeur déterminante pour α_b correspond généralement au terme $\frac{e_1}{3 \cdot d_0}$;

- Pour les assemblages courants, il faut veiller à avoir une symétrie par rapport au plan médian de l'assemblage et avoir une bonne cohérence en matière de sections assemblées. Dans le cas contraire, les formules données dans le tableau ci-dessus doivent être adaptées.

À titre indicatif, le tableau 11.2.8 fournit la valeur de $F_{b,Rd}$ pour un acier S 235 lorsque $k_1 = 2{,}5$ et $\alpha_b = 1$. Attention ces valeurs ne seront atteintes que si les pas et pinces sont au minimum ceux définis dans le tableau 11.2.22.

Tableau 11.2.8 Valeur de $F_{b,Rd}$ (en kN) pour un acier S 235 lorsque $k_1 = 2{,}5$ et $\alpha_b = 1$

t en mm	**diamètre des boulons en mm**								
	12	**14**	**16**	**18**	**20**	**22**	**24**	**27**	**30**
3	25,92	30,24	34,56	38,88	43,20	47,52	51,84	58,32	64,80
4	34,56	40,32	46,08	51,84	57,60	63,36	69,12	77,76	86,40
5	43,20	50,40	57,60	64,80	72,00	79,20	86,40	97,20	108,00
6	51,84	60,48	69,12	77,76	86,40	95,04	103,68	116,64	129,60
7	60,48	70,56	80,64	90,72	100,80	110,88	120,96	136,08	151,20
8	69,12	80,64	92,16	103,68	115,20	126,72	138,24	155,52	172,80
10	86,40	100,80	115,20	129,60	144,00	158,40	172,80	194,40	216,00
12	103,68	120,96	138,24	155,52	172,80	190,08	207,36	233,28	259,20
14	120,96	141,12	161,28	181,44	201,60	221,76	241,92	272,16	302,40
15	129,60	151,20	172,80	194,40	216,00	237,60	259,20	291,60	324,00
16	138,24	161,28	184,32	207,36	230,40	253,44	276,48	311,04	345,60
18	155,52	181,44	207,36	233,28	259,20	285,12	311,04	349,92	388,80
20	172,80	201,60	230,40	259,20	288,00	316,80	345,60	388,80	432,00
25	216,00	252,00	288,00	324,00	360,00	396,00	432,00	486,00	540,00
30	259,20	302,40	345,60	388,80	432,00	475,20	518,40	583,20	648,00

11.2.3 Résistance des boulons

Les caractéristiques qui conditionnent la résistance du boulon sont le diamètre, la nuance d'acier dans laquelle il a été réalisé et, pour les boulons à serrage contrôlé, la qualité du frottement entre les pièces assemblées. Elles sont définies dans la partie 1-8 § 3.6.1 de l'Eurocode 3.

Les boulons travaillant en pression diamétrale peuvent, en théorie, être cisaillés au niveau de la partie lisse de la tige. Dans ce cas, la résistance du boulon est donc proportionnelle à la section brute de la tige du boulon (A).

En réalité, dans les calculs, on préfère utiliser la section résistante A_s de la partie filetée. Ceci va dans le sens de la sécurité et permet de s'affranchir des problèmes de montage.

Les tolérances de fabrication et la capacité de déformation des boulons font qu'à chaque diamètre de boulon d correspond un diamètre de trou défini d_0 (voir EN 1080-2).

En matière de qualité d'acier, pour les assemblages en pression diamétrale, la ductilité c'est-à-dire la capacité à se déformer avant de rompre est un facteur important dans la résistance de l'assemblage. En effet, compte tenu des tolérances de fabrication, il ne faut pas qu'un boulon ne casse avant que tous les autres arrivent au contact des pièces et transmettent les efforts qu'ils ont à transmettre. Cette capacité d'adaptation plastique transparaît dans le terme α_v utilisé dans les formules.

11.2.3.1 Caractéristiques dimensionnelles des boulons

Les caractéristiques géométriques principales des boulons sont données dans le tableau 11.2.9 dans lequel les diamètres désignés par un (*) sont des diamètres à éviter car ils sont, soit trop petits, soit peu utilisés.

Tableau 11.2.9 Principales caractéristiques géométriques des boulons

d (mm)	**12**	**14(*)**	**16**	**18(*)**	**20**	**22(*)**	**24**	**27**	**30**
Jeu (mm)	1	1	2	2	2	2	2	3	3
d_0 (mm)	13	15	18	20	22	24	26	30	33
A (mm^2)	113,1	153,9	201	254,5	314	380	452	572	707
A_S (mm^2)	84,3	115	157	192	245	303	353	459	561
Surangle(1) (mm)	20,78	24,25	27,71	31,18	34,64	39,26	41,57	47,34	53,12
Surplat(1) (mm)	18	21	24	27	30	34	36	41	46
dm (mm)	19,39	22,62	25,86	29,09	32,32	36,63	38,78	44,17	49,56

d_m est la valeur moyenne entre la dimension de la tête de vis prise sur l'angle et celle prise sur le plat. Cette valeur est utilisée dans la formule de résistance des pièces au poinçonnement (voir tableau 11.2.11) ;

(1) valeurs données à titre indicatif car elles dépendent de la classe du boulon.

11.2.3.2 Caractéristiques des nuances d'acier

Le tableau 11.2.10 fournit les caractéristiques mécaniques des aciers constitutifs des boulons en fonction de leur classe. Dans ce tableau, f_{yb} et f_{ub} sont respectivement la limite d'élasticité et la contrainte de rupture relatives à chaque classe et α_v est un terme minorateur de f_{ub} utilisé pour déterminer la résistance au cisaillement de la partie filetée de la tige (voir tableau 11.2.11). Si les boulons sont cisaillés dans la partie lisse de leur tige, alors $\alpha_v = 0,6$ pour toutes les nuances.

Tableau 11.2.10 Nuances d'acier utilisées en boulonnerie

Classe de boulon	**4.6**	**4.8**	**5.6**	**5.8**	**6.8**	**8.8**	**10.9**
f_{yb} (MPa)	240	320	300	400	480	640	900
f_{ub} (MPa)	400	400	500	500	600	800	1000
α_v	0,6	0,5	0,6	0,5	0,5	0,6	0,5

Seules les qualités 8.8 et 10.9 sont utilisables pour les boulons précontraints.

11.2.3.3 Résistance des boulons

Nous présentons dans ce paragraphe les différentes expressions permettant de déterminer la résistance des boulons ordinaires puis celle des boulons précontraints.

Boulons ordinaires

Le tableau 11.2.11 contient les expressions nécessaires à la vérification des boulons ordinaires, d'abord soumis à une sollicitation de cisaillement (assemblages de catégorie A) puis à une sollicitation de traction (assemblages de catégorie D). Il contient également les expressions relatives au cas d'une sollicitation combinée en traction et en cisaillement.

Tableau 11.2.11 Expressions pour la vérification des boulons ordinaires

Assemblages de catégorie A : boulons cisaillés (voir également tableau 11.2.13)		
$F_{v,Ed} \leq F_{v,Rd}$	$F_{v,Ed}$: effort perpendiculaire à l'axe du boulon qu'exerce celui-ci sur un ensemble de pièces	
	$F_{v,Rd} = \dfrac{\beta_{Lf} \cdot m \cdot \alpha_v \cdot f_{ub} \cdot A_s}{\gamma_{M2}}$	β_{Lf} : terme dépendant de la longueur de l'assemblage, $\beta_{Lf} = 1$ pour les assemblages courants m : nombre de plans de cisaillement par boulon, voir § 11.2.2.6 $A_S = A$ s'il est certain que le boulon est cisaillé sur tige lisse (exceptionnel)
Assemblages de catégorie D : boulons tendus (voir également tableaux 11.2.14 et 11.2.15)		
$F_{t,Ed}$: effort de traction sur un boulon.		
$F_{t,Ed} \leq F_{t,Rd}$	$F_{t,Rd} = \dfrac{k_2 \cdot f_{ub} \cdot A_s}{\gamma_{M2}}$	Boulons à têtes fraisées : $k_2 = 0{,}63$
		Autres boulons : $k_2 = 0{,}9$
$F_{t,Ed} \leq B_{p,Rd}$	$B_{p,Rd} = \dfrac{0{,}6 \cdot \pi \cdot d_m \cdot t_p \cdot f_u}{\gamma_{M2}}$	d_m (voir tableau11.2.9) t_p : épaisseur de la pièce poinçonnée
Boulons cisaillés et tendus		
$\dfrac{F_{v,Ed}}{F_{v,Rd}} + \dfrac{F_{t,Ed}}{1{,}4 \cdot F_{t,Rd}} \leq 1$	Il est impératif de vérifier également : $F_{t,Ed} \leq F_{t,Rd}$ et $F_{t,Ed} \leq B_{p,Rd}$	

- Lorsque l'assemblage est long, il apparaît que tous les boulons ont des difficultés à travailler correctement ensemble à cause notamment de la ductilité. Ce phénomène est pris en compte par l'introduction du terme β_{Lf}. Ce terme est fonction du rapport L_j/d où L_j est la distance pour un même assemblage entre le premier et le dernier boulon, ceci mesuré parallèlement à l'effort transmis.

Tableau 11.2.12 Valeurs de β_{Lf}

Rapport $\frac{L_j}{d}$	**0**	**15**	**65**	**∞**
Valeur de β_{Lf}	1	$1 - \dfrac{L_j - 15 \cdot d}{200 \cdot d}$		0,75

À titre indicatif, le tableau 11.2.13 donne les valeurs de $F_{v,Rd}$ pour un seul plan de cisaillement, le tableau 11.2.14 les valeurs de $F_{t,Ed}$ et le tableau 11.2.15 celles de $B_{p,Rd}$ pour des boulons HM et pour des pièces en acier S 235.

Tableau 11.2.13 Valeurs de $F_{v,Rd}$ en kN pour m = 1

Acier boulon	diamètre des boulons en mm									
	10	12	14	16	18	20	22	24	27	30
4.6	11,14	16,19	22,08	30,14	36,86	47,04	58,18	67,78	88,13	107,71
4.8	9,28	13,49	18,40	25,12	30,72	39,20	48,48	56,48	73,44	89,76
5.6	13,92	20,23	27,60	37,68	46,08	58,80	72,72	84,72	110,16	134,64
5.8	11,60	16,86	23,00	31,40	38,40	49,00	60,60	70,60	91,80	112,20
6.8	13,92	20,23	27,60	37,68	46,08	58,80	72,72	84,72	110,16	134,64
8.8	22,27	32,37	44,16	60,29	73,73	94,08	116,35	135,55	176,26	215,42
10.9	23,20	33,72	46,00	62,80	76,80	98,00	121,20	141,20	183,60	224,40

Tableau 11.2.14 Valeurs de $F_{t,Rd}$ en kN pour les boulons à tête hexagonale

Acier boulon	diamètre des boulons en mm									
	10	12	14	16	18	20	22	24	27	30
4.6	16,70	24,28	33,12	45,22	55,30	70,56	87,26	101,66	132,19	161,57
4.8	16,70	24,28	33,12	45,22	55,30	70,56	87,26	101,66	132,19	161,57
5.6	20,88	30,35	41,40	56,52	69,12	88,20	109,08	127,08	165,24	201,96
5.8	20,88	30,35	41,40	56,52	69,12	88,20	109,08	127,08	165,24	201,96
6.8	25,06	36,42	49,68	67,82	82,94	105,84	130,90	152,50	198,29	242,35
8.8	33,41	48,56	66,24	90,43	110,59	141,12	174,53	203,33	264,38	323,14
10.9	41,76	60,70	82,80	113,04	138,24	176,40	218,16	254,16	330,48	403,92

Tableau 11.2.15 Valeurs de $B_{p,Rd}$ en kN

t en mm	diamètre des boulons en mm									
	10	12	14	16	18	20	22	24	27	30
3	28,07	31,58	36,85	42,11	47,37	52,64	59,66	63,16	71,94	80,71
4	37,43	42,11	49,13	56,15	63,16	70,18	79,54	84,22	95,92	107,61
5	46,79	52,64	61,41	70,18	78,96	87,73	99,43	105,27	119,90	134,52
6	56,15	63,16	73,69	84,22	94,75	105,27	119,31	126,33	143,88	161,42
7	65,50	73,69	85,97	98,26	110,54	122,82	139,20	147,38	167,85	188,32
8	74,86	84,22	98,26	112,29	126,33	140,37	159,08	168,44	191,83	215,23
10	93,58	105,27	122,82	140,37	157,91	175,46	198,85	210,55	239,79	269,03
12	112,29	126,33	147,38	168,44	189,49	210,55	238,62	252,66	287,75	322,84
14	131,01	147,38	171,95	196,51	221,08	245,64	278,39	294,77	335,71	376,65
15	140,37	157,91	184,23	210,55	236,87	263,19	298,28	315,82	359,69	403,55
16	149,72	168,44	196,51	224,59	252,66	280,73	318,16	336,88	383,67	430,46
18	168,44	189,49	221,08	252,66	284,24	315,82	357,93	378,99	431,63	484,26
20	187,15	210,55	245,64	280,73	315,82	350,91	397,70	421,10	479,58	538,07
25	233,94	263,19	307,05	350,91	394,78	438,64	497,13	526,37	599,48	672,59
30	280,73	315,82	368,46	421,10	473,74	526,37	596,56	631,65	719,38	807,10

Boulons précontraints utilisés à l'ELS

Le tableau 11.2.16 contient les expressions nécessaires à la vérification des boulons précontraints utilisés dans les assemblages dimensionnés pour résister au glissement au moins jusqu'à l'ELS (assemblages de catégorie B).

Tableau 11.2.16 Expressions nécessaires à la vérification de la résistance des boulons précontraints utilisés à l'ELS

Assemblages de catégorie B		
	$F_{v,Ed,ser}$: effort perpendiculaire à l'axe du boulon qu'exerce celui-ci sur un ensemble de pièces $F_{t,Ed,ser}$: effort parallèle à l'axe du boulon qu'exerce celui-ci sur un ensemble de pièces (différent de l'effort de précontrainte)	
$F_{v,Ed,ser} \leq F_{s,Rd,ser}$	Assemblages avec $F_{v,Ed,ser}$ seul : $F_{s,Rd,ser} = \dfrac{k_s \cdot n \cdot \mu}{\gamma_{M3,ser}} \cdot F_{p,C}$	k_s : dépend du type de trou (voir tableau11.2.18) n : nombre de plans de glissement (comme m précédemment) μ : coefficient de frottement entre les pièces assemblées $F_{p,C}$: effort de précontrainte : $F_{p,C} = 0,7\ f_{ub} \cdot A_s$ $\gamma_{M3,.ser} = 1,1$
	Assemblages avec $F_{v,Ed,ser}$ et $F_{t,Ed,ser}$: $F_{s,Rd,ser} = \dfrac{k_s \cdot n \cdot \mu}{\gamma_{M3,ser}} \cdot (F_{p,C} - 0,8 \cdot F_{t,Ed,ser})$	

Boulons précontraints utilisés à l'ELU

Le tableau 11.2.17 contient les expressions nécessaires à la vérification des boulons précontraints utilisés dans les assemblages dimensionnés pour résister au glissement jusqu'à l'ELU (assemblages de catégorie C) et pour ces mêmes boulons mais sollicités en traction (assemblages de catégorie E) et à la combinaison traction et cisaillement.

Tableau 11.2.17 Expressions nécessaires à la vérification de la résistance des boulons précontraints utilisés à l'ELU

Assemblages de catégorie C		
$F_{v,Ed} \leq F_{s,Rd}$	$F_{v,Ed}$: effort perpendiculaire à l'axe du boulon qu'exerce celui-ci sur un ensemble de mêmes pièces	
	$F_{s,Rd} = \dfrac{k_s \cdot n \cdot \mu}{\gamma_{M3}} \cdot F_{p,C}$	Voir tableau 11.2.19 $\gamma_{M3} = 1,25$
Assemblages de catégorie E		
Effort parallèle à l'axe du boulon qu'exerce celui-ci sur un ensemble de mêmes pièces (différent de l'effort de précontrainte)		
$F_{t,Ed} \leq F_{t,Rd}$	$F_{t,Rd} = \dfrac{k_2 \cdot f_{ub} \cdot A_s}{\gamma_{M2}}$	Boulons à tête hexagonale : $k_2 = 0,9$
$F_{t,Ed} \leq B_{p,Rd}$	$B_{p,Rd} = \dfrac{0,6 \cdot \pi \cdot d_m \cdot t_p \cdot f_u}{\gamma_{M2}}$	Voir tableau 11.2.13
Assemblages soumis à la combinaison $F_{v,Ed}$ et $F_{t,Ed}$		
$F_{v,Ed} \leq F_{s,Rd}$	$F_{s,Rd} = \dfrac{k_s \cdot n \cdot \mu}{\gamma_{M3}} \cdot (F_{p,C} - 0,8 \cdot F_{t,Ed})$	
$F_{t,Ed} \leq F_{t,Rd}$	$F_{t,Rd} = \dfrac{k_2 \cdot f_{ub} \cdot A_s}{\gamma_{M2}}$	
$F_{t,Ed} \leq B_{p,Rd}$	$B_{p,Rd} = \dfrac{0,6 \cdot \pi \cdot d_m \cdot t_p \cdot f_u}{\gamma_{M2}}$	

Tableau 11.2.18 Valeur de k_s

Description	k_s
Boulons utilisés dans des trous normaux	1,0
Boulons utilisés, soit dans des trous surdimensionnés, soit dans des trous oblongs courts, dont l'axe est perpendiculaire à la direction de l'effort.	0,85
Boulons utilisés dans des trous oblongs longs, dont l'axe longitudinal est perpendiculaire à la direction des efforts.	0,7
Boulons utilisés dans des trous oblongs courts, dont l'axe longitudinal est parallèle à la direction des efforts.	0,76
Boulons utilisés dans des trous oblongs longs, dont l'axe longitudinal est parallèle à la direction des efforts	0,63

Tableau 11.2.19 Valeurs de μ

Préparation	Classe de surfaces	Coefficient μ
Surfaces grenaillées ou sablées, sans rouille ni piqûre ou métallisées	A	0,5
Peinture au silicate alcali-zinc appliquée après grenaillage ou sablage	B	0,4
Surfaces nettoyées à la brosse ou au chalumeau, sans rouille	C	0,3
Surfaces non traitées	D	0,2

À titre indicatif, le tableau 11.2.20 donne les valeurs de $F_{s,Rd,ser}$ pour un assemblage de catégorie B et le tableau 11.2.21 celles de $F_{s,Rd}$ pour un assemblage de catégorie C avec, dans les deux cas, un seul plan de glissement (n = 1), $k_s = 1$ et sans effort de traction combiné.

Tableau 11.2.20 Valeurs de $F_{s,Rd,ser}$ en kN pour un assemblage de catégorie B avec $k_s = 1$ et n = 1

μ	diamètre des boulons en mm									
	12	14	16	18	20	22	24	27	30	
0,5	21,46	29,27	39,96	48,87	62,36	77,13	89,85	116,84	142,80	8.8
0,4	17,17	23,42	31,97	39,10	49,89	61,70	71,88	93,47	114,24	
0,3	12,87	17,56	23,98	29,32	37,42	46,28	53,91	70,10	85,68	
0,2	8,58	11,71	15,99	19,55	24,95	30,85	35,94	46,73	57,12	
0,5	26,82	36,59	49,95	61,09	77,95	96,41	112,32	146,05	178,50	10.9
0,4	21,46	29,27	39,96	48,87	62,36	77,13	89,85	116,84	142,80	
0,3	16,09	21,95	29,97	36,65	46,77	57,85	67,39	87,63	107,10	
0,2	10,73	14,64	19,98	24,44	31,18	38,56	44,93	58,42	71,40	

Tableau 11.2.21 Valeurs de $F_{s,Rd}$ en kN pour un assemblage de catégorie C avec $k_s = 1$ et n = 1

μ	diamètre des boulons en mm									
	12	14	16	18	20	22	24	27	30	
0,5	18,88	25,76	35,17	43,01	54,88	67,87	79,07	102,82	125,66	8.8
0,4	15,11	20,61	28,13	34,41	43,90	54,30	63,26	82,25	100,53	
0,3	11,33	15,46	21,10	25,80	32,93	40,72	47,44	61,69	75,40	
0,2	7,55	10,30	14,07	17,20	21,95	27,15	31,63	41,13	50,27	
0,5	23,60	32,20	43,96	53,76	68,60	84,84	98,84	128,52	157,08	10.9
0,4	18,88	25,76	35,17	43,01	54,88	67,87	79,07	102,82	125,66	
0,3	14,16	19,32	26,38	32,26	41,16	50,90	59,30	77,11	94,25	
0,2	9,44	12,88	17,58	21,50	27,44	33,94	39,54	51,41	62,83	

11.2.4 Dispositions constructives

Les règles à respecter pour la réalisation des assemblages boulonnés en ce qui concerne les pas (distances entre boulons) et les pinces (distance entre les boulons et le bord des pièces) définies par l'EN1993-1-8 sont résumées dans les tableaux 11.2.22 et 11.2.23. Les notations sont celles de la figure 11.2.1.

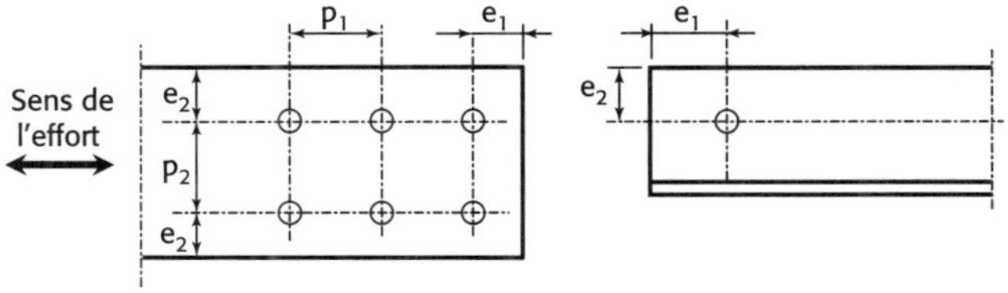

Figure 11.2.1 Pas et pinces

Tableau 11.2.22 Valeurs minimales pour les pas et les pinces (en mm)

d	d_0	$1,2 \cdot d_0$	$1,2 \cdot d_0$	$2,2 \cdot d_0$	$2,4 \cdot d_0$	Valeurs pour lesquelles $k_1 = 2,5$		$\alpha_d = 1$		$\beta_{Lf} = 1$
		e_1 min	e_2 min	p_1 min	p_2 min	$e_2 >$	$p_2 >$	$e_1 >$	$p_1 >$	$L_j <$
12	13	15,6	15,6	28,6	31,2	19,5	39	39	49	180
14	15	18	18	33	36	22,5	45	45	56	210
16	18	21,6	21,6	39,6	43,2	27	54	54	68	240
18	20	24	24	44	48	30	60	60	75	270
20	22	26,4	26,4	48,4	52,8	33	66	66	83	300
22	24	28,8	28,8	52,8	57,6	36	72	72	90	330
24	26	31,2	31,2	57,2	62,4	39	78	78	98	360
27	30	36	36	66	72	45	90	90	113	405
30	33	39,6	39,6	72,6	79,2	49,5	99	99	124	450

Tableau 11.2.23 Valeurs maximales pour les pas et les pinces (en mm) en fonction de l'épaisseur t de la tôle extérieure la plus mince

t	e_1 maxi	e_2 maxi	p_1 maxi	p_2 maxi
3	52	52	42	42
4	56	56	56	56
5	60	60	70	70
6	64	64	84	84
7	68	68	98	98
8	72	72	112	112
10	80	80	140	140
12	88	88	168	168

t	e_1 maxi	e_2 maxi	p_1 maxi	p_2 maxi
14	96	96	196	196
15	100	100	200	200
16	104	104	200	200
18	112	112	200	200
20	120	120	200	200
25	140	140	200	200
30	160	160	200	200

Attention : Les valeurs maximales de e_1 et e_2 ne doivent pas nécessairement être respectées si les pièces assemblées ne sont, ni soumises aux intempéries, ni soumises à une atmosphère corrosive.

11.2.5 Information complémentaire concernant le calcul de $F_{v,Ed}$

- Pour calculer $F_{v,Ed}$, il est possible de se référer aux indications du tableau 11.2.24.
- Dans le cas d'assemblages avec excentrement, il convient d'utiliser un repère qui a pour origine le centre de rotation de l'attache et dont la direction x est définie par N_{Ed}.
- La vérification doit être menée sur le boulon le plus sollicité qui est généralement le boulon le plus éloigné.

Tableau 11.2.24 Calcul de $F_{v,Ed}$

Attache sans excentrement	
$F_{v,Ed} = \dfrac{N_{Ed}}{\text{Nb de boulons}}$	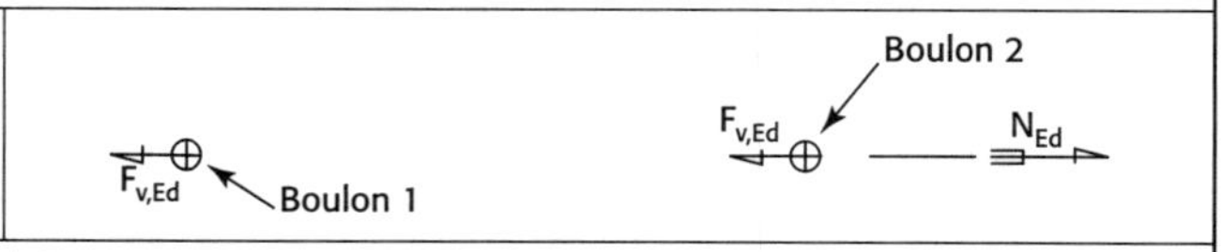
Attache avec excentrement 1 file de boulons	
$F_{v,Ed,x} = \dfrac{N_{Ed}}{\text{Nb de boulons}}$ $F_{v,Ed,y} = \dfrac{N_{Ed} \cdot Ex \cdot d_{max}}{\sum d_i^2}$ $F_{v,Ed} = \sqrt{F_{v,Ed,x}^2 + F_{v,Ed,y}^2}$	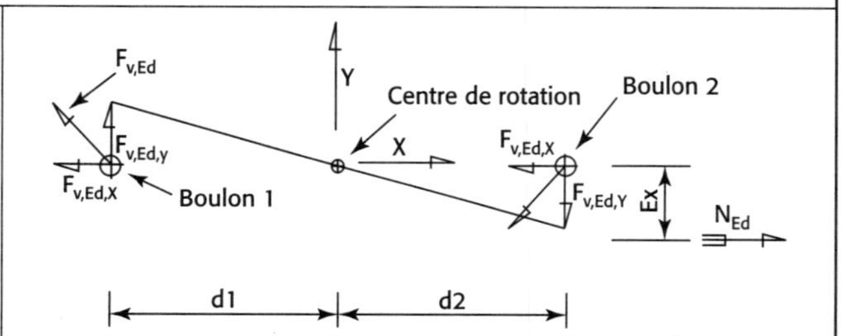
Attache avec excentrement plusieurs files de boulons	
$F_{v,Ed,x,N_{Ed}} = \dfrac{N_{Ed}}{\text{Nb de boulons}}$ $F_{v,Ed,x,M} = \dfrac{N_{Ed} \cdot Ex.y_j}{\sum_i x_i^2 + \sum_i y_i^2}$ $F_{v,Ed,y,M} = \dfrac{N_{Ed} \cdot Ex.x_j}{\sum_i x_i^2 + \sum_i y_i^2}$ $F_{v,Ed} = \sqrt{F_{v,Ed,x}^2 + F_{v,Ed,y}^2}$	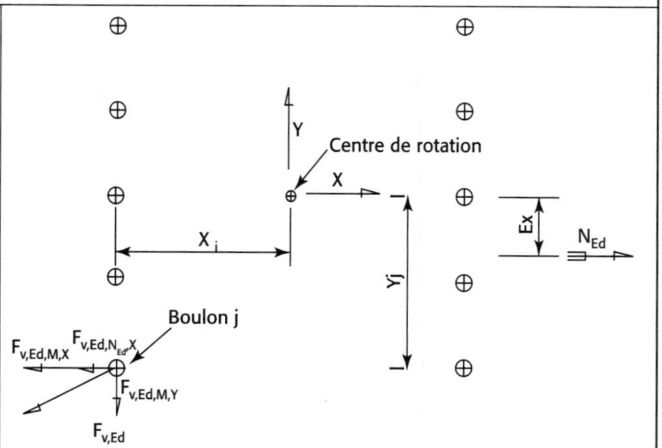

Nota : Ces éléments sont fondés sur un comportement élastique de l'attache. Or, en matière de pression diamétrale, l'EN 1993-1-8 fait une distinction entre boulons de rive et boulons intérieurs. Si les efforts sont différents au niveau de certains boulons, il s'agit implicitement d'un comportement plastique de l'acier. Si un calcul en plasticité conduit à une plus grande résistance de l'assemblage, il entraîne aussi une plus grande complexité de la démarche.

11.2.6 Récapitulatif des vérifications à effectuer

Le tableau 11.2.25 contient un récapitulatif des vérifications à effectuer avec références aux tableaux ou aux paragraphes précédents plus détaillés.

Tableau 11.2.25 Récapitulatif des vérifications à effectuer

	Résistance des pièces	**§ 11.2.2**
Attaches en cisaillement	**Attaches de type A :** Résistance en pression diamétrale	
	$F_{v,Ed} \le F_{v,Rd}$	Tableau 11.2.11
	$F_{v,Ed} \le F_{b,Rd}$	Tableau 11.2.7
	Attaches de type B : Résistance au glissement à l'ELS	
	$F_{v,Ed,ser} \le F_{s,Rd,ser}$	Tableau 11.2.16
	$F_{v,Ed} \le F_{v,Rd}$	Tableau 11.2.11
	$F_{v,Ed} \le F_{b,Rd}$	Tableau 11.2.7
	Attaches de type C : Résistance au glissement à l'ELU	
	$F_{v,Ed} \le F_{s,Rd}$	Tableau 11.2.17
	$F_{v,Ed} \le F_{b,Rd}$	Tableau 11.2.7
Attaches en traction	**Attaches de type D :** sans précontrainte	
	$F_{t,Ed} \le F_{t,Rd}$	Tableau 11.2.11
	$F_{t,Ed} \le B_{p,Rd}$	Tableau 11.2.11
	Attaches de type E : avec précontrainte	
	$F_{t,Ed} \le F_{t,Rd}$	Tableau 11.2.17
	$F_{t,Ed} \le B_{p,Rd}$	Tableau 11.2.17

11.2.7 Premier exemple : attache d'une cornière de stabilité

On se propose de vérifier l'attache de la cornière de stabilité représentée à la figure 11.2.2. L'acier constitutif est un acier S 235.

11.2.7.1 Calcul des sollicitations dans les boulons

Hypothèses de calcul

Il s'agit d'une attache avec excentrement pour laquelle le centre de rotation est supposé situé au droit du centre de gravité des boulons.

Dans le plan du dessin de la figure 11.2.2, la modélisation de l'effort N_{Ed} au centre de rotation de l'attache fait apparaître un moment complémentaire dû à l'excentrement qu'il faut reprendre également. Cette situation est représentée en détail à la figure 11.2.3.

Hors du plan du dessin, il apparaît aussi un moment d'excentrement qui est négligé pour le calcul des boulons mais dont il faut tenir compte pour la vérification de la cornière (voir § 11.2.2.4).

Calcul des sollicitations

Le calcul des sollicitations dans les boulons nécessite de déterminer la résultante des efforts dans chacun des deux boulons comme représenté à la figure 11.2.4.

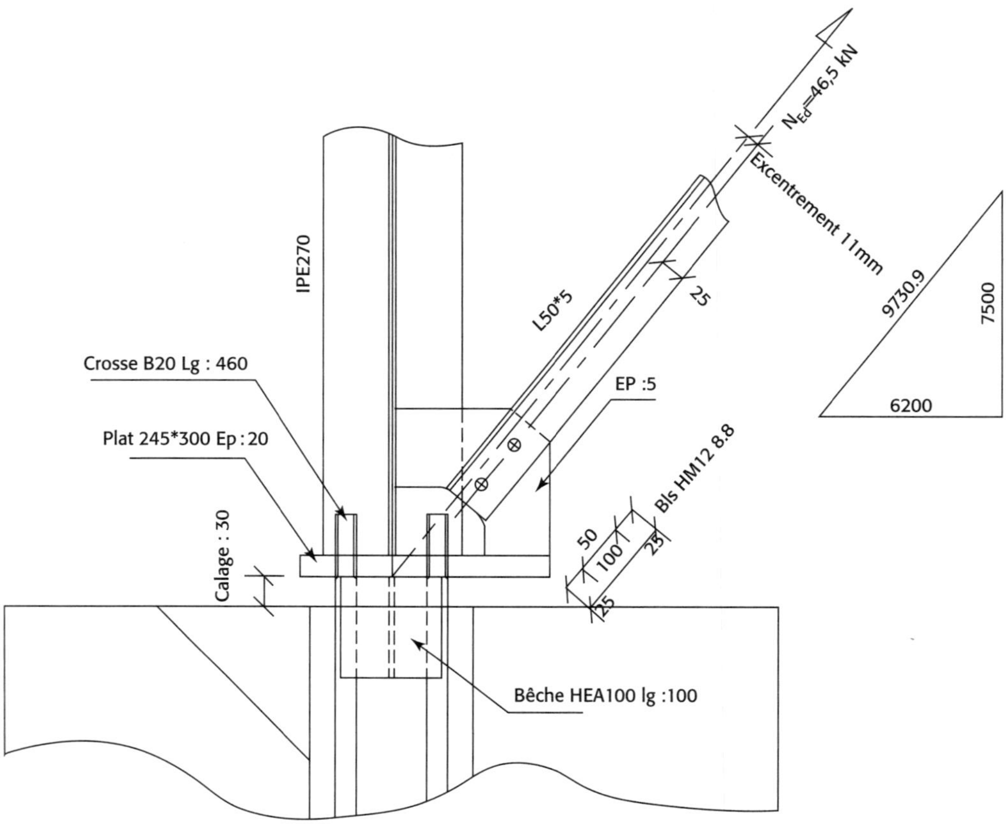

Figure 11.2.2 Attache d'une cornière de stabilité

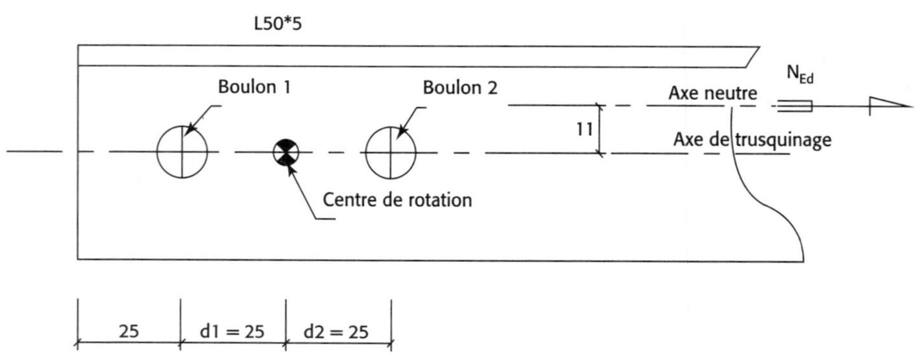

Figure 11.2.3 Position du centre de rotation

L'effort selon l'axe x correspond à la distribution de l'effort N_{Ed} dans les boulons. Comme il s'agit d'un assemblage court, on suppose que chaque boulon reprend la même partie de l'effort, soit :

$$F_{v,Ed,x} = \frac{N_{Ed}}{\text{Nb de boulons}} = \frac{46,5}{2} = 23,25 \text{ kN}$$

L'effort suivant l'axe y correspond à l'équilibre du moment dû à l'excentrement, soit $N_{Ed} \cdot e_x$. Il a pour expression :

$$F_{v,Ed,y} = \frac{N_{Ed} \cdot e_x \cdot d_{max}}{\sum d_i^2} = \frac{46,5 \times 11 \times 25}{2 \times 25^2} = \frac{46,5 \times 11}{50} = 10,23 \text{ kN}$$

La composition de ces deux efforts permet de déterminer l'effort maximum qui sollicite les boulons :

$$F_{v,Ed} = \sqrt{F_{v,Ed,x}^2 + F_{v,Ed,y}^2} = \sqrt{23,25^2 + 10,23^2} = 25,40 \text{ kN}$$

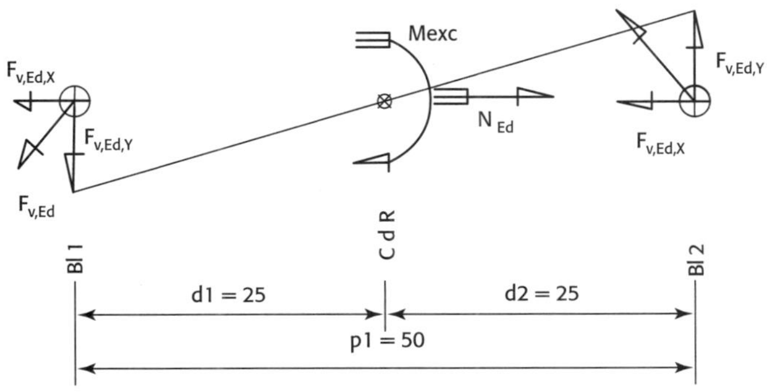

Figure 11.2.4 Équilibre des actions au centre de rotation de l'attache

11.2.7.2 Vérification de la cornière tendue

Données

Il s'agit d'une cornière simple à ailes égales 50 × 50 × 5 attachée par 2 boulons HM12 de qualité 8.8. Sa section brute est $A = 480 \text{ mm}^2$ et sa section nette $A_{net} = 480 - 5 \times 13 = 415 \text{ mm}^2$.

Vérification

Il convient de vérifier à la fois la section brute en partie courante vis-à-vis d'une plastification éventuelle et la section nette dans la zone d'assemblage vis-à-vis d'un risque de rupture (voir § 2.2.1), soit respectivement :

$$N_{Ed} \leq N_{pl,Rd} = \frac{A \cdot f_y}{\gamma_{M0}}$$

et : $N_{Ed} \leq N_{u,Rd} = \dfrac{0,9 \cdot A_{net} \cdot f_u}{\gamma_{M2}}$ de même que : $N_{Ed} \leq N_{u,Rd} = \dfrac{\beta_2 \cdot A_{net} \cdot f_u}{\gamma_{M2}}$

Dans le cas présent, c'est la dernière expression qui est la plus défavorable.

Il faut donc calculer β_2, soit (tableau 11.2.5) :

$$R = \frac{p_1}{d_0} = \frac{50}{13} = 3,84 \Rightarrow \beta_2 = 0,4 + 0,3\frac{3,84 - 2,5}{2,5} = 0,56$$

Nous avons alors : $N_{u,Rd} = \dfrac{\beta_2 \cdot A_{net} \cdot f_u}{\gamma_{M2}} = \dfrac{0,56 \times 415 \times 360.10^{-3}}{1,25} = 66,93 \text{ kN}$

Comme : $N_{Ed} = 46,5 \text{ kN} < N_{u,Rd} = 66,93 \text{ kN}$, la cornière convient.

11.2.7.3 Vérification du cisaillement de bloc

Nous devons vérifier (voir § 11.2.2.5) que la cornière est capable de supporter le cisaillement de bloc représenté à la figure 11.2.5.

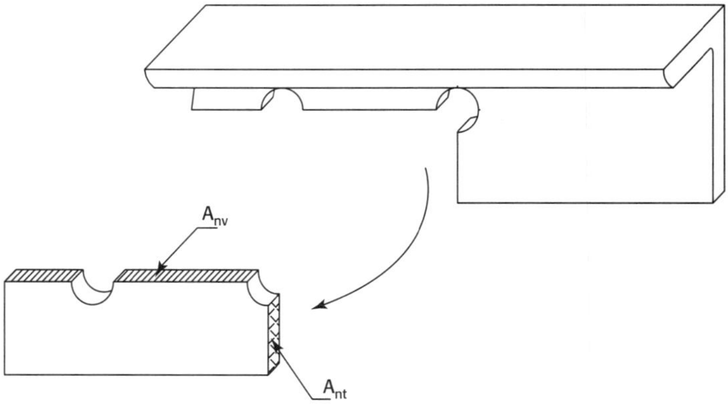

Figure 11.2.5 Rupture par cisaillement de bloc

Vérification

Nous sommes ici dans un cas de chargement non centré. Il faut donc vérifier :

$$N_{Ed} \leq V_{eff,2,Rd} = \frac{A_{nt} \cdot f_u}{2 \cdot \gamma_{M2}} + \frac{A_{nv} \cdot f_y}{\sqrt{3} \cdot \gamma_{M0}}$$

avec : $$A_{nt} = (25 - \frac{13}{2}) \times 5 = 92,5 \text{ mm}^2$$

et : $$A_{nv} = (75 - 1,5 \times 13) \times 5 = 277,5 \text{ mm}^2$$

soit : $$V_{eff,2,Rd} = \frac{A_{nt} \cdot f_u}{2 \cdot \gamma_{M2}} + \frac{A_{nv} \cdot f_y}{\sqrt{3} \cdot \gamma_{M0}} = \left(\frac{92,5 \times 360}{2 \times 1,25} + \frac{277,5 \times 235}{\sqrt{3} \times 1,0} \right) \times 10^{-3} = 50,97 \text{ kN}$$

Comme : $N_{Ed} = 46,5 \text{ kN} < V_{eff,2,Rd} = 50,97 \text{ kN}$, la cornière convient.

11.2.7.4 Vérification de la pression diamétrale

Données

L'épaisseur des ailes de la cornière est la même que celle du gousset, soit $t = 5$ mm. Les boulons sont des boulons HM12 de qualité 8.8.

D'après les cotes de trusquinage d'une cornière de 50 × 50 × 5 et le dessin de la figure 11.2.2, nous avons : $e_1 = 25$ mm, $p_1 = 50$ mm et $e_2 = 25$ mm.

Vérification

La vérification à la pression diamétrale se mène selon les expressions données dans le tableau 11.2.7, soit :

$$F_{v,Ed} \leq F_{b,Rd} = \frac{k_1 \cdot \alpha_b \cdot f_u \cdot d \cdot t}{\gamma_{M2}}$$

D'après le tableau 11.2.22, pour un diamètre de boulon d = 12 mm :

comme $e_2 > 19{,}5$ mm, nous avons : $k_1 = 2{,}5$

comme $e_1 < 39$ mm, il faut calculer α_d, soit : $\alpha_d = \frac{e_1}{3 \cdot d_0} = \frac{25}{3 \times 13} = 0{,}64$

d'où : $$\alpha_b = \min\left(\alpha_d\,;\frac{f_{ub}}{f_u}\,;1\right) = \min\left(0{,}64\,;\frac{640}{360} = 1{,}78\,;1\right) = 0{,}64$$

D'après le tableau 11.2.8, pour un boulon de diamètre 12 mm et une épaisseur t = 5 mm, nous obtenons $F_{b,Rd} = 43{,}20$ kN si $k_1 = 2{,}5$ (ce qui est notre cas) et $\alpha_b = 1$.

Nous devons donc faire une correction pour prendre en compte la vraie valeur de α_b, soit : $F_{b,Rd} = 0{,}64 \times 43{,}20 = 27{,}65$ kN.

Comme : $F_{v,Ed} = 25{,}40$ kN $< F_{b,Rd} = 27{,}65$ kN, la condition de pression diamétrale est vérifiée.

11.2.7.5 Vérification des boulons

Nous sommes ici dans le cas d'une attache de catégorie A car elle est sollicitée en cisaillement et nous n'avons qu'un seul plan de cisaillement, d'où : m = 1.

Nous devons vérifier :

$$F_{v,Ed} \leq F_{v,Rd} = \frac{\beta_{Lf} \cdot m \cdot \alpha_v \cdot f_{ub} \cdot A_s}{\gamma_{M2}}$$

D'après le tableau 11.2.22, pour d = 12 mm, comme $L_j < 180$ mm, nous avons $\beta_{Lf} = 1$.

D'après le tableau 11.2.13, nous avons : $F_{v,Rd} = \frac{\beta_{Lf} \cdot m \cdot \alpha_v \cdot f_{ub} \cdot A_s}{\gamma_{M2}} = 32{,}37$ kN pour un boulon de diamètre 12 mm et de qualité 8.8.

En conclusion, comme $F_{v,Ed} = 25{,}40$ kN $< F_{v,Rd} = 32{,}37$ kN les boulons conviennent.

11.2.7.6 Dispositions constructives

Les valeurs des différents pas et pinces sont en concordance avec les valeurs des tableaux 11.2.22 et 11.2.23. Les dispositions constructives sont donc correctes.

L'attache est vérifiée.

11.2.8 Deuxième exemple : attache poutre-poteau

On se propose de vérifier l'attache représentée à la figure 11.2.6 d'une poutre sous-tendue sur un poteau.

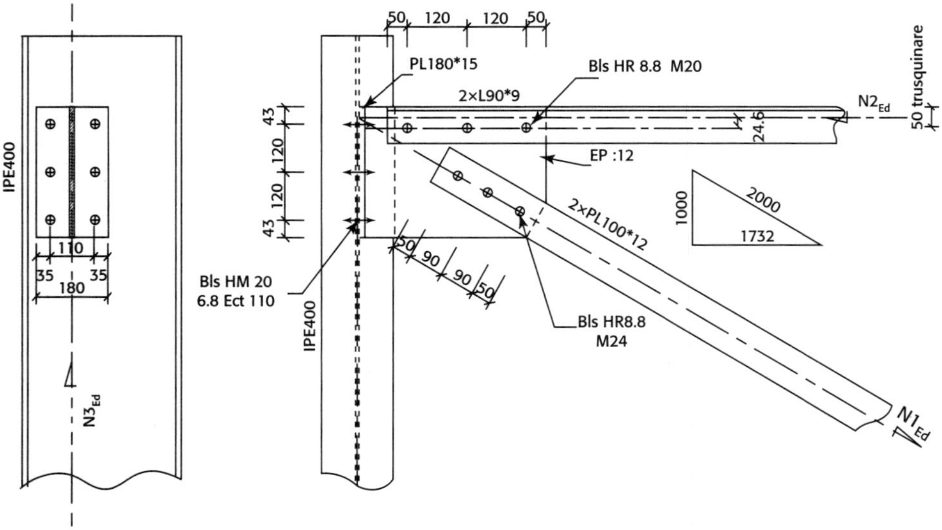

Figure 11.2.6 Attache d'une poutre sous-tendue sur un poteau

11.2.8.1 Données du problème

- Les profils, les goussets et les plaques sont en acier S 235 ;
- Pour les membrures et les diagonales, on utilise des boulons à haute résistance à serrage contrôlé qui doivent empêcher tout glissement à l'ELS uniquement. Il s'agit donc d'un assemblage de catégorie B ;
- Après avoir subi un grenaillage, les pièces sont recouvertes de peinture au silicate alcali zinc ;
- Les sollicitations pondérées (efforts normaux) dans les barres sont les suivantes :

	ELS	ELU
$N1_{Ed}$	197,0 kN	276,0 kN
$N2_{Ed}$	170,6 kN	239,0 kN
$N3_{Ed}$	98,5 kN	138,0 kN

11.2.8.2 Assemblage des cornières supérieures jumelées sur le gousset

Calcul des sollicitations dans les boulons

Il s'agit d'une attache avec excentrement pour laquelle le centre de rotation est pris au centre de gravité des boulons.

— *Calcul des sollicitations à l'ELS*

En supposant une répartition identique des efforts dans chaque boulon, l'effort axial N_{Ed} à l'ELS se distribue de la manière suivante :

$$F_{v,Ed,x,ser} = \frac{N2_{Ed,Ser}}{\text{Nb de boulons}} = \frac{170,6}{3} = 56,87 \text{ kN}$$

Du fait de l'excentricité de la cornière, nous avons, comme dans l'exemple précédent :

$$F_{v,Ed,y,ser} = \frac{N2_{Ed,ser} \cdot e_x \cdot d_{max}}{\sum d_i^2} = \frac{170,6 \times 24,6 \times 120}{2 \times 120^2} = 17,48 \text{ kN}$$

La combinaison de ces deux efforts conduit à la résultante suivante :

$$F_{v,Ed,ser} = \sqrt{F^2_{v,Ed,x,ser} + F^2_{v,Ed,y,ser}} = \sqrt{56,87^2 + 17,48^2} = 59,50 \text{ kN}$$

— *Calcul des sollicitations à l'ELU*

Nous pouvons obtenir l'effort de cisaillement par proportionnalité entre les sollicitations à l'ELS et à l'ELU, soit :

$$F_{v,Ed} = \frac{59,50 \times 239}{170,6} = 83,36 \text{ kN}$$

Vérification de la section transversale des pièces comprimées

Il s'agit de cornières jumelées à ailes égales 90 × 90 × 9 attachées par 3 boulons HR 8.8 M20. La section brute de deux cornières est A = 31 cm². Nous supposons que la résistance au flambement est vérifiée par ailleurs, l'objectif de cet exemple étant de vérifier la zone d'assemblage,

— *Vérification*

Nous sommes ici dans le cas d'une sollicitation de compression simple et les trous de boulons ne sont pas à déduire. Nous devons vérifier qu'à l'ELU :

$$N_{Ed} \leq N_{c,Rd} = \frac{A \cdot f_y}{\gamma_{M0}}$$

soit :

$$N_{c,Rd} = 3100 \times 235.10^{-3} = 728,5 \text{ kN}$$

Comme : $N2_{Ed} = 239$ kN $< N_{c,Rd} = 728,5$ kN, les cornières conviennent.

Vérification de la pression diamétrale

— *Données*

L'épaisseur des ailes des cornières est $t = 18$ mm et celle du gousset est $t = 12$ mm. Compte tenu de la différence d'épaisseur entre ces deux éléments, nous ne vérifions que le gousset avec : $e_1 = 50$ mm, $p_1 = 120$ mm et $e_2 = 50$ mm.

— *Vérification*

La vérification à la pression diamétrale s'effectue à l'ELU avec les expressions issues du tableau 11.2.7, soit :

$$F_{v,Ed} \leq F_{b,Rd} = \frac{k_1 \cdot \alpha_b \cdot f_u \cdot d \cdot t}{\gamma_{M2}}$$

D'après le tableau 11.2.22, pour des boulons M20, comme $e_2 > 33$ mm, nous avons : $k_1 = 2,5$.

D'après le même tableau, comme $e_1 < 66$ mm, nous devons calculer α_d, soit :

$$\alpha_d = \frac{e_1}{3 \cdot d_0} = \frac{50}{3 \times 22} = 0,76 \text{ pour les boulons de rive.}$$

D'après le tableau 11.2.8, pour un boulon de diamètre 20 mm et une épaisseur $t = 12$ mm, nous obtenons $F_{b,Rd} = 172,80$ kN si $k_1 = 2,5$ (ce qui est notre cas) et pour $\alpha_b = 1$.

Nous devons donc faire une correction pour prendre en compte la vraie valeur de α_b, soit :

$$F_{b,Rd} = 0,76 \times 172,80 = 131,33 \text{ kN}.$$

Comme : $F_{v,Ed} = 83,36$ kN < $F_{b,Rd} = 131,33$ kN, la condition de pression diamétrale est vérifiée.

Vérification des boulons à l'ELS

— *Hypothèses*

Nous sommes dans le cas d'un assemblage de catégorie B avec deux plans de glissement (n = 2) et un coefficient de frottement $\mu = 0,4$.

— *Vérification*

Selon le tableau 11.2.16, nous devons vérifier :

$$F_{v,Ed,Ser} \le F_{s,Rd,ser} = \frac{k_s \cdot n \cdot \mu}{\gamma_{M3,ser}} \cdot F_{p,C}$$

Dans le cas d'un seul plan de glissement, pour $k_s = 1$ ce qui est notre cas ici et des boulons M20, le tableau 11.2.20 donne $F_{s,Rd,ser} = 49,89$ kN.

Pour deux plans de glissement, nous avons donc : $F_{s,Rd,ser} = 2 \times 49,89 = 99,78$ kN.

Comme : $F_{v,Ed,ser} = 59,50$ kN < $F_{s,Rd,ser} = 99,78$ kN, la condition de non-glissement à l'ELS est vérifiée.

Vérification des boulons à l'ELU

Nous sommes ici dans le cas d'un assemblage de catégorie A, c'est-à-dire qu'à l'ELU, les boulons doivent être capables de résister par cisaillement de la tige. Nous avons un double cisaillement (m = 2) et une longueur d'assemblage $L_j = 240$ mm.

— *Vérification*

D'après le tableau 11.2.11, nous devons vérifier :

$$F_{v,Ed} \le F_{v,Rd} = \frac{\beta_{Lf} \cdot m \cdot \alpha_v \cdot f_{ub} \cdot A_s}{\gamma_{M2}}$$

D'après le tableau 11.2.21, pour un boulon M20, si $L_j < 300$ mm alors $\beta_{Lf} = 1$.

Enfin, d'après le tableau 11.2.13, nous avons $F_{v,Rd} = 94,08$ kN si m = 1.

Donc, pour m = 2, nous avons ici : $F_{v,Rd} = 2 \times 94,08 = 188,16$ kN.

Comme : $F_{v,Ed} = 83,36$ kN < $F_{v,Rd} = 188,16$ kN, les boulons résistent au cisaillement à l'ELU.

11.2.8.3 Assemblage des plats diagonaux sur le gousset

Calcul des sollicitations dans les boulons

Il s'agit ici d'une attache sans excentrement, l'effort étant porté par l'axe des boulons.

— *Sollicitations à l'ELS*

À l'ELS, l'effort à reprendre dans un boulon est :

$$F_{v,Ed} = \frac{N1_{Ed,ser}}{\text{Nb de boulons}} = \frac{197}{3} = 65,57 \text{ kN}$$

— *Sollicitations à l'ELU*

À l'ELU, son intensité est :

$$F_{v,Ed} = \frac{N1_{Ed}}{\text{Nb de boulons}} = \frac{276}{3} = 92 \text{ kN}$$

Vérification des plats tendus

Nous devons vérifier deux plats 100 × 12 attachés par 3 boulons HR 8.8 M24. La section brute des deux plats est : $A = 2 \times 100 \times 12 = 2400 \text{ mm}^2$. Leur section nette est : $A_{net} = 2400 - 2 \times 12 \times 26 = 1776 \text{ mm}^2$.

— *Vérification*

Selon le tableau 11.2.1, nous devons vérifier les deux relations :

$$N_{Ed} \leq N_{pl,Rd} = \frac{A \cdot f_y}{\gamma_{M0}}$$

et :

$$N_{Ed} \leq N_{u,Rd} = \frac{0,9 A_{net} \cdot f_u}{\gamma_{M2}}$$

Nous avons :

$$N_{pl,Rd} = \frac{A \cdot f_y}{\gamma_{M0}} = \frac{2400 \times 235 \times 10^{-3}}{1,0} = 564 \text{ kN}$$

et :

$$N_{u,Rd} = \frac{0,9 \cdot A_{net} \cdot f_u}{\gamma_{M2}} = \frac{0,9 \times 1776 \times 360 \times 10^{-3}}{1,25} = 460,34 \text{ kN}$$

C'est la seconde relation qui est déterminante.

Comme : $N1_{Ed} = 276 \text{ kN} < N_{u,Rd} = 460,34 \text{ kN}$, les plats sont capables de supporter l'effort de traction auquel ils sont soumis.

Vérification des plats au cisaillement de bloc

Il convient de vérifier la résistance au cisaillement de bloc de la partie représentée à la figure 11.2.7.

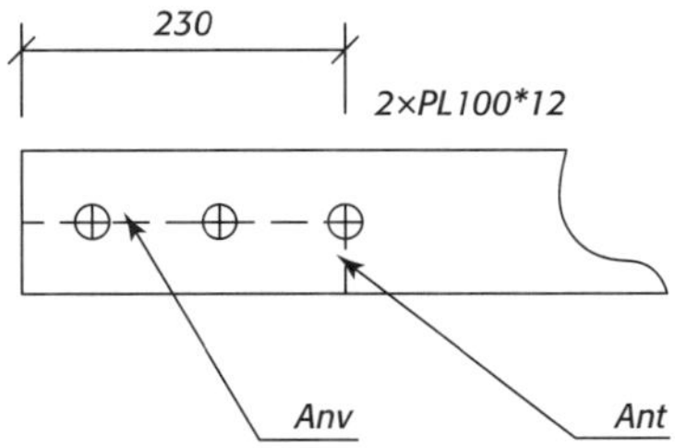

Figure 11.2.7 Rupture des plats par cisaillement de bloc non centré

— *Vérification*

Nous sommes ici dans un cas de cisaillement de bloc non centré. Il faut donc vérifier :

$$N_{Ed} \leq V_{eff,2,Rd} = \frac{A_{nt} \cdot f_u}{2 \cdot f\gamma_{M2}} + \frac{A_{nv} \cdot f_y}{\sqrt{3} \cdot f\gamma_{M0}}$$

Nous avons respectivement : $A_{nt} = (50 - \frac{26}{2}) \times 24 = 888 \text{ mm}^2$

et : $A_{nv} = (230 - 2,5 \times 26) \times 24 = 3960 \text{ mm}^2$

Nous en déduisons :

$$V_{eff,2,Rd} = \frac{A_{nt} \cdot f_u}{2 \cdot \gamma_{M2}} + \frac{A_{nv} \cdot f_y}{\sqrt{3} \cdot \gamma_{M0}} = \left(\frac{888 \times 360}{2 \times 1,25} + \frac{3960 \times 235}{\sqrt{3} \times 1,0} \right) \times 10^{-3} = 665,15 \text{ kN}$$

Comme : $N1_{Ed} = 276 \text{ kN} < V_{eff,Rd} = 665,15 \text{ kN}$, la résistance au cisaillement de bloc des plats est suffisante.

Vérification du cisaillement de bloc pour le gousset

On considère ici le cisaillement de bloc représenté à la figure 11.2.8.

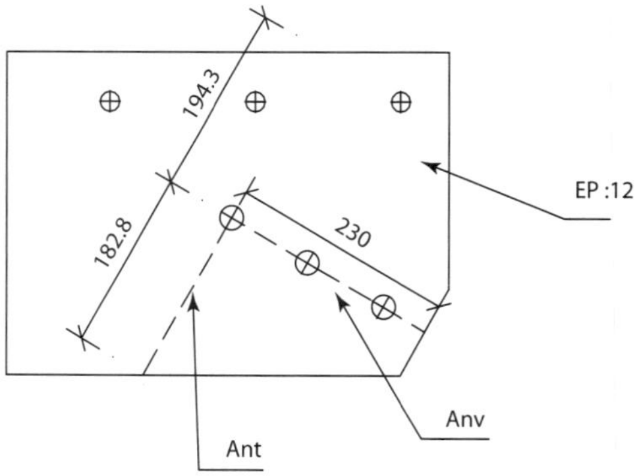

Figure 11.2.8 Rupture du gousset par cisaillement de bloc non centré

— *Vérification*

Il s'agit là encore d'un cisaillement de bloc non symétrique, c'est-à-dire d'une configuration non centrée. Nous devons donc vérifier à nouveau la relation :

$$N_{Ed} \leq V_{eff,2,Rd} = \frac{A_{nt} \cdot f_u}{2 \cdot \gamma_{M2}} + \frac{A_{nv} \cdot f_y}{\sqrt{3} \cdot \gamma_{M0}}$$

Nous avons : $A_{nt} = (182,8 - \frac{26}{2}) \times 12 = 2037 \text{ mm}^2$

et : $A_{nv} = (230 - 2,5 \times 26) \times 12 = 1980 \text{ mm}^2$

D'où : $V_{eff,2,Rd} = \frac{A_{nt} \cdot f_u}{2 \cdot \gamma_{M2}} + \frac{A_{nv} \cdot f_y}{\sqrt{3} \cdot \gamma_{M0}} = \left(\frac{2037 \times 360}{2 \times 1,25} + \frac{1980 \times 235}{\sqrt{3} \times 1,0} \right) \times 10^{-3} = 562,06 \text{ kN}$

Comme : $N1_{Ed} = 276$ kN < $V_{eff,Rd} = 562,06$ kN, la résistance au cisaillement de bloc du gousset est convenable.

Vérification à la pression diamétrale

Pour la vérification à la pression diamétrale, nous avons d'une part les plats d'épaisseur t = 24 mm et d'autre part le gousset d'épaisseur t = 12 mm attachés par des boulons HR 8.8 M24. Leur disposition est telle que $e_1 = 50$ mm, $p_1 = 90$ mm, $e_2 = 50$ mm pour le plat et $e_2 > 50$ mm pour le gousset.

Ici, compte tenu de la différence d'épaisseur, nous ne vérifierons que le gousset.

— *Vérification*

La vérification à la pression diamétrale s'effectue à l'ELU avec les expressions données dans le tableau 11.2.7, soit :

$$F_{v,Ed} \leq F_{b,Rd} = \frac{k_1 \cdot \alpha_b \cdot f_u \cdot d \cdot t}{\gamma_{M2}}$$

D'après le tableau 11.2.22, pour des boulons M24, comme $e_2 > 36$ mm, nous avons : $k_1 = 2,5$.

D'après le même tableau, comme $e_1 < 78$ mm, nous devons calculer α_d, soit :

$$\alpha_d = \frac{e_1}{3 \cdot d_0} = \frac{50}{3 \times 26} = 0,64 \quad \text{pour les boulons de rive.}$$

D'après le tableau 11.2.8, pour un boulon de diamètre 24 mm et une épaisseur t = 12 mm, nous obtenons $F_{b,Rd} = 207,36$ kN si $k_1 = 2,5$ (ce qui est notre cas) et pour $\alpha_b = 1$. Pour $\alpha_b = 0,64$, nous avons donc :

$$F_{b,Rd} = 0,64 \times 207,36 = 132,92 \text{ kN}$$

Comme : $F_{v,Ed} = 92$ kN < $F_{b,Rd} = 132,92$ kN, la condition de pression diamétrale est vérifiée.

Vérification des boulons à l'ELS

Comme précédemment, nous sommes ici dans le cas d'un assemblage de catégorie B, deux plans de glissement (n = 2) et un coefficient de frottement $\mu = 0,4$. Ici, nous avons des boulons HR 8.8 M24.

— *Vérification*

Selon le tableau 11.2.16, il convient de vérifier :

$$F_{v,Ed,Ser} \leq F_{s,Rd,ser} = \frac{k_s \cdot n \cdot \mu}{\gamma_{M3,ser}} \cdot F_{p,C}$$

Pour un seul plan de glissement, $k_s = 1$ ce qui est notre cas ici et des boulons M24, le tableau 11.2.20 donne : $F_{s,Rd,ser} = 71,88$ kN.

Avec deux plans de glissement, nous avons : $F_{s,Rd,ser} = 2 \times 71,88 = 143,76$ kN.

Comme : $F_{v,Ed,ser} = 65,57$ kN < $F_{s,Rd,ser} = 143,76$ kN, la condition de non-glissement est vérifiée à l'ELS.

Vérification des boulons à l'ELU

Nous sommes à nouveau dans le cas d'un assemblage de catégorie A, c'est-à-dire qu'à l'ELU, les boulons doivent pouvoir résister par cisaillement de la tige. Nous avons un double cisaillement (m = 2) et une longueur d'assemblage $L_j = 180$ mm.

— *Vérification*

D'après le tableau 11.2.11, il faut vérifier :

$$F_{v,Ed} \leq F_{v,Rd} = \frac{\beta_{Lf} \cdot m \cdot \alpha_v \cdot f_{ub} \cdot A_s}{\gamma_{M2}}$$

D'après le tableau 11.2.21, pour un boulon M20, si $L_j < 360$ mm alors $\beta_{Lf} = 1$.

Enfin, d'après le tableau 11.2.13, nous avons $F_{v,Rd} = 135{,}55$ kN si m = 1.

Donc, pour m = 2, nous avons ici : $F_{v,Rd} = 2 \times 135{,}55 = 271{,}10$ kN.

Comme : $F_{v,Ed} = 92{,}0 \text{ kN} < F_{v,Rd} = 271{,}10$ kN, les boulons résistent correctement au cisaillement à l'ELU.

11.2.8.4 Assemblage sur le poteau

Pour cet assemblage, nous nous limiterons à vérifier :

- le cisaillement de bloc dans la platine d'about,
- la pression diamétrale dans le poteau,
- les boulons.

Calcul des sollicitations dans les boulons

Nous sommes dans le cas d'une attache sans excentrement.

— *Calcul des sollicitations*

L'effort est supposé réparti de manière homogène entre les boulons, soit :

$$F_{v,Ed} = \frac{138}{6} = 23 \text{ kN}$$

Vérification du cisaillement de bloc dans la platine d'about

— *Hypothèse*

Compte tenu de la soudure entre le gousset d'épaisseur 12 mm et la platine d'about d'épaisseur 15 mm, on considère le cisaillement de bloc de la figure 11.2.9.

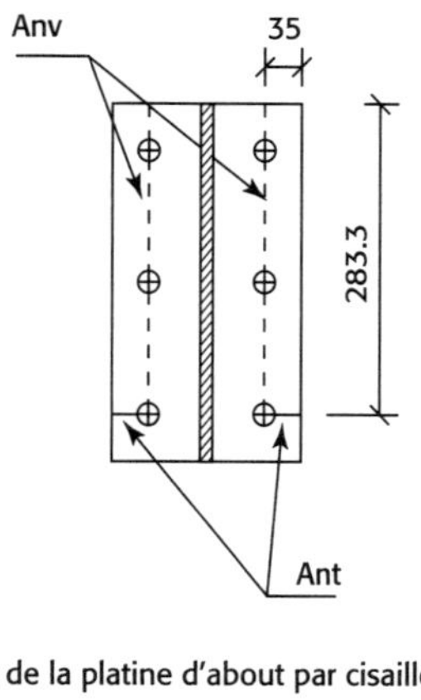

Figure 11.2.9 Rupture de la platine d'about par cisaillement de bloc centré

Nous sommes ici dans un cas de cisaillement de bloc centré. Il faut donc vérifier :

$$N_{Ed} \leq V_{eff,2,Rd} = \frac{A_{nt} \cdot f_u}{\gamma_{M2}} + \frac{A_{nv} \cdot f_y}{\sqrt{3} \cdot \gamma_{M0}}$$

Nous avons : $$A_{nt} = (35 - \frac{22}{2}) \times 2 \times 15 = 720 \text{ mm}^2$$

et : $$A_{nv} = (283,3 - 2,5 \times 22) \times 2 \times 15 = 6849 \text{ mm}^2$$

d'où : $$V_{eff,2,Rd} = \frac{A_{nt} \cdot f_u}{\gamma_{M2}} + \frac{A_{nv} \cdot f_y}{\sqrt{3} \cdot \gamma_{M0}} = \left(\frac{720 \times 360}{1,25} + \frac{6849 \times 235}{\sqrt{3} \times 1,0} \right) \times 10^{-3} = 1136,61 \text{ kN}$$

Comme : $N3_{Ed} = 138$ kN $< V_{eff,Rd} = 1136,61$ kN, la résistance au cisaillement de bloc de la platine est vérifiée.

Vérification de la pression diamétrale dans l'âme du poteau

La platine est attachée par des boulons HM 20 6.8 sur l'âme du poteau qui lui-même possède une épaisseur t = 8,6 mm. Nous avons ici : $p_1 = 120$ mm

Pour une telle configuration, il n'y a pas lieu de considérer e_1 ou e_2.

— *Vérification*

La vérification à la pression diamétrale s'effectue selon les expressions du tableau 11.2.7, c'est-à-dire :

$$F_{v,Ed} \leq F_{b,Rd} = \frac{k_1 \cdot \alpha_b \cdot f_u \cdot d \cdot t}{\gamma_{M2}}$$

D'après le tableau 11.2.22, nous avons : $k_1 = 2,5$ et, comme $p_1 > 83$ mm, nous avons $\alpha_d = \alpha_b = 1$.

D'après le tableau 11.2.8, pour un boulon de diamètre 20 mm et une épaisseur t = 10 mm, pour $k_1 = 2,5$ et $\alpha_b = 1$, nous obtenons $F_{b,Rd} = 144$ kN. Pour une épaisseur t = 8,6 mm, nous avons alors : $F_{b,Rd} = 144 \times \frac{8,6}{10} = 123,84$ kN

Comme : $F_{v,Ed} = 23$ kN $< F_{b,Rd} = 123,84$ kN, l'âme du poteau est apte à supporter la pression diamétrale apportée par les boulons.

Vérification des boulons

Nous sommes ici dans le cas d'un assemblage de catégorie A avec des boulons HM 20 6.8, un seul plan de cisaillement (m = 1) et une longueur $L_j = 240$ mm.

Nous devons vérifier :

$$F_{v,Ed} \leq F_{v,Rd} = \frac{\beta_{Lf} \cdot m \cdot \alpha_v \cdot f_{ub} \cdot A_s}{\gamma_{M2}}$$

D'après le tableau 11.2.22, pour d = 20 mm, comme $L_j < 300$ mm, nous avons $\beta_{Lf} = 1$.

D'après le tableau 11.2.13, nous avons : $F_{v,Rd} = 58,8$ kN pour un boulon de diamètre 20 mm et de qualité 6.8.

En conclusion, comme $F_{v,Ed} = 23$ kN $< F_{v,Rd} = 58,8$ kN, les boulons conviennent.

Il est à noter que l'on aurait pu utiliser également des boulons HM 16 6.8.

11.2.9 Troisième exemple : attache d'une suspente sur une traverse

On se propose de vérifier l'attache d'une suspente sur une traverse représentée à la figure 11.2.10.

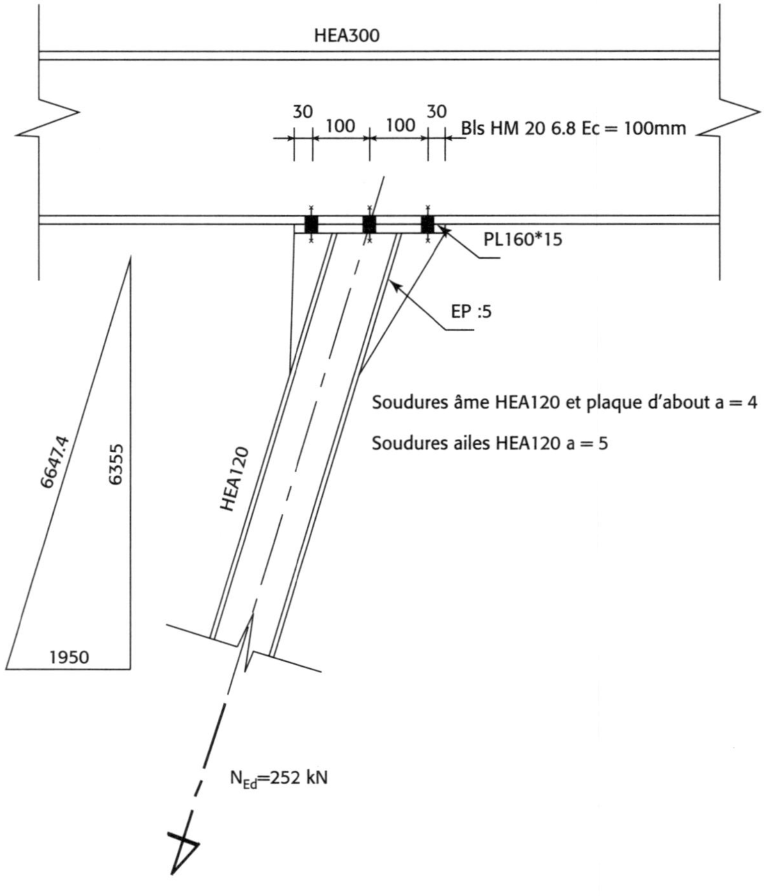

Figure 11.2.10 Exemple 3

11.2.9.1 Données du problème

- Les profils, les goussets et les plaques sont en acier S 235.
- Pour cette attache, nous nous limitons à vérifier :
  - les boulons,
  - le non poinçonnement des éléments.
- Nous abordons ici la vérification de la non-déformation des ailes du HEA 300 et de la plaque d'about par la méthode du tronçon en T équivalent tendu mais seulement de manière succincte car ce problème fait l'objet du chapitre 12.

11.2.9.2 Calcul des sollicitations sur les boulons

Les boulons sont soumis à un effort de cisaillement et un effort de traction. Nous supposons une équirépartition des efforts dans tous les boulons aussi bien en matière de cisaillement qu'en matière de traction.

Calcul des sollicitations

L'effort de cisaillement dans un boulon a pour valeur :

$$F_{v,Ed} = \frac{252 \times 1950}{6647,4 \times 6} = 12,32 \text{ kN}$$

Par projection, nous en déduisons l'intensité de l'effort de traction :

$$F_{t,Ed} = \frac{12,32 \times 6355}{1950} = 40,15 \text{ kN}$$

11.2.9.3 Vérification des boulons à la traction

Nous sommes ici dans le cas d'un assemblage de catégorie D avec des boulons HM 20 6.8.

Vérification

D'après le tableau 11.2.11, nous devons vérifier : $F_{t,Ed} \leq F_{t,Rd} = \dfrac{k_2 \cdot f_{ub} \cdot A_s}{\gamma_{M2}}$

D'après le tableau 11.2.14, nous avons : $F_{t,Rd} = 105,84$ kN.

Comme : $F_{t,Ed} = 40,15 \text{ kN} < F_{t,Rd} = 105,84 \text{ kN}$, les boulons résistent correctement au cisaillement à l'effort de traction auquel ils sont soumis.

11.2.9.4 Vérification des boulons en traction et cisaillement

D'après le tableau 11.2.11, nous devons vérifier : $\dfrac{F_{v,Ed}}{F_{v,Rd}} + \dfrac{F_{t,Ed}}{1,4 \cdot F_{t,Rd}} \leq 1$

Le tableau 11.2.13 donne $F_{v,Rd} = 58,80$ kN et, comme précédemment, le tableau 11.2.14, donne : $F_{t,Rd} = 105,84$ kN.

Nous avons ainsi :

$$\frac{F_{v,Ed}}{F_{v,Rd}} + \frac{F_{t,Ed}}{1,4 \cdot F_{t,Rd}} = \frac{12,32}{58,8} + \frac{40,15}{1,4 \times 105,80} = 0,48 < 1$$

Les boulons sont donc bien capables de résister à la combinaison de l'effort de traction et de l'effort de cisaillement à laquelle ils sont soumis.

11.2.9.5 Vérification du non poinçonnement

Nous sommes toujours dans le cas d'un assemblage de catégorie D avec des boulons HM 20 6.8. L'aile du HEA 300 a une épaisseur $t_f = 14$ mm et la platine d'about a pour épaisseur $t = 15$ mm.

Nous nous limitons donc à la vérification de la pièce la plus mince, c'est-à-dire l'aile du HEA 300.

Vérification

D'après le tableau 11.2.11, la vérification au poinçonnement se traduit par l'expression :

$$F_{t,Ed} \leq B_{p,Rd} = \frac{0,6 \cdot \pi \cdot d_m \cdot t_p \cdot f_u}{\gamma_{M2}}$$

Pour les boulons qui nous intéressent ici et une épaisseur de 14 mm, le tableau 11.2.15 donne $B_{p,Rd} = 245,64$ kN.

Comme : $F_{t,Ed} = 40{,}15\ \text{kN} < B_{p,Rd} = 245{,}64\ \text{kN}$, l'aile du profilé possède une résistance suffisante au poinçonnement.

11.2.9.6 Vérifications supplémentaires au niveau du HEA 300

Hypothèses

Pour la définition des grandeurs résumées ci-après, il convient de se reporter au chapitre 12 qui traite des tronçons en T tendus et on considère qu'il se produit, au niveau de l'attache, un effet de levier.

Nous avons :

$l_{eff} = 100\ \text{mm}$, $t_f = 14\ \text{mm}$, $r = 27\ \text{mm}$, $m = \dfrac{100 - 8{,}5 - 2 \times 27 \times 0{,}8}{2} = 24\ \text{mm}$ et $n = \dfrac{160 - 100}{2} = 30 \leq (1{,}25 \times 24)$.

Vérification

Il convient de vérifier successivement que :

$$F_{t,Rd} \leq \frac{l_{eff} \cdot t_f^2 \cdot f_y}{2 \cdot m},\ F_{t,Rd} \leq \frac{0{,}5 \cdot l_{eff} \times t_f^2 \cdot f_y + 2 \cdot F_{t,Rd} \cdot n}{2\,(m + n)}$$

et :

$$F_{t,Rd} \leq \frac{l_{eff} \cdot t_w \cdot f_y}{2}$$

Ces trois limites de l'effort de traction résistant de calcul sont égales respectivement à :

$$\frac{l_{eff} \cdot t_f^2 \cdot f_y}{2 \cdot m} = \frac{10 \times 1{,}4^2 \times 235.10^{-3}}{2 \times 0{,}024} = 95{,}36\ \text{kN}$$

$$\frac{0{,}5 \cdot l_{eff} \cdot t_f^2 \cdot f_y + 2 \cdot F_{t,Rd} \cdot n}{2\,(m + n)} = \frac{0{,}5 \times 10 \times 1{,}4^2 \times 235 + 2 \times 105800 \times 0{,}03}{2 \times (0{,}024 + 0{,}03)} \times 10^{-3} = 79{,}88\ \text{kN}$$

et :

$$\frac{l_{eff} \cdot t_w \cdot f_y}{2} = \frac{100 \times 8{,}5 \times 235}{2} \times 10^{-3} = 99{,}88\ \text{kN}$$

Comme : $F_{t,Ed} = 40{,}15\ \text{kN} < \text{Max}(F_{t,Rd}) = 79{,}88\ \text{kN}$, le HEA 300 convient.

11.2.9.7 Vérifications supplémentaires au niveau de la platine d'about

Hypothèses

Pour cette vérification, on négligera la présence des ailes du HEA 120. On se place donc en sécurité car celles-ci raidissent la plaque d'about.

Nous avons respectivement : $l_{eff} = 80\ \text{mm}$, $t_f = 15\ \text{mm}, t_w = 5\ \text{mm}$, $a = 4\ \text{mm}$, $m = \dfrac{100 - 5 - 2 \times 4 \times 0{,}8 \times \sqrt{2}}{2} = 43\ \text{mm}$ et $n = \dfrac{160 - 100}{2} = 30 < (1{,}25 \times 43)$.

Vérification

Comme précédemment, nous devons vérifier :

$$F_{t,Rd} \leq \frac{l_{eff} \cdot t_f^2 \cdot f_y}{2 \cdot m}, \quad F_{t,Rd} \leq \frac{0,5 \cdot l_{eff} \cdot t_f^2 \cdot f_y + 2 \cdot F_{t,Rd} \cdot n}{2\,(m+n)}$$

et :

$$F_{t,Rd} \leq \frac{l_{eff} \cdot t_w \cdot f_y}{2}$$

Ces trois limites de l'effort de traction résistant de calcul sont égales respectivement à :

$$\frac{l_{eff} \cdot t_f^2 \cdot f_y}{2 \cdot m} = \frac{8 \times 1,5^2 \times 235.10^{-3}}{2 \times 0,043} = 49,21\,\text{kN}$$

$$\frac{0,5 \cdot l_{eff} \cdot t_f^2 \cdot f_y + 2 \cdot F_{t,Rd} \cdot n}{2 \cdot (m+n)} = \frac{0,5 \times 8 \times 1,5^2 \times 235 + 2 \times 105800 \times 0,03}{2 \times (0,043 + 0,03)} \times 10^{-3} = 58\text{ kN}$$

et :

$$\frac{l_{eff} \cdot t_w \cdot f_y}{2} = \frac{80 \times 5 \times 235}{2} \times 10^{-3} = 47\text{ kN}$$

Comme : $F_{t,Ed} = 40,15\text{ kN} < \text{Max}(F_{t,Rd}) = 47\text{ kN}$, la platine d'about convient.

11.2.10 Quatrième exemple : assemblage de continuité

On se propose de vérifier l'assemblage de continuité de deux IPE 500 par éclisses et couvre-joints représenté à la figure 11.2.11. Les profilés et les plats sont en acier S 235.

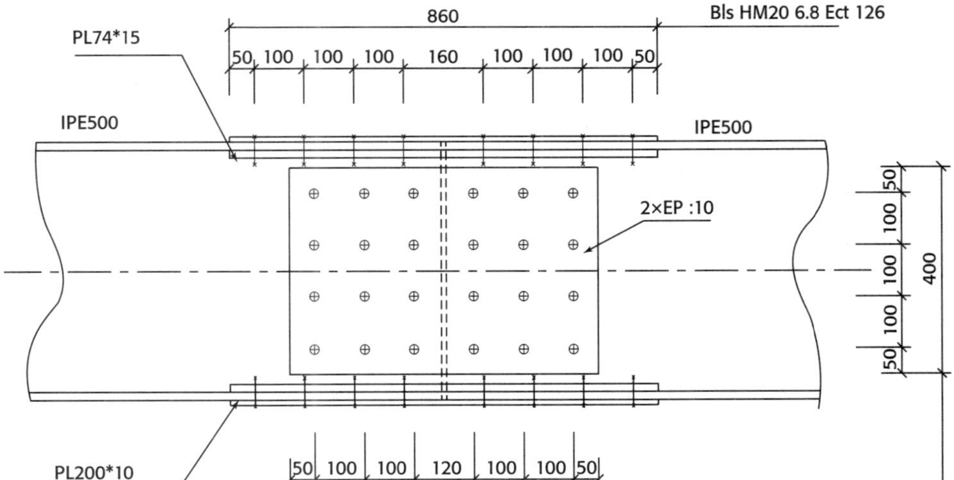

Figure 11.2.11 Exemple 4

Les sollicitations à transmettre sont les suivantes : $N_{Ed} = -106\text{ kN}$, $V_{Ed} = 153\text{ kN}$ et $M_{y,Ed} = -261,8\text{ kN.m}$.

Les caractéristiques mécaniques d'un IPE 500 sont les suivantes :

$h = 500$ mm $\quad b = 200$ mm $\quad t_f = 16$ mm $\quad t_w = 10,2$ mm

$A = 115,5\ cm^2 \quad A_v = 59,87\ cm^2 \quad W_{pl,y} = 2194\ cm^3$

11.2.10.1 Calcul des sollicitations sur les boulons

La répartition des sollicitations s'effectue de la manière suivante :

- L'effort normal est repris par toute la section, c'est-à-dire à la fois par les ailes et par l'âme du profilé au prorata de leurs aires respectives ;
- L'effort tranchant est repris par l'âme uniquement ;
- Le moment fléchissant est repris par les ailes uniquement sous la forme d'un effort axial de compression dans l'aile supérieure et d'un effort axial de traction dans l'aile inférieure.

Distribution de l'effort normal N_{Ed}

- Effort dans une aile :

$$N_{Ed,aile,N} = \frac{106 \times 200 \times 16}{11550} = 29,37 \text{ kN}$$

- Effort dans l'âme :

$$N_{Ed,\hat{a}me,N} = 106 - 2 \times 29,37 = 42,26 \text{ kN}$$

Équilibre du moment fléchissant $M_{y,Ed}$

L'équilibre du moment fléchissant est représenté à la figure 11.2.12.

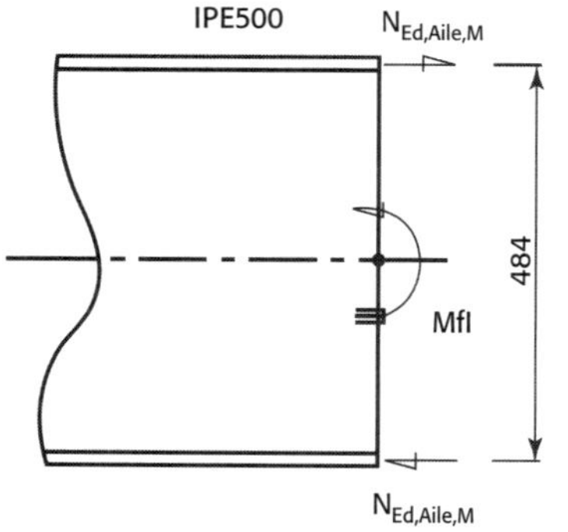

Figure 11.2.12 Equilibre du moment fléchissant

- Effort axial à reprendre par une aile.

$$N_{Ed,aile,M} = \frac{M_{y,Ed}}{0,484} = \frac{261,8}{0,484} = 540,91 \text{ kN}$$

Calcul des sollicitations dans les boulons

— *Sollicitation dans les boulons d'aile*

C'est la composition de la partie de l'effort due à N_{Ed} et à $M_{y,Ed}$:

$$N_{Ed,aile} = N_{Ed,aile,N} + N_{Ed,aile,M} = 29,37 + 540,91 = 570,28 \text{ kN}$$

Le transfert de cet effort dans les couvre-joints d'aile se fait par 2×4 boulons par demi-couvre-joint, soit :

$$F_{v,Ed} = \frac{570,28}{2 \times 4} = 71,29 \text{ kN}$$

— *Sollicitations dans les boulons d'âme*

Une paire de demi-couvre-joints d'âme équilibre l'effort tranchant $V_{Ed} = 153$ kN et la partie de l'effort normal qui transite par l'âme, soit $N_{Ed,\hat{a}me,N} = 42,26$ kN.

La résultante de ces deux efforts est localisée au centre géométrique des 12 boulons de chaque demi-âme. Il faut ensuite transférer cet effort dans l'autre demi-âme ce qui, en raison de l'excentricité, crée un moment supplémentaire (voir figure 11.2.13)

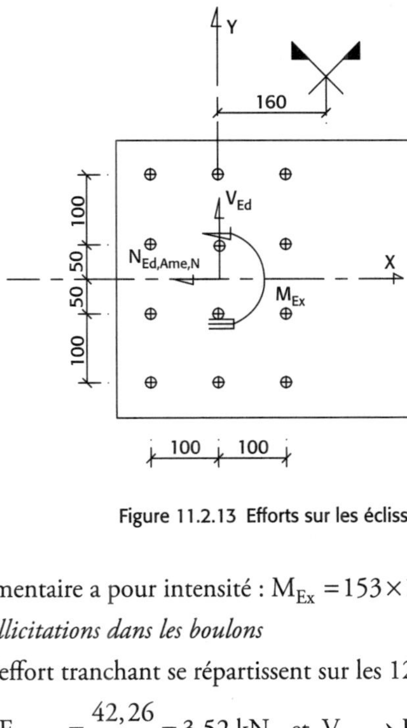

Figure 11.2.13 Efforts sur les éclisses

Le moment supplémentaire a pour intensité : $M_{Ex} = 153 \times 160 = 24\,480$ kN.mm.

— *Équilibre des sollicitations dans les boulons*

L'effort normal et l'effort tranchant se répartissent sur les 12 boulons, soit respectivement :

$$N_{Ed,\hat{a}me} \rightarrow F_{v,Ed,x} = \frac{42,26}{12} = 3,52 \text{ kN} \quad \text{et} \quad V_{Ed} \rightarrow F_{v,Ed,y} = \frac{153}{12} = 12,75 \text{ kN}$$

Le moment supplémentaire dû au transfert de l'effort tranchant donne, pour les boulons les plus éloignés, les deux efforts suivants projetés selon les axes x et y :

$$M_{Ex} \rightarrow F_{v,Ed,x} = \frac{24480 \times 150}{8 \times 100^2 + 6 \times 150^2 + 6 \times 50^2} = 15,97 \text{ kN}$$

et :

$$M_{Ex} \rightarrow F_{v,Ed,y} = \frac{24480 \times 100}{8 \times 100^2 + 6 \times 150^2 + 6 \times 50^2} = 10,64 \text{ kN}$$

La composition de tous ces efforts donne respectivement sur les axes x et y :

$$F_{v,Ed,x} = 3,52 + 15,97 = 19,49 \text{ kN et } F_{v,Ed,y} = 12,75 + 10,64 = 23,39 \text{ kN}$$

dont la résultante a pour intensité :

$$F_{v,Ed} = \sqrt{19,49^2 + 23,39^2} = 30,45\ \text{kN}.$$

C'est l'effort de cisaillement maximum qui sollicite les boulons d'âme.

11.2.10.2 Vérification des IPE 500

Hypothèses

Pour les types de sollicitations qui nous intéressent ici, les profilés sont de Classe 1. Il est donc possible de mener un calcul en plasticité.

Bien qu'en compression, les trous ne soient généralement pas pris en compte, on vérifie les profilés en section nette (voir figure 11.2.14) ce qui place en sécurité et simplifie les calculs ; les sections restant doublement symétriques.

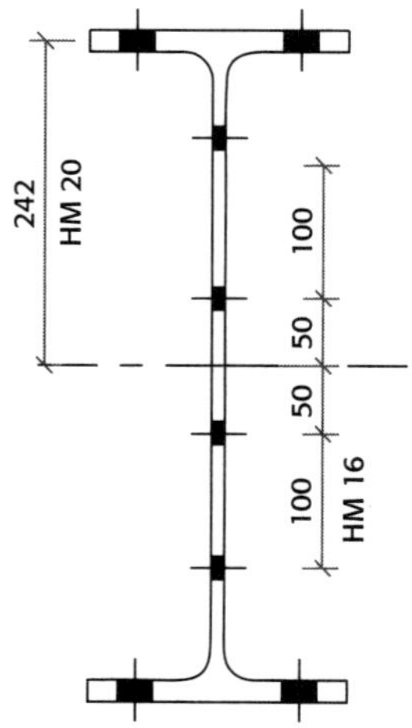

Figure 11.2.14 Section considérée pour la vérification en section

Calcul des caractéristiques mécaniques des sections nettes dans la zone d'assemblage :

$$A_{net} = 11550 - 4 \times 16 \times 22 - 4 \times 10,2 \times 18 = 9407,6\ \text{mm}^2$$

$$A_{vz,net} = 5987 - 4 \times 10,2 \times 18 = 5252,6\ \text{mm}^2$$

$$W_{pl,y,net} = 2194 - 4 \times 1,6 \times 2,2 \times (25 - 0,8) - 2 \times 1,02 \times 1,8 \times 15 - 2 \times 1,02 \times 1,8 \times 5 = 1789\ \text{cm}^3$$

Vérifications

Détermination des limites de prise en compte de l'effort normal ou de l'effort tranchant :

$$0,25 \cdot N_{pl,Rd} = 0,25 \times 9407,6 \times 235.10^{-3} = 552,7\ \text{kN} ;$$

$$\frac{0,5 h_w t_w \cdot f_y}{\gamma_{M_0}} = 0,5 \times 396 \times 10,2 \times 235 \times 10^{-3}$$

$$= 474,61\ \text{kN}$$

et : $$0,5 \cdot V_{pl,Rd} = \frac{0,5 \times 5252,6 \times 235}{\sqrt{3}} \times 10^{-3} = 356,33 \text{ kN}$$

Comme :

$$N_{Ed} = 106 \text{ kN} < 474,61 \text{ kN} \text{ et : } V_{Ed} = 153 \text{ kN} < 0,5 \cdot V_{pl,Rd} = 356,63 \text{ kN}$$

l'influence de l'effort normal et de l'effort tranchant est négligée pour le calcul du moment résistant.

Il reste donc à vérifier :

$$M_{Ed} \leq M_{c,Rd} = W_{pl} \cdot f_y = 1789 \times 235.10^{-3} = 420,42 \text{ kN.m}$$

soit : $M_{Ed} = 261,8 \text{ kN} < M_{pl,Rd} = 420,42$ kN.m. Le profilé IPE 500 convient y compris dans sa section nette.

11.2.10.3 Vérification du couvre-joint

1e vérification

On vérifie qu'au niveau de la section nette, il y a équivalence entre l'aile de l'IPE 500 et le couvre joint.

$$A_{net,aile} = (200 - 2 \times 22) \times 16 = 2496 \text{ mm}^2$$

$$A_{net,couvre-joint} = (200 - 2 \times 22) \times 10 + 2 \times (74 - 22) \times 15 = 3120 \text{ mm}^2$$

Comme : $A_{net,couvre-joint} > A_{net,aile}$, le couvre-joint convient.

2e vérification

On s'assure que le couvre-joint peut transmettre un effort de traction de 570,28 kN :

Calcul de : $$N_{u,Rd} = \frac{0,9 \cdot A_{net} \cdot f_u}{\gamma_{M2}} = \frac{0,9 \times 3120 \times 360}{1,25} \times 10^{-3} = 808,7 \text{ kN}$$

Comme : $N_{Ed} = 570,28 < 808,7$ kN, le couvre-joint est vérifié.

11.2.10.4 Vérification des éclisses

Hypothèse

On vérifie qu'au niveau de la section nette, il y a équivalence entre l'âme de l'IPE 500 et les éclisses.

Nous avons : $$A_{net,âme} = 5252,6 \text{ mm}^2$$

et : $$A_{net,éclisses} = 2 \times (400 - 4 \times 18) \times 10 = 6560 \text{ mm}^2$$

Comme : $A_{net,éclisses} > A_{net,âme}$, les éclisses conviennent.

11.2.10.5 Assemblage des couvre-joints

Vérification de la pression diamétrale

L'épaisseur des couvre-joints est $t = 25$ mm et celle de l'aile de l'IPE 500 est $t_f = 16$ mm. L'assemblage est réalisé par des boulons HM 20 6.8

Nous avons : $e_1 = \frac{160}{2} - \frac{5^*}{2} = 77{,}5$ mm pour l'aile du IPE 500 si le jeu entre les deux demi IPE est de 5 mm.

Nous avons également : $p_1 = 100$ mm, $e_2 = 37$ mm et $p_2 = 126$ mm.

Ici compte tenu de la différence d'épaisseur, nous ne vérifions que l'aile de l'IPE.

— *Vérification*

La vérification à la pression diamétrale s'effectue selon les expressions du tableau 11.2.7, c'est-à-dire :

$$F_{v,Ed} \leq F_{b,Rd} = \frac{k_1 \cdot \alpha_b \cdot f_u \cdot d \cdot t}{\gamma_{M2}}$$

D'après le tableau 11.2.22, nous avons : $k_1 = 2{,}5$ et $\alpha_b = 1$. De même, le tableau 11.2.8 donne $F_{b,Rd} = 230{,}4$ kN.

Comme : $F_{v,Ed} = 71{,}29$ kN $< F_{b,Rd} = 230{,}40$ kN, la condition de pression diamétrale est vérifiée.

Vérification des boulons

Il s'agit ici d'un assemblage de catégorie A avec des boulons HM 20 6.8. Nous avons deux plans de cisaillement (m = 2) et la longueur $L_j = 300$ mm.

Nota : pour pouvoir considérer que m = 2, on vérifie que les couvre-joints extérieurs ont sensiblement la même aire nette que les couvre-joints intérieurs.

— *Vérification*

D'après le tableau 11.2.11, nous devons vérifier :

$$F_{v,Ed} \leq F_{v,Rd} = \frac{\beta_{Lf} \cdot m \cdot \alpha_v \cdot f_{ub} \cdot A_s}{\gamma_{M2}}$$

D'après le tableau 11.2.21, pour un boulon M20, si $L_j = 300$ mm alors $\beta_{Lf} = 1$. De même, d'après le tableau 11.2.13, nous avons $F_{v,Rd} = 2 \times 94{,}08 = 188{,}16$ kN.

Comme : $F_{v,Ed} = 71{,}29$ kN $< F_{v,Rd} = 188{,}16$ kN, les boulons résistent au cisaillement.

11.2.10.6 Assemblage des éclisses

Vérification à la pression diamétrale

Pour la vérification à la pression diamétrale, nous avons d'une part les éclisses d'épaisseur t = 20 mm et d'autre part l'âme du IPE 500 $t_w = 10{,}2$ mm attachées par des boulons HM 16 6.8. Leur disposition est telle que $e_1 = 50$ mm, $p_1 = 100$ mm, $e_2 = 50$ mm et $p_2 = 100$ mm.

Comme précédemment, compte tenu de la différence d'épaisseur, nous ne vérifierons que l'âme de l'IPE.

— *Vérification*

La vérification à la pression diamétrale s'effectue avec les expressions données dans le tableau 11.2.7, soit :

$$F_{v,Ed} \leq F_{b,Rd} = \frac{k_1 \cdot \alpha_b \cdot f_u \cdot d \cdot t}{\gamma_{M2}}$$

D'après le tableau 11.2.22, pour des boulons M16, nous avons : $k_1 = 2,5$.

Nous devons calculer α_d, soit :

$$\alpha_d = \frac{e_1}{3 \cdot d_0} = \frac{50}{3 \times 18} = 0,93 \text{, d'où : } \alpha_b = 0,93$$

D'après le tableau 11.2.8, nous avons : $F_{b,Rd} = 0,93 \times 1,02 \times 115,2 = 108,8$ kN.

Comme : $F_{v,Ed} = 30,85$ kN $< F_{b,Rd} = 108,8$ kN, la condition de pression diamétrale est vérifiée.

Vérification des boulons

Nous sommes ici dans le cas d'un assemblage de catégorie A avec deux plans de cisaillement ($m = 2$) et $\beta_{Lf} = 1$. Les boulons sont des HM 16 6.8.

— *Vérification*

Selon le tableau 11.2.16, il convient de vérifier :

$$F_{v,Ed} \leq F_{v,Rd} = \frac{\beta_{Lf} \cdot m \cdot \alpha_v \cdot f_{ub} \cdot A_s}{\gamma_{M2}}$$

D'après le tableau 11.2.13, nous avons : $F_{v,Rd} = 2 \times 37,68 = 75,36$ kN.

En conclusion, comme $F_{v,Ed} = 30,45$ kN $< F_{v,Rd} = 75,36$ kN les boulons conviennent.

11.3 Assemblages soudés

11.3.1 Règles

La conception et la vérification sous charges statiques des assemblages par soudure sont traitées par l'Eurocode 3 principalement dans la partie 1-8. D'autres parties de l'Eurocode 3 abordent les soudures : résistance à la fatigue (partie 1-9), risque d'arrachement lamellaire (partie 1-10), pièces d'épaisseur inférieure à 4 mm – hors profils creux (partie 1-3).

11.3.2 Cadre de ce chapitre

La partie 1-8 propose plusieurs méthodes de vérification selon le type d'assemblage :

- § 4.5 Soudure d'angle,
- § 4.6 Soudure en entaille,
- § 4.7 Soudure bout à bout,
- § 4.8 Soudure en bouchon,
- § 7 Assemblages de profils creux dans les structures en treillis.

Seules les soudures d'angle à pénétration partielle sont étudiées ici, et uniquement pour leur résistance statique selon EN 1993-1-8 § 4.5.

11.3.3 Soudures d'angle : définitions et hypothèses

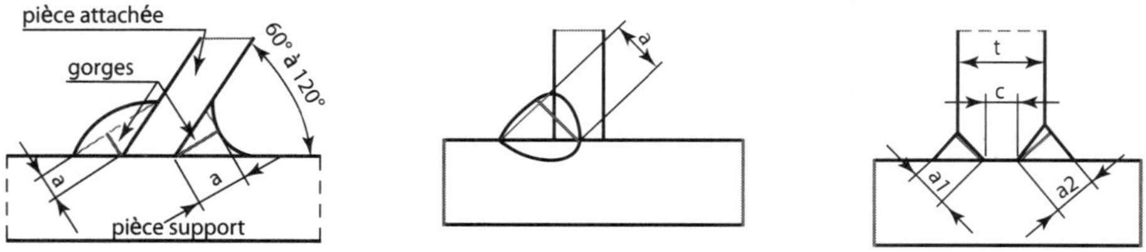

Figure 11.3.1 Position relative des pièces, gorge utile

Gorge utile « a », plan de gorge

La gorge utile « a » (ou simplement « gorge ») d'un cordon d'angle (figure 11.3.1) est la hauteur du plus grand triangle inscrit entre les faces à assembler et la surface de la soudure. Le plan de gorge est le plan parallèle à l'axe longitudinal du cordon et qui coupe celui-ci le long de la gorge (voir aussi la figure 11.3.2).

EN 1993-1-8 § 4.5.2 fixe une valeur minimale de 3 mm pour la gorge.

On appelle pièce attachée celle séparant les deux cordons et pièce support l'autre. Pour que le joint soit considéré comme une soudure d'angle, l'angle aigu entre les faces doit être supérieur à 60°.

Pour les soudures à forte pénétration et sous réserve de validation expérimentale, on peut considérer l'augmentation de gorge due à la pénétration.

Les soudures bout à bout qui ne sont pas à pleine pénétration (c > 3 mm ou c > t/5 ou $a_1 + a_2 < t$) doivent être vérifiées comme des soudures d'angle (EN 1993-1-8 § 4.7.3).

Longueur efficace l_{eff}

La longueur efficace l_{eff} d'un cordon, c'est-à-dire la longueur considérée pour le calcul, est la longueur du cordon où la valeur nominale de la gorge est respectée : il s'agit soit de la longueur nominale diminuée de 2 fois la gorge utile, soit plus simplement de la longueur nominale (EN 1993-1-8 § 4.5.1). De plus, les cordons doivent être contournés avec un retour égal à 2 fois le côté du cordon lorsque cela est possible (EN 1993-1-8 § 4.3.2).

EN 1993-1-8 § 4.5.1 impose une longueur efficace l_{eff} plus grande que 30 mm et que 6 fois a pour les soudures transmettant des efforts.

Aire de gorge A_w

On définit l'aire de gorge de calcul A_w comme la somme des aires des plans de gorge ($\sum a.l_{eff}$) pour l'ensemble des cordons étudiés.

Actions de calcul F_{Ed} et F_{Rd}

Toutes les sollicitations et résistances évoquées dans ce chapitre sont des valeurs de calcul. Nous notons en général F_{Ed} et/ou M_{Ed} les valeurs de calcul des sollicitations et F_{Rd} la valeur de calcul de la résistance.

Excentricité locale

Dans le cas des cordons uniques – sauf pour les soudures périphériques de profils creux – l'excentricité locale de ceux-là induit des contraintes en pied de cordon très fortes. Les méthodes proposées dans ce chapitre ne prennent pas en compte cette excentricité (voir EN 1993-1-8 § 4.12).

11.3.4 Soudures d'angle : les deux méthodes de l'Eurocode 3

11.3.4.1 Principe des méthodes, hypothèses

La figure 11.3.2 représente une attache en té :

(a) sollicitée par F_{Ed} et M_{Ed}, exprimés pour les combinaisons ELU,

(b) éclatée au niveau du plan de gorge,

(c) sont indiqués la gorge, l'axe longitudinal, une tranche (« section de gorge ») et le vecteur-contrainte $\vec{C}_{Ed}$ pour cette tranche dû aux sollicitations F_{Ed} et M_{Ed}.

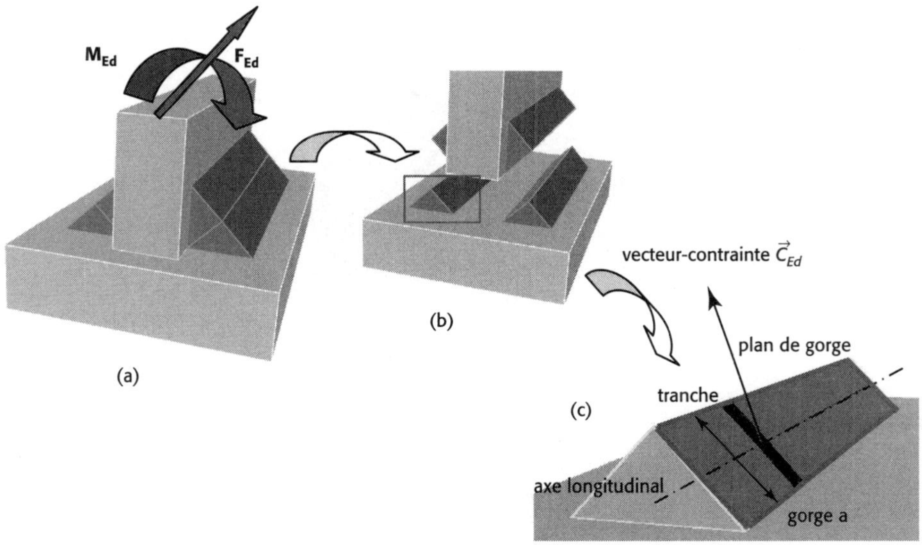

Figure 11.3.2 Plan de gorge, tranche, vecteur-contrainte pour une tranche

Effet des actions F_{Ed} et M_{Ed}

La première étape de la vérification consiste à déterminer le vecteur-contrainte $\vec{C}_{Ed}$ dans les tranches de plan de gorge induit par les sollicitations F_{Ed} et M_{Ed}. On considère que ce vecteur-contrainte est constant pour une tranche du plan de gorge ; par contre ce vecteur peut être constant ou variable le long de l'axe longitudinal selon le type de sollicitation.

L'Eurocode 3 donne des directives pour la détermination de $\vec{C}_{Ed}$, on peut citer (voir EN 1993-1-8 § 2.5(1) et EN 1993-1-8 § 4.9) :

- Les contraintes dans les cordons doivent équilibrer la sollicitation appliquée à l'assemblage,
- La répartition du vecteur-contrainte le long des cordons doit être réaliste, en considérant les rigidités relatives des pièces,
- La répartition du vecteur-contrainte le long des cordons peut être simplifiée.

Résistance et vérification

La seconde étape de la vérification consiste à exprimer la résistance du matériau puis à comparer celle-ci au vecteur-contrainte $\vec{C}_{Ed}$ selon l'une des deux méthodes proposées par l'Eurocode 3 : la méthode directionnelle ou la méthode simplifiée.

11.3.4.2 Méthode directionnelle : EN 1993-1-8 § 4.5.3.2

Effet des actions

Le vecteur-contrainte $\vec{C}_{Ed}$ a pour composantes (voir figure 11.3.3) :

- La contrainte normale $\sigma\perp$, perpendiculaire au plan de gorge,
- La contrainte tangentielle $\tau\perp$, située dans le plan de gorge selon l'axe transversal,
- La contrainte tangentielle $\tau_{//}$, située dans le plan de gorge selon l'axe longitudinal.

  Les autres contraintes au niveau du plan de gorge sont négligées (EN1993-1-8 § 4.9).

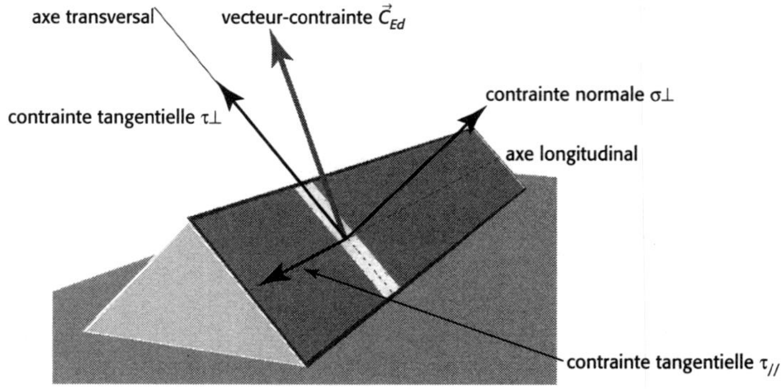

Figure 11.3.3 Plan de gorge et composantes du vecteur- contrainte

Résistance et vérification

Les trois composantes du vecteur-contrainte doivent vérifier deux critères :

$$\text{critère de Von Mises : } \sqrt{\sigma_\perp^2 + 3\left(\tau_\perp^2 + \tau_{//}^2\right)} \leq \frac{f_u}{\beta_w \gamma_{M2}} \qquad (11.3.1)$$

$$\text{critère de la traction hydrostatique : } \sigma_\perp \leq 0{,}9\frac{f_u}{\gamma_{M2}} \qquad (11.3.2)$$

Les termes de gauche expriment la sollicitation.

Les termes de droite expriment la résistance du matériau, avec :

- $\gamma_{M2} = 1{,}25$: coefficient partiel pour les attaches soudées (EN 1993-1-8 § 2.2),
- f_u : résistance à la traction des pièces attachées (EN 1993-1-1 tableau 3.1),
- β_W : facteur de corrélation (EN 1993-1-8 tableau 4.1), repris ici dans le tableau 11.3.1 pour quelques matériaux.

Si les pièces sont de nuances d'acier différentes, la vérification doit être basée sur la nuance la moins résistante.

Tableau 11.3.1 Résistance à la traction f_u et facteur de corrélation β_W en fonction de la nuance pour les aciers de construction non alliés (EN 10025-2) d'épaisseur $t \leq 40$ mm

Nuance selon EN 10025-2	**f_u pour $t \leq 40$ mm**	**Facteur de corrélation β_w**
S 235	360 MPa	0,8
S 275	430 MPa	0,85
S 355	510 MPa	0,9

11.3.4.3 Méthode simplifiée : EN 1993-1-8 § 4.5.3.3

Effet des actions

La sollicitation du cordon est exprimée par $F_{w,Ed}$: valeur de l'effort exercé par unité de longueur, c'est-à-dire pour une tranche de largeur 1. Bien sûr, $F_{w,Ed} = a \cdot C_{Ed}$.

Résistance et vérification

Les deux critères de la méthode directionnelle (Von Mises et traction hydrostatique) sont contenus dans la condition suivante où $F_{w,Rd}$ est la résistance du cordon par unité de longueur :

$$F_{w,Ed} = a \cdot C_{Ed} \leq F_{w,Rd} = a \frac{f_u}{\sqrt{3}\beta_w \gamma_{M2}} \qquad (11.3.3)$$

Cette méthode peut surdimensionner la gorge des cordons de la valeur $\sqrt{3}/\sqrt{2}$, soit de 22% ; le volume des cordons est alors augmenté de 50%.

11.3.4.4 Conclusion

Une étude mécanique de l'assemblage nous permet de déterminer les sollicitations F_{Ed} et M_{Ed} appliquées aux cordons de soudure. Ces sollicitations converties en contrainte $\vec{C}_{Ed}$ ou en effort par unité de longueur $F_{w,Ed}$ sont comparées à la résistance de l'acier composant les cordons par la méthode directionnelle ou par la méthode simplifiée.

Les applications (11.3.5 à 11.3.8) et les exemples (11.3.9) illustrent cette démarche.

11.3.5 Applications lorsque le vecteur-contrainte est constant

11.3.5.1 Conditions d'emploi de la méthode

Voir la figure 11.3.4. La sollicitation F_{Ed} doit passer par le centre des cordons et les pièces liées doivent avoir des rigidités uniformes. On suppose alors que le vecteur-contrainte $\vec{C}_{Ed}$ est constant le long des cordons et que son module est $C_{Ed} = \frac{F_{Ed}}{A_w}$.

Exemple et contre-exemple

- Figure 11.3.4, gauche : l'action transmise par le joint est centrée : elle est réduite à une résultante passant par le centre des plans de gorge. Les rigidités de la pièce support et de la pièce attachée sont uniformes le long des cordons. Cet assemblage respecte les conditions d'emploi des applications.
- Figure 11.3.4, droite : bien que l'action soit centrée, les rigidités très variables (présence d'un trou et de raidisseurs) vont induire une contrainte elle aussi très variable le long des cordons. Cet assemblage ne respecte pas les conditions, il doit être étudié par une autre méthode.

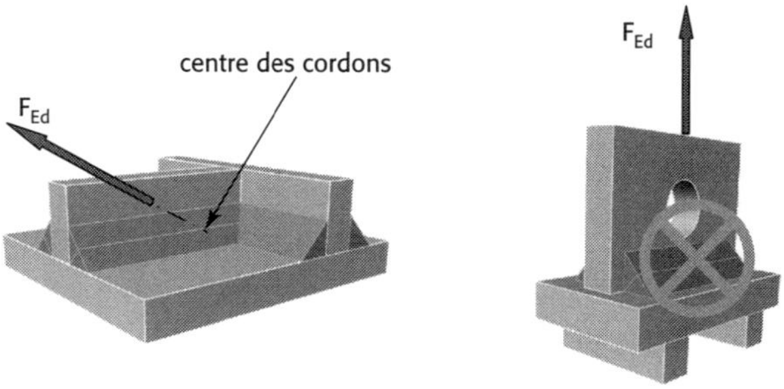

Figure 11.3.4 Exemple et contre-exemple

11.3.5.2 Cas des cordons latéraux

Les cordons sont dits latéraux si, en plus des conditions de 11.3.5.1, la sollicitation F_{Ed} est parallèle à l'axe longitudinal des cordons.

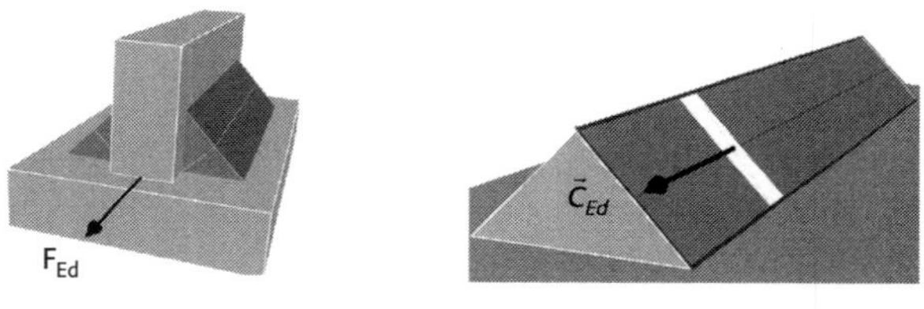

Figure 11.3.5 Cordons latéraux

Effet de l'action F_{Ed}

Le vecteur-contrainte $\vec{C}_{Ed}$ est dirigé selon l'axe longitudinal et ses composantes sont :

$$\sigma_\perp = \tau_\perp = 0 \quad \text{et} \quad \tau_{//} = C_{Ed} = \frac{F_{Ed}}{A_w}$$

Résistance et vérification

Appliquons la méthode directionnelle ; les critères (11.3.1) et (11.3.2) deviennent :

$$\sqrt{\sigma_\perp^2 + 3\left(\tau_\perp^2 + \tau_{//}^2\right)} = \sqrt{0 + 3\left(0 + \left(\frac{F_{Ed}}{A_w}\right)^2\right)} = \sqrt{3}\,\frac{F_{Ed}}{A_w} \leq \frac{f_u}{\beta_w \gamma_{M2}}$$

$$\text{et } \sigma_\perp = 0 \leq 0{,}9\frac{f_u}{\gamma_{M2}} \quad \text{qui est vérifié}$$

Pour les cordons latéraux la condition de résistance est donc :

$$F_{Ed} \leq F_{Rd} = \frac{A_w f_u}{\sqrt{3}\beta_w \gamma_{M2}} \tag{11.3.4}$$

11.3.5.3 Cas des cordons frontaux

Les cordons sont dits frontaux si, en plus des conditions de 11.3.5.1, la sollicitation F_{Ed} et la pièce attachée sont perpendiculaires à la pièce support.

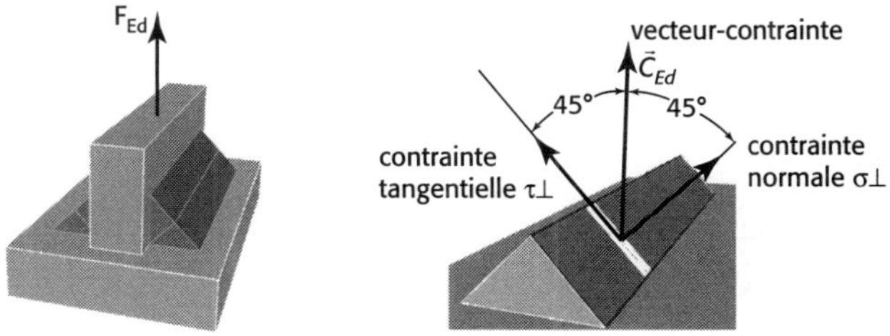

globalement — dans le plan de gorge

Figure 11.3.6 Cordons frontaux

Effet de l'action F_{Ed}

Puisque les pièces attachées sont perpendiculaires, le vecteur-contrainte $\vec{C}_{Ed}$ est à 45° du plan de gorge et ses composantes sont :

$$\sigma_{\perp} = \tau_{\perp} = C_{Ed} \cos 45° = \frac{F_{Ed}}{A_w} \frac{1}{\sqrt{2}} \quad \text{et} \quad \tau_{//} = 0$$

Résistance et vérification

Appliquons la méthode directionnelle ; le critère (11.3.1) devient :

$$\sqrt{\left(\frac{F_{Ed}}{A_w} \frac{1}{\sqrt{2}}\right)^2 + 3\left(\left(\frac{F_{Ed}}{A_w} \frac{1}{\sqrt{2}}\right)^2 + 0\right)} = \sqrt{2} \frac{F_{Ed}}{A_w} \leq \frac{f_u}{\beta_w \gamma_{M2}}$$

On admet que pour cette situation, le critère (11.3.2) est toujours vérifié.

Pour les cordons frontaux, la condition de résistance est donc :

$$F_{Ed} \leq F_{Rd} = \frac{A_w f_u}{\sqrt{2} \beta_w \gamma_{M2}} \qquad (11.3.5)$$

11.3.5.4 Cas des cordons quelconques centrés

Les cordons sont dits quelconques-centrés si, en plus des conditions de 11.3.5.1, l'action transmise est de direction quelconque dans le plan de la pièce attachée et hors plan. L'angle entre les pièces est quelconque.

Résistance et vérification

On peut utiliser le critère suivant issu de la méthode simplifiée :

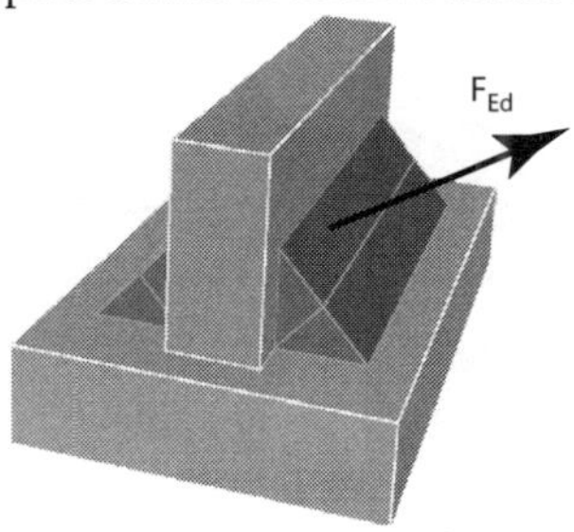

$$F_{Ed} \leq F_{Rd} = \frac{A_w f_u}{\sqrt{3} \beta_w \gamma_{M2}} \qquad (11.3.6)$$

Cette condition est identique à celle des cordons latéraux (11.3.4).

Lorsque l'action F_{Ed} est située dans le plan de la pièce attachée – les cordons sont dits obliques – on peut aussi utiliser :

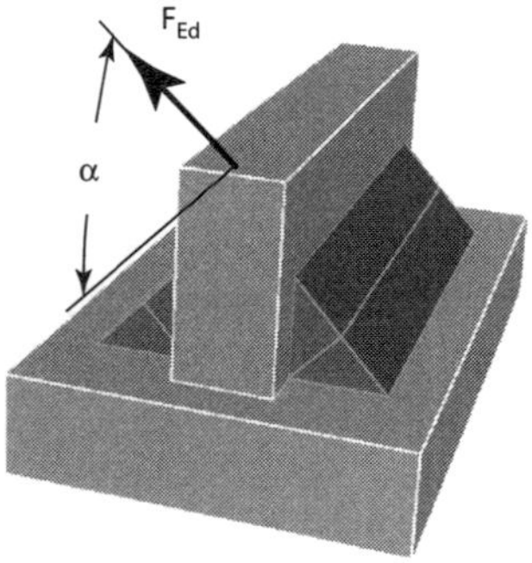

$$F_{Ed} \leq F_{Rd} = \frac{A_w f_u}{\sqrt{3-\sin^2\alpha}\ \beta_w \gamma_{M2}} \qquad (11.3.7)$$

où α est l'angle entre l'axe longitudinal des cordons et la sollicitation F_{Ed}.

11.3.5.5 Cas des groupes de cordons centrés

On appelle « groupe de cordons centrés » la situation où le joint soudé entre les deux pièces est composé de plusieurs cordons de types différents (frontal, latéral, oblique ou quelconque) ; la sollicitation reste centrée (F_{Ed} passe par le centre des plans de gorge).

Conditions complémentaires, effet des actions

Les différentes gorges doivent avoir des valeurs proches. Il en est de même des rigidités des pièces. On suppose encore que la contrainte est constante et que son module est $C_{Ed} = \dfrac{F_{Ed}}{A_w}$.

Exemples, contre-exemple

La figure 11.3.7 illustre deux situations où l'on pourra supposer que la contrainte dans les plans de gorge est constante et appliquer le résultat (11.3.9) :

- À gauche : un plat est soudé sur un autre plat par trois cordons, deux latéraux et un frontal. Les trois cordons ont des gorges de valeurs proches, l'action est centrée, les rigidités des pièces sont uniformes, donc la contrainte est supposée constante.
- À droite : un gousset est soudé sur deux profilés dans le plan des âmes ; les cordons sont de même longueur et de même gorge, l'action appliquée passe par l'intersection des deux cordons : l'action est centrée ; les rigidités des pièces sont uniformes, donc la contrainte est supposée constante.

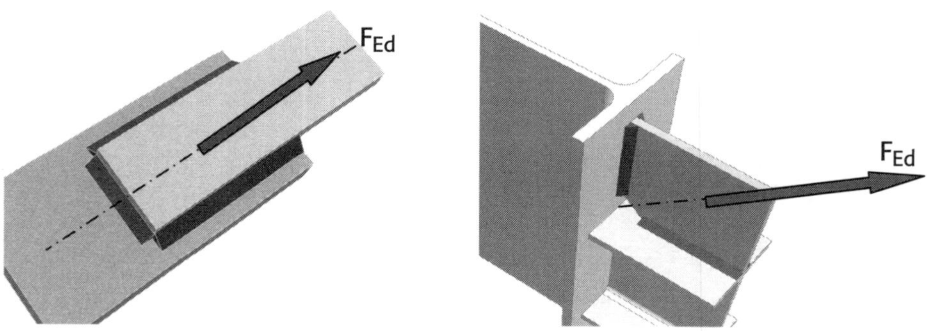

Figure 11.3.7 Groupes de cordons centrés

La figure 11.3.8 illustre une situation où la contrainte dans les plans de gorge n'est pas constante même si la sollicitation est centrée : les rigidités des pièces support étant très différentes, la contrainte dans les cordons liant le gousset au profil creux est beaucoup plus faible que celle dans les cordons situés sur le profilé.

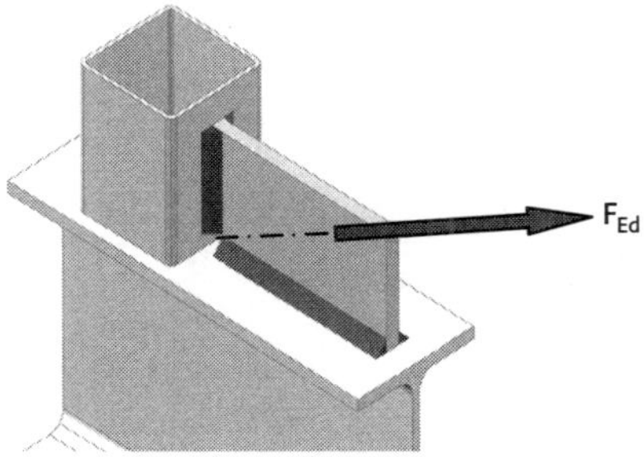

Figure 11.3.8 Groupes de cordons où la contrainte n'est pas constante

Résistance et vérification

Le joint soudé peut être vérifié avec le critère suivant issu de la méthode simplifiée en prenant pour A_w l'aire totale des plans de gorge :

$$F_{Ed} \leq F_{Rd} = \frac{A_w f_u}{\sqrt{3}\beta_w \gamma_{M2}} \qquad (11.3.9)$$

11.3.6 Cordons à pleine résistance

Considérons la situation de la figure 11.3.9 extraite d'un assemblage en té localement frontal ; cette tranche d'épaisseur e contient :

- un parallélépipède issu de la pièce attachée,
- un autre parallélépipède issu de la pièce support,
- deux cordons que l'on imagine coupés par les plans de gorge.

Sur la moitié de tranche (figure de droite) on définit trois facettes transmettant des actions : l'une dans la pièce attachée (un rectangle t×e), les deux autres sur les plans de gorge des cordons (deux rectangles a×e).

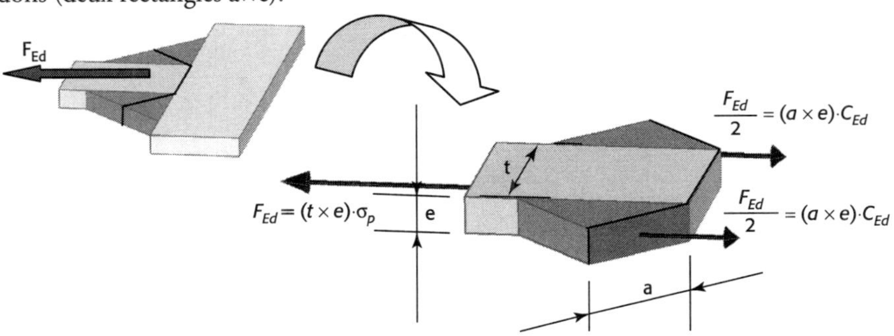

Figure 11.3.9 Tranche de soudure localement frontale

Supposons que la facette t×e de la pièce attachée est soumise à une contrainte normale $\sigma_p = f_y / \gamma_{M0}$ où γ_{M0} est fixé par EN 1993-1-1 à 1,0 : la pièce attachée est donc localement à sa limite d'élasticité (résistance brute en traction, voir EN 1993-1-1 § 6.2.3). L'action appliquée à cette facette a pour module $F_{Ed} = (t \times e) \cdot \sigma_p$.

Effet de l'action F_{Ed}

La tranche étant en équilibre, chacune des 2 facettes des plans de gorge est soumise à la sollicitation ½ F_{Ed}. Comme la contrainte dans le plan de gorge est $C_{Ed} = 1/2\, F_{Ed}/(a \times e)$, en remplaçant F_{Ed} par sa valeur précédente nous avons : $C_{Ed} = (t/2a)\ \sigma_p = f_y \cdot t/(2a\,\gamma_{M0})$; d'où les composantes :

$$\sigma_\perp = \tau_\perp = C_{Ed}\cos(45°) = \frac{f_y t}{2a\sqrt{2}\gamma_{M0}} \quad \text{et} \quad \tau_{//} = 0$$

Résistance et vérification

Appliquons la méthode directionnelle ; le critère (11.3.1) devient :

$$\sqrt{\left(\frac{f_y t}{2a\sqrt{2}\gamma_{M0}}\right)^2 + 3\left(\left(\frac{f_y t}{2a\sqrt{2}\gamma_{M0}}\right)^2 + 0\right)} = \sqrt{2}\frac{f_y t}{2a\gamma_{M0}} \leq \frac{f_u}{\beta_w \gamma_{M2}}$$

Si l'on suppose que le critère (11.3.2) est aussi vérifié, la condition de résistance est :

$$a \geq t \times \frac{f_y \beta_w \gamma_{M2}\sqrt{2}}{2 f_u \gamma_{M0}} \qquad (11.3.10)$$

Relation qui peut être traduite par : « Les cordons ont la même résistance que celle de la pièce attachée si leur gorge est égale au terme de droite de la relation (11.3.10) ».

Les cordons qui respectent cette condition sont dits « à pleine résistance ».

Cette pleine résistance des soudures est imposée dans les assemblages où une rotule plastique est susceptible de se former (EN1993-1-8 § 4.9(5)), mais il n'est pas utile de dépasser cette valeur limite lorsque l'on considère uniquement la résistance statique de l'assemblage.

On supposera que cette relation entre a et t pour la pleine résistance reste vraie lorsque l'action locale transmise par la tranche de cordon est de direction quelconque (voir le tableau 11.3.2). Dans les cas où la tranche est localement latérale, la valeur limite peut être réduite (colonne de droite du tableau 11.3.2).

Tableau 11.3.2 Cordons à pleine résistance pour les assemblages en té des aciers selon EN 10025-2 et d'épaisseur $t \leq 40$ mm

Nuance	β_w	**f_y $t \leq 40$**	**f_u $t \leq 40$**	**pleine résistance, cordons doubles**	**pleine résistance, cordons doubles latéraux**
S 235	0,8	235 MPa	360 MPa	**a = 0,46 t**	a = 0,33 t
S 275	0,85	275 MPa	430 MPa	**a = 0,48 t**	a = 0,34 t
S 355	0,9	355 MPa	510 MPa	**a = 0,55 t**	a = 0,39 t

Pour des raisons de technique de soudage, la réalisation de la soudure impose aussi des valeurs maximale et minimale pour cette gorge, voir ci-après, figure 11.3.10, l'abaque de G. Steinberg tiré de la référence [2].

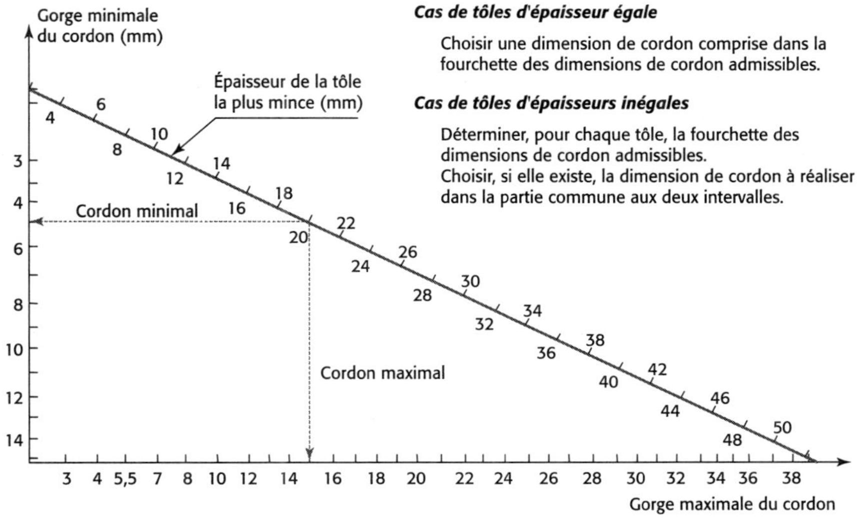

Figure 11.3.10 Critère technologique de choix de la gorge en fonction des épaisseurs

Remarques

On peut aussi fixer une limite inférieure permettant de conserver la capacité de déformation des soudures. Par exemple $a \geq 0,37t$ *pour les aciers S 235, voir la référence [1].*

La résistance à la fatigue de l'assemblage est améliorée lorsque la gorge est plus importante (a = 0,7t), voir la référence [7].

11.3.7 Applications supposant une répartition élastique du vecteur-contrainte

Le principe de cette « **méthode fondée sur les contraintes dans le matériau de base** » est expliqué ici sur un exemple. Des exemples littéraux et numériques (**11.3.9.2** et **11.3.9.3**) utilisant cette méthode montrent plus précisément les développements nécessaires.

11.3.7.1 Exemple

Un gousset est sollicité par une action excentrée par rapport aux cordons, figure 11.3.11.

La contrainte dans le plan de gorge n'est pas constante. Sa valeur maximale dépend fortement de l'excentrement entre le support de l'action et le centre des plans de gorge.

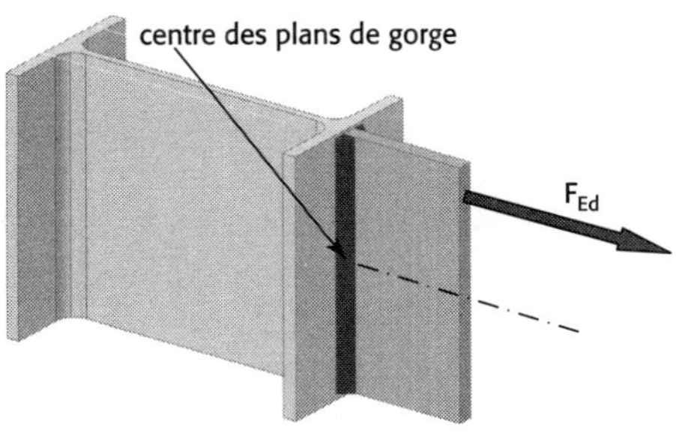

Figure 11.3.11 Cordons à action excentrée

11.3.7.2 Principe de la méthode

Réécriture de l'action appliquée

L'action appliquée est écrite au centre des plans de gorge avec les méthodes de la Statique : on obtient une résultante F_{Ed} et un moment M_{Ed} (figure 11.3.12). Selon les résultats de la Résistance des Matériaux (répartition élastique des contraintes), la contrainte normale maximale σ_p dans la pièce attachée due à l'effort normal F_{Ed} et au moment fléchissant M_{Ed} vaut $\sigma_{p,max} = F_{Ed}/A \pm M_{Ed}/W_{el}$.

Effet de l'action

À l'aide d'une figure analogue à la figure 11.3.9 (« ***11.3.6 Cordons à pleine résistance*** ») on peut déduire le module du vecteur-contrainte maximal : $C_{Ed,\,max} = \sigma_{p,\,max} \cdot \dfrac{t}{2a}$

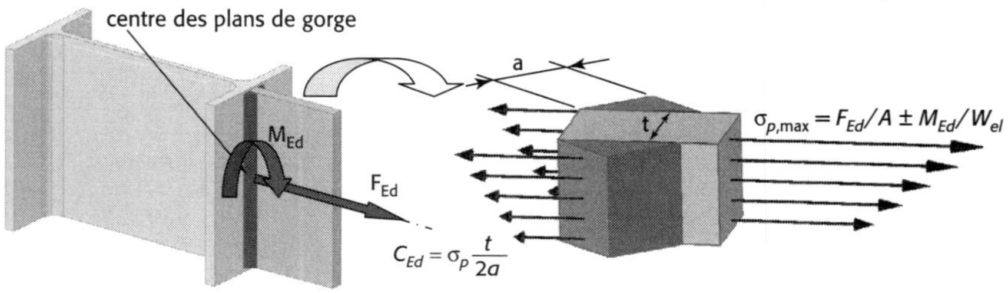

Figure 11.3.12 Cordons à action excentrée : écriture au centre des cordons et contraintes

Un effort tranchant, et donc la contrainte de cisaillement $\tau_{//}$, serait traitée selon le même procédé : la contrainte de cisaillement est alors $\tau_{//} = \tau_p \dfrac{t}{2a}$.

Résistance et vérification

Ce vecteur-contrainte $\vec{C}_{Ed}$ est comparé à la résistance des cordons par la méthode directionnelle ou par la méthode simplifiée.

Remarques

Une étude beaucoup plus complète fondée sur la recherche directe des contraintes dans le plan de gorge est proposée dans la référence [3].

La recherche des composantes $\sigma_\perp$, $\tau_{//}$ et $\tau_\perp$ est indépendante du règlement appliqué ; les applications développées pour les règlements antérieurs restent utilisables pour cette partie de la mécanique qui consiste à déterminer l'effet des actions. Voir la référence [8] et les annexes de la référence [9].

11.3.8 Autres applications en construction métallique

De nombreuses attaches transmettent les actions de liaison selon des modes qui ne sont pas compatibles avec les hypothèses des applications précédentes (voir les exemples **11.3.9.5**, **11.3.9.6** et **11.3.9.7**. Ces situations nécessitent d'imaginer les déformations, les déplacements ou les répartitions des actions dans l'assemblage en respectant les directives de EN 1993-1-8 § 2.5(1) afin d'obtenir une distribution réaliste des actions intérieures :

(a) les sollicitations considérées sont en équilibre avec les sollicitations appliquées à l'assemblage,
(b) chaque élément de l'assemblage est capable de résister aux sollicitations,
(c) les déformations ne dépassent pas la capacité de déformation des soudures,
(d) la répartition des contraintes de calcul doit être compatible avec les rigidités des pièces attachées.

Cette démarche est expliquée dans la référence [4], avec en particulier l'influence des différences de rigidité et la cohérence des modèles.

Influence des différences de rigidité

La figure 11.3.13 présente la réponse à une sollicitation F_{Ed} d'un système de deux plats soudés entre eux et liés à un support rigide aux trois extrémités.

L'action de 1000 N est reprise par les deux plats selon leurs rigidités relatives. Le plat chargé dans son travers est très peu sollicité (ici entre 2/1000 et 5/1000 selon la situation).

Cette influence se rencontre dans les assemblages de goussets sur des flans de profils creux ou sur les âmes de poutres (voir la figure 11.3.8 et les exemples **11.3.9.4** et **11.3.9.6**).

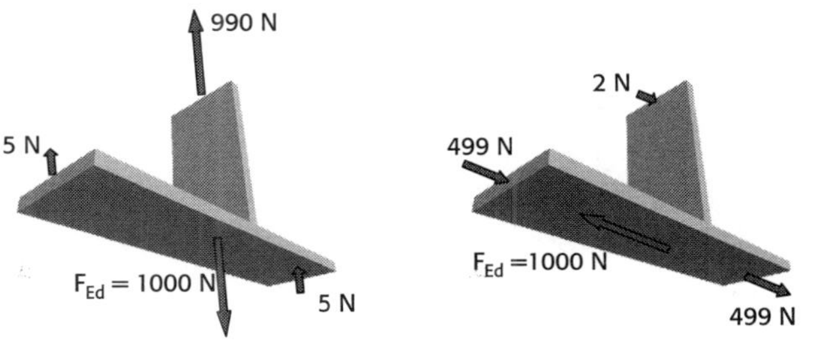

Charge dans l'axe du plat vertical — Charge dans l'axe du plat horizontal

Figure 11.3.13 Influence des différences de rigidité

Cohérence des modèles

Dans l'exemple de la figure 11.3.14 la distribution des actions dans les boulons (schéma de gauche) n'est pas cohérente avec une répartition élastique des contraintes dans les soudures (schéma de droite) ; la vérification des soudures est à intégrer dans les calculs de résistance et de rigidité de l'assemblage (voir le chapitre 12).

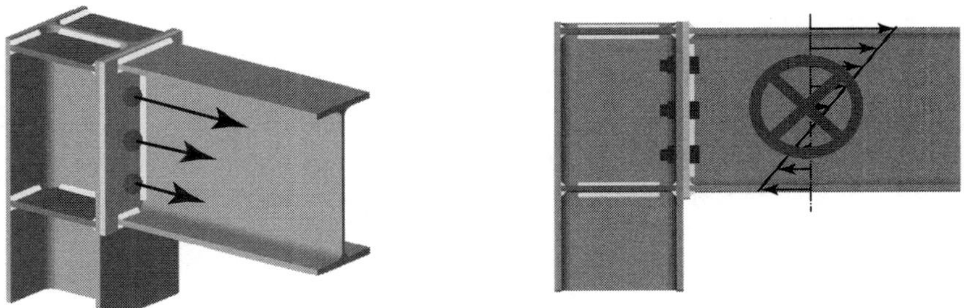

Figure 11.3.14 Cohérence des modèles

Répartition plastique des sollicitations

L'Eurocode 3 permet d'utiliser une répartition plastique des sollicitations dans les cordons au sein d'un assemblage (EN 1993-1-8 § 4.9(1)). Le paragraphe § 4.13 sur les cornières attachées par une seule aile permet de simplifier les méthodes habituelles (voir la référence [8] appliquée aux attaches de cornières).

11.3.9 Exemples

11.3.9.1 Profil creux fendu et soudé sur un gousset longitudinal

Un profil creux circulaire CHS 88,9x6 en acier S 235 est fendu puis soudé sur un gousset traversant en acier S 235. L'aire du profil est de 1560 mm². La soudure est composée de 4 cordons de longueur L.

L'attache transmet un effort dirigé selon l'axe du profil, en traction ou en compression.

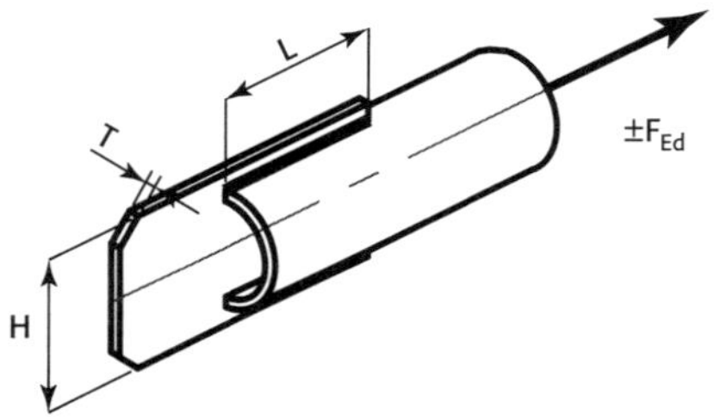

Figure 11.3.15 Profil creux fendu et soudé sur un gousset longitudinal

Études proposées

Déterminer la gorge unique pour les 4 cordons et l'épaisseur T du plat de façon à ce que les résistances locales du profil creux, des cordons et du plat soient identiques.

Déterminer la longueur L des cordons de façon à ce que les résistances globales du profil creux et des cordons soient identiques.

Déterminer la hauteur H du plat de façon à ce que les résistances globales du profil creux et du plat soient identiques.

Gorge

Situation 1 : transmission de F_{Ed} du profil creux au cordon de gauche ; la pièce attachée est le profil creux et le cordon est simple et latéral ; par analogie avec le tableau 11.3.2 (colonne de droite car il s'agit de cordons latéraux) la valeur de pleine résistance de la gorge est telle que : $a = 2 \times 0{,}33 t_c$ où t_c est l'épaisseur du profil creux, soit a = 4 mm. Nous avons bien sûr la même valeur pour le cordon de droite.

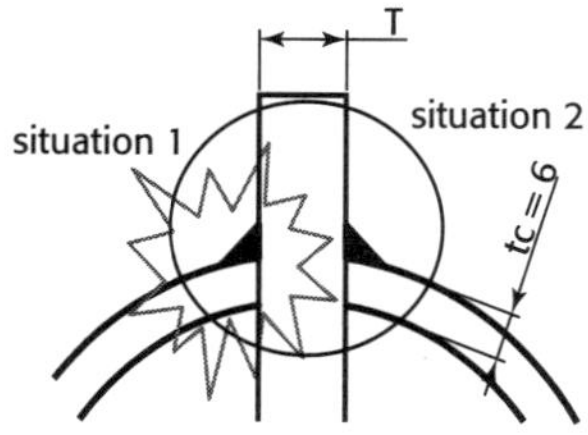

Situation 2 : transmission de F_{Ed} des deux cordons au plat ; la pièce attachée est le plat et le cordon est double et latéral, donc par la même analogie a = 4 mm = 0,33 T, c'est-à-dire que le gousset doit avoir une épaisseur T = 12 mm.

Longueur minimale des cordons

Pour la sollicitation maximale du profil creux, la compression est à priori plus défavorable que la traction ; selon EN 1993-1-1 § 6.2.4 la sollicitation maximale en compression est :

$$N_{c,Rd} \;=\; \frac{Af_y}{\gamma_{M0}} = 1560 \times 235/1{,}0 \;=\; 366600 \text{ N}$$

Les cordons étudiés sont latéraux et la sollicitation est $F_{Ed} = N_{c,Rd}$; la résistance des cordons est à vérifier selon la relation (11.3.4) : $F_{Ed} \leq F_{Rd} = \dfrac{A_w f_u}{\sqrt{3}\beta_w \gamma_{M2}}$

L'aire A_w nécessaire est alors :

$$A_w \geq N_{c,Rd} \frac{\sqrt{3}\beta_w \gamma_{M2}}{f_u} = 366600\sqrt{3} \times 0{,}8 \times 1{,}25/360 = 1764 \text{ mm}^2$$

Comme $A_w = 4a \cdot l_{eff}$ et $a = 4$, il vient $l_{eff} \geq 111$ mm

Les cordons doivent avoir une longueur nominale $L = l_{eff} + 2 \times 4 = 120\, mm$ (EN 1993-1-8 § 4.5.1)

Hauteur du plat

Ce plat est sollicité par $F_{Ed} = N_{c,Rd} = 366600$ N et vérifié selon EN 1993-1-1 § 6.2.4 :

- En section brute : $N_{c,Rd} \;=\; \dfrac{A \cdot f_y}{\gamma_{M0}} = A \times 235/1{,}0 \;=\; (12 \times H) \times 235/1{,}0$ où H est la hauteur du plat.
- La condition en section nette pour la traction est moins contraignante.

La condition de résistance impose $(12 \times H) \times 235/1{,}0 \geq 366600$ N soit $H \geq 130$ mm.

Conclusion

Le choix d'un plat de 130x12, soudé par 4 cordons de longueur 120 permet de respecter les conditions imposées.

11.3.9.2 Cordon double avec action excentrée

L'assemblage par un cordon d'angle double d'un gousset d'épaisseur t_p sur un support transmet une action excentrée connue au centre des cordons par N_{Ed} selon $\vec{Z}$, V_{Ed} selon $\vec{Y}$ et M_{Ed} selon $\vec{X}$.

Les cordons ont une gorge a et une longueur nominale l.

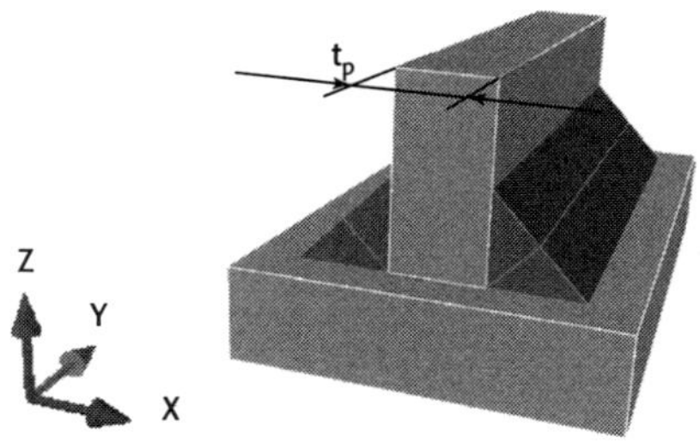

Figure 11.3.16 Cordon double avec action excentrée

Étude proposée

Déterminer les composantes de la contrainte dans la tranche la plus sollicitée.

Composantes de la contrainte

On suppose que les cordons possèdent la pleine épaisseur sur toute la longueur.

- Pour N_{Ed} et V_{Ed} : les composantes de $\vec{C}_{Ed}$ sont déterminées avec les méthodes utilisées lors de l'étude des cordons frontaux et des cordons latéraux (voir le tableau ci-dessous).

- Pour M_{Ed} : la contrainte normale maximale dans le gousset vaut $\sigma_{p,M} = \dfrac{M_{Ed}}{W_{el}} = \dfrac{M_{Ed}}{t_p l^2 / 6}$ (elle est située au point ❶ indiqué dans le tableau ci-dessous). Selon « **11.3.7 Applications supposant une répartition élastique des contraintes** », le vecteur-contrainte $\vec{C}_{Ed}$ dans le plan de gorge et dû au moment M_{Ed} est porté par l'axe Z et a pour module :

$$C_{Ed} = \sigma_{p,M} \frac{t_p}{2a} = \frac{M_{Ed}}{t_p l^2 / 6} \cdot \frac{t_p}{2a} = \frac{3M_{Ed}}{al^2}, \text{ soit : } \sigma_\perp = \tau_\perp = \sigma \cos(45°) = \frac{3M_{Ed}}{\sqrt{2}al^2}$$

Conclusion

N_{Ed}, V_{Ed} et M_{Ed} sont les sollicitations au centre de la soudure.	**Soudure en té par cordon d'angle double :** • **de gorge « a »** • **de longueur « l »**	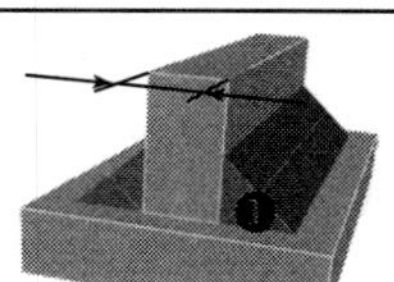
Composante frontale $\mathbf{N_{Ed}}$	$\sigma_\perp = \tau_\perp = \dfrac{N_{Ed}}{2\sqrt{2}al}$	$\tau_{//} = 0$
Composante latérale $\mathbf{V_{Ed}}$	$\sigma_\perp = \tau_\perp = 0$	$\tau_{//} = \dfrac{V_{Ed}}{2al}$
Moment $\mathbf{M_{Ed}}$ Valeurs en ❶	$\sigma_\perp = \tau_\perp = \dfrac{3M_{Ed}}{\sqrt{2}al^2}$	$\tau_{//} = 0$
Au total	$\sigma_\perp = \tau_\perp = \dfrac{N_{Ed}}{2\sqrt{2}al} + \dfrac{3M_{Ed}}{\sqrt{2}al^2}$	$\tau_{//} = \dfrac{V_{Ed}}{2al}$

11.3.9.3 Attache d'un tirant par cordon double excentré

Un tirant est attaché à un poteau via un gousset légèrement excentré. Le gousset est soudé au poteau par deux cordons de longueur 235 mm et de gorge 4 mm.

La gorge de la soudure est à sa valeur nominale sur toute la longueur. Les pièces sont en acier S 235.

La sollicitation de la soudure à l'ELU est $F_{Ed} = 240$ kN.

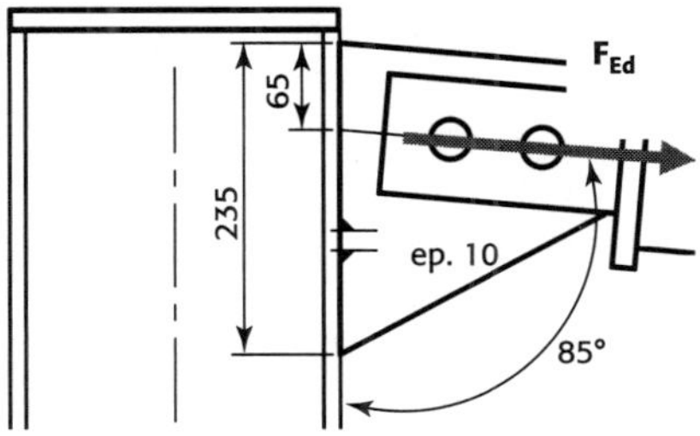

Figure 11.3.17 Attache d'un tirant

Études proposées

Vérifier les cordons en négligeant l'excentrement.

Vérifier les cordons à l'aide du tableau précédent en considérant l'excentrement.

En négligeant l'excentrement

Il s'agit là d'un cordon oblique. La longueur efficace étant prise égale à la longueur nominale (EN 1993-1-8 § 4.5.1), sa résistance est (relation (11.3.7)) :

$$F_{Rd} = \frac{A_w f_u}{\sqrt{3-\sin^2\alpha}\ \beta_w \gamma_{M2}} = \frac{2\times4\times235\times360}{\sqrt{3-\sin^2(85)}\times0,8\times1,25} = 477663 \text{ N}$$

Cette résistance est nettement supérieure à la sollicitation $F_{Ed} = 240000$ N

En considérant l'excentrement

Ecrite au centre de la soudure, la sollicitation est :

- Composante frontale $N_{Ed} = 240000\cos 5° = 239087$ N
- Composante latérale $V_{Ed} = 240000\sin 5° = 20917$ N
- Moment $M_{Ed} = N_{Ed} \cdot \text{excentr} = 239087 \times (235/2-65)\cdot 10^{-3} = 12\,552$ N·m

À partir du tableau précédent nous obtenons les valeurs :

N_{Ed}	$\sigma_\perp = \tau_\perp = \frac{N_{Ed}}{2\sqrt{2}\cdot a\cdot l} = 90$ MPa	$\tau_{//} = 0$
$\mathbf{V_{Ed}}$	$\sigma_\perp = \tau_\perp = 0$	$\tau_{//} = \frac{V_{Ed}}{2\cdot a\cdot l} = 11$ MPa
$\mathbf{M_{Ed}}$ en ❶	$\sigma_\perp = \tau_\perp = \frac{3\cdot M_{Ed}}{\sqrt{2}\cdot a\cdot l^2} = 121$ MPa	$\tau_{//} = 0$
Au total	$\sigma_\perp = \tau_\perp = \frac{N_{Ed}}{2\sqrt{2}\cdot a\cdot l} - \frac{3\cdot M_{Ed}}{\sqrt{2}\cdot a\cdot l^2} = 210$ MPa	$\tau_{//} = \frac{V_{Ed}}{2\cdot a\cdot l} = 11$ MPa

Appliquons la méthode directionnelle ; la contrainte de von Mises (effet de l'action F_{Ed}) est alors de 422 MPa, alors que la résistance est $\frac{f_u}{\beta_w \cdot \gamma_{M2}} = \frac{360}{0,8 \times 1,25} = 360$ MPa, ce qui ne permet pas de respecter la condition de résistance pour cet assemblage soudé.

Par une règle de 3 on obtient un cordon minimal à prescrire de 4,7 mm.

Conclusion

L'excentrement de 22 % de la sollicitation apporte une diminution de la résistance d'un facteur 2,33 !

$$((422/360) \times (477663/240000) = 2,33)$$

11.3.9.4 Groupe de cordons attachant un gousset sur l'âme d'un poteau

Voir la figure 11.3.18, gauche : un contreventement est attaché au niveau d'un pied de poteau par l'intermédiaire d'un gousset ; ce gousset est soudé par des cordons doubles sur l'âme du poteau et sur un raidisseur transversal. Les gorges ont des valeurs proches ; on suppose aussi que les épaisseurs de l'âme et du raidisseur sont faibles devant leurs autres dimensions. L'action F_{Ed} à transmettre passe par l'intersection des axes longitudinaux des cordons.

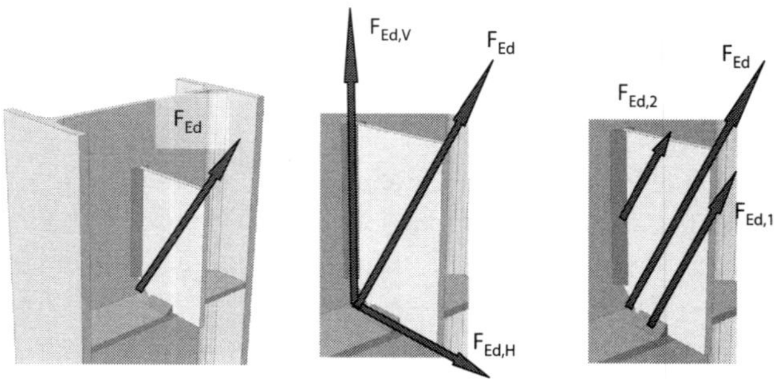

Figure 11.3.18 Attache d'un gousset sur l'âme d'un poteau

Etude proposée

Proposer un modèle réaliste de transmission de l'action par ces deux cordons doubles.

Un modèle de transmission

Voir la figure 11.3.13 : l'âme du poteau et le raidisseur sont rigides dans leur plan et souples hors de leur plan ; on peut alors imaginer que chaque cordon transmet essentiellement une action dans le plan de la pièce support (âme ou raidisseur).

On en conclue que les cordons sur l'âme du poteau transmettent la composante verticale $F_{Ed,V}$ et que les cordons sur le raidisseur transmettent la composante horizontale $F_{Ed,H}$ de l'action F_{Ed} comme indiqué sur la figure centrale.

Un autre modèle de transmission

Nous pouvons aussi imaginer que chaque cordon double transmet une action parallèle à la direction de F_{Ed} (figure de droite), les modules de $F_{Ed,1}$ et $F_{Ed,2}$ sont à déterminer avec les méthodes de la Statique. Ce modèle qui suppose une capacité des plats à transmettre une action forte dans leur travers est moins réaliste.

Vérification pour le premier modèle

Il s'agit de deux cordons doubles latéraux que l'on peut facilement vérifier après avoir défini le détail de l'attache (voir la référence [6], document SX034-§ 4 pour une application numérique).

11.3.9.5 Attache d'une potence

Une potence IPE 140 en acier S 275 est soudée sur un poteau IPE 200 en acier S 275 selon la figure 11.3.19. On note la présence de raidisseurs sans lesquels nous devrions considérer EN 1993-1-8 § 4.10 traitant des semelles non raidies.

Cette attache soudée doit transmettre la sollicitation du poteau sur la potence :

$$V_{Ed} = 20 \text{ kN},$$

$$M_{Ed} = 10 \text{ kN.m}.$$

Étude proposée

Déterminer une valeur minimale unique pour la gorge de la soudure d'angle périphérique entre les deux profilés.

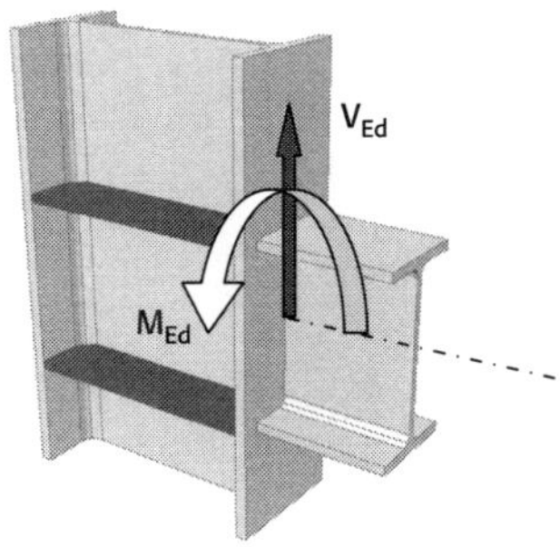

Figure 11.3.19 Potence IPE 140

Valeurs numériques utiles

IPE 140

$A = 1640$ mm²	$A_{vz} = 764$ mm²	$h = 140$ mm	$t_f = 6{,}9$ mm	$t_w = 4{,}7$ mm

S 275

$f_y = 275$ MPa	$f_u = 430$ MPa	$\beta_w = 0{,}85$	$\gamma_{M2} = 1{,}25$	$\gamma_{M0} = 1{,}0$

Contraintes dans le matériau de base

La répartition habituelle des actions pour les profilés en double té est :

- L'effort tranchant V_{Ed} est transmis par une contrainte de cisaillement constante sur l'âme du profilé,
- Le moment fléchissant M_{Ed} est transmis par un couple d'effort normal sur les semelles.

Ici,

- Pour l'âme : $\tau_{p,V} = \dfrac{V_{Ed}}{A_{vz}} = \dfrac{20000}{764} = 26{,}18 \text{ MPa}$
- Pour chaque semelle : le moment M_{Ed} génère une sollicitation $N_{Ed,M}$ telle que :

$$|N_{Ed,M}| = \frac{M_{Ed}}{h - t_f} = \frac{10000 \times 10^3}{140 - 6{,}9} = 75131 \text{ N}$$

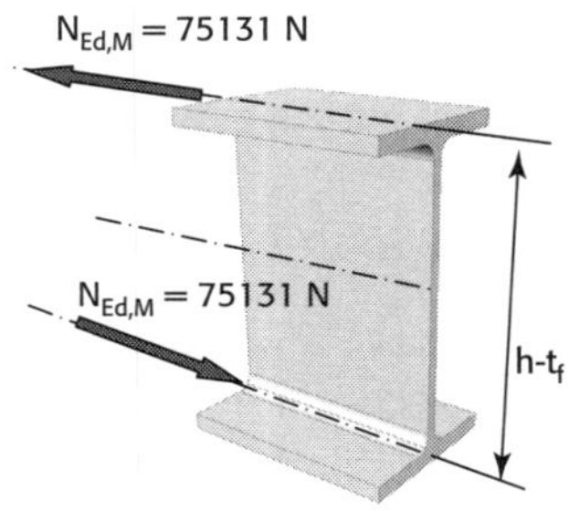

comme l'aire A_f de chacune des semelles vaut

$1/2(A - A_{vz}) = 1/2 \times (1643 - 764) = 438 \text{ mm}^2$,

la contrainte dans les semelles due à M_{Ed} est

$$\sigma_{p,M} = \frac{N_{Ed,M}}{A_f} = \frac{75131}{438} = 172 \text{ MPa}$$

Contraintes dans le plan de gorge

- Pour l'âme : $\tau_{//} = \tau_{p,V} \dfrac{t_p}{2a} = 26{,}18 \times \dfrac{4{,}7}{2a} = \dfrac{61{,}52}{a}$; $\sigma_\perp = \tau_\perp = 0$
- Méthode directionnelle EN 1993-1-8 § 4.5.3.2 :

$$\sqrt{0^2 + 3\left(0^2 + \left(\frac{61{,}52}{a}\right)^2\right)} = \frac{107}{a} \text{ et } \frac{f_u}{\beta_w \gamma_{M2}} = \frac{430}{0{,}85 \times 1{,}25} = 404 \text{ MPa}$$

- *La condition de résistance impose* $\dfrac{107}{a} \leq 404$, *soit* $a \geq 0{,}3$ mm

Pour les semelles : $C_{Ed} = \sigma = \sigma_{p,M} \dfrac{t_p}{2a} = 171 \times \dfrac{6{,}9}{2a} = \dfrac{592}{a}$

puis $\sigma_\perp = \tau_\perp = \sigma \cos(45°) = \dfrac{418}{a}$ et $\tau_{//} = 0$.

Avec la méthode directionnelle EN 1993-1-8 § 4.5.3.2 :

$$\sqrt{\left(\frac{418}{a}\right)^2 + 3\left(\left(\frac{418}{a}\right)^2 + 0^2\right)} = \frac{836}{a} \text{ et } \frac{f_u}{\beta_w \gamma_{M2}} = \frac{430}{0{,}85 \times 1{,}25} = 404 \text{ MPa}.$$

La condition de résistance impose $\dfrac{836}{a} \leq 404$ *soit* $a \geq 2{,}1$ mm

Conclusion

Afin de respecter la clause EN 1993-1-8 § 4.5.2, nous pouvons proposer une gorge de 3 mm pour ce cordon périphérique.

Nous pouvons aussi utiliser l'annexe A.2.2 de la norme NF P 22470 pour le calcul de $\sigma_\perp$, $\tau_\perp$ et $\tau_{//}$.

11.3.9.6 Gousset attachant un montant de garde-corps

Un montant de garde-corps est boulonné sur un gousset. Ce gousset d'épaisseur 5 mm en acier S 235 est soudé sur une poutre IPE 160 en acier S 235 elle aussi.

L'action due aux charges d'exploitation horizontales appliquées à la main courante et exprimée au centre des boulons est :

- résultante $F_{Ed} = 540$ N,
- moment $M_{Ed} = 657$ N.m.

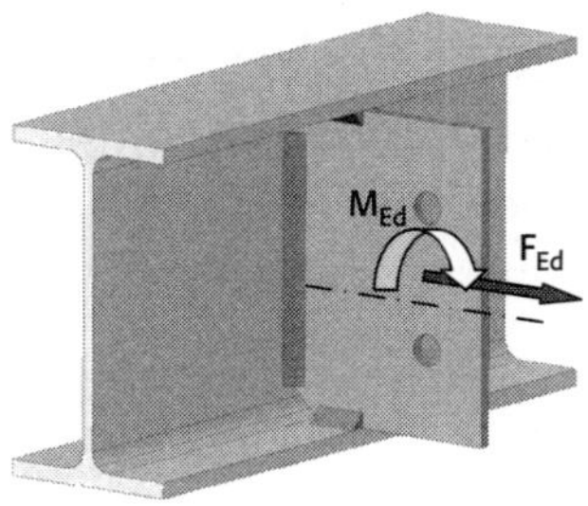

Figure 11.3.20 Gousset attachant un montant de garde-corps

Étude proposée

Proposer une valeur minimale unique de la gorge pour les 3 cordons doubles entre le gousset et la poutre.

Modèle de transmission de la sollicitation

Considérons les faibles rigidités hors plan des pièces (voir la figure 11.3.13) et supposons donc que chaque cordon transmet essentiellement une action dans le plan de la pièce support (semelles et âme de la poutre de rive).

Cherchons à respecter la clause de EN 1993-1-8 § 2.5 (1)(a) :

> *les sollicitations considérées sont en équilibre avec les sollicitations appliquées à l'assemblage.*

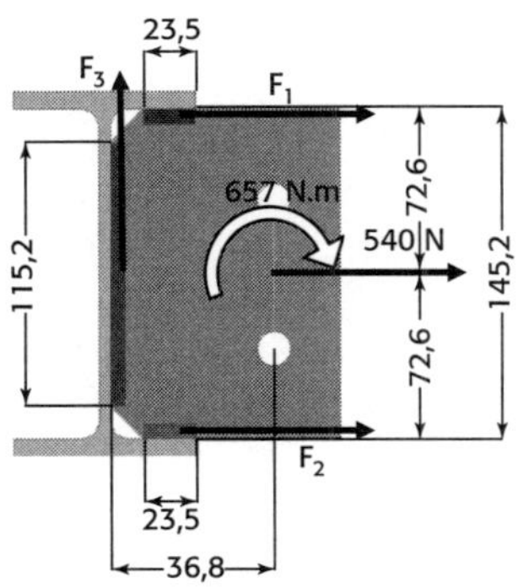

Sollicitations des cordons

Le système mécanique doit être en équilibre, d'où les équations :

$$\begin{cases} F_1 + F_2 + 540 = 0 \\ F_3 = 0 \\ 72{,}6 \times 540 + 145{,}2 \cdot F_2 + w \cdot F_3 - 657000 = 0 \end{cases} \quad \text{: moment calculé sur le cordon haut}$$

Les solutions de ce système sont : $F_1 = -4795$ N, $F_3 = 0$ N et $F_2 = 4255$ N

Gorge minimale

Le cordon le plus sollicité est le cordon du haut, sa résistance est $F_{Rd} = \dfrac{A_w f_u}{\sqrt{3}\beta_w \gamma_{M2}} = \dfrac{2a \times 23{,}5 \times 360}{\sqrt{3} \times 0{,}8 \times 1{,}25} = 9769\ a$

La condition de résistance est : $F_{Ed} = 4795N \leq F_{Rd} = 9769$ a, soit $a \geq 0,49$ mm.

Conclusion

On choisira la gorge minimale de 3 mm selon EN 1993-1-8 § 4.5.1. Le cordon vertical n'intervient pas dans cette étude de résistance, il a cependant un rôle dans la stabilité au voilement du gousset.

11.3.9.7 Gousset transversal soudé sur un profil creux carré

Voir la figure 11.3.21. Un gousset en acier S 235 d'épaisseur 5 mm transmet une action F_{Ed} = 18 kN en compression à un poteau en profil creux carré RHS 100 × 100 × 4 fini à froid (EN 10219) en acier S 235.

L'action est centrée.

Étude proposée

Prescrire la gorge minimale en accord avec EN 1993-1-8 § 4.10 (attaches sur des semelles non raidies).

Discuter du soudage dans les zones formées à froid selon EN 1993-1-8 § 4.14.

Vérifier la résistance du gousset ainsi que la résistance à l'écrasement du profil creux à l'aide du tableau 7.13 (EN 1993-1-8 § 7.5).

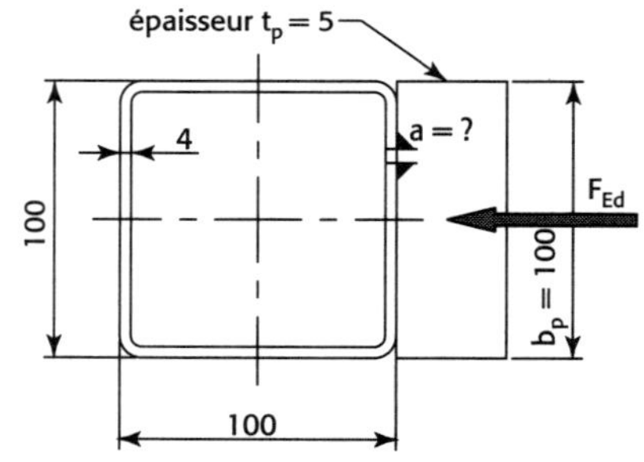

Figure 11.3.21 Gousset transversal soudé sur un profil creux

Valeurs numériques utiles

Avec les notations de l'Eurocode 3, en particulier les § 4.10 et § 7 de EN 1993-1-8 :

Gousset :	$b_p = b_1 = 100$ mm	$t_p = t_1 = 5$ mm	$f_{y,p} = f_{y1} = 235$ MPa
Profil creux :	$b_o = 100$ mm	$t_0 = 4$ mm	$f_{y0} = 235$ MPa

$\gamma_{M5} = 1,0$ selon EN 1993-1-8 § 2.2

Gorge minimale

On trouve à la fin de EN 1993-1-8 § 4.10 :

« Même si $b_{eff} \leq b_p$, il convient que les soudures qui attachent la plaque sur la semelle soient calculées afin de résister à un effort égal à la résistance de la plaque ($b_p t_p f_{y,p} / \gamma_{M_0}$) en considérant une distribution uniforme des contraintes. »

Ce qui est traduit ici par $a \geq 0,46t = 0,46 \times 5 = 2,3$ mm pour ce cordon frontal (voir « **11.3.6 Cordons à pleine résistance** »). La valeur minimale de 3 mm selon EN 1993-1-8 § 4.5.1 convient donc pour la gorge a.

Soudage dans les zones formées à froid

Voir EN 1993-1-8 § 4.14.

D'après les tolérances dimensionnelles de EN 10219 (référence [5] page 63) et pour t = 4, le rayon extérieur R est tel que : $R/t \in [1{,}6\,;\,2{,}4]$. Soit pour le rayon intérieur : r/t entre 0,6 et 1,4 (car R/t = r/t +1).

Selon le tableau 4.2 de EN 1993-1-8 § 4.14, le soudage dans les zones formées à froid n'est pas autorisé pour ce profil creux (la condition la plus défavorable $r/t \geq 1{,}0$ n'est pas toujours vérifiée).

Le soudage près du rayon n'est donc pas admis pour ce profil creux.

Nous supposons pour la suite de cet exemple que l'état de la zone pliée est normalisé et autorise le soudage.

Résistance du profil creux

Voir EN 1993-1-8 § 7.5, tableau 7.13.

Comme $b_1 = 100 \geq b_0 - 2t_0 = 100 - 2 \times 4 = 92$ nous sommes dans le cas de risque d'écrasement de la paroi latérale ; le tableau 7.13 propose alors comme résistance du profil (barre 0) :

$$N_{1,\mathrm{Rd}} = f_{y0} t_0 \left(2t_1 + 10t_0\right) / \gamma_{M_5}$$

soit : $N_{1,\mathrm{Rd}} = 235 \times 4 \times (2 \times 5 + 10 \times 4)/1{,}0 = 47000$ N qui est supérieure à la sollicitation de 18 kN.

Résistance du gousset

Voir EN 1993-1-8 § 7.5, tableau 7.13.

La largeur efficace de l'assemblage est définie dans le tableau 7.13 par :

$$b_{\mathrm{eff}} = \frac{10}{b_0/t_0} \frac{f_{y0} t_0}{f_{y1} t_1} b_1$$

soit : $b_{\mathrm{eff}} = \dfrac{10}{100/4} \times \dfrac{235 \times 4}{235 \times 5} \times 100 = 32$

Ce tableau 7.13 propose comme résistance du gousset (barre 1) :

$N_{1,\mathrm{Rd}} = f_{y1} t_1 b_{\mathrm{eff}} / \gamma_{M5}$

soit : $235 \times 5 \times 32/1{,}0 = 37600$ N

qui est supérieure à la sollicitation de 18 kN.

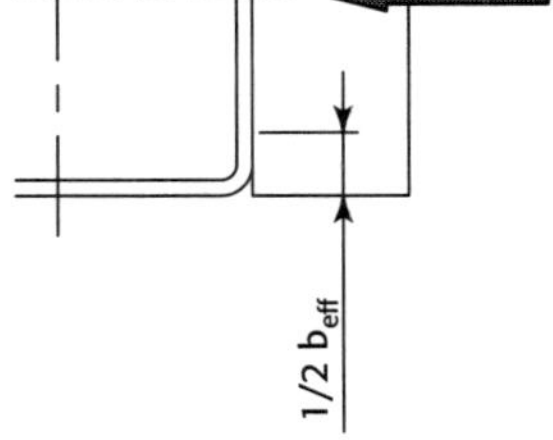

Conclusion

Avec une gorge de 3 mm, la résistance du nœud est de 18800 N, cette résistance est limitée par la largeur efficace de l'assemblage.

11.4 Assemblages par axe d'articulation

11.4.1 Assemblage à vérifier

L'assemblage à vérifier est le suivant [10] :

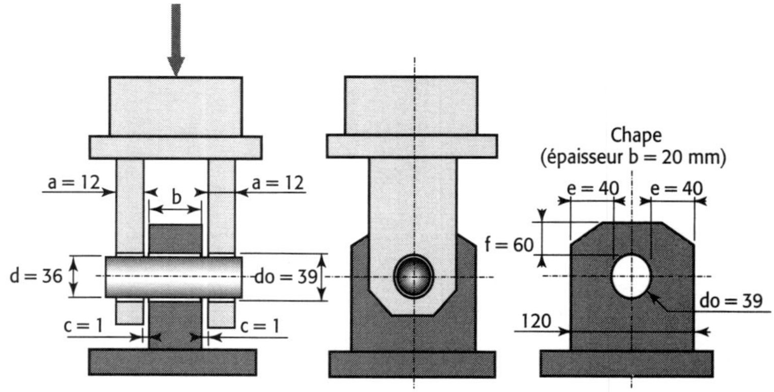

Figure 11.4.1 Assemblage par axe d'articulation

Les pièces constitutives sont réalisées en acier S 275.

L'axe d'articulation est de dimension Ø 36 et de classe 8.8 (diamètre d = 36 mm).

Le diamètre du trou est : $d_0 = 39$ mm.

Les sollicitations à équilibrer consistent en un effort de compression $F_{Ed} = 225$ kN.

On considère que l'axe d'articulation n'est pas remplaçable.

Pour éviter toute confusion entre les notations, e et f correspondent respectivement aux cotes c et a de l'EC3.

11.4.2 Sollicitations

La distance entre les pièces provoque une flexion dans l'axe d'assemblage. Le moment correspondant a pour expression :

$$M_{Ed} = \frac{F_{Ed}}{8} \times (b + 4c + 2a) = \frac{225}{8}(20 + 4 \times 1 + 2 \times 12) = 1{,}35 \text{ kN m}$$

11.4.3 Vérification de l'assemblage

11.4.3.1 Condition géométrique pour la chape

Il faut respecter les conditions suivantes :

$$f \geq \frac{F_{Ed}\ \gamma_{M0}}{2\ t\ f_y} + \frac{2\ d_o}{3} = \frac{225 . 10^3 \times 1{,}0}{2 \times 20 \times 275} + \frac{2 \times 39}{3} = 46{,}5 \text{ mm}$$

$$e \geq \frac{F_{Ed}\ \gamma_{M0}}{2\ t\ f_y} + \frac{d_o}{3} = \frac{225 . 10^3 \times 1{,}0}{2 \times 20 \times 275} + \frac{39}{3} = 33{,}5 \text{ mm}$$

Les valeurs choisies (f = 60 mm et e = 40 mm) respectent ces conditions.

11.4.3.2 Résistance au cisaillement de l'axe

$$F_{v,Rd} = 0{,}6 \times A \times \frac{f_{up}}{\gamma_{M2}}$$

$$\text{d'où : } F_{v,Rd} = 0{,}6 \times \frac{\pi \times 36^2}{4} \times \frac{800\,.\,10^{-3}}{1{,}25} = 390{,}9 \text{ kN} > F_{v,Ed} = F_{Ed} = 225 \text{ kN}$$

11.4.3.3 Résistance à la flexion de l'axe :

$$M_{Rd} = 1{,}5 \times W_{el} \times \frac{f_{yp}}{\gamma_{M0}}$$

$$\text{avec : } W_{el} = \frac{I}{r} = \frac{\frac{\pi\, d^4}{64}}{d/2} = \frac{\pi\, d^3}{32}$$

$$\text{d'où : } M_{Rd} = 1{,}5 \times \frac{\pi \times 36^3}{32} \times \frac{640}{1{,}0} 10^{-6} = 4{,}397 \text{ kN.m} > M_{Ed} = 1{,}35 \text{ kN.m}$$

11.4.3.4 Résistance à la pression diamétrale de la chape et de l'axe d'articulation

$$F_{b,Rd} = 1{,}5 \ \ t\, d \frac{f_y}{\gamma_{M0}}$$

$$\text{d'où : } F_{b,Rd} = 1{,}5 \times 20 \times 36 \ \frac{275}{1} 10^{-3} = 297{,}0 \text{ kN} > F_{b,Ed} = F_{Ed} = 225 \text{ kN}$$

11.4.3.5 Résistance de l'axe au cisaillement et à la flexion combinés

$$\left(\frac{F_{v,Ed}}{F_{v,Rd}}\right)^2 + \left(\frac{M_{Ed}}{M_{Rd}}\right)^2 = \left(\frac{225}{390{,}9}\right)^2 + \left(\frac{1{,}35}{4{,}397}\right)^2$$

$$\left(\frac{F_{v,Ed}}{F_{v,Rd}}\right)^2 + \left(\frac{M_{Ed}}{M_{Rd}}\right)^2 = 0{,}331 + \ 0{,}094 = 0{,}426 < 1$$

L'assemblage est vérifié

11.5 Références bibliographiques

[1] APK – *Programme ESDEP (European Steel Design Education Programme) leçon 11.4.2 : Analyse des assemblages – 2e partie : distribution des efforts dans des groupes de boulons ou de soudures.* CD-ROM, Cahiers de l'APK, livraison n°23, OTUA, 2000 (ce CD-ROM est repris dans le DVD-ROM : Le Best of des Cahiers de l'APK, 2009).

[2] STEINBERG G. – *Soudure d'angle : choix du cordon.* Revue Construction métallique, n°2, 1971.

[3] RYAN I. – *Assemblages soudés par cordons d'angles sollicités par des efforts excentrés.* Revue Construction Métallique, n°1, 2003.

[4] APK – *Programme ESDEP (European Steel Design Education Programme) leçon 11.4.1 : analyse des assemblages – 1re partie : distribution élémentaire des efforts.* CD-ROM, Cahiers de l'APK, livraison n°23, OTUA, 2000 (ce CD-ROM est repris dans le DVD-ROM : Le Best of des Cahiers de l'APK, 2009).

[5] ConstruirAcier – *Produits en acier pour construction, caractéristiques géométriques et mécaniques, référence 15.001,* 2009.

[6] www.access-steel.com

[7] HOBBACHER A. – *Recommandations pour la conception en fatigue des assemblages et des composants soudés.* CTICM-IIS, 1996.

[8] www.steelbizfrance.com – *utilitaire SoudiX.*

[9] AFNOR – *Norme NF P 22470 Construction métallique, assemblages soudés, annexes,* 1989.

[10] ECCS – Advisory Committee 5 – *Examples to Eurocode 3.* Convention européenne de la Construction métallique, Publication n° 71, 1re édition, 1993.

[11] CTICM – *Fiches techniques,* Revue CMI, n° 2-2009 à 1-2011.

[12] MUZEAU J.-P. – *Moyens d'assemblage – Article C 2 520,* Techniques de l'Ingénieur, traité Construction, 2011.

[13] GREFF E. – *Boulons non précontraints et précontraints dans le bâtiment,* Revue Construction Métallique, n° 4, p. 97-116 (1999).

[14] CTICM et SCMF – *Recommandations pour le choix et les conditions d'utilisation des boulons précontraints et non précontraints,* Revue Construction Métallique n° 4, 1997.

[15] MUZEAU J.-P. – *Assemblages par procédés mécaniques – Article C 2 521,* Techniques de l'Ingénieur, traité Construction, 2011.

[16] ConstruirAcier – *Produits en acier pour construction – Caractéristiques géométriques et mécaniques,* Code 15001, édition 2009.

[17] AFNOR – *Eurocode 3 : Calcul des structures en acier – Partie 1.8 : Calcul des assemblages – NF EN 1993-1-8,* 4e tirage, novembre 2010.

[18] AFNOR – *Eurocode 3 : Calcul des structures en acier – Partie 1.8 : Calcul des assemblages – Annexe Nationale à la NF EN 1993-1-8 – NF EN 1993-1-8/NA,* juillet 2007.

[19] AFNOR – *Exécution des structures en acier et des structures en aluminium – Partie 1 : Exigences pour l'évaluation de la conformité des éléments structuraux – NF EN 1090-1 + A1,* février 2012.

[20] AFNOR – *Exécution des structures en acier et des structures en aluminium – Partie 2 : Exigences techniques pour les structures en acier – NF EN 1090-2 + A1,* octobre 2011.

[21] MUZEAU J.-P. – *Assemblages par soudage – Article C 2 522,* Techniques de l'Ingénieur, traité Construction, 2011.

CHAPITRE 12

Assemblages structuraux : assemblages par platine d'about

Résumé

Traditionnellement, les assemblages structuraux étaient considérés rigides ou rotulés au regard de la relation moment-rotation du nœud considéré. L'Eurocode permet maintenant de prendre en compte le comportement semi-rigide, situé entre la rotule et l'encastrement. Dans la première partie de ce chapitre, le fonctionnement mécanique d'un assemblage de type poteau-poutre est décrit en considérant les forces internes et les sources de déformation de ses composantes. La démarche, adoptée dans l'Eurocode 3 (EN1993-1-8), permet de déterminer par calcul analytique la rigidité initiale et la résistance d'un assemblage de structure métallique. Ces paramètres permettent de caractériser le comportement d'un nœud d'ossature métallique pour l'intégrer dans l'analyse globale de structure.

12.1 Généralités

Les structures porteuses en acier sont généralement constituées de poteaux et de poutres assemblés entre eux par soudure et/ou boulons. Ces assemblages ont pour rôles d'assurer la continuité entre les éléments et de transmettre ainsi les sollicitations généralisées de type effort normal, effort tranchant et moment fléchissant. Les assemblages sont souvent analysés en 2D car les structures courantes sont décomposées en portiques plans. Une structure en acier est constituée de profilés en I et/ou en H obtenus par laminage ou reconstitués par soudage. Ces profilés sont réunis entre eux par des « assemblages » dont le type peut prendre des formes très différentes.

Le plus simple des portiques, constitué d'une poutre et de deux poteaux, a deux types d'assemblages qui sont la liaison poteau-poutre et la liaison poteau-fondation. Pour l'étude de ces structures, il est nécessaire de déterminer les actions auxquelles elles sont soumises, les appliquer à l'analyse structurale pour déterminer les efforts internes et ensuite vérifier les résistances des différents éléments qui composent la structure. Les assemblages sont concernés à deux niveaux dans cette vérification. Tout d'abord, leur rigidité initiale influence la répartition des sollicitations dans la structure hyperstatique. Ensuite, ces sollicitations sont à comparer aux résistances intrinsèques qui sont plus complexes à calculer en comparaison avec les éléments assemblés. En général, les assemblages constituent des singularités dans les structures à cause de la manière dont les efforts sont transmis entre les éléments attachés (concentration d'efforts et de contraintes, discontinuité, etc.).

Dans les approches usuelles de calcul de structures, les assemblages entre éléments sont considérés rigides ou articulés. Des essais de laboratoire corroborés par des modèles éléments finis ont montré que, pour beaucoup d'assemblages sollicités en flexion, le comportement réel est situé entre ces deux cas extrêmes. Ce comportement, caractérisé par une relation moment-rotation entre les éléments attachés, peut être modélisé par un ressort rotationnel à comportement linéaire ou non-linéaire. Les paramètres les plus importants de la loi moment-rotation sont la rigidité initiale, le moment résistant et la capacité de rotation. Ce dernier paramètre traduit la ductilité de l'assemblage et reste le plus difficile à déterminer. Ces trois paramètres sont utiles pour l'analyse globale des structures. La notion de semi-rigidité, même si elle introduit une étape supplémentaire dans les calculs, offre une grande souplesse dans le choix des assemblages de structures.

Selon l'Eurocode 3, le calcul des caractéristiques mécaniques telles que la rigidité ou la résistance s'appuie sur une méthode dite « des composantes » qui considère que l'assemblage est constitué de composantes élémentaires. Les lois force-déplacement de chacune d'elles sont établies et associées, en série ou en parallèle, pour construire la loi moment-rotation de l'assemblage. Ainsi, une large variété d'assemblages peut être couverte en se basant sur une analyse locale des composantes élémentaires. Ces caractéristiques peuvent aussi être déterminées par essais en laboratoire ou par un calcul avancé, de type éléments finis par exemple, validé par essais. Dans le cas général, un assemblage soumis à un moment fléchissant est décomposé en zones tendue, cisaillée et comprimée. La zone tendue mobilise des composantes de type tronçon en té équivalent dont la résistance et la rigidité sont déterminées en se ramenant à un cas élémentaire 2D en utilisant la notion de longueur efficace. Les longueurs efficaces sont déterminées à partir des tableaux fournis par l'Eurocode 3 (voir annexe de ce chapitre).

Selon le domaine d'utilisation des assemblages semi-rigides, le renforcement du poteau est parfois nécessaire pour augmenter la rigidité et/ou la résistance des composantes élémentaires et par conséquent celles de l'assemblage entier. L'Eurocode 3 permet l'utilisation de certains modes de renforcement tels que les raidisseurs, les contre-plaques et les doublures d'âmes.

Dans cet ouvrage, une attention particulière est portée aux assemblages boulonnés qui sont d'utilisation courante en construction métallique. Les classes de rigidité et de résistance sont présentées. L'approche de modélisation d'assemblages, en vue de l'analyse globale de structure, est décrite. Des exemples d'application sont donnés pour aider à illustrer l'utilisation de l'Eurocode 3.

12.1.1 Configurations d'assemblages

Une structure porteuse en acier est généralement constituée de poutres, de poteaux et de leurs assemblages (figure 12.1). Les assemblages boulonnés les plus couramment utilisés sont ceux avec platines d'about ou avec cornières d'âme et/ou de semelles (figure 12.2). Ces derniers sont généralement moins rigides et moins résistants que les assemblages avec platines d'about. Le choix du type d'assemblage dans une structure est en général lié au type d'équipement disponible chez le fabricant, aux exigences de montage sur site et aux pratiques connues.

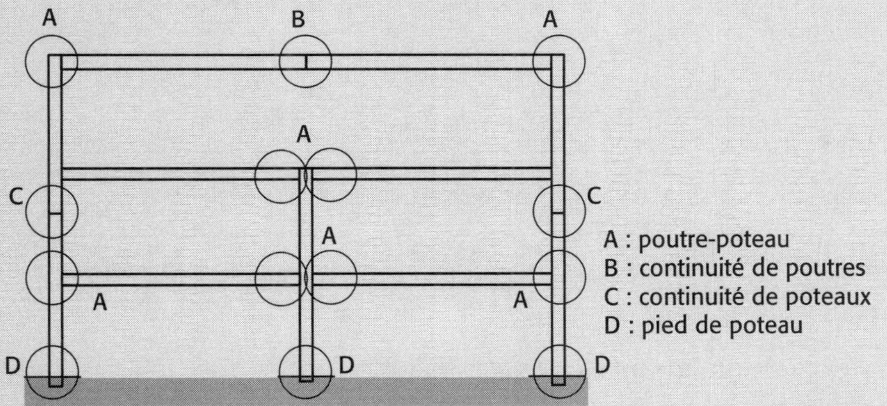

Figure 12.1 Différents types d'assemblages dans une structure

Le présent chapitre est focalisé sur les assemblages boulonnés poutre-poutre ou poteau-poutre. En réalité, les procédures et les démarches utilisées sont des bases générales qui s'appuient sur une modélisation mécanique, des calculs et éventuellement des essais. Parmi les différents types d'assemblage, les pieds de poteau sont des cas différents mais ont des points communs avec les assemblages poteau-poutre et poutre-poutre.

Les assemblages de continuité de poutre (figure 12.3) ont pour fonction d'assurer la continuité de l'élément dans lequel ils se situent. Ils sont analysés de la même façon que les assemblages poteau-poutre mais en considérant seulement la partie relative à la poutre. Les assemblages de continuité de poteau ont les mêmes configurations avec, en plus du moment fléchissant dominant, un effort normal non négligeable. On se limite dans ce document aux assemblages soumis à des efforts normaux modérés.

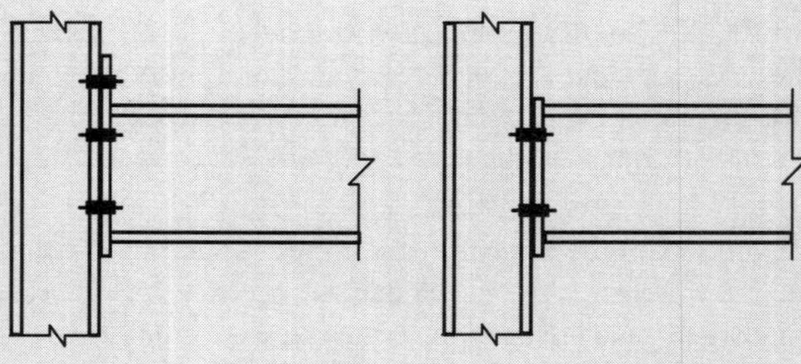

(a) platine d'about débordante (b) platine d'about non débordante

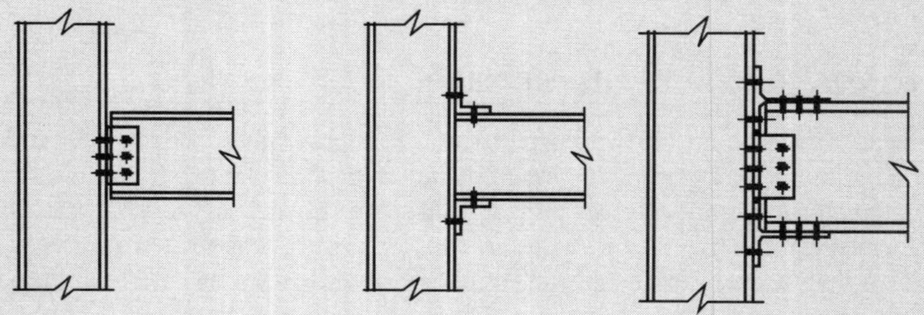

(c) cornières d'âme (d) cornières de semelles (e) tés et cornières d'âme

Figure 12.2 Exemples d'assemblages poteau-poutre

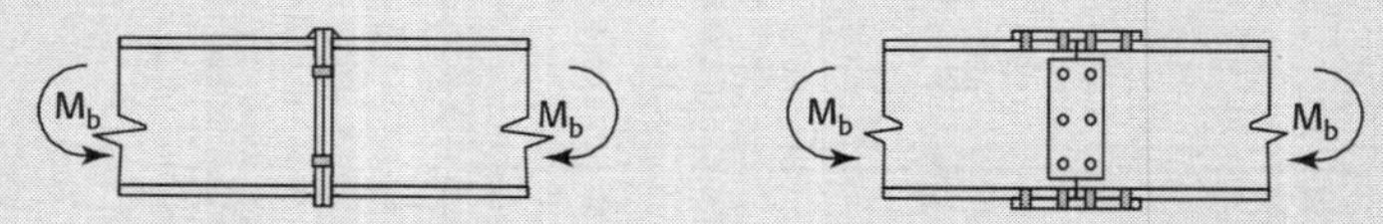

(a) platines d'about (b) couvre-joint

Figure 12.3 Assemblage de continuité de poutre

12.1.2 Renforcement des assemblages

Dans les assemblages poteau-poutre, le renforcement du poteau est parfois nécessaire pour augmenter sa rigidité et/ou sa résistance. Différents moyens de renforcement sont couverts dans l'Eurocode 3. Il s'agit des raidisseurs, des contre-plaques et des doublures d'âme.

- *Les raidisseurs transversaux* sont soudés au niveau des semelles tendue et comprimée de la poutre (figure 12.4(a)) pour augmenter la rigidité et la résistance de l'âme du poteau en traction et en compression et celles de la semelle du poteau en flexion.
- *Le raidisseur diagonal* est utilisé pour améliorer la résistance de l'âme du poteau en cisaillement (figure 12.4(b)). Ce raidisseur peut être utilisé en combinaison avec les raidisseurs transversaux.
- *Les contre-plaques* sont des plaques boulonnées contre la semelle du poteau qui recouvrent au moins deux rangées de boulons dans la zone tendue de l'assemblage afin d'augmenter sa résistance (figure 12.4(c)).
- *Les doublures d'âme* sont des plaques soudées sur tout leur pourtour (figure 12.4(d)) pour augmenter la résistance de l'âme du poteau en traction, en compression et en cisaillement

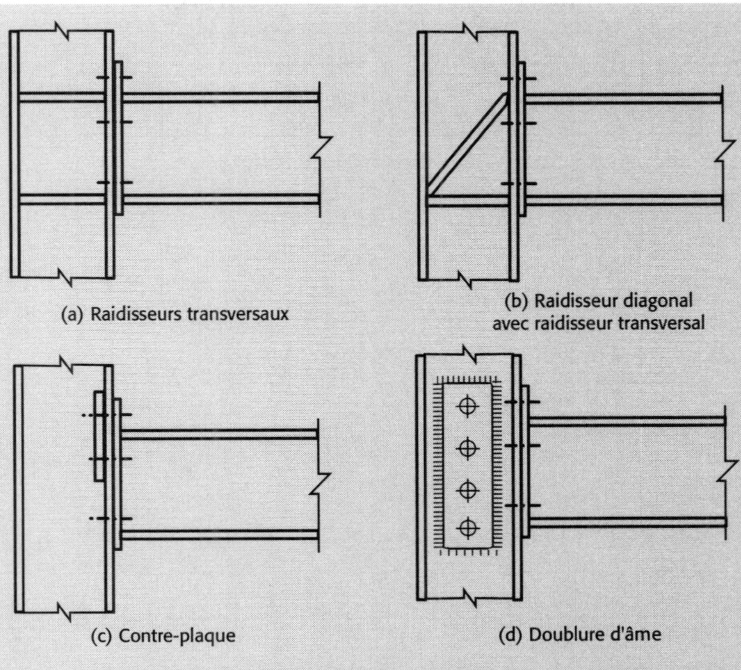

Figure 12.4 Moyens de renforcement des assemblages couverts par l'Eurocode 3

12.2 Modélisation et comportement des assemblages

Les assemblages sont modélisés en vue d'une analyse globale de la structure. Le type de modélisation d'assemblage à adopter dépend de la classification de l'assemblage en termes de rigidité, de résistance et de capacité de rotation. La classification à utiliser dépend du type d'analyse de structure envisagée. Deux classifications existent, elles concernent la rigidité initiale et la capacité de résistance.

12.2.1 Classification des assemblages

Selon l'Eurocode 3, la rigidité rotationnelle d'un assemblage permet de le classer en rigide, semi-rigide ou articulé (figure 12.5(a)). L'influence de la rigidité de l'assemblage (S_j) dépend de celle de l'élément de poutre qu'il attache (EI/L). En dessous d'une certaine valeur, l'assemblage sera considéré articulé et au delà d'une certaine valeur l'assemblage sera considéré rigide. Entre les deux bornes, les assemblages sont considérés semi-rigides et leurs caractéristiques sont à prendre en compte dans l'analyse des structures. Il faut noter que la borne qui définit les assemblages rigides dépend du contreventement de la structure, ce qui revient à limiter ou non le rôle de l'assemblage dans la rigidité latérale de la structure. La rigidité calculée de l'assemblage peut être utilisée dans l'analyse globale des structures même si l'assemblage est classé articulé ou rigide. S'il est classé semi-rigide, il est nécessaire d'utiliser la valeur calculée de rigidité.

En ce qui concerne la résistance, les assemblages sont classés comme étant « à pleine résistance » ou « à résistance partielle » selon que leur résistance dépasse ou non celle de l'élément attaché possédant la résistance la plus faible. L'assemblage peut être considéré « articulé » lorsque sa résistance est faible par rapport à celle de la poutre attachée et dans ce cas, il est nécessaire de s'assurer que l'assemblage a une capacité de rotation suffisante (figure 12.5(b)).

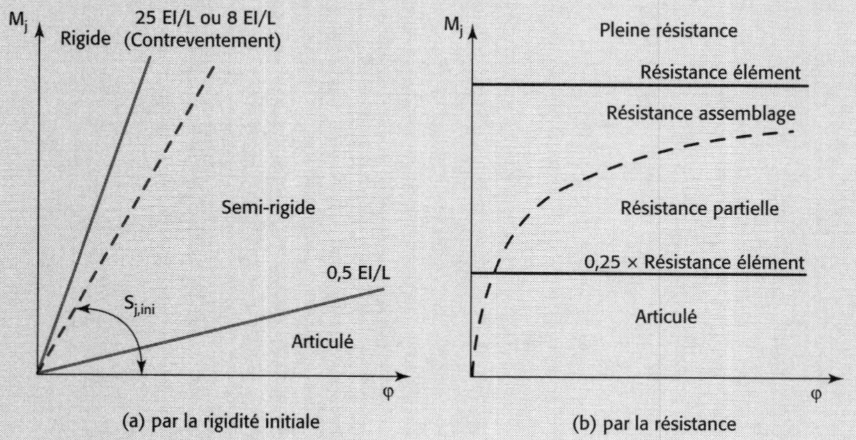

Figure 12.5 Classification des assemblages (rigidité et résistance)

Certaines informations sont données dans l'Eurocode 3 pour définir la capacité de rotation des assemblages. Par exemple, lorsque le moment résistant de l'assemblage est au moins égal à 1,2 fois celui de la section de la poutre attachée, ou si la résistance est bornée par une ruine du panneau d'âme en cisaillement, la capacité de rotation est considérée suffisante pour mener une analyse plastique. Pour les cas non couverts, la capacité de rotation peut être déterminée par essais ou par des modèles de calcul validés par essais. Cette partie reste une des moins détaillées dans le règlement à cause de la complexité liée à la définition et à l'estimation d'une capacité de rotation, en comparaison avec la rigidité initiale ou la résistance.

Selon la valeur du moment résistant M_{Rd}, l'assemblage poteau-poutre peut être considéré à pleine résistance, à résistance partielle ou articulé. Il est considéré à résistance partielle pour des valeurs de M_{Rd} comprises entre un quart et la valeur totale du moment résistant $M_{b,pl,Rd}$ de la poutre attachée (équation 12.1).

$$0,25M_{b,pl,Rd} < M_{Rd} < M_{b,pl,Rd} \qquad (12.1)$$

12.2.2 Fonctionnement mécanique d'un assemblage

Les poutres, les poteaux et leurs assemblages constituent les éléments principaux de la structure porteuse type. Dans les structures planes traitées dans l'Eurocode 3, les configurations d'assemblages peuvent être unilatérales ou bilatérales (figure 12.6). Dans ce dernier cas, deux assemblages sont à prendre en compte, d'un côté et de l'autre du poteau ce qui revient à utiliser un ressort rotationnel à l'extrémité de chaque poutre attachée. Ainsi, un assemblage poteau-poutre est décomposé en un panneau d'âme cisaillé et une attache (configuration unilatérale) ou deux attaches avec ou sans panneau cisaillé (configuration bilatérale). L'attache et le panneau d'âme cisaillé qui constituent les sources de déformation de l'assemblage sont associées pour déterminer la loi globale moment-rotation de l'assemblage.

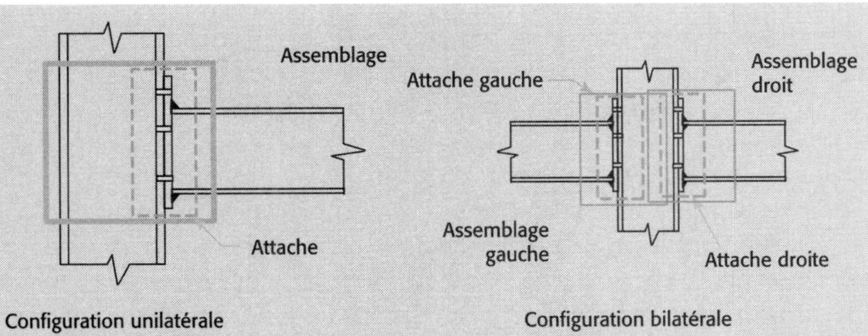

Figure 12.6 Zones d'attache dans les assemblages poutre-poteau

Le comportement global de l'assemblage, représenté par une loi moment-rotation, peut être déterminé de différentes manières telles que des essais, des calculs avancés ou en utilisant la méthode des composantes, démarche proposée dans l'Eurocode 3 pour caractériser le comportement mécanique des assemblages courants de construction métallique. Cette approche consiste à décomposer l'assemblage en différentes zones qui sont la zone tendue, la zone comprimée et la zone cisaillée (figure 12.7). Le moment fléchissant appliqué à l'assemblage est décomposé en forces de traction et de compression localisées agissant avec un bras de levier approprié (h_b).

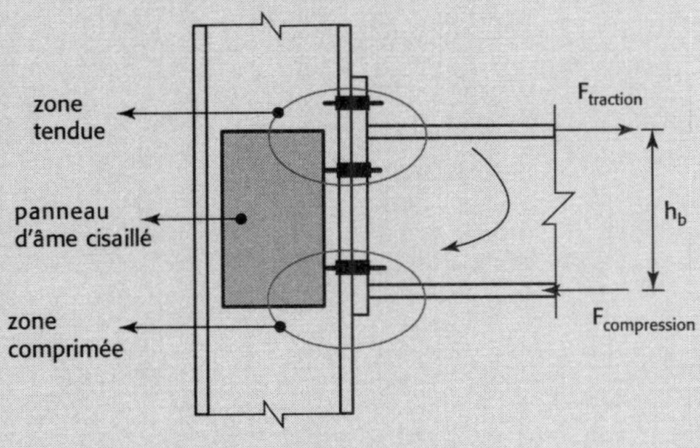

Figure 12.7 Transfert des efforts dans un assemblage boulonné soumis à la flexion

La figure 12.8 montre les zones tendues pour quelques configurations d'assemblages poutre-poteau capables de transmettre des moments. La zone tendue est une des zones les plus complexes à analyser car elle fait généralement intervenir plusieurs rangées de boulons.

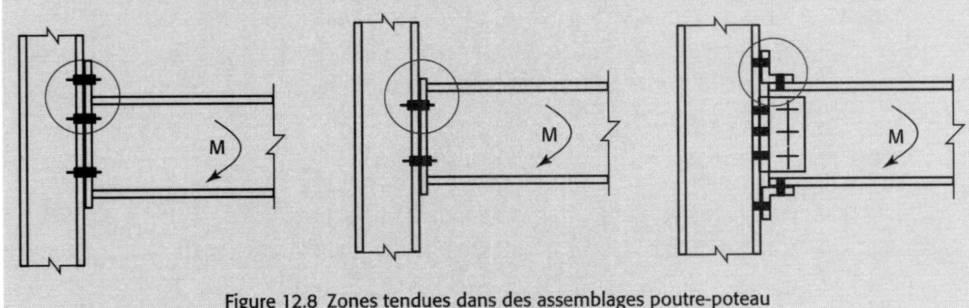

Figure 12.8 Zones tendues dans des assemblages poutre-poteau

La rigidité en flexion d'un assemblage peut affecter le comportement local et/ou global de la structure. Cette rigidité dépend des différentes sources de déformation de l'assemblage. Dans un assemblage poutre-poteau, différentes sources de déformation peuvent être identifiées. Pour le cas particulier d'un assemblage unilatéral (figure 12.9(a)), celles-ci sont la déformation de la zone d'attache et celle du panneau d'âme du poteau en cisaillement. La déformation de la zone d'attache comprend la semelle du poteau en flexion, les boulons en traction, les platines d'about en flexion, les âmes du poteau et de la poutre en traction, l'âme du poteau en compression. Le couple de forces F_b, qui génère les sollicitations dans l'assemblage est issu du moment M_b appliqué à l'extrémité de la poutre. Ces déformations provoquent une rotation relative $\varphi = \theta_b - \theta_c$ entre les axes de la poutre et du poteau qui permet d'établir une courbe moment-rotation $M_b - \varphi$. Dans ce document, l'effort normal dans la poutre est considéré de niveau modéré, et donc sans influence sur le comportement en flexion.

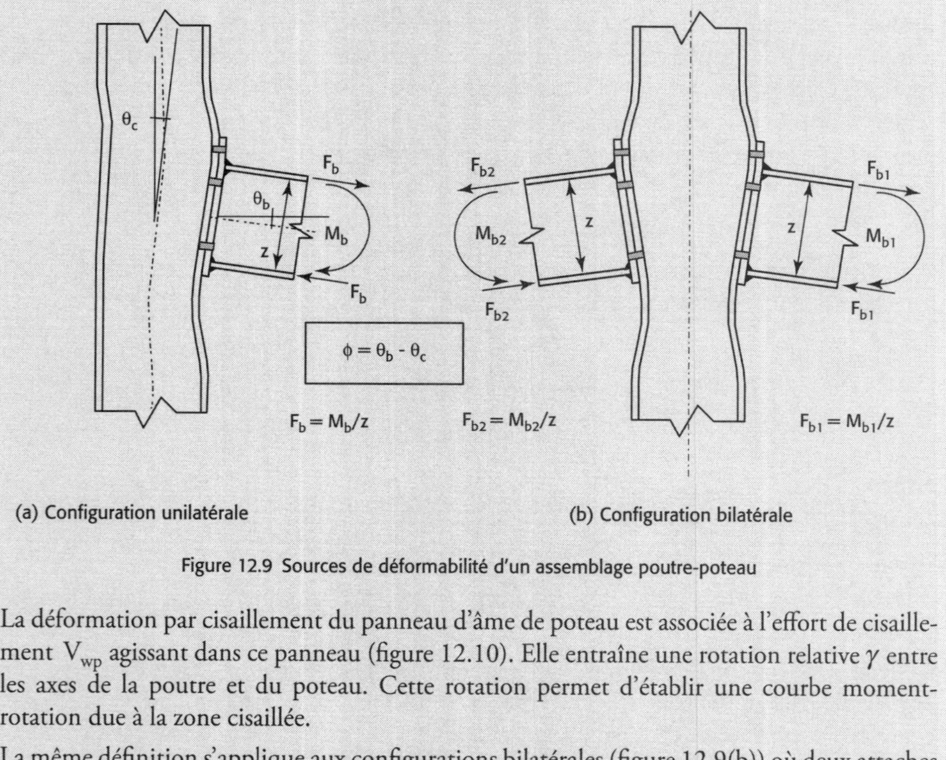

Figure 12.9 Sources de déformabilité d'un assemblage poutre-poteau

La déformation par cisaillement du panneau d'âme de poteau est associée à l'effort de cisaillement V_{wp} agissant dans ce panneau (figure 12.10). Elle entraîne une rotation relative γ entre les axes de la poutre et du poteau. Cette rotation permet d'établir une courbe moment-rotation due à la zone cisaillée.

La même définition s'applique aux configurations bilatérales (figure 12.9(b)) où deux attaches indépendantes sont considérées et chacune est associée à la déformation du panneau d'âme. En pratique, le panneau d'âme est pris en compte avec chaque attache pour donner un caractère général à la démarche. Ainsi, la loi moment-rotation est caractérisée selon la configuration d'assemblage de la façon suivante :

- *Configuration unilatérale :* la loi $M_b - \varphi$ représente la zone d'attache et la loi $V_{wp} - \gamma$ représente le panneau d'âme du poteau en cisaillement. Ce cisaillement se traduit par une distorsion du panneau dans le plan (un rectangle qui se transforme en parallélogramme) et peut être représenté par des déplacements des parties supérieure et inférieure du

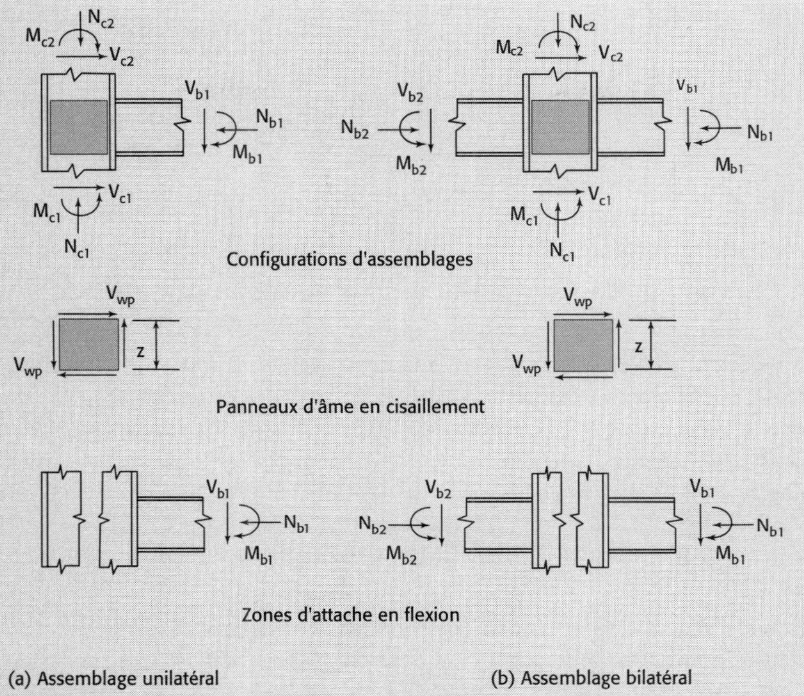

Figure 12.10 Sollicitation transmise au panneau d'âme par les éléments structuraux

panneau qui, ramenés à sa hauteur, sont équivalents à une rotation relative entre les éléments attachés.

- *Configuration bilatérale* : la loi $M_{b1} - \varphi_1$ représente la zone d'attache du côté gauche, la loi $M_{b2} - \varphi_2$ représente la zone d'attache du côté droit et la loi $V_{wp} - \gamma$ représente le panneau d'âme de poteau en cisaillement. La contribution du panneau d'âme n'existe que si les moments sont dissymétriques (figure 12.10).

Dans un assemblage de continuité de poutres, les sources de déformabilité sont moins nombreuses que dans un assemblage poutre-poteau. Ce sont les mêmes composantes que dans un assemblage poteau-poutre sans les parties liées au poteau. Dans un assemblage de continuité de poteaux, les mêmes sources que la continuité poutre-poutre sont mobilisées. Cependant, dans ce cas, l'effort normal ne peut pas être négligé.

12.2.3 Assemblages dans l'analyse globale de structure

Dans les structures de type poteau-poutre où le moment fléchissant est souvent dominant par rapport aux autres sollicitations, le comportement des assemblages peut être représenté par une loi moment-rotation. Cette loi peut être caractérisée par une rigidité initiale, un moment résistant et une capacité de rotation. Au regard de la rigidité, les assemblages peuvent être articulés, rigides ou semi-rigides. Si les assemblages sont semi-rigides, ils doivent être pris en compte dans l'analyse globale de la structure sous la forme d'un ressort rotationnel par exemple. Les assemblages rigides ou articulés représentent les cas usuels en calcul de structures.

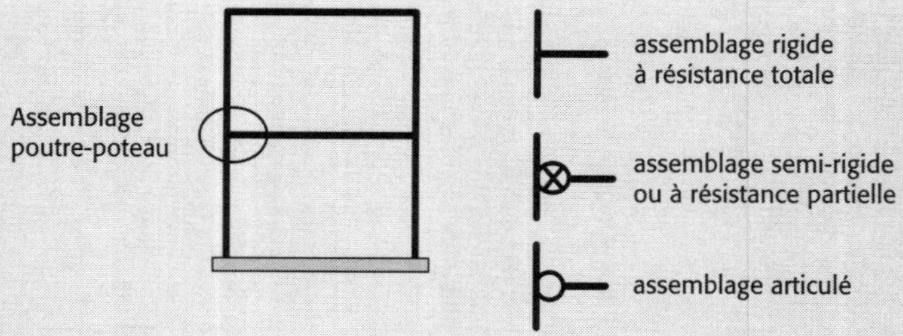

Figure 12.11 Modélisation de l'assemblage dans une analyse globale de structure

Dans le cas d'une analyse globale élastique de la structure, seules les caractéristiques de rigidité sont utiles pour la modélisation des assemblages. Dans le cas d'une analyse rigide-plastique, la caractéristique principale est la résistance. Dans tous les autres cas, ce sont à la fois les caractéristiques de rigidité et de résistance qui déterminent la manière dont il convient de modéliser les assemblages. Ainsi, pour l'analyse globale élastique de structure, un assemblage peut être classé rigide, semi-rigide ou articulé assurant respectivement une transmission totale, partielle ou nulle du moment fléchissant entre les éléments attachés (figure 12.11).

Pour la modélisation, chaque assemblage peut-être représenté par un ressort rotationnel situé au niveau de la liaison poteau-poutre et un ressort diagonal représentant le panneau d'âme du poteau en cisaillement en tenant compte de façon explicite de la taille du panneau d'âme du poteau. Dans la démarche proposée par l'Eurocode 3, la notion d'attache et d'assemblage est utilisée et seul un ressort rotationnel est utilisé pour représenter la liaison poteau-poutre (figure 12.12). Ce ressort, localisé à l'intersection des lignes moyennes des éléments attachés, intègre les sources de déformation de l'attache et du panneau d'âme. Cette modélisation permet de « s'intégrer » dans la démarche habituelle d'analyse des structures où les poteaux et les poutres sont représentés par leurs lignes moyennes.

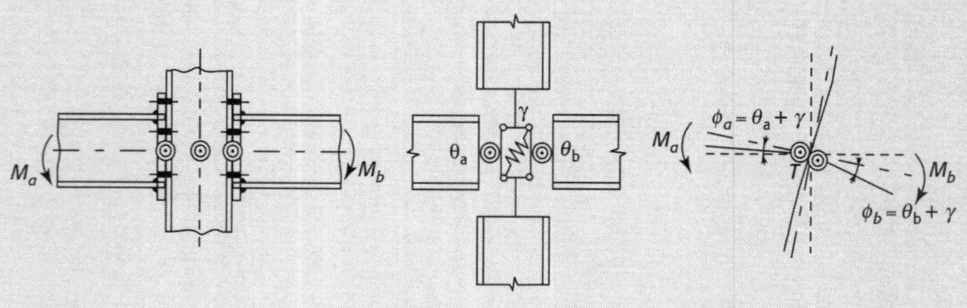

Figure 12.12 Modélisation de l'assemblage par des ressorts rotationnels

Dans une configuration bilatérale, deux assemblages sont utilisés. Le cisaillement du panneau d'âme, qui induit une rotation relative supplémentaire entre les axes de la poutre et du poteau, se caractérise par une courbe $M_b - \gamma$ au moyen du paramètre de transformation β (figure 12.13). Ce paramètre fait correspondre l'effort de cisaillement exercé dans le panneau d'âme (V_{wp}) aux forces de compression et de traction (F_b) dans la zone d'attache. Pour une configuration bilatérale deux paramètres de transformation (β_1 et β_2) sont utilisés.

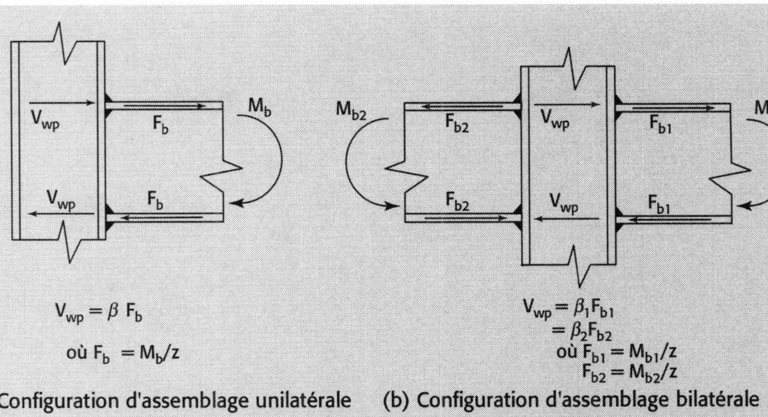

Figure 12.13 Définition du paramètre de transformation β pour les assemblages poutre-poteau

Les valeurs approchées de β ($\beta_1 = \beta_2$) varient de $\beta = 0$ (moments de poutres équilibrés) à $\beta = 2$ (moments égaux mais non équilibrés) (figure 12.14).

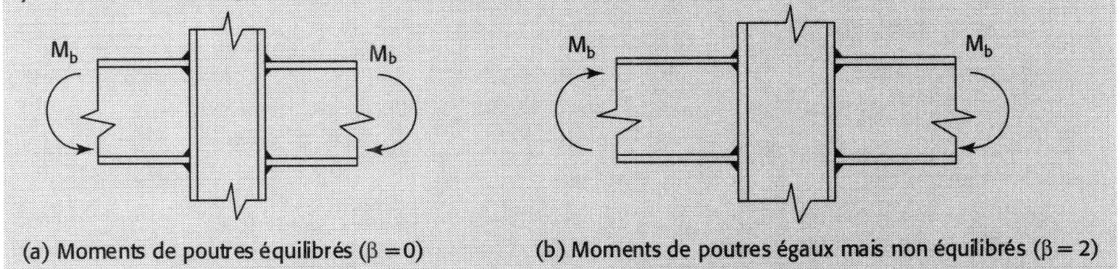

Figure 12.14 Valeurs limites pour β

12.3 Assemblages poteau-poutre selon l'Eurocode 3

La courbe moment-rotation réelle qui traduit le comportement global de l'assemblage est généralement non-linéaire. C'est pourquoi, l'utilisation d'une telle courbe nécessite des moyens d'analyse sophistiqués. Pour permettre une utilisation simple dans le calcul des structures, ces courbes de comportement peuvent être idéalisées par des modèles de type linéaire, bilinéaire ou trilinéaire. Le choix d'une idéalisation est lié à la méthode d'analyse utilisée et aux outils de calcul disponibles : analyse élastique, analyse rigide plastique et analyse élastique-plastique (figure 12.15).

La méthode des composantes de l'Eurocode 3 propose une approche pour déterminer la rigidité initiale $S_{j,ini}$ et le moment résistant M_{Rd} d'un assemblage. La rigidité initiale $S_{j,ini}$ peut être utilisée lorsque le moment sollicitant est limité ($M_{Ed} < \frac{2}{3} M_{Rd}$). Au-delà, on peut utiliser une loi non linéaire $M-\varphi$ en trois parties : une relation initiale linéaire, une partie intermédiaire non linéaire entre $\frac{2}{3} M_{Rd}$ et M_{Rd} dont la rigidité sécante est décrite par l'équation 12.2. et un plateau plastique (moment résistant M_{Rd}).

$$S_j = \frac{S_{j,ini}}{\left(\dfrac{1,5\ M_{j,Ed}}{M_{j,Rd}}\right)^{\psi}} \tag{12.2}$$

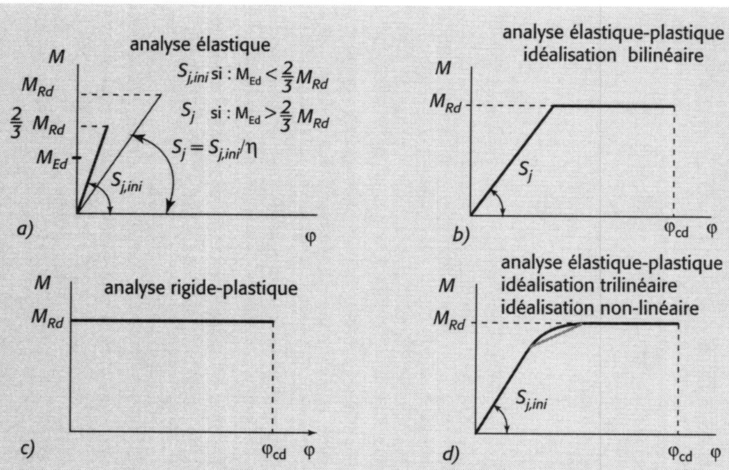

η : coefficient de modification de la rigidité, $\eta = 2$ pour les assemblages poutre-poteau

Figure 12.15 Idéalisations possibles du comportement moment-rotation d'un assemblage

La méthode des composantes s'applique à tout type d'assemblage en acier (soudé ou boulonné par platine d'about débordante ou non et par cornières de semelles). Les règles concernent principalement des assemblages avec des poutres soumises à un effort normal modéré, ce qui est le cas des structures courantes de construction métallique. Pour des valeurs importantes, une loi d'interaction moment-effort normal est proposée. La méthode des composantes est une démarche dont les principes peuvent être généralisés à d'autres types d'assemblages en prenant les précautions nécessaires.

12.3.1 Principe général de la méthode des composantes

Pour cette méthode, un assemblage est considéré comme un ensemble de composantes élémentaires. Pour un assemblage par platine d'about débordante boulonnée soumis à la flexion (figure 12.16), trois zones peuvent être identifiées selon le type de sollicitations qu'elles subissent :

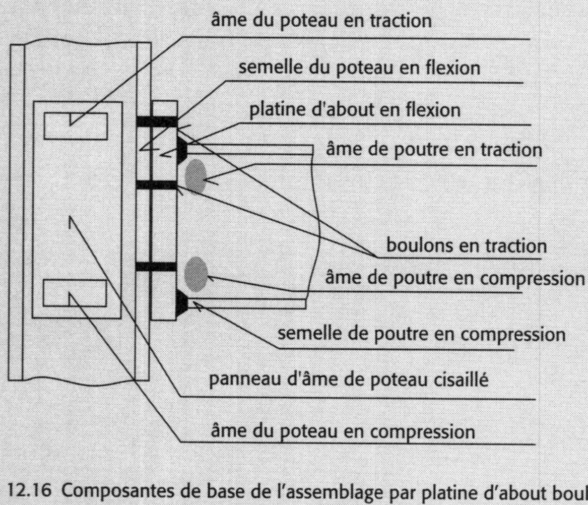

Figure 12.16 Composantes de base de l'assemblage par platine d'about boulonnée

- Une zone comprimée, comptée une seule fois, composée de :
  - l'âme du poteau.
  - une section équivalente de la poutre constituée de la semelle et d'une partie de l'âme.
- Une zone tendue, constituée de plusieurs rangées de boulons disposées en parallèle et faisant intervenir :
  - l'âme du poteau, les boulons et l'âme de la poutre en traction.
  - la semelle du poteau et la platine d'about en flexion.
- Une zone en cisaillement, comptée une seule fois, composée du panneau d'âme de poteau.

Chacune de ces composantes élémentaires possède sa propre loi force-déplacement caractérisée par une rigidité initiale et une résistance. Les composantes sont combinées en série et/ou en parallèle selon le cas (figure 12.17). Pour l'âme de poteau, soumise à une combinaison de compression, de traction et de cisaillement, l'interaction entre ces différentes contraintes peut être prise en compte.

L'application de la méthode des composantes suit les étapes suivantes :

1. Recensement de toutes les composantes élémentaires de l'assemblage (voir Tableau 12.1).
2. Détermination des caractéristiques (résistance et rigidité) de chacune des composantes.
3. Association des composantes pour obtenir la résistance et la rigidité de l'assemblage entier en flexion.

Tableau 12.1 Liste des composantes couvertes par l'EC3

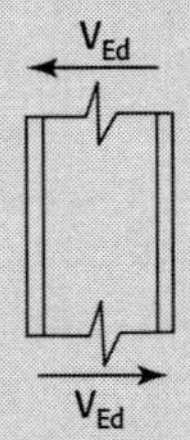 Panneau d'âme de poteau en cisaillement	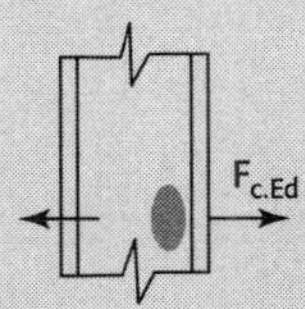 Âme de poteau en compression	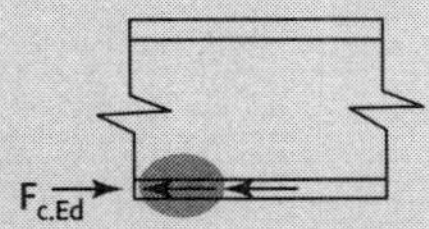 Semelle et âme de poutre en compression	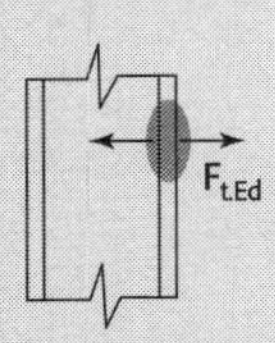 Semelle de poteau en flexion
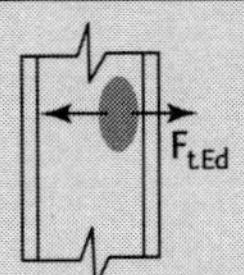 Âme de poteau en traction	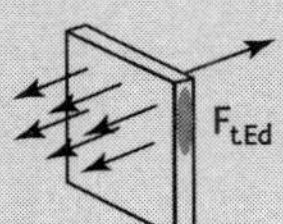 Platine d'about en flexion	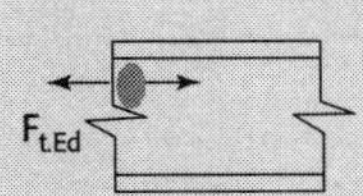 Âme de poutre en traction	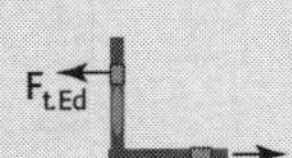 Cornière de semelle en flexion
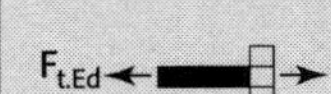 Boulons en traction	 Boulons en cisaillement	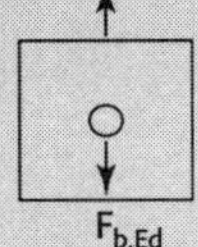 Boulons en pression diamétrale	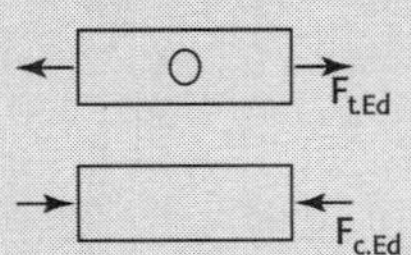 Plaque en traction ou en compression

L'application de la méthode des composantes exige une connaissance suffisante du comportement des composantes élémentaires à prendre en compte (Tableau 12.1). La combinaison de ces composantes permet de couvrir plusieurs configurations d'assemblages.

Le comportement réel de chaque composante est représenté par une courbe force-déplacement de type non linéaire. Cette non-linéarité est due aux effets divers comme la plasticité, le contact entre différents éléments et l'effet local de membrane. Pour en simplifier l'usage, ce comportement est représenté par un modèle bilinéaire. Ainsi, les paramètres principaux du modèle retenu sont la résistance de calcul F_{Rd}, la rigidité k et la capacité de déformation δ_{Cd}. En pratique, les paramètres de rigidité et de résistance sont calculables à partir des dimensions des composantes et des propriétés matérielles. En revanche, la capacité de déformation est traitée de façon plus limitée. Dans la pratique, le concepteur a besoin de la rigidité initiale et du moment résistant de l'assemblage en flexion. Ces paramètres peuvent être obtenus en associant les composantes décrites par un modèle bilinéaire qui est le plus couramment utilisé.

12.3.2 Calcul des caractéristiques mécaniques des assemblages

12.3.2.1 Rigidité en rotation

La rigidité en rotation d'un assemblage soumis à la flexion constitue une caractéristique importante de comportement utilisée pour les analyses élastique et élastique-plastique. Pour illustrer la démarche de calcul, l'exemple d'un assemblage poteau-poutre par platine d'about boulonnée est considéré. Pour un tel assemblage, la rigidité en rotation peut être représentée par une combinaison de ressorts de translation k_i disposés en série ou en parallèle. Chaque coefficient de rigidité k_i lie le déplacement δ_i à la force F_i transmise par la composante considérée (équation 12.3). Il est homogène à une longueur car le module d'élasticité E est pris une seule fois dans l'expression globale de la rigidité de l'assemblage. Ces ressorts représentant les rangées de boulons sont ainsi disposés en parallèle. Ils peuvent être transformés en un seul ressort équivalent qui représente la zone tendue de l'assemblage. Ainsi, chaque rangée de boulons i est représentée par un ressort équivalent, de rigidité k_i^* (équation 12.4), issu de la combinaison de ressorts disposés en série, de rigidités individuelles k_i qui intègrent les contributions des différentes composantes disposées en série : âme du poteau en traction$k_{3,i}$, boulon en traction $k_{10,i}$, platine d'about en flexion $k_{5,i}$ et semelle de poteau en flexion $k_{4,i}$ (Tableau 12.1). Ce ressort (k_t) peut donc être combiné avec les deux ressorts uniques représentant chacun la zone comprimée de l'assemblage (k_2) ou le panneau d'âme en cisaillement (k_1). Au final, le système se transforme en trois ressorts représentant la zone tendue, la zone comprimée et la zone cisaillée (figure 12.17).

$$F_i = k_i \cdot E \cdot \delta_i \qquad (12.3)$$

$$k_i^* = \frac{1}{\dfrac{1}{k_{3,i}} + \dfrac{1}{k_{4,i}} + \dfrac{1}{k_{5,i}} + \dfrac{1}{k_{10,i}}} \qquad (12.4)$$

En supposant que la position de la résultante des efforts de compression (centre de compression) est à mi-épaisseur de la semelle comprimée de la poutre et en tenant compte de la position de chaque rangée de boulons (h_i), on définit un bras de levier équivalent (h_t) (équation 12.5).

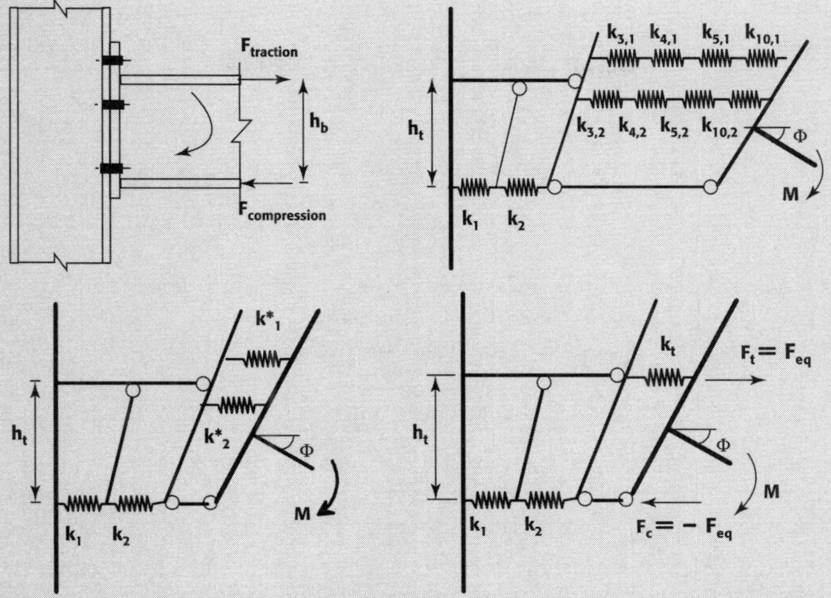

Figure 12.17 Équivalence des ressorts dans un assemblage par platine d'about

$$h_t = \frac{\sum_{i=1}^{n} k_i^* \cdot h_i^2}{\sum_{i=1}^{n} k_i^* \cdot h_i} \qquad (12.5)$$

L'objectif de cette démarche est de transformer toutes les composantes disposées en parallèle de rigidité k_i^* et de bras de levier h_i en un seul ressort équivalent, de rigidité k_t situé au centre de traction, repéré par h_t. Cette rigidité équivalente k_t, associée à toute la zone tendue, est donnée par l'équation 12.6.

$$k_t = \frac{\sum_{i=1}^{n} k_i^* \cdot h_i}{h_t} \qquad (12.6)$$

La prise en compte de toutes les composantes de l'assemblage est obtenue au final par la combinaison des rigidités des zones principales disposées en série. Ainsi, la zone comprimée k_2 et la zone cisaillée k_1 sont combinées à la zone tendue représentée par un ressort équivalent k_t. En considérant que les trois ressorts principaux sont situés à une distance h_t du centre de compression, leur rigidité équivalente en rotation k_φ permet de calculer la rigidité initiale $S_{j,ini}$ de l'assemblage entier selon l'équation 12.7.

$$S_{j,ini} = E \cdot k_\varphi = \frac{Eh_t^2}{\dfrac{1}{k_1} + \dfrac{1}{k_2} + \dfrac{1}{k_t}} \qquad (12.7)$$

L'équilibre de la section en zone d'assemblage, soumise à un moment fléchissant, se traduit par l'égalité entre la somme des forces de traction dans les rangées de boulons et l'effort de compression. Ainsi, le moment transmis par l'assemblage est équivalent au couple exercé par ces deux forces ($F_{eq} = F_t = -F_c$) respectant l'équation 12.8.

$$M = F_{eq} \cdot h_t \tag{12.8}$$

De même, la rotation de l'assemblage due à la flexion seule est donnée par la relation 12.9, exprimant l'allongement relatif entre les zones tendues Δ_t et la zone comprimée Δ_c.

$$\varphi = \frac{\Delta_t - \Delta_c}{h_t} \tag{12.9}$$

On note ici que les déformations associées à la semelle et l'âme de la poutre en traction et en compression sont supposées incluses dans la déformation de la poutre. Elles ne contribuent donc pas à la flexibilité de la zone d'attache de l'assemblage.

12.3.2.2 Moment résistant de l'assemblage

Le moment résistant correspond au moment maximum que peut transmettre l'assemblage. Comme pour la rigidité, trois zones différentes sont identifiées. En suivant le même exemple de l'assemblage poutre-poteau par platine d'about, on distingue :

- La zone tendue dont la résistance est pilotée, pour chaque rangée, par la composante la plus faible parmi celles qui sont disposées en série.
- La zone comprimée qui comprend l'âme du poteau et la semelle de la poutre associée à une partie de l'âme.
- La zone cisaillée de l'âme du poteau.

La résistance de la zone tendue, la plus complexe à étudier, dépend du nombre de rangées de boulons et de la position de chaque rangée par rapport au centre de compression. La contribution des différentes rangées de boulons qui constituent la zone tendue est évaluée progressivement en considérant le comportement de chaque rangée seule puis en groupe. Selon la capacité de déformation des rangées de boulons, la distribution des efforts internes peut être considérée de type élastique, plastique ou mixte. En effet, une rangée proche du centre de compression ne peut atteindre sa capacité plastique que si les rangées les plus éloignées possèdent une ductilité suffisante pour permettre aux efforts de se redistribuer. La figure 12.18 montre le cas d'une distribution plastique des efforts entre les rangées de boulons. Dans ce cas, le moment résistant en flexion de l'assemblage M_{Rd} est calculé par l'équation 12.10, où $F_{Rd,i}$ est la résistance de la rangée i soumise à la traction, n_b est le nombre de rangées de boulons en traction et h_i est la distance entre la rangée de boulons i et le centre de compression.

$$M_{Rd} = \sum_{i=1}^{n_b} h_i \cdot F_{Rd,i} \tag{12.10}$$

Le moment résistant de l'assemblage, basé sur les efforts de traction, ne peut bien sûr être atteint que si les résistances des zones comprimée et cisaillée sont suffisantes pour permettre aux rangées tendues de développer leurs pleines résistances. Dans le cas contraire, la résultante des efforts de traction dans les rangées de boulons, utilisés pour le calcul du moment résistant, doit être plafonnée par la plus faible des deux résistances en compression et cisaillement.

En résumé, le calcul du moment résistant d'un assemblage courant de type poutre-poteau par platine d'about se déroulera selon les étapes suivantes :

- Calculer l'effort de traction admissible, pour chaque rangée de boulons, en considérant la composante la plus faible parmi celles disposées en série. La résistance en traction est calculée en utilisant la notion de tronçon en té équivalent et sa longueur efficace (ℓ_{eff}).

- Adopter un diagramme de répartition des efforts dans les rangées de boulons, de type plastique, élastique-plastique ou élastique (figure 12.18). Une distribution plastique des forces dans les assemblages boulonnés est considérée dans la plupart des cas. Cependant, une distribution élastique ou élastique-plastique doit être utilisée si la capacité de déformation est limitée.
  - Avec une distribution élastique, la résistance de l'assemblage est limitée par la capacité résistante en traction de la rangée la plus sollicitée. Ainsi, si les rangées ont la même rigidité, la rangée la plus éloignée du centre de compression pilotera la résistance d'ensemble. Si celle-ci est caractérisée par la rupture des boulons, de nature fragile, le moment résistant de l'assemblage sera donné par l'équation 12.11 où $B_{t,Rd}$ est la résistance de calcul d'un boulon en traction.

$$M_{Rd} = \frac{F_{Rd}}{h_1}\sum_{i=1}^{n_b} h_i^2 \quad \text{avec :} \quad F_{Rd} = 2B_{t,Rd} \tag{12.11}$$

  - Dans le cas où la distribution plastique des efforts est interrompue en raison du manque de capacité de déformation d'une rangée de boulons k car elle atteint sa résistance de calcul $F_{Rd,k}$, une distribution élastique-plastique peut être utilisée. Dans ce cas, les efforts dans les rangées inférieures à k sont distribués linéairement en fonction de leur distance au centre de compression. Le moment résistant est alors donné par l'expression 12.12 où n_b est le nombre total de rangées de boulons et k l'indice de la rangée dont la capacité de déformation est insuffisante.

$$M_{Rd} = \sum_{i=1}^{k} F_{Rd,i} \cdot h_i + \frac{F_{Rd,k}}{h_k}\sum_{j=k}^{n_b} h_j^2 \tag{12.12}$$

- Vérifier que les zones comprimées de la poutre et du poteau présentent des résistances suffisantes pour équilibrer la somme des efforts de traction admissibles dans les rangées de boulons.
- Effectuer une vérification similaire pour le cisaillement de l'âme du poteau.
- Calculer le moment résistant de l'assemblage en utilisant la contribution des résistances en traction de chaque rangée de boulons, corrigées éventuellement par les limitations dues aux zones comprimée et cisaillée.

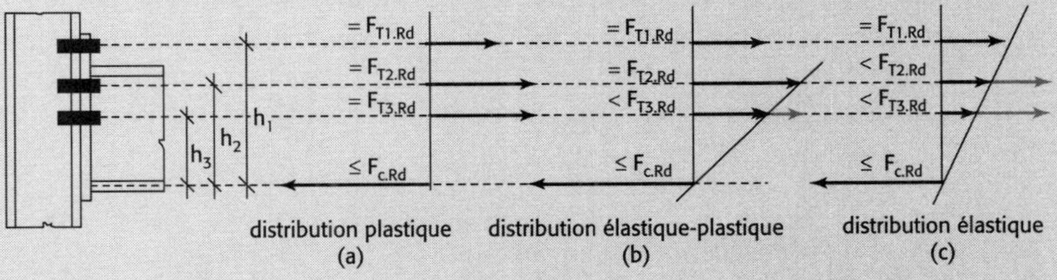

Figure 12.18 Répartition des efforts dans un assemblage poutre-poteau par platine d'about

12.3.2.3 Capacité de rotation

La capacité de rotation d'un assemblage poutre-poteau correspond à la rotation qu'il peut subir sans ruine pour un niveau donné de résistance. Pour les assemblages boulonnés, l'Eurocode 3 ne propose pas de méthode permettant de calculer la capacité de rotation. Cependant, il est admis dans ce cas que la capacité de rotation est suffisante pour une analyse plastique si le moment résistant de l'assemblage est piloté par la résistance de la semelle du poteau en flexion dont l'épaisseur t doit satisfaire la condition donnée par l'expression 12.13 où d est le diamètre nominal du boulon, f_{ub} est la résistance ultime du boulon en traction et f_y sa limite d'élasticité.

$$t \leq 0{,}36 \cdot d \sqrt{\frac{f_{ub}}{f_y}} \tag{12.13}$$

Si la résistance de calcul d'un assemblage est au moins égale à 1,2 fois la résistance plastique de calcul de la poutre, il n'est pas nécessaire de vérifier sa capacité de rotation. Par contre, dans le cas d'un assemblage à résistance partielle, la capacité de rotation ne doit pas être inférieure à celle nécessaire pour permettre le développement de toutes les rotules plastiques dans la structure, afin de permettre une redistribution des moments le plus longtemps possible.

12.3.3 Comportement de la zone tendue (tronçon en té)

Dans le cas des assemblages boulonnés, la zone tendue mobilise la flexion de plats tels que la platine d'about et la semelle du poteau. Ces éléments se comportent comme des plaques en flexion avec des points et des lignes d'appui ou de chargement situés au niveau des boulons et des bords constitués par l'âme et la semelle de la poutre pour le cas de la platine d'about. Du côté de la semelle du poteau en flexion, les appuis et les bords sont constitués de l'âme du poteau, des boulons et des éventuels raidisseurs transversaux. Pour représenter le comportement mécanique de la platine d'about et de la semelle du poteau en flexion, la notion de tronçon en té équivalent est introduite (figure 12.19).

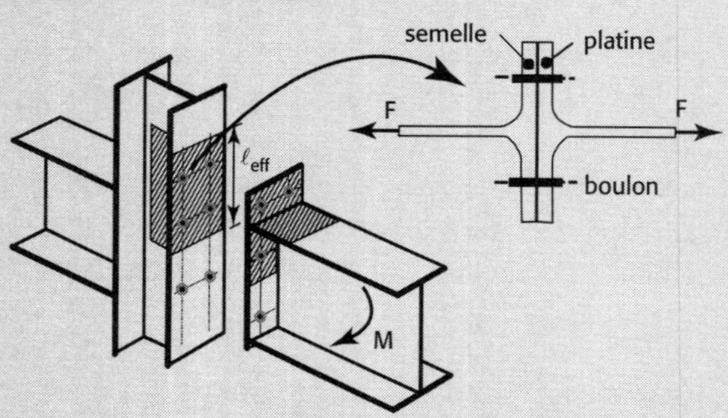

Figure 12.19 Exemple d'un tronçon en té (assemblage par platine d'about)

Dans le cas d'un assemblage par platine d'about, chaque rangée est représentée par deux tronçons disposés en série. Par exemple, le tronçon côté poteau est constitué de deux boulons et de la semelle en flexion. La semelle en flexion, chargée par l'âme, est appuyée sur les boulons. De plus, dans le cas courant de la semelle flexible, un appui supplémentaire se crée à son extrémité par l'effet de levier. La résistance plastique du tronçon constitué de la semelle et des boulons est déterminée en utilisant l'approche cinématique de l'analyse limite plastique. Ainsi, différents schémas de ruine par charnières plastiques sont considérés. Le mode de ruine qui mobilise le minimum d'énergie définit la charge ultime du tronçon en té tridimensionnel (3D). Selon l'Eurocode 3, un tronçon en té équivalent (2D) est défini à travers la notion de longueur efficace ℓ_{eff}. Celle-ci dépend de la position de la rangée de boulons par rapport aux raidisseurs et aux bords des éléments qui représentent les appuis de la plaque fléchie. Pour tenir compte de l'interaction entre les rangées, chaque rangée de boulon est considérée en mécanisme de ruine individuel ou de groupe mobilisant un ensemble de rangées.

12.3.3.1 Longueur efficace d'un tronçon en té

La longueur efficace représente la troisième dimension du tronçon en té équivalent (2D) qui permet d'obtenir une résistance équivalente à celle du tronçon réel (3D). Elle dépend de la configuration d'assemblage et de la disposition des trous de boulons. Pour la plupart des cas rencontrés dans la pratique, l'Eurocode 3 donne les schémas de ruine courants et leurs formules associées pour le calcul de ℓ_{eff}. Il s'agit des mécanismes individuels (figure 12.20a) et des mécanismes de groupe (figure 12.20b) qui traduisent d'une certaine façon l'interaction entre les différentes rangées de boulons.

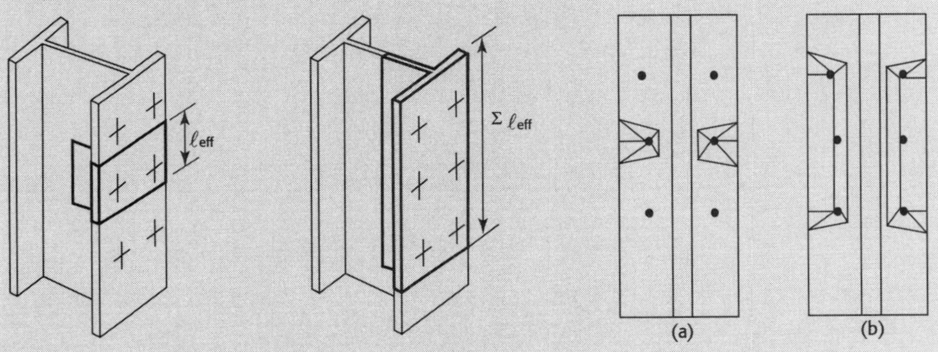

Figure 12.20 Exemple des mécanismes de ruine : individuel (a) ou de groupe (b)

12.3.3.2 Comportement d'un tronçon en té

La déformation d'un tronçon en té est d'une part liée au comportement des boulons sollicités en traction et d'autre part, à l'état de déformation de la semelle ou de la platine sollicitée en flexion. Une des caractéristiques importantes du comportement des tronçons en té est le développement de forces de levier sous la semelle qui amplifient les forces reprises par le boulon (figure 12.21). Pour une force F appliquée à l'âme du tronçon, des forces de levier Q se développent en raison de la flexion de la semelle. L'équilibre statique montre que la force dans un boulon B est égale à $(0{,}5 \cdot F + Q)$. En pratique, on considère que la résultante des pressions de contact dues à l'effet de levier est située à une distance n de l'axe du boulon.

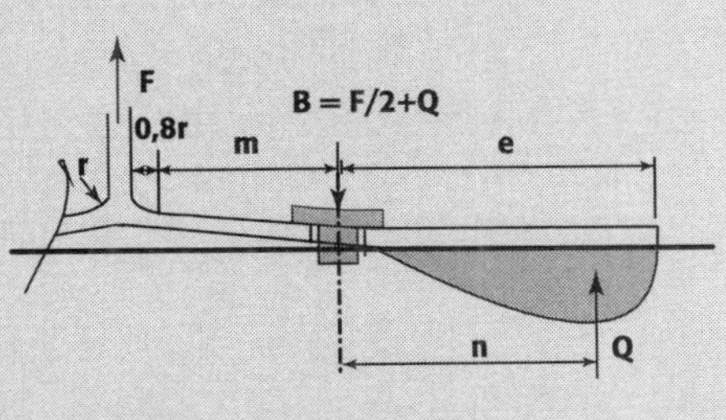

Figure 12.21 Effet de levier dans un tronçon en té

12.3.3.3 Résistance d'un tronçon en té

La méthode cinématique de l'analyse limite plastique est utilisée pour déterminer la résistance des tronçons en té équivalent. Ainsi, trois modes de ruine sont considérés (figure 12.22). Le premier mode est associé à la ruine de la semelle par formation d'un mécanisme plastique avant que la ruine des boulons ne soit atteinte. Les rotules plastiques se forment à la naissance des congés de raccordement entre l'âme et la semelle et au niveau des rangées de boulons. Le deuxième mode correspond à l'atteinte de la résistance des boulons avec une plastification partielle dans la semelle développée à la naissance des congés de raccordement. Le troisième mode correspond à l'atteinte de la résistance des boulons en traction.

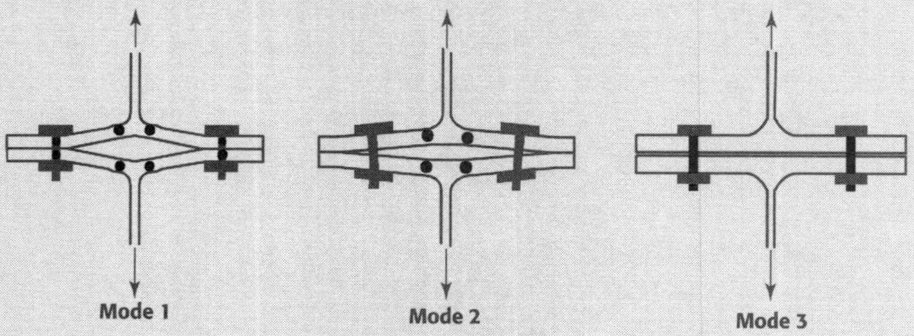

Figure 12.22 Modes de ruine du tronçon en té

La résistance à considérer est le minimum des résistances associées à ces trois modes. Celles-ci sont données pour le mode 1 par les expressions 12.14 et 12.15 (méthode alternative), pour le mode 2 par l'expression 12.16 et pour le mode 3 par l'expression 12.17. Le premier mode est le plus ductile car il se base exclusivement sur la ruine plastique en flexion de la semelle du tronçon. Le mode 3 est le plus fragile car il se produit par la ruine des boulons en traction.

$$F_{T,Rd,1} = \frac{4\,M_p + 2\,M_{bp}}{m} \tag{12.14}$$

$$F_{T,Rd,1} = \frac{\left(32\,n - 2\,d_w\right) M_p + 16\,.n \cdot M_{bp}}{8\,m \cdot n - d_w\left(m + n\right)} \tag{12.15}$$

$$F_{T,Rd,2} = \frac{2 \cdot M_p + n \cdot \sum B_{t,Rd}}{m + n} \tag{12.16}$$

$$F_{T,Rd,3} = \sum B_{t,Rd} \tag{12.17}$$

Dans ces expressions, M_p et M_{bp} sont les moments plastiques de la semelle et de la contre-plaque, respectivement. Ils sont calculés en utilisant la notion de longueur efficace. $\sum B_{t,Rd}$ est la résistance en traction des boulons dans le tronçon en té. Les dimensions n et m sont indiquées sur la figure 12.21 où la valeur de n est délimitée dans l'Eurocode 3 par $n = \min\left(e\,;1{,}25\ m\right)$. d_w est le diamètre de la rondelle, de la tête du boulon ou de l'écrou qui est en contact avec la semelle.

En réalité, pour le mode 1, les têtes des boulons, les écrous et les rondelles possèdent des diamètres non négligeables et les efforts transmis à la semelle sont répartis sur une certaine zone du contact entre le boulon et la semelle (figure 12.23(b)). Cet effet est pris en compte

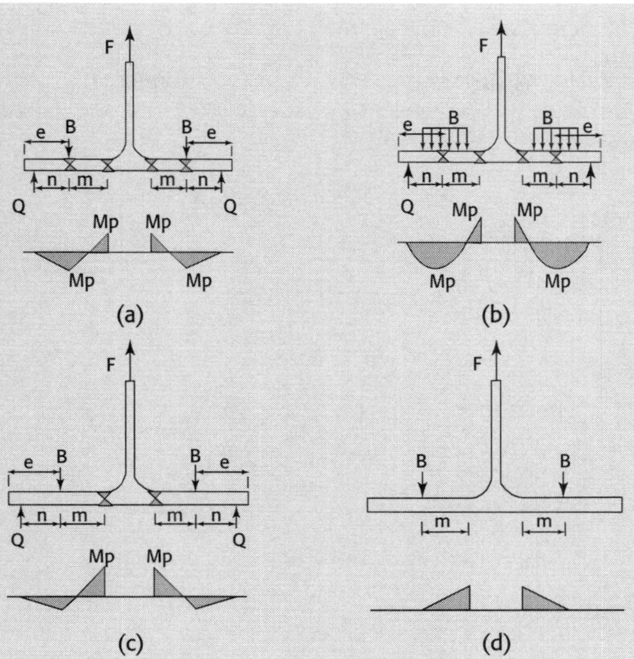

Figure 12.23 Répartition des efforts dans un tronçon – a, b) mode 1 - c) mode 2 – d) mode 3

dans la formule alternative (équation 12.15) qui permet de calculer la résistance plastique de la semelle en considérant une distribution uniforme des contraintes sous d_w. La contribution M_{bp} des contre-plaques, utilisées pour renforcer la semelle, ne concerne que les ruines en mode 1.

12.3.3.4 Rigidité du tronçon et de la rangée de boulons

Le tronçon en té 2D utilisé pour la résistance est aussi retenu pour le calcul de la rigidité. Ainsi, la rigidité axiale du tronçon en té se base sur celle d'une poutre sur quatre appuis dont deux sont des appuis élastiques constitués par les boulons (figure 12.24). Dans ce schéma, la déformation du tronçon est due à la flexion de la semelle et la traction du boulon soumis à un effort majoré par la force de levier. Pour une rangée de boulons dans un assemblage, les tronçons constitués par la platine d'about et la semelle du poteau en flexion sont disposés en série avec les boulons en traction. Pour simplifier, l'Eurocode 3 considère trois composantes indépendantes disposées en série et supportant la même force appliquée (équation 12.18). Ces composantes sont les deux tronçons en té représentant la semelle du poteau et la platine d'about, en flexion, et les boulons en traction (figure 12.24). Pour tenir compte de la majoration de la force dans les boulons par l'effet de levier, le coefficient de rigidité des boulons est modifié.

$$k_{tot} = \frac{1}{\left[\dfrac{1}{k_f} + \dfrac{1}{k_p} + \dfrac{1}{k_b}\right]} \qquad (12.18)$$

k_f est la rigidité de la semelle du poteau, k_p est la rigidité de la platine d'about et k_b est la rigidité axiale des boulons.

12.3.3.5 Fonctionnement d'un tronçon en té

Les tronçons en té peuvent être assimilés à des poutres sur quatre appuis soumises à des efforts concentrés. Deux appuis simples représentent l'effet de levier et deux appuis élastiques représentent les boulons (figures 12.24 et 12.25).

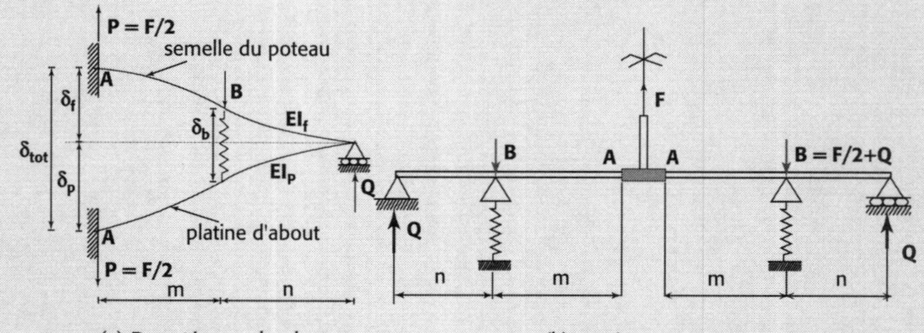

Figure 12.24 Modèle analytique initial du tronçon en té

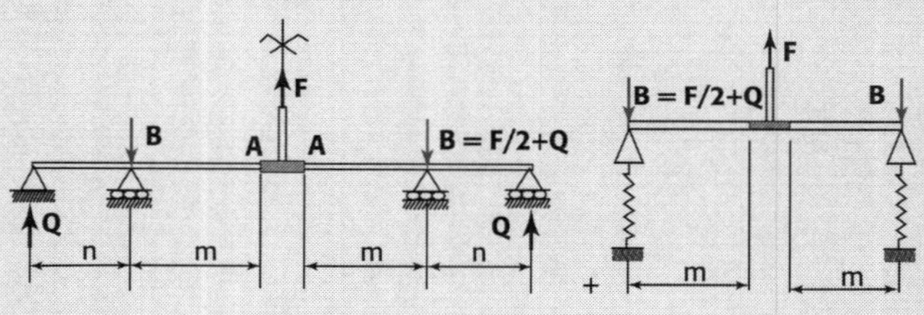

Figure 12.25 Modèle analytique du tronçon en té retenu par l'Eurocode 3 (semelle ou platine et boulons)

La limite de comportement élastique est définie par la formation d'une première rotule plastique dans la section de moment maximum, à la naissance du congé de raccordement entre l'âme et la semelle du tronçon (section A sur la figure 12.24). Dans le modèle initial (figure 12.24), pour une seule rangée de boulons, la force dans le boulon B, la force de levier Q et la rigidité des deux tronçons disposés en série avec les boulons sont données par les formules 12.19 à 12.21.

$$B = \frac{F}{2}\,\frac{\left[\dfrac{n^2}{3}(n+3\,m)+\dfrac{n\,.\,m^2}{2}\right]}{\left[\dfrac{n^2}{3}(n+3\,m)+\dfrac{L_b}{A_b}\left(\dfrac{I_f\cdot I_p}{I_f+I_p}\right)\right]} \tag{12.19}$$

$$Q = \frac{F}{2}\,\frac{\left[\dfrac{n\cdot m^2}{2}-\dfrac{L_b}{A_b}\left(\dfrac{I_f\cdot I_p}{I_f+I_p}\right)\right]}{\left[\dfrac{n^2}{3}(n+3\,m)+\dfrac{L_b}{A_b}\left(\dfrac{I_f\cdot I_p}{I_f+I_p}\right)\right]} \tag{12.20}$$

$$k_{tot} = \frac{2E\left(\frac{I_f \cdot I_p}{I_f + I_p}\right)}{\left\{\frac{(m+n)^3}{3} - \frac{\left[\frac{n \cdot m^2}{2} + \frac{n^2}{3}(3\,m+n)\right]^2}{\frac{n^2}{3}(3\,m+n) + \frac{L_b}{A_b}\left(\frac{I_f \cdot I_p}{I_f + I_p}\right)}\right\}} \tag{12.21}$$

Dans le cas où les deux tronçons mis dos-à-dos sont symétriques ($I_f = I_p = I$), on retrouve les expressions 12.22 et 12.23 pour la rigidité initiale k_{tot} et la force élastique qui correspond à la première rotule F_{el}.

$$k_{tot} = \frac{EI}{\left\{\frac{(m+n)^3}{3} - \frac{\left[\frac{n \,.\, m^2}{2} + \frac{n^2}{3}(3m+n)\right]^2}{\frac{n^2}{3}(3m+n) + \frac{L_b \,.\, I}{2A_b}}\right\}} \tag{12.22}$$

$$F_{el} = \frac{2\,M_p/n}{\left\{\frac{m}{n} - \frac{\left(\frac{m^2 \,.\, n}{2} - \frac{L_b \,.\, I}{2A_b}\right)}{\left[\frac{n^2(3m+n)}{3} + \frac{L_b \,.\, I}{2A_b}\right]}\right\}} \tag{12.23}$$

Dans ces expressions, A_b est la section de la tige du boulon et L_b est la longueur utile du boulon définie dans l'Eurocode 3 par l'équation 12.24.

$$L_b = \sum t + 2t_w + \frac{1}{2}(t_h + t_n) \tag{12.24}$$

Les termes t_w, t_h et t_n représentent respectivement les épaisseurs de la rondelle, de la tête du boulon et de l'écrou. De plus, $\sum t$ est la somme des épaisseurs des pièces assemblées. Cette longueur correspond à la partie du boulon qui est effectivement soumise à de la traction. I_f et I_p sont respectivement les moments d'inertie de la semelle et de la platine, que l'on peut déterminer par l'expression 12.25. ℓ_{eff} et t sont respectivement la longueur efficace et l'épaisseur de la semelle.

$$I = \frac{\ell_{eff} t^3}{12} \tag{12.25}$$

On constate dans ces expressions que la force de levier Q et la rigidité dépendent principalement du rapport des rigidités des semelles, du boulon et des dimensions n et m.

Dans le modèle simplifié (figure 12.25), utilisé par l'Eurocode 3, les boulons ne sont pas intégrés directement à la semelle et la platine, mais ils sont considérés séparément. La relation entre ces trois composantes est prise en compte en considérant un système de ressorts disposés en série. Ces composantes sont représentées selon l'Eurocode 3 par des formules corrigées par des coefficients (expressions 12.26 *à* 12.30). Pour donner le principe de ces calculs, même s'ils ne sont pas directement utilisés dans l'Eurocode 3, on présente les expressions de la force dans le boulon, la force de levier, la rigidité de la semelle, la rigidité de la platine et la force faisant apparaître la première rotule plastique dans la section A.

$$B = \frac{F}{2}\frac{\left[\frac{n^2}{3}(n+3m)+\frac{n\,.\,m^2}{2}\right]}{\left[\frac{n^2}{3}(n+3m)\right]} \tag{12.26}$$

$$Q = \frac{F}{2}\frac{\frac{n.m^2}{2}}{\frac{n^2}{3}(n+3m)} \tag{12.27}$$

$$k_f = \frac{24EI_f}{m^3}\left(\frac{3m+n}{3m+4n}\right) \tag{12.28}$$

$$k_p = \frac{24EI_p}{m^3}\left(\frac{3m+n}{3m+4n}\right) \tag{12.29}$$

$$F_{el} = \frac{4M_p}{m}\left(\frac{3m+n}{3m+2n}\right) \tag{12.30}$$

De ces efforts internes, il apparaît que la force de levier ne dépend pas des rigidités des semelles ou du boulon. Ainsi, la part de la force de levier (Q/F) est seulement fonction des dimensions n et m. Par exemple, dans l'approche Eurocode 3, en phase élastique de comportement, il est considéré que $n \leq 1,25\,m$. En intégrant cette relation dans l'équation 12.27, le rapport entre l'effort de levier et l'effort appliqué représente $Q/0,5\,F = 28$ %. De plus, la longueur efficace utilisée pour la rigidité est réduite par rapport à la longueur utilisée pour la résistance ($\ell_{eff,ini} = 0,9\,\ell_{eff}$). À noter que, dans une ancienne version de l'Eurocode 3, le facteur de réduction était de 0,85.

La notion de longueur efficace, utilisée pour calculer la rigidité initiale du tronçon, est considérée pour une charge élastique égale à 2/3 de la résistance plastique. Ainsi, les valeurs de rigidité de ces composantes données par l'Eurocode 3 peuvent être déduites par les équations 12.31 et 12.32 en supposant $n = 1,25$ m.

$$k_f = \frac{E.0,9\ell_{eff}\,.\,t_f^3}{m^3} \tag{12.31}$$

$$k_p = \frac{E.0,9\ell_{eff}\,.\,t_p^3}{m^3} \tag{12.32}$$

En reprenant le modèle analytique simplifié (figure 12.25) et en considérant que le moment fléchissant dans la section A est égal au moment plastique (expression 12.33), on obtient finalement la force qui définit la limite élastique du tronçon en té (expression 12.34).

$$M_A = Q(m+n) - \left(\frac{F_{el}}{2} + Q\right)m = Q\,.\,n - \frac{F_{el}}{2}m = -M_P \tag{12.33}$$

$$F_{el}\left(\frac{Q}{F}n - \frac{m}{2}\right) = \frac{-f_y \cdot \ell_{eff.ini} \cdot t^2}{4} \Rightarrow F_{el} = \frac{f_y \cdot \ell_{eff.ini} \cdot t^2}{4\left(\frac{m}{2} - \frac{Q}{F}m\right)} \tag{12.34}$$

Pour le mode 1 de ruine, la résistance élastique F_{el} peut être considérée égale à 2/3 de la résistance plastique F_R. Cette approximation est cohérente avec la démarche de calcul des assemblages où le moment élastique a le même rapport avec le moment résistant plastique et on aboutit à l'expression 12.35.

$$\frac{M_e}{M_p} = \frac{F_{el}}{F_R} = \frac{2}{3} \Rightarrow F_R = \frac{3}{2}\frac{f_y \cdot \ell_{eff.ini} \cdot t^2}{4\left(\frac{m}{2} - \frac{Q}{F}n\right)} \tag{12.35}$$

On peut également calculer la résistance plastique F_R en mode 1 qui correspond à la ruine par le développement de deux rotules plastiques sur chaque coté du tronçon au niveau du congé de raccordement et au niveau de l'axe du boulon. Ceci conduit à la formule 12.36.

$$F_R = \frac{4M_P}{m} = f_y.\frac{\ell_{eff}.t^2}{m} \tag{12.36}$$

L'égalité entre les deux formules de calcul de la résistance plastique du tronçon (équations 12.35 et 12.36) conduit à la définition d'un rapport entre les longueurs efficaces utilisées pour la rigidité et la résistance (expression 12.37). Ainsi, avec une valeur $n = 1,25\ m$, ce rapport des longueurs efficaces prend une valeur proche de 0,87.

$$\frac{\ell_{eff.ini}}{\ell_{eff}} = \frac{4}{3}\cdot\left[1 - 2\cdot\left(\frac{Q}{F}\right)\left(\frac{n}{m}\right)\right] \tag{12.37}$$

La rigidité axiale du boulon k_b, est déterminée par la formule 12.38.

$$k_b = 1,6\frac{A_b}{L_b} \tag{12.38}$$

Si on considère le modèle simplifié (Eurocode 3), l'effet de levier n'est pas pris en compte car le boulon est considéré transmettre un effort égal à celui du tronçon. Si le modèle 1 (tronçon en té avec ressort) est considéré, on observe que les boulons sont soumis à des efforts majorés par l'effet de levier (expression 12.39). Dans ce dernier cas, la rigidité des boulons est celle qui correspond à leurs longueurs et leurs sections (A_b/L_b). Cependant, comme le modèle de l'Eurocode 3 est utilisé, les boulons sont considérés avec des rigidités qui tiennent compte de la majoration de l'effort (1,6 au lieu de 2). Ils sont donc plus souples car soumis dans les calculs à des efforts plus faibles (expression 12.40).

$$B = \frac{F}{2} + Q = \frac{F}{2} + 0,28\frac{F}{2} = 0,64F \tag{12.39}$$

$$\begin{gathered}\delta_b = \frac{B \cdot L_b}{E \cdot A_b} = \frac{0,64 \cdot F \cdot L_b}{E \cdot A_b} = \frac{F}{k_b} \\ k_b = \frac{E \cdot A_b}{0,64 \cdot L_b} = 1,6\frac{E \cdot A_b}{L_b} \quad \text{ou}\; k_b^* = \frac{k_b}{E} = 1,6 \cdot \frac{A_b}{L_b}\end{gathered} \tag{12.40}$$

12.3.4 Identification de la loi moment-rotation par d'autres moyens

Pour caractériser le comportement des assemblages, en plus de l'approche analytique, basée sur la méthode des composantes, l'Eurocode 3 permet d'utiliser deux approches complémentaires qui sont l'expérimentation et la modélisation numérique. En effet, les essais ont un coût élevé et leurs résultats sont généralement utilisés pour valider des modèles numériques qui permettent de généraliser les paramètres analysés et d'accéder à certaines informations difficiles à obtenir par voie exclusivement expérimentale.

12.3.4.1 Loi moment-rotation par essais

Pour donner un aperçu de cette démarche, l'exemple d'assemblages à configuration bilatérale est considéré. Dans cet exemple, une comparaison entre deux moyens de renforcement que sont les contre-plaques et les raidisseurs transversaux est menée. Cette étude a permis aussi de comparer deux types de boulons précontraints, HR (Haute Résistance) ou boulons sertis HF (Huck-Fit). Les résultats obtenus (figure 12.26) montrent un comportement ductile et une certaine équivalence entre les deux types de renforcement pour la géométrie étudiée.

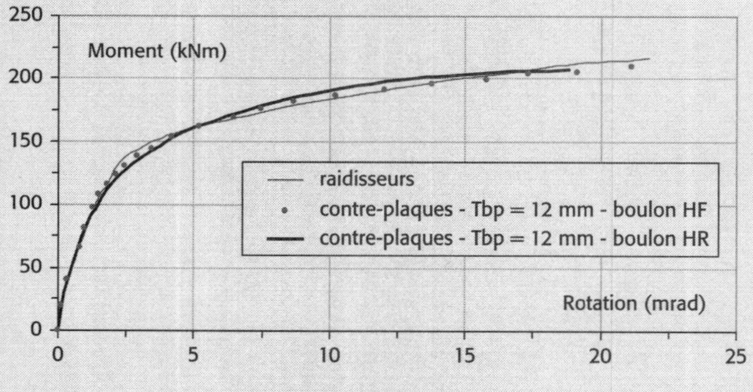

Figure 12.26 Courbes moment-rotation

12.3.4.2 Loi moment-rotation par modélisation numérique

Les modèles disponibles dans la littérature sont de différentes natures mais un modèle tridimensionnel (3D) reste le plus réaliste pour une représentation fidèle du comportement mécanique des assemblages boulonnés. Le modèle doit intégrer le comportement élastique-plastique des matériaux et les contacts entre les surfaces des différents composants attachés. Les caractéristiques géométriques et matérielles doivent être les plus proches possibles de la réalité. Ainsi, des éprouvettes peuvent être prélevées dans les profilés et les composantes pour déterminer les limites élastiques et ultimes réelles des matériaux.

Ce type de modèle est en général calibré en utilisant les données expérimentales telles que la relation moment-rotation et les efforts repris par les boulons. Un exemple de configuration modélisée est représenté en figures 12.27 et 12.28. Il s'agit d'un assemblage à configuration bilatérale. Compte tenu de la symétrie, seule une partie de l'assemblage est modélisée.

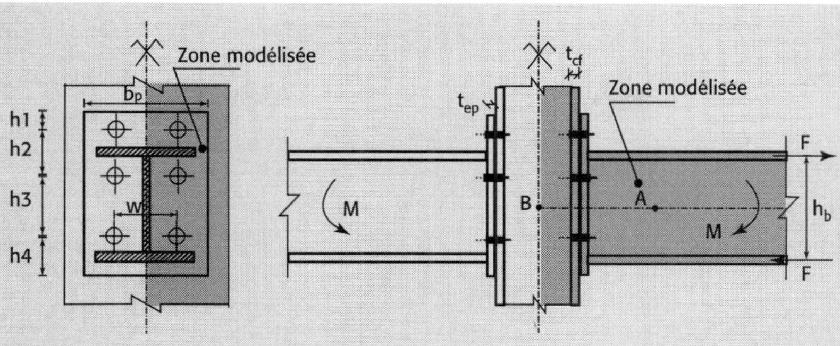

Figure 12.27 Exemple de configuration d'assemblage (essai et modèle)

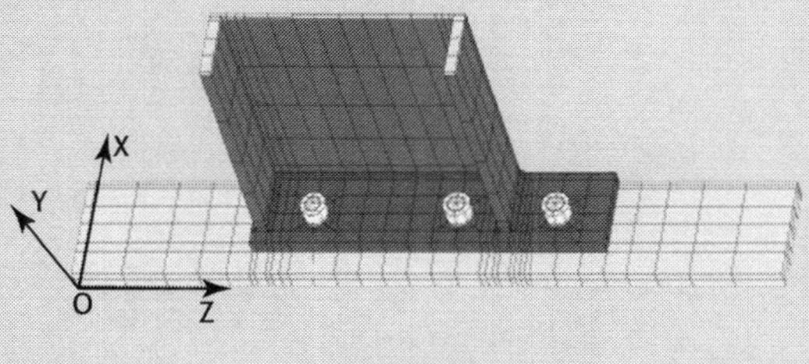

Figure 12.28 Exemple de maillage d'une moitié d'assemblage

Les courbes moment-rotation numériques et expérimentales sont comparées pour des assemblages avec semelle de poteau flexible ou rigide (figures 12.29 et 12.30). Elles montrent que les modèles numériques donnent des résultats satisfaisants. De plus, des informations difficiles à obtenir par essais sont accessibles : forces dans les boulons, zones de plastification, etc. Qualitativement, les déformées des assemblages, tracées pour comparer les modes de ruine, montrent des différences entre les plats rigides et flexibles (figure 12.31).

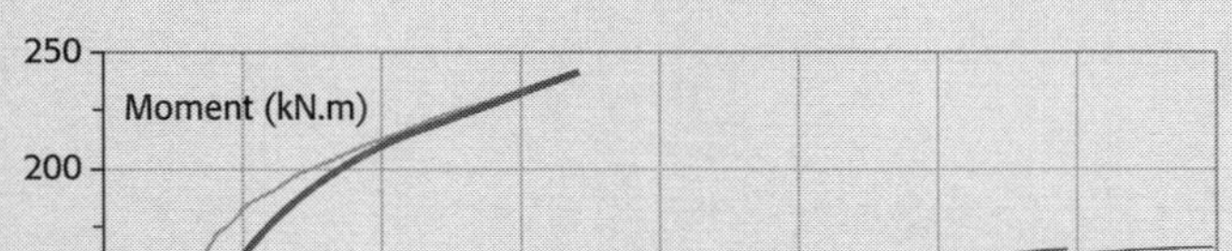

Figure 12.29 Courbes moment-rotation (semelle de poteau rigide)

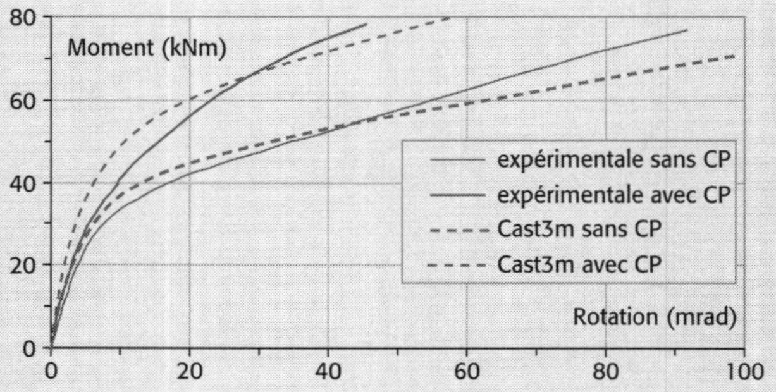

Figure 12.30 Courbes moment-rotation (semelle de poteau flexible)

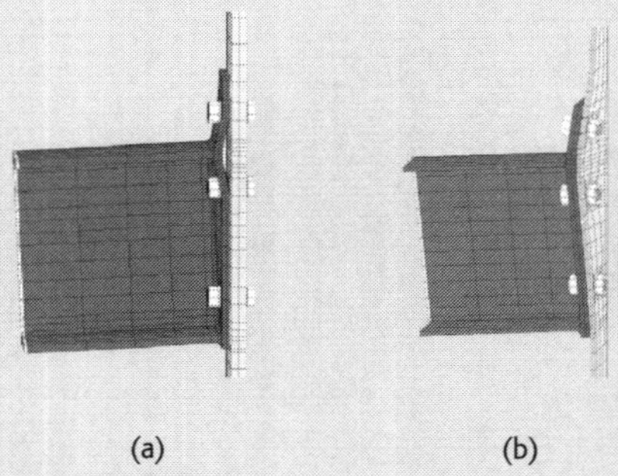

Figure 12.31 Déformée d'un assemblage à semelle de poteau rigide (a) ou déformable (b)

12.4 Exemples d'analyse globale de structures

Une analyse globale est menée pour évaluer l'effet de la semi-rigidité d'assemblages sur le comportement d'une structure. Cette analyse concerne une poutre avec deux assemblages semi-rigides à ses extrémités ou un portique avec deux assemblages poteau-poutre.

12.4.1 Poutre avec liaisons semi-rigides

L'exemple de la poutre avec deux assemblages semi-rigides (figure 12.32) permet d'illustrer le poids relatif des rigidités de l'assemblage et de la poutre sur la distribution du moment fléchissant. La figure 12.33 montre le schéma de distribution des moments sur la poutre et son évolution en fonction de la rigidité des assemblages.

Une application de la théorie des poutres en considérant l'énergie de flexion de la poutre et l'énergie du ressort rotationnel permet de calculer les moments en zone d'assemblage. Ainsi, l'énergie potentielle de flexion peut s'écrire selon l'équation 12.41. En utilisant le théorème de Castigliano, elle permet d'obtenir le moment fléchissant dans l'assemblage et à mi-travée en fonction des rapports de rigidité de la poutre et des assemblages (équation 12.42).

$$J = \frac{1}{2E.I}\left[\frac{q^2}{120}L^5 + M_A\frac{q}{6}L^3 + M_A{}^2.L\right] + \frac{1}{2}k_\theta.\theta_A{}^2 \qquad (12.41)$$

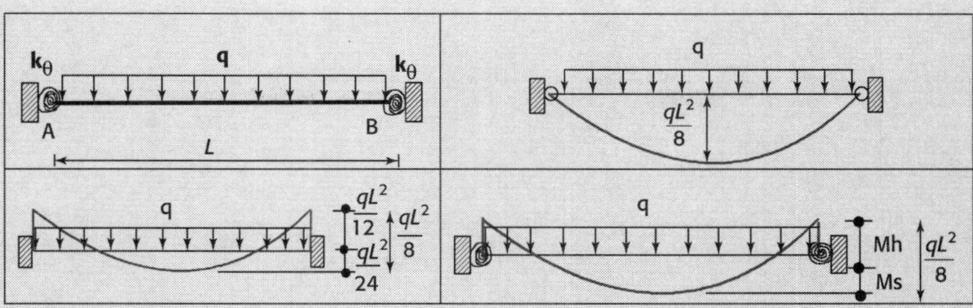

Figure 12.32 Poutre avec liaisons semi-rigides aux extrémités et diagrammes des moments

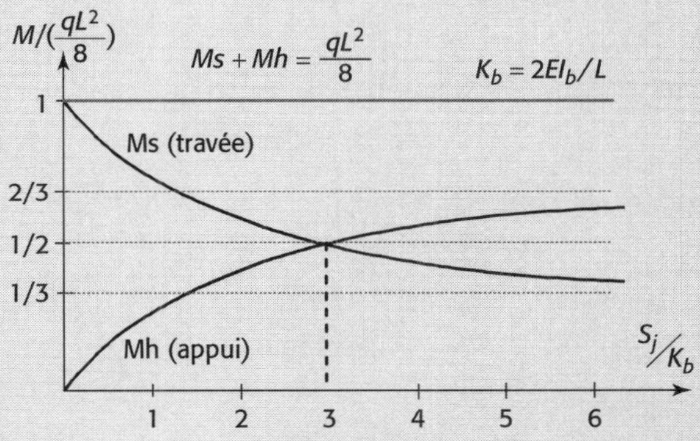

Figure 12.33 Évolution des moments (assemblage et travée) en fonction de la rigidité de l'assemblage

$$M_A = -\frac{qL^2}{12}\frac{1}{1+2\frac{E.I}{L}\frac{1}{k\theta}} \quad \text{et} \quad M(\frac{L}{2}) = -\frac{q.L^2}{8} - M_A \qquad (12.42)$$

Pour obtenir une égalité entre les moments en zone d'assemblage et à mi-travée, il suffit d'avoir une rigidité de l'assemblage qui prend la valeur suivante : $k\theta = S_j = 6E.I/L$. Ces formules sont utilisées pour tracer les courbes d'influences de la rigidité sur la valeur du moment sur appuis et à mi-portée de la poutre. Pour l'illustration, on prend les valeurs suivantes : L = 10 m, profilé IPE 360, charge appliquée q = 30 kN/m.

Selon l'Eurocode 3, la rigidité de l'assemblage s'apprécie en fonction de celle de la poutre attachée ($E.I/L = 3415{,}8$ kN / m). Ainsi, un assemblage est classé semi-rigide si sa rigidité est située entre les bornes qui définissent les assemblages rigides et articulées. Ces bornes sont données ci-après :

- Assemblage rigide : $S_{j,ini} \geq k_b \cdot E \cdot I / L$
- Assemblage articulé : $S_{j,ini} \leq 0{,}5 \cdot E \cdot I / L$

k_b prend des valeurs différentes selon que la structure est contreventée (8) ou pas (25).

Les graphiques sont tracés sur un intervalle large du rapport de rigidités, entre la poutre et les assemblages, pour avoir l'évolution des caractéristiques sur un domaine de variation significatif (figure 12.34).

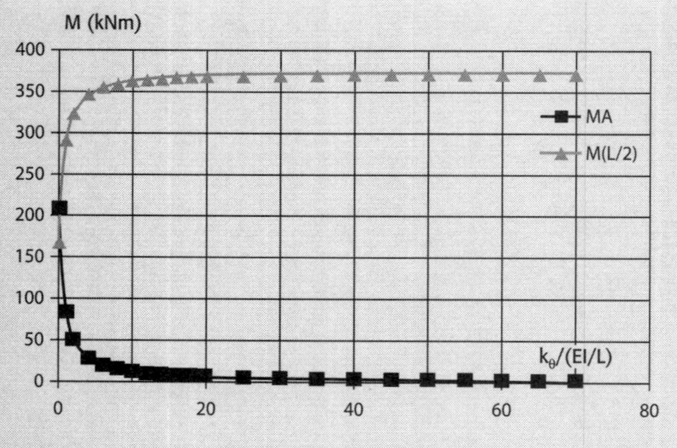

Figure 12.34 Évolution des moments en fonction des rapports de rigidité (assemblage/poutre)

12.4.2 Portique avec deux assemblages semi-rigides

Le système étudié est un portique symétrique avec des pieds de poteaux articulés et des assemblages semi-rigides entre les poteaux et la poutre (figure 12.35). Les dimensions du portique sont prises à titre d'exemple pour évaluer l'influence de la semi-rigidité des assemblages.

Les caractéristiques sont les suivantes :

- poutre (IPE 360, $L = 10m$, $I = 16\,265{,}6\ cm^4$),
- poteau ($h = 5m$, HEB 200, $I_c = 5\,696{,}2\ cm^4$),
- charge répartie $q = 30\ kN/m$.

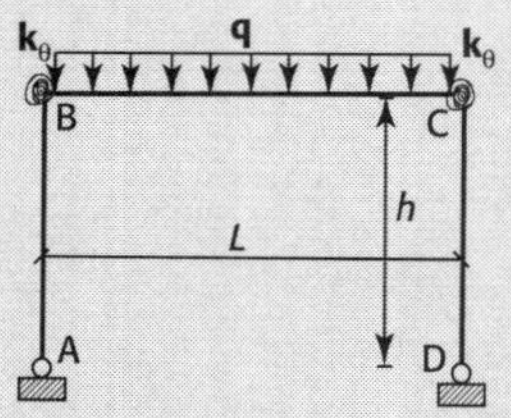

Figure 12.35 Portique avec assemblages poteau-poutre semi-rigides

Les rigidités de la poutre et des poteaux sont gardées constantes par contre la rigidité de l'assemblage est changée. Les résultats sont observés en terme d'évolution du moment en zone d'assemblage et à mi-travée de la poutre. Le rapport des rigidités poutre/poteau est supérieur à 0,1 ($K_b / K_c = 1{,}43 \geq 0{,}1$) avec un portique non contreventé. Ainsi, la limite inférieure pour la classification des assemblages est donnée par le coefficient $k_b = 25$ et l'assemblage est considéré semi-rigide si sa rigidité initiale est située dans l'intervalle suivant : $S_{j,ini} \in [0{,}5E.I/L; k_b.E.I/L]$. En valeurs numériques, les bornes de l'intervalle sont les suivantes : 1707,9 et 85394,4 kNm/rad. Pour illustrer l'influence de la rigidité des assemblages sur la réponse du portique, les figures 12.36 et 12.37 montrent la flèche à mi-travée de la poutre, le moment fléchissant dans l'assemblage et à mi-travée. On remarque que l'évolution des moments et de la flèche se fait pour des rapports de rigidité inférieurs à 15.

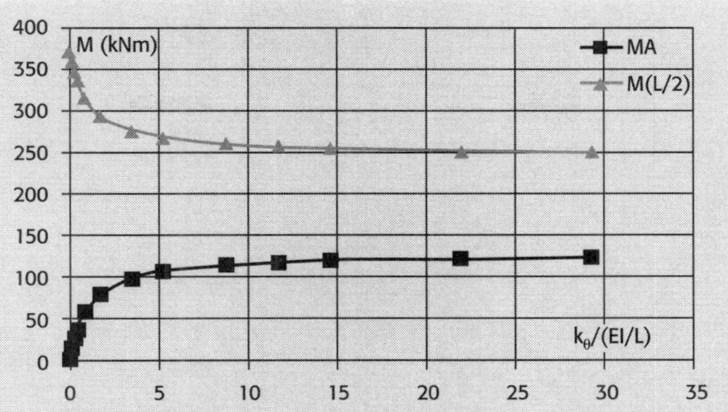

Figure 12.36 Évolution du moment en zone d'assemblage et à mi-travée

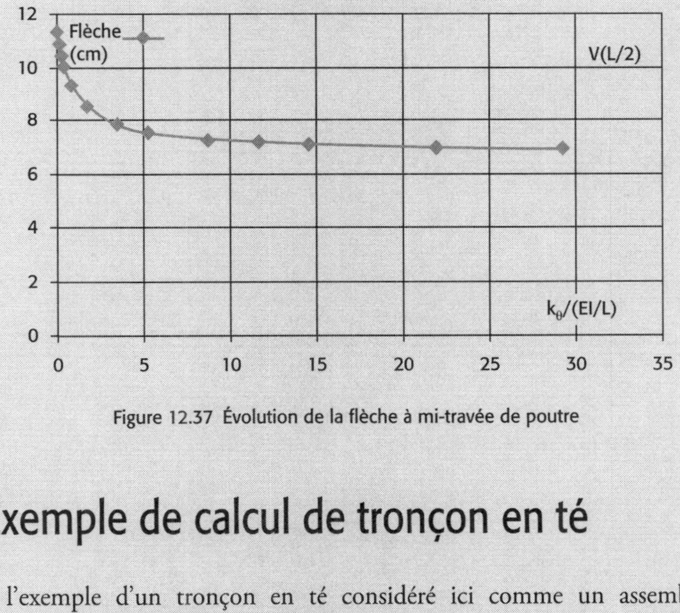

Figure 12.37 Évolution de la flèche à mi-travée de poutre

12.5 Exemple de calcul de tronçon en té

On prend l'exemple d'un tronçon en té considéré ici comme un assemblage à part (figure 12.38). Dans d'autres types d'assemblages, les tronçons en té sont des composantes importantes des zones tendues d'assemblages. On calcule la résistance et la rigidité de tronçons mis dos-à-dos. Le tronçon en té intègre les déformations des semelles en flexion et des boulons en traction. Trois configurations sont considérées (figure 12.39). Une représente un tronçon avec une seule rangée de boulons et les deux autres représentent un tronçon avec deux rangées de boulons avec et sans raidisseurs.

12.5.1 Calcul de résistance des tronçons en té

La résistance de calcul du tronçon en té ($F_{T,Rd}$) est donnée par la plus petite des valeurs correspondant aux trois modes de ruine données par les expressions suivantes :

$$F_{T,Rd} = \min\left(\frac{4\,M_{pl,Rd}}{m};\frac{2\,M_{pl,Rd}+n\sum B_{t,Rd}}{m+n};\sum B_{t,Rd}\right)$$

Avec : $$M_{pl,Rd} = \frac{0,25\,\ell_{eff}\ t_f\ f_y}{\gamma_{M0}}\ ,\ F_{t,Rd} = \frac{0,9\,f_{ub}\ A_s}{\gamma_{M2}}$$

$B_{t,Rd}$ est la résistance de calcul à la traction d'un boulon et $n = \min\left(e_{min}\ ;\ 1,25\ m\right)$.

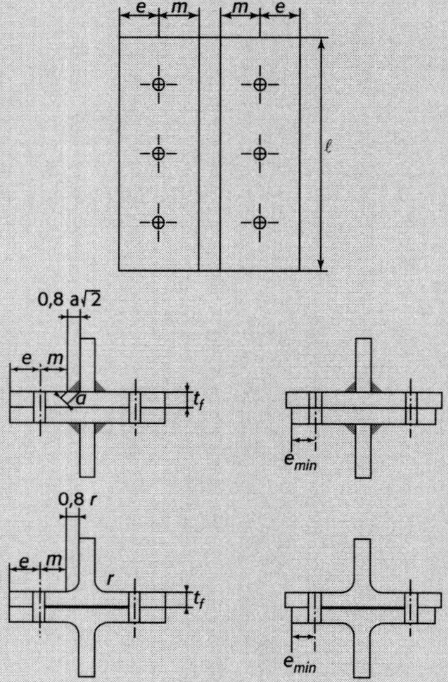

Figure 12.38 Caractéristiques géométriques des tronçons en té

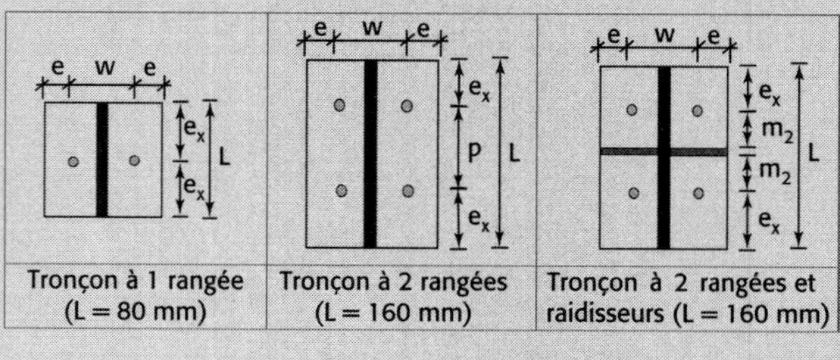

Figure 12.39 Tronçons en té utilisés pour l'exemple de calcul

Les trois modes de ruine peuvent apparaitre si la rigidité du boulon est grande par rapport à celle de la semelle en flexion. Cette condition est traduite selon l'Eurocode 3 par l'inégalité suivante ($L_b < L_b^*$). Si les effets de levier n'existent pas, un mode de ruine supplémentaire est à considérer où les rotules plastiques apparaissent au niveau du congé de raccordement.

Toutes les plaques sont soudées et l'âme du tronçon a une épaisseur de 10 mm. Le calcul des caractéristiques est limité au tronçon en té. Ainsi, les composantes concernées sont la semelle en flexion et les boulons en traction. Pour les rigidités, 2 tronçons en té disposés en série sont considérés. L'acier du tronçon est de nuance S235.

Les caractéristiques des assemblages sont les suivantes :

– Diamètre du boulon d = 16 mm avec une classe de résistance 8.8
– Épaisseur du cordon de soudure = 5 mm
– Épaisseur de la rondelle = 3 mm, e = 30 mm et w = 100 mm.
– Longueur utile du boulon : $L_b = 2\times10+2\times3+0{,}5\times(15+10)=38{,}5$ mm

12.5.1.1 Tronçon à une rangée de boulons

$t_f = 10$ mm ; $e_{min} = e = 30$ mm; $e_x = e_1 = 40$ mm, $n = e_{min} = 30$ mm

$$m = \frac{160-10-2\times30-2\times0{,}8\times5\times\sqrt{2}}{2} = 39{,}34 \text{ mm}$$

Pour les tronçons en té, une étape importante concerne le calcul des longueurs efficaces en considérant les mécanismes de ruine, individuels ou en groupe, et de formes circulaires ou non circulaires. Les formules de calcul pour le tronçon traité ici sont celles des semelles de poteau non raidies (tableau 6.4 de l'EN 1993-1-8).

$$l_{eff,cp} = \min(2\pi\, m, \pi\, m + 2e_1) = \min(247{,}05 ; 203{,}5) = 203{,}5 \text{ mm}$$

$$l_{eff,nc} = \min(4m+1{,}25e,\ 2m+0{,}625e+e_1) = \min(194{,}86 ; 137{,}43) = 137{,}43 \text{ mm}$$

$$l_{eff,1} = \min(l_{eff,cp}, l_{eff,nc}) = 137{,}43 \text{ mm et } l_{eff,2} = l_{eff,nc} = 137{,}43 \text{ mm}$$

Le mécanisme non circulaire se développe pour une énergie plus faible que le mécanisme circulaire. Ainsi, la même longueur efficace est obtenue pour les modes 1 et 2. À noter que cette longueur est supérieure à longueur réelle du tronçon en té. C'est cette dernière qui sera prise en compte ($l_{eff} = 80$ mm).

Les formules de calcul de résistance avec les trois modes cités ci-dessus sont basées sur des mécanismes avec développement de l'effet de levier. L'effet de levier se produit si le rapport entre la rigidité axiale du boulon et la rigidité flexionnelle de la platine (semelle) dépasse une certaine valeur, ce qui est le cas de la majorité des assemblages de structures. Ceci est traduit par une longueur « seuil » du boulon donnée par l'expression suivante :

$$L_b^* = \frac{8{,}8\, m^3 A_s}{\sum l_{eff,1}\, t_f^3} = \frac{8{,}8\times39{,}34^3\times157}{80\times10^3} = 1051{,}5 \text{ mm}$$

Dans notre cas, $L_b < L_b^*$, l'effet de levier doit être pris en compte.

Le moment résistant plastique « d'une rotule » du tronçon en té est donnée par l'expression suivante :

$$M_{pl,1,Rd} = M_{pl,2,Rd} = \frac{0{,}25 \sum l_{eff,1}\, t_f^2\, f_y}{\gamma_{M0}} = \frac{0{,}25\times80\times10^2\times235}{1{,}0} = 470 \text{ N.m}$$

La résistance de calcul à la traction d'un boulon est donnée par :

$$F_{t,Rd} = \frac{k_2\, f_{ub}\, A_s}{\gamma_{M2}} = \frac{0{,}9\times800\times157}{1{,}25} = 90{,}43 \text{ kN}$$

Résistance de la semelle du tronçon en té (3 modes de ruine)

$$F_{T,1,Rd} = \frac{4\, M_{pl,1,Rd}}{m} = \frac{4\times470}{39{,}34} = 47{,}8 \text{ kN}$$

$$F_{T,2,Rd} = \frac{2\,M_{pl,2,Rd} + n\sum F_{t,Rd}}{m+n} = \frac{2\times 470 + 30\times 2\times 90,43}{30+39,34} = 91,8\ \text{kN}$$

$$F_{T,3,Rd} = \sum F_{t,Rd} = 2\times 90,43 = 180,6\ \text{kN}$$

Le mode 1 est dominant pour le tronçon calculé avec $N_t = F_{T,1,Rd} = 47,8$ kN.

12.5.1.2 Tronçon à 2 rangées de boulons (sans raidisseur)

$L = 160$ mm ; $e = e_{min} = 30$ mm ; $p = 80$ mm $e_1 = e_x = 40$ mm

$m = 39,34$ mm (même cas que le précédent)

Le calcul des longueurs efficaces circulaires et non circulaires est fait en considérant des mécanismes individuels ou de groupe. La configuration analysée peut être assimilée à une semelle de poteau non raidie. Les deux rangées sont d'extrémité aussi bien pour les mécanismes individuels que de groupe.

Mécanismes individuels

$$l_{eff,cp} = \min(2\pi\, m, \pi m + 2e_1) = \min(247,05 ; 203,5) = 203,5\ \text{mm}$$

$$l_{eff,nc} = \min\,(4m + 1,25e,\ 2m + 0,625e + e_1) = \min\,(194,86 ; 137,43) = 137,43\ \text{mm}$$

$$l_{eff,1} = \min\,(l_{eff,cp}, l_{eff,nc}) = 137,43\ \text{mm} \quad \text{et} \quad l_{eff,2} = l_{eff,nc} = 137,43\ \text{mm}$$

Cette longueur efficace est celle d'une seule rangée de boulons. Si les deux rangées sont considérées la somme de leurs longueurs efficaces est égale à 274,86 mm.

Mécanismes de groupe

$$l_{eff,cp} = \min(\pi m + p ; 2e_1 + p) = \min(203,52 ; 160) = 160\ \text{mm}$$

$$l_{eff,nc} = \min\,(2m + 0,625e + 0,5p ; e_1 + 0,5p) = \min\,(137,43 ; 80) = 80\ \text{mm}$$

La longueur efficace d'une seule rangée de boulons, en mécanisme de groupe, est de 80 mm. Ainsi, pour les deux rangées de boulons, la longueur efficace est de $l_{eff,nc}(1+2) = 80 + 80 = 160$ mm.

Le mécanisme de groupe est donc déterminant pour ces rangées de boulons.

Résistance du tronçon constitué de 2 rangées de boulons (3 modes de ruine)

Le moment plastique est le double du cas précédent car la longueur efficace ne change pas pour une rangée de boulons et ici on a deux rangées.

$$F_{T,1,Rd} = \frac{4\,M_{pl,1,Rd}}{m} = \frac{4\times 940}{39,34} = 95,6\ \text{kN}$$

$$F_{T,2,Rd} = \frac{2\,M_{pl,2,Rd} + n\sum F_{t,Rd}}{m+n} = \frac{2\times 940 + 30\times 4\times 90,43}{30+39,34} = 183,6\ \text{kN}$$

$$F_{T,3,Rd} = \sum F_{t,Rd} = 4\times 90,43 = 361,72\ \text{kN}$$

Le mode 1 est dominant pour le tronçon calculé avec $N_t = F_{T,1,Rd} = 95,6$ kN. La résistance ramenée à une seule rangée de boulons est la même que le tronçon à une seule rangée déjà traité. Si la distance augmente, la longueur efficace du tronçon pilotée par p augmente et par conséquent sa résistance.

12.5.1.3 Tronçon à deux rangées de boulons avec raidisseurs

$m = 39,34$ mm; $e = 30$ mm ; $e_x = e_1 = 40$ mm

$$m = \frac{160 - 10 - 2 \times 40 - 2 \times 0,8 \times 5 \times \sqrt{2}}{2} = 29,34 \text{ mm}$$

C'est le même tronçon que le précédent sauf que les deux rangées de boulons sont séparées par un raidisseur. Celui-ci vient renforcer la semelle du tronçon vis-à-vis de la flexion, ce qui modifie la résistance et la rigidité. Comme les rangées sont séparées, il n'y a pas de mécanisme de ruine de groupe entre elles. Les deux rangées sont considérées extérieures et adjacentes à un raidisseur (tableau 6.5 de l'EN 1993-1-8).

Calcul du coefficient α :

$$\lambda_1 = \frac{m}{m+e} = \frac{39,34}{39,34+30} = 0,567 \text{ et } \lambda_2 = \frac{m_2}{m_2+e} = \frac{29,34}{29,34+30} = 0,494$$

D'après la figure 12.43 (EN 1993-1-8, figure 6.11), la valeur de α est estimée à 5,4.

$$l_{eff,cp} = \min(2\pi\, m\, ;\, \pi m + 2e_1) = \min(247\, ;\, 203,52) = 203,52 \text{ mm}$$

$$l_{eff,nc} = \left(e_1 + \alpha m - \left(2m + 0,625\, e\right)\right) = 155 \text{ mm}$$

La longueur efficace d'une seule rangée est de 155 mm alors que sans raidisseur cette longueur est de 80 mm. Les caractéristiques mécaniques se trouvent ainsi augmentées.

$$M_{pl,1,Rd} = M_{pl,2,Rd} = \frac{0,25 \sum l_{eff,1}\, t_f^2\, f_y}{\gamma_{M0}} = \frac{0,25 \times 155 \times 10^2 \times 235}{1,0} = 910,6 \text{ N.m}$$

Résistance du tronçon avec raidisseur (3 modes de ruine)

$$F_{T,1,Rd} = \frac{4M_{pl,1,Rd}}{m} = \frac{4 \times 910,6}{39,34} = 92,59 \text{ kN}$$

$$F_{T,2,Rd} = \frac{2M_{pl,2,Rd} + n \sum F_{t,Rd}}{m+n} = \frac{2 \times 910,6 + 30 \times 2 \times 90,43}{30 + 39,34} = 104,51 \text{ kN}$$

$$F_{T,3,Rd} = \sum F_{t,Rd} = 2 \times 90,43 = 180,86 \text{ kN}$$

Le mode 1 est dominant pour le tronçon calculé (mais la valeur est relativement proche de celle du mode 2). Ainsi, la résistance pour une rangée de boulons est de $N_t = F_{T,1,Rd} = 92,59$ kN et pour les 2 rangées, elle est égale à 185,18 kN.

12.5.2 Calcul de rigidité

L'assemblage considéré est constitué de deux tronçons mis dos-à-dos et assemblés par deux ou quatre boulons. Les trois composantes sont donc disposées en série. Leurs rigidités se calculent de la façon présentée ci-après. Le calcul est effectué en considérant une rangée de deux boulons.

12.5.2.1 Tronçon sans raidisseur

Rigidité de la semelle du tronçon en flexion :

$$k_4 = \frac{0,9\, l_{eff}\ t_{fc}^3}{m^3} = \frac{0,9 \times 80 \times 10^3}{39,34^3} = 1,18 \text{ mm}$$

Rigidité du boulon en traction (elle dépend de la section et de la longueur utile du boulon) :

$$k_{10} = 1,6\frac{A_s}{L_b} = 1,6\frac{157}{38,5} = 6,52 \text{ mm}$$

Rigidité équivalente de deux tronçons attachés par deux boulons :

$$k_{eq} = \frac{1}{\sum \frac{1}{k_t}} = \frac{1}{\frac{2}{1,18} + \frac{1}{6,52}} = 0,54 \text{ mm}$$

12.5.2.2 Tronçon avec raidisseur

Rigidité de la semelle du tronçon en flexion :

$$k_4 = \frac{0,9\, l_{eff}\ t_{fc}^3}{m^3} = \frac{0,9 \times 155 \times 10^3}{39,34^3} = 2,29 \text{ mm}$$

Rigidité équivalente de deux tronçons attachés par deux boulons :

$$k_{eq} = \frac{1}{\sum \frac{1}{k_t}} = \frac{1}{\frac{2}{2,29} + \frac{1}{6,52}} = 0,97 \text{ mm}$$

Ces coefficients de rigidité sont à multiplier par le module d'élasticité pour obtenir la rigidité qui correspond au rapport entre l'effort appliqué et le déplacement relatif. On remarque ici que les raidisseurs augmentent la rigidité (elle double pratiquement).

12.6 Exemple de calcul d'assemblage poteau-poutre

Deux poutres IPE 240 sont attachées à un poteau HEA 120. Le poteau est choisi faible pour favoriser sa ruine en essais de laboratoire. Les boulons sont des M16 8.8 non précontraints.

12.6.1 Caractéristiques des éléments assemblés

Il s'agit d'un assemblage à configuration bilatérale (un poteau et deux poutres). Les caractéristiques des poutres, poteau, platines et boulons sont données ci-après.

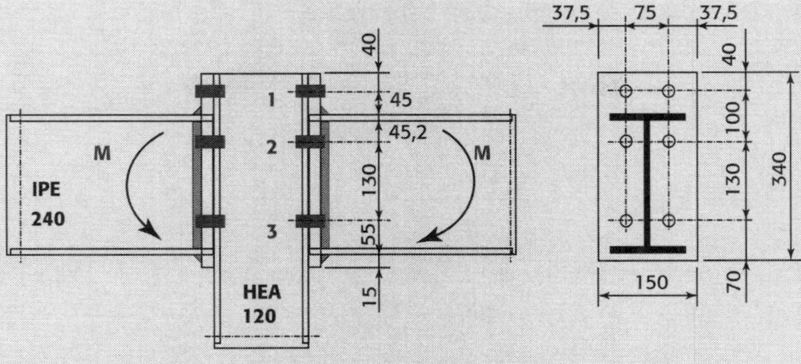

Figure 12.40 Tronçons en té utilisés pour l'exemple de calcul

Poutre : IPE 240, S 235

$h_b = 240$ mm ; $b_b = 120$ mm; $t_{fb} = 9{,}8$ mm ; $t_{wb} = 6{,}2$ mm ; $r = 15$ mm;

$I_y = 3891{,}6\ cm^4$; $A = 39{,}12\ cm^2$; $A_{vz} = 19{,}1\ cm^2$; $W_{pl,y} = 366{,}6\ cm^3$;

$d_b = 190{,}4$ mm

Poteau : HEA 120, S 235

$h_c = 114$ mm ; $b_c = 120$ mm ; $t_{fc} = 8$ mm ; $t_{wc} = 5$ mm ; $r = 12$ mm;

$I_y = 606{,}2\ cm^4$; $A = 25{,}3\ cm^2$; $A_{vz} = 8{,}5\ cm^2$; $W_{pl,y} = 119{,}5\ cm^3$; $d_c = 74$ mm.

Platine d'about : S 235

$h_p = 340$ mm ; $b_p = 150$ mm; $t_p = 15$ mm

Boulons : M16, classe 8.8 avec deux rondelles (facultatif)

$f_{yb} = 640$ MPa ; $f_{ub} = 800$ MPa ; $A_s = 157\ mm^2$

Le choix des dimensions n'est pas réaliste mais il a pour but de localiser la ruine dans le poteau. Les dimensions de la platine ont été « fixées » pour des raisons de disponibilité.

Coefficients partiels : $\gamma_{M0} = 1{,}0$, $\gamma_{M1} = 1{,}0$ et $\gamma_{M2} = 1{,}25$

12.6.2 Résistance de l'assemblage

La résistance de l'assemblage est caractérisée par celles de ses composantes : panneau d'âme en cisaillement, âme de poteau en compression et zone tendue.

12.6.2.1 Panneau d'âme de poteau en cisaillement

$$V_{wp,Rd} = \frac{0{,}9 \cdot f_{y,wc} \cdot A_{vc}}{\sqrt{3}\,\gamma_{M0}} = \frac{0{,}9 \times 235 \times 850}{1{,}0\,\sqrt{3}} = 103{,}8 \text{ kN} \quad \text{(Eurocode 3, 6.2.6.1)}$$

Cette composante n'est pas à considérer ici car l'assemblage a une configuration bilatérale et il est chargé de façon symétrique.

12.6.2.2 Âme de poteau en compression transversale

$$F_{c,wc,Rd} = \frac{\omega \cdot k_{wc} \cdot b_{eff,c,wc} \cdot t_{wc} \cdot f_{y,wc}}{\gamma_{M_0}}$$

$$\text{avec } F_{c,wc,Rd} \leq \frac{\omega \cdot k_{wc} \cdot \rho \cdot b_{eff,c,wc} \cdot t_{wc} \cdot f_{y,wc}}{\gamma_{M_1}} \quad \text{(Eurocode 3, 6.2.6.2)}$$

Résistance à la compression avec et sans risque de voilement.

ω : coefficient d'interaction avec le cisaillement dans le panneau d'âme

k_{wc}: coefficient d'interaction avec la contrainte de compression axiale sur l'âme

$b_{eff,c,wc} = t_{fb} + 2\sqrt{2}\,a_p + 5(t_{fc} + s) + s_p$ (6.2.6.2(1))

$s = r_c = 12$ mm et $s_p = t_p + (15 - a_p\sqrt{2}) = 15 + (15 - 5\sqrt{2}) = 22,93$ mm

$b_{eff,c,wc} = 9,8 + 5 \times 2\sqrt{2} + 5 \times (8 + 12) + 22,93 = 146,87$ mm

Largeur efficace de l'âme de poteau comprimée (Eurocode 3, équation 6.11)

s_p est la longueur obtenue par diffusion à 45° dans la platine d'about (entre t_p et $2t_p$).

$$\bar{\lambda}_p = 0,932\sqrt{\frac{b_{eff,c,wc} \cdot d_{wc} \cdot f_{y,wc}}{E \cdot t_{wc}^2}} = 0,932\sqrt{\frac{146,87 \times 74 \times 235}{210000 \times (5)^2}} = 0,65 < 0,72$$

L'effet de voilement de l'âme par compression n'est pas à prendre en compte (6.13a)

$$\rho = 1,0$$

ρ : coefficient réducteur pour l'effet de voilement de plaque par compression.

$$\beta_1 = \beta_2 = 0 \quad (5.3(7))$$

Paramètres de transformation : (1) pour l'assemblage droit et (2) pour l'assemblage gauche.

ω : coefficient d'interaction avec le cisaillement. Pas d'effet d'interaction ici.

$$\sigma_{com,Ed} < 0,7\, f_{y,wc} \Rightarrow k_{wc} = 1 \quad (6.2.6.2\ (2))$$

k_{wc} : coefficient réducteur pour tenir compte de l'effet de la contrainte longitudinale dans l'âme du poteau (due à M et N)

$$F_{c,wc,Rd} = \frac{1 \times 1 \times 146,87 \times 5 \times 235}{1,0} = 172,57 \text{ kN}$$

La ruine de la plaque d'âme comprimée est pilotée par la compression sans voilement.

12.6.2.3 Semelle de poteau fléchie

La semelle fléchie est à calculer comme un tronçon en T en considérant les rangées de boulons seules ou en groupes. Tout se base sur le calcul des longueurs efficaces des différentes rangées. Comme pour le tronçon seul, les mécanismes de ruine circulaires et non circulaires doivent être distingués. Le calcul de la longueur efficace est effectué par une rangée prise isolément ou dans un groupe.

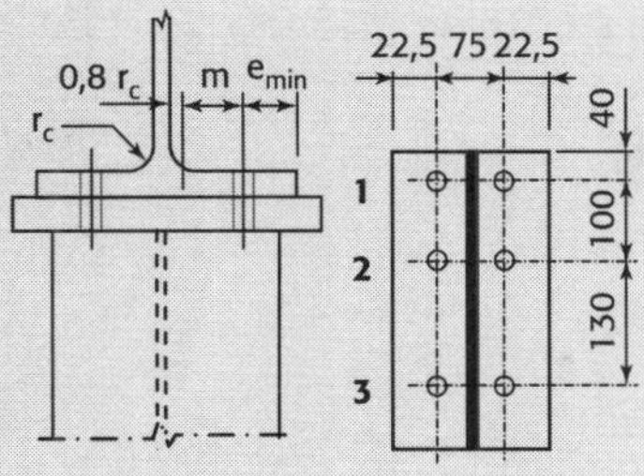

Figure 12.41 Caractéristiques dimensionnelles côté poteau (sans raidisseur)

Calcul des longueurs efficaces (mécanismes individuels) (EN 1993-1-8 tableau 6.4)

Rangée 1 (individuelle) – rangée d'extrémité :

$$e = e_{min} = 22{,}5 \text{ mm} \; ; \; e_1 = 40 \text{ mm} \; ; \; m = \frac{(75-5)}{2} - 0{,}8\times 12 = 25{,}4 \text{ mm}$$

$$l_{eff,cp} = \min(2\pi m \, ; \pi m + 2e_1) = \min(159{,}51 \, ; 159{,}8) = 159{,}51 \text{ mm}$$

$$l_{eff,nc} = \min(4\,m + 1{,}25e \, ; 2\,m + 0{,}625e + e_1) = \min(129{,}7 \, ; 104{,}86) = 104{,}86 \text{ mm}$$

$$l_{eff,1} = \min(l_{eff,nc} ; l_{eff,cp}) = 104{,}86 \text{ mm et } l_{eff,2} = l_{eff,nc} = 104{,}86 \text{ mm}$$

Les calculs des longueurs efficaces sont d'abord effectués pour chaque rangée seule.

Ensuite, on vérifie si la somme des longueurs des rangées individuelles ne dépasse pas la longueur efficace d'un groupe. Autrement, il faut réduire en conséquence.

Rangée 2 (individuelle) – rangée intérieure :

$$e = e_{min} = 22{,}5 \text{ mm} \; ; \; m = \frac{(75-5)}{2} - 0{,}8\times 12 = 25{,}4 \text{ mm}$$

$$l_{eff,cp} = 2\pi m = 159{,}51 \text{ mm}, \; l_{eff,nc} = 4\,m + 1{,}25e = 129{,}7 \text{ mm}$$

$$l_{eff,1} = 129{,}7 \text{ mm et } l_{eff,2} = 129{,}7 \text{ mm}$$

C'est souvent le mécanisme non circulaire qui pilote (valeur la plus faible)

Rangée 3 (individuelle) – rangée intérieure :

$$e = e_{min} = 22{,}5 \text{ mm} \; ; \; m = \frac{(75-5)}{2} - 0{,}8\times 12 = 25{,}4 \text{ mm}$$

$$l_{eff,cp} = 2\pi m = 159{,}51 \text{ mm}, \; l_{eff,nc} = 4\,m + 1{,}25e = 129{,}7 \text{ mm}$$

$$l_{eff,1} = 129{,}7 \text{ mm et } l_{eff,2} = 129{,}7 \text{ mm}$$

Calcul des longueurs efficaces (mécanismes de groupes)

Rangée 1 (dans un mécanisme de groupe) : rangée d'extrémité

$$e = e_{min} = 22{,}5 \text{ mm} \; ; e_1 = 40 \text{ mm} \; ; \; m = \frac{(75-5)}{2} - 0{,}8\times 12 = 25{,}4 \text{ mm} \; ; \; p = 100 \text{ mm}$$

$$l_{eff,cp} = \min(\pi m + p \, ; 2e_1 + p) = \min(179{,}8 \, ; 180) = 179{,}8 \text{ mm}$$

$$l_{eff,nc} = \min(2\,m + 0{,}625e + 0{,}5p \, ; e_1 + 0{,}5p) = \min(114{,}86 \, ; 90) = 90 \text{ mm}$$

La rangée 1 est une rangée d'extrémité pour les groupes suivants : 1-2 et 1-2-3

Il n'y a pas de raidisseur entre les rangées et toutes les combinaisons sont susceptibles de développer un mécanisme de ruine.

Rangée 2 (dans un mécanisme de groupe) : rangée d'extrémité ou milieu

$e = 22{,}5\ \text{mm}\ ;\ m = 25{,}4\ \text{mm}\ ;\ p_1 = 100\ \text{mm}\ ;\ p_2 = 130\ \text{mm}$

Groupe 1-2 : $l_{eff,cp} = \pi m + p = 179{,}75\ \text{mm},\ l_{eff,cp} = 2\ m + 0{,}625e + 0{,}5p = 114{,}86\ \text{mm}$

Groupe 2-3 : $l_{eff,cp} = \pi m + p = 209{,}75\ \text{mm},\ l_{eff,nc} = 2\ m + 0{,}625e + 0{,}5p = 129{,}86\ \text{mm}$

Groupe 1-2-3 : $l_{eff,cp} = 2p = p_1 + p_2 = 230\ \text{mm},\ l_{eff,nc} = p = 0{,}5(p_1 + p_2) = 115\ \text{mm}$

La rangée 2 est

- une rangée d'extrémité pour les groupes 1-2 et 2-3
- une rangée milieu pour le groupe 1-2-3

Rangée 3 (dans un mécanisme de groupe) : rangée d'extrémité

$e = 22{,}5\ \text{mm}\ ;\ m = 25{,}4\ \text{mm}\ ;\ p_2 = 130\ \text{mm}$

$l_{eff,cp} = \pi m + p = 209{,}75\ \text{mm},\ l_{eff,nc} = 2m + 0{,}625e + 0{,}5p = 129{,}86\ \text{mm}$

La rangée 3 est

- une rangée d'extrémité pour les groupes 2-3 et 1-2-3

Somme des longueurs efficaces (mécanismes individuels)

$$l_{eff,nc}(1+2+3) = 104{,}86 + 129{,}7 + 129{,}7 = 364{,}3\ \text{mm}$$

$$l_{eff,nc}(1+2) = 104{,}86 + 129{,}7 = 234{,}56\ \text{mm}$$

$$l_{eff,nc}(2+3) = 129{,}7 + 129{,}7 = 259{,}4\ \text{mm}$$

Pour toutes les rangées, en mécanismes individuels, le mécanisme non circulaire est plus déterminant que le mécanisme circulaire. On aura donc la même longueur efficace entre les modes de ruine 1 et 2 des tronçons en T. Ces valeurs de longueurs efficaces sont à comparer aux mécanismes de groupes.

Somme des longueurs efficaces (mécanismes de groupes)

$$l_{eff,nc}(1-2-3) = 90 + 114{,}86 + 129{,}86 = 334{,}7\ \text{mm}$$

$$l_{eff,nc}(1-2) = 90 + 114{,}86 = 204{,}86\ \text{mm}$$

$$l_{eff,nc}(2-3) = 129{,}86 + 129{,}86 = 259{,}7\ \text{mm}$$

En mécanismes de groupe, le mode non circulaire est aussi déterminant.

Les mécanismes de groupe sont déterminants pour (1-2-3) et (1-2) alors que le groupe (2-3) est proche des mécanismes individuels. Au final, pour le poteau, nous retenons les valeurs suivantes pour chaque rangée (de manière à ne pas dépasser les valeurs de ruine individuelles et de groupe)

Rangée 1 : $l_{eff,nc} = 104{,}86\ \text{mm}$ (mécanisme individuel)

Rangée 2 : $l_{eff,nc} = (204{,}86 - 104{,}86) = 100\ \text{mm}$ (mécanisme de groupe 1-2)

Rangée 3 : $l_{eff,nc} = 129{,}7\ \text{mm}$ (mécanisme individuel)

Une autre solution, plus facile mais un peu pénalisante est de prendre la valeur la plus faible pour chaque rangée en mécanisme individuel ou de groupe sans faire les additions pour chaque groupe. Comme la rangée 2 a été réduite par le mécanisme de groupe, la rangée 3 peut atteindre sa valeur de mécanisme individuel. Cependant, la rangée 3 peut être négligée pour la résistance en moment car sa contribution est faible (distance faible au centre de compression).

12.6.2.4 Platine d'about fléchie

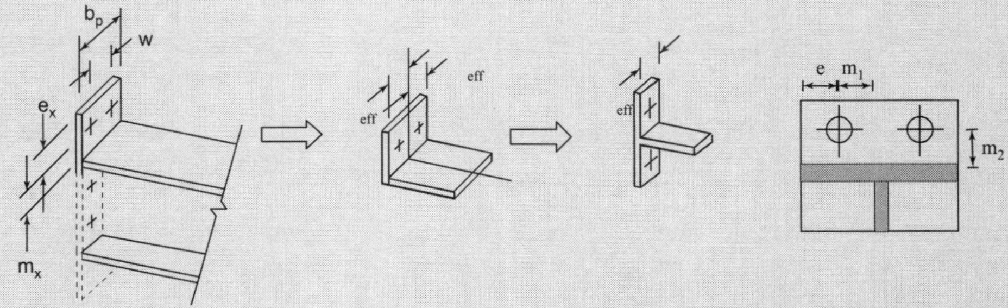

La platine d'about fléchie est à calculer comme un tronçon en T. La rangée 1 est située sur la partie débordante de la platine elle est modélisé en T séparé (mécanisme individuel). Les rangées 2 et 3 sont susceptibles de développer un mécanisme de groupe. Pour la partie débordante de la platine d'about, utiliser e_x et m_x au lieu de e et m pour déterminer la résistance de calcul de la semelle du tronçon en T équivalent.

Calcul des longueurs efficaces (mécanismes individuels) (EN 1993-1-8, tableau 6.6)

Rangée 1 (individuelle) – rangée située sur la partie débordante de la platine :

$e = 37,5$ mm ; $e_{min} = e_x = 40$ mm ; $w = 75$ mm ; $m_x = 45 - 0,8 \times 5\sqrt{2} = 39,34$ mm

$$l_{eff,cp} = \min(2\pi m_x\,;\pi m_x + w\,;\pi m_x + 2e) = \min(247\,;198,5\,;322) = 198,5 \text{ mm}$$

$$l_{eff,nc} = \min(4m_x + 1,25e_x\,;e + 2m_x + 0,625e_x\,;0,5b_p\,;0,5w + 2m_x + 0,625e_x)$$

$$l_{eff,nc} = \min(207,36\,;141,18\,;75\,;141,18) = 75 \text{ mm}$$

$$l_{eff,1} = \min(l_{eff,nc}\,;l_{eff,cp}) = 75 \text{ mm et } l_{eff,2} = l_{eff,nc} = 75 \text{ mm}$$

Rangée 2 (individuelle) – première rangée sous la semelle de poutre tendue :

$e = e_{min} = 22,5$ mm ; $m = \dfrac{(75-6,2)}{2} - 0,8 \times 5 \times \sqrt{2} = 28,74$ mm ;

$m_2 = 45,2 - 0,8 \times 5 \times \sqrt{2} = 39,54$ mm

$$l_{eff,cp} = 2\pi m = 180,24 \text{ mm ; } l_{eff,nc} = \alpha m = 5,2 \times 28,74 = 149,24 \text{ mm}$$

$$l_{eff,1} = 149,24 \text{ mm et } l_{eff,2} = 149,24 \text{ mm}$$

C'est souvent le mécanisme non circulaire qui pilote la résistance (valeur la plus faible).

$$\lambda_1 = \frac{m}{m+e} = \frac{28,74}{28,74+22,5} = 0,56\ ;\ \lambda_2 = \frac{m_2}{m+e} = \frac{39,54}{28,74+22,5} = 0,88$$

À partir de l'abaque de la figure 12.42 (EN 1993-1-8 figure 6.11), la valeur de α est estimée à : $\alpha = 5,2$

Rangée 3 (individuelle) – cas similaire à une rangée proche d'un raidisseur

$$e = e_{min} = 22,5 \text{ mm} ; m = 28,74 \text{ mm} ; m_2 = 45,2 - 0,8 \times 5 \times \sqrt{2} = 39,54 \text{ mm}$$

$$l_{eff,cp} = 2\pi m = 180,24 \text{ mm} ; l_{eff,nc} = \alpha m = 5,1 \times 28,74 = 146,57 \text{ mm}$$

$$l_{eff,1} = 146,57 \text{ mm} \quad \text{et } l_{eff,2} = 146,57 \text{ mm}$$

$$\lambda_1 = \frac{m}{m+e} = \frac{28,74}{28,74+22,5} = 0,56 ; \lambda_2 = \frac{m2}{m+e} = \frac{39,54}{28,74+22,5} = 0,77$$

À partir de l'abaque de la figure 12.43 (EN 1993-1-8 figure 6.11), la valeur de α est estimée à : $\alpha = 5,1$

Calcul des longueurs efficaces (mécanismes de groupes)

Rangée 2 (dans un mécanisme de groupe) : première rangée sous semelle

$$e = e_{min} = 22,5 \text{ mm} ; e_1 = 40 \text{ mm} ; m = 28,74 \text{ mm} ; m_2 = 39,54 \text{ mm} ; p = 130 \text{ mm}$$

$$l_{eff,cp} = \pi m + p = 220,24 \text{ mm} ; l_{eff,nc} = 0,5p + \alpha m - (2\text{ m} + 0,625e)$$

$$l_{eff,nc} = 0,5 \times 130 + 5,2 \times 28,74 - (2 \times 28,74 + 0,625 \times 22,5) = 142,9 \text{ mm}$$

La rangée 2 est la première rangée sous la semelle tendue de poutre (groupe 2-3). La valeur de α est celle calculée ci-dessus pour la rangée 2 seule.

Rangée 3 (dans un mécanisme de groupe) : rangée proche d'un raidisseur

$$e = e_{min} = 22,5 \text{ mm}; m = 28,74 \text{ mm}; \; m_2 = 39,54 \text{ mm}; p = 130 \text{ mm}$$

$$l_{eff,cp} = \pi m + p = 190,24 \text{ mm}; l_{eff,nc} = 0,5p + \alpha m - (2m + 0,625e)$$

$$l_{eff,nc} = 0,5 \times 130 + 5,1 \times 28,74 - (2 \times 28,74 + 0,625 \times 22,5) = 145,77 \text{ mm}$$

La valeur de α est celle calculée ci-dessus pour la rangée 3 seule.

Somme des longueurs individuelles

$$l_{eff,nc}(2+3) = 149,24 + 146,57 = 295,81 \text{ mm}$$

Somme des mécanismes individuels (rangées 2 et 3)

Somme des longueurs de groupe

$$l_{eff,nc}(2-3) = 142,9 + 145,77 = 288,67 \text{ mm}$$

Somme des mécanismes de groupe (rangées 2 et 3)

On remarque que le mécanisme de groupe (2-3) donne une somme des longueurs efficaces plus faible que celui du mécanisme individuel.

Au final, pour la platine d'about, le mécanisme individuel pour la rangée 2 est retenu en réduisant celui de la rangée 3 (de manière à ne pas dépasser la valeur de ruine de groupe).

Rangée 1 : $l_{eff,nc} = 75$ mm (mécanisme individuel, naturellement)

Rangée 2 : $l_{eff,nc} = 149,24$ mm (mécanisme individuel)

Rangée 3 : $l_{eff,nc} = (288,67 - 149,24) = 139,43$ mm (mécanisme de groupe)

Comme la rangée 3 a été réduite par le mécanisme de groupe, la rangée 2 peut être utilisée avec sa valeur de mécanisme individuel. Ainsi, on peut obtenir une résistance au moment plus favorable car la rangée 2 est située à une distance du centre de compression plus élevée que celle de la rangée 3. Par ailleurs, on aurait pu négliger dès le début la rangée 3 car sa contribution au moment est faible (la plus proche du centre de compression)

En résumé, les longueurs efficaces [mm] retenues pour le calcul des résistances de la semelle et de la platine fléchies sont données dans le tableau 12.2 : ($l_{eff,1} = l_{eff,2}$)

Tableau 12.2 Longueurs efficaces des tronçons en té équivalents (mm)

rangée	poteau	platine
1	104,86	75
2	100	149,24
3	129,7	139,43

Autre possibilité, sur la rangée 1 par exemple, si la platine d'about est la plus faible, du côté du poteau cette rangée 1 peut distribuer un résidu d'effort résistant sur les rangées suivantes pourvu que l'ensemble ne dépasse pas la valeur de la charge de ruine du groupe.

Calcul des efforts résistants de chaque tronçon en flexion

La résistance de chaque tronçon en T est déterminée sur la base du modèle 2D déjà présenté auparavant avec sa troisième dimension représentée par la longueur efficace. $n = \min(e_{min}; 1{,}25\ m)$

Calcul des efforts résistants côté poteau

Rangée 1 : (EN 1993-1-8, tableaux 6.2 et 3.4)

$$M_{pl,1,Rd} = M_{pl,2,Rd} = 0{,}25 l_{eff,1} \cdot t_f^2 \cdot f_y / \gamma_{M0} = 0{,}25 \times 104{,}86 \times (8)^2 \times 235 / 1{,}0 = 394{,}27 \text{ kN.m}$$

$$F_{T,1Rd} = \frac{4M_{pl,1,Rd}}{m} = \frac{4 \times 394{,}27}{25{,}4} = 62{,}1 \text{ kN}$$

$$F_{T,2,Rd} = \frac{2M_{pl,2,Rd} + n\sum F_{t,Rd}}{m+n} = \frac{2 \times 394{,}27 + 22{,}5 \times 180{,}86}{25{,}4 + 22{,}5} = 101{,}42 \text{ kN}$$

$$F_{T,3,Rd} = \sum F_{t,Rd} = 2 \times \frac{k_2 \cdot f_{ub} \cdot A_s}{\gamma_{M_2}} = 2 \times \frac{0{,}9 \times 800 \times 157}{1{,}25} = 180{,}86 \text{ kN}$$

Pour améliorer un peu la résistance en mode 1, on peut utiliser la méthode alternative.

Rangée 2 :

$$M_{pl,1,Rd} = M_{pl,2,Rd} = 0{,}25 l_{eff,1} \cdot t_f^2 \cdot f_y / \gamma_{M0} = 0{,}25 \times 100 \times (8)^2 \times 235 / 1{,}0 = 376 \text{ kN.m}$$

$$F_{T,1,Rd} = \frac{4M_{pl,1,Rd}}{m} = \frac{4 \times 376}{25{,}4} = 59{,}21 \text{ kN}$$

$$F_{T,2,Rd} = \frac{2 \cdot M_{pl,2,Rd} + n\sum F_{t,Rd}}{m+n} = \frac{2 \times 376 + 22{,}5 \times 180{,}86}{25{,}4 + 22{,}5} = 100{,}65 \text{ kN}$$

$$F_{T,3,Rd} = \sum F_{T,Rd} = 2 \times \frac{k_2 \cdot f_{ub} \cdot A_s}{\gamma_{M_2}} = 2 \times \frac{0{,}9 \times 800 \times 157}{1{,}25} = 180{,}86 \text{ kN}$$

Rangée 3 :

$$M_{pl,1,Rd} = M_{pl,2,Rd} = 0{,}25 l_{eff,1} \cdot t_f^2 \cdot f_y / \gamma_{M0} = 0{,}25 \times 129{,}7 \times (8)^2 \times 235 / 1{,}0 = 487{,}67 \text{ kN.m}$$

$$F_{T,1,Rd} = \frac{4M_{pl,1,Rd}}{m} = \frac{4\times487,67}{25,4} = 76,8\text{ kN}$$

$$F_{T,2,Rd} = \frac{2M_{pl,2,Rd} + n\sum F_{t,Rd}}{m+n} = \frac{2\times487,67+22,5\times180,86}{25,4+22,5} = 105,3\text{ kN}$$

$$F_{T,3,Rd} = \sum F_{t,Rd} = 2x\frac{k_2\cdot f_{ub}\cdot A_s}{\gamma_{M_2}} = 2\times\frac{0,9\times800\times157}{1,25} = 180,86\text{ kN}$$

Calcul des efforts résistants côté platine

Rangée 1 :

$$M_{pl,1,Rd} = M_{pl,2,Rd} = 0,25l_{eff,1}\cdot t_f^2\cdot f_y/\gamma_{M0} = 0,25\times75\times(15)^2\times235/1,0 = 991,41\text{ kN.m}$$

$$F_{T,1,Rd} = \frac{4M_{pl,1,Rd}}{m} = \frac{4\times991,41}{39,34} = 100,8\text{ kN}$$

$$F_{T,2,Rd} = \frac{2M_{pl,2,Rd} + n\sum F_{t,Rd}}{m+n} = \frac{2\times991,41+40\times180,86}{39,34+40} = 116,17\text{ kN}$$

$$F_{T,3,Rd} = \sum F_{t,Rd} = 2\times\frac{k_2\cdot f_{ub}\cdot A_s}{\gamma_{M_2}} = 2\times\frac{0,9\times800\times157}{1,25} = 180,86\text{ kN}$$

Rangée 2 :

$$M_{pl,1,Rd} = M_{pl,2,Rd} = 0,25l_{eff,1}\cdot t_f^2\cdot f_y/\gamma_{M0} = 0,25\times149,24\times(15)^2\times235/1,0 = 1972,8\text{ kN.m}$$

$$F_{T,1,Rd} = \frac{4M_{pl,1,Rd}}{m} = \frac{4\times1972,8}{28,74} = 274,6\text{ kN}$$

$$F_{T,2,Rd} = \frac{2M_{pl,2,Rd} + n\sum F_{t,Rd}}{m+n} = \frac{2\times1972,8+22,5\times180,86}{28,74+22,5} = 156,42\text{ kN}$$

$$F_{T,3,Rd} = \sum F_{t,Rd} = 2\times\frac{k_2\cdot f_{ub}\cdot A_s}{\gamma_{M_2}} = 2\times\frac{0,9\times800\times157}{1,25} = 180,86\text{ kN}$$

Cette rangée est en mode de ruine 2.

Rangée 3 :

$$M_{pl,1,Rd} = M_{pl,2,Rd} = 0,25l_{eff,1}\cdot t_f^2\cdot f_y/\gamma_{M0} = 0,25\times139,43\times(15)^2\times235/1,0 = 1843,1\text{ kN.m}$$

$$F_{T,1,Rd} = \frac{4M_{pl,1,Rd}}{m} = \frac{4\times1843,1}{28,7} = 256,52\text{ kN}$$

$$F_{T,2,Rd} = \frac{2M_{pl,2,Rd} + n\sum F_{t,Rd}}{m+n} = \frac{2\times1843,1+22,5\times180,86}{28,74+22,5} = 151,36\text{ kN}$$

$$F_{T,3,Rd} = \sum F_{t,Rd} = 2\times\frac{k_2\cdot f_{ub}\cdot A_s}{\gamma_{M_2}} = 2\times\frac{0,9\times800\times157}{1,25} = 180,86\text{ kN}$$

Ruine en mode 2

En résumé, les résistances des différentes rangées (tronçons en flexion) sont données dans le tableau 12.3 [kN] :

Tableau 12.3 Résistances des tronçons en té équivalents (assemblage) (kN)

Rangée	Poteau	Mode	platine	Mode
1	62,1	1	100,8	1
2	59,21	1	156,42	2
3	76,8	1	151,36	2

C'est la ruine de la semelle du poteau en flexion qui pilote la résistance de chaque rangée. Du fait que les limites ne soient pas imposées par la platine, le mécanisme de groupe n'apporte pas de bénéfice particulier (redistribution des efforts entre les rangées).

12.6.2.5 Semelle et âme de poutre en compression

$F_{c,fb,Rd} = M_{c,Rd}/(h - t_{fb}) = 86{,}15 \cdot 10^3/(240 - 9{,}8) = 374{,}24$ kN (Eurocode 3, 6.2.6.7)

Car : $M_{c,Rd} = M_{pl,y,Rd} = W_{pl,y,Rd}\, f_y / \gamma_{M0} = 366{,}6 \cdot 10^3 \times 235/1{,}0 = 86{,}15$ kN.m

La section de poutre est de classe 1 et son moment résistant est donc égal au moment plastique. L'effort tranchant est considéré faible pour ne pas réduire le moment par l'effet d'interaction.

12.6.2.6 Âme de poteau en traction transversale

$$F_{t,wc,Rd} = \frac{\omega \cdot b_{eff,t,wc} \cdot t_{wc} \cdot f_{y,wc}}{\gamma_{M0}} \qquad 6.2.6.3(3)$$

$b_{eff,t,wc}$: même longueur efficace que le tronçon en té équivalent.
Ce calcul dépend des longueurs efficaces des tronçons en T.

ω : coefficient qui tient compte de l'interaction avec le cisaillement. Il est basé sur la longueur efficace ($\omega = 1$).

Rangée 1 : $F_{t,wc,Rd} = \dfrac{1 \times 104{,}86 \times 5 \times 235}{1{,}0} = 123{,}21$ kN

Rangée 2 : $F_{t,wc,Rd} = \dfrac{1 \times 100 \times 5 \times 235}{1{,}0} = 117{,}5$ kN

Rangée 3 : $F_{t,wc,Rd} = \dfrac{1 \times 129{,}7 \times 5 \times 235}{1{,}0} = 152{,}39$ kN

Les résistances de l'âme en traction sont largement supérieures à celles de la semelle en flexion

12.6.2.7 Âme de poutre en traction

$$F_{t,wb,Rd} = \frac{b_{eff,t,wb} \cdot t_{wb} \cdot f_{y,wb}}{\gamma_{M0}} \qquad 6.2.6.8(1)$$

$b_{eff,t,wc}$: même longueur efficace que le tronçon en té équivalent.

Rangée 2 : $F_{t,wb,Rd} = \dfrac{149{,}24 \times 6{,}2 \times 235}{1{,}0} = 217{,}44$ kN

Rangée 3 : $F_{t,wb,Rd} = \dfrac{139,43 \times 6,2 \times 235}{1,0} = 203,15$ kN

Les résistances de l'âme en traction sont largement supérieures à celles de la platine en flexion

12.6.2.8 Réduction éventuelle de la résistance des rangées

$$\sum_r F_{tr,Rd} = 62,1 + 59,2 + 76,8 = 198,1 \text{ kN}$$

Cet effort est supérieur à la résistance de l'âme du poteau en compression. C'est cette dernière qui pilotera le mode de ruine de l'assemblage. Il faut donc réduire les résistances des rangées en traction de façon à ce que la somme des forces en traction ne soit pas supérieure à la compression de l'âme.

Ainsi, les efforts à retenir pour le calcul du moment sont :

$F_{t1,Rd} = 62,1$ kN ; $F_{t2,Rd} = 59,2$ kN et $F_{t3,Rd} = 172,57 - (62,1 + 59,2) = 25,54$ kN

12.6.2.9 Soudures (poutre – platine)

Moment de flexion (cordon frontal) = semelle en traction et semelle en compression :

La section résistante pour une semelle est : $A_w = \sum a\, \ell_{eff}$ (4.5.3.2(6))

Avec : $l_{eff} = 2b_p - t_w - 2r = 2 \times 120 - 6,2 - 2 \times 15 = 203,8$ mm et a = 5 mm

La résistance est à vérifier par les deux conditions suivantes :

$$\sqrt{\sigma_\perp^2 + 3(\tau_\perp^2 + \tau_{//}^2)} \le f_u/(\beta_w \gamma_{M2}) \quad \text{et} \quad \sigma_\perp \le 0,9 f_u/\gamma_{M2}$$

$$\beta_w = 0,8 \text{ (EN 1993-1-8, tableau 4.1) et } \gamma_{M2} = 1,25$$

$$\sigma_\perp = \tau_\perp = \frac{F_{Ed}}{A_w} \cdot \frac{\sqrt{2}}{2} \quad \text{et} \quad \tau_{//} = 0$$

Le moment de flexion est supposé repris par les soudures des semelles et l'effort tranchant par les soudures d'âme (la soudure possède sa pleine épaisseur sur toute sa longueur). Pour simplifier, les cordons de soudure des semelles sont considérés symétriques et la partie entre semelles est diminuée de l'épaisseur de l'âme et des congés de raccordement. Ainsi, l'effort maximum à appliquer à chaque semelle ne doit pas dépasser la plus faible des deux valeurs suivantes :

$$\sqrt{\sigma_\perp^2 + 3(\tau_\perp^2 + \tau_{//}^2)} \le f_u/(\beta_w \gamma_{M2}) \Rightarrow F_{w,Rd} = \frac{A_w f_u}{\gamma_{M2} \beta_w \sqrt{2}} = \frac{203,8 \times 5 \times 360}{1,25 \times 0,8 \times \sqrt{2}} = 259,39 \text{ kN}$$

$$\text{et} \quad \sigma_\perp \le 0,9 f_u/\gamma_{M2} \Rightarrow F_{w,Rd} = \frac{0,9\, A_w \cdot f_u \sqrt{2}}{\lambda_{M2}} = \frac{0,9 \times 203,8 \times 5 \times 360\, \sqrt{2}}{1,25} = 373,5 \text{ kN}$$

$F_{semelle} = b_b t_{fb} f_y / \gamma_{M0} = 120 \times 9,8 \times 235 = 276,36$ kN

La résistance de la soudure est plus faible que celle de la semelle en traction (4.10(6)). Il est donc nécessaire d' augmenter la résistance de la soudure. En réalité, l'effort résistant est limité par la compression de l'âme du poteau = 172,6 kN.

Moment résistant si l'on considère la soudure seule (6.2.3(4)) :

$$M_{j,Rd} = F_{w,Rd} z = 259,39 \times (240 - 9,8) = 59,7 \text{ kN.m}$$

Le moment résistant de l'assemblage ne doit pas être piloté par la résistance des soudures (c'est le cas ici). Ceci devient primordial si l'âme du poteau est renforcée en compression.

12.6.2.10 Moment résistant de l'assemblage

$M_{j,Rd} = \sum_r h_r F_{tr,Rd} = 280,1 \times 62,1 + 180,1 \times 59,2 + 50,1 \times 25,54 = 29,33$ kN.m (Eurocode 3, 6.2.7.2)

La contribution de la troisième rangée représente 4 % de la résistance totale de l'assemblage en moment.

Le moment est réduit par l'effet de groupe pour la rangée 2. Aussi, une autre réduction des efforts est imposée par la résistance de l'âme du poteau en compression. Les autres composantes (cisaillement âme poteau et traction âme poteau et poutre) sont vérifiées.

La ruine pour toutes les rangées est pilotée par le tronçon en té en flexion représentant la semelle du poteau. Le mode de ruine est le mode 1 (ductile) qui permet une redistribution plastique des efforts dans l'assemblage.

12.6.2.11 Vérification de l'assemblage à l'effort tranchant

Pour vérifier l'assemblage à l'effort tranchant, il est nécessaire de vérifier la résistance de la soudure poutre-platine en considérant que seule la soudure sur l'âme reprend le cisaillement. Aussi, il est nécessaire de vérifier les boulons à l'interaction cisaillement-traction comme toutes les rangées participent à la résistance en moment. Les efforts de cisaillement sont supposés répartis uniformément sur les boulons alors que ceux de traction dépendent de l'effort que chaque rangée reprend. Il est possible de considérer que la rangée 3 reprend l'effort tranchant et que les deux autres reprennent le moment fléchissant.

12.6.3 Rigidité de l'assemblage

Le schéma de calcul de la rigidité de l'assemblage (Eurocode 3, 6.2.5) suit le principe de la figure 12.17. Pour un assemblage poutre-poteau boulonné par platine d'about, à configuration bilatérale, avec deux rangées de boulons ou plus et des moments égaux et opposés, les composantes à considérer pour le calcul d la rigidité sont : k_2 et k_{eq}.

Rigidité de l'âme du poteau en compression :

$$k_2 = \frac{07 b_{eff,c,wc} t_{wc}}{d_c} = \frac{0,7 \times 146,87 \times 5}{74} = 6,94 \text{ mm}$$

Rigidité de l'âme du poteau en traction (3 rangées) : la longueur efficace utilisée est celle calculée pour la résistance (en prenant la plus petite calculée en mécanismes de groupe ou individuels).

$$k_{3,1} = \frac{0,7 b_{eff,t,wc} t_{wc}}{d_c} = \frac{0,7 \times 90 \times 5}{74} = 4,26 \text{ mm ;}$$

$$k_{3,2} = \frac{0,7 b_{eff,t,wc} t_{wc}}{d_c} = \frac{0,7 \times 115 \times 5}{74} = 5,44 \text{ mm}$$

$$k_{3,3} = \frac{0,7 b_{eff,t,wc} t_{wc}}{d_c} = \frac{0,7 \times 129,7 \times 5}{74} = 6,13 \text{ mm}$$

Rigidité de la semelle de poteau fléchie :

$$k_{4,1} = \frac{0,9 l_{eff} t_{fc}^3}{m^3} = \frac{0,9 \times 90 \times 8^3}{(25,4)^3} = 2,53 \text{ mm} ;$$

$$k_{4,2} = \frac{0,9 l_{eff} t_{fc}^3}{m^3} = \frac{0,9 \times 115 \times 8^3}{(25,4)^3} = 3,23 \text{ mm} ;$$

$$k_{4,3} = \frac{0,9 l_{eff} t_{fc}^3}{m^3} = \frac{0,9 \times 129,7 \times 8^3}{(25,4)^3} = 3,64 \text{ mm}$$

Rigidité de la platine d'about fléchie :

$$k_{5,1} = \frac{0,9 l_{eff} t_p^3}{m^3} = \frac{0,9 \times 75 \times 15^3}{(39,34)^3} = 3,74 \text{ mm};$$

$$k_{5,2} = \frac{0,9 l_{eff} t_p^3}{m^3} = \frac{0,9 \times 142,8 \times 15^3}{(28,74)^3} = 18,27 \text{ mm};$$

$$k_{5,3} = \frac{0,9 l_{eff} t_p^3}{m^3} = \frac{0,9 \times 136,54 \times 15^3}{(28,74)^3} = 17,47 \text{ mm}$$

Boulons tendus : $k_{10} = \frac{1,6 A_s}{L_b} = \frac{1,6 \times 157}{(15 + 8 + 2 \times 4 + 0,5(10 + 13))} = \frac{251,2}{42,5} = 5,91 \text{ mm}$

L_b = longueur utile du boulon intégrant les épaisseurs des rondelles et la moitié de l'épaisseur de la tête et de l'écrou.

La rigidité équivalente pour chaque rangée de boulons est calculée. Elle intègre : platine en flexion, semelle de poteau en flexion, âme de poteau en traction et boulons en traction. Ces rigidités traduisent la partie tendue de l'assemblage (composantes en traction disposées en parallèle).

$$k_{eff,1} = \frac{1}{\sum_i \frac{1}{k_{i,r}}} = \frac{1}{\frac{1}{k_{3,1}} + \frac{1}{k_{4,1}} + \frac{1}{k_{5,1}} + \frac{1}{k_{10}}} = \frac{1}{\frac{1}{4,26} + \frac{1}{2,53} + \frac{1}{3,74} + \frac{1}{5,91}} = 0,94 \text{ mm}$$

$$k_{eff,2} = \frac{1}{\sum_i \frac{1}{k_{i,r}}} = \frac{1}{\frac{1}{k_{3,2}} + \frac{1}{k_{4,2}} + \frac{1}{k_{5,2}} + \frac{1}{k_{10}}} = \frac{1}{\frac{1}{5,44} + \frac{1}{3,23} + \frac{1}{18,27} + \frac{1}{5,91}} = 1,394 \text{ mm}$$

$$k_{eff,3} = \frac{1}{\sum_i \frac{1}{k_{i,r}}} = \frac{1}{\frac{1}{k_{3,3}} + \frac{1}{k_{4,3}} + \frac{1}{k_{5,3}} + \frac{1}{k_{10}}} = \frac{1}{\frac{1}{6,13} + \frac{1}{3,64} + \frac{1}{17,47} + \frac{1}{5,91}} = 1,51 \text{ mm}$$

Le bras de levier équivalent est calculé comme suit. Pour ce cas, on aurait pu prendre un bras de levier égal à 230,1 mm (approximation selon figure 6.15 de l'Eurocode 3).

$$z_{eq} = \frac{\sum_r k_{eff,r} h_r^2}{\sum_r k_{eff,r} h_r} = \frac{0,94 \times (280,1)^2 + 1,394 \times (180,1)^2 + 1,51 \times (50,1)^2}{0,94 \times 280,1 + 1,394 \times 180,1 + 1,51 \times 50,1}$$

$$= \frac{122\,965,35}{590,0} = 208,4 \text{ mm}$$

Le coefficient de rigidité équivalent à toutes les composantes en traction est donné ci-après.

$$k_{eq} = \frac{\sum_r k_{eff,r} h_r}{z_{eq}} = \frac{0,94 \times 280,1 + 1,394 \times 180,1 + 1,51 \times 50,1}{208,4} = \frac{590,0}{208,4} = 2,83 \text{ mm}$$

La rigidité initiale en rotation intégrant la zone tendue et la zone comprimée est donnée ci-après.

$$S_{j,ini} = \frac{Ez^2}{\sum_i \frac{1}{k_i}} = \frac{210000 \times (zeq)^2}{\frac{1}{k_2} + \frac{1}{k_{eq}}} = \frac{210000 \times (208,4)^2}{\frac{1}{6,94} + \frac{1}{2,83}} = 18336,1 \text{ kN.m/rad}$$

12.7 Références bibliographiques

[1] AL-KHATAB Z. – *Analyse de comportement des assemblages métalliques renforcés par contre-plaques – Approche numérique et validation expérimentale*, thèse de doctorat, Université Blaise-Pascal, Clermont-Ferrand, 07/2003.

[2] APK – *Construction Métallique et Mixte Acier-Béton. Tome 1 : Calcul et dimensionnement*, Eyrolles, 1996.

[3] ARGILLIER A. – *Comportement semi-rigide d'assemblages poutre-poteau par boulons sertis*, mémoire d'Ingénieur, CUST, Université Blaise-Pascal, Clermont-Ferrand, 1994.

[4] BOUCHAIR A. – *Semi-rigidité des assemblages (partie 1)* et *Méthode des composantes (partie 2)*, séminaire national de présentation et d'application des Eurocodes à la Construction métallique, formation des Professeurs de sections de techniciens supérieurs, 2e session, Saint-Sauves, Clermont-Ferrand, mars 2006.

[5] COLSON A., BOJORHOVDE R. – *Intérêt économique des assemblages semi-rigides*, Revue Construction Métallique N° 2, p. 37-41, 1992.

[6] AFNOR – *EN 1993-1-8, Eurocode 3, Calcul des structures en acier*, Partie1-8 : Calcul des assemblages, mai 2005.

[7] ESDEP – *Assemblages sous chargement statique*, Ensemble des leçons 11, Les Cahiers de l'APK, CDRom n° 23, APK, 1999.

[8] JASPART J.-P. – *Recent advances in the field of steel joints – column bases and further configurations for beam-to-column joints and beam splices*, thèse présentée en vue de l'obtention du grade d'Agrégé de l'Enseignement supérieur, Université de Liège, 1997.

[9] ZOETEMEIJER P. – *Summary of the research on bolted beam-to-column connections*, Report : 6-85-7, University of Technology, Stevin Laboratory, Delft, The Netherlands, 1985.

Annexe : longueurs efficaces (semelle du poteau et platine d'about)

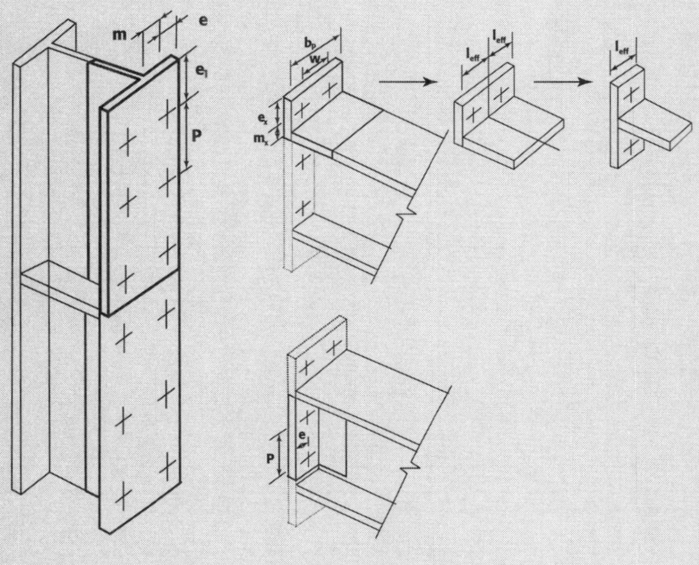

(a) (b)

Figure 12.42 Modélisation de l'assemblage par platine d'about par des tronçons en té – a) semelle du poteau raidi – b) platine d'about débordante

Les longueurs efficaces à prendre en compte pour les semelles de poteau raidies et non raidies ainsi que pour les platines d'about fléchies sont définies dans les tableaux 12.4 à 12.6. Les rangées de boulons sont considérées individuellement ou en groupe, puis en mécanisme circulaire ou non circulaire.

Tableau 12.4 Longueurs efficaces pour une semelle de poteau non raidie

	Rangée de boulons prise séparément		**Rangée de boulons considérée comme partie d'un groupe de rangées de boulons**	
Emplacement de la rangée de boulons	Mécanisme circulaire $\ell_{eff,cp}$	Mécanisme non circulaire $\ell_{eff,nc}$	Mécanisme circulaire $\ell_{eff,cp}$	Mécanisme non circulaire $\ell_{eff,nc}$
Rangée de boulons intérieure	$2\pi m$	$4m + 1{,}25e$	$2p$	p
Rangée de boulons d'extrémité	La plus petite de : $2\pi m$; $\pi m + 2e_1$	La plus petite de : $4m + 1{,}25e$; $2m + 0{,}625e + e_1$	La plus petite de : $\pi m + p$; $2e_1 + p$	La plus petite de : $2m + 0{,}625e + 0{,}5p$; $e_1 + 0{,}5p$
Mode 1	$\ell_{eff,1} = \ell_{eff,nc}$ et $\ell_{eff,1} \leq \ell_{eff,cp}$		$\Sigma\ell_{eff,1} = \Sigma\ell_{eff,nc}$ et $\Sigma\ell_{eff,1} \leq \Sigma\ell_{eff,cp}$	
Mode 2	$\ell_{eff,2} = \ell_{eff,nc}$		$\Sigma\ell_{eff,2} = \Sigma\ell_{eff,nc}$	

Tableau 12.5 Longueurs efficaces pour une semelle de poteau raidie

	Rangée de boulons prise séparément		**Rangée de boulons considérée comme partie d'un groupe de rangées de boulons**	
Emplacement de la rangée de boulons	Mécanisme circulaire $\ell_{eff,cp}$	Mécanisme non circulaire $\ell_{eff,nc}$	Mécanisme circulaire $\ell_{eff,cp}$	Mécanisme non circulaire $\ell_{eff,nc}$
Rangée de boulons adjacente à un raidisseur	$2\pi m$	αm	$\pi m + p$	$0,5P + \pi m - (2m + 0,625\,e)$
Autre rangée de boulons intérieure	$2\pi m$	$4m + 1,25e$	$2p$	p
Autre rangée de boulons d'extrémité	Min $2\pi m$ $\pi m + 2e_1$	Min $4m + 1,25e$ $2m + 0,625e + e_1$	Min $\pi m + p$ $2e_1 + p$	Min $2m + 0,625e + 0,5p$ $e_1 + 0,5p$
Rangée de boulons d'extrémité adjacente à un raidisseur	Min $2\pi m$ $\pi m + 2e_1$	$e_1 + \alpha m -$ $(2m + 0,625e)$		
Mode 1	$\ell_{eff,1} = \ell_{eff,nc}$ et $\ell_{eff,1} \leq \ell_{eff,cp}$		$\Sigma\ell_{eff,1} = \Sigma\ell_{eff,nc}$ et $\Sigma\ell_{eff,1} \leq \Sigma\ell_{eff,cp}$	
Mode 2	$\ell_{eff,2} = \ell_{eff,nc}$		$\Sigma\ell_{eff,2} = \Sigma\ell_{eff,nc}$	

Tableau 12.6 Longueurs efficaces pour la platine d'about

	Rangée de boulons prise séparément		**Rangée de boulons considérée comme partie d'un groupe de rangées de boulons**	
Emplacement de la rangée de boulons	Mécanisme circulaire $\ell_{eff,cp}$	Mécanisme non circulaire $\ell_{eff,nc}$	Mécanisme circulaire $\ell_{eff,cp}$	Mécanisme non circulaire $\ell_{eff,nc}$
Rangée de boulons située sur la partie débordante de la platine d'about	Min $2\pi m_x$ $\pi m_x + w$ $\pi m_x + 2e$	Min $4m_x + 1,25e_x$ $e + 2m_x + 0,625e_x$ $0,5b_p$ $0,5w + 2m_x + 0,625e_x$		
Première rangée de boulons sous la semelle de poutre tendue	$2\pi m$	αm	$\pi m + p$	$0,5p + \alpha m - (2m + 0,625e)$
Autre rangée de boulons intérieure	$2\pi m$	$4m + 1,25e$	$2p$	p
Autre rangée de boulons d'extrémité	$2\pi m$	$4m + 1,25e$	$\pi m + p$	$2m + 0,625e + 0,5p$
Mode 1	$\ell_{eff,1} = \ell_{eff,nc}$ et $\ell_{eff,1} \leq \ell_{eff,cp}$		$\Sigma\ell_{eff,1} = \Sigma\ell_{eff,nc}$ et $\Sigma\ell_{eff,1} \leq \Sigma\ell_{eff,cp}$	
Mode 2	$\ell_{eff,2} = \ell_{eff,nc}$		$\Sigma\ell_{eff,2} = \Sigma\ell_{eff,nc}$	

Le paramètre α se détermine à partir de la figure 12.42.

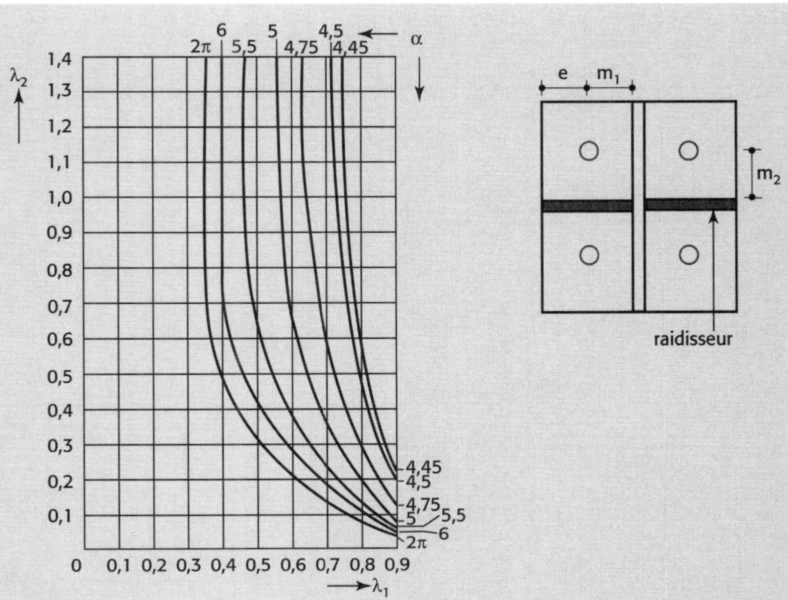

$$\text{avec } \lambda_1 = \frac{m_1}{m_1 + e} \quad \text{et } \lambda_2 = \frac{m_2}{m_1 + e}$$

Figure 12.42 Valeurs de α pour les semelles de poteau raidies et les platines d'about (EN 1993-1-8 figure 6.11)

Dans la même collection, en coédition Eyrolles/Afnor

Jean-Marie Paillé, *Calcul des structures en béton,* 2e éd., 2013, 744 p.

Jean-Louis Granju, *Introduction au béton armé - Théorie et applications courantes selon l'Eurocode 2,* 2012, 260 p.

Jean Roux, *Pratique de l'Eurocode 2,* 2009, 626 p.
– *Maîtrise de l'Eurocode 2,* 2009, 338 p.

Collectif APK/Jean-Pierre Muzeau, *Manuel de construction métallique - Extraits des Eurocodes à l'usage des étudiants*, 2012, 256 p.

Yves Benoit, Bertrand Legrand, Vincent Tastet, *Calcul des structures en bois,* 2e éd. 2011, 512 p.

Yves Benoit, Bernard Legrand, Vincent Tastet, *Dimensionner les barres et les assemblages en bois à l'usage des artisans*, 2012, 240 p.

Marcel Hurez, Nicolas Juraszek, Marc Pelcé, *Dimensionner les ouvrages en maçonnerie,* 2009, 326 p.

Xavier Lauzin, *Le calcul des réservoirs en zone sismique,* 2013, 100 p.

Alain Capra, Aurélien Godreau, *Ouvrages d'art en zone sismique*, 2012, 128 p.

Victor Davidovici, Dominique Corvez, Alain Capra, Shahrokh Ghavamian, Véronique Le Corvec, Claude Saintjean, *Pratique du calcul sismique,* 2013, 244 p.

Victor Davidovici, Serge Lambert, *Fondations et procédés d'amélioration du sol. Guide d'application de l'Eurocode 8 (parasismique)*, 2013, 160 p.

Chez le même éditeur

Léonard Hamburger, *Maître d'œuvre bâtiment. Guide pratique, technique et juridique,* 2e éd., 2013, 388 p.

Pierre-Claude Aïtcin, Sidney Mindess, *Écostructures en béton. Comment diminuer l'empreinte carbone des structures en béton,* 2013, 276 p.

Youde Xiong, *Formulaire de résistance des matériaux,* 2002, 360 p.

Daniel Faisantieu, *Prévention des désordres liés au sol dans la construction*, 2013, 172 p.

Pierre Martin, *Géologie appliquée au BTP,* 2010, 356 p.
– *Géomécanique appliquée au BTP*, 2e éd., 2005, 329 p.
– *Géotechnique appliquée au BTP*, 2008, 382 p.

Serge Milles, Jean Lagofun, *Topographie et topométrie modernes – Tome 1 : Techniques de mesure et de représentation,* 1999, 544 p.
– *Topographie et topométrie modernes – Tome 2 : Calculs*, 1999, 344 p.

Michel Brabant, Béatrice Patizel, Armelle Piègle, Hélène Müller, *Topographie opérationnelle. Mesures. Calculs. Dessins. Implantations,* 2011, 396 p.

Patricia Grelier Wyckoff, *Pratique du droit de la construction, Marchés publics et privés,* 6e éd., 2010, 622 p.

Patrick Gérard, *Pratique du droit de l'urbanisme. Urbanisme réglementaire, individuel et opérationnel,* 6e éd., 2013, 336 p.

PEFC/10-31-1316

N°éditeur : 9137
Dépôt légal : octobre 2013
Imprimé par Jouve, en France, sur du papier issu de forêts gérées durablement.
N° 2122751Y